U0186361

Excel 之美

胡子平◎编著

迅速提高 **Excel** 数据能力的
100 个关键技能

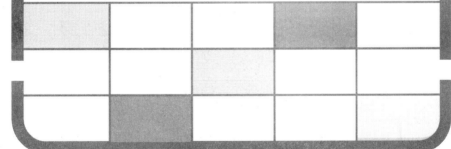

北京大学出版社
PEKING UNIVERSITY PRESS

内 容 提 要

本书以微软出品的Excel 2016为操作平台，全面系统地讲解了Excel在日常工作中的运用方法和技巧，并分享运用Excel进行数据处理的思路和经验。

全书共介绍和讲解了100个关键技能，分为两大篇。

第1篇（第1～5章）：专项技能篇。主要从数据录入与编辑、整理与规范、清洗和加工、核算和分析及数据可视化5个方面讲解Excel中57个专项操作技能与技巧。

第2篇（第6～8章）：综合实战篇。以Excel在职场中最常用的3大领域（产品进销存数据管理、人力资源数据管理、财务数据管理）为蓝本，列举多个实际案例，讲解和示范如何真正将Excel运用到实际工作中的43项综合技能。

全书内容循序渐进，既适用于日常与数据打交道的从业人员迅速提高Excel数据处理能力，也适用于基础薄弱的初学者快速掌握Excel技能，还可以作为广大职业院校及计算机培训机构的教学参考用书。

图书在版编目(CIP)数据

Excel之美：迅速提高Excel数据能力的100个关键技能 / 胡子平编著. —— 北京：北京大学出版社，2021.6
ISBN 978-7-301-32094-5

Ⅰ.①E… Ⅱ.①胡… Ⅲ.①表处理软件 Ⅳ.①TP391.13

中国版本图书馆CIP数据核字(2021)第055313号

书　　　名	Excel之美：迅速提高Excel数据能力的100个关键技能
	Excel ZHI MEI:XUNSU TIGAO Excel SHUJU NENGLI DE 100 GE GUANJIAN JINENG
著作责任者	胡子平　编著
责 任 编 辑	王继伟　刘羽昭
标 准 书 号	ISBN 978-7-301-32094-5
出 版 发 行	北京大学出版社
地　　　址	北京市海淀区成府路205 号　100871
网　　　址	http://www.pup.cn　新浪微博：@ 北京大学出版社
电 子 信 箱	pup7@ pup.cn
电　　　话	邮购部 010-62752015　发行部 010-62750672　编辑部 010-62570390
印 刷 者	北京市科星印刷有限责任公司
经 销 者	新华书店
	787毫米×1092毫米　16开本　28 印张　749千字
	2021年6月第1版　2021年6月第1次印刷
印　　　数	1-4000册
定　　　价	89.00 元

E 掌握关键技能，体验 Excel 之美

Excel 作为一款自动化办公软件，早已被广泛应用于各个行业领域的日常工作之中。它拥有许多极其强大的功能，既可用于统计数据、核算数据、分析数据、预测数据，又可用于建立各个行业领域的专业数据管理系统，还能够绘制出多种专业图表……甚至，有人用它绘制了一幅幅令人惊艳的美妙绝伦的风景画。可见，Excel 不仅功能强大，而且还十分美妙。

事实上，Excel 能否充分发挥价值，并不取决于其本身，而是取决于使用者是否对 Excel 具有足够的认知，是否拥有发现 Excel 之美的慧眼，是否充分掌握了用好 Excel 的各种技能。

然而，实际工作中，大多数人对 Excel 认知尚浅，对于 Excel 的运用，仅限于绘制表格和进行一些简单的运算。不了解 Excel 的强大，领略不到 Excel 之美，就不会去深入学习、钻研和挖掘 Excel 的核心技术，更汲取不到 Excel 的精髓。所以，很多职场人士始终无法提高自身的数据处理能力，在工作中面对海量繁杂的数据或遇到稍有难度的问题时，就只能束手无策。那么，在这个数据为本、效率为先的大数据时代，就很难立足于竞争激烈的职场之中。

为此，笔者编写了这本 Excel 专业图书，力求帮助读者朋友提升对 Excel 操作与应用的认知，领会 Excel 的美妙，读者朋友通过潜心学习，牢牢掌握本书介绍的 100 个关键技能，可迅速提高数据处理能力，在职场中成就更好的自己。

? 这本书写了哪些内容？

本书以微软出品的 Excel 2016 为操作平台，以职场人士的实际工作需求为出发点，全面系统地讲解了 Excel 在日常工作中的实际运用方法和技巧，并分享运用 Excel 进行数据处理的思路和经验。

全书共介绍和讲解了 100 个关键技能，分为 2 大篇。

第 1 篇（第 1～5 章）：专项技能篇。主要从数据录入与编辑、整理与规范、清洗和加工、核算和分析及数据可视化 5 个方面深入讲解 Excel 中 57 个专项操作技能与技巧，帮助读者透彻掌握每一项关键技能，迅速提高数据处理能力。

第 2 篇（第 6～8 章）：综合实战篇。以 Excel 在职场中最常用的 3 大领域（产品进销存数据

管理、人力资源数据管理、财务数据管理）为蓝本，列举多个数据处理方面的实际案例，融会贯通前面篇章介绍的关键技能，讲解和示范如何真正将 Excel 运用到实际工作中的 43 项综合技能，同时向读者分享数据处理和管理思路，以使读者的数据处理能力更上一层楼。

本书知识大框架及简要说明如下图所示。

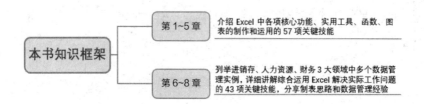

 您能从这本书里学到什么？

1. 通过＜专项技能篇＞学到 Excel 核心技能，提高数据处理能力并掌握各种实用工具的具体运用方法，包括数据获取和转换、排序和筛选、选择性粘贴、条件格式、定位、合并计算、数据预测、数据透视表等；公式编写相关知识点、编写方法和技巧；42 个实用函数的语法、作用、原理及在实际工作中的精彩应用；6 类常用图表、5 种经典专业图表、2 个创意图表及动态图表的制作方法和设置技巧。

2. 通过＜综合实战篇＞学会如何融会贯通、综合运用 Excel 处理实际工作中各类数据问题的关键技能，以及制表思路和数据管理经验。本篇所讲内容涵盖进销存、人力资源、财务 3 大类数据领域，您能学到以下 Excel 综合运用技能，如下图所示。

进销存数据	批量导入商品图片、进销存表单制作、进销存数据动态汇总、创意图表分析销售达标率等
人力资源数据	职工基本信息、劳动合同数据查询与管理；职工考勤数据处理与分析、工资及个人所得税核算管理与统计分析等
财务数据	管理财务凭证和账簿，制作电子凭证、动态明细账及总分类账，管理固定资产，制作固定资产清单及动态打印表、核算固定资产折旧额；管理往来账务，计算和分析应收账款账龄及结构；税金核算和申报管理，创建多功能发票登记表、同步核算增值税及附加税、印花税、企业所得税等重要税种的应纳税额，汇总每月全部税金、纳税申报管理等

这本书有哪些特点？

★ 知识输送，图文并茂

本书打破了传统的教条式生涩讲解模式，通过详尽的文字描述和直观的步骤图解将原本烦琐、枯燥的知识以质朴浅显的方式输送给读者，读者能够快速理解每一个知识点，充分掌握每一个技能技巧，并能真正运用到工作中解决实际问题。

★ 内容翔实，精而不杂

Excel 中的实用工具、功能太多，如果面面俱到地讲解，只会让读者感到内容繁杂，学习费时费力，效果更会适得其反。为此，本书遵循"二八定律"，精心提炼 Excel 中最常用的 20% 的核心内容，整合成 100 个关键技能进行深入挖掘和详细讲解，帮助读者迅速提高数据处理能力并解决实际工作中 80% 的数据处理问题。

★ 案例丰富，注重实操

本书列举的示例涉及行业领域广泛，包括产品销售、人力资源、财务会计等，全部来源于日常工作，既切合实际，又极具代表性和典型性，让读者置身于真实的工作场景之中，实实在在地学到真正的实操技能。同时为读者准备了可与案例同步上手操作的学习文件，只要勤于动手，多加练习，就能透彻理解相关知识内容，熟练掌握实际操作方法和技巧。

★ 高手点拨，指点精要

本书在重要内容处均设置了"高手点拨"或"温馨提示"小栏，将正文中所介绍的知识、操作技能、技巧等精华要点加以二次提炼，再次给读者以启发和提示，帮助读者加强记忆，轻松上手，更迅速地提高数据处理能力。

★ 视频教学，易学易会

本书为读者提供了长达 9.5 小时的与书同步的视频教程。读者用微信"扫一扫"功能扫描书中的二维码，即可播放书中的讲解视频，图书与视频结合学习，效果立竿见影。

有什么阅读技巧或者注意事项？

1. 本书基于 Excel 2016 软件进行写作，建议读者结合 Excel 2016 进行学习。由于 Excel 2010、Excel 2013、Excel 2019 的功能与 Excel 2016 大同小异，本书内容同样适用于其他版本的软件学习。

2. 为了让读者更易于学习和理解，本书采用"步骤引导 + 图解操作"的方式进行讲解。在步骤讲述中以"❶，❷，❸…"的方式分解出操作小步骤，并在图上对应位置进行标注，非常方便读者学习掌握。只要按照书中讲述的步骤方法操作练习，就可以做出与书中同样的效果。

3. 提供本书中所有章节实例的素材文件，全部收录在同步学习文件中的"素材文件\第 × 章\"文件夹中。读者在学习时，可以参考图书讲解内容，打开对应的素材文件进行同步操作练习。同时也提供了相关案例的结果文件，读者在学习时，可以打开结果文件，查看实例效果，为自己在学习中的练习操作提供帮助。

除了书，您还能得到什么？

1.赠送《新手如何学好用好 Excel》视频教程。分享教育专家对 Excel 的学习经验，旨在帮助 Excel 初学者少走弯路。内容包括：（1）Excel 的最佳学习方法；（2）用好 Excel 的八个习惯；（3）Excel 的八大偷懒技法。

2.赠送畅销书《Excel 2016 完全自学教程》同步视频教程，帮助零基础读者快速学会 Excel 的基本操作与应用，进而更高效地学习和掌握本书所讲解的 100 个关键技能。

3.赠送《10 招精通超级时间整理术》教学视频和《五分钟教你学会番茄工作法》教学视频，旨在帮助职场中的您学会如何整理时间、有效管理和利用时间，让您能高效地工作，轻松应对职场那些事儿。

温馨提示： 以上资源，请用手机微信扫描下方二维码关注公众号，输入资源码 HY10020，获取下载地址及密码。

 ## 看到不明白的地方怎么办？

1. 发送 E-mail 到读者信箱：2751801073@qq.com。

2. 加入读者学习交流 QQ 群：363300209（新精英充电站 1 群）、218192911（办公之家）。加群请按照提示进行操作。

本书由凤凰高新教育策划并组织编写。在本书的编写过程中，我们竭尽所能地为您呈现最好、最全的实用功能，如有疏漏和不妥之处，敬请广大读者不吝指正。若您在学习过程中产生疑问或有任何建议，可以通过 E-mail 或 QQ 群与我们联系。

目 录

CONTENTS

第6章　Excel 管理"进销存数据"的 11 个关键技能　266

第 1 章

原始数据录入与获取的 6 个关键技能

运用 Excel 进行数据处理的前提是获取源数据，也就是最基础的原始数据。日常工作中，一般可以通过 2 种方式获取源数据：一是手工录入，二是从其他文件、系统软件、数据库或互联网上直接导入到 Excel 表格中。虽然这是一项非常基础的工作，并无什么技术难度，但是职场工作讲求的是效率，如何在最短的时间内完成，是职场人士应该首先掌握的基本技能。

本章将从录入数据和导入外部数据两方面介绍运用 Excel 获取原始数据的 6 个相关的关键技能，帮助读者提高 Excel 数据处理能力和工作效率。本章知识框架如图 1-1 所示。

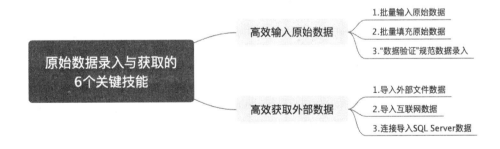

图 1-1

1.1 高效输入原始数据

　　获取原始数据最常用的方法是直接手工输入，这项工作虽然简单，但是比较耗费时间和精力。如果不讲究技能和技巧，不仅会影响当前的工作效率，还可能会影响后续统计和分析结果的准确性。其实，对于某些内容相同的数据完全可以一次性批量输入，既能提高输入速度，又能保证数据质量。同时，为了确保万无一失，还可借助 Excel 的"数据验证"功能来规范数据的输入。而对于一些包含一定规律或序列的数据，最高效的方法就是批量填充。本节将介绍高效输入原始数据的 3 个相关技能。

关键技能 001 批量输入原始数据的 3 种"姿势"

技能说明

　　这一技能的关键点是键盘＋鼠标配合操作，上手非常简单，根据批量输入数据的目标单元格或单元格区域的不同，只需掌握 3 种"姿势"即可快速上手。

　　输入数据之前要先选中单元格或单元格区域，因此，批量输入的关键是批量选定目标单元格或单元格区域。根据所选定的目标不同，可分别采用按住【Shift】键、按组合键【Shift+F8】、按住【Ctrl】键这 3 种"姿势"，然后按组合键【Ctrl+Enter】即可一次性批量输入相同的数据，如图 1-2 所示。

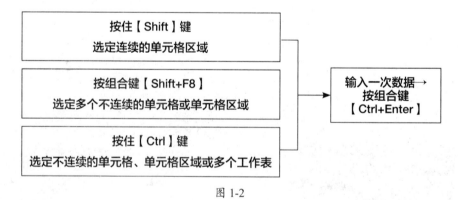

图 1-2

应用实战

　　打开"素材文件\第 1 章\职工信息管理表 .xlsx"文件，如图 1-3 所示，在<职工信息管理表>中，需要输入每位职工的学历，可运用以上 3 种"姿势"快速批量输入。输入内容和操作步骤如下。

　　（1）在 E7:E13 单元格区域输入"专科"

　　单击 E7 单元格→按住【Shift】键→单击 E13 单元格选定 E7:E13 单元格区域→输入"专科"→按组合键【Ctrl+Enter】完成输入，效果如图 1-4 所示。

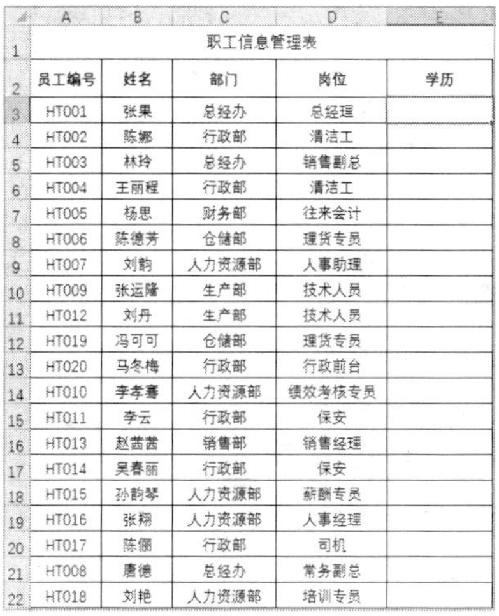

		职工信息管理表		
员工编号	姓名	部门	岗位	学历
HT001	张果	总经办	总经理	
HT002	陈娜	行政部	清洁工	
HT003	林玲	总经办	销售副总	
HT004	王丽程	行政部	清洁工	
HT005	杨思	财务部	往来会计	
HT006	陈德芳	仓储部	理货专员	
HT007	刘韵	人力资源部	人事助理	
HT009	张运隆	生产部	技术人员	
HT012	刘丹	生产部	技术人员	
HT019	冯可可	仓储部	理货专员	
HT020	马冬梅	行政部	行政前台	
HT010	李孝蹇	人力资源部	绩效考核专员	
HT011	李云	行政部	保安	
HT013	赵茜茜	销售部	销售经理	
HT014	吴春丽	行政部	保安	
HT015	孙韵琴	人力资源部	薪酬专员	
HT016	张翔	人力资源部	人事经理	
HT017	陈俪	行政部	司机	
HT008	唐德	总经办	常务副总	
HT018	刘艳	人力资源部	培训专员	

图 1-3

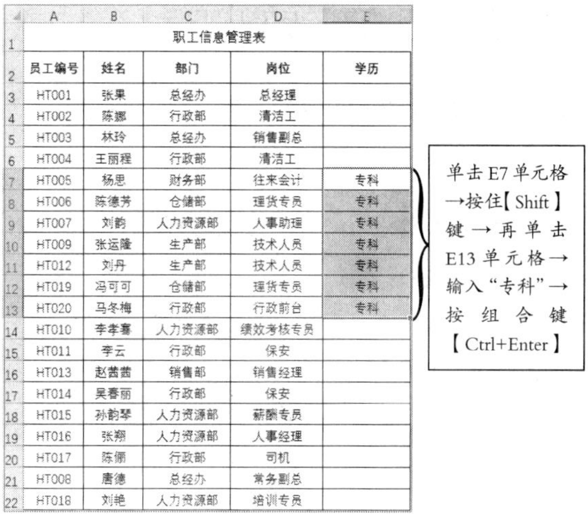

图 1-4

说明（图1-4右侧）：单击 E7 单元格→按住【Shift】键→再单击 E13 单元格→输入"专科"→按组合键【Ctrl+Enter】

（2）在 E5、E14、E16、E18:E19、E22 单元格及单元格区域输入"本科"

❶ 选中 E5 单元格→按组合键【Shift+F8】，自定义状态栏显示"添加或删除所选内容"→选中目标单元格，如图 1-5 所示；❷ 输入"本科"→按组合键【Ctrl+Enter】完成输入，效果如图 1-6 所示。

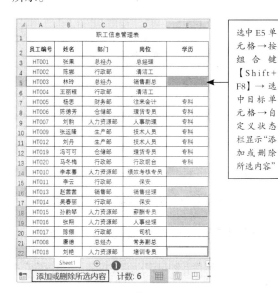

图 1-5

说明（图1-5右侧）：选中 E5 单元格→按组合键【Shift+F8】→选中目标单元格→自定义状态栏显示"添加或删除所选内容"

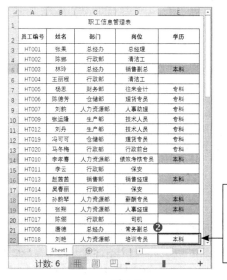

图 1-6

说明（图1-6右侧）：❷ 输入"本科"→按组合键【Ctrl+Enter】

（3）在 E3、E21 单元格中输入"研究生"，在 E4、E6、E15、E17、E20 单元格中输入"高中"

Step01 按住【Ctrl】键→分别选中 E3、E21 单元格→输入"研究生"→按组合键【Ctrl+Enter】完成输入。

Step02 用同样操作方法在 E4、E6、E15、E17、E20 单元格中输入"高中"，效果如图 1-7 所示。（示例结果见"结果文件\第 1 章\职工信息管理表 .xlsx"文件。）

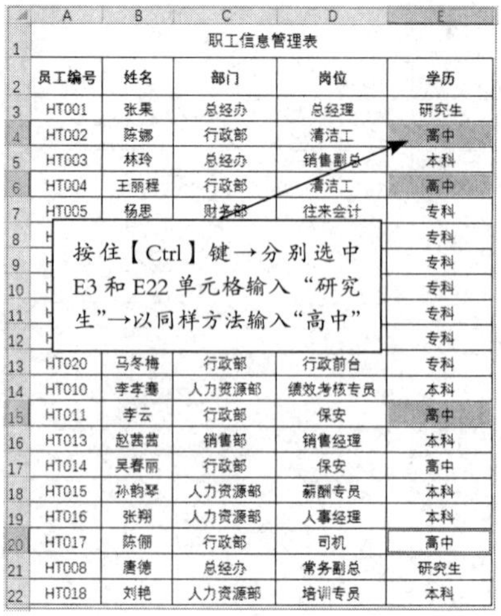

图 1-7

高手点拨 组合键【Shift+F8】的操作技巧

采用组合键【Shift+F8】批量选定单元格或单元格区域时，注意应首先选中第一个目标单元格，再按下组合键切换为"多选"模式，之后无须按住键盘即可继续选定其他多个单元格或单元格区域。按【Esc】键可取消该模式。

关键技能 002 批量填充数据的 3 种方式

技能说明

前面介绍的批量输入原始数据的方法适用于多个单元格或单元格区域均为相同内容的情况。如果原始数据是呈一定规律变化的序列，就需要运用批量填充才能高效完成工作任务。

在 Excel 中，一般可通过 3 种方式进行快速填充，即拖曳或双击鼠标进行简单填充、运用组合键进行智能填充、打开功能区对话框进行多种序列填充。各种填充方法、功能特点、适用情形如图 1-8 所示。

拖曳或双击鼠标	一般用于填充简单的序列号、数字、日期、公式等
组合键智能填充	• 【Ctrl+D】：向下填充。可批量填充同一行中一个或多个单元格中相同数据。可隔行填充 • 【Ctrl+R】：向右填充。可批量填充同一列中一个或多个单元格中相同数据。可隔列填充 • 【Ctrl+E】：向下智能填充。给定 1~2 个示例，即可识别填充意图，按照相同的方式向下填充。一般用于分列、合并数据
功能区对话框多种序列填充	可自定义步长值，以等差或等比数字序列填充，或按年、月或工作日序列填充日期

图 1-8

应用实战

3 种填充方法虽然适用的工作场景有所不同，但是在实际操作上都很简单。学习此技能的关键点是掌握它们之间的区别。

（1）拖曳或双击鼠标

打开“素材文件\第1章\职工信息管理表1.xlsx”文件，如图1-9所示，在<职工信息管理表1>中，为了方便统计职工人数和后期管理，现需根据职工姓名的排列顺序编制序号和职工编号。其中，职工编码规则为“HT001，HT002……”。

Step01 在A3和A4单元格分别输入数字“1”和“2”→在B3和B4单元格分别输入“HT001”和“HT002”。

Step02 选中A3:B4单元格区域→将鼠标指针移至B4单元格右下角，出现“+”字形的填充柄时→双击鼠标左键，或按住鼠标左键，拖曳鼠标至B22单元格即可完成批量填充，效果如图1-10所示。（示例结果见“结果文件\第1章\职工信息管理表1.xlsx”文件。）

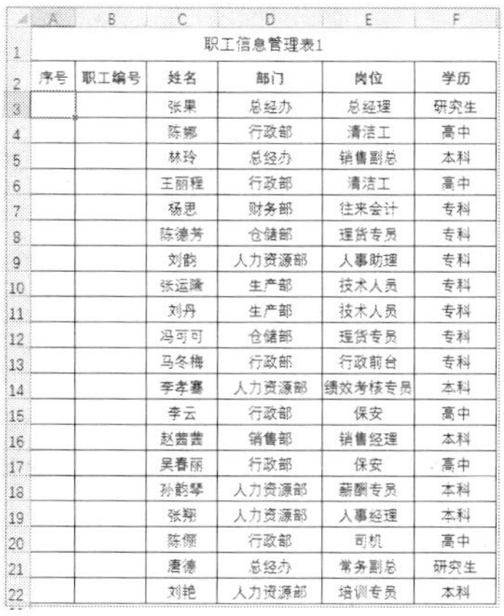

职工信息管理表1

序号	职工编号	姓名	部门	岗位	学历
		张果	总经办	总经理	研究生
		陈娜	行政部	清洁工	高中
		林玲	总经办	销售副总	本科
		王丽程	行政部	清洁工	高中
		杨思	财务部	往来会计	专科
		陈德芳	仓储部	理货专员	专科
		刘韵	人力资源部	人事助理	专科
		张运隆	生产部	技术人员	专科
		刘丹	生产部	技术人员	专科
		冯可可	仓储部	理货专员	专科
		马冬梅	行政部	行政前台	专科
		李孝骞	人力资源部	绩效考核专员	本科
		李云	行政部	保安	高中
		赵茜茜	销售部	销售经理	本科
		吴春丽	行政部	保安	高中
		孙韵琴	人力资源部	薪酬专员	本科
		张翔	人力资源部	人事经理	本科
		陈俪	行政部	司机	高中
		唐德	总经办	常务副总	研究生
		刘艳	人力资源部	培训专员	本科

图 1-9

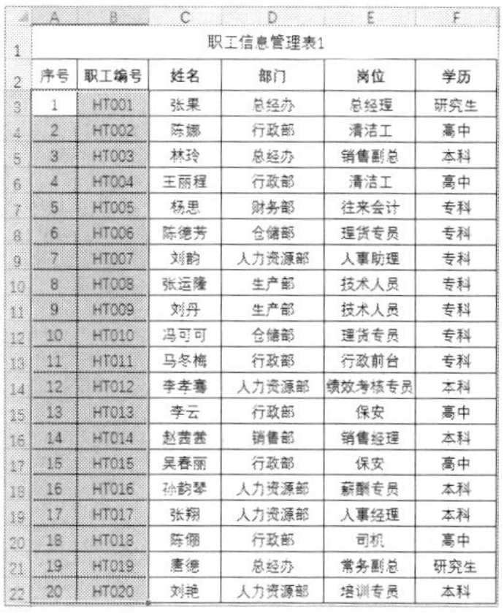

职工信息管理表1

序号	职工编号	姓名	部门	岗位	学历
1	HT001	张果	总经办	总经理	研究生
2	HT002	陈娜	行政部	清洁工	高中
3	HT003	林玲	总经办	销售副总	本科
4	HT004	王丽程	行政部	清洁工	高中
5	HT005	杨思	财务部	往来会计	专科
6	HT006	陈德芳	仓储部	理货专员	专科
7	HT007	刘韵	人力资源部	人事助理	专科
8	HT008	张运隆	生产部	技术人员	专科
9	HT009	刘丹	生产部	技术人员	专科
10	HT010	冯可可	仓储部	理货专员	专科
11	HT011	马冬梅	行政部	行政前台	专科
12	HT012	李孝骞	人力资源部	绩效考核专员	本科
13	HT013	李云	行政部	保安	高中
14	HT014	赵茜茜	销售部	销售经理	本科
15	HT015	吴春丽	行政部	保安	高中
16	HT016	孙韵琴	人力资源部	薪酬专员	本科
17	HT017	张翔	人力资源部	人事经理	本科
18	HT018	陈俪	行政部	司机	高中
19	HT019	唐德	总经办	常务副总	研究生
20	HT020	刘艳	人力资源部	培训专员	本科

图 1-10

（2）组合键智能填充

首先运用组合键【Ctrl+D】填充数据。打开“素材文件\第1章\职工信息管理表2.xlsx”文件，如图1-11所示，在<职工信息管理表2>中的D6、D15、D17、D20单元格中输入与D4单元格相同的数据“行政部”，在F6、F15、F17、F20单元格中输入与F4单元格相同的数据“高中”。操作方法如下。

选中D4单元格→按组合键【Shift+F8】，切换为“多选”模式→批量选定D6、D15、D17、D20单元格→按组合键【Ctrl+D】即可完成“行政部”批量填充。使用同样的方法可完成“高中”批量填充，效果如图1-12所示。（示例结果见“结果文件\第1章\职工信息管理表2.xlsx”文件。）

组合键【Ctrl+D】与【Ctrl+R】功能和操作方法相同，不同之处仅仅在于二者填充的方向。前者是向下填充，后者是向右填充。

下面运用组合键【Ctrl+E】的填充功能分别提取与合并单元格内容。打开“素材文件\第1章\职工信息管理表3.xlsx”文件，如图1-13所示，在<职工信息管理表3>中，HR准备完成两项工作：①从职工身份证号码中提取出生日期；②将职工住址合并至一个单元格中。

职工信息管理表2

序号	职工编号	姓名	部门	岗位	学历
1	HT001	张果	总经办	总经理	研究生
2	HT002	陈娜	行政部	清洁工	高中
3	HT003	林玲	总经办	销售副总	本科
4	HT004	王丽程		清洁工	
5	HT005	杨思	财务部	往来会计	专科
6	HT006	陈德芳	仓储部	理货专员	专科
7	HT007	刘韵	人力资源部	人事助理	专科
8	HT008	张运隆	生产部	技术人员	专科
9	HT009	刘丹	生产部	技术人员	专科
10	HT010	冯可可	仓储部	理货专员	专科
11	HT011	马冬梅	行政部	行政前台	专科
12	HT012	李孝骞	人力资源部	绩效考核专员	本科
13	HT013	李云		保安	
14	HT014	赵茜茜	销售部	销售经理	本科
15	HT015	吴春丽		保安	
16	HT016	孙韵琴	人力资源部	薪酬专员	本科
17	HT017	张翔	人力资源部	人事经理	本科
18	HT018	陈俪		司机	
19	HT019	唐德	总经办	常务副总	研究生
20	HT020	刘艳	人力资源部	培训专员	本科

图 1-11

职工信息管理表2

序号	职工编号	姓名	部门	岗位	学历
1	HT001	张果	总经办	总经理	研究生
2	HT002	陈娜	行政部	清洁工	高中
3	HT003	林玲	总经办	销售副总	本科
4	HT004	王丽程	行政部	清洁工	高中
5	HT005	杨思	财务部	往来会计	专科
6	HT006	陈德芳	仓储部	理货专员	专科
7	HT007	刘韵	人力资源部	人事助理	专科
8	HT008	张运隆	生产部	技术人员	专科
9	HT009	刘丹	生产部	技术人员	专科
10	HT010	冯可可	仓储部	理货专员	专科
11	HT011	马冬梅	行政部	行政前台	专科
12	HT012	李孝骞	人力资源部	绩效考核专员	本科
13	HT013	李云	行政部	保安	高中
14	HT014	赵茜茜	销售部	销售经理	本科
15	HT015	吴春丽	行政部	保安	高中
16	HT016	孙韵琴	人力资源部	薪酬专员	本科
17	HT017	张翔	人力资源部	人事经理	本科
18	HT018	陈俪	行政部	司机	高中
19	HT019	唐德	总经办	常务副总	研究生
20	HT020	刘艳	人力资源部	培训专员	本科

图 1-12

职工信息管理表3

序号	职工编号	姓名	部门	岗位	学历	身份证号码	出生日期	现住市	现住区	详细地址	现住址
1	HT001	张果	总经办	总经理	研究生	123456197501140000		北京市	朝阳区	××街102号	
2	HT002	陈娜	行政部	清洁工	高中	123456199403228000		北京市	西城区	××街66号	
3	HT003	林玲	总经办	销售副总	本科	123456197710162000		北京市	丰台区	××街35号	
4	HT004	王丽程	行政部	清洁工	高中	123456198910175000		北京市	东城区	××街181号	
5	HT005	杨思	财务部	往来会计	专科	123456198508262000		北京市	海淀区	××街26号	
6	HT006	陈德芳	仓储部	理货专员	专科	123456199606145000		北京市	门头沟区	××街25号	
7	HT007	刘韵	人力资源部	人事助理	专科	123456199009232318		北京市	通州区	××街63号	
8	HT008	张运隆	生产部	技术人员	专科	123456197610150423		北京市	顺义区	××街78号	
9	HT009	刘丹	生产部	技术人员	专科	123456198009132467		北京市	昌平区	××街121号	
10	HT010	冯可可	仓储部	理货专员	专科	123456199007241019		北京市	大兴区	××街1号	
11	HT011	马冬梅	行政部	行政前台	专科	123456199203171817		北京市	平谷区	××街5号	
12	HT012	李孝骞	人力资源部	绩效考核专员	本科	123456198311251920		北京市	怀柔区	××街16号	
13	HT013	李云	行政部	保安	高中	123456198104251018		北京市	朝阳区	××街29号	
14	HT014	赵茜茜	销售部	销售经理	本科	123456199406075180		北京市	通州区	××街8号	
15	HT015	吴春丽	行政部	保安	高中	123456198903255719		北京市	东城区	××街196号	
16	HT016	孙韵琴	人力资源部	薪酬专员	本科	123456197504182758		北京市	西城区	××街172号	
17	HT017	张翔	人力资源部	人事经理	本科	123456198711311295		北京市	海淀区	××街38号	
18	HT018	陈俪	行政部	司机	高中	123456198309211639		北京市	顺义区	××街69号	
19	HT019	唐德	总经办	常务副总	研究生	123456197504261000		北京市	朝阳区	××街43号	
20	HT020	刘艳	人力资源部	培训专员	本科	123456199005233000		北京市	海淀区	××街64号	

图 1-13

在 H3 单元格中输入身份证号码中代表出生日期的数字“19750114”→选中 H4 单元格→按组合键【Ctrl+E】完成输入。

在 L3 单元格中输入“北京市朝阳区 ×× 街 102 号”→选中 L4 单元格→按组合键【Ctrl+E】即可完成，效果如图 1-14 所示。（示例结果见“结果文件 \ 第 1 章 \ 职工信息管理表 3.xlsx”文件。）

职工信息管理表3

序号	职工编号	姓名	部门	岗位	学历	身份证号码	出生日期	现住市	现住区	详细地址	现住址
1	HT001	张果	总经办	总经理	研究生	123456197501140000	19750114	北京市	朝阳区	××街102号	北京市朝阳区××街102号
2	HT002	陈娜	行政部	清洁工	高中	123456199403228000	19940322	北京市	西城区	××街66号	北京市西城区××街66号
3	HT003	林玲	总经办	销售副总	本科	123456197710162000	19771016	北京市	丰台区	××街35号	北京市丰台区××街35号
4	HT004	王丽程	行政部	清洁工	高中	123456198910175000	19891017	北京市	东城区	××街181号	北京市东城区××街181号
5	HT005	杨思	财务部	往来会计	专科	123456198508262000	19850826	北京市	海淀区	××街26号	北京市海淀区××街26号
6	HT006	陈德芳	仓储部	理货专员	专科	123456199606145000	19960614	北京市	门头沟区	××街25号	北京市门头沟区××街25号
7	HT007	刘韵	人力资源部	人事助理	专科	123456199009232318	19900923	北京市	通州区	××街63号	北京市通州区××街63号
8	HT008	张运隆	生产部	技术人员	专科	123456197610150423	19761015	北京市	顺义区	××街78号	北京市顺义区××街78号
9	HT009	刘丹	生产部	技术人员	专科	123456198009132467	19800913	北京市	昌平区	××街121号	北京市昌平区××街121号
10	HT010	冯可可	仓储部	理货专员	专科	123456199007241019	19900724	北京市	大兴区	××街1号	北京市大兴区××街1号
11	HT011	马冬梅	行政部	行政前台	专科	123456199203171817	19920317	北京市	平谷区	××街5号	北京市平谷区××街5号
12	HT012	李孝骞	人力资源部	绩效考核专员	本科	123456198311251920	19831125	北京市	怀柔区	××街16号	北京市怀柔区××街16号
13	HT013	李云	行政部	保安	高中	123456198104251018	19810425	北京市	朝阳区	××街29号	北京市朝阳区××街29号
14	HT014	赵茜茜	销售部	销售经理	本科	123456199406075180	19940607	北京市	通州区	××街8号	北京市通州区××街8号
15	HT015	吴春丽	行政部	保安	高中	123456198903255719	19890325	北京市	东城区	××街196号	北京市东城区××街196号
16	HT016	孙韵琴	人力资源部	薪酬专员	本科	123456197504182758	19750418	北京市	西城区	××街172号	北京市西城区××街172号
17	HT017	张翔	人力资源部	人事经理	本科	123456198711311295	19871131	北京市	海淀区	××街38号	北京市海淀区××街38号
18	HT018	陈俪	行政部	司机	高中	123456198309211639	19830921	北京市	顺义区	××街69号	北京市顺义区××街69号
19	HT019	唐德	总经办	常务副总	研究生	123456197504261000	19750426	北京市	朝阳区	××街43号	北京市朝阳区××街43号
20	HT020	刘艳	人力资源部	培训专员	本科	123456199005233000	19900523	北京市	海淀区	××街64号	北京市海淀区××街64号

输入示例

按组合键【Ctrl+E】

图 1-14

温馨提示

> 组合键【Ctrl+E】是Excel 2013版新增的智能填充快捷键，仅支持Excel 2013及以上版本。

（3）功能区对话框多种序列填充

如果对填充序列有更高的要求，如需要填充的数据数量过多（从1~1000）、按等差或等比序列填充数字，按年、月或工作日填充日期，可通过【序列】对话框进行设置。操作方法如下。

Step01 ❶打开"素材文件\第1章\功能区对话框多种序列填充效果对比表.xlsx"文件，在B4:G4单元格区域中各输入一个示例→单击【开始】选项卡【编辑】组中的【填充】下拉按钮；❷单击下拉列表中的【序列】命令，如图1-15所示→弹出【序列】对话框，如图1-16所示。

Step02 将每一种填充类型的【序列产生在】设置为【列】→将【步长值】全部设置为"3"，如图1-17所示→为B:H区域中的每一列选择一种不同的序列类型对比填充效果，如图1-18所示。（示例结果见"结果文件\第1章\功能区对话框多种序列填充效果对比表.xlsx"文件。）

高手点拨　拖曳和双击鼠标填充的细微区别

> 采用双击鼠标填充有一个前提条件：与被填充的单元格相邻的左侧或右侧单元格不能为空值。例如，在B2:B10单元格双击鼠标填充数字，那么A2:A10或C2:C10单元格区域不得为空值。拖曳鼠标填充则无此限制。

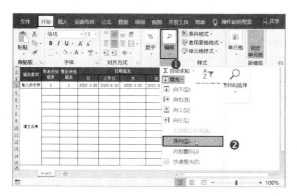

图 1-15

图 1-16

图 1-17

填充类型	等差序列填充	等比序列填充	日期填充				自动填充
			日	工作日	月	年	
输入的示例	1	1	2020-3-20	2020-3-20	2020-3-20	2020-3-20	123
	4	3	2020-3-23	2020-3-25	2020-6-20	2023-3-20	123
	7	9	2020-3-26	2020-3-30	2020-9-20	2026-3-20	123
	10	27	2020-3-29	2020-4-2	2020-12-20	2029-3-20	123
	13	81	2020-4-1	2020-4-7	2021-3-20	2032-3-20	123
填充效果	16	243	2020-4-4	2020-4-10	2021-6-20	2035-3-20	123
	19	729	2020-4-7	2020-4-15	2021-9-20	2038-3-20	123
	22	2187	2020-4-10	2020-4-20	2021-12-20	2041-3-20	123
	25	6561	2020-4-13	2020-4-23	2022-3-20	2044-3-20	123
	28	19683	2020-4-16	2020-4-28	2022-6-20	2047-3-20	123
	31	59049	2020-4-19	2020-5-1	2022-9-20	2050-3-20	123
	...	...	...	...	...	...	...

功能区对话框多种序列填充效果对比表

图 1-18

关键技能 003 运用"数据验证"有效规范数据录入

技能说明

为了后续统计分析工作能顺利进行，应当确保输入的原始数据的规范性。但无论是手工输入还是批量输入或批量填充，难免出现差错。为保证万无一失，对于某些内容相同、格式一致且需要频繁输入的数据，可以借助【数据验证】工具来帮助检验数据输入是否符合规范。

1.【数据验证】的作用

用户预先自行设定数据输入规则，输入数据时必须遵循设定规则，如果不经意"违规"输入时，系统即刻发出提醒、警告信息或阻止继续输入，提示用户予以更正，从而使数据的准确性得到保证。

2. 打开【数据验证】对话框的方法

（1）单击【数据】选项卡；（2）单击【数据工具】组中【数据验证】下拉按钮；（3）单击【数据验证】按钮，如图 1-19 所示。

图 1-19

3.【数据验证】选项卡功能说明

【数据验证】包含【设置】【输入信息】【出错警告】【输入法模式】4 个选项卡。各选项卡功能说明及设置方法如图 1-20 所示。

设置	输入信息	出错警告	输入法模式
• 可设置 6 类内置条件：包括整数、小数、序列、日期、时间、文本长度 • 可设置公式自定义条件 • 例如，设定 B2 单元格为"整数"，范围设置为小于 1000	• 选定单元格后显示用户自定义设置的信息标题和内容 • 主要用于提示、辅助说明单元格应输入的数据等 • 例如，设置 B2 单元格的"输入信息"为"请输入小于 1000 的整数"。选定 B2 单元格，即显示该信息	• 主要配合设置的条件发挥作用 • 输入无效信息时发出自定义的警告信息，可设定为警告并且阻止继续输入或者警告但允许继续输入 • 例如，在 B2 单元格中输入大于 1000 的数字，即发出警告	• 可设置随意、打开、关闭英文输入法 3 种输入模式。选定单元格后，自动切换为设定的输入模式 • 例如，B2：B10 单元格区域用于输入文本字符，将输入法设定为"打开"，选定区域内的任一单元格后自动切换为中文输入法

图 1-20

应用实战

打开“素材文件\第 1 章\职工信息管理表 4.xlsx”文件，如图 1-21 所示，在 <职工信息管理表 4> 中要求运用【数据验证】将姓名、部门、岗位、学历、身份证号码、出生日期、联系电话等字段所在的单元格区域设置相应条件，以保证输入数据规范，提高工作效率。

（1）将姓名、部门、岗位、学历字段输入法模式设置为“打开”

选中 C3:F22 单元格区域→打开【数据验证】对话框，❶ 切换至【输入法模式】选项卡；❷ 在“输入法模式”下拉菜单中选择“打开”选项；❸ 单击【确定】按钮即可，如图 1-22 所示。

效果测试：选中 C3:F22 区域中的任意一个单元格，输入法自动切换为中文输入法，如图 1-23 所示。（示例结果见“结果文件\第 1 章\职工信息管理表 4.xlsx”文件。）

职工信息管理表4

序号	职工编号	姓名	部门	岗位	学历	身份证号码	出生日期	联系电话
1	HT001	张果	总经办	总经理	研究生	123456197501140000	19750114	135****1235
2	HT002	陈娜	行政部	清洁工	高中	123456199403228000	19940322	136****1236
3	HT003	林玲	总经办	销售副总	本科	123456197710162000	19771016	137****1237
4	HT004	王丽程	行政部	清洁工	高中	123456198910175000	19891017	138****1239
5	HT005	杨思	财务部	往来会计	专科	123456198508262000	19850826	135****2001
6	HT006	陈德芳	仓储部	理货专员	专科	123456199606145000	19960614	135****2102
7	HT007	刘韵	人力资源部	人事助理	专科	123456199009232318	19900923	136****2303
8	HT008	张运隆	生产部	技术人员	专科	123456197610150423	19761015	138****2022
9	HT009	刘丹	生产部	技术人员	专科	123456198009132467	19800913	137****2505
10	HT010	冯可可	仓储部	理货专员	专科	123456199007241019	19900724	135****2036
11	HT011	马冬梅	行政部	行政前台	专科	123456199203171817	19920317	135****2073
12	HT012	李孝骞	人力资源部	绩效考核专员	本科	123456198311251920	19831125	135****1808
13	HT013	李云	行政部	保安	高中	123456198104251018	19810425	135****3306
14	HT014	赵茜茜	销售部	销售经理	本科	123456199406075180	19940607	135****5512
15	HT015	吴春丽	行政部	保安	高中	123456198903255719	19890325	137****2311
16	HT016	孙韵琴	人力资源部	薪酬专员	本科	123456197504182758	19750418	136****9612
17	HT017	张翔	人力资源部	人事经理	本科	123456198711311295	19871131	180****5132
18	HT018	陈俪	行政部	司机	高中	123456198309211639	19830921	159****6596
19	HT019	唐德	总经办	常务副总	研究生	123456197504261000	19750426	135****2612
20	HT020	刘艳	人力资源部	培训专员	本科	123456199005233000	19900523	137****2316

运用【数据验证】设置相应条件，确保数据输入规范。

图 1-21

图 1-22

职工信息管理表

序号	职工编号	姓名	部门	岗位	学历
1	HT001	张果	总经办	总经理	研究生
2	HT002	陈娜	行政部	清洁工	高中
3	HT003	林玲	总经办	销售副总	本科
4	HT004	王丽程	行政部	清洁工	高中
5	HT005	杨思	财务部	往来会计	专科
6	HT006	陈德芳	仓储部	理货专员	专科
7	HT007	刘韵	人力资源部	人事助理	专科
8	HT008	张运隆	生产部	技术人员	专科
9	HT009	刘丹	生产部	技术人员	专科
10	HT010	冯可可	仓储部	理货专员	专科
11	HT011	马冬梅	行政部	行政前台	专科
12	HT012	李孝骞	人力资源部	绩效考核专员	本科
13	HT013	李云	行政部	保安	高中
14	HT014	赵茜茜	销售部	销售经理	本科
15	HT015	吴春丽	行政部	五	
16	HT016	孙韵琴	人力资源部	薪酬专员	本科
17	HT017	张翔	人力资源部	人事经理	本科
18	HT018	陈俪	行政部	司机	高中
19	HT019	唐德	总经办	常务副总	研究生
20	HT020	刘艳	人力资源部	培训专员	本科

图 1-23

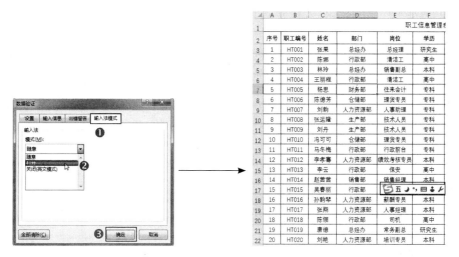

（2）将部门、岗位、学历字段分别设置为下拉菜单中的序列

Step01 选中 D3:D22 单元格区域→打开【数据验证】对话框，❶ 在【设置】选项卡中的"验证条件"—"允许"下拉菜单中选择"序列"选项；❷ 在"来源"文本框中输入"总经办，行政部，财务部，人力资源部，仓储部"（输入序列时以半角逗号隔开）；❸ 单击【确定】按钮（岗位、学历字段使用相同的方法即可），如图 1-24 所示。

Step02 效果测试。选中 D3:D22 单元格区域中的任意一个单元格→单击单元格右侧的下拉按钮，菜单中即可列示之前所设置的序列来源，效果如图 1-25 所示。（示例结果见"结果文件 \ 第 1 章 \ 职工信息管理表 4.xlsx"文件。）

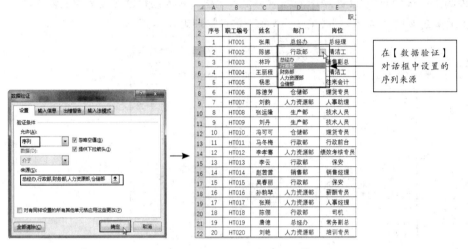

图 1-24　　　　　　　　　　　　　　　　　图 1-25

序列的"来源"可以直接输入内容，也可以链接序列所在的单元格区域。例如，"岗位"的备选项较多，可在其他单元格区域或其他工作表中单元格区域列表设置岗位序列。可在 Sheet2 工作表的 A2:A17 单元格区域中设置好岗位内容，如图 1-26 所示。再在【数据验证】对话框的【设置】选项卡中设置序列"来源"为"=Sheet2!$A$2:$A$17"，如图 1-27 所示。

图 1-26　　　　　　　　图 1-27

（3）将身份证号码、出生日期、联系电话字段设置为固定文本长度

在输入身份证号码、出生日期、联系电话等有固定长度的文本数据时设定文本长度，可有效防止在手工输入号码位数时多位或少位。三个字段的操作方法相同，下面以"身份证号码"为例介绍操作方法。

Step01 选中 G3:G22 单元格区域→打开【数据验证】对话框，❶ 在【设置】选项卡的"验证条件"—"允许"下拉菜单中选择"文本长度"选项；❷ 在"数据"下拉菜单中选择"等于"选项；

❸ 在 "长度" 文本框中输入 "18"，如图 1-28 所示。

图 1-28

Step02 ❶ 切换至【输入信息】选项卡→在 "标题" 和 "输入信息" 文本框中输入标题和信息内容（系统默认勾选 "选定单元格时显示输入信息" 选项），如图 1-29 所示；❷ 切换至【出错警告】选项卡→在 "标题" 和 "错误信息" 文本框中输入自定义内容（默认勾选 "输入无效数据时显示出错警告" 复选框、默认 "样式" 为 "停止"）；❸ 单击【确定】按钮即完成设置，如图 1-30 所示。

图 1-29   图 1-30

Step03 效果测试。❶ 选中 G3:G22 单元格区域中的任意一个单元格，如 G5 单元格，可看到出现图 1-29 中设置的自定义信息；❷ 删除 G5 单元格身份证号码中的一个数字→按【Enter】键后弹出对话框，显示图 1-30 中设置的自定义出错警告的信息。此时单击【重试】按钮后可以重新输入当前单元格的数据，直至符合要求，也可以单击【取消】按钮后关闭对话框后重新输入，如图 1-31 所示。（示例结果见 "结果文件 \ 第 1 章 \ 职工信息管理表 4.xlsx" 文件。）

高手点拨 **实现"输入法模式"自动切换还有一个秘密**

某些时候，用户运用【数据验证】设置 "输入法模式" 为 "打开" 后，会发现没有任何效果，并不能自动切换为中文输入法。这是因为，如果计算机中只有中文键盘输入法，而没有英文键盘输入法，是无法实现自动切换输入法模式的。因此请注意预先在计算机系统中添加英文键盘输入法。

图 1-31

1.2 高效获取外部数据

用户要高效获取原始数据，除了学会上述批量操作方法外，还应当掌握"获取外部数据"的技能，充分利用 Excel 提供的"获取外部数据"工具，将其他类型的文件、数据库、互联网中的数据直接导入至 Excel 表格中进行后续的数据处理工作。掌握好这些技能，能够更快更便捷地获取原始数据，提高数据处理能力和工作效率。

本节分别介绍如何导入外部文件数据、导入互联网数据、连接和导入 SQL Server 数据 3 个关键技能。

关键技能 004 快速导入外部文件数据

外部文件是指除 Excel 文件以外的其他类型文件。日常工作中，常用的外部文件包括 TXT 文本文件、Access 数据库文件、XML 文件等。这些文件数据通常是从各种应用软件中导出。如果用户希望运用 Excel 对这些数据做进一步的处理和统计，就需要运用"获取外部数据"工具将其导入 Excel 工作表当中。

技能说明

导入外部文件数据的方法非常简单，无论哪种类型的文件，具体操作方法都大致相同，一般可通过拖曳、复制粘贴、菜单导入 3 种方法实现快速导入数据。各种方法基本操作流程及说明如图 1-32 所示。

应用实战

下面分别运用以上 3 种方法导入 TXT、Access、XML 文件，以便读者熟悉每种操作方法的特点和区别。

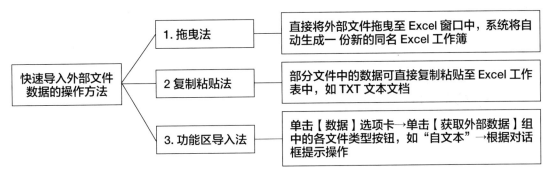

图 1-32

（1）拖曳法导入 TXT 文件

图 1-33 所示的 TXT 文件是财务人员从"增值税发票税控开票软件"中导出的 < 客户信息表 >（见"素材文件 \ 第 1 章 \ 客户信息表 .txt"文件），由于在文本文件中不便管理客户信息，需要将其中的数据导入到 Excel 工作表中。

打开 Excel 窗口，缩小窗口，使其与文件夹窗口并列→选中 < 客户信息表 >TXT 文件拖曳至 Excel 文件窗口中→系统自动生成名为"客户信息表"的 Excel 工作簿，如图 1-34 所示。（示例结果见"结果文件 \ 第 1 章 \ 客户信息表 .xlsx"文件。）

图 1-33

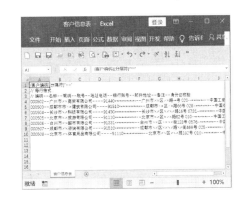

图 1-34

高手点拨　导入 TXT 文件的格式调整技巧

导入 TXT 文件后，所有数据默认存放在同一列单元格中，如本节示例文件 < 客户信息表 > 中的数据全部存放在 A 列中，不便于后续处理。此时可运用分列功能将数据拆分至各列中。

（2）复制粘贴法导入 Access 文件

如果用户需要将 Access 数据库里的某一张数据表中的全部数据或部分数据导入到 Excel 中处理，可以直接将数据复制粘贴至 Excel 工作表中。

Step01　打开"素材文件 \ 第 1 章 \ 员工信息表 .accdb"文件（Access 文件）→新建一个 Excel 工作簿（或在已有 Excel 工作簿新建工作表）→选中 < 员工信息表 > 中的第 1~20 行，如图 1-35 所示。

Step02 按组合键【Ctrl+C】复制→切换至 Excel 工作簿窗口→选中工作表中 A1 单元格→按组合键【Ctrl+V】粘贴即可，如图 1-36 所示。（示例结果见"结果文件 \ 第 1 章 \ 员工信息表 .xlsx"文件。）

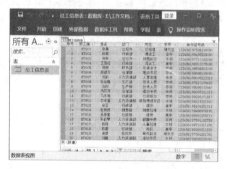

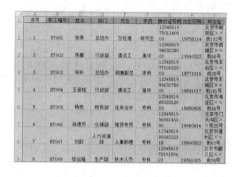

图 1-35

图 1-36

（3）通过功能区导入 XML 文件

XML 格式是一种简单的数据存储语言，在某些应用软件中的部分数据只提供此格式文件的导出功能。如"增值税发票税控开票软件"系统的"发票查询"模块中的数据表格就只能导出 XML 文件，将其导入到 Excel 表格中即可进行后续处理。

Step01 新建一个 Excel 工作簿（或在已有 Excel 工作簿新建工作表），❶ 单击【数据】选项卡；❷ 单击【获取外部文件】组中的【自其他来源】下拉按钮；❸ 单击下拉菜单中的【来自 XML 数据导入】选项，如图 1-37 所示。

Step02 在弹出的【获取数据源】对话框中双击"素材文件 \ 第 1 章 \ 销项发票 .xml"文件→弹出【导入数据】对话框→选择数据的放置位置后单击【确定】按钮，如图 1-38 所示。

导入 XML 文件数据效果如图 1-39 所示。（示例结果见"结果文件 \ 第 1 章 \ 销项发票 .xlsx"文件。）

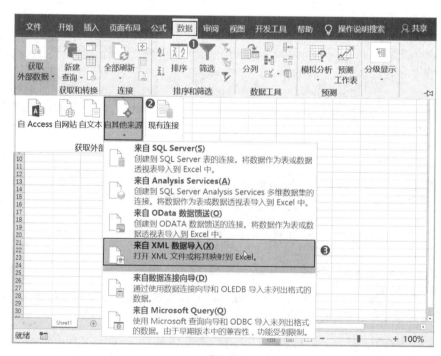

图 1-37

图 1-38

图 1-39

关键技能 005 导入互联网数据，建立实时数据查询

日常工作中，很多用户经常需要登录相关网站查询数据。对此，Excel 也提供了导入网站数据的功能。导入的数据能够在设定的时间节点随网站数据的更新而自动刷新，方便用户更及时快捷地获取工作所需数据，并用于后续处理。导入互联网数据可以运用2种方法，第一种方法仍然是通过"获取外部数据"功能将网页中的数据全部导入 Excel 工作表中，第二种方法是通过"新建查询"功能创建查询表，Excel 将自动识别网页中的全部数据表，用户选择需要的表格后导入 Excel 工作表中，如图 1-40 所示。

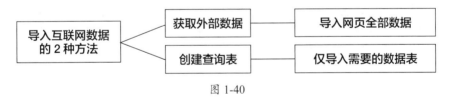

图 1-40

技能说明

通过"获取外部数据"导入网站数据的操作的关键点是设置外部数据区域的属性，发挥不同的作用。导入互联网数据的基本操作步骤如图 1-41 所示。

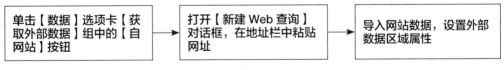

图 1-41

采用"创建查询表"的方式导入网站数据表，是通过【新建查询】功能将网站指定的数据表导入 Excel 工作表中，基本操作步骤如图 1-42 所示。

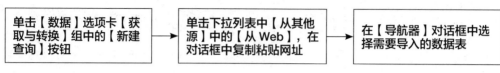

单击【数据】选项卡【获取与转换】组中的【新建查询】按钮	→	单击下拉列表中【从其他源】中的【从 Web】，在对话框中复制粘贴网址	→	在【导航器】对话框中选择需要导入的数据表

图 1-42

应用实战

（1）通过"获取外部数据"导入网站数据

图 1-43 所示为用于查询每日外汇汇率的网站，将汇率表导入 Excel 工作表后，不必登录网站即可随时查询最新实时汇率，同时可设置公式计算即期汇率及其他相当数据，对于进出口贸易企业非常实用。

Step01 新建一个 Excel 工作簿，命名为"汇率表"→单击【数据】选项卡【获取外部数据】组中的【自网站】按钮打开【新建 Web 查询】对话框，❶ 将网址复制粘贴至"地址"栏中；❷ 单击【转到】按钮后打开网站；❸ 单击【导入】按钮，如图 1-44 所示。

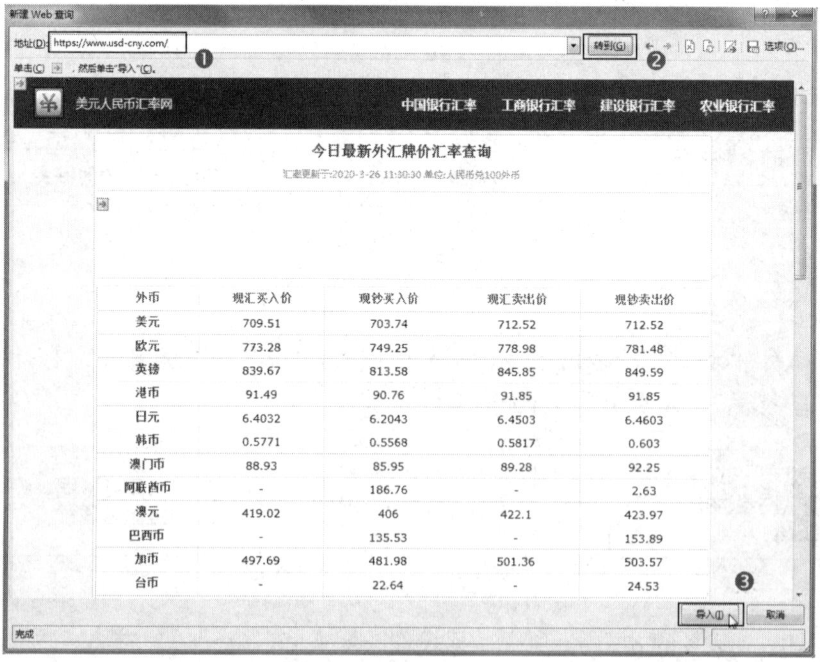

图 1-43

图 1-44

Step02 ❶ 单击弹出的【导入数据】对话框中的【属性】按钮，如图 1-45 所示；❷ 弹出【外部数据区域属性】对话框→勾选"刷新频率"复选框，修改时间为"30"分钟或其他时间；❸ 勾选"打开文件时刷新数据"复选框；❹ 勾选"在与数据相邻的列向下填充公式"复选框，其他选项系统默认选定，建议不作更改；❺ 设置完成后单击【确定】按钮，如图 1-46 所示。

图 1-45　　　　　　　　　图 1-46

导入效果如图 1-47 所示。其中数据将按照在【外部数据区域属性】对话框中所设定的频率自动与网站数据同步更新。（示例结果见"结果文件\第 1 章\汇率表 .xlsx"文件。）

图 1-47

高手点拨　刷新数据技巧

　　如果未到设定的数据刷新时间，而需要立即刷新时，可以通过手动快速刷新。右击外部数据所在单元格区域的任意一个单元格，在弹出的快捷菜单中选择【刷新】选项即可，或者单击【数据】选项卡→单击【连接】组中的【全部刷新】下拉按钮→将【刷新】按钮添加至【快速访问工具栏】中，可随时单击刷新数据。

（2）创建查询表导入网站数据

　　通过【数据】选项卡【获取与转换】中的"新建查询"功能（Excel 2016 新增功能），用户可以从网页中选择需要的数据表导入，如图 1-48 所示，网站中包含了多个数据表，但是用户只希望导入 < 中国人民银行每日中间价 > 这张表格。

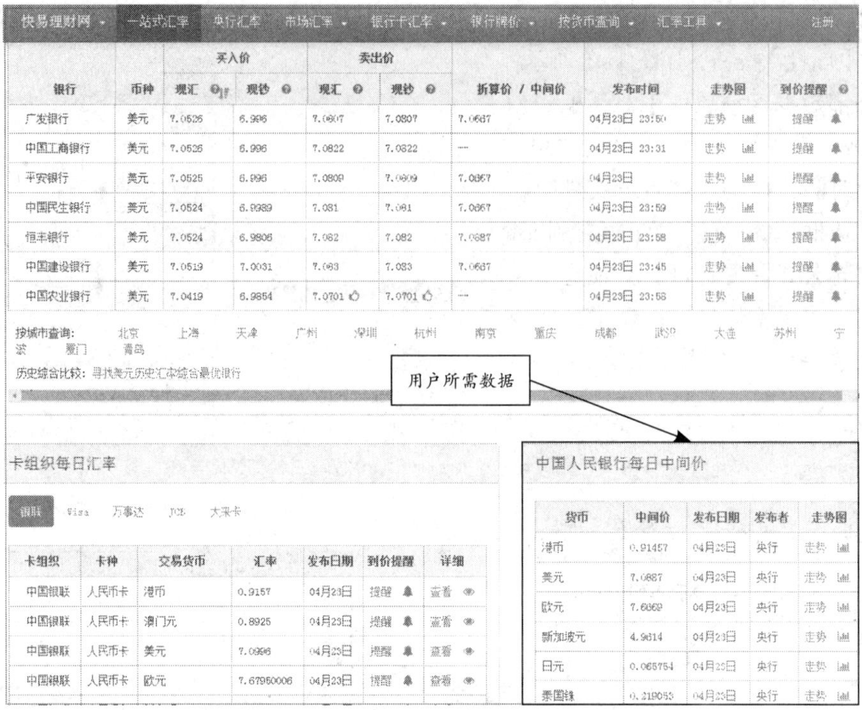

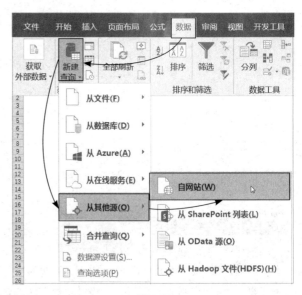

图 1-48

Step01 新建 Excel 工作簿，命名为"汇率表 1"。单击【数据】选项卡下【获取与转换】组中的【新建查询】下拉按钮→在弹出的下拉列表中选择"从其他源"选项→单击子列表中的"自网站"命令，如图 1-49 所示。

图 1-49

Step02 ❶ 弹出【从 Web】对话框，将网址复制粘贴至 URL 文本框中，单击【确定】按钮，如图 1-50 所示；❷ 弹出【导航器】对话框，其中列示该网站所包含的全部数据表，可从中选择需要的一张或数张表格，并在右侧预览框中显示表格图片，本例选择"Table35"数据表；❸ 单击【加载】按钮，如图 1-51 所示。

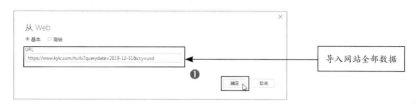

图 1-50

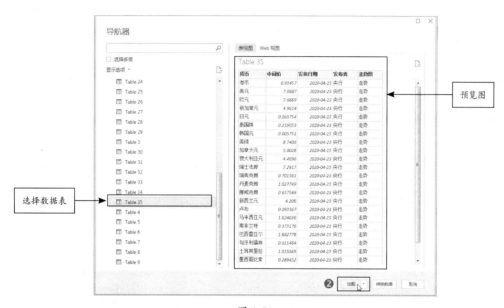

图 1-51

操作完成后，可看到数据表已被加载至 Excel 自动生成的新工作表中，如图 1-52 所示。如需刷新数据，右击数据区域→在弹出的快捷菜单中单击【刷新】命令即可。（示例结果见"结果文件\第 1 章\汇率表 1.xlsx"文件。）

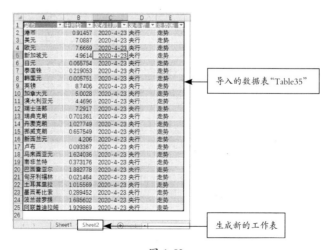

图 1-52

关键技能 **006** 连接导入 SQL Server 数据

SQL Server 是一种关系型数据库。企业中使用的各种 ERP 系统、进销存管理系统的数据一般都存放在 SQL Server 数据库中。虽然上述管理系统中的数据通常可以直接导出到 Excel 表格，但是这种方法导出的仅仅是某个时间点的数据，是静态的。当管理系统中的数据更新后，Excel 中的数据无法随之动态更新。如果将 Excel 与 SQL Server 数据库连接，即可及时刷新，掌握最新数据。

技能说明

连接 SQL Server 数据库依然使用"获取外部数据"工具，根据系统提示逐步导入。之后刷新数据的操作方法与网站数据相同，非常方便和快捷。不过，数据来源不同，操作步骤自然也与其他来源略有不同。下面介绍连接导入 SQL Server 数据的基本操作步骤，如图 1-53 所示。

图 1-53

应用实战

图 1-54 所示为某进销存管理系统中的其中一张表单。下面连接 SQL Server 数据将这份表单导入 Excel 工作表中。当系统表单中的数据更新后，Excel 表格中的数据也可及时同步更新。

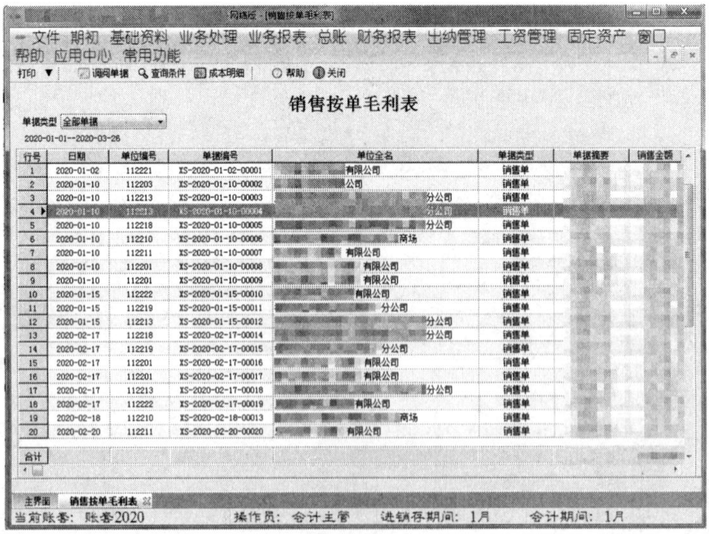

图 1-54

Step01 新建 Excel 工作簿，❶ 单击【数据】选项卡；❷ 单击【获取外部数据】组中【自其他来源】下拉菜单中的【来自 SQL Server】选项，如图 1-55 所示。

图 1-55

Step02 弹出【数据连接向导】对话框，
❶ 在"服务器名称"文本框中输入数据库所在的
服务器名称（或局域网内服务器的 IP 地址）；
❷ 登录凭据默认为"使用 Windows 验证"；
❸ 单击【下一步】按钮，如图 1-56 所示。

Step03 ❶ 在下拉列表中选择需要连接的数
据库名称（即进销存管理系统的账套名称），如
图 1-57 所示；❷ 在"名称"列表框中选择"V_
jxc_ExportData"表（可导出所有单据明细）；❸
单击【完成】按钮，如图 1-58 所示。

图 1-56

图 1-57

图 1-58

Step04 弹出【导入数据】对话框→保持默认设置，直接单击【确定】按钮即可完成。此时可看到导入的数据表中事实上包含了所有类型单据的明细数据，效果如图 1-59 所示。

温馨提示

在【数据连接向导】中选择数据表名称后，单击【下一步】按钮可自定义文件名称、添加数据表说明、设置搜索关键词及身份验证等。

图 1-59

第2章

整理和规范数据的 18 个关键技能

本书第 1 章介绍了如何高效获取原始数据的 6 个相关技能，但这仅仅是运用 Excel 处理数据之前的一项基础工作。而我们使用 Excel 的主要目的是让其高效准确地核算和分析海量数据，在确保工作质量的前提下，大幅度提高工作效率。要实现这一目的，就必须保证原始数据符合 Excel 的基本规范要求。"不以规矩，不成方圆"，只有数据表格的布局规范合理，数据格式整齐划一，Excel 才能对数据进行准确的核算和分析，也才能真正提高工作效率。因此，高效整理和规范数据，更是职场人士不可缺失的重要技能。

本章将从单元格数据格式、快速查找与替换数据和格式、选择性粘贴数据、数据分列、数据排序等细节入手，介绍整理和规范数据的 18 个关键技能。本章讲解的知识框架如图 2-1 所示。

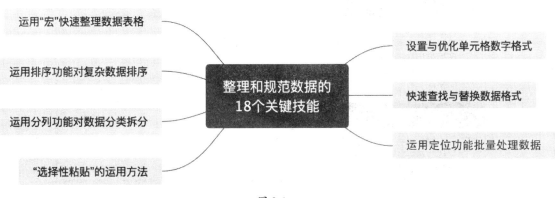

图 2-1

2.1 设置与优化单元格的数字格式

对于原始数据，无论是手工录入、通过 Excel 的"获取外部数据"功能从其他来源导入，还是来自其他系统直接导出的 Excel 文件，都要将数值所在单元格格式进行初步的设置与优化，使其符合 Excel 后续核算分析的基本规范要求，提高核算分析的准确度。本节介绍 5 个相关关键技能。

关键技能 007 根据数值类型设置格式

技能说明

设置和优化单元格的数字格式，其实是对单元格格式进行设置。换言之，就是根据原始数据的类型，设置相应的单元格格式，通过 Excel 中的【设置单元格格式】对话框进行操作。

（1）打开【设置单元格格式】对话框的 3 种方式

打开【设置单元格格式】对话框有 3 种方式：功能区、快捷菜单和组合键，如图 2-2 所示。打开对话框后，可看到【数字】选项卡下包含了 12 种数字类型，如图 2-3 所示。

功能区
• 选中需要设置格式的单元格或单元格区域→单击【开始】选项卡【单元格】组中的【格式】按钮

快捷菜单
• 选中需要设置格式的单元格或单元格区域→右击后弹出快捷菜单→单击【设置单元格格式】命令

组合键
• 选中需要设置格式的单元格或单元格区域→按组合键【Ctrl+1】

图 2-2

图 2-3

（2）各"数字"类型的特点和作用

规范单元格"数字"格式，首先应对各种类型的特点及其作用做一个全面了解，才能准确地为原始数据设置匹配的类型。各类型的特点、作用及格式如图 2-4 所示。

【常规】	【数值】	【货币】
1. 一般为初始默认类型，无特定格式； 2. 可自动隐藏数字首尾的 "0"； 3. 可根据单元格数值自动识别其类型	1. 可设置数字的小数位数并自动四舍五入，输入位数不足的在数字尾部自动补零； 2. 可添加千位分隔符； 3. 可设置 4 种负数格式	与 "数值" 格式大致相同。不同点： 1. 自带千位分隔符； 2. 可添加各国货币符号

【会计专用】	【日期】	【时间】
与 "数值" 和 "货币" 格式大致相同。不同点： 1. 自动添加千位分隔符； 2. 无负数格式选项； 3. 数字为 "0" 时的显示方式不同； 4. 货币符号与数字的对齐方式不同	1. 可设置多种日期格式； 2. 可显示为星期； 3. 日期中可包含时间； 4. 可选择国家 / 地区	1. 可设置多种时间格式； 2. 可选择国家 / 地区

【百分比】	【分数】	【科学记数】
1. 自动添加 "%" 符号； 2. 可设置小数位数	1. 可设置分母位数为 1~3 位数； 2. 可分别指定分母为 "2、4、8、16"	1. 可设置小数位数； 2. 在 "常规" 状态下输入整数数字超过 11 位将返回科学记数格式

【文本】	【特殊】	【自定义】
1. 输入内容与单元格返回内容完全一致； 2. 输入身份证号码、条形码等位数较多的数字在文本格式中可正常显示	可设置显示固定长度为 6 位的邮政编码、中文小写数字、中文大写数字三种类型	可使用自定义数字格式代码组合出需要的格式

图 2-4

应用实战

设置数字格式的方法非常简单，只需选中需要设置格式的单元格或单元格区域→打开【设置单元格格式】对话框→在【数字】选项卡中 "分类" 列表中选择相应的类型即可。下面列举几个简例，简要介绍几种常用类型的设置方式（"自定义" 类型将在 <关键技能 009：突破规则自定义格式> 小节中详细介绍），并对比不同格式的不同显示效果。

（1）同一数字在常规、数值、货币、会计专用、百分比格式下的效果对比

由于 "常规" "数值" "货币" "会计专用" "百分比" 等格式类型具有诸多相同和不同之处，

下面在 Excel 工作表中分别将 B:F 列区域中的各列设置为以上 5 种不同的单元格格式后再分别输入相同的字符，以便读者直观对比各种数值类型格式的区别，如图 2-5 所示。

（2）同一日期在常规、数值、日期、文本格式下的效果对比

"日期"类型中可选择不同的国家（或地区）的语言，并包含多个子类型，能够分别返回不同的日期格式效果。"日期"类型中的子类型列表如图 2-6 所示。

图 2-5　　　　　　　　　　　　　　　图 2-6

注意输入日期时的规则：系统自动默认年度为当前计算机系统日期所在年度，如果输入当年日期，可按 "月 - 日"的规则输入。例如，当前日期为 2020 年 3 月 20 日，只需输入"3-20"。如果输入其他年份的日期，则需要按"年 - 月 - 日"规则输入。例如，2019 年 3 月 20 日，应输入"2019-3-20"。此外，"常规"格式能够智能识别输入的日期，返回日期类型格式。其他格式下，输入日期也将分别返回不同格式。

下面在 Excel 工作表中的 B3:I3 单元格区域中输入"3-20"后，再将 C3:I3 单元格区域中各单元格的数字格式分别设置为"数值""日期"（设置部分子类型）、"文本"类型，以便读者观察不同格式下的显示效果，如图 2-7 所示。

（3）文本格式的主要用途

"文本"格式的特点是"输入即所得"，即输入什么字符就返回什么字符。在日常工作中的主要作用是完整显示"0"在前的数字（商品编号、职工编号等）或身份证号码等长串数字。这些数字在其他格式类型下无法完整正确地显示。

下面分别将 Excel 工作表的 B:D 列区域中的各列设置为"常规""数值""文本"格式→在 B3:D3 单元格区域中输入"000558"→在 B4:D4 单元格区域输入 18 位数字"123456123456123456"。可看到只有"文本"格式才能完整和准确地显示输入的字符，如图 2-8 所示。

图 2-7　　　　　　　　　　　　　　　图 2-8

关键技能 008 用好"格式刷"，刷出高效率

技能说明

"格式刷"是在 Excel 中批量复制粘贴格式的一种快捷工具。日常工作中，如果要将某些单元格或单元格区域，甚至整张工作表设置为完全相同的格式，那么只需设置好一个单元格或单元格区域的格式，再使用格式刷即可刷出数个相同的格式。用好格式刷，可以节省重复设置格式的时间和精力，大幅度提高工作效率。

激活格式刷有 2 种操作"姿势"：单击或双击【开始】选项卡的【剪贴板】组中的【格式刷】按钮 ✍。注意单击和双击格式刷后，对于粘贴格式的效果和作用是不同的，二者的具体区别如图 2-9 所示。

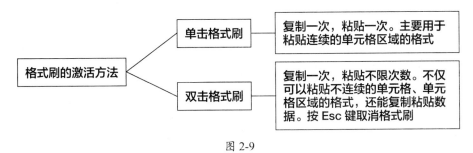

图 2-9

应用实战

下面分别介绍单击和双击格式刷后，粘贴格式的具体操作方法和技巧。

（1）单击格式刷粘贴格式

打开"素材文件 \ 第 2 章 \2020 年 2 月销售收入日报表 .xlsx"文件，如图 2-10 所示，在 A3:A12 单元格区域（"销售日期"字段）中，A6 和 A11 单元格格式为标准日期格式，其他单元格为"常规"格式。下面使用格式刷将该区域中所有单元格格式"刷"成标准日期格式。

图 2-10

❶ 选中 A6 单元格→单击【开始】选项卡【剪贴板】组中的【格式刷】按钮，如图 2-11 所示；

❷ 鼠标指针变为图标 ➕🖌 →拖曳鼠标选中 A3:A12 单元格区域，如图 2-12 所示；❸ 释放鼠标即可完成格式粘贴，效果如图 2-13 所示。（示例结果见"结果文件\第 2 章\2020 年 2 月销售收入日报表 .xlsx"文件。）

高手点拨 将常用功能按钮添加至【快速访问工具栏】

　　在 Excel 中，可将常用的功能按钮添加到"快捷访问工具栏"中。例如，添加【格式刷】按钮：在功能区中右击【格式刷】按钮→在弹出的快捷菜单中选择"添加到快捷访问工具栏"命令即可。如果功能区中没有所需按钮，可单击【文件】选项卡→打开【选项】对话框→在【快速访问工具栏】选项中的"常用命令"或"所有命令"列表框中选择目标按钮添加即可。

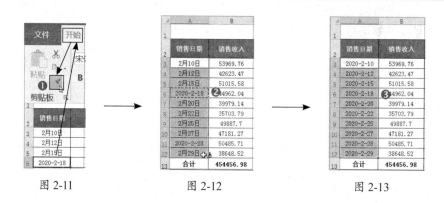

图 2-11　　　　　　　　图 2-12　　　　　　　　图 2-13

（2）双击格式刷粘贴格式

　　双击格式刷后，可以无限次粘贴格式。打开"素材文件\第 2 章\2020 年 2 月销售收入日报表 1.xlsx"文件，其中 B3:G12 单元格区域的数字格式默认为"常规"，如图 2-14 所示。

	2020年2月销售收入日报表1					
销售日期	销售收入	比重	环比增长/下降额	环比增长/下降率	高/低于日均收入额	高/低于日均收入比率
2020/2/10	53969.76	0.1188	0	0	8524.07	0.1876
2020/2/12	42623.47	0.0938	-11346.29	-0.2102	-2822.22	-0.0621
2020/2/15	51015.58	0.1123	8392.11	0.1969	5569.89	0.1226
2020/2/18	44962	0.0989	-6053.58	-0.1187	-483.69	-0.0106
2020/2/20	39979.14	0.088	-4982.86	-0.1108	-5466.55	-0.1203
2020/2/22	35703.79	0.0786	-4275.35	-0.1069	-9741.9	-0.2144
2020/2/25	49887.7	0.1098	14183.91	0.3973	4442.01	0.0977
2020/2/27	47181.27	0.1038	-2706.43	-0.0543	1735.58	0.0382
2020/2/28	50485.71	0.1111	3304.44	0.07	5040.02	0.1109
2020/2/29	38648.52	0.085	-11837.19	-0.2345	-6797.17	-0.1496
合计	454,456.94	100.00%	0.00	0.00%	0.00	0.00%

　　　　　　　　　　　　　　　　　　　　　　　←　数字格式为"常规"

图 2-14

　　下面将 B3:B12、D3:D12 和 F3:F12 单元格区域的数字格式设置为"数值"格式，将 C3:C12、E3:E12、G3:G12 单元格区域设置为"百分比"格式。

　　Step01 将 B3:B12 中任一单元格设置为"数值"格式→双击【格式刷】按钮→鼠标指针变为图标 ➕🖌 →拖曳鼠标依次选中 B3:B12、D3:D12 和 F3:F12 单元格区域即可，效果如图 2-15 所示。

　　Step02 使用相同的方法将 C3:C12、E3:E12、G3:G12 单元格区域"刷"为"百分比"格式，效果如图 2-16 所示。（示例结果见"结果文件\第 2 章\2020 年 2 月销售收入日报表 1.xlsx"文件。）

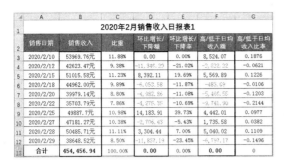

			2020年2月销售收入日报表1				
	销售日期	销售收入	比重	环比增长/ 下降额	环比增长/ 下降率	高/低于日均 收入额	高/低于日均 收入比率
3	2020/2/10	53969.76元	11.88%	0.00	0.00%	8,524.07	0.1876
4	2020/2/12	42623.47元	9.38%	-11,346.29	-21.02%	-2,822.22	-0.0621
5	2020/2/15	51015.58元	11.23%	8,392.11	19.69%	5,569.89	0.1226
6	2020/2/18	44962.00元	9.89%	-6,053.58	-11.87%	-483.69	-0.0106
7	2020/2/20	39979.14元	8.80%	-4,982.86	-11.08%	-5,466.55	-0.1203
8	2020/2/22	35703.79元	7.86%	-4,275.35	-10.69%	-9,741.90	-0.2144
9	2020/2/25	49887.7元	10.98%	14,183.91	39.73%	4,442.01	0.0977
10	2020/2/27	47181.27元	10.38%	-2,706.43	-5.43%	1,735.58	0.0382
11	2020/2/28	50485.71元	11.11%	3,304.44	7.00%	5,040.02	0.1109
12	2020/2/29	38648.52元	8.50%	-11,837.19	-23.45%	-6,797.17	-0.1496
13	合计	454,456.94	100.00%	0.00	0.00%	0.00	0

图 2-15

			2020年2月销售收入日报表1				
	销售日期	销售收入	比重	环比增长/ 下降额	环比增长/ 下降率	高/低于日均 收入额	高/低于日均 收入比率
3	2020/2/10	53969.76元	11.88%	0.00	0.00%	8,524.07	18.76%
4	2020/2/12	42623.47元	9.38%	-11,346.29	-21.02%	-2,822.22	-6.21%
5	2020/2/15	51015.58元	11.23%	8,392.11	19.69%	5,569.89	12.26%
6	2020/2/18	44962.00元	9.89%	-6,053.58	-11.87%	-483.69	-1.06%
7	2020/2/20	39979.14元	8.80%	-4,982.86	-11.08%	-6,466.55	-12.03%
8	2020/2/22	35703.79元	7.86%	-4,275.35	-10.69%	-9,741.90	-21.44%
9	2020/2/25	49887.7元	10.98%	14,183.91	39.73%	4,442.01	9.77%
10	2020/2/27	47181.27元	10.38%	-2,706.43	-5.43%	1,735.58	3.82%
11	2020/2/28	50485.71元	11.11%	3,304.44	7.00%	5,040.02	11.09%
12	2020/2/29	38648.52元	8.50%	-11,837.19	-23.45%	-6,797.17	-14.96%
13	合计	454,456.94	100.00%	0.00	0.00%	0.00	0.00%

图 2-16

高手点拨 批量"刷"单元格格式的技巧

在 <2020 年 2 月销售收入日报表 > 的 B3:G12 单元格区域中，可以利用单元格格式"均等隔列相同"的特点，运用更简单快捷的操作技巧进行批量粘贴，分别将 B3:B12 和 C3:C12 单元格区域设置为"数值"和"百分比"格式→选中 B3:C12 单元格区域→单击【格式刷】按钮后拖曳鼠标选中 D3:G12 单元格区域即可。

关键技能 009 突破规则自定义格式

技能说明

在【设置单元格格式】对话框的【数字】选项卡中，可以看到有 12 种格式类型。除"常规"和"自定义"格式外，其他类型都是 Excel 预置，都有着各自特定的格式，在单元格中输入数字后会根据指定类型显示数据格式，基本可以满足日常工作需求。但是仅仅掌握前面 11 种预置格式的设置方法，对于提高数据能力和工作效率其实是收效甚微的。真正作用斐然的格式是内有乾坤的"自定义"格式。用户在遵循 Excel 格式大规则的前提下，可以突破预置规则，充分拓展思维，随心所欲地自行定义任何数据格式，更大程度地提高数据处理能力和工作效率。

"自定义"格式设置的操作方法很简单，只需打开【设置单元格格式】对话框→在【数字】选项卡中的"分类"列表框中选择"自定义"选项→在"类型"列表框中选择一种格式代码或在文本框中直接输入自定义的格式代码，如图 2-17 所示。

应用实战

设置"自定义"格式的关键点并不在于具体的操作方法或在列表框中选择哪种现有格式，而是要掌握其中的"套路"，自行定义格式。这个套路是：用好各种格式代码。这些格式代码主要包括数字占位符"0"、文本占位符"@"、日期占位符"yyyy""m""d"、条件符号"[ ]"、其他特殊符号等。下面介绍具体运用方法和技巧。

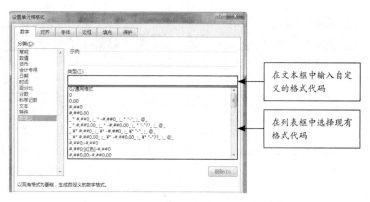

图 2-17

（1）用数字占位符"0"显示固定长度的数字

日常工作中，经常需要输入固定长度的数字，如商品编号、职工编号、单据号码等。这些号码的编码规则通常是：若数字位数不足固定位数，即会在其前面添 0 补足位数。例如，"00001234" "0000022"等。将格式自定义为"00000000"即可自动补 0，如"00001234"，只需实际输入"1234"即可显示"00001234"。也可在固定长度的数字首尾或任何位置添加其他文本。

打开"素材文件\第 2 章\职工信息管理表 5.xlsx"文件，如图 2-18 所示，在＜职工信息管理表 5＞中，将 A3:A22 单元格区格的"职工编号"设为固定格式"HT- 固定长度为三位数的序号"。如"HT-001" "HT-002"……设置方法如下。

职工编号	姓名	部门	岗位	学历
	职工信息管理表5			
1	张果	总经办	总经理	研究生
2	陈娜	行政部	清洁工	高中
3	林玲	总经办	销售副总	本科
4	王丽程	行政部	清洁工	高中
5	杨思	财务部	往来会计	专科
6	陈德芳	仓储部	理货专员	专科
7	刘韵	人力资源部	人事助理	专科
8	张运隆	生产部	技术人员	专科
9	刘丹	生产部	技术人员	专科
10	冯可可	仓储部	理货专员	专科
11	马冬梅	行政部	行政前台	专科
12	李孝蹇	人力资源部	绩效考核专员	本科
13	李云	行政部	保安	高中
14	赵茜茜	销售部	销售经理	本科
15	吴春丽	行政部	保安	高中
16	孙韵琴	人力资源部	薪酬专员	本科
17	张翔	人力资源部	人事经理	本科
18	陈俪	行政部	司机	高中
19	唐德	总经办	常务副总	研究生
20	刘艳	人力资源部	培训专员	本科

图 2-18

选中 A3:A22 单元格区域→在【设置单元格格式】对话框中"自定义"分类中的"类型"文本框中输入格式代码""HT-"000"→单击【确定】按钮即可，如图 2-19 所示。格式效果如图 2-20 所示。（示例结果见"结果文件\第 2 章\职工信息管理表 5.xlsx"文件。）

（2）用数字占位符"0"或"#"在数字后面添加单位

日常工作中，有时需要在数字后面添加单位，如"1236.26 元"。如果我们在单元格中直接输入数字 + 文本，那么公式是无法进行正常计算的。通过自定义格式添加单位则不会对公式计算有任何影响。

打开"素材文件\第 2 章\2020 年 2 月销售收入日报表 2.xlsx"文件，如图 2-21 所示，在 B3:B12 单元格区域（"销售收入"字段）中的数字后面添加文本"元"之后，其他单元格区域中的公式全部报错或计算错误。

图 2-19

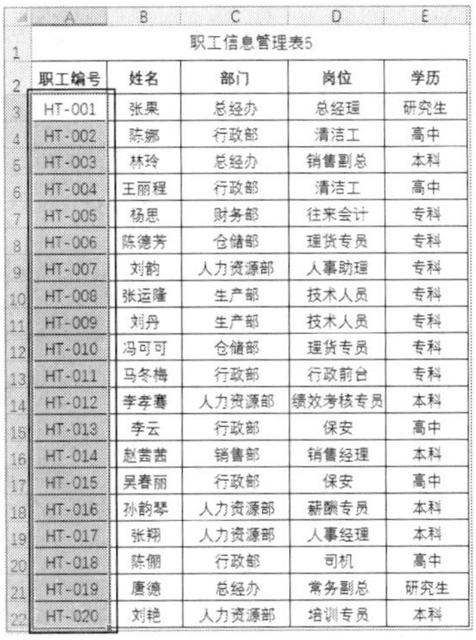

图 2-20

图 2-21

下面通过自定义格式在数字后面添加"元"，以保证公式正常运算。分别将 B3:B8 和 B9:B12 单元格区域自定义为"0.00 元"和"#.## 元"→删除之前在数字后面直接添加的"元"字即可。注意数字占位符"0"和"#"的主要区别在于："0"能够自动补位，如 B6 单元格中的"44962.00 元"，而"#"自动隐藏数字 0，如 B9 单元格中的"49887.7 元"，效果如图 2-22 所示。（示例结果见"结果文件\第 2 章\2020 年 2 月销售收入日报表 2.xlsx"文件。）

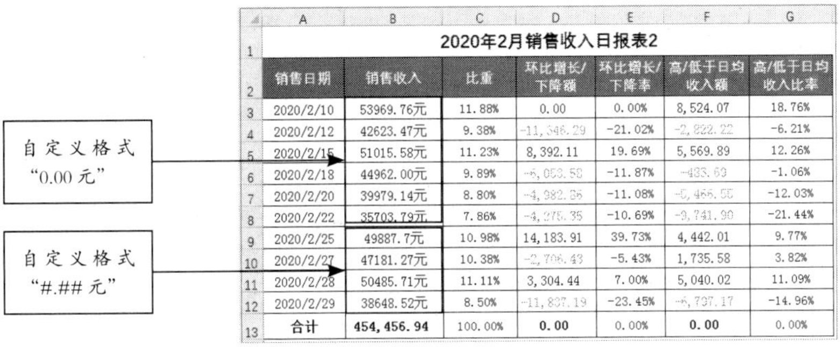

图 2-22

（3）用固定文本 + 文本占位符或日期占位符简化手工输入

我们在制作各类表格时，通常都会在标题前面冠以企业名称，或在标题相同的表格中添加不同的日期，如“××市××有限公司职工信息管理表”“××市××有限公司 2020 年 2 月销售日报表”。自定义格式后，只需在固定文本中添加文本占位符“@”或插入日期占位符“yyyy”（年份数）、“m”（月份数）、“d”（日期数）后，再输入几个关键字，即可显示完整的表格标题，不仅简化手工输入，还能减少出错率。

如图 2-23 所示，B2 和 B3 单元格的自定义格式代码分别是“" 北京市恒图商贸有限公司 2020 年 "@" 表 "”和“" 北京市恒图商贸有限公司 "yyyy" 年 "m" 月销售日报表 "”。只需在 B2 单元格中输入“利润”，在 B3 单元格中输入“2020-2”即可显示指定的文本内容。

	A	B	C
1	实际输入的字符	自定义格式显示效果	在【单元格格式设置】对话框–"自定义"的"类型"文本框中输入的格式内容
2	利润	北京市恒图商贸有限公司2020年利润表	"北京市恒图商贸有限公司2020年"@"表"
3	2020-2	北京市恒图商贸有限公司2020年2月销售日报表	"北京市恒图商贸有限公司"yyyy"年"m"月销售日报表"

图 2-23

温馨提示

设置自定义格式时，注意在固定文本前后添加英文双引号。其他所有符号也必须在英文输入法状态下输入。同时，文本占位符和日期占位符不能同时使用。例如，设置“" 北京市恒图商贸有限公司 "yyyy" 年 "m" 月 "@" 表 "”后 Excel 将提示设置无效。

（4）用条件符号“[ ]”设定条件，显示指定内容

如果需要对单元格数据做判断，或在表格中频繁输入固定文本字符，可以在条件符号“[ ]”中设定条件，再设置满足条件后返回的内容。注意这种自定义格式最多只能设置 2 组条件，并指定显示 3 项不同的内容。同时可根据所设条件，指定字体颜色。基本设置规则为“[颜色][条件 1] 指定内容 ; [颜色][条件 2] 指定内容 ; 指定内容”。下面列举两个示例介绍设置方法。

◆示例一：打开“素材文件 \ 第 2 章 \ 职工信息管理表 6.xlsx”文件，在 H3:H12 单元格区域（“性别”字段）中输入“1”时，返回“男”，否则返回“女”。操作方法如下。

将单元格区域自定义格式为“[=1]" 男 ";" 女 "”即可，效果如图 2-24 所示。（示例结果见“结果文件 \ 第 2 章 \ 职工信息管理表 6.xlsx”文件。）

H3 | 1

	A	B	C	D	E	F	G	H
1	职工信息管理表6							
2	序号	职工编号	姓名	部门	岗位	学历	身份证号码	性别
3	1	HT001	张果	总经办	总经理	研究生	123456197501140011	男
4	2	HT002	陈娜	行政部	清洁工	高中	123456199403228026	女
5	3	HT003	林玲	总经办	销售副总	本科	123456197710162062	女
6	4	HT004	王丽程	行政部	清洁工	高中	123456198910175080	女
7	5	HT005	杨思	财务部	往来会计	专科	123456198508262026	女
8	6	HT006	陈德芳	仓储部	理货专员	专科	123456199606145042	女
9	7	HT007	刘韵	人力资源部	人事助理	专科	123456199009232318	男
10	8	HT008	张运隆	生产部	技术人员	专科	123456197610150423	女
11	9	HT009	刘丹	生产部	技术人员	专科	123456198009132467	女
12	10	HT010	冯可可	仓储部	理货专员	专科	123456199007241019	男

自定义格式：
“[=1]" 男 ";" 女 "”

图 2-24

◆示例二：打开“素材文件\第2章\2020年3月库存明细表.xlsx”文件，如图2-25所示。判断F3:F17单元格中的商品库存数量，大于等于500件返回“高库存”，小于200件返回“预警”，字体设为红色，其他数量返回“正常”。操作方法如下。

在G3单元格中设置公式“=F3”→向下填充公式至G17单元格→选中G3:G17单元格区域→设置自定义格式为“[>=500]高库存;[红色][<200]预警;正常”即可，格式效果如图2-26所示。（示例结果见“结果文件\第2章\2020年3月库存明细表.xlsx”文件。）

2020年3月库存明细表

存货编号	存货全名	面料	型号	条形码	结存数量	库存状态
KC015	女士长裤	金丝绒	HT-6091	69******88117	15	
KC006	长袖衬衫	雪纺	HT-6011	69******88111	20	
KC014	男士短裤	棉麻	HT-6071	69******88115	65	
KC004	长款女士羽绒服	鸭绒	HT-6141	69******88124	86	
KC002	长款男士羽绒服	鸭绒	HT-6121	69******88122	96	
KC009	长袖连衣裙	纯棉	HT-6031	69******88113	122	
KC001	短款男士羽绒服	鸭绒	HT-6111	69******88121	150	
KC008	短袖连衣裙	纯棉	HT-6021	69******88112	210	
KC012	长袖T恤	纯棉	HT-6061	69******88120	220	
KC007	短袖衬衫	纯棉	HT-6001	69******88110	300	
KC010	无袖连衣裙	雪纺	HT-6041	69******88114	365	
KC013	女士短裤	牛仔	HT-6081	69******88116	526	
KC011	短袖T恤	纯棉	HT-6051	69******88119	586	
KC005	短款男士风衣	混纺	HT-6151	69******88125	587	
KC003	短款女士羽绒服	鸭绒	HT-6131	69******88123	592	
合计					3940	-

图 2-25

2020年3月库存明细表

存货编号	存货全名	面料	型号	条形码	结存数量	库存状态
KC001	短款男士羽绒服	鸭绒	HT-6111	69******88121	150	预警
KC002	长款男士羽绒服	鸭绒	HT-6121	69******88122	96	预警
KC003	短款女士羽绒服	鸭绒	HT-6131	69******88123	592	高库存
KC004	长款女士羽绒服	鸭绒	HT-6141	69******88124	86	预警
KC005	短款男士风衣	混纺	HT-6151	69******88125	587	高库存
KC006	长袖衬衫	雪纺	HT-6011	69******88111	20	预警
KC007	短袖衬衫	纯棉	HT-6001	69******88110	300	正常
KC008	短袖连衣裙	纯棉	HT-6021	69******88112	210	正常
KC009	长袖连衣裙	纯棉	HT-6031	69******88113	122	预警
KC010	无袖连衣裙	雪纺	HT-6041	69******88114	365	正常
KC011	短袖T恤	纯棉	HT-6051	69******88119	586	高库存
KC012	长袖T恤	纯棉	HT-6061	69******88120	220	正常
KC013	女士短裤	牛仔	HT-6081	69******88116	526	高库存
KC014	男士短裤	棉麻	HT-6071	69******88115	65	预警
KC015	女士长裤	金丝绒	HT-6091	69******88117	15	预警
合计					3940	-

自定义格式
“[>=500]高库存;[红色][<200]预警;正常”

图 2-26

温馨提示

自定义格式中，可分别设置8种字体颜色，包括红色、洋红、黄色、蓝色、绿色、青色、黑色、白色。

（5）用特殊格式代码实现特殊效果

除了以上格式代码外，自定义格式中还可使用几种特殊的代码，能够发挥不同的特殊作用，并实现不同的特殊效果。主要包括星号“*”、格式代码分段标志“;”和字母“aaaa”等。同时，输入代码的次数不同，其格式效果也略有区别，如图2-27所示。

特殊格式代码	作用	实际输入内容	自定义格式效果	在【单元格格式设置】对话框【自定义】文本框中输入的格式代码
*	填充单元格。即以单元格列宽为限，输入一次*号+数字后，即重复显示*号之后的数字。输入两次*号+数字，则在数字前面显示*号直填满单元格	6	6666666666666666666	*6
		6	******************6	**6
;	格式代码分段标志，仅输入“;”，可以隐藏单元格中的数据。连续输入三次可隐藏文本型“数字”；输入一次，可隐藏其他类型的数据	提高Excel数据能力的关键技能		;;;
		12345678		;
a	根据输入的日期显示星期数。输入三次“a”，仅显示对应星期的数字;输入四次“a”，完整显示为“星期？”	2020年4月8日	三	aaa
		2020年4月8日	星期三	aaaa

图 2-27

关键技能 010 数据对齐方式大有讲究

技能说明

“对齐”是指通过设置单元格格式，使其中的数据以某种方式排列对齐，如居中对齐、靠左对齐、靠右对齐、分散对齐，以及自动换行、缩小字体填充等。设置对齐方式非常简单，在【设置单元格格式】对话框的【对齐】选项卡进行设置即可。但是，在某些情形下，对齐方式是有讲究和技巧的。

　　例如，为了表格美观，用户一般习惯于将表格的标题或表格汇总行所在单元格格式设置为合并居中，那么在对数据排序时就会出现问题。如<2020 年 3 月库存明细表> 中，A1:G1、A18:E18 单元格区域均被合并为一个单元格，对"结存数量"进行排序时，即弹出对话框提示无法排序，如图 2-28 所示。

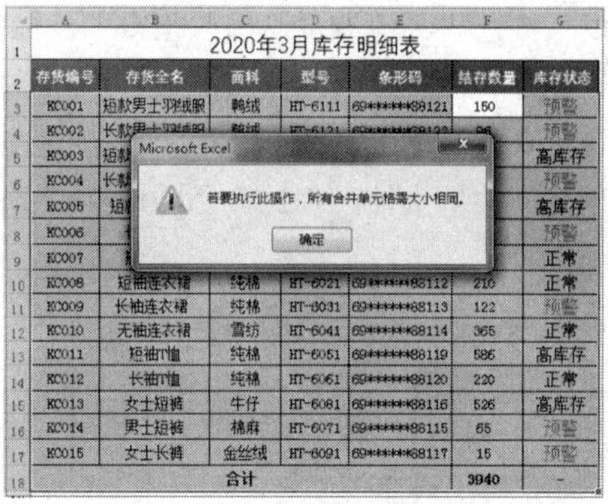

图 2-28

　　如果要满足排序，就必须取消单元格合并格式，但又会影响美观。那么如何才能两全其美呢？许多"菜鸟"的解决方法是：取消"合并后居中"格式→排序→恢复设置"合并后居中"格式。如此排序一次，就要往复操作一次，既费时，又耗力。其实只需将对齐方式设置为"跨列居中"，既不影响单元格"合并后居中"效果，又能对数据进行正常排序。提高数据处理能力和工作效率，也应当从对齐方式这个细节点入手，熟练掌握这一技能。

应用实战

下面介绍设置"跨列居中"解决排序问题的具体操作方法。

Step01 ❶ 打开"素材文件 \ 第 2 章 \2020 年 3 月库存明细表 1.xlsx"文件→按住【Ctrl】键，选中合并后的 A1 和 A18 单元格；❷ 打开【设置单元格格式】对话框→切换至【对齐】选项卡；❸ 勾选【文本控制】中的"合并单元格"复选框后再取消勾选；❹ 在"文本对齐方式"–"水平对齐"列表框中选择"跨列居中"选项后单击【确定】按钮关闭对话框，如图 2-29 所示。

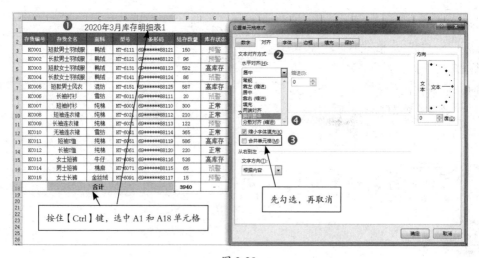

图 2-29

Step02 此时可看到表格标题和"合计"仍然居中。选中 F3:F17 单元格区域，即可正常排序，效果如图 2-30 所示。（示例结果见"结果文件\第 2 章\2020 年 3 月库存明细表 1.xlsx"文件。）

		2020年3月库存明细表1				
存货编号	存货名全称	面料	型号	条形码	结存数量	库存状态
KC015	女士长裤	金丝绒	HT-6091	69******88117	15	预警
KC006	长袖衬衫	雪纺	HT-6011	69******88111	20	预警
KC014	男士短裤	棉麻	HT-6071	69******88115	65	预警
KC004	长款女士羽绒服	鸭绒	HT-6141	69******88124	86	预警
KC002	长款男士羽绒服	鸭绒	HT-6121	69******88122	96	预警
KC009	长袖连衣裙	纯棉	HT-6031	69******88113	122	预警
KC001	短袖男士羽绒服	鸭绒	HT-6111	69******88121	150	预警
KC008	短袖连衣裙	纯棉	HT-6021	69******88112	210	正常
KC012	长袖衬衫	纯棉	HT-6061	69******88120	220	正常
KC007	短袖衬衫	纯棉	HT-6001	69******88110	300	正常
KC010	无袖连衣裙	雪纺	HT-6041	69******88114	365	正常
KC013	女士短裤	牛仔	HT-6081	69******88116	526	高库存
KC011	短袖T恤	纯棉	HT-6051	69******88119	586	高库存
KC005	短款男士风衣	混纺	HT-6151	69******88123	587	高库存
KC003	短款女士羽绒服	棉绒	HT-6131	69******88123	592	高库存
		合计			3940	-

图 2-30

高手点拨 解决字符不能完整显示的两个方法

当单元格内字符长度超过单元格预设宽度时，字符不能完整显示，可通过 2 个方法解决：①在【开始】选项卡【单元格】组中的"格式"下拉列表中选择【自动适应列宽】命令；②在【设置单元格格式】对话框【对齐】选项卡中的【文本控制】中勾选"自动换行"或"缩小字体填充"复选框。但需注意，一般文本类字符设置为"自动换行"或"缩小字体填充"均可，而数字类字符只适用"缩小字体填充"。

关键技能 011 锁定单元格，隐藏公式并保护核心数据

技能说明

实际工作中，用户制作的工作表中通常包含大量数据和函数公式，为了保护核心数据，防止他人擅自修改或查看公式，可通过设置保护需要的单元格区域，其他单元格区域仍然允许编辑。设置步骤如图 2-31 所示。

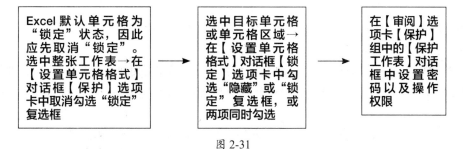

图 2-31

应用实战

打开"素材文件\第 2 章\个人所得税计算表 .xlsx"文件，如图 2-32 所示，<个人所得税计算表>中灰色部分的 C3:E10 单元格区域中全部设置了重要公式，选中其中任一单元格后，编辑栏即显示公式内容。

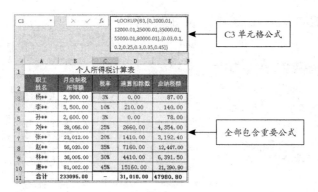

图 2-32

下面锁定 C3:E10 单元格区域并将公式隐藏。

Step01 ❶ 将鼠标指针移至工作表左上角 ◢ 图标处，指针变为"十"字形后单击即可选定整张工作表，如图 2-33 所示；❷ 打开【设置单元格格式】对话框→切换至【保护】选项卡；❸ 取消勾选"锁定"复选框后单击【确定】按钮关闭对话框，如图 2-34 所示。

图 2-33   图 2-34

Step02 选中 C3:E10 单元格区域→在【设置单元格格式】对话框【保护】选项卡中勾选"锁定"和"隐藏"复选框后单击【确定】按钮关闭对话框。

Step03 ❶ 单击【审阅】选项卡【保护】组中的【保护工作表】按钮，如图 2-35 所示；❷ 弹出【保护工作表】对话框→设定取消工作表保护时使用的密码（123）；❸Excel 默认勾选"选定锁定单元格"和"选定解除锁定的单元格"（可取消并自行勾选其他选项）复选框，这里不做修改；❹ 单击【确定】按钮，如图 2-36 所示→弹出【确认密码】对话框，再次输入密码即可。

Step04 检验效果。❶ 选中 C3 单元格，可看到编辑栏中不再显示公式，如图 2-37 所示；❷ 双击 C3:E10 单元格区域中的任一单元格，可看到弹出对话框提示输入密码才能更改其中内容，如图 2-38 所示。（示例结果见"结果文件\第 2 章\个人所得税计算表 .xlsx"文件。）

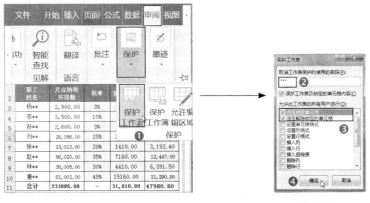

图 2-35

图 2-36

图 2-37

图 2-38

查找和替换功能的进阶运用技巧

查找和替换功能是 Excel 中的常用功能，但是，越常用的功能往往越容易被忽略。因此，多数用户并未深究过其中隐藏的技巧，只会运用查找和替换对数据做基本的处理，数据处理能力和工作效率自然也不高。对此，本节将介绍【查找和替换】功能中除基础操作之外的两个方面的进阶运用技巧，以帮助读者从这一细节面提高数据处理能力和工作效率。

关键技能 012 巧用"查找"快速跳转目标工作表

技能说明

【查找和替换】功能最简单的用法就是运用"查找"从工作表或工作簿范围内快速找到包含被

查找内容的所有单元格。我们可以巧妙利用这一点，实现在同一工作簿中，在包含有相同关键字的多个工作表之间快速跳转。操作步骤如图 2-39 所示。

打开【查找和替换】对话框→输入各工作表中均包含了相同内容的关键字 → 设置查找范围→查找全部工作表 → 单击被找到的工作表名称即可快速跳转至目标工作表

图 2-39

应用实战

打开"素材文件\第 2 章\工资管理表 .xlsx"文件，其中包含了 8 张工作表。每张工作表中都包含企业名称"北京市 ×× 有限公司"，如图 2-40 所示。下面运用"查找"功能查找企业名称快速跳转至各工作表。

员工编号	姓名	部门	岗位	基本工资	岗位工资	绩效工资	工龄津贴	加班工资	考勤扣款	全勤奖	应发工资	养老保险(8%)	失业
						北京市××有限公司							
						2020年3月工资表							
HT001	张果	总经办	总经理	12000	10000	11116	550		90		33576	2686	
HT002	陈娜	行政部	清洁工	2000	500	1768	500			200	4968	397	
HT003	林玲	总经办	销售副总	8000	500	7747	400		50		16597	1328	
HT004	王丽程	行政部	清洁工	2000	500	1621	400		60		4461	357	
HT005	杨思	财务部	往来会计	6000	500	4863	300		30		11633	931	
HT006	陈德芳	仓储部	理货专员	4500	500	3316	250		30		8546	684	
HT007	刘韵	人力资源部	人事助理	5000	500	5211	200		30		10881	870	
HT008	张运隆	生产部	技术人员	6500	500	6500	150		60		13590	1087	
HT009	刘丹	生产部	技术人员	6500	500	5611	50		30		12631	1010	
HT010	冯可可	仓储部	理货专员	4500	500	3695			30		8665	693	
HT011	马冬梅	行政部	行政前台	4000	500	3032				200	7732	619	
HT012	李孝骞	人力资源部	绩效考核专员	7000	500	6189			20		13669	1094	
HT013	李云	行政部	保安	3000	500	2211			30		5681	454	
HT014	赵茜茜	销售部	销售经理	7000	500	6632			20		14112	1129	
HT015	吴春丽	行政部	保安	3000	500	2811			30		6281	502	
HT016	孙韵琴	人力资源部	薪酬专员	6000	500	5242			20		11722	938	
HT017	张翔	人力资源部	人事经理	6500	500	6432				200	13632	1091	
HT018	陈俪	行政部	司机	4500	500	3742				200	8942	715	
HT019	唐德	总经办	常务副总	8000	500	7684			30		18154	1452	
HT020	刘艳	人力资源部	培训专员	6000	500	5179				200	11879	950	

员工年休假天数统计表　员工休假统计表　考勤表　绩效工资　工资表　工资条　考勤数据源　考勤记录表

图 2-40

Step01 按组合键【Ctrl+F】打开【查找和替换】对话框，❶ 在"查找内容"文本框中输入关键字"北京"；❷ 在"范围"下拉列表中选择"工作簿"选项；❸ 在"查找范围"下拉列表中选择"值"选项；❹ 单击【查找全部】按钮，如图 2-41 所示。

图 2-41

Step02 对话框下方弹出列表框，列示所有包含"北京"二字的工作表、单元格及单元格中的全部内容。单击目标工作表链接即可快速跳转，如图 2-42 所示。

高手点拨　查找公式中的工作表引用

在同一个工作簿中，各工作表的数据通常都存在勾稽关系。因此在某一工作表中设置计算公式时，就需要引用其他工作表中的数据。那么，如果想要知道某张工作表被哪些工作表中的公式所引用，只需在"查找内容"中输入工作表名称，再将【查找和替换】对话框中的"查找范围"设置为"公式"即可。

图 2-42

关键技能 013 巧用"替换"批量完成工作

技能说明

巧妙运用【查找和替换】中的"替换"功能可以批量完成很多看似简单实际烦琐的工作。例如，从外部获取的原始文件中通常包含大量无效字符，影响公式核算的准确性，运用"替换"功能可一次性将无效字符批量删除；某些原始数据中包含不同单位的数字，公式计算将报错，运用"替换"功能配合智能填充组合键【Ctrl+E】即可快速解决。另外，当需要将单元格区域中不连续单元格的格式更改为相同格式时，运用"替换"功能一键批量替换格式是最快捷的方法。本节针对以上情形，介绍"替换"功能的 3 种巧妙用法，如图 2-43 所示。

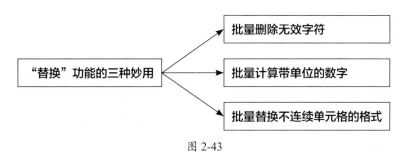

图 2-43

应用实战

（1）批量删除无效字符

打开"素材文件 \ 第 2 章 \2020 年 3 月 1—15 日部门销售报表 .xlsx"文件，如图 2-44 所示，工作表中的部分单元格内数字中包含空格（红色方框标识），导致数字无效，因此 B18:F18 与 F3:F17

单元格区域的“合计”数据也不准确。下面运用“替换”功能一键删除数字中的空格。

❶ 选中 B3:E17 单元格区域→按组合键【Ctrl+H】打开【查找和替换】对话框→在“查找内容”文本框中按一次空格键（注意“替换为”文本框中不要输入任何字符）；❷ 单击【全部替换】按钮即可完成批量删除，如图 2-45 所示。

2020年3月1—15日部门销售报表					
日期	营业部1部	营业部2部	营业部3部	营业部4部	合计
2020-3-1	8205.45	11924.28	14356.81	15615.17	50101.71
2020-3-2	8365.92	9619.23	9492.36	11 427.7	27477.51
2020-3-3	8348.05	14476.16	12113.23	10985.04	45922.48
2020-3-4	726 3.62	11302.23	17 350.78	13 226.25	11302.23
2020-3-5	7609.92	8230. 18	6962.95	1139 0.55	14572.87
2020-3-6	8944.56	5125	16113.62	12218.03	42401.21
2020-3-7	10937.38	6526.62	6552.9	6475.09	30491.99
2020-3-8	1370.37	17485.72	42 61.47	6828.37	25684.46
2020-3-9	7640.08	133 86.52	15934.85	10412.71	33987.64
2020-3-10	6497.52	12200.85	65 00.67	6350.32	25048.69
2020-3-11	15615.56	7910.65	13178	3523.1 2	36704.21
2020-3-12	4819.08	9899.26	15327.12	5191.29	35236.75
2020-3-13	6927.91	9639.21	1394 3.43	3563.32	20130.44
2020-3-14	13145.04	13 317.48	3985.64	9 128.31	17130.68
2020-3-15	8469.66	5856.14	16806.14	12100.62	43232.56
合计	116,896.50	121,965.35	130,823.62	89,739.96	459,425.43

图 2-44

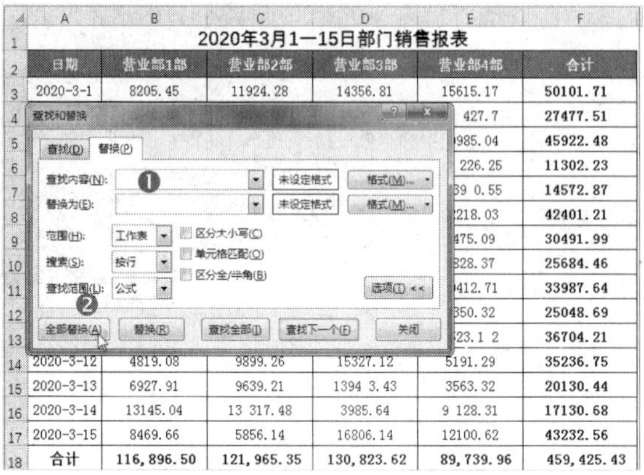

图 2-45

完成操作后，即可看到数字中的空格已全部被删除，同时 B18:F18 与 F3:F17 单元格区域的“合计”数据也变为正确的计算结果，效果如图 2-46 所示。（示例结果见“结果文件\第 2 章\2020 年 3 月 1—15 日部门销售报表 .xlsx”文件。）

2020年3月1—15日部门销售报表					
日期	营业部1部	营业部2部	营业部3部	营业部4部	合计
2020-3-1	8205.45	11924.28	14356.81	15615.17	50101.71
2020-3-2	8365.92	9619.23	9492.36	11427.7	38905.21
2020-3-3	8348.05	14476.16	12113.23	10985.04	45922.48
2020-3-4	7263.62	11302.23	17350.78	13224.25	49140.88
2020-3-5	7609.94	8230.18	6962.95	11390.55	34193.62
2020-3-6	8944.56	5124	16114.64	12218.03	42401.23
2020-3-7	10937.38	6526.62	6552.9	6475.09	30491.99
2020-3-8	1370.37	17485.72	4261.47	6828.37	29945.93
2020-3-9	7640.08	13386.52	15934.85	10412.71	47374.16
2020-3-10	6497.52	12200.85	6500.67	6350.32	31549.36
2020-3-11	15615.56	7910.65	13178	3523.12	40227.33
2020-3-12	4819.08	9899.26	15327.12	5191.29	35236.75
2020-3-13	6927.91	9639.21	13943.43	3563.32	34073.87
2020-3-14	13145.04	13317.48	3985.64	9128.31	39576.47
2020-3-15	8469.66	5856.14	16806.14	12100.62	43232.56
合计	124,160.14	156,898.53	172,880.99	138,433.89	592,373.55

图 2-46

（2）批量计算带单位的数字

打开“素材文件\第 2 章\销售统计表 .xlsx”文件，如图 2-47 所示，其中“销售单价”字段（F3:F15 单元格区域）下的单元格中既包含数字，又包含单位，因此计算“销售金额”的公式报错。那么如何既保留单位，又使公式正常计算呢？运用“替换”功能，配合智能填充组合键【Ctrl+E】即可轻松快速地批量完成计算。

Step01 ❶ 删除 G3:G15 单元格区域中的公式→在 G3 单元格中输入“‘=249*164.39”→选中 G4 单元格→按组合键【Ctrl+E】快速填充，如图 2-48 所示；❷ 选中 G3:G15 单元格区域→按组合键【Ctrl+H】打开【查找与替换】对话框→在“查找内容”文本框中输入“‘”→单击【全部替换】按钮，如图 2-49 所示。

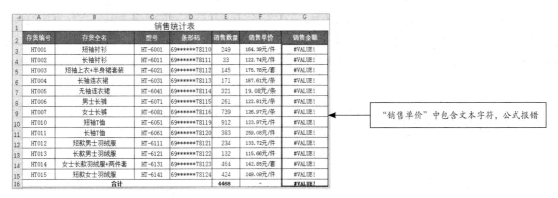

图 2-47

存货编号	存货全名	型号	条形码	销售数量	销售单价	销售金额
				销售统计表		
HT001	短袖衬衫	HT-6001	69******78110	249	164.39元/件	'=249*164.39
HT002	长袖衬衫	HT-6011	69******78111	33	122.74元/件	'=33*122.74
HT003	短袖上衣+半身裙套装	HT-6021	69******78112	145	175.76元/套	'=145*175.76
HT004	长袖连衣裙	HT-6031	69******78113	171	187.61元/条	'=171*187.61
HT005	无袖连衣裙	HT-6041	69******78114	321	19.08元/条	'=321*19.08
HT006	男士长裤	HT-6071	69******78115	261	122.81元/条	'=261*122.81
HT007	女士长裤	HT-6081	69******78116	739	126.97元/条	'=739*126.97
HT010	短袖T恤	HT-6051	69******78119	912	123.97元/件	'=912*123.97
HT011	长袖T恤	HT-6061	69******78120	383	259.08元/件	'=383*259.08
HT012	短款男士羽绒服	HT-6111	69******78121	234	133.72元/件	'=234*133.72
HT013	长款男士羽绒服	HT-6121	69******78122	132	115.66元/件	'=132*115.66
HT014	女士长款羽绒服+两件套	HT-6131	69******78123	464	142.85元/套	'=464*142.85
HT015	短款女士羽绒服	HT-6141	69******78124	424	249.09元/件	'=424*249.09
	合计			4468	–	

图 2-48

图 2-49

替换操作完成后，即可看到"销售金额"字段下的 G3:G16 单元格区域中的公式已正常计算出结果，效果如图 2-50 所示。（示例结果见"结果文件 \ 第 2 章 \ 销售统计表 .xlsx"文件。）

存货编号	存货全名	型号	条形码	销售数量	销售单价	销售金额
				销售统计表		
HT001	短袖衬衫	HT-6001	69******78110	249	164.39元/件	40933.11
HT002	长袖衬衫	HT-6011	69******78111	33	122.74元/件	4050.42
HT003	短袖上衣+半身裙套装	HT-6021	69******78112	145	175.76元/套	25485.2
HT004	长袖连衣裙	HT-6031	69******78113	171	187.61元/条	32081.31
HT005	无袖连衣裙	HT-6041	69******78114	321	19.08元/条	6124.68
HT006	男士长裤	HT-6071	69******78115	261	122.81元/条	32053.41
HT007	女士长裤	HT-6081	69******78116	739	126.97元/条	93830.83
HT010	短袖T恤	HT-6051	69******78119	912	123.97元/件	113060.64
HT011	长袖T恤	HT-6061	69******78120	383	259.08元/件	99227.64
HT012	短款男士羽绒服	HT-6111	69******78121	234	133.72元/件	31290.48
HT013	长款男士羽绒服	HT-6121	69******78122	132	115.66元/件	15267.12
HT014	女士长款羽绒服+两件套	HT-6131	69******78123	464	142.85元/套	66282.4
HT015	短款女士羽绒服	HT-6141	69******78124	424	249.09元/件	105614.16
	合计			4468	–	665,301.40

图 2-50

（3）运用"替换"批量替换格式

运用"替换"功能替换格式主要体现在单元格的格式上，如批量替换字体颜色、单元格填充色、边框样式等。下面在图 2-51 所示的 <2020 年 3 月 16—31 日部门销售报表 > 中，将数字为 0 的单元格批量填充颜色。

Step01 打开"素材文件 \ 第 2 章 \2020 年 3 月 16—31 日部门销售报表 .xlsx"文件→按组合键
【Ctrl+F】打开【查找和替换】对话框，❶ 单击【替换】选项卡→在"查找内容"文本框中输入"0"；
❷ 单击"替换为"文本框右侧的【格式】下拉按钮→在下拉列表中单击"格式"选项，如图 2-52 所示。

图 2-51

图 2-52

Step02 ❶ 弹出【替换格式】对话框→切换至【填充】选项卡选取颜色后单击【确定】按钮，
如图 2-53 所示；❷ 返回【查找和替换】对话框后，可看到"替换为"文本框右侧的"预览"效果→
勾选"单元格匹配"复选框→单击【全部替换】按钮即可完成操作，如图 2-54 所示。

替换格式完成后，可看到表格中数字为 0 的所有单元格已被填充为指定颜色，效果如图 2-55
所示。（示例结果见"结果文件 \ 第 2 章 \2020 年 3 月 16—31 日部门销售报表 .xlsx"文件。）

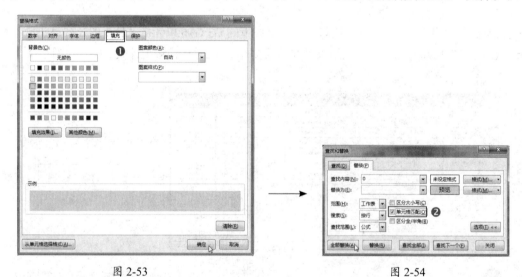

图 2-53

图 2-54

高手点拨 **"单元格匹配"的作用**

"单元格匹配"的作用是仅查找和替换与指定内容完全一致的单元格数字或格式。例如，本例勾选此
选项后，只将数字为"0"的单元格格式填充颜色。否则所有包含"0"的单元格格式都将被替换。

2020年3月16—31日部门销售报表					
日期	营业部1部	营业部2部	营业部3部	营业部4部	合计
2020-3-1	9489.3	13789.99	16603.12	18058.37	57940.78
2020-3-2	9674.88	11124.29	10977.57	0	31776.74
2020-3-3	9654.21	0	14008.5	12703.79	36366.50
2020-3-4	8400.11	13070.61	0	15293.36	36764.08
2020-3-5	0	9517.9	8052.4	13172.75	30743.05
2020-3-6	10344.05	5925.72	18635.99	14129.7	49035.46
2020-3-7	12648.68	0	7578.19	7488.2	27715.07
2020-3-8	0	20221.59	4928.23	7896.76	33046.58
2020-3-9	8835.47	15481.02	0	12041.92	36358.41
2020-3-10	7514.14	14109.83	7517.79	7343.91	36485.67
2020-3-11	0	9148.38	15239.87	4074.36	28462.61
2020-3-12	5573.09	11448.13	0	6003.54	23024.76
2020-3-13	8011.87	0	16125.06	4120.85	28257.78
2020-3-14	15201.76	15401.18	4609.25	0	35212.19
2020-3-15	9794.85	0	19435.68	13993.92	43224.45
合计	115,142.41	139,238.64	143,711.65	136,321.43	534,414.13

图 2-55

2.3 数据定位：批量处理目标数据事半功倍

本章 2.2 小节中介绍了运用【查找和替换】功能快速查找并批量处理数据的技能，主要适用于在数据量较少的表格中查找已知固定的数据。但是当数据量非常大，或需要批量选中符合某一条件的多个数据时，仅用【查找和替换】功能对于提高工作效率的作用微乎其微。对此，本节将介绍Excel 提供的批量定位目标数据的功能——【定位】的运用方法，帮助读者提高数据处理能力，以便读者在处理这类问题时能够事半功倍地完成工作任务。

关键技能 014 定位功能的运用方法

技能说明

定位功能的原理是：根据 Excel 提供的各种定位条件，快速批量选中目标单元格，以便于数据的后续批量处理。运用定位功能定位并处理数据的操作非常简单快捷，基本步骤如图 2-56 所示。

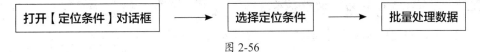

打开【定位条件】对话框 → 选择定位条件 → 批量处理数据

图 2-56

【定位条件】对话框可以通过选项卡或快捷键打开，2 种方法的具体操作如图 2-57 所示，对话框如图 2-58 所示。

【定位条件】对话框中包含 15 个定位条件，定位数据时根据实际情况选择相应条件，即可快速、批量地定位到符合条件的所有目标数据。各个条件的功能用途及适用情形如图 2-59 所示。

功能区选项卡	快捷键
• 单击【开始】选项卡下【编辑】组中【查找和选择】下拉列表中的【定位条件】命令	• 按 F5 键或组合键【Ctrl+G】打开【定位】对话框→单击【定位条件】按钮

图 2-57   图 2-58

【批注】
◆基本功能：选定包含批注的所有单元格

◆主要用途及适用情形：批量编辑批注，批量设置批注格式，批量删除批注等

【常量】
◆基本功能：选定4种类型（数字、文本、逻辑值、错误）的常量单元格

◆主要用途及适用情形：翻新表格时，保留公式，删除不需要的数据

【公式】
◆基本功能：选定4种类型（数字、文本、逻辑值、错误）的公式单元格

◆主要用途及适用情形：批量编辑或删除公式等

【空值】
◆基本功能：选定空白单元格

◆主要用途及适用情形：批量输入相同数据、批量设置单元格格式或批量填充其他内容等

【当前区域】
◆基本功能：选定整个单元格区域

◆主要用途及适用情形：表格超长超宽时，可快速选定整个区域

【当前数组】
◆基本功能：选定含数组公式的单元格区域

◆主要用途及适用情形：快速查找数组公式，便于批量编辑公式

【对象】
◆基本功能：选定所有对象，包括形状、图片、文本框、艺术字、图表、控件等

◆主要用途及适用情形：批量设置对象格式、批量删除对象等

【行内容差异单元格】
◆基本功能：①默认选定与指定区域中的第一个单元格数据不同的每行的其他单元格；②按住【Ctrl】键单击区域内某个单元格，则选定与该单元格数据不同的每行的其他单元格数据

◆主要用途及适用情形：以指定数据为基准，横向比较同一类别，不同时期数据的差异。例如，从某类产品1—12月销售额中，快速选定与指定数据不同的销售额，随后可标识颜色加以区分

【列内容差异单元格】
◆基本功能：比较每列数据差异，其他描述与【行内容差异单元格】相同

◆主要用途及适用情形：纵向比较同一时期、不同类别数据的差异。例如，从同一月的多种类别的产品销售额中，快速选定与指定数据不同的销售额，随后可标识颜色加以区分

【可见单元格】
◆基本功能：选定未被隐藏的单元格

◆主要用途及适用情形：复制表格时，如果表格中隐藏了某些行列，直接操作会将隐藏行列中的数据全部复制，定位后仅复制未被隐藏行列中的数据

【条件格式】
◆基本功能：选定设有条件格式的单元格

◆主要用途及适用情形：批量管理或清除条件格式

【数据验证】
◆基本功能：快速选定设有相同或全部数据验证条件的单元格

◆主要用途及适用情形：批量修改或清除相同或全部数据验证条件

图 2-59

【引用单元格】	【从属单元格】	【最后一个单元格】
◆基本功能：选定指定单元格的公式所引用的直属单元格或所有级别单元格。 ◆主要用途及适用情形：追踪指定单元格中公式的引用单元格。例如，G3 单元格公式为“=SUM(C3:F3)”，定位“直属”单元格后即选定 C3:F3 区域。假设 C3 单元格包含公式“=A3*B3”，定位“所有级别”单元格后快速选定 A3:F3 区域	◆基本功能：选定指定单元格被引用的直属单元格或所有级别单元格。 ◆主要用途及适用情形：追踪被指定单元格中公式引用的单元格。例如，G3 单元格公式为“=SUM(C3:F3)”，选中 C3:F3 区域中的任一单元格，定位“直属”单元格后选定 G3 单元格。假设 C3 单元格包含公式“=A3*B3”，选中 A3 或 B3 单元格，定位“所有级别”单元格后快速选定 C3 和 G3 单元格	◆基本功能：选定区域中最末尾的一个单元格 ◆主要用途及适用情形：表格超长超宽时，可快速选中区域中最后一个单元格，以便查看。例如，表格数据的单元格区域为 A3:Z268，定位后快速选定 Z268 单元格

图 2-59（续）

应用实战

下面结合日常工作中的常见情形，介绍 2 种通过定位功能批量处理数据的具体运用方法和实际操作步骤。

（1）定位“常量”翻新工作表

实际工作中，针对周期性工作制作的大部分表格通常都是模板化的，如每月工资表、每月财务报表等。那么，在当月复制粘贴上月表格后，必须删除其中每月都会发生改变的数据，以便重新填制，同时要保留表格框架、格式设置及计算公式等。但是，这些数据或公式一般不会设置在连续的单元格区域中，这就给删除数据增加了难度。在此情形中，通过定位功能定位常量，即可一键批量删除无用数据，而不影响其他公式、格式设置。例如，在 <北京市 ×× 有限公司工资表 2020 年 3 月> 中包含着大量的计算公式，制作 4 月工资表，只需复制粘贴 3 月工资表，再定位“常量”即可删除无用数据，瞬间生成一张新的工作表。

Step01 打开“素材文件\第 2 章\工资管理表 1.xlsx”文件→新增一张工作表→复制粘贴“2020 年 3 月”整张工作表至新的工作表中→将 A2 单元格中的日期修改为“2020 年 4 月”。但此时工资表中仍然是 3 月的数据，如图 2-60 所示。

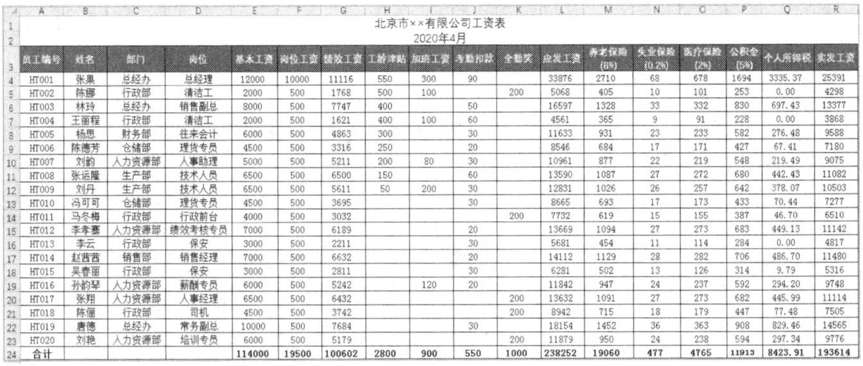

	A	B	C	D	E	F	G	H	I	J	K	L	M	N	O	P	Q	R
1	北京市××有限公司工资表																	
2	2020年4月																	
3	员工编号	姓名	部门	岗位	基本工资	岗位工资	绩效工资	工龄津贴	加班工资	考勤扣款	全勤奖	应发工资	养老保险(8%)	失业保险(0.2%)	医疗保险(2%)	公积金(5%)	个人所得税	实发工资
4	HT001	张果	总经办	总经理	12000	10000	11116	550	300	90		33876	2710	68	678	1694	3335.37	25391
5	HT002	陈娜	行政部	清洁工	2000	500	1768	500	100		200	5068	405	10	101	253	0.00	4298
6	HT003	林玲	总经办	销售副总	8000	500	7747	400		50		16597	1328	33	332	830	697.43	13377
7	HT004	王丽程	行政部	清洁工	2000	500	1621	400	100	60		4561	365	9	91	228	0.00	3868
8	HT005	杨思	财务部	往来会计	6000	500	4863	300		30		11633	931	23	233	582	276.48	9588
9	HT006	陈德芳	仓储部	理货专员	4500	500	3316	250		20		8546	684	17	171	427	67.41	7180
10	HT007	刘韵	人力资源部	人事助理	5000	500	5211	200	80	30		10961	877	22	219	548	219.49	9075
11	HT008	张运隆	生产部	技术人员	6500	500	6500	150		60		13590	1087	27	272	680	442.43	11082
12	HT009	刘丹	生产部	技术人员	6500	500	5611	50	200	30		12831	1026	26	257	642	378.07	10503
13	HT010	冯可可	仓储部	理货专员	4500	500	3695			30		8665	693	17	173	433	70.44	7277
14	HT011	马冬梅	行政部	行政前台	4000	500	3032				200	7732	619	15	155	387	46.70	6510
15	HT012	李孝骞	人力资源部	绩效考核专员	7000	500	6189			20		13669	1094	27	273	683	449.13	11142
16	HT013	李云	行政部	保安	3000	500	2211			30		5681	454	11	114	284	0.00	4817
17	HT014	赵茜茜	销售部	销售经理	7000	500	6632			20		14112	1129	28	282	706	486.70	11480
18	HT015	吴春丽	行政部	保安	3000	500	2811			30		6281	502	13	126	314	9.79	5316
19	HT016	孙韵琴	人力资源部	薪酬专员	6000	500	5242		120	20		11842	947	24	237	592	294.20	9748
20	HT017	张翔	人力资源部	人事经理	6500	500	6432				200	13632	1091	27	273	682	445.99	11114
21	HT018	陈俪	行政部	司机	4500	500	3742				200	8942	715	18	179	447	77.48	7505
22	HT019	唐德	总经办	常务副总	10000	500	7684			30		18154	1452	36	363	908	829.46	14565
23	HT020	刘艳	人力资源部	培训专员	6000	500	5179				200	11879	950	24	238	594	297.34	9776
24	合计				114000	19500	100602	2800	900	550	1000	238252	19060	477	4765	11913	8423.91	193614

图 2-60

Step02 ❶ 选中 E4:R23 单元格区域→按【F5】键，打开【定位】对话框→单击【定位条件】按钮，如图 2-61 所示；❷ 弹出【定位条件】对话框→选中“常量”单选按钮，默认勾选“数字”“文本”“逻辑值”“错误”复选框，这里可取消勾选除“数字”以外的 3 个复选框；❸ 单击【确定】按钮，如图 2-62 所示。

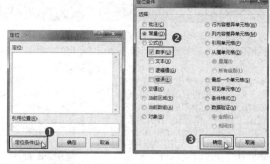

图 2-61

图 2-62

操作完成后，即可看到 E4:R23 单元格区域中的常量数字已被全部选中，如图 2-63 所示。此时按【Delete】键即可一键删除。

北京市××有限公司工资表
2020年4月

员工编号	姓名	部门	岗位	基本工资	岗位工资	绩效工资	工龄津贴	加班工资	考勤扣款	全勤奖	应发工资	养老保险(8%)	失业保险(0.2%)	医疗保险(2%)	公积金(5%)	个人所得税	实发工资
HT001	张果	总经办	总经理	12000	10000	11116	550	300	90		33876	2710	68	678	1694	3335.37	25391
HT002	陈娜	行政部	清洁工	2000	500	1768	500	100		200	5068	405	10	101	253	0.00	4298
HT003	林玲	总经办	销售副总	8000	500	7747	400		50		16597	1328	33	332	830	697.43	13377
HT004	王丽程	行政部	清洁工	2000	500	1621	400	100	60		4561	365	9	91	228	0.00	3868
HT005	杨思	财务部	往来会计	6000	500	4863	300		30		11633	931	23	233	582	276.42	9588
HT006	陈德芳	仓储部	理货专员	4500	500	3316	250		20		8546	684	17	171	427	67.41	7180
HT007	刘韵	人力资源部	人事助理	5000	500	5211	200	80	30		10961	877	22	219	548	219.49	9075
HT008	张运隆	生产部	技术人员	6500	500	6500	150		60		13590	1087	27	272	680	442.43	11082
HT009	刘丹	生产部	技术人员	6500	500	5611	50	200	30		12831	1026	26	257	642	378.07	10503
HT010	冯可可	仓储部	理货专员	4500	500	3695			30		8665	693	17	173	433	70.44	7277
HT011	马冬梅	行政部	行政前台	4000	500	3032				200	7732	619	15	155	387	46.70	6510
HT012	李孝骞	人力资源部	绩效考核专员	7000	500	6189			20		13669	1094	27	273	683	449.13	11142
HT013	李云	行政部	保安	3000	500	2211			30		5681	454	11	114	284	0.00	4817
HT014	赵茜茜	销售部	销售经理	7000	500	6632			20		14112	1129	28	282	706	486.70	11480
HT015	吴春丽	行政部	保安	3000	500	2811			30		6281	502	13	126	314	9.79	5316
HT016	孙韵琴	人力资源部	薪酬专员	6000	500	5242		120	20		11842	947	24	237	592	294.20	9748
HT017	张翔	人力资源部	人事经理	6500	500	6432				200	13632	1091	27	273	682	445.99	11114
HT018	陈俪	行政部	司机	4500	500	3742				200	8942	715	18	179	447	77.42	7505
HT019	唐德	总经办	常务副总	10000	500	7684			30		18154	1452	36	363	908	529.46	14565
HT020	刘艳	人力资源部	培训专员	6000	500	5179				200	11879	950	24	238	594	297.34	9776
合计				114000	19500	100602	2800	900	550	1000	238252	19060	477	4765	11913	8423.91	193614

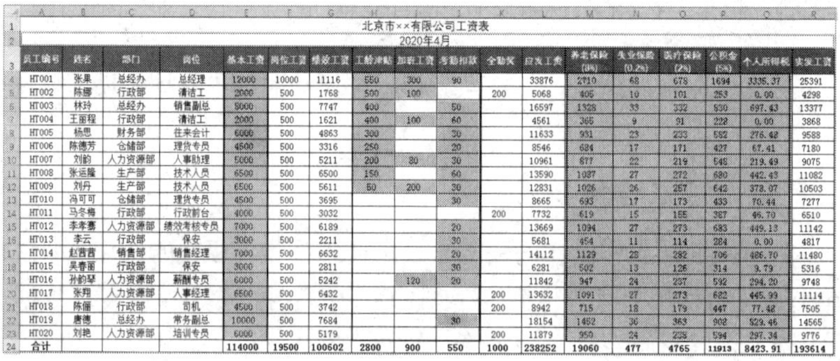

图 2-63

（2）定位“空值”批量输入数据

在图 2-60 所示的 4 月工资表中，可以看到很多空白单元格，这是由于 HR 在遇到本应填入数字 0 的情形时，未填 0 而直接跳过单元格导致的。这种不够规范的表格在实际工作中屡见不鲜，下面运用定位工具定位“空值”，并配合组合键【Ctrl+Enter】批量填入数字。

❶ 选中 H4:J23 单元格区域→打开【定位条件】对话框→选中“空值”单选按钮→单击【确定】按钮，如图 2-64 所示；❷ 在【编辑栏】输入“0”→按组合键【Ctrl+Enter】即可，效果如图 2-65 所示。（示例结果见“结果文件\第 2 章\工资管理表 1.xlsx”文件。）

图 2-64

北京市××有限公司工资表
2020年4月

员工编号	姓名	部门	岗位	基本工资	岗位工资	绩效工资	工龄津贴	加班工资	考勤扣款	全勤奖
HT001	张果	总经办	总经理	12000	10000	11116	550	300	90	0
HT002	陈娜	行政部	清洁工	2000	500	1768	500	100	0	200
HT003	林玲	总经办	销售副总	8000	500	7747	400	0	50	0
HT004	王丽程	行政部	清洁工	2000	500	1621	400	100	60	0
HT005	杨思	财务部	往来会计	6000	500	4863	300	0	30	0
HT006	陈德芳	仓储部	理货专员	4500	500	3316	250	0	20	0
HT007	刘韵	人力资源部	人事助理	5000	500	5211	200	80	30	0
HT008	张运隆	生产部	技术人员	6500	500	6500	150	0	60	0
HT009	刘丹	生产部	技术人员	6500	500	5611	50	200	30	0
HT010	冯可可	仓储部	理货专员	4500	500	3695	0	0	30	0
HT011	马冬梅	行政部	行政前台	4000	500	3032	0	0	0	200
HT012	李孝骞	人力资源部	绩效考核专员	7000	500	6189	0	0	20	0
HT013	李云	行政部	保安	3000	500	2211	0	0	30	0
HT014	赵茜茜	销售部	销售经理	7000	500	6632	0	0	20	0
HT015	吴春丽	行政部	保安	3000	500	2811	0	0	30	0
HT016	孙韵琴	人力资源部	薪酬专员	6000	500	5242	0	120	20	0
HT017	张翔	人力资源部	人事经理	6500	500	6432	0	0	0	200
HT018	陈俪	行政部	司机	4500	500	3742	0	0	0	200
HT019	唐德	总经办	常务副总	10000	500	7684	0	0	30	0
HT020	刘艳	人力资源部	培训专员	6000	500	5179	0	0	0	200
合计				114000	19500	100602	2800	900	550	1000

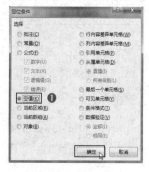

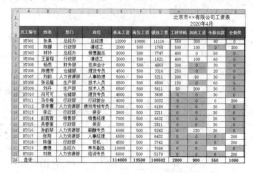

图 2-65

2.4 玩转高端粘贴——选择性粘贴

在 Excel 中，复制和粘贴应该是方法最简单、运用最频繁的批量操作之一。但是，过于简单的操作往往只能收获简单的效果。普通的复制粘贴是将目标单元格的全部内容，包括数值、公式、单元格格式及其他内容等打包复制并粘贴。而在实际工作中，更多时候我们只需要复制并粘贴目标单元格中的部分内容。例如，只复制粘贴单元格中由公式计算而得到的数字、单元格格式、批注、数据验证、链接等。那么，这种情形下就需要运用比普通粘贴更高端的"选择性粘贴"功能才能高效完成工作。同时，除了能够达到上述复制粘贴部分内容的效果外，"选择性粘贴"还能在粘贴的同时进行简单的加减乘除运算、转换数据行列等。因此，"选择性粘贴"也是提高数据处理能力和工作效率必须熟练掌握的技能。本节精选日常工作中 4 种具有代表性的工作场景案例，介绍"选择性粘贴"相关的 4 个关键技能。

关键技能 015 "选择式"粘贴的常见粘贴选择

技能说明

进行选择性粘贴操作的基本步骤是：复制源单元格→右击粘贴目标单元格→在弹出的快捷菜单中单击【粘贴选项】下的快捷按钮或单击【选择性粘贴】选项打开对话框选择粘贴对象，如图 2-66 所示。

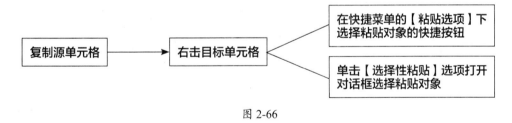

图 2-66

"选择性粘贴"中比较常用的选项是选择粘贴公式或数字。其中，粘贴"公式"可将源单元格（或单元格区域）中的公式批量粘贴至其他相同属性的单元格或单元格区域；而粘贴"数字"可将单元格中的体现为数字的动态公式转换静态的数字形式，如果用户需要将公式的计算结果存储为静态数字，或对内对外传送表格时，就必须选择粘贴为"数字"，以达到将公式转换为数字的目的。

应用实战

打开"素材文件 \ 第 2 章 \ 汇率表 .xlsx"文件，如图 2-67 所示，表 1 是在 Excel 中建立的与互联网上汇率表连接的汇率查询表，其中数据可与网站数据同步更新。但是表 1 仅滚动列示最近一个月内的汇率，如果要保存历史数据，那么可在表 2 中设置公式，从表 1 中自动获取匹配日期的汇率后，将其保存为静态数字。在表 2 设置公式和后续使用的过程中，就需要分别运用“选择性粘贴”功能批量粘贴公式和数字。

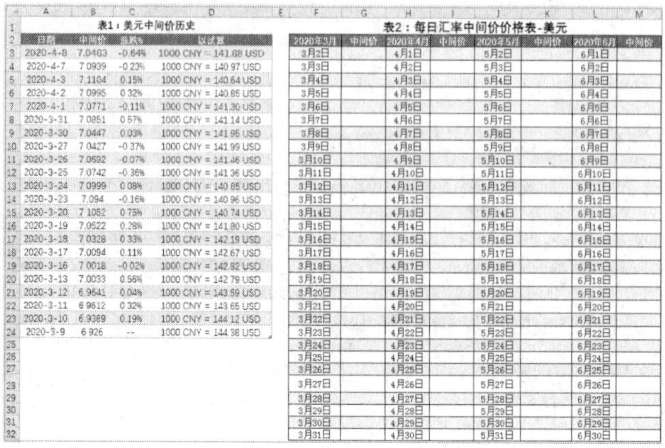

表1：美元中间价历史

日期	中间价	涨跌%	以试算
2020-4-8	7.0483	-0.64%	1000 CNY = 141.68 USD
2020-4-7	7.0939	-0.23%	1000 CNY = 140.97 USD
2020-4-3	7.1104	0.15%	1000 CNY = 140.64 USD
2020-4-2	7.0995	0.32%	1000 CNY = 140.85 USD
2020-4-1	7.0771	-0.11%	1000 CNY = 141.30 USD
2020-3-31	7.0851	0.57%	1000 CNY = 141.14 USD
2020-3-30	7.0447	0.03%	1000 CNY = 141.95 USD
2020-3-27	7.0427	-0.37%	1000 CNY = 141.99 USD
2020-3-26	7.0692	-0.07%	1000 CNY = 141.46 USD
2020-3-25	7.0742	-0.36%	1000 CNY = 141.36 USD
2020-3-24	7.0999	0.08%	1000 CNY = 140.85 USD
2020-3-23	7.094	-0.16%	1000 CNY = 140.96 USD
2020-3-20	7.1052	0.75%	1000 CNY = 140.74 USD
2020-3-19	7.0522	0.28%	1000 CNY = 141.80 USD
2020-3-18	7.0328	0.33%	1000 CNY = 142.19 USD
2020-3-17	7.0094	0.11%	1000 CNY = 142.67 USD
2020-3-16	7.0018	-0.02%	1000 CNY = 142.82 USD
2020-3-13	7.0033	0.56%	1000 CNY = 142.79 USD
2020-3-12	6.9641	0.04%	1000 CNY = 143.59 USD
2020-3-11	6.9612	0.32%	1000 CNY = 143.65 USD
2020-3-10	6.9389	0.19%	1000 CNY = 144.12 USD
2020-3-9	6.926	--	1000 CNY = 144.38 USD

表2：每日汇率中间价价格表-美元

2020年3月	中间价	2020年4月	中间价	2020年5月	中间价	2020年6月	中间价
3月2日		4月1日		5月2日		6月1日	
3月3日		4月2日		5月3日		6月2日	
3月4日		4月3日		5月4日		6月3日	
3月5日		4月4日		5月5日		6月4日	
3月6日		4月5日		5月6日		6月5日	
3月7日		4月6日		5月7日		6月6日	
3月8日		4月7日		5月8日		6月7日	
3月9日		4月8日		5月9日		6月8日	
3月10日		4月9日		5月10日		6月9日	
3月11日		4月10日		5月11日		6月10日	
3月12日		4月11日		5月12日		6月11日	
3月13日		4月12日		5月13日		6月12日	
3月14日		4月13日		5月14日		6月13日	
3月15日		4月14日		5月15日		6月14日	
3月16日		4月15日		5月16日		6月15日	
3月17日		4月16日		5月17日		6月16日	
3月18日		4月17日		5月18日		6月17日	
3月19日		4月18日		5月19日		6月18日	
3月20日		4月19日		5月20日		6月19日	
3月21日		4月20日		5月21日		6月20日	
3月22日		4月21日		5月22日		6月21日	
3月23日		4月22日		5月23日		6月22日	
3月24日		4月23日		5月24日		6月23日	
3月25日		4月24日		5月25日		6月24日	
3月26日		4月25日		5月26日		6月25日	
3月27日		4月26日		5月27日		6月26日	
3月28日		4月27日		5月28日		6月27日	
3月29日		4月28日		5月29日		6月28日	
3月30日		4月29日		5月30日		6月29日	
3月31日		4月30日		5月31日		6月30日	

图 2-67

Step01 在 G3 单元格中设置公式“=IFERROR(VLOOKUP(F3,$A:$B,2,0),0”，从表 1 中获取 3 月 2 日的汇率。由于系统中当前日期为 2020 年 4 月 8 日，表 1 中已不再列示 3 月 2 日—3 月 8 日的汇率，所以 G3 单元格返回结果为 0，如图 2-68 所示。

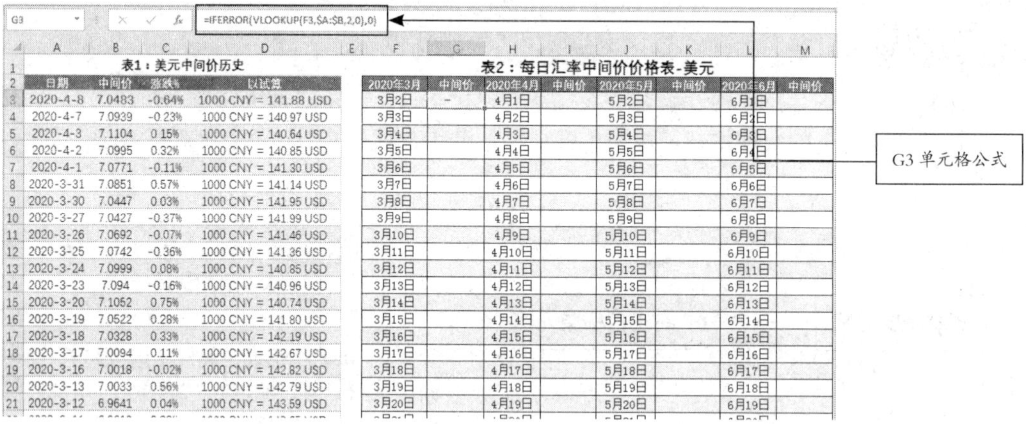

表1：美元中间价历史

日期	中间价	涨跌%	以试算
2020-4-8	7.0483	-0.64%	1000 CNY = 141.88 USD
2020-4-7	7.0939	-0.23%	1000 CNY = 140.97 USD
2020-4-3	7.1104	0.15%	1000 CNY = 140.64 USD
2020-4-2	7.0995	0.32%	1000 CNY = 140.85 USD
2020-4-1	7.0771	-0.11%	1000 CNY = 141.30 USD
2020-3-31	7.0851	0.57%	1000 CNY = 141.14 USD
2020-3-30	7.0447	0.03%	1000 CNY = 141.95 USD
2020-3-27	7.0427	-0.37%	1000 CNY = 141.99 USD
2020-3-26	7.0692	-0.07%	1000 CNY = 141.46 USD
2020-3-25	7.0742	-0.36%	1000 CNY = 141.36 USD
2020-3-24	7.0999	0.08%	1000 CNY = 140.85 USD
2020-3-23	7.094	-0.16%	1000 CNY = 140.96 USD
2020-3-20	7.1052	0.75%	1000 CNY = 140.74 USD
2020-3-19	7.0522	0.28%	1000 CNY = 141.80 USD
2020-3-18	7.0328	0.33%	1000 CNY = 142.19 USD
2020-3-17	7.0094	0.11%	1000 CNY = 142.67 USD
2020-3-16	7.0018	-0.02%	1000 CNY = 142.82 USD
2020-3-13	7.0033	0.56%	1000 CNY = 142.79 USD
2020-3-12	6.9641	0.04%	1000 CNY = 143.59 USD

表2：每日汇率中间价价格表-美元

2020年3月	中间价	2020年4月	中间价	2020年5月	中间价	2020年6月	中间价
3月2日	-	4月1日		5月2日		6月1日	
3月3日		4月2日		5月3日		6月2日	
3月4日		4月3日		5月4日		6月3日	
3月5日		4月4日		5月5日		6月4日	
3月6日		4月5日		5月6日		6月5日	
3月7日		4月6日		5月7日		6月6日	
3月8日		4月7日		5月8日		6月7日	
3月9日		4月8日		5月9日		6月8日	
3月10日		4月9日		5月10日		6月9日	
3月11日		4月10日		5月11日		6月10日	
3月12日		4月11日		5月12日		6月11日	
3月13日		4月12日		5月13日		6月12日	
3月14日		4月13日		5月14日		6月13日	
3月15日		4月14日		5月15日		6月14日	
3月16日		4月15日		5月16日		6月15日	
3月17日		4月16日		5月17日		6月16日	
3月18日		4月17日		5月18日		6月17日	
3月19日		4月18日		5月19日		6月18日	
3月20日		4月19日		5月20日		6月19日	

图 2-68

下面将 G3 单元格公式粘贴至 G4:G32、I3:I32、K3:K32、M3:M32 单元格区域中。

Step02 选中 G3 单元格→按组合键【Ctrl+C】复制→按住【Ctrl】键批量选中以上单元格区域→右击后弹出快捷菜单→单击【粘贴选项】下的【公式】快捷按钮即可完成粘贴，如图 2-69 所示。此时可看到与表 1 匹配的日期的汇率已经列示在表 2 中，效果如图 2-70 所示。

系统中当前日期为 2020 年 4 月 8 日，因此可先将 3 月 9 日—3 月 31 日的汇率保存为静态数字，后期当表 1 不再列示此期间的汇率后，表 2 中的历史汇率依然存在。

Step03 按住【Ctrl】键批量选中 G10:G32 单元格区域→按组合键【Ctrl+C】复制→在右击弹出的快捷菜单中单击【粘贴选项】下的【值】快捷按钮即可完成粘贴，如图 2-71 所示，效果如图 2-72 所示。（示例结果见“结果文件 \ 第 2 章 \ 汇率表 .xlsx”文件。）

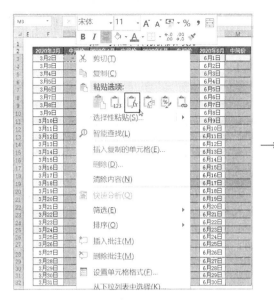

图 2-69

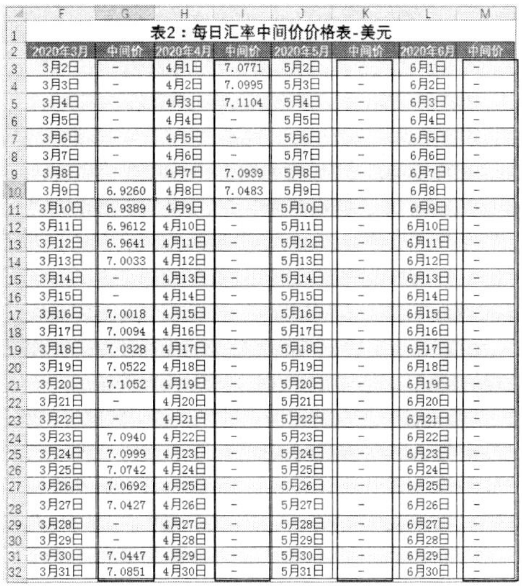

图 2-70

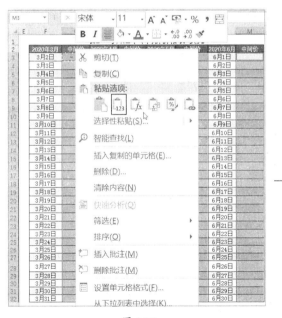

图 2-71

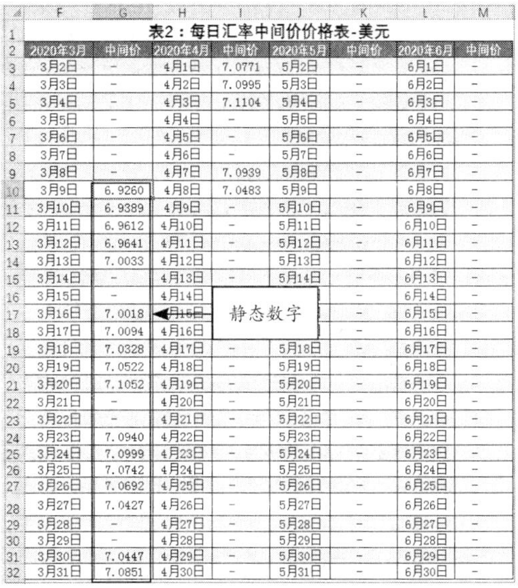

图 2-72

关键技能 016 “运算式”粘贴的 2 种运用方法

技能说明

通过“选择性粘贴”功能，不仅可以单独粘贴单元格中的公式、值、格式、批注、数据验证等，还能在粘贴的同时进行简单的加减乘除计算。“选择性粘贴”中的“运算”主要有 2 种用法，除了“运算”本身的计算用途外，还可以拓展思路，巧妙地利用“运算”快速转换单元格中的数字格式，如图 2-73 所示。

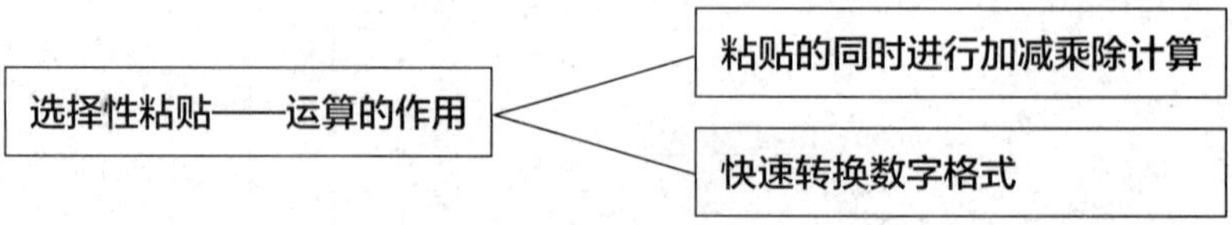

图 2-73

应用实战

（1）简单的加减乘除计算

选择性粘贴中的“运算”一般适用于某些临时或紧急的情形下对数据进行简单的加减乘除的计算。打开“素材文件 \ 第 2 章 \2020 年 1 月职工工资表 .xlsx”文件，如图 2-74 所示。企业 HR 临时需要将表格中每位职工的绩效工资上浮 5%。这种情形下，不需要另设公式计算，运用“选择性粘贴”中的“运算”即可快速完成。

	A	B	C	D	E	F	G	H	I	J	K	L	M	N
1	2020年1月职工工资表													
2	员工编号	姓名	岗位	基本工资	岗位工资	绩效工资	工龄津贴	加班工资	考勤扣款	全勤奖	应发工资	代扣三险一金	代扣个人所得税	实发工资
3	HT001	张果	总经理	12,000.00	10,000.00	11,116.00	550.00	220.00	90.00	-	33,976.00	5,103.55	3,364.49	25,507.96
4	HT002	陈娜	清洁工	2,000.00	500.00	1,768.00	500.00	-	-	200.00	4,968.00	755.14	-	4,212.86
5	HT003	林玲	销售副总	8,000.00	500.00	7,747.00	400.00	-	50.00	-	16,697.00	2,522.74	707.43	13,466.83
6	HT004	王丽程	清洁工	2,000.00	500.00	1,621.00	400.00	150.00	60.00	-	4,731.00	678.07	-	4,052.93
7	HT005	杨思	往来会计	6,000.00	500.00	4,863.00	300.00	-	30.00	-	11,693.00	1,768.22	90.00	9,834.78
8	HT006	陈德芳	理货专员	4,500.00	500.00	3,316.00	250.00	120.00	20.00	-	8,706.00	1,298.99	72.21	7,334.80
9	HT007	刘韵	人事助理	5,000.00	500.00	5,211.00	200.00	-	30.00	-	10,941.00	1,653.91	218.71	9,068.38
10	HT008	张运隆	技术人员	6,500.00	500.00	6,500.00	150.00	-	60.00	-	13,710.00	2,065.68	454.43	11,189.89
11	HT009	刘丹	技术人员	6,500.00	500.00	5,611.00	50.00	-	30.00	-	12,691.00	1,919.91	367.11	10,403.98
12	HT010	冯可可	理货专员	4,500.00	500.00	3,695.00	-	-	30.00	-	8,725.00	1,317.08	72.24	7,335.68
13	HT011	马冬梅	行政前台	4,000.00	500.00	3,032.00	-	100.00	-	200.00	7,832.00	1,175.26	49.70	6,607.03
14	HT012	李孝骞	绩效考核专员	7,000.00	500.00	6,189.00	-			-	13,709.00	2,077.69	453.13	11,178.18
15	HT013	李云	保安	3,000.00	500.00	2,211.00				-	5,841.00	863.51	-	4,977.49
16	HT014	赵茜茜	销售经理	7,000.00	500.00	6,632.00	-			-	14,152.00	2,145.02	490.70	11,516.28
17	HT015	吴春丽	保安	3,000.00	500.00	2,811.00	-	180.00	30.00	-	6,521.00	954.71	16.99	5,549.30
18	HT016	孙韵琴	薪酬专员	6,000.00	500.00	5,242.00	-	-	20.00	-	11,762.00	1,781.74	288.03	9,692.23
19	HT017	张翔	人事经理	6,500.00	500.00	6,432.00	-	200.00	-	200.00	13,832.00	2,072.06	465.99	11,293.94
20	HT018	陈俪	司机	4,500.00	500.00	3,742.00	-	-	-	200.00	8,942.00	1,359.18	77.48	7,505.33
21	HT019	唐德	常务副总	10,000.00	500.00	7,684.00	-	80.00	30.00	-	18,294.00	2,759.41	843.46	14,691.13
22	HT020	刘艳	培训专员	6,000.00	500.00	5,179.00	-	-	-	200.00	11,879.00	1,805.61	297.34	9,776.05
23	合计			114,000.00	19,500.00	100,602.00	2,800.00	[illegible]	550.00	1,000.00	239,602.00	36,077.50	8,329.43	195,195.05

全部上浮 5%

图 2-74

Step01 ❶ 在 O3 单元格或其他任一空白单元格中输入数字“1.05”→按组合键【Ctrl+C】复制；❷ 选中 F3:F22 单元格区域→右击后弹出快捷菜单，单击“选择性粘贴”选项，如图 2-75 所示。

Step02 ❶ 弹出【选择性粘贴】对话框→选中【粘贴】列表下的【边框除外】单选按钮，以保留被粘贴单元格区域的表格框线；❷ 选中【运算】列表下的【乘】单选按钮；❸ 单击【确定】按钮，如图 2-76 所示。完成操作后，可看到 F3:F22 单元格区域中所有数字均已在原有基础上上浮了 5%，效果如图 2-77 所示。

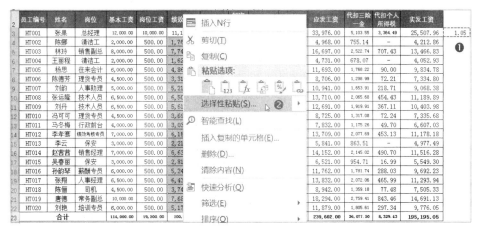

图 2-75

图 2-76

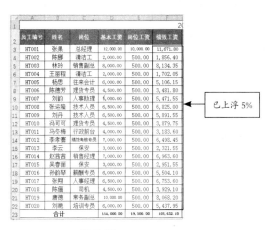

图 2-77

（2）快速转换数字格式

实际工作中，我们时常需要从其他软件、网站中导出 Excel 工作表，但是其中的数字通常是以文本格式存储的，导致公式无法正常计算。打开"素材文件\第 2 章\社保实缴明细查询 .xlsx"文件，如图 2-78 所示，该表是从社保机关官方网站导出的表格。由于其中数字格式均为文本型，在 E12:T12 单元格区域设置求和公式后计算结果均为 0。这里可以巧妙运用选择性粘贴中的"运算"快速解决这个问题。

图 2-78

选中任一空白单元格→按组合键【Ctrl+C】复制→选中包含数字的 E2:T11 单元格区域→打开【选择性粘贴】对话框，❶ 选中“边框除外”单选按钮；❷ 选中【运算】列表中的“加”或“减”单选按钮；❸ 单击【确定】按钮即可，如图 2-79 所示。完成操作后可看到 E12:T12 单元格区域中已经计算得出正确结果，效果如图 2-80 所示。（示例结果见“结果文件\第 2 章\社保实缴明细查询 .xlsx”文件。）

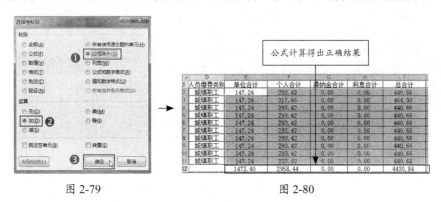

图 2-79

公式计算得出正确结果

	D	E	F	G	H	I
1	人员缴费类别	单位合计	个人合计	滞纳金合计	利息合计	总合计
2	城镇职工	147.24	293.42	0.00	0.00	440.66
3	城镇职工	147.24	317.66	0.00	0.00	464.90
4	城镇职工	147.24	293.42	0.00	0.00	440.66
5	城镇职工	147.24	293.42	0.00	0.00	440.66
6	城镇职工	147.24	293.42	0.00	0.00	440.66
7	城镇职工	147.24	293.42	0.00	0.00	440.66
8	城镇职工	147.24	293.42	0.00	0.00	440.66
9	城镇职工	147.24	293.42	0.00	0.00	440.66
10	城镇职工	147.24	293.42	0.00	0.00	440.66
11	城镇职工	147.24	293.42	0.00	0.00	440.66
12		1472.40	2958.44	0.00	0.00	4430.84

图 2-80

关键技能 017 “跳跃式”粘贴跳过空白单元格

技能说明

“跳跃式”粘贴的作用是在粘贴的同时跳过源单元格区域中的空白单元格，只粘贴非空白单元格中的数据，避免被粘贴单元格区域中的原有数据被覆盖。操作时只需在【选择性粘贴】对话框中勾选“跳过空单元”复选框即可。

应用实战

打开“素材文件\第 2 章\2020 年 1 月职工工资表 1.xlsx”文件，企业 HR 需要在工资表中临时上调部分职工的绩效工资，且上调比例各有不同。操作方法如下。

Step01 在 O3:O22 单元格区域输入各位职工的上调比例，如图 2-81 所示。

2020年1月职工工资表1

员工编号	姓名	岗位	基本工资	岗位工资	绩效工资	工龄津贴	加班工资	考勤扣款	全勤奖	应发工资	代扣三险一金	代扣个人所得税	实发工资	
HT001	张果	总经理	12,000.00	10,000.00	11,116.00	550.00	220.00	90.00	-	33,976.00	5,103.55	3,364.49	25,507.96	1.03
HT002	陈娜	清洁工	2,000.00	500.00	1,768.00	500.00	-	-	200.00	4,968.00	755.14	-	4,212.86	
HT003	林玲	销售副总	8,000.00	500.00	7,747.00	400.00	-	50.00	-	16,697.00	2,522.74	707.43	13,466.83	1.03
HT004	王丽程	清洁工	2,000.00	500.00	1,621.00	400.00	150.00	60.00	-	4,731.00	678.07	-	4,052.93	
HT005	杨思	往来会计	6,000.00	500.00	4,863.00	300.00	-	30.00	-	11,693.00	1,768.22	90.00	9,834.78	1.02
HT006	陈德芳	理货专员	4,500.00	500.00	3,316.00	250.00	120.00	20.00	-	8,706.00	1,298.99	72.21	7,334.80	
HT007	刘韵	人事助理	5,000.00	500.00	5,211.00	200.00	-	30.00	-	10,941.00	1,653.91	218.71	9,068.38	1.01
HT008	张运隆	技术人员	6,500.00	500.00	6,500.00	150.00	-	60.00	-	13,710.00	2,065.68	454.43	11,189.89	
HT009	刘丹	技术人员	6,500.00	500.00	5,611.00	50.00	-	30.00	-	12,691.00	1,919.91	367.11	10,403.98	1.02
HT010	冯可可	理货专员	4,500.00	500.00	3,695.00	-	-	30.00	-	8,725.00	1,317.08	72.24	7,335.68	
HT011	马冬梅	行政前台	4,000.00	500.00	3,032.00	-	100.00	-	200.00	7,832.00	1,175.26	49.70	6,607.03	
HT012	李孝骞	绩效考核专员	7,000.00	500.00	6,189.00	-	-	20.00	-	13,709.00	2,077.69	453.13	11,178.18	
HT013	李云	保安	3,000.00	500.00	2,211.00	-	100.00	30.00	-	5,841.00	863.51	-	4,977.49	
HT014	赵茜茜	销售经理	7,000.00	500.00	6,632.00	-	-	20.00	-	14,152.00	2,145.02	490.70	11,516.28	1.03
HT015	吴春丽	保安	3,000.00	500.00	2,811.00	-	180.00	30.00	-	6,521.00	954.71	16.99	5,549.30	
HT016	孙韵琴	薪酬专员	6,000.00	500.00	5,242.00	-	-	20.00	-	11,762.00	1,781.74	288.03	9,692.23	
HT017	张翔	人事经理	6,500.00	500.00	6,432.00	-	200.00	-	200.00	13,832.00	2,072.06	465.99	11,293.94	1.03
HT018	陈俪	司机	4,500.00	500.00	3,742.00	-	-	-	200.00	8,942.00	1,359.18	77.48	7,505.33	
HT019	唐德	常务副总	10,000.00	500.00	7,684.00	-	80.00	30.00	-	18,294.00	2,759.41	843.46	14,691.13	
HT020	刘艳	培训专员	6,000.00	500.00	5,179.00	-	-	-	200.00	11,879.00	1,805.61	297.34	9,776.05	1.02
合计			114,000.00	19,500.00	100,602.00	2,800.00	[illegible]	550.00	1,000.00	239,602.00	36,077.50	8,329.43	195,195.05	

图 2-81

Step02 复制 O3:O22 单元格区域→选中 F3:F22 单元格区域→打开【选择性粘贴】对话框，❶ 依次选中"边框除外""乘"单选按钮，勾选"跳过空单元"复选框→单击【确定】按钮，如图 2-82 所示；❷ 弹出提示对话框，单击【是】按钮即可，如图 2-83 所示。完成粘贴后，可看到 F3:F22 单元格区域中仅部分数据发生变化，效果如图 2-84 所示。（示例结果见"结果文件\第 2 章\2020 年 1 月职工工资表 1.xlsx"文件。）

图 2-82

图 2-83

图 2-84

关键技能 018 "转维式"粘贴实现行列互换

技能说明

"转维式"粘贴是指【选择性粘贴】对话框中的"转置"，也是选择性粘贴中常用的操作之一，其作用是改变表格的原有布局，将单元格区域的行和列中的字段和数据做交换。当用户需要转变维度分析同一组数据时，不必重新制作表格，运用"转置"将源数据粘贴至空白单元格区域中即可。

应用实战

打开"素材文件\第 2 章\2020 年 3 月部门销售统计表 .xlsx"文件，如图 2-85 所示，表格中纵向列示对比各部门的各项数据，现需从部门维度横向列示对比销售部门的各项数据。

2020年3月部门销售统计表				
部门	销售额	退货	净销售	退货率
销售1部	948,038.64	11,907.37	936,131.27	1.26%
销售2部	1,387,999.69	21,177.96	1,366,821.73	1.53%
销售3部	1,361,666.03	27,704.46	1,333,961.57	2.03%
销售4部	1,299,356.98	39,588.25	1,259,768.73	3.05%
合计	4,997,061.34	100,378.03	4,896,683.31	7.86%

图 2-85

复制 A2:E7 单元格区域→右击任一空白单元格，如 A9 单元格→在弹出的快捷菜单中的粘贴选项下单击【转置】快捷按钮（或打开【选择性粘贴】对话框→勾选"转置"复选框），如图 2-86 所示。粘贴完成后效果如图 2-87 所示。（示例结果见"结果文件\第 2 章\2020 年 3 月部门销售统计表 .xlsx"文件。）

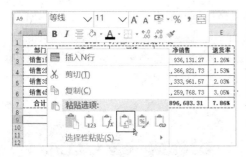

图 2-86

1			2020年3月部门销售统计表		
2	部门	销售额	退货	净销售	退货率
3	销售1部	948,038.64	11,907.37	936,131.27	1.26%
4	销售2部	1,387,999.69	21,177.96	1,366,821.73	1.53%
5	销售3部	1,361,666.03	27,704.46	1,333,961.57	2.03%
6	销售4部	1,299,356.98	39,588.25	1,259,768.73	3.05%
7	合计	4,997,061.34	100,378.03	4,896,683.31	7.86%
8					
9	部门	销售1部	销售2部	销售3部	销售4部	合计
10	销售额	948,038.64	1,387,999.69	1,361,666.03	1,299,356.98	4,997,061.34
11	退货	11,907.37	21,177.96	27,704.46	39,588.25	100,378.03
12	净销售	936,131.27	1,366,821.73	1,333,961.57	1,259,768.73	4,896,683.31
13	退货率	1.26%	1.53%	2.03%	3.05%	7.86%

转置粘贴后的效果

图 2-87

> **温馨提示**
>
> 在【选择性粘贴】对话框中，"跳过空单元"和"转置"均为复选选项。也就是说，选择其他粘贴选项时，仍然可以选择这两个选项，让粘贴、跳过空白单元格和行列互换同时进行。

关键技能 019 "链接式" 粘贴单元格引用粘贴

技能说明

"链接式"粘贴的作用是将源单元格或单元格区域中的数据以绝对引用或相对引用单元格或单元格区域的形式，链接至目标单元格或单元格区域中，当源数据发生变化时，粘贴链接后的数据也随之变化。实际工作中需要设置简单的链接公式时可运用此项粘贴功能。注意复制和粘贴操作细节不同，会带来两种不同的链接效果。

（1）仅复制一个单元格，粘贴链接至单元格或单元格区域，效果体现为绝对引用源单元格。

（2）复制单元格区域，粘贴链接至目标单元格区域，效果体现为相对引用源单元格区域。

二者具体区别如图 2-88 所示。

被复制单元格或区域	被复制单元格或区域中的数值	目标单元格或区域	引用形式	粘贴链接的效果
A2单元格	1000	B2	绝对引用	B6单元格显示"1000"
		B2:B6		B2:B6单元格区域全部显示"1000"
A2:A6单元格区域	1000	B2:B6	相对引用	B2单元格显示"1000"
	2000			B3单元格显示"2000"
	3000			B4单元格显示"3000"
	4000			B5单元格显示"4000"
	5000			B6单元格显示"5000"

图 2-88

应用实战

打开"素材文件\第 2 章\2020 年 3 月部门销售统计表 1.xlsx"文件，如图 2-89 所示，要求在 <表二：2020 年 3 月部门成本利润测算表>中完成两项工作任务：①根据 "净销售"数据和预先确定的"目标利润率"测算目标利润额和成本控制额；②假设销售额上浮 10%（退货不变），根据上浮后的销售额再次测算。

	A	B	C	D	E
1	表一：2020年3月部门销售统计表1				
2	部门	销售额	退货	净销售	退货率
3	销售1部	948038.64	11,907.37	936,131.27	1.26%
4	销售2部	1387999.69	21,177.96	1,366,821.73	1.53%
5	销售3部	1361666.03	27,704.46	1,333,961.57	2.03%
6	销售4部	1299356.98	39,588.25	1,259,768.73	3.05%
7	合计	4,997,061.34	100,378.03	4,896,683.31	7.86%
8					
9	表二：2020年3月部门成本利润测算表				
10	部门	净销售	目标利润率	目标利润额	成本控制
11	销售1部		25.00%	—	—
12	销售2部		20.00%	—	—
13	销售3部		30.00%	—	—
14	销售4部		25.00%	—	—
15	合计	—		—	—

图 2-89

由于表一中的"净销售"和表二中的"目标利润额""成本控制额"均设置了公式自动计算，下面只需从表一的 D3:D6 单元格区域中获取"净销售"数据即可。

Step01 复制 D3:D6 单元格区域→选中 B11 单元格→打开【选择性粘贴】对话框→单击【粘贴链接】按钮即可完成，如图 2-90 所示。粘贴链接效果如图 2-91 所示。

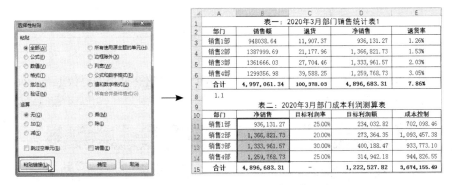

图 2-90   图 2-91

Step02 在 A8 单元格输入"1.1"→运用"运算式"粘贴将表一中的"销售额"数据上浮 10% 后，可看到表二中"净销售"已与 D3:D6 单元格区域中的数据同步发生变化，如图 2-92 所示。（示例结果见"结果文件\第 2 章\2020 年 3 月部门销售统计表 1.xlsx"文件）

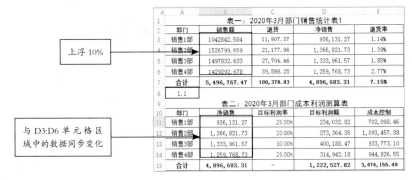

图 2-92

2.5 运用分列工具拆分和提取数据

数据分列是 Excel 中专门用于整理和规范数据格式的一个实用工具，其主要功能是将同一列单元格中包含的不同类别的原始数据，按照用户指定的格式，快速拆分或提取至数个列中，以便作后续数据处理。本书在第 1 章中曾讲过运用组合键【Ctrl+E】能够智能识别用户意图，快速从数据中提取目标并填充数据。但是，它虽然智能，却并非万能，也存在短板，在很多工作情形中，无法准确识别并按照用户意图完成工作任务。例如，它只可逐列拆分，不能多列同时分列；从身份证号码中提取出生日期时容易出现差错等。为此，本节将介绍如何运用分列工具来拆分和提取数据的 3 个关键技能，帮助读者朋友进一步提高数据处理能力。

关键技能 020 基本方法——根据数据类型分列

技能说明

数据分列可以根据原始数据中包含的分隔符号和固定宽度这 2 种类型对数据进行拆分，分别适用不同情形，如图 2-93 所示。

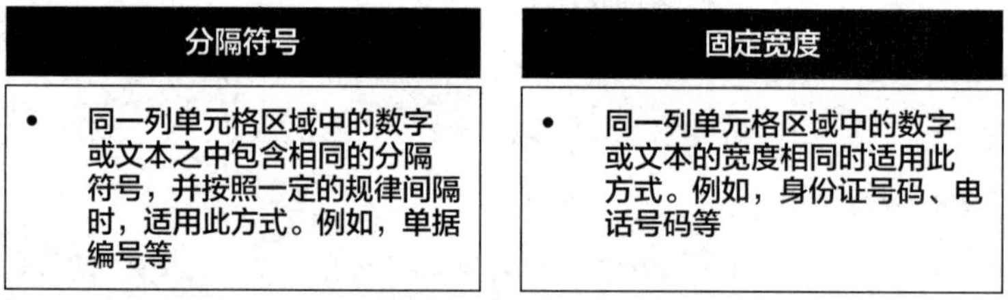

分隔符号	固定宽度
• 同一列单元格区域中的数字或文本之中包含相同的分隔符号，并按照一定的规律间隔时，适用此方式。例如，单据编号等	• 同一列单元格区域中的数字或文本的宽度相同时适用此方式。例如，身份证号码、电话号码等

图 2-93

同时，在操作拆分数据时，可将被拆分后的数据设定为常规、文本、日期 3 种数字格式，如图 2-94 所示。

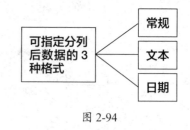

图 2-94

应用实战

下面分别介绍 2 种分列方式的具体运用方法和操作步骤。

（1）根据分隔符号分列数据

当同一列单元格区域中的数字或文本之中包含相同的分隔符号且按照一定的规律间隔时，可根据其中的分隔符号分列数据。

打开"素材文件\第 2 章\单据号码 .xlsx"文件，如图 2-95 所示，表格中 A2:A20 单元格区域中的数据是从进销存系统中导出的汇总表的部分单据号码，其编号规则为"单据类型 - 单据日期 - 单据号码"。例如，"XS-20200102-00001"代表 2020 年 1 月 2 日的第 1 号销售单，其中分隔符号是"-"。为了便于后期按照单据类型、单据日期和单据号码分类汇总统计数据，下面将三者拆分至 B2:B20、C2:C20、D2:D20 三列单元格区域中。

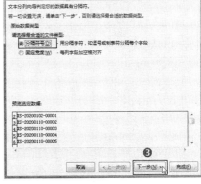

图 2-95

需要注意的是：单据编号是以"0"开头的文本类数值，数据分列后将自动清除数字前面的"0"，如果要保留完整的单据号码，应首先将 D2:D20 单元格区域的格式自定义为"00000"。下面运用数据分列工具拆分数据。

Step01 ❶ 选中 A2:A20 单元格区域→单击【数据】选项卡；❷ 单击【数据工具】组中的【分列】按钮，如图 2-96 所示；❸ 弹出【文本分列向导】对话框，在"原始数据类型"中，Excel 默认选择"分隔符号"，直接单击【下一步】按钮即可，如图 2-97 所示。

图 2-96

图 2-97

Step02 ❶ 在【文本分列向导】第 2 步对话框的"分隔符号"列表框中勾选"其他"复选框→在其右侧文本框中输入符号"-"，此时可看到"数据预览"窗口中的分列效果；❷ 单击【下一步】按钮，如图 2-98 所示；❸ 弹出【文本分列向导】第 3 步对话框，Excel 默认"列数据格式"为"常规"，这里可不做更改；❹ 单击"目标区域"文本框→选中 B2 单元格，即可设定分列的目标区域的起始单元格；❺ 最后单击【完成】按钮→弹出提示对话框，单击【是】按钮即可完成分列，如图 2-99 所示。

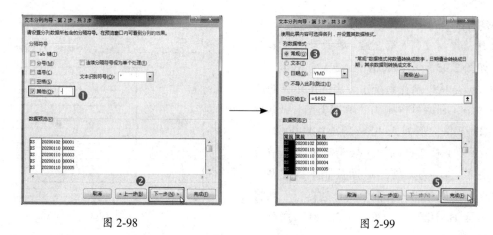

图 2-98

图 2-99

完成分列后，可看到原单据编号中的数据已经成功拆分为三列，效果如图 2-100 所示。（示例结果见“结果文件 \ 第 2 章 \ 单据号码 .xlsx”文件。）

（2）按照固定宽度分列数据

当同一列单元格区域中的数字或文本的宽度相同时可按照固定宽度分列数据。打开“素材文件 \ 第 2 章 \ 职工信息管理表 7.xlsx”文件，如图 2-101 所示，身份证号码的长度均为 18 位数字，下面运用分列工具从中提取出生日期。

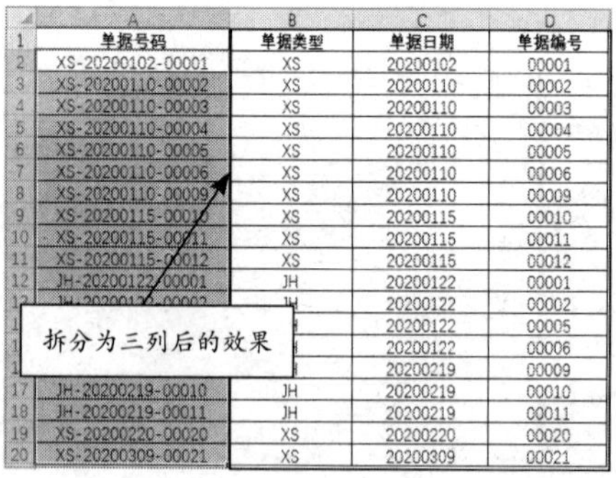

	A	B	C	D
1	单据号码	单据类型	单据日期	单据编号
2	XS-20200102-00001	XS	20200102	00001
3	XS-20200110-00002	XS	20200110	00002
4	XS-20200110-00003	XS	20200110	00003
5	XS-20200110-00004	XS	20200110	00004
6	XS-20200110-00005	XS	20200110	00005
7	XS-20200110-00006	XS	20200110	00006
8	XS-20200110-00009	XS	20200110	00009
9	XS-20200115-00010	XS	20200115	00010
10	XS-20200115-00011	XS	20200115	00011
11	XS-20200115-00012	XS	20200115	00012
12	JH-20200122-00001	JH	20200122	00001
13	[illegible]	JH	20200122	00002
14	[illegible]	[illegible]	20200122	00005
15	[illegible]	[illegible]	20200122	00006
16	[illegible]	[illegible]	20200219	00009
17	JH-20200219-00010	JH	20200219	00010
18	JH-20200219-00011	JH	20200219	00011
19	XS-20200220-00020	XS	20200220	00020
20	XS-20200309-00021	XS	20200309	00021

图 2-100

	A	B	C	D	E	F	G	H
1	职工信息管理表7							
2	序号	职工编号	姓名	部门	岗位	学历	身份证号码	出生日期
3	1	HT001	张果	总经办	总经理	研究生	123456197501140000	
4	2	HT002	陈娜	行政部	清洁工	高中	123456199403228000	
5	3	HT003	林玲	总经办	销售副总	本科	123456197710162000	
6	4	HT004	王丽程	行政部	清洁工	高中	123456198910175000	
7	5	HT005	杨思	财务部	往来会计	专科	123456198508262000	
8	6	HT006	陈德芳	仓储部	理货专员	专科	123456199606145000	
9	7	HT007	刘韵	人力资源部	人事助理	专科	123456199009232318	
10	8	HT008	张运隆	生产部	技术人员	专科	123456197610150423	
11	9	HT009	刘丹	生产部	技术人员	专科	123456198009132467	
12	10	HT010	冯可可	仓储部	理货专员	专科	123456199007241019	
13	11	HT011	马冬梅	行政部	行政前台	专科	123456199203171817	
14	12	HT012	李孝骞	人力资源部	绩效考核专员	本科	123456198311251920	
15	13	HT013	李云	行政部	保安	高中	123456198104251018	
16	14	HT014	赵茜茜	销售部	销售经理	本科	123456199406075180	
17	15	HT015	吴春丽	行政部	保安	高中	123456198903255719	
18	16	HT016	孙韵琴	人力资源部	薪酬专员	本科	123456197504182758	
19	17	HT017	张翔	人力资源部	人事经理	本科	123456198711301000	
20	18	HT018	陈俪	行政部	司机	高中	123456198309211639	
21	19	HT019	唐德	总经办	常务副总	研究生	123456197504261000	
22	20	HT020	刘艳	人力资源部	培训专员	本科	123456199005233000	

图 2-101

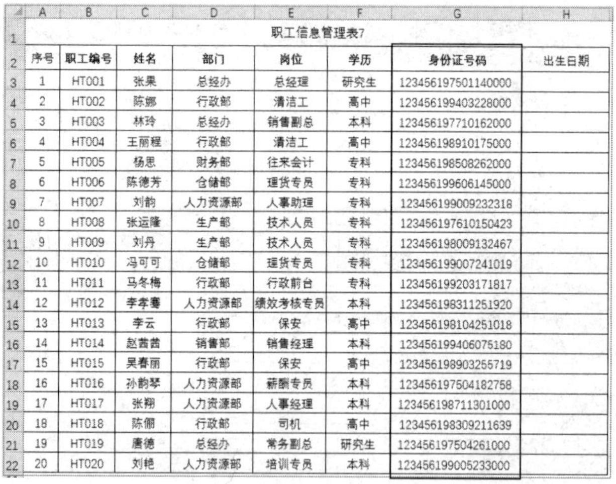

Step01 选中 G3:G22 单元格区域→打开【文本分列向导】对话框，❶ 在“原始数据类型”列表框中选中“固定宽度”单选按钮；❷ 单击【下一步】按钮，如图 2-102 所示；❸ 在第 2 步对话框的“数据预览”窗口中的标尺上对准身份证号码第 6 和 7 位数字的中间，单击一次标尺即可建立第 1 条分列线→再在第 14 和第 15 位数字中间建立第 2 条分列线；❹ 单击【下一步】按钮，如图 2-103 所示。

Step02 本例只需提取身份证号码中代表出生日期的数字，因此可将不需要的数据列忽略。❶ 在第 3 步对话框的“数据预览”窗口中选中第 1 列；❷ 选中“列数据格式”列表框中的“不导

入此例 (跳过)"单选按钮→重复第 1 和第 2 步操作将第 3 列忽略；❸ 将"目标区域"设置为 H3 单元格；❹ 最后单击【完成】按钮→弹出提示对话框，单击【是】按钮即可完成分列，如图 2-104 所示，效果如图 2-105 所示。（示例结果见"结果文件 \ 第 2 章 \ 职工信息管理表 7.xlsx"文件。）

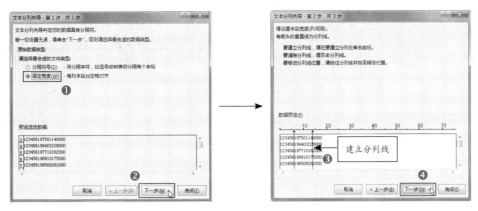

图 2-102　　　　　　　　　　　　　　图 2-103

图 2-104　　　　　　　　　　　　　　图 2-105

关键技能 **021** 进阶运用——快速转换数据格式

技能说明

　　将一列数据同时拆分为多列数据，这仅仅是数据分列工具的基本功能。事实上，通过【文本分列向导】对话框可以看到，它还具备数据格式转换的功能。例如，可将文本格式的数值转换为常规格式、提取出生日期的同时将数据格式转换为日期格式，而这些功能正是组合键【Ctrl+E】填充无法实现的。

应用实战

打开“素材文件 \ 第 2 章 \ 职工信息管理表 8.xlsx”文件，分别运用【Ctrl+E】组合键和数据分列功能提取标准日期格式的出生日期，以便对比效果。

Step01 将 H3:H22 单元格区域的格式设置为“日期”格式→在 H3 单元格中输入“1975-1-14”→选中 H4 单元格后按组合键【Ctrl+E】填充。此时可看到 H4:H22 单元格区域中被提取出的日期全部出错，可见【Ctrl+E】在这种情形下无法准确填充数据，如图 2-106 所示。

职工信息管理表8

序号	职工编号	姓名	部门	岗位	学历	身份证号码	出生日期
1	HT001	张果	总经办	总经理	研究生	123456197501140000	1975-1-14
2	HT002	陈娜	行政部	清洁工	高中	123456199403228000	1994-2-24
3	HT003	林玲	总经办	销售副总	本科	123456197710162000	1977-3-34
4	HT004	王丽程	行政部	清洁工	高中	123456198910175000	1989-4-44
5	HT005	杨思	财务部	往来会计	专科	123456198508262000	1985-5-54
6	HT006	陈德芳	仓储部	理货专员	专科	123456199606145000	1996-6-64
7	HT007	刘韵	人力资源部	人事助理	专科	123456199009232318	1990-7-74
8	HT008	张运隆	生产部	技术人员	专科	123456197610150423	1976-8-84
9	HT009	刘丹	生产部	技术人员	专科	123456198009132467	1980-9-94
10	HT010	冯可可	仓储部	理货专员	专科	123456199007241019	1990-10-104
11	HT011	马冬梅	行政部	行政前台	专科	123456199203171817	1992-11-114
12	HT012	李孝骞	人力资源部	绩效考核专员	本科	123456198311251920	1983-12-124
13	HT013	李云	行政部	保安	高中	123456198104251018	1981-13-134
14	HT014	赵茜茜	销售部	销售经理	本科	123456199406075180	1994-14-144
15	HT015	吴春丽	行政部	保安	高中	123456198903255719	1989-15-154
16	HT016	孙韵琴	人力资源部	薪酬专员	本科	123456197504182758	1975-16-164
17	HT017	张翔	人力资源部	人事经理	本科	123456198711301000	1987-17-174
18	HT018	陈俪	行政部	司机	高中	123456198309211639	1983-18-184
19	HT019	唐德	总经办	常务副总	研究生	123456197504261000	1975-19-194
20	HT020	刘艳	人力资源部	培训专员	本科	123456199005233000	1990-20-204

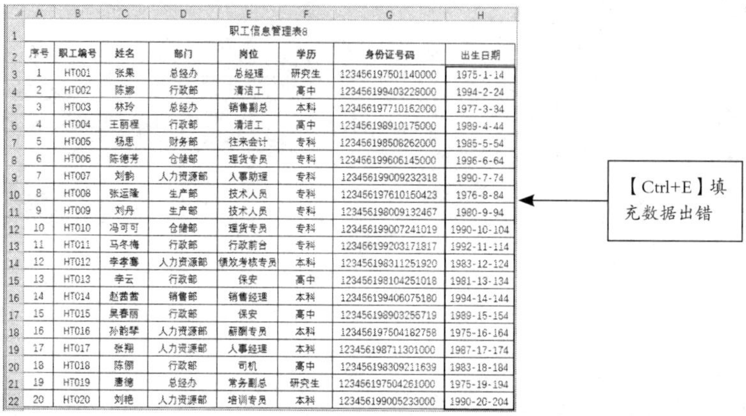

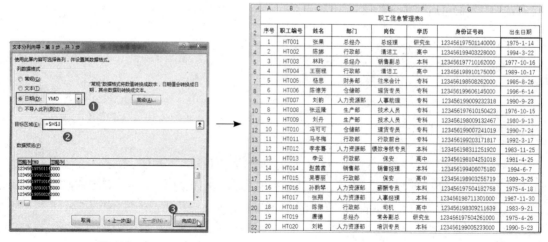

图 2-106

Step02 删除 H3:H22 单元格区域中的数据→选中 G3:G22 单元格区域→打开【文本分列向导】对话框→根据固定宽度分列数据，其中第 1 步和第 2 步操作与上节介绍完全一致，不再赘述。❶ 在【文本分列向导】第 3 步对话框中同样将第 1 列和第 3 列忽略→选中“列数据格式”列表框中的“日期”单选按钮→在其右侧列表框中选择日期格式为“YMD”；❷ 将目标区域设置为 H3 单元格；❸ 最后单击【完成】按钮（弹出提示对话框，单击【是】按钮）完成分列，如图 2-107 所示。分列后的日期全部正确，效果如图 2-108 所示。（示例结果见“结果文件 \ 第 2 章 \ 职工信息管理表 8.xlsx”文件。）

图 2-107

职工信息管理表8

序号	职工编号	姓名	部门	岗位	学历	身份证号码	出生日期
1	HT001	张果	总经办	总经理	研究生	123456197501140000	1975-1-14
2	HT002	陈娜	行政部	清洁工	高中	123456199403228000	1994-3-22
3	HT003	林玲	总经办	销售副总	本科	123456197710162000	1977-10-16
4	HT004	王丽程	行政部	清洁工	高中	123456198910175000	1989-10-17
5	HT005	杨思	财务部	往来会计	专科	123456198508262000	1985-8-26
6	HT006	陈德芳	仓储部	理货专员	专科	123456199606145000	1996-6-14
7	HT007	刘韵	人力资源部	人事助理	专科	123456199009232318	1990-9-23
8	HT008	张运隆	生产部	技术人员	专科	123456197610150423	1976-10-15
9	HT009	刘丹	生产部	技术人员	专科	123456198009132467	1980-9-13
10	HT010	冯可可	仓储部	理货专员	专科	123456199007241019	1990-7-24
11	HT011	马冬梅	行政部	行政前台	专科	123456199203171817	1992-3-17
12	HT012	李孝骞	人力资源部	绩效考核专员	本科	123456198311251920	1983-11-25
13	HT013	李云	行政部	保安	高中	123456198104251018	1981-4-25
14	HT014	赵茜茜	销售部	销售经理	本科	123456199406075180	1994-6-7
15	HT015	吴春丽	行政部	保安	高中	123456198903255719	1989-3-25
16	HT016	孙韵琴	人力资源部	薪酬专员	本科	123456197504182758	1975-4-18
17	HT017	张翔	人力资源部	人事经理	本科	123456198711301000	1987-11-30
18	HT018	陈俪	行政部	司机	高中	123456198309211639	1983-9-21
19	HT019	唐德	总经办	常务副总	研究生	123456197504261000	1975-4-26
20	HT020	刘艳	人力资源部	培训专员	本科	123456199005233000	1990-5-23

图 2-108

2.6 运用排序功能对复杂数据轻松排列

日常工作中，运用 Excel 中的排序功能对原始数据进行排序也是整理和规范数据的常用操作之一。有一定基础的用户通常会使用【数据】选项卡下【排序和筛选】组中的"升序"或"降序"进行排序。但是，这种排序方法仅能对单一字段中的数据按照升序或降序排序，无法对更复杂的多列数据排序。Excel 中的【排序】功能不仅可以实现多字段数据排序，还能根据用户自行定义的序列进行排序。因此，要提高数据处理能力，就应当进一步掌握排序的相关技能，才能游刃有余地处理各种数据的排序问题。本节将介绍多字段排序和自定义序列排序的 2 个关键技能。

关键技能 022 分清主次字段对多列数据排序

技能说明

对多列数据进行排序最重要的一点是首先明确各列字段的主次关系，也就是说，首先要确定以哪个字段为首进行排序，再依次确定其他次要字段的排序顺序。之后运用【排序】功能进行排序的实际操作其实非常简单，基本步骤是：通过 Excel 中【数据】选项卡下【排序和筛选】组中的【排序】按钮打开【排序】对话框，设置主要关键字和次要关键字、确定排序依据和排序次序，如图 2-109 所示。

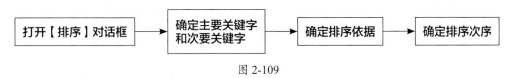

打开【排序】对话框 → 确定主要关键字和次要关键字 → 确定排序依据 → 确定排序次序

图 2-109

其中，关键字由 Excel 自动识别字段（列）名称后生成在下拉列表中以供选择。注意主要关键字只能设置一个，而次要关键字可以设置多个。排序依据包括 4 项，分别为单元格值、单元格颜色、字体颜色、条件格式图标。排序次序包括升序和降序。

应用实战

打开"素材文件\第 2 章\×× 公司 2020 年销售分析表 .xlsx"文件，如图 2-110 所示，表格中的月份是按照从小到大的顺序排列的。现需对销售金额和利润额做时间影响分析，即以销售金额高低为主要依据，分析每个月份对于"销售金额"和"利润额"高低的影响。由此可以明确，排序的主要条件是"销售金额"，次要条件是"利润额"与"月份"。

| 次要关键字 2 | | 主要关键字 | | | | | 次要关键字 1 | |

A	B	C	D	E	F	G	H	I
1				××公司2020年销售分析表				
2 季度	月份	销售金额	销售成本	销售折扣	折扣率	帐扣费用	费用占比	利润额	利润率
3 第1季度	2020年1月	427,901.29	245,872.08	65,340.53	15.27%	47,411.46	11.08%	69,277.22	16.19%
4 第1季度	2020年2月	767,293.82	427,689.58	125,759.46	16.39%	80,028.75	10.43%	133,816.04	17.44%
5 第1季度	2020年3月	1,013,931.47	586,559.35	178,756.12	17.63%	109,200.42	10.77%	139,415.58	13.75%
6 第2季度	2020年4月	653,327.14	377,100.43	119,885.53	18.35%	68,076.69	10.42%	88,264.50	13.51%
7 第2季度	2020年5月	446,272.35	253,036.42	83,497.56	18.71%	46,412.32	10.40%	63,326.05	14.19%
8 第2季度	2020年6月	1,218,962.13	706,754.24	222,338.69	18.24%	130,428.95	10.70%	159,440.25	13.08%
9 第3季度	2020年7月	780,884.28	410,276.60	120,100.00	15.38%	82,773.73	10.60%	167,733.94	21.48%
10 第3季度	2020年8月	501,588.72	274,920.78	91,740.58	18.29%	51,262.37	10.22%	83,665.00	16.68%
11 第3季度	2020年9月	822,879.67	429,026.43	131,743.04	16.01%	86,566.94	10.52%	174,944.22	21.26%
12 第4季度	2020年10月	1,095,283.24	570,861.62	186,417.21	17.02%	120,481.16	11.00%	217,523.25	19.86%
13 第4季度	2020年11月	939,090.58	547,583.72	159,551.49	16.99%	102,830.42	10.95%	129,124.96	13.75%
14 第4季度	2020年12月	939,080.12	488,697.30	153,633.51	16.36%	102,735.37	10.94%	194,013.95	20.66%
15 合计		9,606,494.82	5,318,977.60	1,638,763.70	17.06%	1,028,208.57	10.70%	1,620,544.95	16.87%

图 2-110

下面运用【排序】功能对"销售金额"字段按降序排序，同时对"月份"字段按升序排序。

Step01 单击【数据】选项卡【排序和筛选】组中的【排序】按钮，如图 2-111 所示。

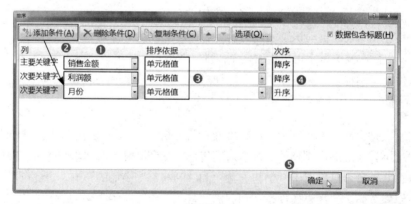

图 2-111

Step02 弹出【排序】对话框，❶ 在"列"列表框下的"主要关键字"下拉列表中选择"销售金额"；❷ 单击两次【添加条件】按钮生成两个"次要关键字"的下拉列表→依次选择"利润额"和"月份"；❸ 在"排序依据"列表框下的下拉列表中全部选择"单元格值"；❹ 在"次序"列表框下，选择"销售金额"和"利润额"的排序次序为"降序"，"月份"的排序次序为"升序"；❺ 单击【确定】按钮即可，如图 2-112 所示。

图 2-112

排序设置完成后，可看到"销售金额"字段以降序排列，"利润额"字段在主要关键字"销售金额"降序排序的前提下按照降序排列，"月份"字段同样依照这一排序规则作升序排列，效果如图 2-113 所示。（示例结果见"结果文件\第 2 章\×× 公司 2020 年销售分析表 .xlsx"文件。）

图 2-113

关键技能 023 根据自定义序列对数据排序

技能说明

在 Excel 预置的排序次序中，仅包括升序和降序。而实际工作中，很多时候也需要根据特定序列对数据进行排序。例如，企业根据往年的销售数据统计分析得出规律：季度销售额按照每年销售旺季到淡季的顺序是第 3 季、第 2 季、第 4 季、第 1 季。如果排序时要求按照"季度"这一关键字段排列，再对销售金额进行升序或降序排列，就需要根据自行设置的排序次序进行排序。因此，这一技能的关键点即是自定义序列。可以通过【排序】或【Excel 选项】对话框打开【自定义序列】对话框进行设置，如图 2-114 所示。【自定义序列】对话框如图 2-115 所示。

【排序】对话框	【Excel 选项】
• 打开【排序】对话框→在"次序"列表框的下拉列表中选择"自定义序列"选项	• 单击【文件】选项卡下的【选项】按钮→在【Excel 选项】对话框列表的【高级】窗口【常规】中单击"编辑自定义序列表"按钮

图 2-114

图 2-115

应用实战

打开"素材文件\第 2 章\×× 公司 2020 年销售分析表 1.xlsx"文件，下面按照上述销售旺到销售淡季，即"第 3 季度、第 2 季度、第 4 季度、第 1 季度"的次序对"销售金额"进行降序排序。

Step01 ❶ 打开【排序】对话框→单击"次序"列表框下拉列表中的"自定义序列"选项，如图 2-116 所示；❷ 弹出【自定义序列】对话框，在"输入序列"文本框中输入序列；❸ 单击【添加】按钮后即可将新序列添加至"自定义序列"列表框中；❹ 单击【确定】按钮关闭对话框，如图 2-117 所示。

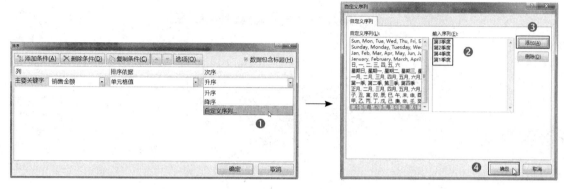

图 2-116 图 2-117

Step02 ❶ 返回【排序】对话框，设置"主要关键字"为"季度"，次要关键字为"销售金额"→排序依据选择"单元格值"；❷ 在"次要关键字"—"次序"下拉列表中选择"降序"；❸ 单击【确定】按钮即可，如图 2-118 所示。

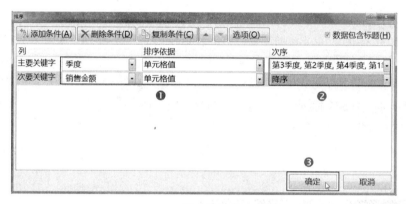

图 2-118

排序设置完成后，即可看到"季度"字段下的数据按照之前自定义序列的顺序排列，而"销售金额"字段下的数据则是在主要关键字"季度"字段排序后进行降序排列，效果如图 2-119 所示。（示例结果见"结果文件 \ 第 2 章 \ × × 公司 2020 年销售分析表 1.xlsx"文件。）

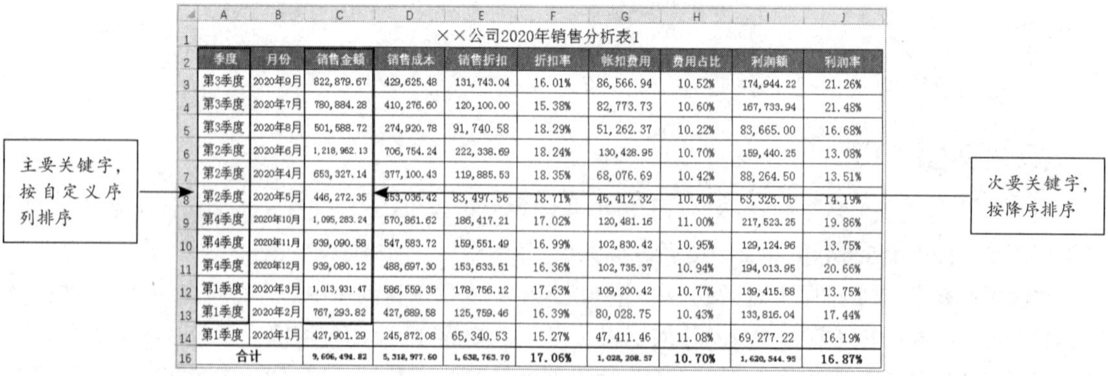

主要关键字，
按自定义序
列排序

次要关键字，
按降序排序

图 2-119

2.7 运用"宏"整理数据表格的至简方法

日常工作中，我们经常需要频繁地从外部网站、第三方软件中获取原始数据表格。例如，从银行网站导出对账明细表，从进销存软件导出销售明细表、从财务软件导出明细账表等。这些表格虽然都有固定的格式，但是并不符合规范，因此必须进行整理和规范。尽管掌握了前面小节介绍的批量整理和规范数据的各种技能，但是仍然需要花费一定的时间和精力去重复操作。其实，在这种情况下，对于这类表格，运用 Excel 中的 "宏"进行处理是最简便、最高效的方法。

"宏"是一种程序设计语言，虽然比较难以理解，但是实际操作和运用时并不要求用户必须懂得编写代码，只需通过简单操作，就可以成功录制一个宏。本节将介绍如何运用宏快速整理原始数据的最简单的方法。

关键技能 024 运用宏快速整理数据表格

技能说明

宏的工作原理其实是将用户在 Excel 中的一系列操作过程录制下来并存储，当用户需要重复这些操作时，只需调用已录制好的宏，即可瞬间完成所有操作。例如，整理一份原始数据表格时，通常需要调整行高、列宽，设置字体、字号，根据各字段类型设置不同的单元格格式等。那么，在首次整理数据表时，运用宏将所有操作录制下来，后期即可一劳永逸，直接调用宏自动整理数据表格。制作宏整理数据表格的操作极其简便，基本流程如图 2-120 所示。

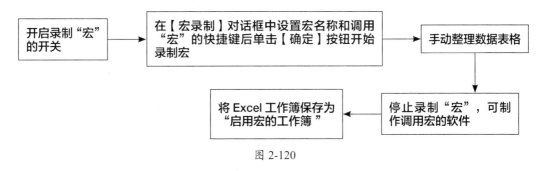

图 2-120

应用实战

下面介绍制作和调用宏一键整理数据表的具体方法和操作步骤。

打开"素材文件 \ 第 2 章 \×× 银行对账单 .xls"文件，这份工作表是从某银行官方网站中导出的 2020 年 6 月的交易明细，初始格式极不规范，如图 2-121 所示（其中涉及交易日期与交易金额等均为虚拟数据）。实际工作中，每月都需要导出这一表格并调整，下面制作宏录制整理过程和结果，再调用宏一键整理。

图 2-121

Step01 ❶ 新建 Excel 工作簿，命名为"银行对账单格式调整"→将银行对账明细工作表整张复制粘贴至"sheet1"工作表中→单击【开发工具】选项卡下【代码】组中的【录制宏】命令或单击 Excel 窗口底部【自定义状态栏】左侧的【录制宏】快捷按钮，如图 2-122 所示（【开发工具】选项卡和【录制宏】快捷按钮的添加方法见文末"高手点拨"介绍）；❷ 弹出【录制宏】对话框，在"宏名"文本框中输入宏名称"银行对账单格式"→在"快捷键"文本框中输入任意字母，如"S"，指定调用宏的快捷键→在【保存在】下拉列表中选择保存位置，备选项包括：个人宏工作簿、新工作簿、当前工作簿，这里选择"当前工作簿"→在"说明"文本框中添加备注说明，如图 2-123 所示；❸ 单击【确定】按钮，此时【自定义状态栏】中的快捷按钮变为 ■，代表当前正在录制宏，如图 2-124 所示。

图 2-122

Step02 ❶ 根据实际工作需要调整银行对账单格式（可删除不必要的字段）→再次单击【自定

义状态栏】中的按钮■即可停止录制宏→按组合键【Ctrl+S】保存,弹出提示对话框,单击【否】按钮,如图 2-125 所示; ❷ 弹出【另存为】对话框,在"保存类型"下拉列表中选择"Excel 启用宏的工作簿"→单击【保存】按钮即可,如图 2-126 所示。操作完成后,可看到文件夹中已创建新的同名工作簿,即启用宏的工作簿(扩展名为 .xlsm,且图标与普通工作簿有所区别),如图 2-127 所示。

图 2-123

图 2-124

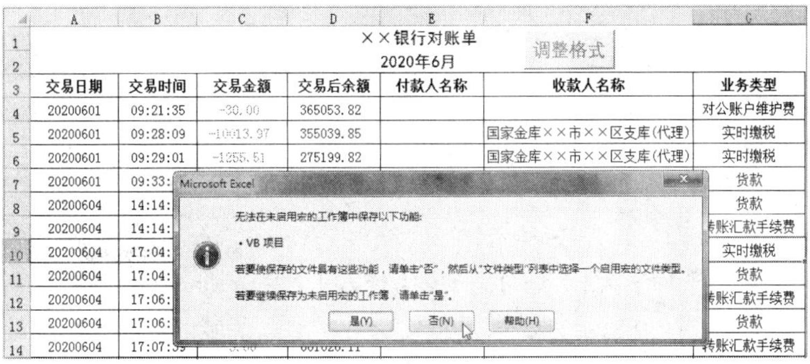

图 2-125

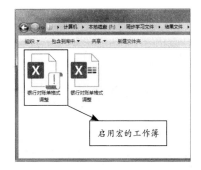

图 2-126

图 2-127

Step03 调用宏。可以通过以下 3 种方法调用宏。

◆方法一：通过【宏】对话框调用宏

❶ 重新将"素材文件\第 2 章\×× 银行对账单 .xls"文件中的原始表格复制粘贴至＜银行对账单格式调整＞（启用宏的工作簿）的工作表中→单击【开发工具】选项卡下【代码】组中的【宏】命令，如图 2-128 所示；❷ 弹出【宏】对话框，单击【执行】按钮即可快速自动调整数据表格式，如图 2-129 所示。

图 2-128

图 2-129

◆方法二：直接按下之前指定的调用宏的快捷键即可。

◆方法三：制作控件指定宏

❶ 单击【开发工具】选项卡下【控件】组中的【插入】下拉按钮→在下拉列表中单击"表单控件"列表中的按钮▢，如图 2-130 所示；❷ 鼠标指针变为"十"字形，按住鼠标左键拖曳指针绘制一个长方形，如图 2-131 所示；❸ 释放鼠标左键后弹出【指定宏】对话框，在"宏名"列表框中选择指定的宏名称→单击【确定】按钮，如图 2-132 所示；❹ 工作表中生成按钮，将名称修改为"调整格式"→右击后在快捷菜单中单击【设置控件格式】命令→打开对话框编辑按钮名称，设置字体、属性等，如图 2-133 所示；❺ 单击【调整格式】按钮即可一键完成整理，如图 2-134 所示。整理完成后，可将【调整格式】按钮移动至合适的位置，效果如图 2-135 所示。最后将整理好的工作表复制粘贴至原工作表中另存为普通工作簿即可。（示例结果见"结果文件\第 2 章\银行对账单格式调整 .xlsm"文件。）

图 2-130

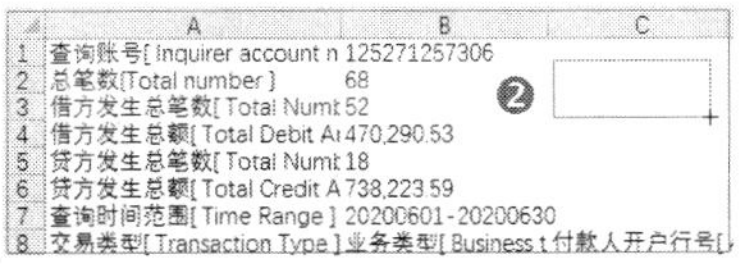

图 2-132

图 2-131

图 2-133

图 2-134

图 2-135

高手点拨 添加【开发工具】选项卡和【录制宏】快捷按钮的方法

1. 添加【开发工具】选项卡：如果功能区中没有【开发工具】选项卡，可打开【Excel 选项】对话框，在【自定义功能区】选项的"主选项卡"列表中勾选"开发工具"复选框即可将其添加至功能区中。

2. 添加【录制宏】快捷按钮：如果 Excel 窗口底部的【自定义状态栏】左侧中没有【录制宏】快捷按钮，只需右击状态栏，在弹出的自定义状态栏列表中勾选"宏录制"选项即可添加。

第 3 章

数据清洗和加工的 7 个关键技能

　　数据清洗是对原始数据进行重新审查和检验，目的在于删除数据源中重复无用的信息，纠正其中存在的错误。

　　数据加工是指在经过整理和清洗后的原始数据的基础上做出一系列初步处理，为后期核算和分析数据做好充分准备。

　　数据清洗与加工在整个数据处理和分析过程中是非常重要的一个环节。经过清洗和加工后的数据，不但能提高准确性，还能有效避免后续工作消耗更多时间和精力去检查和纠正错误。因此，如何充分运用 Excel 对数据进行清洗和加工，也是职场人士应当掌握的关键技能。本章将从数据去重、数据筛选、突出目标数据、数据分类汇总等方面介绍 7 个相关的关键技能，知识框架如图 3-1 所示。

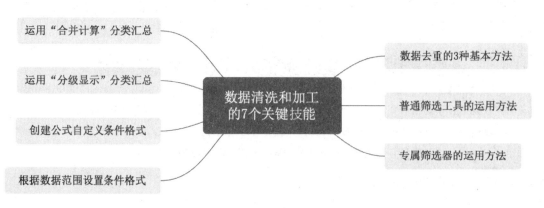

图 3-1

3.1 数据去重：数据清洗第一步

原始数据通常有成百上千条，其中可能有很多重复的错误数据，如果不做处理，就会严重影响后续统计分析的准确性。因此，数据去重是数据清洗的首要任务。在清洗数据时，首先要将多余的、错误的数据从工作表中清洗出去。本节将介绍如何运用 Excel 去除重复数据的关键技能。

关键技能 025 数据去重的 3 种基本方法

技能说明

在获取原始数据过程中，可能会因来源不同而进行了多次录入或导入，由此导致同一张数据表中的数据重复。但是重复数据并不一定是错误的，在 Excel 中，可以通过以下 3 种简单方法判断并去除错误的重复数据，如图 3-2 所示。

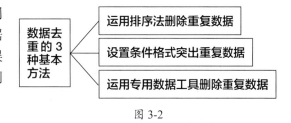

图 3-2

应用实战

（1）运用排序法删除重复数据

排序法去重适用于数据量较少、重复录入或导入数据导致各行中的数值完全重复的情形。其原理是：利用排序功能，将相同数据按照升序或降序排列到一起，由用户自行判断重复数据后将多余数据删除即可。打开"素材文件\第 3 章\销售部季度销售业绩记录表 .xlsx"，可看到表格中包含多行重复数据，而且数据完全相同。例如，A3:E3 与 A8:E8、A11:E11 单元格区域的数据完全相同，如图 3-3 所示。

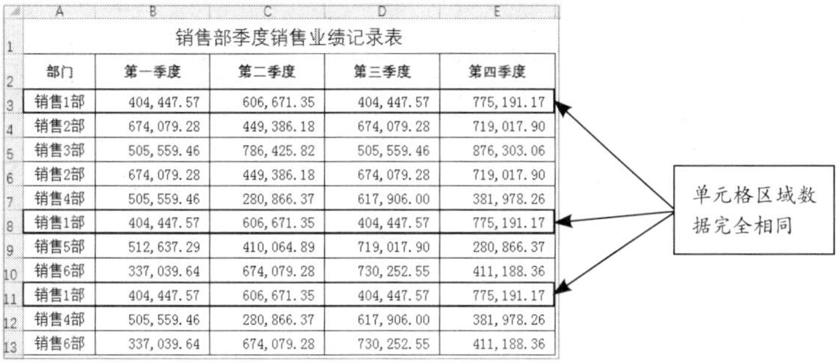

	销售部季度销售业绩记录表			
部门	第一季度	第二季度	第三季度	第四季度
销售1部	404,447.57	606,671.35	404,447.57	775,191.17
销售2部	674,079.28	449,386.18	674,079.28	719,017.90
销售3部	505,559.46	786,425.82	505,559.46	876,303.06
销售2部	674,079.28	449,386.18	674,079.28	719,017.90
销售4部	505,559.46	280,866.37	617,906.00	381,978.26
销售1部	404,447.57	606,671.35	404,447.57	775,191.17
销售5部	512,637.29	410,064.89	719,017.90	280,866.37
销售6部	337,039.64	674,079.28	730,252.55	411,188.36
销售1部	404,447.57	606,671.35	404,447.57	775,191.17
销售4部	505,559.46	280,866.37	617,906.00	381,978.26
销售6部	337,039.64	674,079.28	730,252.55	411,188.36

单元格区域数据完全相同

图 3-3

❶ 选中 A3:A13 单元格区域→单击【数据】选项卡下【排序和筛选】组或【自定义快捷访问工具栏】

中的【升序】按钮↓↑；❷ 弹出【排序提醒】对话框，默认选中"扩展选定区域"单选按钮，单击【排序】按钮，如图 3-4 所示。排序完成后可看到所有数据按销售部门升序排列，此时批量选中多余行删除即可，如图 3-5 所示。（示例结果见"结果文件 \ 第 3 章 \ 销售部季度销售业绩记录表 .xlsx"。）

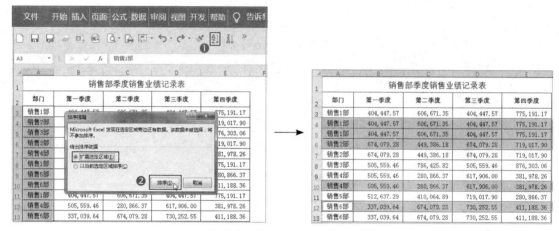

图 3-4   图 3-5

（2）设置条件格式突出重复数据

重复数据并不一定是错误的，运用 Excel 提供的【条件格式】功能将重复数据所在的单元格格式设置为区别于其他数据的格式，以突出显示重复数据，可由用户自行判断重复数据是否为错误数据。打开"素材文件 \ 第 3 章 \ 客户销售明细表 .xlsx"，其中数据是从进销存系统中不同模块中导出后合并的 2020 年 4 月某客户的销售明细，共 55 条数据。虽然其中存在大量重复的"单据日期"和"单据编号"，但是其对应的"存货全名""数量""单价""金额"并非全部重复，表明是在同一日的同一份单据中记录销售的不同商品、数量、单价和金额。这些数据是正确的，因此不能删除，只能删除完全重复的错误数据(如 B10:G10 和 B15:G15 单元格区域数据完全重复)，如图 3-6 所示。

图 3-6

由于"日期""单据编号""数量""单价"字段数据重复属于正常情况，因此，只需将"存货全名"和"金额"重复的数据设置条件格式。操作方法如下。

❶ 按住【Ctrl】键，选中 D3:D57、G3:G57 单元格区域→单击【开始】选项卡下【样式】组中的【条

件格式】下拉按钮→在下拉列表中单击"突出显示单元格规则"选项；❷ 弹出二级列表，选择"重复值"选项，如图 3-7 所示；❸ 弹出【重复值】对话框，默认设置如图 3-8 所示，无须修改，直接单击【确定】按钮即可。

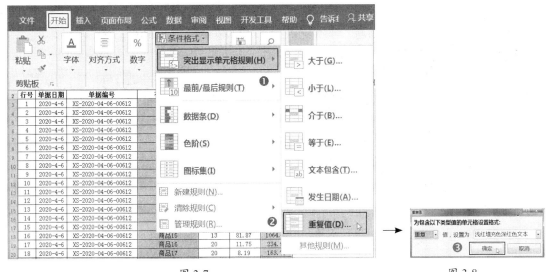

图 3-7   图 3-8

操作完成后，效果如图 3-9 所示，可看到目标区域中包含重复值的单元格已被填充颜色。这里需要注意一个细节，条件格式只是在单独的一列区域中填充重复值单元格，而本例要求同一行的两列单元格中均被填充颜色才能视之为重复的错误值。例如，D9 和 G9 单元格均被填充颜色，说明表格中存在完全重复的错误数据，而第 8 行中，D8 单元格并未填充颜色，那么即使 G8 单元格被填充颜色，也说明数据虽然重复，但属于正确数据。（示例结果见"结果文件 \ 第 3 章 \ 客户销售明细表 .xlsx"。）

图 3-9

（3）运用专用数据工具删除重复数据

除前面介绍的两种去重方法外，Excel 还提供了专门用于删除重复值的数据工具，可以设置去重条件自动判断数据是否完全重复，并一键直接"秒杀"重复数据。当数据量较多时，运用这一工具能够大幅度提高工作效率。下面依然以 < 客户销售明细表 > 为示例，运用数据工具删除完全重复的错误数据。

Step01 ❶ 单击【数据】选项卡下【数据工具】组中的【删除重复值】按钮，如图 3-10 所示；❷ 弹出【删除重复值】对话框，提示选择包含重复值的字段名称，系统默认全选，本例取消勾选"行号"列；❸ 单击【确定】按钮，如图 3-11 所示。

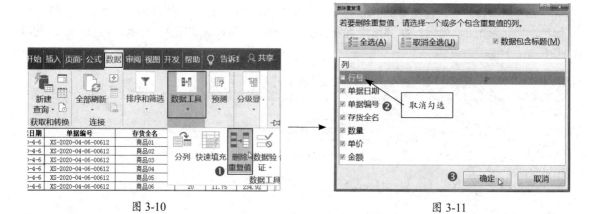

图 3-10   图 3-11

Step02   弹出对话框，提示重复值和保留唯一值的数量，单击【确定】按钮即可，如图 3-12 所示。完成操作后可看到仅删除了在图 3-9 中所选择的列中完全重复的值，效果如图 3-13 所示。（示例结果见"结果文件\第 3 章\客户销售明细表 1.xlsx"。）

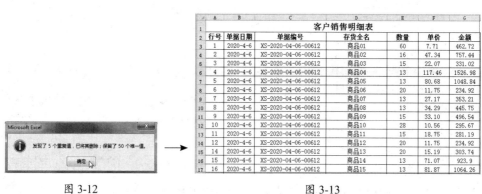

图 3-12   图 3-13

3.2 数据筛选：精准筛选目标数据

　　从成百上千条数据中筛选出需要的数据，是在数据清洗或加工工作中必不可少的一个环节。对此，Excel 提供了两大类筛选工具：普通筛选工具和专用筛选器。其中，普通筛选工具包括自动筛选和高级筛选功能，在普通表、超级表及数据透视表中通用，但日常工作中通常在普通表格中使用。而专用筛选器专门用于超级表、数据透视表和数据透视图，相较于普通筛选工具，操作更方便，筛选更快捷、功能更强大。专用筛选器包含切片器和日程表。筛选工具知识框架如图 3-14 所示。

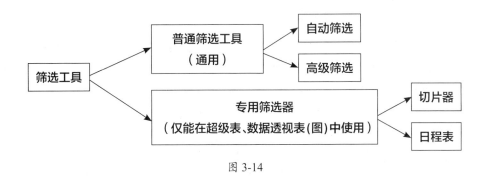

图 3-14

普通筛选工具的多种运用

技能说明

Excel 提供的普通筛选工具包括自动筛选和高级筛选，在普通表、超级表或数据透视表中均可使用。二者功能各有所长，其工作原理及适用情形如图 3-15 所示。

自动筛选	高级筛选
• **工作原理**：在列标题所在单元格直接添加筛选按钮，再在其下拉列表中选择筛选条件进行数据筛选，最后直接将筛选结果呈现在源数据区域中 • **适用情形**：适用于较为简单的数据筛选	• **工作原理**：通过对话框自定义设定筛选条件，并可将筛选结果粘贴至指定区域，从而保留源数据区域的完整性 • **适用情形**：适用比较复杂的、更高要求的数据筛选

图 3-15

应用实战

（1）运用自动筛选按钮筛选目标数据

下面以 <2020 年 4 月部门销售日报表 > 为示例，介绍添加并运用自动筛选按钮筛选目标数据的操作方法。

① **添加筛选按钮**

打开"素材文件 \ 第 3 章 \2020 年 4 月部门销售日报表 .xlsx"→选中表格的列标题，即 A2:G2 单元格→单击【数据】选项卡下【排序和筛选】组中的【筛选】按钮（或按组合键【Ctrl+Shift+L】），即可添加筛选按钮，如图 3-16 所示。

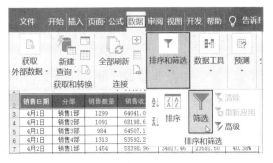

图 3-16

②运用调节筛选按钮智能筛选目标数据

运用自动筛选按钮筛选数据的操作非常简单,但是功能却很强大。它既可对单一条件数据进行筛选,也可设定多重条件筛选,更可进行模糊筛选,并且还可根据条件进行逻辑判断后智能筛选。因此,自动筛选按钮能够发挥多大的作用,实际上取决于用户对其掌握的熟练程度。

◆ 单一条件筛选

单一条件筛选是最基础的筛选操作,是指仅以一个字段下的数据为条件进行筛选,一般适用于筛选文本类数据。例如,在<2020 年 4 月部门销售日报表>中查看 2020 年 4 月销售 2 部的相关数据,那么只需根据"分部"这一个条件筛选即可。操作方法如下。

❶ 单击 B2 单元格("分部"字段)右下角的筛选按钮;❷ 弹出下拉列表,首先取消选择"全选"复选框;❸ 勾选"销售 2 部"复选框;❹ 单击【确定】按钮,如图 3-17 所示。可看到筛选操作后仅列示"销售 2 部"的所有数据,其他销售部门数据已被隐藏,效果如图 3-18 所示。

图 3-17　　　　　　　　　　　　　　　　图 3-18

温馨提示

查看筛选结果后,单击筛选按钮下拉列表中的"从 ×× (字段名称)中清除筛选"命令即可。

◆ 多条件筛选

如果需要设定多个条件筛选数据,对于文本类数据,只需按照上例操作方法依次在各字段的下拉列表中勾选所需选项即可。而对于日期或数字类数据,通常在筛选按钮下拉列表中选择 Excel 内置的筛选条件,如"不等于、大于、小于、大于或等于、大于且等于"等,也可自定义筛选条件。

例如,在<2020 年 4 月部门销售日报表>中根据 4 个条件筛选数据,如表 3-1 所示。

表 3-1　运用多条件筛选的筛选条件

筛选字段	筛选条件
条件 1:销售日期	4 月 1 日—4 月 15 日
条件 2:分部	销售 1 部和销售 3 部
条件 3:销售收入	大于 20000 元
条件 4:利润率	高于 30%

Step01 筛选日期。❶ 在 A2 单元格下拉列表中单击【日期筛选】命令；❷ 在弹出的二级列表中单击 "之前" 命令，如图 3-19 所示；❸ 弹出【自定义自动筛选方式】对话框，第一个文本框中输入 "2020-4-16" 或单击文本框右侧的日期控件按钮后直接选择日期；❹ 单击【确定】按钮即可，如图 3-20 所示。

图 3-19   图 3-20

Step02 筛选分部。参照前面介绍的 "单一条件筛选" 操作，在 B2 单元格筛选按钮下拉列表中选择 "销售 1 部" 和 "销售 3 部" 即可。

Step03 筛选销售收入。❶ 在 D2 单元格的筛选按钮下拉列表中 "数据筛选" 的二级列表中选择 "大于" 选项，如图 3-21 所示；❷ 在弹出的【自定义自动筛选方式】对话框中的第一个文本框中输入 "20000"；❸ 单击【确定】按钮，如图 3-22 所示。

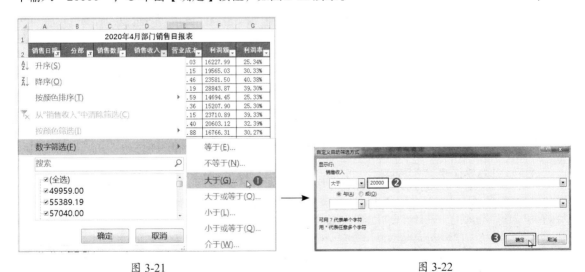

图 3-21   图 3-22

Step04 参照 Step03 操作方法筛选利润率。根据以上 4 个条件进行筛选的结果如图 3-23 所示。（示例结果见 "结果文件 \ 第 3 章 \2020 年 4 月部门销售日报表 .xlsx"。）

	A	B	C	D	E	F	G
1	2020年4月部门销售日报表						
2	销售日期	分部	销售数量	销售收入	营业成本	利润额	利润率
5	4月1日	销售3部	984	64507.18	44942.15	19565.03	30.33%
7	4月2日	销售1部	1454	58398.96	34817.46	23581.50	40.38%
9	4月2日	销售3部	991	73394.06	44550.19	28843.87	39.30%
15	4月4日	销售1部	1001	60287.04	36576.15	23710.89	39.33%
17	4月4日	销售3部	1205	63609.52	43006.40	20603.12	32.39%
19	4月5日	销售1部	1169	55389.19	38622.88	16766.31	30.27%
21	4月5日	销售3部	1192	76645.66	52601.92	24043.74	31.37%
23	4月6日	销售1部	1056	60969.00	39398.17	21570.83	35.38%
27	4月7日	销售1部	1260	76158.14	52328.26	23829.88	31.29%
31	4月8日	销售1部	1220	78773.42	50155.04	28618.38	36.33%
33	4月8日	销售3部	1142	65220.00	40208.13	25011.87	38.35%
37	4月9日	销售3部	898	57040.00	39773.99	17266.01	30.27%
39	4月10日	销售1部	1269	65168.00	44151.32	21016.68	32.25%
41	4月10日	销售3部	1173	69190.00	46184.33	23005.68	33.25%
43	4月11日	销售1部	1454	59310.00	36570.55	22739.45	38.34%
47	4月12日	销售1部	916	62702.00	40543.11	22158.89	35.34%
51	4月13日	销售1部	1013	63538.00	41712.70	21825.30	34.35%
53	4月13日	销售3部	1009	63069.00	40118.19	22950.81	36.39%
59	4月15日	销售1部	1184	72859.00	48575.10	24283.90	33.33%
61	4月15日	销售3部	1376	49959.00	30290.14	19668.86	39.37%

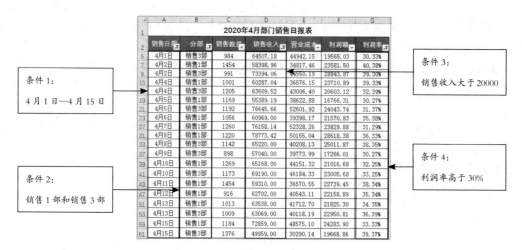

图 3-23

◆模糊筛选

模糊筛选主要是针对文本类数据。筛选时只需输入文本中包含的个别关键字即可筛选出所有包含关键字的数据。打开“素材文件 \ 第 3 章 \ 职工信息管理表 9.xlsx”，如图 3-24 所示。现根据以下 2 个条件对职工数据进行多条件筛选和模糊筛选，如表 3-2 所示。

	A	B	C	D	E	F	G	H	I
1	职工信息管理表9								
2	序号	职工编号	姓名	部门	岗位	学历	身份证号码	出生日期	住址
3	1	HT001	张果	总经办	总经理	研究生	123456197501140000	1975-1-14	北京市朝阳区××街102号
4	2	HT002	陈娜	行政部	清洁工	高中	123456199403228000	1994-3-22	北京市西城区××街66号
5	3	HT003	林玲	总经办	销售副总	本科	123456197710162000	1977-10-16	北京市朝阳区××街35号
6	4	HT004	王丽程	行政部	清洁工	高中	123456198910175000	1989-10-17	北京市东城区××街181号
7	5	HT005	杨思	财务部	往来会计	专科	123456198508262000	1985-8-26	北京市海淀区××街26号
8	6	HT006	陈德芳	仓储部	理货专员	专科	123456199606145000	1996-6-14	北京市朝阳区××街25号
9	7	HT007	刘韵	人力资源部	人事助理	专科	123456199009232318	1990-9-23	北京市通州区××街63号
10	8	HT008	张运隆	生产部	技术人员	专科	123456197610150423	1976-10-15	北京市顺义区××街78号
11	9	HT009	刘丹	生产部	技术人员	专科	123456198009132467	1980-9-13	北京市昌平区××街121号
12	10	HT010	冯可可	仓储部	理货专员	专科	123456199007241019	1990-7-24	北京市大兴区××街1号
13	11	HT011	马冬梅	行政部	行政前台	专科	123456199203171817	1992-3-17	北京市平谷区××街5号
14	12	HT012	李孝骞	人力资源部	绩效考核专员	本科	123456198311251920	1983-11-25	北京市朝阳区××街16号
15	13	HT013	李云	行政部	保安	高中	123456198104251018	1981-4-25	北京市朝阳区××街29号
16	14	HT014	赵茜茜	销售部	销售经理	本科	123456199406075180	1994-6-7	北京市通州区××街8号
17	15	HT015	吴春丽	行政部	保安	高中	123456198903255719	1989-3-25	北京市东城区××街196号
18	16	HT016	孙韵琴	人力资源部	薪酬专员	本科	123456197504182758	1975-4-18	北京市西城区××街172号
19	17	HT017	张翔	人力资源部	人事经理	本科	123456198711301000	1987-11-30	北京市海淀区××街38号
20	18	HT018	陈俪	行政部	司机	高中	123456198309211639	1983-9-21	北京市顺义区××街69号
21	19	HT019	唐德	总经办	常务副总	研究生	123456197504261000	1975-4-26	北京市朝阳区××街43号
22	20	HT020	刘艳	人力资源部	培训专员	本科	123456199005233000	1990-5-23	北京市海淀区××街64号

图 3-24

表 3-2　运用多条件筛选和模糊筛选的筛选条件

筛选字段	筛选条件
条件 1：出生日期	出生日期在 1979 年及之前和 1990 年及之后
条件 2：住址	北京市朝阳区

Step01 筛选出生日期。❶ 打开 H2 单元格筛选按钮下拉列表中的【自定义自动筛选方式】对话框→在第 1 个下拉列表中选择“在以下日期之前或与之相同”选项→在其右侧文本框中输入“1979-12-31”，代表 1979 年 12 月 31 日及之前的出生日期；❷ 选中“或”单选按钮；❸ 在第 2 个下拉列表中选择“在以下日期之后或与之相同”选项→在其右侧文本框中输入“1990-1-1”，代

表 1990 年 1 月 1 日及之后的出生日期；❹ 单击【确定】按钮，如图 3-25 所示。

Step02 模糊筛选住址。只需在 I2 单元格筛选按钮下拉列表中的文本搜索框中输入关键字"朝阳"→单击【确定】按钮即可，如图 3-26 所示。

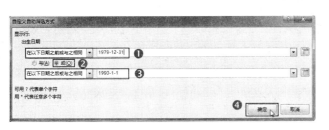

图 3-25   图 3-26

筛选操作完成后，即可看到筛选结果，如图 3-27 所示。（示例结果见"结果文件\第 3 章\职工信息管理表 9.xlsx"。）

图 3-27

温馨提示

对于比较复杂的文本类数据，也可以通过【自定义自动筛选方式】对话框设定自定义条件进行筛选。

（2）运用高级筛选功能筛选目标数据

高级筛选比自动筛选更"高级"之处主要有以下几点：❶ 不必像自动筛选那样依次在每个字段的筛选按钮下拉列表中设置筛选条件，只需在空白区域一次性设置好所有筛选条件即可；❷ 能够设置更多、更复杂的条件；❸ 可以将筛选结果直接复制到其他指定区域，以保持源数据区域不变。打开"素材文件\第 3 章\2020 年 4 月部门销售日报表 1.xlsx"，在工作表中根据 4 个条件筛选数据，如表 3-3 所示。

表 3-3 运用高级筛选的筛选条件

筛选字段	筛选条件
条件 1：销售日期	4 月 11 日—4 月 20 日
条件 2：分部	销售 1 部
条件 3：销售收入	小于 30000 元或大于 50000 元
条件 4：利润率	高于 10% 且低于 35%

Step01 设置筛选条件。在 A1:I3 单元格区域绘制表格作为条件区域，注意字段名称与源数据表格的字段名称必须完全相符→一个字段对应设置一个条件。注意逻辑关系为"且"的条件，表示必须同时满足，必须放置在同一行，而逻辑关系为"或"的条件表示只需满足其一，放置在不同行。筛选条件具体设置内容如图 3-28 所示。

	A	B	C	D	E	F	G	H	I
1	销售日期	销售日期	分部	销售数量	销售收入	销售收入	利润额	利润率	利润率
2	>2020-4-10	<=2020-4-20	销售1部		<30000			>10%	<35%
3	>2020-4-10	<=2020-4-20	销售1部			>50000		>10%	<35%

图 3-28

Step02 筛选数据。❶ 单击【数据】选项卡下【排序和筛选】组中的【高级】按钮，如图 3-29 所示；❷ 弹出【高级筛选】对话框→选中"将筛选结果复制到其他位置"单选按钮；❸ 将"列表区域"设置为源数据所在区域，即 A5:I125 单元格区域→将"条件区域"设置为 A1:I3 单元格区域（系统自动添加锁定行列的符号"$"）；❹ 单击"复制到"文本框→选中空白单元格区域中的任一单元格；❺ 单击【确定】按钮，如图 3-30 所示。

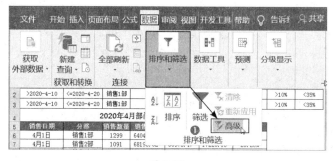

图 3-29

图 3-30

以上操作完成后可以看到，筛选结果完全符合所设的 4 个条件，并已被复制到 I5:O12 单元格区域，效果如图 3-31 所示。（示例结果见"结果文件\第 3 章\2020 年 4 月部门销售日报表 1.xlsx"。）

图 3-31

关键技能 **027** **2 种高级专属筛选器的运用方法**

技能说明

除了自动筛选按钮和高级筛选对话框外，Excel 还专门针对超级表、数据透视表提供了 2 种专用筛选工具，即"切片器"和"日程表"。二者的工作原理、适用范围如图 3-32 所示。

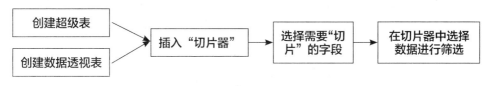

切片器	日程表
• 工作原理：将各列字段"切割"为图片，一个字段即为一个切片器，每个切片中包含该字段下所有数据，筛选时直接单击或拖曳选择	• 工作原理：将表格中包含日期字段中的所有日期以图表形式列表，筛选时直接单击或拖曳选择日期或日期期间
• 适用范围：仅能在超级表、数据透视表中使用。适用于包含文本类数据的字段，由于不能以数字大小作为筛选条件，并不适用数字类数据的字段	• 适用范围：仅能在数据透视表中使用。日期是唯一的筛选条件，因此仅适用于包含日期字段的数据透视表

图 3-32

由于切片器仅能在超级表和数据透视表中使用，因此在插入切片器前应首先创建超级表或创建数据透视表。插入切片器的基本操作步骤如图 3-33 所示。

图 3-33

日程表与切片器最显著的不同点是：日程表仅能在数据透视表中使用，因此在插入日程表之前必须在超级表的基础上创建数据透视表。插入日程表的基本操作步骤也与切片器略有不同，如图 3-34 所示。

图 3-34

应用实战

下面分别介绍 2 种筛选器的具体运用方法及操作步骤。

（1）在超级表中运用"切片器"筛选数据

Step01 创建超级表。❶ 打开"素材文件 \ 第 3 章 \2020 年 4 月部门销售日报表 2.xlsx"文件→选中 A2:G122 单元格区域（包含列标题的所有数据区域）→按组合键【Ctrl+T】；❷ 弹出【创建表】对话框，其中"表数据的来源"文本框中已自动识别前一步选中的单元格区域，并默认勾选"表包含标题"复选框→直接单击【确定】按钮即可完成，如图 3-35 所示。

图 3-35

Step02 插入切片器。❶ 单击【插入】选项卡下【筛选器】组中的【切片器】按钮，如图 3-36 所示；❷ 弹出【插入切片器】对话框，列示表格中各列标题的字段名称→勾选"销售日期"和"分部"复选框（其他字段数据均为数字类，不适用切片器，不必勾选）；❸ 单击【确定】按钮，如图 3-37 所示。

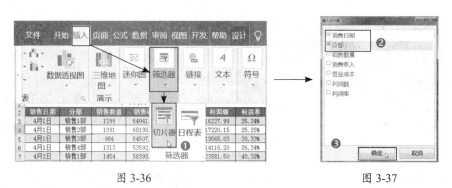

图 3-36   图 3-37

操作完成后可以看到表内已生成两个"切片器"，其中列示了所选字段下的全部数据。切片器右上角的两个按钮分别为"多选"模式切换按钮和"清除"筛选结果的按钮。切片器以图片形式插入工作表中，可以调整大小并自由移动，如图 3-38 所示。

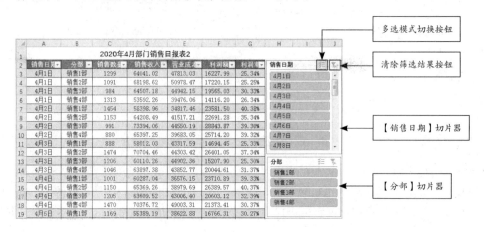

图 3-38

在每个切片器中均可单选或多选数据选项。需要注意的是，多选数据选项时，通过拖曳多选连续的数据选项与按住【Ctrl】键或切换为多选模式选择不连续的数据选项的操作方法有所不同。接下来分别介绍单项和多项数据筛选的具体操作方法。

Step03 单项筛选。筛选4月8日销售3部的数据，只需分别单击【销售日期】切片器中的"4月8日"选项和【分部】切片器中的"销售3部"选项即可，如图3-39所示。

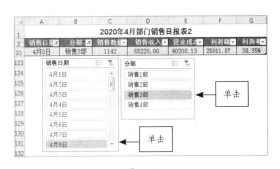

图 3-39

Step04 多项筛选。筛选4月1日—4月5日、4月7日和4月10日销售1部和销售3部的数据。❶ 清除筛选结果：首先单击两个切片器右上角的清除按钮清除之前的筛选结果，才能进行新的筛选操作；❷ 拖曳多选连续选项：单击【销售日期】切片器中的"4月1日"选项→按住并拖曳鼠标指针至"4月5日"选项即可；❸【Ctrl】键多选不连续选项：按住【Ctrl】键→分别单击"4月7日"和"4月10日"选项；❹ 切换"多选"模式多选不连续选项：当第1个切片器中选择目标数据选项进行筛选后，第2个切片器中的所有选项默认为选中，因此应在其中取消选择暂不需要的选项，选中【分部】切片器→单击"多选"模式切换按钮→分别单击暂不需要的选项，即"销售2部"和"销售4部"，保持选择"销售1部"和"销售3部"选项；操作方法及筛选结果如图3-40所示。（示例结果见"结果文件\第3章\2020年4月部门销售日报表2.xlsx"文件。）

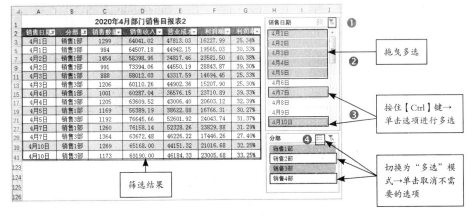

图 3-40

（2）在数据透视表中运用"日程表"筛选数据

日程表是专门用于筛选日期的筛选器，且仅能在数据透视表中使用。因此，源数据表中必须包含日期类数据，才能运用"日程表"筛选数据。数据透视表可在普通表或超级表基础之上创建。下面使用上例创建的<2020年4月部门销售日报表2>超级表创建数据透视，并介绍运用日程表筛选数据的操作方法。

Step01 创建数据透视表。❶ 打开"素材文件\第 3 章\2020 年 4 月部门销售日报表 3.xlsx"文件→选中 A3:G122 单元格区域的任一单元格→单击【插入】选项卡下【表格】组中的"数据透视表"选项，如图 3-41 所示；❷ 弹出【创建数据透视表】对话框，默认设置如图 3-42 所示，这里不做修改，直接单击【确定】按钮；❸ Excel 自动新建一个新的工作表，并生成空白数据透视表，单击数据透视表区域中的任一单元格，激活数据透视表任务窗格，如图 3-43 所示；❹ 勾选任务窗格中的所有字段，即可将字段及数据添加至数据透视表中，如图 3-44 所示。

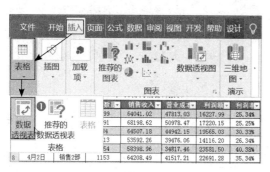

图 3-41 图 3-42

图 3-43 图 3-44

Step02 插入日程表。❶ 单击【插入】选项卡下【筛选器】组中的【日程表】按钮→弹出【日程表】对话框，可看到其中仅列示了包含日期类数据的"销售日期"字段→勾选该字段并单击【确定】按钮即可，如图 3-45 所示；❷ 日程表中的筛选条件的默认日期单位为"月"，而本例仅包含 2020 年 4 月所有日期，因此应以"日"为条件进行筛选，选中日程表中的"4 月"→单击右侧下拉按钮→在下拉列表中切换为"日"，如图 3-46 所示。

Step03 运用日程表筛选日期。在日程表中，只能通过单击选择单一日期或拖曳鼠标指针选择多个连续日期，如拖曳鼠标指针选择 4 月 11—20 日，即可筛选出该期间的数据，效果如图 3-47 所示。（示例结果见"结果文件\第 3 章\2020 年 4 月部门销售日报表 3.xlsx"文件。）

图 3-45

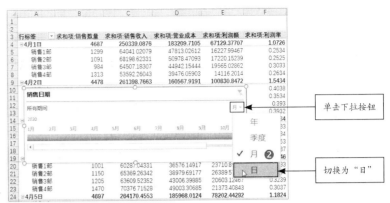

图 3-46

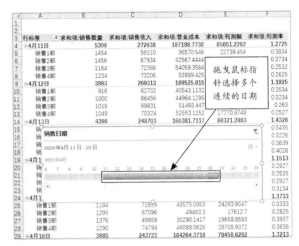

图 3-47

温馨提示

日程表的筛选功能比较单一，仅能筛选日期。如果需要同时筛选其他字段的数据内容，可同时插入切片器或运用数据透视自带的筛选功能配合操作。关于数据透视表的运用，本书将在第 4 章中介绍。

3.3 条件格式：突出重点，为目标数据添色增彩

实际工作中，我们在处理和分析数据时，通常需要从一组数据中快速抓取目标数据，以便更直观地分析数据。例如，从一组数据中快速获取排名前 10 位和后 10 位的具体金额；从数据组中抓取高于或低于基数的数据；直观对比数据高低……虽然这些数据加工工作使用排序和筛选功能也能够完成，但是会影响表格的原有布局和完整性。对此，Excel 提供了【条件格式】功能，从单元格的格式着手，将目标数据所在单元格的格式设置为与众不同的外观，让目标数据更突出、更直观、更生动地呈现出来，并随着数字的变化而动态变化，让用户对目标数据一目了然，更方便后续的数据处理与分析，这也是数据加工的一项重要工作。

条件格式的设置非常简单，总体上只需两大步骤：遵循规则设定条件→设置单元格格式，如图 3-48 所示。

图 3-48

单元格格式的设置方法已无须赘述，如何设定条件格式规则才是用好条件格式的核心，更是职场人士提高数据处理能力和工作效率不可或缺的技能。本节将以设定条件格式规则为重心，介绍 2 个相关的关键技能。

Excel 提供了 6 种规则类型，包括 5 种内置规则和 1 种创建公式自定义条件的规则，如图 3-49 所示。

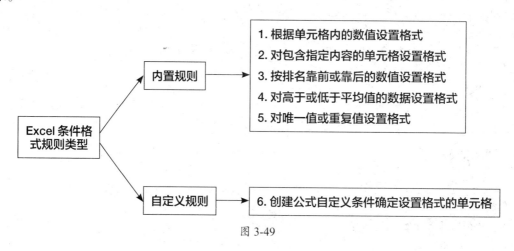

图 3-49

关键技能 **028** 遵循规则，根据数据范围设置条件格式

技能说明

按照条件格式中内置规则类型原理主要是根据数据的大小范围，抓取或分析目标数据，并设置为区别于其他数据的单元格格式。根据内置条件格式规则可以通过快捷菜单和对话框 2 种方式进行设定，其适用情形和基本操作步骤如图 3-50 所示。

快捷菜单	对话框
• 适用情形：适用于设定相对简单的格式条件 • 基本操作步骤：在【开始】选项卡下【样式】组中的"条件格式"下拉列表中直接选择规则类型或格式	• 适用情形：如果快捷菜单提供的规则和格式无法满足需求，可在【新建格式规则】对话框中进行设定 • 基本操作步骤：单击【开始】选项卡下【样式】组中【条件格式】下列按钮，在下拉列表中任一选项下的子列表中单击【其他规则】命令，或者直接在"条件格式"下拉列表中单击【新建格式规则】命令均可打开【新建格式规则】对话框

图 3-50

应用实战

下面介绍运用条件格式设定规则，抓取目标数据的具体操作方法。

（1）在快捷菜单中直接选择条件格式规则

简单的数据需求可直接在"条件格式"下拉列表中选择相应的规则进行设置。打开"素材文件\第 3 章\×× 公司 2020 年销售分析表 1.xlsx"文件，在如图 3-51 所示的 <×× 公司 2020 年销售分析表 1> 各个字段中分别抓取如表 3-4 所示的数据。

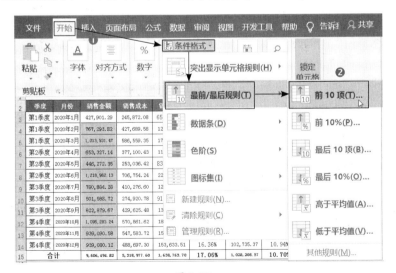

图 3-51

表 3-4　运用条件格式抓取或分析的数据

字段	抓取或分析的数据
1. 销售金额	前 5 位
2. 销售成本	<40 万元
3. 折扣率	16%~18%
4. 利润额	对比 1—12 月数据大小

Step01　抓取销售金额前 5 位的数据。❶ 选中"销售金额"字段下的 C3:C14 单元格区域→单击【开始】选项卡【样式】组中的【条件格式】下拉按钮；❷ 弹出下拉列表→单击"最前 / 最后规则"选项→在子列表中单击"前 10 项"选项，如图 3-52 所示；❸ 弹出【前 10 项】对话框→在"为值最大的那些单元格设置格式"下的文本框中将数字修改为"5"→默认单元格格式为"浅红填充色深红色文本"（也可在下拉列表中选择其他格式）；❹ 单击【确定】按钮，如图 3-53 所示。

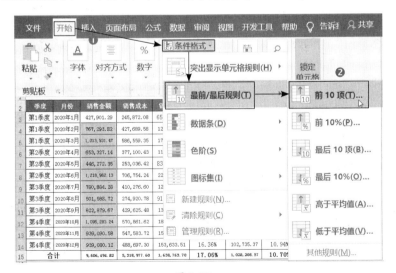

图 3-52

图 3-53

操作完成后，即可看到 C3:C14 单元格区域中"销售金额"在前 5 位的单元格及数字格式已变成所设置的指定格式，效果如图 3-54 所示。

A	B	C	D	E	F	G	H	I	J
				××公司2020年销售分析表1					
季度	月份	销售金额	销售成本	销售折扣	折扣率	帐扣费用	费用占比	利润额	利润率
第1季度	2020年1月	427,901.29	245,872.08	65,340.53	15.27%	47,411.46	11.08%	69,277.22	16.19%
第1季度	2020年2月	767,293.82	427,689.58	125,759.46	16.39%	80,028.75	10.43%	133,816.04	17.44%
第1季度	2020年3月	1,013,931.47	586,559.35	178,756.12	17.63%	109,200.42	10.77%	139,415.58	13.75%
第2季度	2020年4月	653,327.14	377,100.43	119,885.53	18.35%	68,076.69	10.42%	88,264.50	13.51%
第2季度	2020年5月	446,272.35	253,036.42	83,497.56	18.71%	46,412.32	10.40%	63,326.05	14.19%
第2季度	2020年6月	1,218,962.13	706,754.24	222,338.69	18.24%	130,428.95	10.70%	159,440.25	13.08%
第3季度	2020年7月	790,884.28	410,276.60	120,100.00	15.38%	82,773.73	10.60%	167,733.94	21.48%
第3季度	2020年8月	501,588.72	274,920.78	91,740.58	18.29%	51,262.37	10.22%	83,665.00	16.68%
第3季度	2020年9月	822,879.67	429,625.48	131,743.04	16.01%	86,566.94	10.52%	174,944.22	21.26%
第4季度	2020年10月	1,095,283.24	570,861.62	186,417.21	17.02%	120,481.16	11.00%	217,523.25	19.86%
第4季度	2020年11月	939,090.58	547,583.72	159,551.49	16.99%	102,830.42	10.95%	129,124.96	13.75%
第4季度	2020年12月	935,080.12	488,697.30	153,633.51	16.36%	102,735.37	10.94%	194,013.95	20.66%
合计		9,606,494.82	5,318,977.60	1,638,763.70	17.06%	1,028,208.57	10.70%	1,620,544.95	16.87%

销售金额前5位

图 3-54

Step02 抓取销售成本小于 40 万元的数据。❶ 选中"销售成本"字段下的 D3:D14 单元格区域→单击"条件格式"下拉列表中的"突出显示单元格规则"选项→单击子列表中的【小于】命令，如图 3-55 所示；❷ 弹出【小于】对话框→在"为小于以下值的单元格设置格式"下的文本框中输入"400000"；❸ 在"设置为"下拉列表中选择"绿填充色深绿色文本"选项；❹ 单击【确定】按钮即可，如图 3-56 所示。

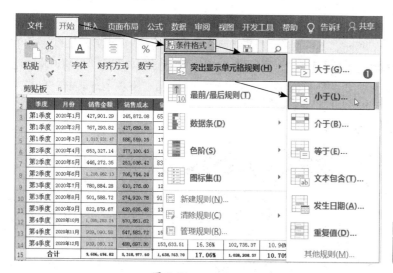

图 3-55

图 3-56

操作完成后，即可看到 D3:D14 单元格区域中"销售成本"小于 40 万元的单元格中数字已被设置为指定格式，效果如图 3-57 所示。

Step03 抓取折扣率在 16%~18% 之间的数据。❶ 选中"折扣率"字段下的 F3:F14 单元格区域→单击"条件格式"下拉列表中的"突出显示单元格规则"选项→单击子列表中的【介于】命令，如图 3-58 所示；❷ 弹出【介于】对话框→在"为介于以下值之间的单元格设置格式"的两个文本框中分别输入"16%"和"18%"→在"设置为"下拉列表中选择【自定义格式】命令，如图 3-59所示；❸ 弹出【设置单元格格式】对话框→将字体颜色设置为红色→单击【确定】按钮后返回【介于】对话框，再次单击【确定】按钮，如图 3-60 所示。

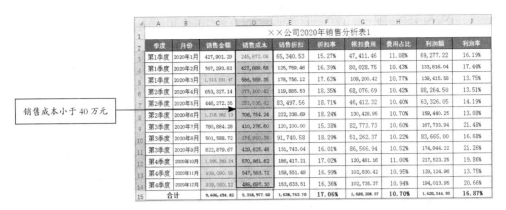

图 3-57

销售成本小于 40 万元

图 3-58

图 3-59

图 3-60

操作完成后,即可看到F3:F14单元格区域中"折扣率"在16%~18%之间的数字已被标识为红色,效果如图 3-61 所示。

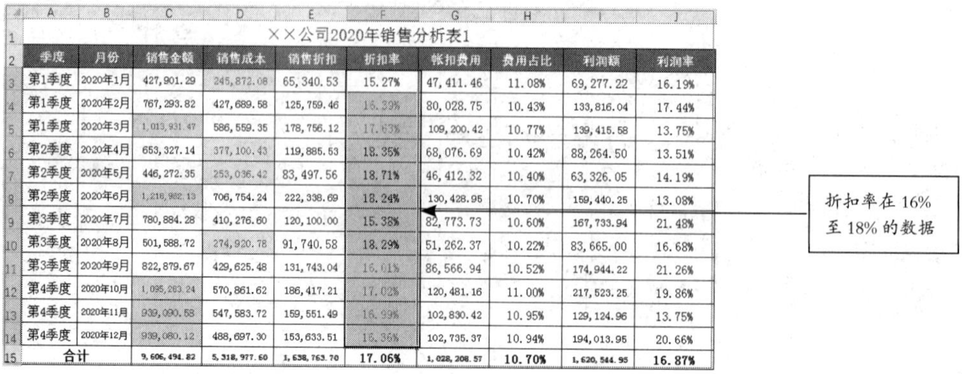

图 3-61

Step04　对比 1—12 月的利润额大小。❶ 选中"利润额"字段下的 I3:I14 单元格区域→单击"条件格式"下拉列表中的"数据条"选项；❷ 弹出子列表→在"渐变填充"选项下的预览表中选择任意一种样式即可，如图 3-62 所示。

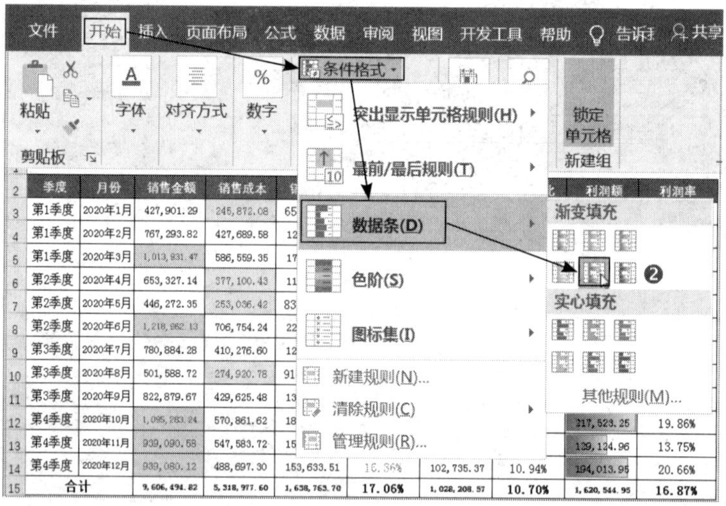

图 3-62

操作完成后，即可看到 I3:I14 单元格区域中"利润额"数字均被标识为指定样式的数据条，直观呈现数字的高低大小，效果如图 3-63 所示。

Step05　测试条件格式的动态效果。当数据发生变化，不再满足或达到设定的条件时，设定的格式也会随之发生变化。例如，"销售金额"字段的条件格式是将金额排列在前 5 位的单元格设置为浅红色填充深红色文本。修改任一单元格数字，如将 C5 单元格数字修改为"613931.47"后，其金额不再位列前 5 位之中，此时可看到不仅 C5 和 C11 单元格格式发生变化，同时，与"销售金额"存在公式关系的"利润额"字段下的 I5 单元格中数字和体现数字大小的数据条样式也同步发生改变，效果如图 3-64 所示。（示例结果见"结果文件\第 3 章\××公司 2020 年销售分析表 1.xlsx"文件。）

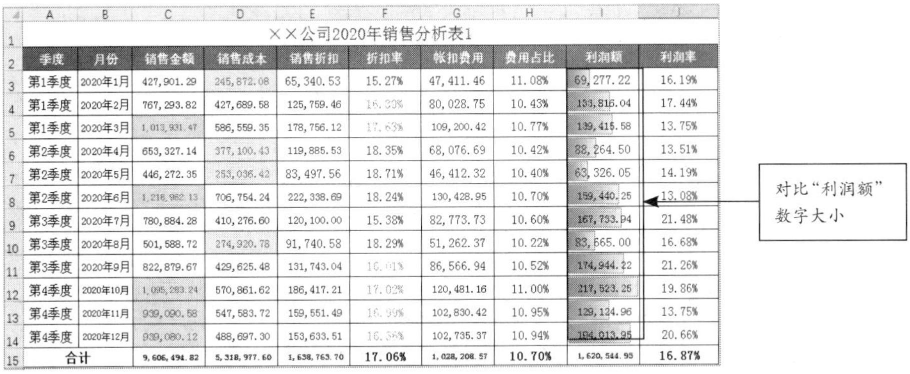

图 3-63

图 3-64

（2）通过【新建格式规则】对话框设置条件格式规则

当"条件格式"下拉列表中提供的规则不能满足数据需求时，可单击其中任一选项下子列表中的【其他规则】命令，或者在"条件格式"下拉列表中单击【新建格式规则】命令，打开【新建格式规则】对话框进行设置。同时，我们还可以发挥奇思妙想，运用条件格式的数据条，通过对话框进行巧妙设置，制作一份简单的条形图表。下面分别列举两个示例，示范条件格式规则的设置方法。

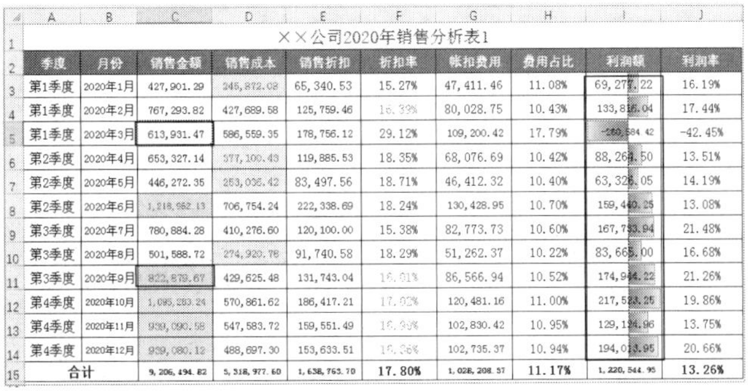

◆示例一：抓取数据

打开"素材文件\第 3 章\×× 公司 2020 年销售分析表 2.xlsx"文件→将 <×× 公司 2020 年销售分析表 2> "销售金额"字段下的数据划分为 3 个级别，并以箭头图标（↑→↓）作为标识，如表 3-5 所示。

表 3-5　通过新建格式规则抓取或分析的数据及标识

级别	抓取或分析的数据	箭头
1	销售金额 >=800000	↑
2	600000<= 销售金额 <800000	→
3	销售金额 <600000	↓

Step01　❶ 选中"销售金额"字段下的 C3:C14 单元格区域→单击"条件格式"下拉列表中"图标集"选项→单击子列表中的【其他规则】命令，如图 3-65 所示；

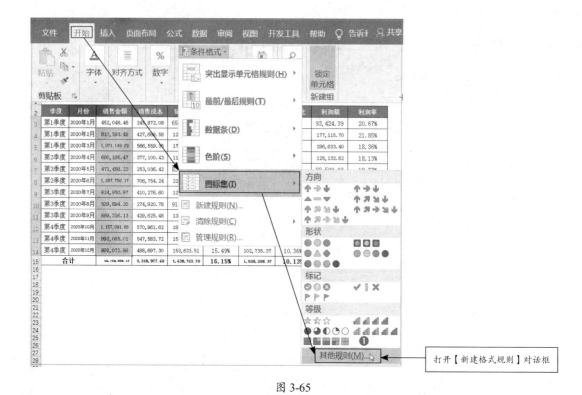

图 3-65

❷ 弹出【新建格式规则】对话框，初始设置如图 3-66 所示；❸ 在"图标样式"下拉列表中选择箭头样式 ⬆➡⬇；❹ 在"根据以下规则显示各个图标"区域中"类型"下拉列表中选择"数字"类型（默认是"百分比"）→设置"值"和对应的箭头样式，如图 3-67 所示。

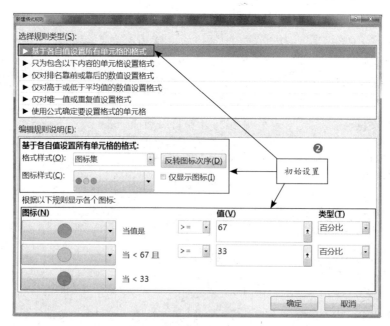

图 3-66

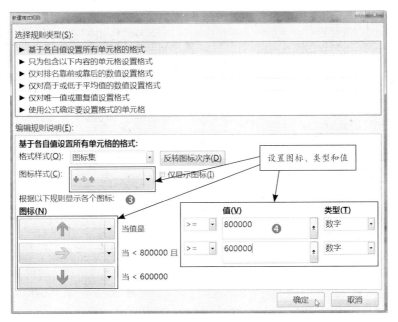

图 3-67

设置完成后，可看到 C3:C14 单元格区域中所有数据已按照所设规则标识了相应的箭头图标，效果如图 3-68 所示。（示例结果见"结果文件\第 3 章\×× 公司 2020 年销售分析表 2.xlsx"文件。）

大于等于 800000，"↑"

大于等于 600000，且小于 800000，"→"

小于 600000，"↓"

图 3-68

◆示例二：制作条形"图表"

如图 3-69 所示是运用 Excel 中专用图表工具制作的部门销售对比条形图图表，其实巧妙运用条件格式功能同样能够制作出条形"图表"，并达到与之相似的效果。

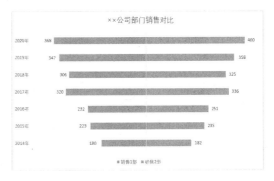

图 3-69

Step01 ❶ 打开"素材文件 \ 第 3 章 \× × 公司部门销售对比 .xlsx"文件，如图 3-70 所示；❷ 在 C 列和 D 列之间插入两列→在 D4 单元格输入公式"=C4"→在 E4 单元格输入公式"=F4"→将 D4:E4 单元格区域公式填充至 D5:E10 单元格区域→重新设置 C3:F3 单元格区域的字段名称→将 D 列和 E 列的列宽设置为相同宽度，如图 3-71 所示。

图 3-70	图 3-71

Step02 制作销售 1 部的条形图。❶ 选中 D4:D10 单元格区域→单击【开始】选项卡"条件格式"下拉列表中"数据条"子列表中的【其他规则】命令，如图 3-72 所示；❷ 弹出【新建格式规则】对话框→选中格式样式下拉列表右侧的"仅显示数据条"复选框→在"最小值"和"最大值"下的"类型"下拉列表中选择"数字"→将最小值和最大小值分别设置为"100"和"400"；❸ 在"条形图外观"下的"填充"下拉列表中选择"渐变填充"选项→将"颜色"设置为橙色→"边框"默认为"无边框"→在"条形图方向"下拉列表中选择"从右到左"选项；❹ 单击【确定】按钮即完成销售 1 部条形图的制作，如图 3-73 所示。条形图效果如图 3-74 所示。

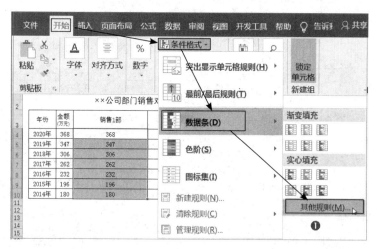

图 3-72

Step03 制作销售 2 部的条形图。❶ 选中 E4:E10 单元格区域→重复 Step02 操作步骤，在【新建格式规则】对话框中设置格式，将"颜色"设置为蓝色→将"条形图方向"设置为"从左到右"，其他选项与图 3-73 所示的设置完全相同，如图 3-75 所示；❷ 清除表格边框→选中 B3:F12 单元格区域→添加外边框，条形图最终效果如图 3-76 所示。（示例结果见"结果文件 \ 第 3 章 \× × 公司部门销售对比 .xlsx"文件。）

图 3-73

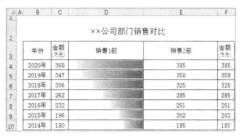

图 3-74

图 3-75

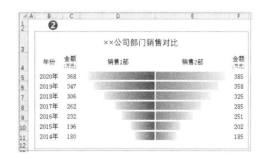

图 3-76

温馨提示

若需清除条件格式规则，只需单击"条件格式"下拉列表中"清除规则"选项下的子列表中的【清除所选单元格的规则】或【清除整个工作表的规则】命令即可。

关键技能 029 突破规则，创建公式自定义条件格式

技能说明

如果 Excel 提供的条件格式内置规则不能完全满足工作需求，就需要运用到另一种更具灵活性的规则类型——【使用公式确定要设置格式的单元格】来完成。通过设置公式来建立条件格式规则的关键是熟悉各种函数的作用、语法并能够熟练运用，本书将在第 4 章对函数进行详细介绍，本节首先介绍以下 2 种创建简单公式设置条件格式的经典运用，如图 3-77 所示。

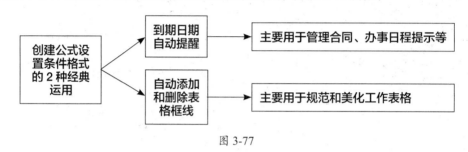

图 3-77

应用实战

（1）到期日期自动提醒

运用条件格式设置到期日期自动提醒，在实际工作中非常实用。例如，设置合同终止日期提醒，贷款还款日提醒等。打开"素材文件\第 3 章 \×× 公司合同管理表 .xlsx"文件，如图 3-78 所示，<×× 公司合同管理表 > 中记录的每份合同的到期日期都不相同。当前计算机系统日期为 2020 年 4 月，下面创建公式设置 3 个条件格式，分别将"合同终止日期"字段下的到期日在 30 天之内、30~60 天、60~90 天期间的记录标识为深浅不同的橙色，以作提示。

				×× 公司合同管理表				
序号	合同编号	甲方名称	签订日期	合同期限		合同类型	合同金额（元）	备注
				起始日期	终止日期			
1	0001	A公司	2018年12月22日	2019年10月1日	2020年4月30日	购销合同	600,000.00	
2	0002	B公司	2018年12月22日	2019年1月1日	2020年6月30日	租赁合同	500,000.00	
3	0003	C公司	2019年4月20日	2019年5月1日	2020年4月30日	技术服务合同	30,000.00	
4	0004	D公司	2019年9月20日	2019年10月1日	2020年7月31日	维修合同	100,000.00	
5	0005	E公司	2019年5月22日	2019年6月1日	2020年5月31日	财产保险合同	150,000.00	
6	0006	F公司	2019年12月18日	2020年1月1日	2020年12月31日	借款合同	1,000,000.00	

图 3-78

Step01 设置到期日在 30 天之内的条件格式。❶ 选中 A4:I4 单元格区域→单击【开始】选项卡下【样式】组中"条件格式"下拉列表中的【新建规则】命令，如图 3-79 所示；❷ 弹出【新建格式规则】对话框→在"选择规则类型"列表框中选择【使用公式确定要设置格式的单元格】→在"为符合此公式的值设置格式"下的文本框中输入公式"=AND($F4-TODAY()>0,$F4-TODAY()<30)"（公式含义：F4 单元格中的日期减去"今天"（当前计算机系统日期）的日期大于 0，且小于 30）；

❸ 单击【格式】按钮打开【设置单元格格式】对话框设置填充色，如图 3-80 所示；❹ 返回【新建格式规则】对话框，此时可看到预览框中显示的预览效果→单击【确定】按钮即完成第 1 个格式条件的设置，如图 3-81 所示。

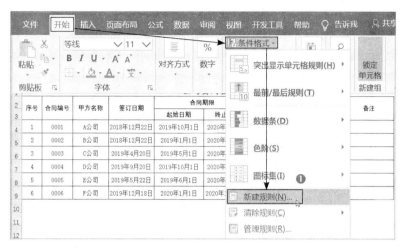

图 3-79

图 3-80

图 3-81

由于当前计算系统日期距离 F4 单元格中的终止日期 4 月 30 日小于 30 天，因此当 A4:I4 单元格区域中的第 1 个条件格式设置完成后，即可立即呈现条件格式效果，如图 3-82 所示。

图 3-82

Step02　设置到期日在 30~60 天和 60~90 天期间的条件格式。只需按照 Step01 的操作步骤再设置两个格式条件即可。公式分别设置为：

◆到期日 30~60 天："=AND($F4-TODAY()>=30,$F4-TODAY()<60)"

◆到期日 60~90 天："=AND($F4-TODAY()>=60,$F4-TODAY()<90)"

Step03　复制粘贴条件格式。A4:I4 单元格区域的 3 个条件格式设置完成后，使用格式刷工具 将格式"刷"至 A5:I9 单元格区域即可，最终效果如图 3-83 所示。（示例结果见"结果文件\第 3 章\××公司合同管理表 .xlsx"文件。）

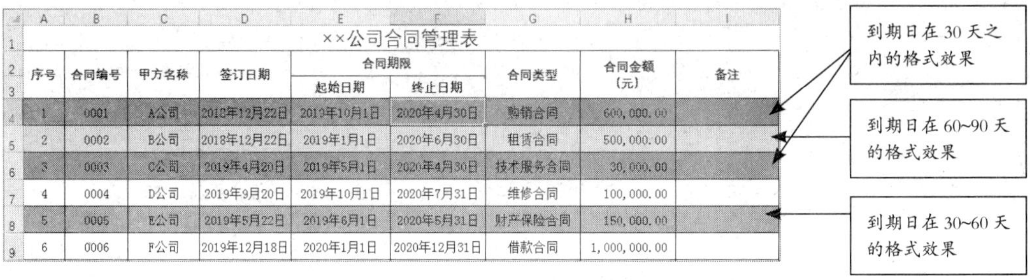

图 3-83

（2）自动添加和删除表格框线

日常工作中，很多工作表格需要记录数据的数量是未知的。例如，在 <×× 公司合同管理表> 中，当前已记录 6 份合同信息，后期将签订多少份合同，在表格中记录多少条数据目前暂时不得而知。在此情形下，创建公式设置条件格式，根据指定单元格中是否包含指定内容而自动添加或删除表格框线，可使表格规范、美观。

Step01　选中 A4:I9 单元格区域→在【开始】选项卡下【字体】组中表格框线下拉列表中单击"无框线"图标，取消 A4:I9 单元格区域中手动绘制的表格框线，如图 3-84 所示。

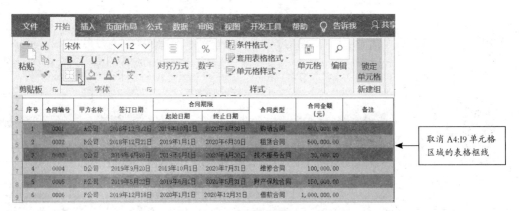

图 3-84

Step02　❶ 选中 A4:I4 单元格区域→打开【新建格式规则】对话框→选择"使用公式确定要设置格式的单元格"规则类型→在文本框中输入公式"=$A4<>"""（公式含义：A4 单元格不为空）；❷ 单击【格式】按钮，如图 3-85 所示；❸ 弹出【设置单元格格式】对话框→切换至【边框】选项

卡→单击"预置"下的【外边框】按钮→单击【确定】按钮返回并关闭【新建格式规则】对话框,
如图 3-86 所示。

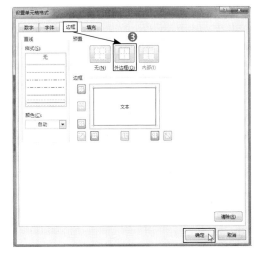

图 3-85   图 3-86

Step03 选中 A4:I4 单元格区域,使用格式刷工具将格式"刷"至 A5:I18 单元格区(或"刷"
至更大区域,具体区域范围根据实际情况确定)。此时可看到 A4:I9 单元格区域已自动添加表格框线,
而 A10:I18 单元格区域中,由于未输入"序号",无表格框线,效果如图 3-87 所示。

Step04 测试效果。在 A10:A18 单元格区域中的任意几个单元格中输入数字或其他内容,可
看到条件格式效果,如图 3-88 所示。(示例结果见"结果文件\第 3 章\×× 公司合同管理表 .xlsx"
文件。)

图 3-87   图 3-88

高手点拨 修改条件格式规则的方法

如需修改条件格式规则,可单击"条件格式"下拉列表中的"管理规则"选项,打开【条件格式规则
管理器】对话框。工作表中已设置的所有规则均列示在其中,选择要修改的规则→单击【编辑规则】按钮
或直接双击所选规则后,即可打开【编辑格式规则】对话框重新设置规则。

3.4 分级显示与合并计算，数据快速分类汇总

日常工作中，对原始数据进行分类汇总是数据加工最基础的工作之一。所以，如何在海量数据中将同类数据迅速准确地进行分类和汇总计算，也是考验数据处理能力的一个重要标准。对此，Excel 提供了 2 大分类汇总工具：分级显示与合并计算，无论多少数据，都能够进行准确的分类汇总，将这项看似烦琐的工作化为几步简单的操作，帮助用户大幅度提高工作效率，因此，分类汇总工具的运用方法，也是提高数据处理能力的必备技能。

关键技能 030 运用"分级显示"分类汇总

技能说明

"分级显示"是 Excel 数据工具中的一种数据分类工具，能够迅速将数据表中的相同字段进行分组，并按照指定的方式对数据进行分类汇总计算，同时在工作表中生成分级按钮，单击按钮即可展开或折叠明细数据，为查看汇总数据和明细数据提供了极大的便利。分类汇总方式包括求和、计数、平均值、最大值、最小值、乘积、方差等。运用"分类汇总"可以对单一字段或多个字段分别进行汇总，如图 3-89 所示。

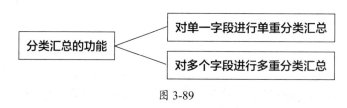

图 3-89

分类汇总在具体操作上非常简单，只需在【分类汇总】对话框中设置分类字段和汇总方式即可。需要注意的是，在执行分类汇总命令之前，首先要对分类字段进行排序，否则将导致分类汇总出现错误。分类汇总的基本操作步骤如图 3-90 所示。

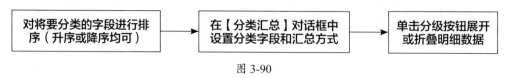

图 3-90

应用实战

（1）单字段分类汇总

下面在 <2020 年 4 月部门销售日报表 4> 中将"销售日期"作为分类字段，汇总每日相关数据。

Step01 分类汇总设置。❶ 打开"素材文件 \ 第 3 章 \2020 年 4 月部门销售日报表 4.xlsx"文

件→单击【数据】选项卡"分级显示"下拉列表中的【分类汇总】按钮，如图 3-91 所示；❷ 弹出【分类汇总】对话框→"分类字段"默认为数据表中的第 1 列字段，即"销售日期"→"汇总方式"默认为"求和"（如需更改，单击下拉按钮后在下拉列表中选择所需选项即可）；❸ 在"选定汇总项"列表框中勾选"销售数量""销售收入""营业成本""利润额"复选框；单击【确定】按钮即可完成操作，如图 3-92 所示。

| 图 3-91 | 图 3-92 |

操作完成后，可看到数据表中已按照日期汇总相关数据，同时在工作表窗口左侧生成了 3 级分级按钮，如图 3-93 所示。

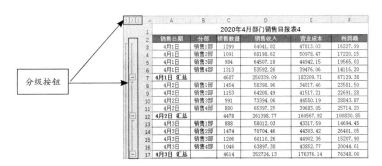

图 3-93

Step02 查看汇总数据和明细数据。逐个单击按钮 − 或 + 可依次折叠或展开明细数据，如需一次折叠或展开全部明细数据，单击窗口左上角的数字按钮即可。这里单击按钮 2 将所有明细数据全部折叠，效果如图 3-94 所示。（示例结果见"结果文件\第 3 章\2020 年 4 月部门销售日报表 4.xlsx"文件。）

图 3-94

（2）多字段分类汇总

对多字段分类汇总最关键的两点是在分类汇总之前，对汇总的字段进行多条件排序或自定义排序，并确定分类汇总的顺序。打开"素材文件＼第 3 章＼职工信息管理表 10.xlsx"文件，在＜职工信息管理表 10＞中，汇总各部门中不同岗位的相同学历的人数，再统计每个岗位下相同学历的人数。那么第一次分类汇总应以"部门"作为分类字段，第二次应以"岗位"作为分类字段，如图 3-95 所示。

	A	B	C	D	E	F	G	H	I
1						职工信息管理表10			
2	序号	职工编号	姓名	部门	岗位	学历	身份证号码	出生日期	现住址
3	1	HT001	张果	总经办	总经理	研究生	123456197501140000	1975-1-14	北京市朝阳区××街102号
4	2	HT002	陈娜	行政部	清洁工	高中	123456199403228000	1994-3-22	北京市西城区××街66号
5	3	HT003	林玲	总经办	销售副总	本科	123456197710162000	1977-10-16	北京市丰台区××街35号
6	4	HT004	王丽程	行政部	清洁工	高中	123456198910175000	1989-10-17	北京市东城区××街181号
7	5	HT005	杨思	财务部	往来会计	专科	123456198508262000	1985-8-26	北京市海淀区××街26号
8	6	HT006	陈德芳	仓储部	理货专员	专科	123456196601145000	1996-6-14	北京市门头沟区××街25号
9	7	HT007	刘韵	人力资源部	人事助理	专科	123456199009232318	1990-9-23	北京市通州区××街63号
10	8	HT008	张运隆	生产部	技术人员	专科	123456197610150423	1976-10-15	北京市顺义区××街78号
11	9	HT009	刘丹	生产部	技术人员	专科	123456198009132467	1980-9-13	北京市昌平区××街121号
12	10	HT010	冯可可	仓储部	理货专员	专科	123456199007241019	1990-7-24	北京市大兴区××街1号
13	11	HT011	马冬梅	行政部	行政前台	专科	123456199203171817	1992-3-17	北京市平谷区××街5号
14	12	HT012	李孝骞	人力资源部	绩效考核专员	本科	123456198311251920	1983-11-25	北京市怀柔区××街9号
15	13	HT013	李云	行政部	保安	高中	123456198104251018	1981-4-25	北京市朝阳区××街29号
16	14	HT014	赵茜茜	销售部	销售经理	本科	123456199406075180	1994-6-7	北京市通州区××街8号
17	15	HT015	吴春丽	行政部	保安	高中	123456198903255719	1989-3-25	北京市西城区××街196号
18	16	HT016	孙韵琴	人力资源部	薪酬专员	本科	123456197504182758	1975-4-18	北京市西城区××街172号
19	17	HT017	张翔	人力资源部	人事经理	本科	123456198711301000	1987-11-30	北京市海淀区××街38号
20	18	HT018	陈俪	行政部	司机	高中	123456198309211639	1983-9-21	北京市顺义区××街69号
21	19	HT019	唐德	总经办	常务副总	研究生	123456197504261000	1975-4-26	北京市朝阳区××街43号
22	20	HT020	刘艳	人力资源部	培训专员	本科	123456199005233000	1990-5-23	北京市海淀区××街64号

第一次分类汇总 →
第二次分类汇总 →

图 3-95

Step01 对分类字段排序。打开【排序】对话框→添加"主要关键字"为"部门"，"次要关键字"为"岗位"→"排序依据"和"次序"按照默认设置即可进行排序，如图 3-96 所示。

图 3-96

Step02 ❶打开【分类汇总】对话框→在"分类字段"下拉列表中选择"部门"→在"汇总方式"下拉列表中选择"计数"；❷在"选定汇总项"列表框中勾选"学历"复选框；❸单击【确定】按钮，如图 3-97 所示。第一次分类汇总结果如图 3-98 所示。

Step03 ❶再次打开【分类汇总】对话框→在"分类字段"下拉列表中选择"岗位"→同样在"汇总方式"下拉列表中选择"计数"；❷在"选定汇总项"列表框中勾选"学历"复选框；❸取消勾选"替换当前分类汇总"复选框；❹单击【确定】按钮，如图 3-99 所示。汇总结果如图 3-100 所示，汇总表中不仅汇总了各部门中同一岗位的人数，还对同一岗位下不同学历的人数进行了汇总。（示例结果见"结果文件＼第 3 章＼职工信息管理表 10.xlsx"文件。）

图 3-97

图 3-98

	序号	职工编号	姓名	部门	岗位	学历	身份证号码	出生日期	现住址
					职工信息管理表10				
	5	HT005	杨思	财务部	往来会计	专科	123456198508262000	1985-8-26	北京市海淀区××街26号
				财务部 计数		1			
	6	HT006	陈德芳	仓储部	理货专员	专科	123456199606145000	1996-6-14	北京市门头沟区××街25号
	10	HT010	冯可可	仓储部	理货专员	专科	123456199007241019	1990-7-24	北京市大兴区××街1号
				仓储部 计数		2			
	13	HT013	李云	行政部	保安	高中	123456198104251018	1981-4-25	北京市朝阳区××街29号
	15	HT015	吴春丽	行政部	保安	高中	123456198903255719	1989-3-25	北京市东城区××街196号
	11	HT011	马冬梅	行政部	行政前台	专科	123456199203171817	1992-3-17	北京市平谷区××街5号
	2	HT002	陈娜	行政部	清洁工	高中	123456199403228000	1994-3-22	北京市西城区××街66号
	4	HT004	王丽程	行政部	清洁工	高中	123456198910175000	1989-10-17	北京市东城区××街181号
	18	HT018	陈俪	行政部	司机	高中	123456198309211639	1983-9-21	北京市顺义区××街69号
				行政部 计数		6			
	12	HT012	李孝骞	人力资源部	绩效考核专员	本科	123456198311251920	1983-11-25	北京市怀柔区××街16号
	20	HT020	刘艳	人力资源部	培训专员	本科	123456199005233000	1990-5-23	北京市海淀区××街64号
	17	HT017	张翔	人力资源部	人事经理	本科	123456198711301000	1987-11-30	北京市海淀区××街38号
	7	HT007	刘韵	人力资源部	人事助理	专科	123456199009232318	1990-9-23	北京市通州区××街63号
	16	HT016	孙韵琴	人力资源部	薪酬专员	本科	123456197504182758	1975-4-18	北京市西城区××街172号
				人力资源部 计数		5			

图 3-99

图 3-100

	序号	职工编号	姓名	部门	岗位	学历	身份证号码	出生日期	现住址
					职工信息管理表10				
	5	HT005	杨思	财务部	往来会计	专科	123456198508262000	1985-8-26	北京市海淀区××街26号
					往来会计 计数	1			
				财务部 计数		1			
	6	HT006	陈德芳	仓储部	理货专员	专科	123456199606145000	1996-6-14	北京市门头沟区××街25号
	10	HT010	冯可可	仓储部	理货专员	专科	123456199007241019	1990-7-24	北京市大兴区××街1号
					理货专员 计数	2			
				仓储部 计数		2			
	13	HT013	李云	行政部	保安	高中	123456198104251018	1981-4-25	北京市朝阳区××街29号
	15	HT015	吴春丽	行政部	保安	高中	123456198903255719	1989-3-25	北京市东城区××街196号
					保安 计数	2			
	11	HT011	马冬梅	行政部	行政前台	专科	123456199203171817	1992-3-17	北京市平谷区××街5号
					行政前台 计数	1			
	2	HT002	陈娜	行政部	清洁工	高中	123456199403228000	1994-3-22	北京市西城区××街66号
	4	HT004	王丽程	行政部	清洁工	高中	123456198910175000	1989-10-17	北京市东城区××街181号
					清洁工 计数	2			
	18	HT018	陈俪	行政部	司机	高中	123456198309211639	1983-9-21	北京市顺义区××街69号
					司机 计数	1			
				行政部 计数		6			
	12	HT012	李孝骞	人力资源部	绩效考核专员	本科	123456198311251920	1983-11-25	北京市怀柔区××街16号
					绩效考核专员 计数	1			
	20	HT020	刘艳	人力资源部	培训专员	本科	123456199005233000	1990-5-23	北京市海淀区××街64号
					培训专员 计数	1			

关键技能 031 运用"合并计算"分类汇总

技能说明

对数据进行简单的分类汇总，除了可用筛选、分级显示等数据工具外，"合并计算"也是操作简便、功能强大的分类汇总实用工具。它能够迅速将多个布局相似的数据区域或工作表中的数据与对应的字段进行自动匹配后，按照指定方式进行快速汇总，并在汇总表中创建动态链接，实现与源数据同步更新。数据汇总方式与"分级显示"中的"分类汇总"相同。合并计算在日常工作中常见的主要运用方法包括以下 3 种，如图 3-101 所示。

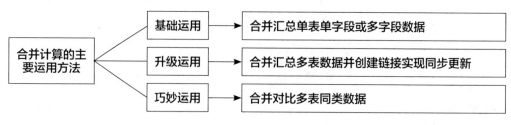

图 3-101

合并计算无论是基础运用、升级运用还是巧妙运用，在操作上都非常简单，下面以 <2020 年部门销售日报表 > 为示例，分别介绍 3 种运用方法。

应用实战

（1）基础运用：合并汇总单表单字段或多字段数据

对于单个工作表中的单字段或多字段汇总，是合并计算最基础的运用方法，只需打开【合并计算】对话框后进行简单设置即可完成。打开"素材文件\第 3 章\2020 年部门销售日报表.xlsx"文件，其中包含"4 月""5 月""6 月"3 张工作表，分别记录 4—6 月的每日销售数据。下面将"4 月"工作表中的所有数据分别按照"分部"进行汇总求和并计算汇总金额的利润率。

Step01 ❶ 在空白区域中绘制汇总表框架→预先设置利润率计算公式及各字段总金额求和公式，如图 3-102 所示；❷ 选中 I2 单元格→单击【数据】选项卡下【数据工具】组中的【合并计算】按钮，如图 3-103 所示。

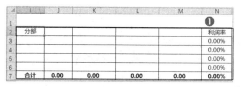

图 3-102

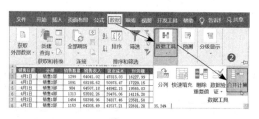

图 3-103

Step02 ❶ 弹出【合并计算】对话框→"函数"下拉列表中默认汇总方式为"求和"，此处不做更改；❷ 单击"引用位置"文本框，拖曳鼠标指针选择需要合并计算的数据区域→单击【添加】按钮，将其添加至"所有引用位置"列表框中→勾选"标签位置"下的"首行"和"最左列"复选框；❸ 单击【确定】按钮，如图 3-104 所示。合并计算结果如图 3-105 所示。（示例结果见"结果文件\第 3 章\2020 年部门销售日报表.xlsx"文件。）

温馨提示

以上示例仅对一个字段进行合并计算，如果需要同时汇总多个字段，只需在【合并计算】对话框"引用位置"文本框中设置对应的单元格区域即可。例如，同时合并计算"销售日期"和"分部"的数据，应设置引用位置为"'4 月'!$A$2:$F$122"。

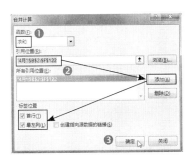

图 3-104

	分部	销售数量	销售收入	营业成本	利润额	利润率
3	销售1部	34803	1871341.81	1277445.37	593896.45	31.74%
4	销售2部	35411	1960407.86	1311825.85	648582.01	33.08%
5	销售3部	34508	1915188.89	1306107.11	609081.78	31.80%
6	销售4部	34808	1904639.86	1301843.42	602796.43	31.65%
7	合计	139530.00	7651578.43	5197221.75	2454356.67	32.08%

图 3-105

（2）升级运用：合并汇总多表数据并创建链接实现同步更新

对于多个表格数据的合并计算，其实在操作上与单表格数据汇总基本相同，只需在【合并计算】对话框"引用位置"文本框中添加多个表格中的单元格区域即可。另外，如果在新增工作表中进行合并计算，可同时创建链接，汇总表将自动建立分级显示，并实现汇总表与源数据表的同步更新。下面合并计算 4—6 月"分部"相关数据的合计数。

Step01　❶ 在"2020 年部门销售日报表 .xlsx"文件中新增一张工作表，命名为"汇总表"，如图 3-106 所示；❷ 打开【合并计算】对话框→在"引用位置"文本框中依次添加 4 月、5 月、6 月工作表中汇总数据的所在单元格区域；❸ 同样勾选"首行"和"最左列"复选框→勾选"创建指向源数据的链接"复选框；❹ 单击【确定】按钮，如图 3-107 所示。

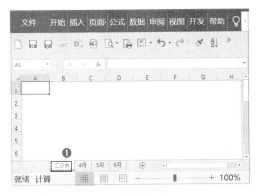

图 3-106

图 3-107

操作完成后，可看到 < 汇总表 > 工作表中已合并计算得出每个分部 4—6 月相关数据的合计数，并自动建立分级显示，如图 3-108 所示。

图 3-108

Step02　测试效果。❶ 单击任意一个分级显示按钮 ➕ 即可展开明细表，查看明细数据，效果如图 3-109 所示；❷ 将 <4 月 > 工作表的 C3 单元格中"销售 1 部"的"销售数量"修改为"1000"，可看到 < 汇总表 > 的 C93 单元格中的汇总销售数据同步发生变化，如图 3-110 所示。

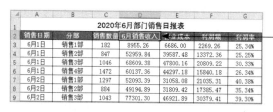

	A	B	C	D	E	F	G
1	分部		销量数量	销售数量	销售收入	营业成本	利润额
2		2020年部门销售日报	1299		64041.02	47813.03	16227.99
3			1454		58398.96	34817.46	23581.50
4			888		58012.03	43317.59	14694.45
5			1001		60287.04	36576.15	23710.89
6			1169		55389.19	38622.88	16766.31
7			1056		60969.00	39398.17	21570.83
8			1260		76158.14	52328.26	23829.88
9			1220		78773.42	50155.04	28618.38
10			1482		61907.00	44387.32	17519.68

图 3-109

	A	B	C	D	E	F
1			销售数量	销售收入	营业成本	利润额
93	销售1部		110017	5930363.22	4041770.99	1888592.24
185	销售2部		116666	6451655.26	4305423.19	2146232.07
277	销售3部		115929	6461946.48	4411446.07	2050500.42
369	销售4部		112117	6150657.30	4201062.90	1949594.40

图 3-110

（3）巧妙运用：合并对比多表同类数据

如果需要列表对比同类数据，可以将多个工作表中同类数据的字段设置差异化名称，巧妙利用合并计算将数据集中列示在汇总表中即可。例如，按照“分部”对比 4—6 月的“销售收入”数据。

Step01 将 <4 月 ><5 月 > 和 <6 月 > 工作表中的“销售收入”字段名称分别修改为“4 月销售收入”“5 月销售收入”和“6 月销售收入”，如图 3-111 所示。

	A	B	C	D	E	F	G
1	2020年6月部门销售日报表						
2	销售日期	分部	销售数量	6月销售收入	营业成本	利润额	利润率
3	6月1日	销售1部	182	8955.26	6686.00	2269.26	25.34%
4	6月1日	销售2部	847	52959.84	39587.48	13372.36	25.25%
5	6月1日	销售3部	1046	68609.38	47800.16	20809.22	30.33%
6	6月1日	销售4部	1472	60137.36	44297.18	15840.18	26.34%
7	6月2日	销售1部	1297	52093.39	31058.08	21035.31	40.38%
8	6月2日	销售2部	884	49194.89	31809.42	17385.47	35.34%
9	6月2日	销售3部	1043	77301.30	46921.89	30379.41	39.30%

<4 月 ><5 月 > 工作表中的同一字段也作相应修改

图 3-111

Step02 新增工作表，命名为“汇总表 1”→打开【合并计算】对话框，设置引用位置和标签位置即可，如图 3-112 所示。合并计算效果如图 3-113 所示。（示例结果见“结果文件 \ 第 3 章 \2020 年部门销售日报表 .xlsx”文件。）

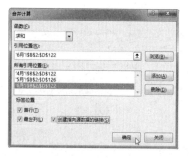

图 3-112

	A	B	C	D	E	F
1			销售数量	4月销售收入	5月销售收入	6月销售收入
93	销售1部		110316	1871341.81	2283756.60	1775264.81
185	销售2部		116666	1960407.86	2520370.70	1970876.70
277	销售3部		115929	1915188.89	2523217.04	2023540.55
369	销售4部		112117	1904639.86	2418108.20	1827909.24

图 3-113

温馨提示

设置合并计算的“引用位置”时，只能选择连续的数据区域。如本例，只合并计算销售收入字段数据，但选择引用位置时“销售数量”字段数据区域也被包括在内，生成汇总表后删除不需要的字段即可。

第 4 章

数据统计和分析的
18 个关键技能

数据统计和分析是指将收集的数据通过加工、整理和分析，使其转化为有用的信息，是整个数据处理过程中最核心的一个环节，也是身处大数据时代之中的职场人士的一项日常工作内容。Excel 作为一款日常工作中应用最为广泛的数据处理工具，其核心功能也正是数据统计和分析。那么，借助 Excel 对海量数据进行准确的统计和分析，更是职场人士提高数据处理能力必须学习并掌握的核心技能。

本章从数据预测分析、数据统计分析、数据动态分析 3 个方面详细介绍数据统计和分析的 18 个关键技能，帮助读者朋友全方位掌握数据处理过程中核心环节的核心技能。本章知识框架如图 4-1 所示。

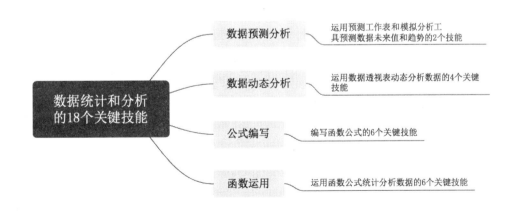

图 4-1

4.1 预测数据的未来值和趋势

数据预测是指根据历史数据的内在发展规律，采用一定的方法测算未来将会产生的数值或未来发展趋势。实务中，数据预测是一项日常性工作，但是由于工作量大，实际操作非常烦琐，所以也是一项令人无比头疼的工作。为此，Excel 提供了 2 个数据预测的快捷工具，只需录入基础数据，再通过几步简单的操作就能够迅速完成预测，瞬间呈现预测结果。因此，掌握 Excel 中数据预测工具的运用方法，预测数据的未来值和趋势，也是提高数据处理能力和工作效率的必备技能。

Excel 数据预测工具包括【预测工作表】和【模拟分析】2 大类，分别从"预测"和"模拟"的角度，按照不同的方法对数据作出预测和分析，可以满足实际工作中预测分析数据的常规要求。其中，【模拟分析】工具还包括单变量求解、模拟运算表、方案管理器 3 种，如图 4-2 所示。

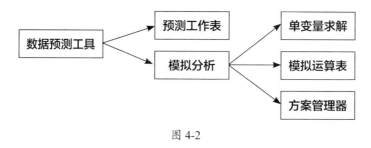

图 4-2

关键技能 032 预测工作表数据

技能说明

预测工作表主要用于趋势预测，工作原理是根据间隔相同的日期发生的历史数据，采用不同的方式，预测未来短期内数据的发展趋势。需要注意一点：根据其原理可知，源数据表中必须包含日期类数据才能进行预测。虽然预测工作表功能强大，但在实际操作上却非常简单，只需准备好源数据，即可一键生成预测表及趋势图表。基本操作步骤如图 4-3 所示。

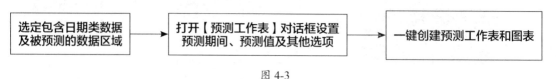

图 4-3

应用实战

打开"素材文件 \ 第 4 章 \2020 年 5 月销售日报表 .xlsx"文件，其中包含 5 月 1 日—5 月 10 日的销售收入及相关数据，下面根据前 10 日数据预测 5 月 11 日—5 月 31 日的销售收入数据。

Step01 ❶ 选中 A2:C12 单元格区域→单击
【数据】选项卡下【预测】组中的【预测工作表】
按钮，如图 4-4 所示；❷ 弹出【创建预测工作表】
对话框，自动生成一个趋势图表，单击右上角柱
形图按钮 可切换为柱形图，预测期间默认为未
来 3 日，单击【选项】展开列表可修改默认设置，
满足数据预测需求，如图 4-5 所示。

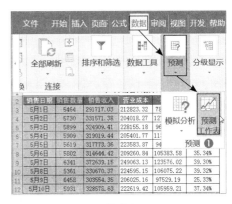

图 4-4

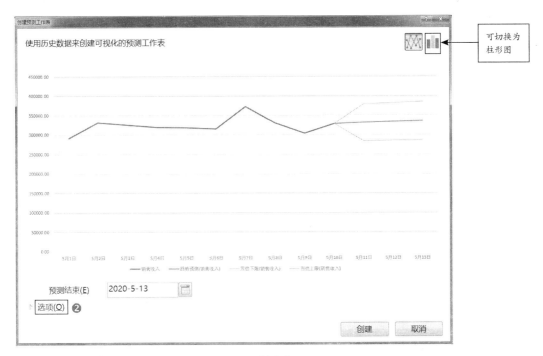

图 4-5

Step02 "选项"列表展开后，可在"日程表范围"和"值范围"文本框中设置日期和数值所
在的单元格区域，在"使用以下方式填充缺失点"和"使用以下方式聚合重复项"下拉列表中选择
计算方式，在"置信区间"文本框中设置区间范围，若取消勾选复选框，图表中只显示一条趋势线。
本例默认以上设置，不做修改，只需将"预测结束"日期修改为"2020-5-31"→单击【创建】按钮，
如图 4-6 所示。

操作完成后，将自动生成新的工作表，其中超级表的 C12:E32 单元格区域中列示了 5 月 11 日—
5 月 31 日的预测结果，同时生成趋势图表，如图 4-7 所示。（示例结果见"结果文件 \ 第 4 章 \2020
年 5 月销售日报表 .xlsx"文件。）

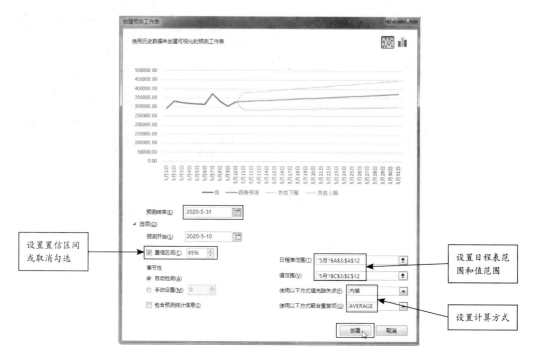

图 4-6

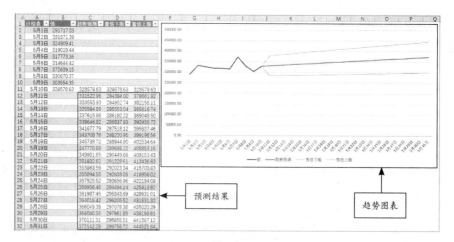

图 4-7

关键技能 033 模拟分析数据的 3 个方法

技能说明

  模拟分析工具的作用是在一个或多个公式中使用多个不同的值集计算多个不同的结果。例如，执行模拟分析来构建两个销售预算，并假设每个预算具有特定的利润，或者可以指定公式产生的结果，再倒推产生此结果的值。Excel 提供了 3 种模拟工具用于执行不同需求的分析，也是对数据进行模拟分析的 3 种方法，包括单变量求解、模拟运算表、方案管理器，其功能和工作原理如图 4-8 所示。

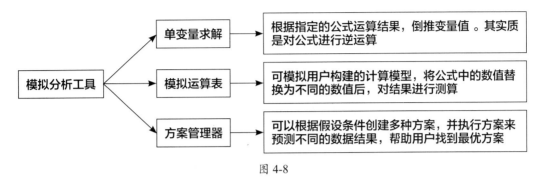

图 4-8

应用实战

（1）单变量求解

单变量求解根据指定的公式结果，倒推变量值，一次只能计算一个变量。在日常工作中，一般用于临时预测单项数据。打开"素材文件 \ 第 4 章 \2020 年 5 月工资表 .xlsx"，其中"基本工资""工龄津贴""三险一金"均固定不变，常变量为"绩效工资"。假设职工"张果"预期 2020 年 6 月的"实发工资"（税后工资）为 30000 元，那么就可运用【单变量求解】工具预先测算 6 月的绩效工资，再自行推算下月必须达成的绩效。

Step01 选中 M4 单元格→单击【数据】选项卡下【预测】组中【模拟分析】下拉按钮→单击下拉表中的【单变量求解】命令，如图 4-9 所示。

Step02 弹出【单变量求解】对话框。其中"目标单元格"文本框中即是之前选中的 M4 单元格→在"目标值"文本框中输入"30000"→单击"可变单元格"文本框，选中 E4 单元格→单击【确定】按钮，如图 4-10 所示。

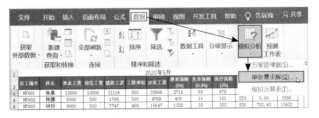

图 4-9

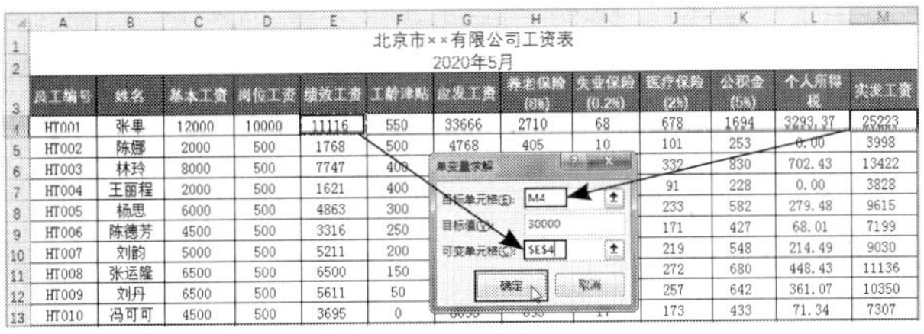

图 4-10

Step03 弹出【单变量求解状态】对话框，系统对目标值进行求解。当“当前解”的值达到“目标值”后，即完成单变量求解过程。此时可看到M4单元格的“实发工资”即目标值变为“30000”，E4单元格中的“绩效工资”变为“17386”，而G4单元格和L4单元格中的“应发工资”与“个人所得税”数据也随着“绩效工资”的变化而发生改变。由于本例为临时预测“绩效工资”，不应保存E4单元格中变量求解后的数据，因此应单击【取消】按钮，恢复原工资表数据，如图4-11所示。

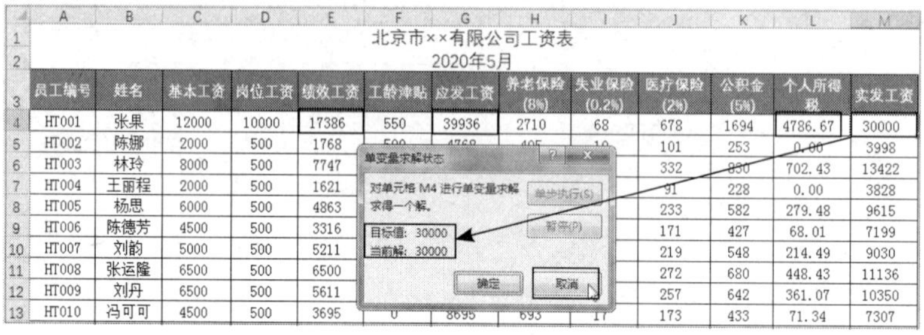

图 4-11

温馨提示

在【单变量求解】对话框中设置目标单元格和可变单元格时，注意“目标单元格”中必须包含公式，而“可变单元格”则与之相反，必须是数值，不得包含公式。

（2）模拟运算表

模拟运算表能够模拟用户构建的计算模型，将公式中的可变量值替换为多个不同的数值后进行多项测算，适用于在日常工作中预测多项数据。打开“素材文件\第4章\销售利润预算表.xlsx”文件，包含2019年的相关数据，其中利润额计算公式为“=A3*B3”(销售额 × 利润率)，如图4-12所示。下面以此为计算模型，按照表4-1所示销售额和利润率预算2020年—2025年的利润额。

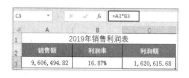

图 4-12

表 4-1 销售额和利润率预算条件

项目	预算条件
销售额	以2019年销售额为基数，每年递增5%
利润率	以2019年利润率为基数，以2% 等比递增，直至达到20%

Step01 在<2019年销售利润表>下方空白区域绘制表格用于模拟运算，❶ 在A6单元格输入公式“=C3”，链接C3单元格的数据；❷ 在B6单元格中输入公式“=A3*1.05”→在C6单元格中输入公式“=B6*1.05”→将C6单元格公式填充至D6:G6单元格区域中；❸ 在A7单元格中输入公式“=B3*1.02”→在A8单元格中输入公式“=A7*1.02”→将A8单元格公式填充至A9:A15单元格区域中；❹ 运用“选择性粘贴”功能将A7:A15和B6:G6单元格区域中的公式转换为数字（清除公式，保留数字），如图4-13所示。

图 4-13

Step02 ❶ 选中 A6:G15 单元格区域→单击【数据】选项卡下【预测】组中【模拟分析】下拉按钮→在下拉列表中单击【模拟运算表】命令，如图 4-14 所示；❷ 弹出【模拟运算表】对话框→单击"输入引用行的单元格"文本框→选中 A3 单元格→同样将"输入引用列的单元格"设置为 B3 单元格；❸ 单击【确定】按钮，如图 4-15 所示。

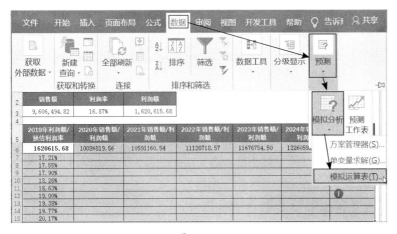

图 4-14

图 4-15

操作完成后，可看到 B7:G15 单元格区域中已按照预算条件，模拟 A6 单元格中链接的 C3 单元格中的公式，计算得到在不同销售额和利润率数据环境中不同的利润额，效果如图 4-16 所示。（示例结果见"结果文件\第 4 章\销售利润预算表 .xlsx"文件。）

	2019年销售利润表						
	销售额	利润率	利润额				
	9,606,494.82	16.87%	1,620,615.68				
	2019年利润额/预估利润率	2020年销售额/利润额	2021年销售额/利润额	2022年销售额/利润额	2023年销售额/利润额	2024年销售额/利润额	2025年销售额/利润额
	1620615.68	10086819.56	10591160.54	11120718.57	11676754.50	12260592.23	12873621.84
	17.21%	1735941.65	1822738.73	1913875.67	2009569.45	2110047.92	2215550.32
	17.55%	1770236.83	1858748.67	1951686.11	2049270.41	2151733.94	2259320.63
	17.90%	1805640.70	1896817.74	1990608.62	2090139.06	2194646.01	2304378.31
	18.26%	1841853.25	1933945.91	2030643.21	2132175.37	2238784.14	2350723.35
	18.63%	1879174.48	1973133.21	2071789.87	2175379.36	2284148.33	2398355.75
	19.00%	1916495.72	2012320.50	2112893.53	2218583.36	2329512.52	2445988.15
	19.38%	1954825.63	2052566.91	2155195.26	2262955.02	2376102.77	2494907.91
	19.77%	1994164.23	2093872.44	2198566.06	2308494.36	2423919.08	2545115.04
	20.17%	2034511.51	2136237.08	2243048.94	2355201.38	2472961.45	2596609.53

图 4-16

（3）方案管理器

方案管理器可以根据假设条件创建和执行多种方案，预测不同的数据结果，帮助用户找出最优方案，并作出正确的决策。例如，A 产品的单位固定成本为 75 元，批发价原价为 125 元 / 个。为了提高销量，销售部门针对批发价提出几种促销方案，如表 4-2 所示。

表 4-2　A 产品促销方案

促销数量	批发价折扣率	折后批发价
12000 个	10%	112.50 元
15000 个	15%	106.25 元
18000 个	20%	100.00 元
20000 个	25%	93.75 元

下面运用方案管理器预测哪种促销方案能使销售利润最大化。

Step01　新建 Excel 工作簿，命名为"A 产品促销方案"→绘制表格并设置字段名称→预先设置"销售额"和"利润额"的计算公式，如图 4-17 所示。

图 4-17

Step02　❶打开【方案管理器】对话框（参照图 4-14 操作）→单击【添加】按钮，如图 4-18 所示；❷弹出【编辑方案】对话框，在"方案名"文本框中输入名称，如"方案 1"→单击"可变单元格"文本框→拖曳鼠标指针选中 A3:B3 单元格区域→单击【确定】按钮，如图 4-19 所示；❸弹出【方案变量值】对话框，分别在指定单元格右侧的文本框中输入数量"12000"和价格"112.5"→单击【确定】按钮即可完成第 1 个方案设置，如图 4-20 所示；❹再次弹出【方案管理器】对话框，单击【添加】按钮设置第 2 个方案，如图 4-21 所示。重复第 2 步至第 4 步，设置 4 个方案即可。

图 4-18　　　　　图 4-19　　　　　图 4-20　　　　　图 4-21

Step03　方案设置完成后，"方案管理器"列表框中列出全部方案→单击任一方案，如"方案 2"→单击【显示】按钮后，A3:B3 单元格区域中将自动填写之前在该方案中设置的数据，如图 4-22 所示。（依次单击方案和【显示】按钮，A3:B3 单元格区域中的数据也将同步变化。）

Step04　单击【方案管理器】对话框中的【摘要】按钮→弹出【方案摘要】对话框，默认"报表类型"为"方案摘要"→"结果单元格"自动识别为 E3 单元格（即"利润额"），这里不做修改，直接单击【确定】按钮，如图 4-23 所示。

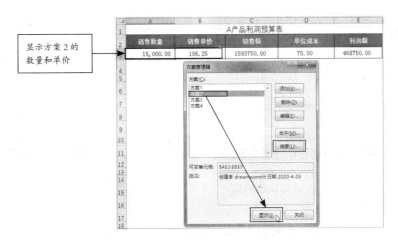

图 4-22

操作完成后，Excel 将生成新的工作表，并列表对比所有方案中的数据和计算结果，同时自动创建分级显示，如图 4-24 所示。从"方案摘要"中可以看到，执行"方案 2"的促销数量和价格所获得的利润额最高，是最优方案。（示例结果见"结果文件 \ 第 4 章 \A 产品促销方案 .xlsx"文件。）

图 4-23

图 4-24

4.2 运用数据透视表动态分析数据

本书在前面章节中介绍了运用各种工具对数据进行初步的整理、清洗和加工的多个关键技能，足以处理较为简单的静态数据并对其表象作出分析。但是，日常工作中，无论是哪个行业，只有从不同的角度和维度动态分析数据，才能从中挖掘出内在本质和发展规律。因此，职场人士应当掌握功能更强大的数据分析工具——数据透视表，充分运用其功能，游刃有余地处理和分析海量数据。

数据透视表集各种排序、筛选、分类汇总、合并计算等功能于一体，能够透过表象看到数据的本质和规律，从各种角度和维度深入分析数据。同时，还可以随着数据源的变化而同步更新。数据透视表除兼具前面介绍的数据处理工具的功能之外，还独具以下特色功能和优势，如图 4-25 所示。

兼容性强	动态布局
• 兼容普通表和超级表，也就是说，无论普通表还是超级表，都可以作为数据透视表的源数据表。这一点胜于只能在超级表和数据透视表中使用的切片器和只能在数据透视表中使用的日程表	• 数据透视表突破了普通表和超级表布局的局限性，可以灵活改变表格布局，如行列随意互换，添加多个筛选字段，快速生成各类报表

层次分明	重点明确
• 根据字段内容自动对数值数据进行多层级分类汇总。汇总方式可由用户自行定义	• 通过展开或折叠数据分类层级的操作，可以更清晰明确地查看和分析重点关注的数据明细

操作简便
• 数据透视表虽然功能强大，但是在具体操作上却非常简单，用户只需通过拖曳、折叠、展开及几个快捷设置等"傻瓜"式操作即可轻松、高效地完成各项数据分析任务

图 4-25

关键技能 034 创建数据透视表的 3 种方法

技能说明

快速创建数据透视表主要有 3 种方法和途径：（1）直接创建法；（2）智能推荐法；（3）向导指引法。各种创建方法的基本操作流程和适用情形如图 4-26 所示。

直接创建法	智能推荐法	向导指引法
• 基本步骤：单击【插入】选项卡下【表格】组中的【数据透视表】按钮→在【创建数据透视表】对话框中选择数据源（区域、表、外部数据源）和放置数据透视表的位置（新工作表或当前工作表）即可 • 适用情形：创建空白数据透视表，用户自行添加字段并布局数据透视表	• 基本步骤：单击【插入】选项卡下【表格】组中的【推荐的数据透视表】按钮→Excel 根据数据源智能推荐各种布局样式的预览效果图，用户选择其一即可立即创建成功 • 适用情形：用户对添加字段的方法、排列方式、布局方法不熟悉或不确定	• 基本步骤：按组合键【Alt+D】（Office 访问键）→按【P】键打开【数据透视表和数据透视图向导】对话框→根据向导提示逐步操作即可 • 适用情形：主要用于创建合并多重数据源的数据透视表

图 4-26

需要注意一点：数据透视表对数据源的规范性要求比较严格，无论采用哪种方法，在创建数据透视表之前，都需要做好准备工作，从以下几个方面对数据源进行整理规范，如图 4-27 所示。

◆源数据表格第一行必须作为表头设置字段名称。不能设置多行表头、合并或空白单元格

◆数据源记录中不能包含合并或空白单元格及空行、空列

◆源数据表中每个字段中的数据类型必须一致

◆源数据表中如果有文本类数据，必须将其转换为"数字"格式

◆源数据表中不能包含重复数值

◆源数据表中的原始数据记录之间不能夹杂汇总行或汇总列，如在其中的行或列设置"求和"公式

图 4-27

应用实战

（1）运用"直接创建法"创建空白数据透视表

直接创建数据透视表的操作最为简便，Excel 会自动识别数据源区域，由用户指定数据透视表的存放位置（新工作表或当前工作表）后创建一个空白数据透视表，用户需要自行手动勾选字段添加至数据透视表中，并调整各字段在数据透视表中的区域。具体操作步骤已在本书第 3 章 < 关键技能 026：两种高级专属筛选器的运用方法 > 中做过介绍，此处不再赘述。

（2）运用"智能推荐法"指定布局和样式创建数据透视表

如果对添加字段的方法、排列方式、布局方法不熟悉或不确定，可采用"智能推荐法"，Excel 会根据数据源智能推荐各种布局样式的预览效果图，只需选择其一即可立即创建一个完整的数据透视表。

Step01 打开"素材文件 \ 第 4 章 \2020 年 1—6 月销售明细表 .xlsx"文件→选中数据源区域中的任一单元格→单击【插入】选项卡下【表格】组中的【推荐的数据透视表】按钮，如图 4-28 所示。

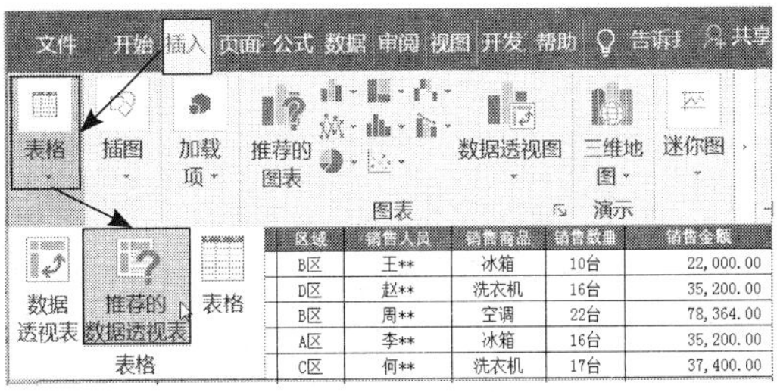

Step02 弹出【推荐的数据透视表】对话框→左侧根据数据源列出将要创建的数据透视表的不同布局和样式，单击选中一个样式后，右侧即显示预览图→双击样式即可创建数据透视表，如图 4-29 所示。

图 4-28

操作完成完后，Excel 自动生成新的工作表和数据透视表，选中数据透视表区域中的任一单元格后可激活数据透视表字段列表，如需添加字段、重新布局等，均可从中进行操作，效果如图 4-30 所示。（示例结果见"结果文件 \ 第 4 章 \2020 年 1—6 月销售明细表和数据透视表 .xlsx"文件。）

图 4-29

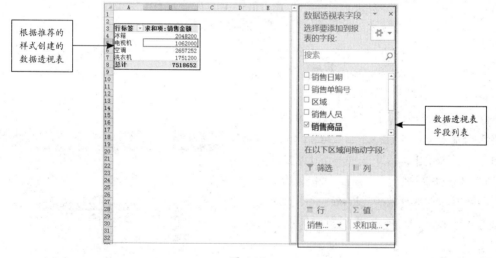

图 4-30

（3）运用"向导指引法"创建多重合并数据透视表

通过数据透视表向导创建单一源数据表的数据透视表与直接创建数据透视表并无多大区别。但是如果要将多个数据源合并创建一张数据透视表，就必须通过数据透视表向导才能创建。打开"素材文件 \ 第 4 章 \2020 年职工工资表 .xlsx"文件，其中包含 1—4 月的工资表，如图 4-31 所示。

图 4-31

◆创建多重合并数据透视表前的准备工作

多重合并的数据透视表在对数据源中的数据及字段排序的细节处理上具有以下两个问题，如图 4-32 所示。

◆透视表会将选定的源数据表区域中除第 1 列字段外的所有数据格式默认为数字，如果被选定区域中包含字符，则自动转换成数字。例如，"员工编号""姓名""岗位"字段中的内容在透视表中将全部显示为"0"

◆透视表中对源数据表中的字段名称按首字字母自动排序，而工资表中的字段名称是按照运算逻辑顺序排列的，透视表将会打乱原表中的字段顺序及逻辑关系

图 4-32

因此，在创建多重合并数据透视表之前必须做好以下两步简单的准备工作。

Step01 合并"员工编号""姓名"及"岗位"字段内容。批量选定 4 个工作表→在 D 列前插入一列，设置字段名称为"员工姓名"→在 D3 单元格中输入公式"=A3&" "&B3&" "&C3"→将公式填充至 D4:D22 单元格区域中，效果如图 4-33 所示。

图 4-33

Step02 在 D2:N2 单元格区域的每个字段前批量添加序号。❶ 将 E24:N24 单元格区域的单元格格式设置为文本格式→用批量填充的方法在 E24:N24 单元格区域输入序号；❷ 在 E25 单元格输入公式"=E24&E2"，将序号与字段名称合并→将公式填充至 F25:N25 单元格区域中，如图 4-34 所示；❸ 运用"选择性粘贴"将 E25:N25 单元格区域的数值粘贴至 E2:N2 单元格区域中→最后删除 E24:N25 单元格区域中的数据即可，效果如图 4-35 所示。

员工编号	姓名	岗位	员工姓名	基本工资	岗位工资	绩效工资	工龄津贴	加班工资	扣款	应发工资	代扣三险一金	代扣个人所得税	实发工资
													2020年2月职工工资表
HT001	张果	总经理	HT001 张果 总经理	12,000.00	10,000.00	11,439.18	550.00			33,989.18	5,103.55	3,367.12	25,518.50
HT002	陈娜	清洁工	HT002 陈娜 清洁工	2,000.00	500.00	1,767.60	500.00		80.00	4,687.60	755.14		3,932.47
HT003	林玲	销售副总	HT003 林玲 销售副总	8,000.00	500.00	7,972.23	400.00	150.00		17,022.23	2,522.74	739.95	13,759.54
HT004	王丽程	清洁工	HT004 王丽程 清洁工	8,000.00	500.00	1,620.35	400.00			4,520.35	678.07		3,842.28
HT005	杨思	往来会计	HT005 杨思 往来会计	6,000.00	500.00	4,958.28	300.00	100.00		11,858.28	1,768.22	299.01	9,791.05
HT006	陈德芳	理货专员	HT006 陈德芳 理货专员	4,500.00	500.00	3,314.40	250.00			8,564.40	1,298.99	67.96	7,197.44
HT007	刘韵	人事助理	HT007 刘韵 人事助理	5,000.00	500.00	5,262.58	200.00	90.00		11,052.58	1,653.91	229.87	9,168.80
HT008	张运隆	技术人员	HT008 张运隆 技术人员	6,500.00	500.00	6,498.34	150.00		60.00	13,588.34	2,065.68	442.27	11,080.39
HT009	刘丹	技术人员	HT009 刘丹 技术人员	6,500.00	500.00	5,720.93	50.00			12,830.93	1,919.91	381.10	10,529.92
HT010	冯可可	理货专员	HT010 冯可可 理货专员	4,500.00	500.00	3,693.21	50.00			8,743.21	1,317.08	72.78	7,353.35
HT011	马冬梅	行政前台	HT011 马冬梅 行政前台	4,000.00	500.00	3,030.11	150.00	180.00		7,860.11	1,175.26	50.55	6,634.30
HT012	李孝蹇	绩效考核专员	HT012 李孝蹇 绩效考核专员	7,000.00	500.00	6,184.82	200.00			13,884.82	2,077.69	470.71	11,336.42
HT013	李云	保安	HT013 李云 保安	3,000.00	500.00	2,209.14	200.00	200.00		6,109.14	863.51	7.37	5,238.26
HT014	赵茜茜	销售经理	HT014 赵茜茜 销售经理	6,500.00	500.00	6,824.81	250.00			14,574.81	2,145.02	532.98	11,896.81
HT015	吴春丽	保安	HT015 吴春丽 保安	3,000.00	500.00	2,810.37	300.00		120.00	6,490.37	954.71	16.07	5,519.59
HT016	孙韵琴	薪酬专员	HT016 孙韵琴 薪酬专员	6,500.00	500.00	5,238.98	100.00			11,838.98	1,781.74	295.72	9,761.51
HT017	张翔	人事经理	HT017 张翔 人事经理	6,500.00	500.00	6,619.00	150.00			13,769.00	2,072.06	459.69	11,237.24
HT018	陈俪	司机	HT018 陈俪 司机	4,500.00	500.00	3,741.55	200.00		30.00	8,911.55	1,359.18	76.57	7,475.79
HT019	唐德	常务副总	HT019 唐德 常务副总	10,000.00	500.00	7,679.20	200.00			18,379.20	2,759.41	851.98	14,767.81
HT020	刘艳	培训专员	HT020 刘艳 培训专员	6,500.00	500.00	5,280.47	200.00			11,980.47	1,805.61	307.49	9,867.37
		合计		114,000.00	19,500.00	101,865.52	4,800.00	780.00	290.00	240,655.52	36,077.90	8,669.19	195,908.84

批量添加序号和字段名称

01 02 03 04 05 06 07 08 09 10
01基本工资 02岗位工资 03绩效工资 04工龄津贴 05加班工资 06扣款 07应发工资 08代扣三险09代扣个人10实发工资

图 4-34

员工编号	姓名	岗位	员工姓名	01基本工资	02岗位工资	03绩效工资	04工龄津贴	05加班工资	06扣款	07应发工资	08代扣三险一金	09代扣个人所得税	10实发工资
													2020年2月职工工资表
HT001	张果	总经理	HT001 张果 总经理	12,000.00	10,000.00	11,439.18	550.00			33,989.18	5,103.55	3,367.12	25,518.50
HT002	陈娜	清洁工	HT002 陈娜 清洁工	2,000.00	500.00	1,767.60	500.00		80.00	4,687.60	755.14	–	3,932.47
HT003	林玲	销售副总	HT003 林玲 销售副总	8,000.00	500.00	7,972.23	400.00	150.00		17,022.23	2,522.74	739.95	13,759.54
HT004	王丽程	清洁工	HT004 王丽程 清洁工	8,000.00	500.00	1,620.35	400.00			4,520.35	678.07	–	3,842.28
HT005	杨思	往来会计	HT005 杨思 往来会计	6,000.00	500.00	4,958.28	300.00	100.00		11,858.28	1,768.22	299.01	9,791.05
HT006	陈德芳	理货专员	HT006 陈德芳 理货专员	4,500.00	500.00	3,314.40	250.00			8,564.40	1,298.99	67.96	7,197.44
HT007	刘韵	人事助理	HT007 刘韵 人事助理	5,000.00	500.00	5,262.58	200.00	90.00		11,052.58	1,653.91	229.87	9,168.80
HT008	张运隆	技术人员	HT008 张运隆 技术人员	6,500.00	500.00	6,498.34	150.00		60.00	13,588.34	2,065.68	442.27	11,080.39
HT009	刘丹	技术人员	HT009 刘丹 技术人员	6,500.00	500.00	5,720.93	50.00	60.00		12,830.93	1,919.91	381.10	10,529.92
HT010	冯可可	理货专员	HT010 冯可可 理货专员	4,500.00	500.00	3,693.21	50.00			8,743.21	1,317.08	72.78	7,353.35
HT011	马冬梅	行政前台	HT011 马冬梅 行政前台	4,000.00	500.00	3,030.11	150.00	180.00		7,860.11	1,175.26	50.55	6,634.30
HT012	李孝蹇	绩效考核专员	HT012 李孝蹇 绩效考核专员	7,000.00	500.00	6,184.82	200.00			13,884.82	2,077.69	470.71	11,336.42
HT013	李云	保安	HT013 李云 保安	3,000.00	500.00	2,209.14	200.00	200.00		6,109.14	863.51	7.37	5,238.26
HT014	赵茜茜	销售经理	HT014 赵茜茜 销售经理	6,500.00	500.00	6,824.81	250.00			14,574.81	2,145.02	532.98	11,896.81
HT015	吴春丽	保安	HT015 吴春丽 保安	3,000.00	500.00	2,810.37	300.00		120.00	6,490.37	954.71	16.07	5,519.59
HT016	孙韵琴	薪酬专员	HT016 孙韵琴 薪酬专员	6,500.00	500.00	5,238.98	100.00			11,838.98	1,781.74	295.72	9,761.51
HT017	张翔	人事经理	HT017 张翔 人事经理	6,500.00	500.00	6,619.00	150.00			13,769.00	2,072.06	459.69	11,237.24
HT018	陈俪	司机	HT018 陈俪 司机	4,500.00	500.00	3,741.55	200.00		30.00	8,911.55	1,359.18	76.57	7,475.79
HT019	唐德	常务副总	HT019 唐德 常务副总	10,000.00	500.00	7,679.20	200.00			18,379.20	2,759.41	851.98	14,767.81
HT020	刘艳	培训专员	HT020 刘艳 培训专员	6,500.00	500.00	5,280.47	200.00	–		11,980.47	1,805.61	307.49	9,867.37
		合计		114,000.00	19,500.00	101,865.52	4,800.00	780.00	290.00	240,655.52	36,077.90	8,669.19	195,908.84

图 4-35

◆创建多重合并数据透视表

准备工作完成后，下面开始创建多重合并数据透视表。

Step01 ❶ 按 Office 访问键，即组合键【Alt+D】→窗口上方显示提示信息，如图 4-36 所示；❷ 按【P】键→弹出【数据透视表和数据透视图向导—步骤1】对话框→选中"多重合并计算数据区域"单选按钮→在"所需创建的报表类型"中选择"数据透视表"或"数据透视图（及数据透视表）"单选按钮；❸ 单击【下一步】按钮，如图 4-37 所示。

Step02 ❶ 弹出【……步骤2a】对话框→选中"自定义页字段"单选按钮→单击【下一步】按钮，如图 4-38 所示；❷ 弹出【……第2b步】对话框→在"选定区域"文本框中选定工作表中的数据区域（注意不选定"合计行"）→单击【添加】按钮添加至"所有区域"列表框中；❸ 依次单击列表框中的区域→指定页字段数目为"1"→在"字段1"文本框中输入该区域的字段名称；❹ 直接单击【完成】按钮即可在新工作表中创建数据透视表，如图 4-39 所示（也可以单击【下一步】按钮，将弹出【……步骤3】对话框，选择"数据透视表显示位置"为"新工作表"或"现有工作表"后再单击【完成】按钮。）。

图 4-36   图 4-37

图 4-38

图 4-39

操作完成后，可看到数据透视表中的"列标签"中，由于在源数据表的字段前添加了序号，字段依然按照数据原有顺序排列，并自动添加"总计"行汇总每列数据。数据透视表初始效果如图 4-40 所示。（示例结果见"结果文件\第 4 章\2020 年职工工资表 .xlsx"文件。）

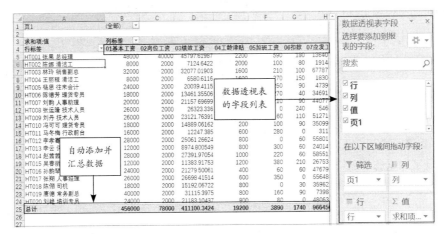
图 4-40

关键技能 035 设计数据透视表布局样式

技能说明

数据透视表创建成功后，如图 4-40 所示，可以看到，其初始样式和数值格式比较粗糙，不够规范，因此应首先优化布局和样式。Excel 提供了相关工具，即【数据透视表工具】中的【设计】工具，只需通过简单的操作，即可快速让数据透视表改头换面，使其更整洁、更规范、更美观。

【数据透视表工具】—【设计】工具包括 3 个工作组，即布局、数据透视表样式选项和数据透视表样式，各工作组的功能说明如图 4-41 所示。

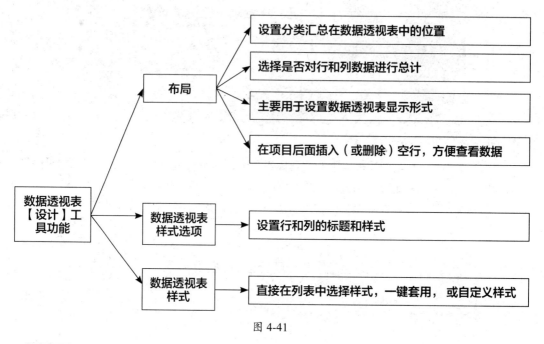

图 4-41

应用实战

下面以前面小节在 2020 年 1—4 月工资数据基础上创建的数据透视表为示例，介绍数据透视表【设计】工具的具体运用方法。

打开"素材文件 \ 第 4 章 \2020 年 1—4 月职工工资表和数据透视表 .xlsx"文件，设计布局前在【设置单元格格式】对话框中将格式设置为"数值"或"会计专用"（保留两位小数）。

Step01 由于数据透视表中每一行的"总计"数据毫无意义，因此应首先取消"总计"行。❶ 单击数据区域中的任一单元格，激活【数据透视表工具】→单击【设计】选项卡下【布局】组中的【总计】下拉按钮；❷ 单击【仅对列启用】命令，如图 4-42 所示。

Step02 设置报表显示形式。❶ 单击【数据透视表工具】—【设计】选项卡下【布局】组中的【报表布局】下拉按钮；❷ 单击下拉列表中的【以表格形式显示】命令，如图 4-43 所示。

Step03 设置数据透视表样式。❶ 单击【数据透视表工具】—【设计】选项卡【数据透视表样式】组下拉按钮展开列表→单击选中一种适合的样式；❷ 勾选【数据透视表样式选项】组中的"镶边行"和"镶边列"复选框，在操作的同时可同步显示设置效果，如图 4-44 所示。（示例结果见"结果文件 \ 第 4 章 \2020 年 1—4 月职工工资表和数据透视表 .xlsx"文件。）

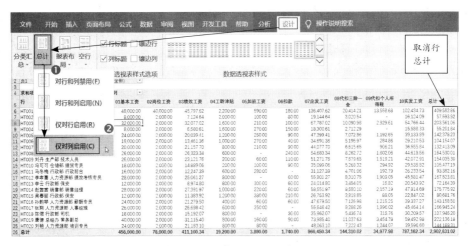

图 4-42

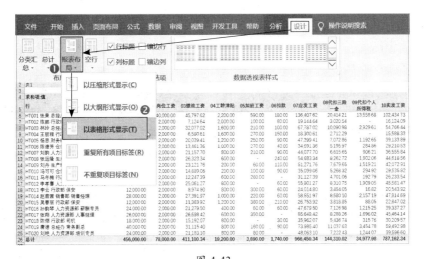

图 4-43

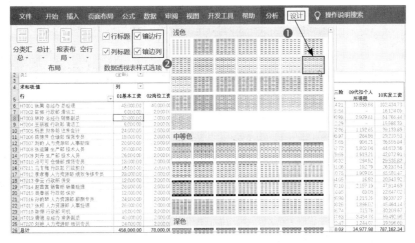

图 4-44

温馨提示

　　在【数据透视表工具】—【设计】工具的【布局】组中的"分类汇总"下拉列表中，可设置不显示或在数据组的底部或顶部显示分类汇总。由于数据透视表默认为在底部显示，因此本例无须再另行设置。

关键技能 036 运用数据透视表动态分析数据

技能说明

　　数据透视表是一种动态交互式的数据分析表格，顾名思义，就是可以和用户交流互动，用户只需将字段在字段列表中列示的不同区域之间来回拖曳，数据透视表就能按照用户的意图从各种角度和维度动态分析海量数据。同时，在数据透视表中还能够满足用户工作需求，临时增加字段，并设置公式计算和分析数据。

　　数据透视表中包括 4 大字段区域：筛选区域、行区域、列区域、值区域。每个区域的特点和数据分析的作用如图 4-45 所示。

筛选区域	行区域
· 可将任何字段拖曳至筛选区域，在数据透视表上方可生成单独以此字段数据为条件的筛选行，展开筛选按钮后可单选或多选筛选条件	· 相当于普通表格的行标题。将多个字段拖曳至行区域中，即可形成多层级行标题。行区域字段从上到下的排列顺序决定数据透视表中行标题的层级级次
列区域	值区域
· 相当于普通表格的列标题。数据透视表默认"数值"字段在列区域中显示。如果要从不同的维度分析数据，可将原行区域中的字段拖曳至列区域中	· 用于计算数值的区域，Excel 会自动将数字型字段放至值区域。字段类型可以是数字或文本。计算方式默认为"求和"，可快速改变为计数、平均、最大值、最小值、乘积、方差等

图 4-45

应用实战

　　下面以 <2020 年 1—4 月职工工资表和数据透视表 1> 与 <2020 年 1—6 月销售明细表和数据透视表 1> 为示例，示范动态分析数据的具体操作方法。

　　◆示例一：<2020 年 1—4 月职工工资表和数据透视表 1>

　　<2020 年 1—4 月职工工资表和数据透视表 1> 中的数据透视表是合并了 1—4 月工资表数据后创建的，只默认源数据表的第 1 列字段为行标签，所以之前将"员工编号""姓名""岗位"合并为一个字段。由于后面需要按照"部门"汇总工资数据，因此这里可预先在源数据表格中添加部门字段，再刷新数据透视表即可。

　　（1）完善项目标签，刷新数据透视表

　　❶ 打开"素材文件 \ 第 4 章 \2020 年 1—4 月职工工资表和数据透视表 1.xlsx"文件→在 1—4

月工资表中批量添加"部门"字段，设置公式将项目名称组合至 E3:E22 单元格区域中，如 E3 单元格公式为"=A3&" "&B3&" "&C3&" "&D3"，如图 4-46 所示；❷ 切换至"数据透视表"工作表→右击数据区域中任一单元格→在弹出的快捷菜单中单击【刷新】命令，如图 4-47 所示。

图 4-46

图 4-47

刷新数据透视表后，可看到 A6:A25 单元格区域中的项目标签已全部与源数据表同步更新，如图 4-48 所示。

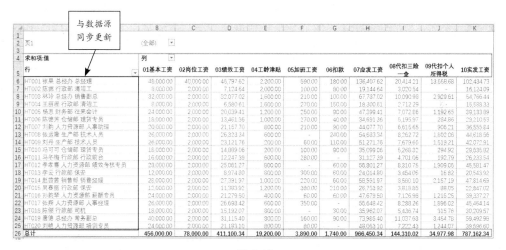

图 4-48

（2）拖曳字段动态分析数据

下面在数据透视表的字段列表中拖曳字段，以便从不同角度和维度动态分析 1—4 月的工资数据。

①从员工角度分析汇总 1—4 月的工资数据。

数据透视表的字段列表的初始设置如图 4-49 所示。将"筛选"区域中的"页 1"字段拖曳至"行"区域中"行"字段后面，此时数据透视表中分别列示并汇总了每位员工 1—4 月的所有工资数据，效果如图 4-50 所示。

图 4-49

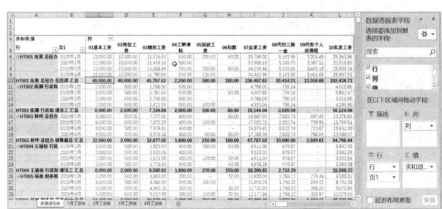

图 4-50

②从时间维度分析计算每月工资的平均值。

❶ 将"行"区域中的"行"字段拖曳至"页 1"字段后面；❷ 右击数据区域中"列"字段下的任一单元格→在弹出的快捷菜单中单击"值汇总依据"选项→单击子列表中的【平均值】命令，如图 4-51 所示。

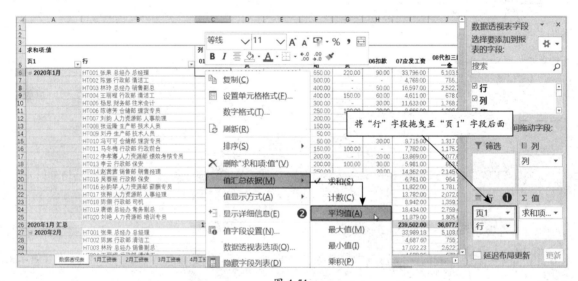

图 4-51

操作完成后，可看到数据透视表已列示了每月所有员工的工资数据，并在汇总行中计算每列数据的平均值，效果如图 4-52 所示。

图 4-52

③分析人力资源部每月工资数据，并计算与 1—4 月总额的占比。

Step01 ❶ 将"行"区域中的"行"字段拖曳至"筛选"区域中，此时在数据透视表中的 B2 单元格中显示筛选按钮；❷ 单击筛选按钮→在弹出的筛选列表中勾选"选择多项"复选框；❸ 在搜索框中输入关键字"人力"；❹ 单击【确定】按钮，如图 4-53 所示。

图 4-53

Step02 右击数据区域中任一单元格→在弹出的快捷菜单中单击"值汇总依据"→单击子列表中的【求和】命令→单击"值显示方式"选项→弹出子列表，单击【列汇总的百分比】命令，如图 4-54 所示。

操作完成后，即可看到筛选结果，同时已自动计算得到每月工资数据占 1—4 月合计数的百分比，效果如图 4-55 所示。

④从工资项目维度横向比较每位员工的同一工资项目 1—4 月数据，并找出其中最大数字。

Step01 在拖曳字段之前，首先将筛选条件恢复成"全部"。单击 B2 单元格筛选按钮，在下拉列表中勾选"全部"复选框→单击【确定】按钮，如图 4-56 所示。

图 4-54

图 4-55

图 4-56

Step02 ❶ 将"行"字段拖曳至"行"区域→将"页 1"字段拖曳至"列"区域→将"列"字段拖曳至"行"区域中"行"字段后面；❷ 右击数据区域中任一单元格，在弹出的快捷菜单中单击"值显示方式"选项→在子列表中单击【无计算】命令，如图 4-57 所示。

拖曳字段后，由于工资项目变为纵向列示，此时按列进行"分类汇总"后的数据并不正确，应当取消。另外，横向列示同一工资项目的 1—4 月数据，需要添加"合计"行。因此应对数据透视表布局作出调整。

Step03 ❶ 在【数据透视表工具】—【设计】选项卡下单击【布局】组中"分类汇总"下拉列表中的【不显示分类汇总】命令，如图 4-58 所示；❷ 单击【布局】组中"总计"下拉列表中的【仅对行启用】命令，如图 4-59 所示；❸ 取消"分类汇总"后，可以在每个项目后面插入一行空行作为间隔，方便查看数据，单击"空行"下拉列表中的【在每个项目后插入空行】命令，如图 4-60 所示；❹ 右击"总计"列（G 列）中的任一单元格→弹出快捷菜单，选择"值汇总依据"选项→单击子列表中的【最大值】命令，如图 4-61 所示。

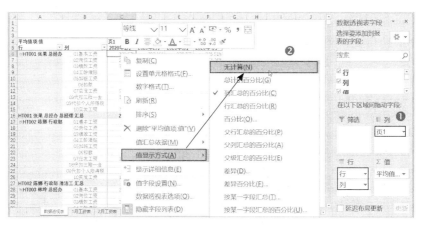

图 4-57

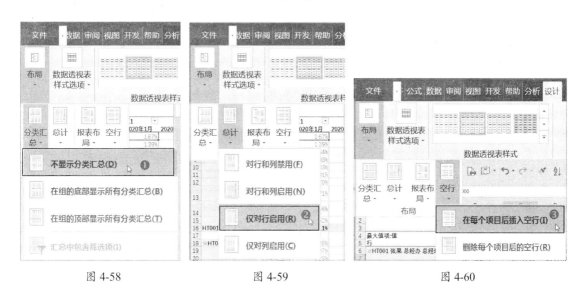

图 4-58   图 4-59   图 4-60

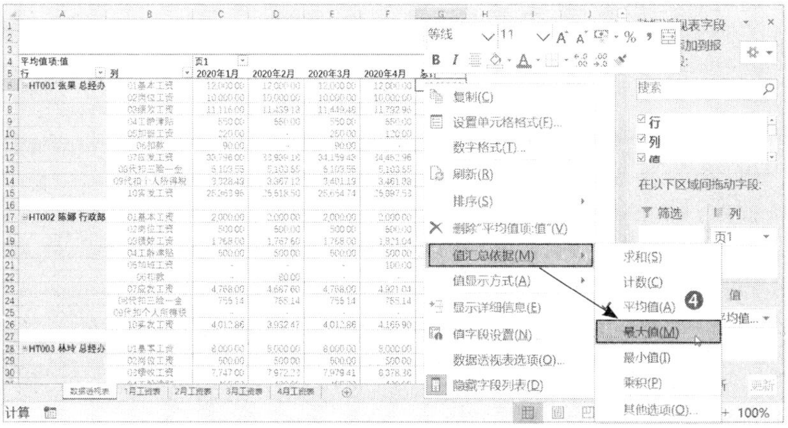

图 4-61

操作完成后，可看到数据透视表横向列示 1—4 月每位员工的每个工资项目数据，"总计"列则显示 1—4 月当中的最大数值，效果如图 4-62 所示。（示例结果见"结果文件\第 4 章\2020 年 1—4 月职工工资表和数据透视表 1.xlsx"文件。）

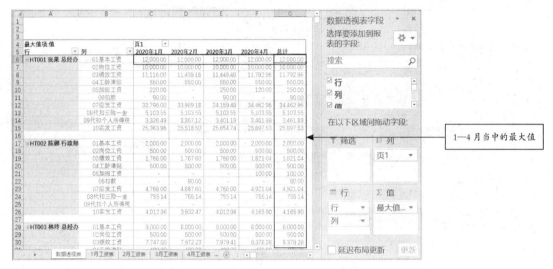

图 4-62

◆示例二：<2020 年 1—6 月销售明细表和数据透视表 1>

<2020 年 1—6 月销售明细表和数据透视表 1> 中的数据透视表是在单张工作表基础上创建的，与合并数据透视表不同，它能够识别源数据表中所有字段中的文本和数字，在拖曳字段动态分析数据时更加灵活。

根据数据源的特点，可运用【数据透视表工具】—【分析】工具补充添加字段并进行计算，并且更适用于切片器和日程表进行筛选。

（1）添加字段并计算

打开"素材文件\第 4 章\2020 年 1—6 月销售明细表和数据透视表 1.xlsx"文件，通过"智能推荐法"创建的数据透视表初始布局如图 4-63 所示。

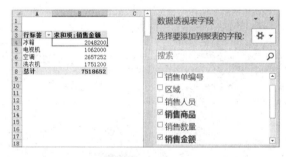

图 4-63

数据表中没有列示商品单价，可以在源数据表中补充字段后刷新数据透视表，也可以直接在数据透视表中添加字段并设置公式进行计算。

❶选中数据透视表字段列表中的"销售数量"复选框，即可将其添加至"值"区域中；❷单击【数据分析工具】—【分析】选项卡下【计算】组中的【字段、项目和集】下拉按钮→单击【计算字段】命令，如图 4-64 所示；❸弹出【插入计算字段】对话框，在"名称"文本框中输入"均价"→在"公式"文本框中输入公式"= 销售金额 / 销售数量"→单击【添加】按钮→单击【确定】按钮，如图 4-65 所示。

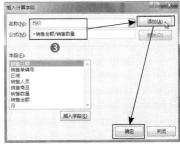

图 4-64   图 4-65

操作完成后，可看到数据透视表和字段列表中均已添加"均价"字段，并按照公式计算得到每种商品的平均单价，如图 4-66 所示。

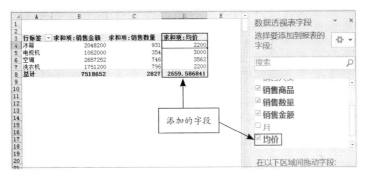

图 4-66

（2）动态分析数据

拖曳字段动态分析数据的具体操作方法与 <2020 年 1—4 月职工工资表和数据透视表 1> 相同，只需在区域间来回拖曳字段即可。例如，按照"销售商品"和"销售日期"筛选其他数据，操作步骤如下。

❶ 在数据透视表字段列表中依次勾选"月""销售日期""区域""销售人员"字段，即可按勾选顺序自动添加至"行"区域中；❷ 将"销售商品"拖曳至"筛选"区域中；❸ 通过【数据透视表工具】—【分析】选项卡下【筛选】组的【插入切片器】和【插入日程表】命令添加日程表和"销售商品"的切片器→单击切片器中的"冰箱"→在日程表中拖曳选中 1 月至 6 月滑动条→展开"1 月"行标签即可列示 1 月销售明细，效果如图 4-67 所示。（示例结果见"结果文件 \ 第 4 章 \2020 年 1—6 月销售明细表和数据透视表 1.xlsx"文件。）

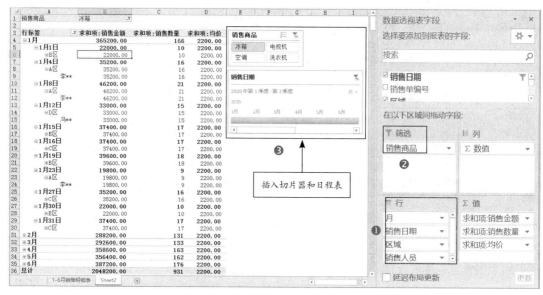

图 4-67

关键技能 **037** 快速编制数据分析报表

技能说明

日常工作中，分析数据后，通常需要将分析结果单独编制成报表，以便发送或打印后传递给相关部门，如各种日报、月报、季报、年报或专项报表等。通过操作数据透视表，可快速将当前分析结果生成所需报表。具体操作非常简单，只需两步即可完成，如图 4-68 所示。

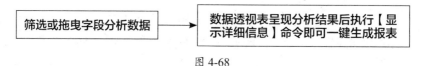

筛选或拖曳字段分析数据 → 数据透视表呈现分析结果后执行【显示详细信息】命令即可一键生成报表

图 4-68

应用实战

下面以 <2020 年 1—6 月销售明细表与数据透视表 2> 为示例，介绍编制相关报表的操作方法。

（1）编制第 2 季度所有商品的销售明细报表

打开"素材文件 \ 第 4 章 \2020 年 1—6 月销售明细表与数据透视表 2.xlsx"文件。❶ 选中"销售日期"日程表，将销售期间切换为"季度"；❷ 单击"第 2 季度"滑动条，数据透视表立即呈现筛选结果；❸ 右击"总计"行的 B7 单元格，在弹出的快捷菜单中单击【显示详细信息】命令，如图 4-69 所示。

图 4-69

Excel 立即自动生成新的工作表，在超级表中列示分析结果。初始报表中没有排序，这里按"销售日期"进行升序排序，调整格式后即可发送或打印纸质报表，效果如图 4-70 所示。

图 4-70

（2）编制"李 ∗∗"在 1—6 月的"空调"销售明细报表

Step01 ❶ 单击"销售日期"日程表右上角的按钮 🔽 清除之前的筛选；❷ 单击"销售商品"切片器中的【空调】按钮；❸ 选中 A7 单元格（姓名）→单击 A3 单元格筛选按钮→在弹出的筛选列表中取消勾选"全选"复选框→勾选"李 ∗∗"复选框→单击【确定】按钮，如图 4-71 所示。筛选结果如图 4-72 所示。

Step02 右击 B22 单元格，同样在弹出的快捷菜单中单击【显示详细信息】命令，立即生成 1—6 月李 ∗∗ 销售空调的明细报表，如图 4-73 所示。（示例结果见"结果文件 \ 第 4 章 \2020 年 1—6 月销售明细表与数据透视表 2.xlsx"文件。）

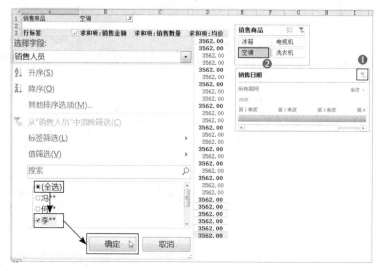

图 4-71

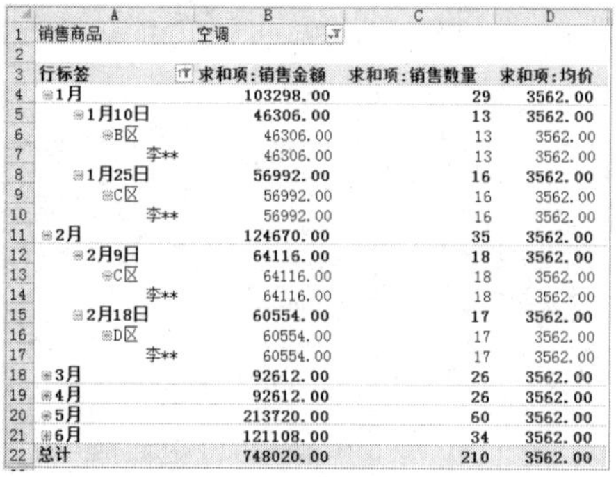

	A	B	C	D
1	销售商品	空调		
2				
3	行标签	求和项:销售金额	求和项:销售数量	求和项:均价
4	⊟1月	103298.00	29	3562.00
5	⊟1月10日	46306.00	13	3562.00
6	⊟B区	46306.00	13	3562.00
7	李**	46306.00	13	3562.00
8	⊟1月25日	56992.00	16	3562.00
9	⊟C区	56992.00	16	3562.00
10	李**	56992.00	16	3562.00
11	⊟2月	124670.00	35	3562.00
12	⊟2月9日	64116.00	18	3562.00
13	⊟C区	64116.00	18	3562.00
14	李**	64116.00	18	3562.00
15	⊟2月18日	60554.00	17	3562.00
16	⊟D区	60554.00	17	3562.00
17	李**	60554.00	17	3562.00
18	⊞3月	92612.00	26	3562.00
19	⊞4月	92612.00	26	3562.00
20	⊞5月	213720.00	60	3562.00
21	⊞6月	121108.00	34	3562.00
22	总计	748020.00	210	3562.00

图 4-72

	A	B	C	D	E	F	G
1	销售日期	销售单编号	区域	销售人员	销售商品	销售数量	销售金额
2	2020-1-10	10111	B区	李**	空调	13	46306
3	2020-1-25	10126	C区	李**	空调	16	56992
4	2020-2-9	10141	C区	李**	空调	18	64116
5	2020-2-18	10150	D区	李**	空调	17	60554
6	2020-3-5	10165	C区	李**	空调	14	49868
7	2020-3-20	10180	C区	李**	空调	12	42744
8	2020-4-4	10195	A区	李**	空调	10	35620
9	2020-4-15	10206	D区	李**	空调	16	56992
10	2020-5-4	10225	C区	李**	空调	17	60554
11	2020-5-15	10236	C区	李**	空调	13	46306
12	2020-5-19	10240	A区	李**	空调	10	35620
13	2020-5-30	10251	C区	李**	空调	20	71240
14	2020-6-3	10255	A区	李**	空调	12	42744
15	2020-6-23	10275	B区	李**	空调	22	78364

图 4-73

温馨提示

编制报表时需注意一个细节，如果在数据透视表中选中某个明细数据所在单元格，仅生成以此单元格对应的数据范围的报表。例如，若选中 B18 单元格（3 月销售金额合计）后执行【显示详细信息】命令，仅会生成 3 月的销售明细。

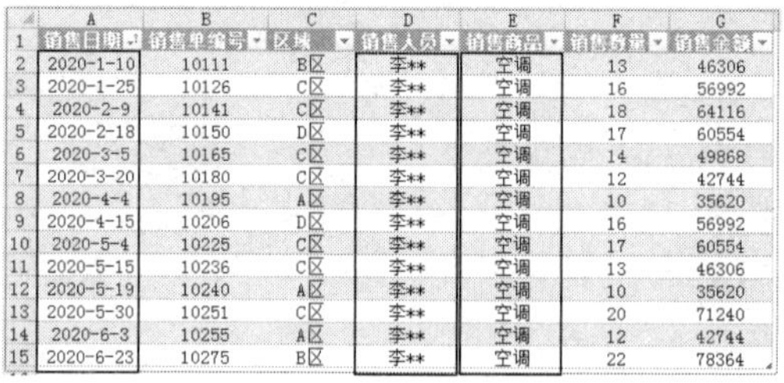

4.3 洞彻 6 个公式编写技能，掌握数据核算分析的核心技能

Excel 作为一款日常办公软件，拥有多种强悍的数据计算、统计和分析功能，能够从各个方面帮助用户高效地处理数据，是一套强大的数据处理系统。其中，函数公式是这个数据处理系统中真正的核心。因此，运用函数公式对数据进行计算、统计和分析也是职场人士必不可少的核心技能。

只有充分掌握了这些技能，才能让自身数据处理能力得到飞跃性的提高，从而最大限度地保障数据计算、统计和分析的质量，并大幅度提高工作效率。

运用函数公式计算、统计和分析数据，其实包括了 2 个方面的技能，即公式编写和函数运用。本节首先介绍关于公式编写的 6 个关键技能知识要点，如图 4-74 所示。

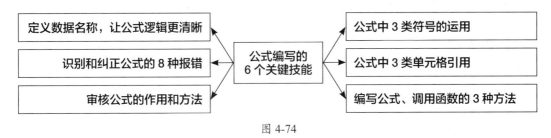

图 4-74

关键技能 038 公式中 3 类符号的运用

技能说明

函数公式包含 3 大必不可少的元素：函数、数据和符号。一条函数公式中通常会包含多个符号，如等号、括号、逗号、冒号、加减乘除符号、连接符号等，它们都具备不同的特点，在公式中发挥着不同的作用。根据这些符号在公式中的作用和属性及重要程度，可以划分为 3 大类：要素符号、运算符号、功能符号。各类符号主要作用说明如图 4-75 所示。

要素符号	运算符号	功能符号
主要包括 2 个： 1. 等号 "="：所有公式都必须以 "=" 为开头。对公式是否发挥运算功能起着决定性作用 2. 括号 "()"：具有 2 个作用。①区分函数和参数，每一个函数后面必须紧跟括号，将函数的参数括起来，与函数予以区分；②控制嵌套函数公式的运算优先级	主要包括 4 类： 1. 引用运算符：包括冒号（用于引用单元格区域）、空格（表示公式引用的单元格区域之间的交集部分）、逗号（用于间隔公式表达式中的各个参数） 2. 算术运算符：用于计算。包括加减乘除符号（+-*/）、乘幂符号（^）、百分比符号（%） 3. 比较运算符：用于比较数据。包括等于（=）、不等于（<>）、大于和大于等于（>、>=）、小于和小于等于（<、<=） 4. 文本运算符 "&"：用于公式中文本之间、文本和单元格引用之间、文本和公式表达式之间及公式表达式之间的连接	主要包括 2 个： 1. 锁定符号 "$"：用于锁定公式中所引用单元格的行号和列标 2. 花括号 "{}"：包括 2 种用法。①在公式中直接输入花括号，代表数组；②公式编写完成后按组合键【Ctrl+Shift+Enter】，添加在公式首尾，生成数组公式

图 4-75

应用实战

下面列举示例，设置几个常见公式，说明运算符号和功能符号的运用方法。要素符号（等号和括号）在公式中是必不可少的，本书中不再赘述。

（1）打开“素材文件 \ 第 4 章 \2020 年 6 月 1 日—10 日销售明细表 .xlsx”文件，表格中包含多个函数公式，其中运用了多种符号。

◆乘积公式

例如，H3 单元格的公式为：“=ROUND(F3*G3,2)”, 运用了算术运算符计算“销售金额”，而引用运算符“,”的作用是间隔 ROUND 函数的两个参数。

◆求和公式

例如，H13 单元格公式为：“=SUM(H3:H12)”, 计算单元格区域 H3:H12 的数值之和。其中“:”的作用是引用单元格 H3 至 H12 这一区域。

◆条件求和公式

① L3 单元格公式：“=SUMIF($E$3:$E$12,$J3,H$3:H$12)”，计算“洗衣机”销售金额的合计数，其中符号“$”用于锁定单元格的行号和列标。

② L11 单元格公式为“=SUMIF(F3:F12,">15",F3:F12)&" 台 /"&SUMIF(F3:F12,">15",H3:H12)&" 元 "”，计算销售数量大于 15 台的商品销售数量与金额的合计数。其中设定的条件运用了比较运算符“>”，同时还运用了文本运算符“&”，用于连接两个函数公式和文本字符，如图 4-76 所示。

2020年6月1日—10日销售明细表

销售日期	销售单编号	区域	销售人员	销售商品	销售数量	销售单价	销售金额
2020-6-1	10253	D区	冯**	洗衣机	19台	2200.00	41,800.00
2020-6-2	10254	B区	赵**	电视机	16台	3000.00	48,000.00
2020-6-3	10255	A区	李**	空调	12台	3562.00	42,744.00
2020-6-4	10256	C区	王**	冰箱	13台	2200.00	28,600.00
2020-6-5	10257	A区	李**	洗衣机	21台	2200.00	46,200.00
2020-6-6	10258	C区	何**	空调	15台	3562.00	53,430.00
2020-6-7	10259	A区	冯**	电视机	14台	3000.00	42,000.00
2020-6-8	10260	C区	周**	冰箱	16台	2200.00	35,200.00
2020-6-9	10261	B区	冯**	洗衣机	20台	2200.00	44,000.00
2020-6-10	10262	C区	赵**	空调	16台	3562.00	56,992.00
合计					162台	-	438,966.00

商品名称	销售数量	销售金额
洗衣机	60	132000.00
电视机	30	90000.00
空调	43	153166.00
冰箱	29	63800.00
合计	162	438966.00

销售数量大于15台的商品销售数量和销售金额的合计数
108台/272192元

图 4-76

另外，“销售金额”的合计数也可使用数组公式：“{=SUM(F3:F12*G3:G12)}”进行计算，注意公式首尾的花括号不能直接键入，必须在公式编写完成后按组合键【Ctrl+Shift+Enter】才能使数组公式生效，如图 4-77 所示。(示例结果见“结果文件 \ 第 4 章 \2020 年 6 月 1 日—10 日销售明细表 .xlsx”文件。)

H13 {=SUM(F3:F12*G3:G12)}

2020年6月1日—10日销售明细表

销售日期	销售单编号	区域	销售人员	销售商品	销售数量	销售单价	销售金额
2020-6-1	10253	D区	冯**	洗衣机	19台	2200.00	41,800.00
2020-6-2	10254	B区	赵**	电视机	16台	3000.00	48,000.00
2020-6-3	10255	A区	李**	空调	12台	3562.00	42,744.00
2020-6-4	10256	C区	王**	冰箱	13台	2200.00	28,600.00
2020-6-5	10257	A区	李**	洗衣机	21台	2200.00	46,200.00
2020-6-6	10258	C区	何**	空调	15台	3562.00	53,430.00
2020-6-7	10259	A区	冯**	电视机	14台	3000.00	42,000.00
2020-6-8	10260	C区	周**	冰箱	16台	2200.00	35,200.00
2020-6-9	10261	B区	冯**	洗衣机	20台	2200.00	44,000.00
2020-6-10	10262	C区	赵**	空调	16台	3562.00	56,992.00
合计					162台	-	438,966.00

H13 单元格的数组公式

公式编写完成后按组合键【Ctrl+Shift+Enter】

图 4-77

（2）打开"素材文件 \ 第 4 章 \2020 年 5 月职工工资表 .xlsx"文件，如图 4-78 所示，P3:R22 单元格区域为辅助区域，用于计算个人所得税的相关数据。其中，Q3 单元格公式如下：

"=IF(P3=0,0,LOOKUP(P3,{0,3000.01,12000.01,25000.01,35000.01,55000.01,80000.01},{0.03,0.1, 0.2,0.25,0.3,0.35,0.45}))"

公式中引用了两个数组，作用是查找 P3 单元格的"应纳税所得额"数字在第 1 个数组中所处的某一个数字范围后返回与之匹配的第 2 个数组中的某一税率。其中花括号"{}"可在编写公式过程中直接键入。

图 4-78

关键技能 039 公式中 3 种单元格引用

技能说明

单元格引用是指在 Excel 公式中引用相关单元格，其实质是指明数据的保存位置（即单元格地址），并引用其中数据进行计算。

在 Excel 公式中，单元格引用包括 3 种，分别是相对引用、绝对引用、混合引用，其特征和具体表现形式如图 4-79 所示。

相对引用	绝对引用	混合引用
• 特征：引用的单元格地址中只有行号和列标，将公式复制粘贴至其他单元格后，公式中的行号和列标会以相同的范围和方向发生变化 • 表现形式：相对列 + 相对行。例如，公式"=E6+F6"，E6 和 F6 单元格都是相对引用	• 特征：引用的单元格地址中的行号和列标前均添加"$"符号，同时锁定行号和列标。复制公式后，绝对引用的单元格地址都不会发生变化 • 表现形式：绝对列 + 绝对行。例如，公式"=$E$6+$F$6"，E6 和 F6 单元格都是绝对引用	• 特征：混合引用是指公式中的单元格引用同时包括相对引用和绝对引用 • 表现形式： ①绝对列 + 相对行：如公式"=$E6+$F6"中，E6 和 F6 单元格都是绝对列 + 相对行 ②相对列 + 绝对行：如公式"=E$6+F$6"中，E6 和 F6 单元格都是相对列 + 绝对行

图 4-79

由于混合引用中既包含相对引用，也包含绝对引用，因此，3 种引用之间的关系实质是：相对引用+绝对引用=混合引用，如图 4-80 所示。

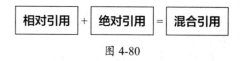

图 4-80

> **温馨提示**
>
> 　　如果公式需要引用其他工作表或工作簿的单元格，以上 3 种引用方式相同，只需在单元格地址前面添加工作表和工作簿名称即可。具体引用形式为："工作表名称！单元格引用"和"[工作簿名称] 工作表名称！单元格引用"。例如，C3 单元格公式为"=Sheet2!A3*B3"，公式相对引用了工作表"Sheet2"中的 A3 单元格和当前工作表中的 B3 单元格。如果 C3 单元格公式为"[表格]Sheet2!A3*$B$3"，那么公式相对引用工作簿"表格"中"Sheet2"工作表中的 A3 单元格，绝对引用当前工作表中的 B3 单元格。

应用实战

　　要想在公式中灵活运用各种引用方式，必须把握好最关键的一点，放准锁定符号"$"在单元格的行号和列标前的位置。下面举例说明 3 种引用方式的作用和区别。

（1）相对引用

　　相对引用是指单元格地址中不添加锁定符号"$"，只有行号和列标，将公式复制粘贴至其他单元格后，公式中的行号和列标会以相同的范围和方向发生变化。

　　打开"素材文件 \ 第 4 章 \2020 年 5 月职工工资表 1.xlsx"文件，如图 4-81 所示，N3 单元格公式为"=ROUND(K3-L3-M3,2)"，引用了 K3、L3、M3 单元格，均为相对引用。将 N3 单元格公式复制粘贴至 N4:N22 单元格区域中，每一个单元格公式中单元格地址的行号会发生同步变化。例如，N4 单元格公式变化为"=ROUND(K4-L4-M4,2)"（复制和粘贴的列标本身未改变，所以粘贴后的列标也不变）。

员工编号	姓名	部门	岗位	基本工资	岗位工资	绩效工资	工龄津贴	加班工资	扣款	应发工资	代扣三险一金	代扣个人所得税	实发工资
HT001	张果	总经办	总经理	12,000.00	10,000.00	11,385.31	550.00			33,935.31	5,103.55	3,356.36	25,475.40
HT002	陈娜	行政部	清洁工	2,000.00	500.00	1,758.09	500.00	80.00	–	4,838.09	755.14		4,082.95
HT003	林玲	总经办	销售副总	8,000.00	500.00	8,088.76	400.00	120.00		17,108.76	2,522.74	748.60	13,837.41
HT004	王丽程	行政部	清洁工	2,000.00	500.00	1,658.86	400.00	60.00	–	4,618.86	678.07		3,940.79
HT005	杨思	财务部	往来会计	6,000.00	500.00	5,076.12	300.00	150.00		12,026.12	1,768.22	315.79	9,942.12
HT006	陈德芳	仓储部	理货专员	4,500.00	500.00	3,393.46	250.00	–		8,643.46	1,298.99	70.33	7,274.13
HT007	刘韵	行政部	人事助理	5,000.00	500.00	5,233.61	200.00	100.00	–	11,033.61	1,653.91	227.97	9,151.73
HT008	张运隆	生产部	技术人员	6,500.00	500.00	6,589.07	150.00	–		13,739.07	2,065.68	457.34	11,216.05
HT009	刘丹	生产部	技术人员	6,500.00	500.00	5,856.90	50.00	–		12,906.90	1,919.91	388.70	10,598.29
HT010	冯可可	仓储部	理货专员	4,500.00	500.00	3,674.29	50.00	150.00	–	8,874.29	1,317.08	76.72	7,480.49
HT011	马冬梅	行政部	行政前台	4,000.00	500.00	3,044.28	150.00	–		7,694.28	1,175.26	45.57	6,473.44
HT012	李孝骞	人力资源部	绩效考核专员	7,000.00	500.00	6,273.81	200.00	80.00		14,053.81	2,077.69	487.61	11,488.51
HT013	李云	行政部	保安	3,000.00	500.00	2,262.64	200.00	–		5,962.64	863.51	2.97	5,096.16
HT014	赵茜茜	销售部	销售经理	7,000.00	500.00	6,858.62	250.00	200.00		14,808.62	2,145.02	556.36	12,107.24
HT015	吴春丽	行政部	保安	3,000.00	500.00	2,849.52	300.00	120.00		6,769.52	954.71	24.44	5,790.37
HT016	孙韵	人力资源部	薪酬专员	5,000.00	500.00	5,364.44	100.00	90.00		12,054.44	1,781.74	317.27	9,955.43
HT017	张翔	人力资源部	人事经理	6,500.00	500.00	6,779.71	150.00	150.00	–	14,079.71	2,072.06	490.76	11,516.88
HT018	陈俪	行政部	司机	4,500.00	500.00	3,829.41	200.00	60.00	–	9,089.41	1,359.18	81.91	7,648.31
HT019	唐德	总经办	常务副总	10,000.00	500.00	7,789.30	200.00	–		18,489.30	2,759.41	862.99	14,866.90
HT020	刘艳	人力资源部	培训专员	6,000.00	500.00	5,252.97	200.00	–		11,952.97	1,805.61	304.74	9,842.62
	合计			114,000.00	19,000.00	103,019.18	4,800.00	1,360.00		242,679.18	36,077.50	8,816.42	197,785.22

N3 单元格公式复制粘贴至 N4:N22 单元格区域后行号同步变化

图 4-81

（2）绝对引用

绝对引用是指公式中引用单元格地址中的行号和列标前面均添加锁定符号"$"，同时锁定行号和列标。复制粘贴公式到其他地址后，绝对引用的单元格地址不会发生变化。例如，公司计划 5 月工资预先按 80% 整数发放，计算预发工资和余额。

在 O1 单元格中输入数字"0.8"→在 O3 单元格中设置公式"=ROUND(N3*$O$1,0)"→在 P3 单元格中设置公式"=N3-O3"→将 O3:P3 单元格区域中的公式复制粘贴至 O4:P22 单元格区域。其中，O3 单元格公式中引用 O1 单元格为绝对引用，复制粘贴后，其他单元格公式中的 O1 单元格地址不变。例如，O18 单元格公式为"=ROUND(N18*$O$1,0)"，以此类推，如图 4-82 所示。

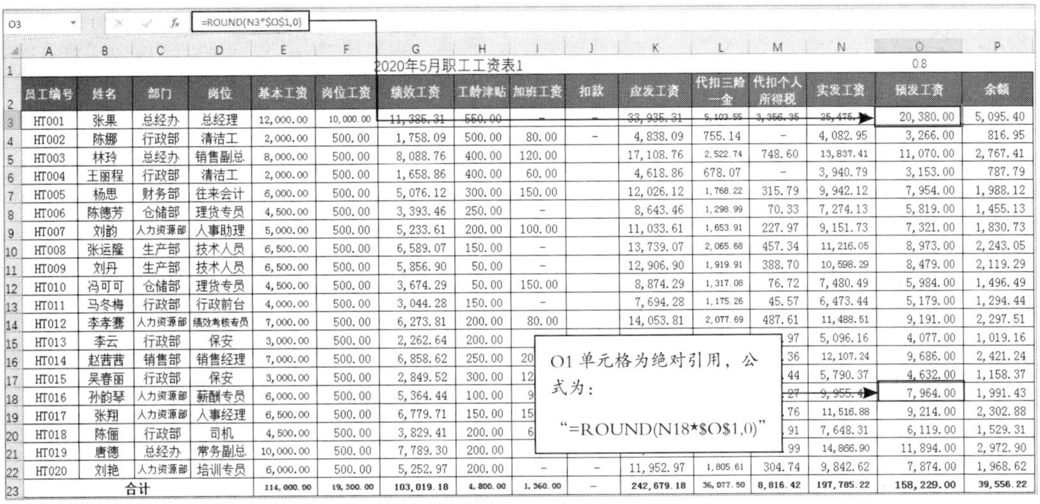

图 4-82

（3）混合引用

混合引用是指公式中对单元格地址既有相对引用，也有绝对引用。

❶ 先将 <2020 年 5 月职工工资表 1> 中 N3 单元格复制粘贴至 Q3 单元格中后，公式变为"=ROUND(N3-O3-P3,2)"，计算结果发生错误；❷ 将 N3 单元格公式中的引用修改为混合引用（绝对列＋相对行）"=ROUND($K3-$L3-$M3,2)"后再复制粘贴至 R3 单元格中，计算结果正确，如图 4-83 所示。

高手点拨 编写公式时快速切换单元格引用方式的"神操作"——使用快捷键【F4】

在编写公式过程中绝对引用或混合引用单元格，直接输入锁定符号"$"，既不方便，也容易出错，可以使用 Excel 提供的专用快捷键【F4】，快速切换引用方式。在相对引用状态下，如在公式中输入"A1"，按【F4】键的切换顺序依次为：①绝对引用：$A$1→②混合引用 - 相对列＋绝对行 :A$1→③混合引用 - 绝对列＋相对行 :$A1→④相对引用 :A1…

R3 | =ROUND($K3-$L3-$M3,2)

2020年5月职工工资表1　　08

岗位工资	绩效工资	工龄津贴	加班工资	扣款	应发工资	代扣三险一金	代扣个人所得税	实发工资	预发工资	余额	相对引用	混合引用列+相对	绝对
10,000.00	11,385.31	550.00	–		33,935.31	5,103.55	3,356.35	25,475.40	20,380.00	5,095.40	–	25475.4	
500.00	1,758.09	500.00	80.00	–	4,838.09	755.14		4,082.95	3,266.00	816.95	❶		❷
500.00	8,088.76	400.00	120.00		17,108.76	2,522.74	748.60	13,837.41	11,070.00	2,767.41			
500.00	1,658.86	400.00	60.00		4,618.86	678.07		3,940.79	3,153.00	787.79			
500.00	5,076.12	300.00	150.00		12,026.12	1,768.22	315.79	9,942.12	7,954.00	1,988.12			
500.00	3,393.46	250.00	–		8,643.46	1,298.99	70.33	7,274.13	5,819.00	1,455.13			
500.00	5,233.61	200.00	100.00		11,033.61	1,653.91	227.97	9,151.73	7,321.00	1,830.73			
500.00	6,589.07	150.00			13,739.07	2,065.68	457.34	11,216.05	8,973.00	2,243.05			
500.00	5,856.90	50.00			12,906.90	1,919.91	388.70	10,598.29	8,479.00	2,119.29			
500.00	3,674.29	50.00	150.00		8,874.29	1,317.08	76.72	7,480.49	5,984.00	1,496.49			
500.00	3,044.28	150.00			7,694.28	1,175.26	45.57	6,473.44	5,179.00	1,294.44			
500.00	6,273.81	200.00	80.00		14,053.81	2,077.69	487.61	11,488.51	9,191.00	2,297.51			
500.00	2,262.64	200.00			5,962.64	863.51	2.97	5,096.16	4,077.00	1,019.16			
500.00	6,858.62	250.00			14,808.62	2,145.02	556.36	12,107.24	9,686.00	2,421.24			
500.00	2,849.52	300.00	120.00		6,769.52	954.71	24.44	5,790.37	4,632.00	1,158.37			
500.00	5,364.44	100.00	90.00		12,054.44	1,781.74	317.27	9,955.43	7,964.00	1,991.43			
500.00	6,779.71	150.00	150.00	–	14,079.71	2,072.06	490.76	11,516.88	9,214.00	2,302.88			
500.00	3,829.41	200.00	60.00	–	9,089.41	1,359.18	81.91	7,648.31	6,119.00	1,529.31			
500.00	7,789.30	200.00	–		18,489.30	2,759.41	862.99	14,866.90	11,894.00	2,972.90			
500.00	5,252.97	200.00	–		11,952.97	1,805.61	304.74	9,842.62	7,874.00	1,968.62			
15,500.00	103,019.18	4,800.00	1,360.00	–	242,679.18	36,077.50	8,816.42	197,785.22	158,229.00	39,556.22			

图 4-83

关键技能 040 编写函数公式，调用函数的 3 种方法

技能说明

在 Excel 函数公式中，函数自然是必不可少的重要的元素，因此编写函数公式的关键技能是如何在众多函数中快、准、稳地调用所需函数。在 Excel 中可以通过函数库、【插入函数】对话框、直接输入 3 种方法快速调用函数。操作基本步骤如图 4-84 所示。

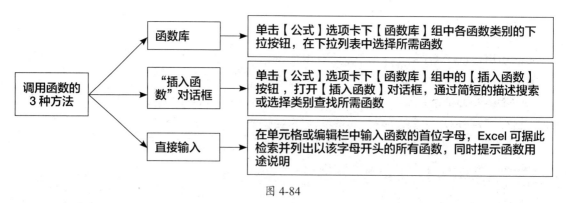

图 4-84

应用实战

调用函数的 3 种方法都非常简单，下面举例介绍具体操作步骤。

（1）函数库

"函数库"位于【公式】选项卡下，其中包括所有类别的函数及常用函数的快捷按钮，调用函数时，单击函数类别选项右侧的下拉按钮，即可在下拉列表中选择所需函数。另外，如果仅对数据

求和，可直接单击【自动求和】按钮。同时，"自动求和"下拉列表中包含最常用的几种函数，如"平均值""最大值""最小值"等。

打开"素材文件\第 4 章\2020 年 4 月存货汇总表.xlsx"文件，下面运用 PRODUCT 函数设置公式计算"本期入库金额"。

Step01 ❶ 选中 F3 单元格，单击【公式】选项卡下【函数库】组中的【数学和三角函数】下拉按钮→单击下拉列表中的"PRODUCT"函数，如图 4-85 所示；❷ 弹出【函数参数】对话框→单击"Number1"文本框，选中 C3 单元格→单击"Number2"文本框，选中 E3 单元格；❸ 单击【确定】按钮，如图 4-86 所示。

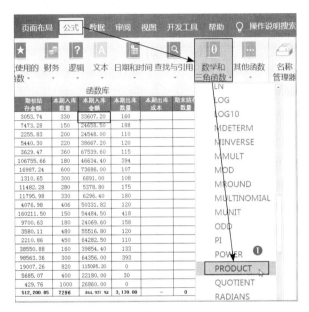

图 4-85

图 4-86

Step02 F3 单元格公式设置完成后，将公式快速填充至 F4:F22 单元格区域即可完成计算，效果如图 4-87 所示。

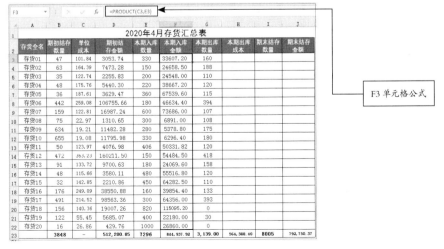

图 4-87

（2）【插入函数】对话框

如果对函数的名称不太明确或对其作用不太熟悉，可以单击【公式】选项卡下【函数库】组中的【插入函数】按钮 *fx*，打开【插入函数】对话框，输入关键字或通过简单的描述或选择类别找到所需函数，或者采用更快捷的方式：直接单击【编辑栏】左侧的【插入函数】快捷按钮，即可打开【插入函数】对话框。下面通过对话框设置函数公式计算"本期出库成本"。

❶ 选中 H3 单元格→单击【编辑栏】左侧的【插入函数】快捷按钮 *fx*，如图 4-88 所示；❷ 弹出【插入函数】对话框，在"搜索函数"文本框中输入关键字"乘"后按【Enter】键→"选择函数"列表框中列出相关函数；❸ 单击"PRODUCT"函数，可看到列表框下显示函数说明；❹ 单击【确定】按钮，如图 4-89 所示；❺ 弹出【函数参数】对话框，设置参数后单击【确定】按钮，如图 4-90 所示。

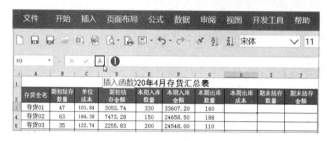

图 4-88

图 4-89

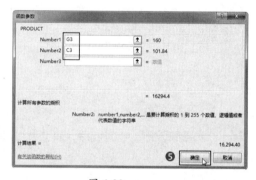

图 4-90

（3）直接输入函数

如果对函数的名称和用途比较熟悉，并且能够正确书写函数的英文名称或模糊输入前面的一个或几个字母，可直接在单元格或编辑栏中输入函数，Excel 可根据用户输入的字母检索列出以该字母起头的所有函数并提示函数的作用。下面运用 SUM 函数计算"期末结存数量"。

Step01 选中 I3 单元格，输入"=SU"后，列表框中即可列出所有"SU"开头的函数，单击"SUM"函数后，显示简短提示，如图 4-91 所示。

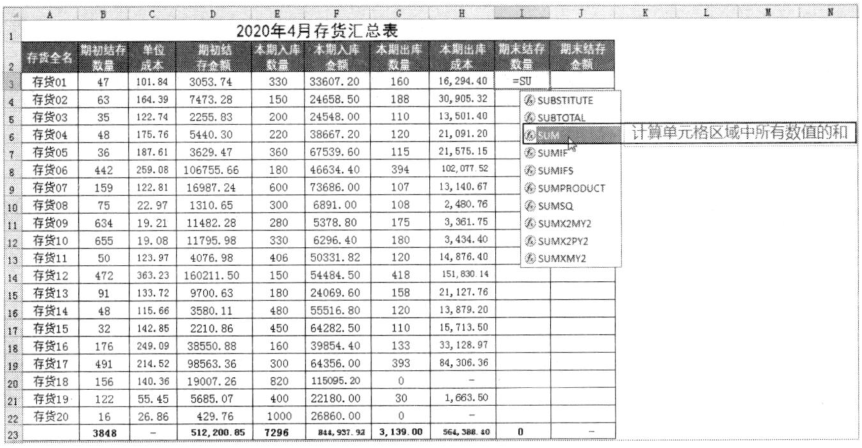

存货全名	期初结存数量	单位成本	期初结存金额	本期入库数量	本期入库金额	本期出库数量	本期出库成本	期末结存数量	期末结存金额
存货01	47	101.84	3053.74	330	33607.20	160	16,294.40	=SU	
存货02	63	164.39	7473.28	150	24658.50	188	30,905.32		
存货03	35	122.74	2255.83	200	24548.00	110	13,501.40		
存货04	48	175.76	5440.30	220	38667.20	120	21,091.20		
存货05	36	187.61	3629.47	360	67539.60	115	21,575.15		
存货06	442	259.08	106755.66	180	46634.40	394	102,077.52		
存货07	159	122.81	16987.24	600	73686.00	107	13,140.67		
存货08	75	22.97	1310.65	300	6891.00	108	2,480.76		
存货09	634	19.21	11482.28	280	5378.80	175	3,361.75		
存货10	655	19.08	11795.98	330	6296.40	180	3,434.40		
存货11	50	123.97	4076.98	406	50331.82	120	14,876.40		
存货12	472	363.23	160211.50	150	54484.50	418	151,830.14		
存货13	91	133.72	9700.63	180	24069.60	158	21,127.76		
存货14	48	115.66	3580.11	480	55516.80	120	13,879.20		
存货15	32	142.85	2210.86	450	64282.50	110	15,713.50		
存货16	176	249.09	38550.88	160	39854.40	133	33,128.97		
存货17	491	214.52	98563.36	300	64356.00	393	84,306.36		
存货18	156	140.36	19007.26	820	115095.20	0	-		
存货19	122	55.45	5685.07	400	22180.00	30	1,663.50		
存货20	16	26.86	429.76	1000	26860.00	0	-		
	3848	-	512,200.85	7296	844,937.92	3,139.00	564,388.40	0	-

图 4-91

Step02 双击“SUM”函数设置参数，完整的函数公式为“=SUM(B3,E3,-G3)”(期初结存数量＋本期入库数量−本期出库数量)→将公式填充至 I4:I22 单元格区域→同样操作方法在 J3:J22 单元格区域中设置 SUM 函数公式计算“期末结存金额”，效果如图 4-92 所示。（示例结果见“结果文件\第 4 章\2020 年 4 月存货汇总表 .xlsx”文件。）

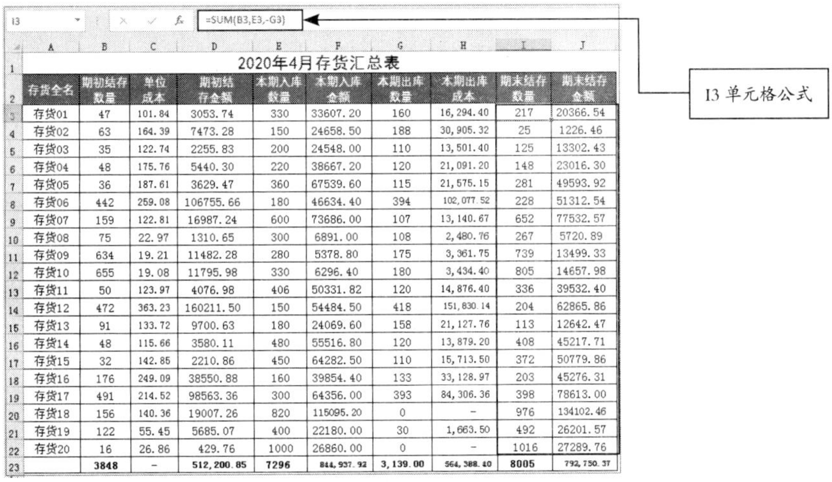

存货全名	期初结存数量	单位成本	期初结存金额	本期入库数量	本期入库金额	本期出库数量	本期出库成本	期末结存数量	期末结存金额
存货01	47	101.84	3053.74	330	33607.20	160	16,294.40	217	20366.54
存货02	63	164.39	7473.28	150	24658.50	188	30,905.32	25	1226.46
存货03	35	122.74	2255.83	200	24548.00	110	13,501.40	125	13302.43
存货04	48	175.76	5440.30	220	38667.20	120	21,091.20	148	23016.30
存货05	36	187.61	3629.47	360	67539.60	115	21,575.15	281	49593.92
存货06	442	259.08	106755.66	180	46634.40	394	102,077.52	228	51312.54
存货07	159	122.81	16987.24	600	73686.00	107	13,140.67	652	77532.57
存货08	75	22.97	1310.65	300	6891.00	108	2,480.76	267	5720.89
存货09	634	19.21	11482.28	280	5378.80	175	3,361.75	739	13499.33
存货10	655	19.08	11795.98	330	6296.40	180	3,434.40	805	14657.98
存货11	50	123.97	4076.98	406	50331.82	120	14,876.40	336	39532.40
存货12	472	363.23	160211.50	150	54484.50	418	151,830.14	204	62865.86
存货13	91	133.72	9700.63	180	24069.60	158	21,127.76	113	12642.47
存货14	48	115.66	3580.11	480	55516.80	120	13,879.20	408	45217.71
存货15	32	142.85	2210.86	450	64282.50	110	15,713.50	372	50779.86
存货16	176	249.09	38550.88	160	39854.40	133	33,128.97	203	45276.31
存货17	491	214.52	98563.36	300	64356.00	393	84,306.36	398	78613.00
存货18	156	140.36	19007.26	820	115095.20	0	-	976	134102.46
存货19	122	55.45	5685.07	400	22180.00	30	1,663.50	492	26201.57
存货20	16	26.86	429.76	1000	26860.00	0	-	1016	27289.76
	3848	-	512,200.85	7296	844,937.92	3,139.00	564,388.40	8005	792,750.37

图 4-92

关键技能 041 为数据取名，让公式逻辑更清晰

技能说明

为数据取名，是指运用 Excel 中的【定义名称】功能为指定的数组、数据区域命名，即以一个简短的名称替代数据所在的单元格区域。被定义的名称主要用于公式之中，可让公式的运算逻辑更清晰、直观，易于理解。同时，名称也可以运用到数据验证、动态图表中，充分发挥其优势，简化

操作过程，帮助用户提高数据工作效率。定义和使用名称主要具备的几大优势如图 4-93 所示。

清晰直观	简化公式
• 在公式中使用名称，可让公式逻辑更清晰、更直观，比使用单元格引用更易于理解和记忆。例如，计算"入库金额"时，设置公式"= 单位成本 * 入库数量"远比"=C3*E3"更直观易懂	• 如果公式需要重复引用及跨表、跨工作簿引用相同的数据区域，或在公式中嵌套多个函数，将会导致公式繁复冗长，既容易出错，也不便于查看和修改。使用名称则可简化公式中重复引用单元格区域，既方便编写公式，也便于后期检查和修改公式
快速定位	动态链接
• 在 Excel 工作表的"名称框"下拉列表中选择已定义的名称，即可快速选中该名称代表的单元格区域	• 当运用【数据验证】功能制作动态列表或动态图表时，运用【定义名称】定义动态数据列表，可以避免使用辅助列

图 4-93

需要注意的是，运用【定义名称】功能创建名称时，不能随心所欲地为数据取名，必须遵循一定的命名规则，符合 Excel 限定的命名语法，否则无法成功定义名称，系统将弹出对话框提示名称语法不正确等相关信息，如图 4-94 所示。

图 4-94

定义名称规则主要包括以下几点，如图 4-95 所示。

- 单纯的数字不能作为名称，也不能以数字开头定义名称，可以是任意字符与数字组合。如果必须要以数字开头，应在前面添加下划线，如"_2020 年 4 月库存"

- 名称中的字母不区分大小写，不能包含空格，不能与单元格地址相同。例如，不能将名称定义为"_2020 年 4 月 库存"或"A3"

- 名称中不能使用除下划线（_）、英文句号（.）、斜杠（/）和问号（?）以外的其他符号。同时，除下划线（_）外，其他符号不能作为名称开头。例如，可定义名称"恒图 / 职工工龄"，但不可定义为"/ 职工工龄"

- 名称的长度最多不能超过 255 个字符。定义的名称应当尽量简短，易记，言简意赅，否则就失去了定义名称的意义

图 4-95

在 Excel 中，根据实际工作中的各种情形，可以分别采用 3 种方法快速创建名称：使用名称框快速创建、在【新建名称】对话框中创建、根据所选内容批量创建。各方法的基本操作步骤如图 4-96 所示。

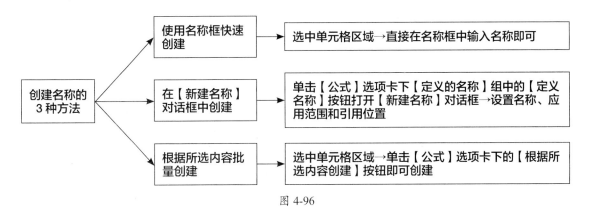

图 4-96

应用实战

下面介绍创建名称、管理名称和使用名称的操作方法。

（1）创建名称

打开"素材文件\第 4 章\2020 年 4 月存货汇总表 1.xlsx"文件，下面分别运用 3 种方法为各字段下的数据区域创建名称。

方法一：使用名称框快速创建

选中 B2:B22 单元格区域→在名称框中输入"期初结存数量"即可，如图 4-97 所示。

				2020年4月存货汇总表1						
	A	B	C	D	E	F	G	H	I	J
1	存货全名	期初结存数量	单位成本	期初结存金额	本期入库数量	本期入库金额	本期出库数量	本期出库成本	期末结存数量	期末结存金额
3	存货01	47	101.84	3053.74	330		160			
4	存货02	63	164.39	7473.28	150		188			
5	存货03	35	122.74	2255.83	200		110			
6	存货04	48	175.76	5440.30	220		120			
7	存货05	36	187.61	3629.47	360		115			
8	存货06	442	259.08	106755.66	180		394			
9	存货07	159	122.81	16987.24	600		107			
10	存货08	75	22.97	1310.65	300		108			
11	存货09	634	19.21	11482.28	280		175			
12	存货10	655	19.08	11795.98	330		180			
13	存货11	50	123.97	4076.98	406		120			
14	存货12	472	363.23	160211.50	150		418			
15	存货13	91	133.72	9700.63	180		158			
16	存货14	48	115.66	3580.11	480		120			
17	存货15	32	142.85	2210.86	450		110			
18	存货16	176	249.09	38550.88	160		133			
19	存货17	491	214.52	98563.36	300		393			
20	存货18	156	140.36	19007.26	820		0			
21	存货19	122	55.45	5685.07	400		30			
22	存货20	16	26.86	429.76	1000		0			
23	合计	3848	—	513,200.80	7296	—	3,139.00	—	0	—

图 4-97

方法二：在【新建名称】对话框中创建

❶ 选中 C3:C22 单元格区域→单击【公式】选项卡下【定义的名称】组中的【定义名称】按钮，如图 4-98 所示（或按组合键【Ctrl+F3】）；❷ 弹出【新建名称】对话框，其中"名称"文本框中已根据所选单元格区域自动识别首行为名称，"引用位置"即选中的 C3:C22 单元格区域，可在"范围"下拉列表中选择"工作簿"或工作表名称；❸ 单击【确定】按钮，如图 4-99 所示。

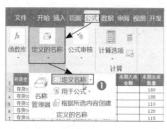

图 4-98　　　　　　　　　　　　图 4-99

方法三：根据所选内容批量创建

❶ 选中 D2:J22 单元格区域→单击【公式】选项卡下【定义的名称】组中的【根据所选内容创建】按钮，如图 4-100 所示；❷ 弹出同名对话框，选中"首行"复选框，单击【确定】按钮，如图 4-101 所示。

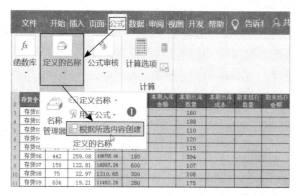

图 4-100　　　　　　　　　　　　图 4-101

（2）管理名称

通过【名称管理器】可对已创建的名称进行修改、删除、筛选等操作。

单击【公式】选项卡下【定义的名称】组中的【名称管理器】按钮→弹出【名称管理器】对话框，可看到之前创建的名称全部列示其中，如图 4-102 所示。如需修改某个名称，双击名称弹出【编辑名称】对话框进行编辑即可，如图 4-103 所示。

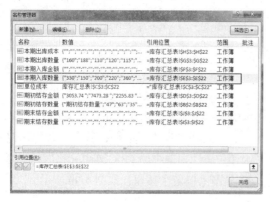

图 4-102　　　　　　　　　　　　图 4-103

温馨提示

定义名称时，可将"引用位置"设置为公式，能够创建动态的数据链接，本书将在<综合实战技能篇>讲解具体操作方法。

（3）使用名称

名称主要应用于公式之中，使公式逻辑更清晰、更直观。另外，将名称用于"数据验证"，可简化操作，提高工作效率。下面分别介绍使用方法。

名称应用之一：在公式中应用名称

下面在<2020 年 4 月存货汇总表 1>中将之前创建的名称应用于公式之中，计算"本期入库金额""本期出库成本""期末结存数量"和"期末结存金额"等字段的数值。

Step01 ❶ 选中 F3 单元格（本期入库金额）→单击【公式】选项卡下【定义的名称】组中的【用于公式】下拉按钮→在下拉列表中选择"本期入库数量"选项，如图 4-104 所示；❷ 在【编辑栏】中"本期入库数量"后面输入"* 单位成本"后按【Enter】键即可，如图 4-105 所示。

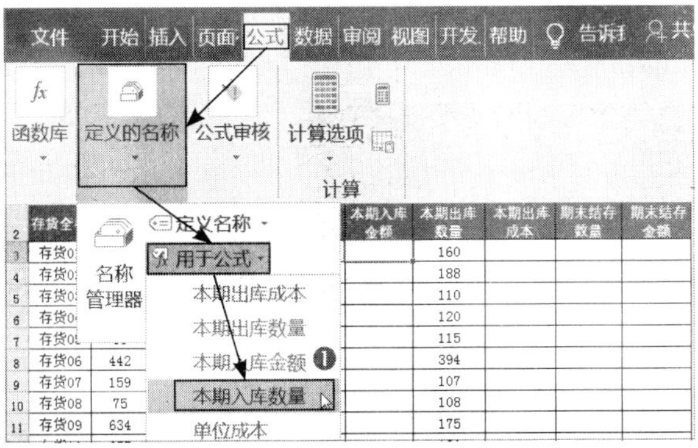

图 4-104

图 4-105

Step02 同样在 H3、I3 和 J3 单元格中使用名称设置相应的公式计算数据。公式分别如下：

◆ H3 单元格（本期出库成本）："= 本期出库数量 * 单位成本"。

◆ I3 单元格（期末结存数量）："= 期初结存数量 + 本期入库数量 - 本期出库数量"。

◆ J3 单元格（期末结存金额）："= 期初结存金额 + 本期入库金额 - 本期出库成本"。

最后向下填充公式即可，效果如图 4-106所示。

图 4-106

名称应用之二：在【数据验证】中应用名称

下面将 "存货全名" 字段定义为名称，再在【数据验证】功能中应用这一名称。

❶ 选中 A3:A22 单元格区域，在名称框中输入 "存货全名"，如图 4-107 所示；❷ 打开【数据验证】对话框，将 "验证条件"——"允许" 设置为 "序列"→在 "来源" 文本框中输入 "= 存货全名"；单击【确定】按钮，如图 4-108 所示。

操作完成后，单击 "存货全名" 字段下任一单元格右下角的下拉按钮，即可看到下拉菜单及其中的选项，如图 4-109 所示。（示例结果见 "结果文件\第 4 章\2020 年 4 月存货汇总表 1.xlsx" 文件。）

> **温馨提示**
>
> 在【数据验证】对话框中，将 "序列" 的 "来源" 设置为函数公式并运用名称，可制作二级动态下拉列表。因涉及函数运用，将在本章 4.4 小节中讲解相关函数时介绍具体制作方法。

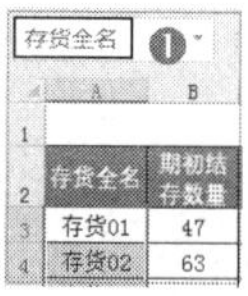

图 4-107

图 4-108

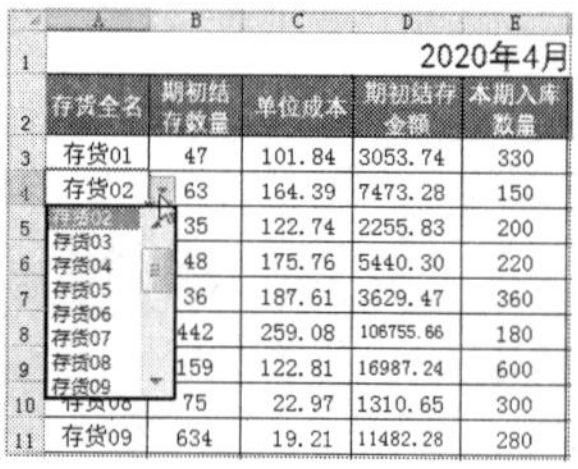

图 4-109

关键技能 **042** 识别公式常见 8 种错误代码

技能说明

在 Excel 中编写函数公式时，难免会因为一些操作不当而导致公式结果返回各种 "乱码"，如 "#DIV/0" "#DIV/0!" "#NAME" 等。其实这些并非 "乱码"，而是 Excel 给出的公式出错的提示代码，每种代码的出错原因都不尽相同。同时，Excel 也会简单描述出错原因。只要了解这些代码，公式出错时能够准确识别和判断出错原因，就能对症下药，及时纠正错误，顺利完成计算。这也是提高数据处理能力必须掌握的一个关键技能。

Excel 函数公式中的常见错误代码主要有 8 种，代表的错误原因如图 4-110 所示。

#N/A	公式引用的单元格中的数值对函数或公式不可用
#NUM!	公式中包含无效数字或数值
#NAME?	公式中引用的名称或单元格地址出错

图 4-110

#NULL!	公式中使用了不正确的运算符或引用的单元格区域的交集为空
#DIV/0!	公式中将数字 0 或空白单元格作为除数
#VALUE!	公式中引用的单元格中的数字类型不一致
#REF!	公式中引用的单元格或单元格区域被删除
#####……	计算日期与时间的公式中，数值或格式不正确 单元格列宽小于数值的长度

图 4-110（续）

应用实战

下面介绍各种错误代码及出错原因实例。

（1）#N/A 错误代码

如果公式返回"#N/A"错误代码，说明公式中引用的某个单元格中的数值对于函数或公式不可用。这种错误通常出现在查找引用类函数公式中。

打开"素材文件 \ 第 4 章 \2020 年 4 月存货汇总表 2"文件，其中，M3 单元格公式为"=VLOOKUP($L3,$A$2:J$22,10,0)"，用于查找 A2:J22 单元格区域第 10 列（J 列）中，与 L3 单元格中数据匹配的"期末结存金额"。如图 4-111 所示，M3:M5 单元格区域中公式返回错误代码的原因说明如下。

◆ M3 单元格：公式引用的 L3 单元格为空，对于公式不可用，因此返回错误代码"#N/A"；

◆ M4 单元格：L4 单元格虽然不为空，但"存货全名"不正确，所以同样返回错误代码"#N/A"；

◆ M5 单元格：L5 单元格中的数据正确，因此公式予以正常运算并返回正确结果。

图 4-111

（2）#NUM! 错误代码

"#NUM!"错误代码从其名称中即可理解出错原因，"NUM"是"Number"的缩写，代表数字。

如果函数公式中包含无效数字或数值，即会返回"#NUM!"错误代码。例如，SQRT 函数是一个计算非负实数平方根的函数，其参数不能为负数，否则返回"#NUM!"，如图 4-112 所示，A2 单元格中数字为"-100"，B2 单元格中公式为"=SQRT(A2)"，结果返回错误代码"#NUM!"。

另外，如果数字的长度超过 Excel 限定的最大长度，数字同样无效，也会返回"#NUM!"错误值。例如，POWER 函数的计算返回指定数字的乘幂，B3 单元格公式为"=POWER(A3,1000000)"，计算数字"100"的 1000000 次方，由于运算结果远远超出 Excel 限定的数字长度，因此同样返回"#NUM!"错误值。

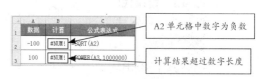

图 4-112

（3）#NAME？错误代码

"#NAME?"错误代码名称中包含英文单词"NAME"，代表"名字""名称"。顾名思义，出错原因就是公式中的名称出现错误。例如，函数名称、引用的单元格或区域的名称或地址、定义的名称出错，或公式中引用了文本，但未添加双引号，都会返回这一错误值。

打开"素材文件 \ 第 4 章 \2020 年 4 月存货汇总表 3"文件，如图 4-113 所示，其中 J3、J5、J8 和 J23 单元格中公式均返回错误代码"#NAME?"，出错原因说明如下。

◆ J3 单元格：公式"=SUMM(D3,F3,-H3)"，SUM 函数名称错误；

◆ J5 单元格：公式"=SUM(D,F5,-H5)"，引用 D5 单元格时地址错误；

◆ J8 单元格：公式"= 期初结存金额 + 本期入库金额 - 本期出库 成本"，引用了定义的名称，但是"本期出库 成本"名称中包含空格；

◆ J23 单元格：公式"=SUM(J3:J22)"，公式正确，但引用的单元格区域中有公式返回错误代码。

	A	B	C	D	E	F	G	H	I	J	K
1						2020年4月存货汇总表3					
2	存货全名	期初结存数量	单位成本	期初结存金额	本期入库数量	本期入库金额	本期出库数量	本期出库成本	期末结存数量	期末结存金额	公式表达式
3	存货01	47	101.84	3053.74	330	33607.20	160	16,294.40	217	#NAME?	=SUMM(D3,F3,-H3)
4	存货02	63	164.39	7473.28	150	24658.50	188	30,905.32	25	1226.46	
5	存货03	35	122.74	2255.83	200	24548.00	110	13,501.40	125	#NAME?	=SUM(D,F5,-H5)
6	存货04	48	175.76	5440.30	220	38667.20	120	21,091.20	148	23016.30	
7	存货05	36	187.61	3629.47	360	67539.60	115	21,575.15	281	49593.92	
8	存货06	442	259.08	106755.66	180	46634.40	394	102,077.52	228	#NAME?	=期初结存金额+本期入库金额-本期出库 成本
9	存货07	159	122.81	16987.24	600	73686.00	107	13,140.67	652	77532.57	
10	存货08	75	22.97	1310.65	300	6891.00	108	2,480.76	267	5720.89	
11	存货09	634	19.21	11482.28	280	5378.80	175	3,361.75	739	13499.33	
12	存货10	655	19.08	11795.98	330	6296.40	180	3,434.40	805	14657.98	
13	存货11	50	123.97	4076.98	406	50331.82	120	14,876.40	336	39532.40	
14	存货12	472	363.23	160211.50	150	54484.50	418	151,830.14	204	62865.86	
15	存货13	91	133.72	9700.63	240	24069.60	158	21,127.76	113	12642.47	
16	存货14	48	115.66	3580.11	480	55516.80	120	13,879.20	408	45217.71	
17	存货15	32	142.85	2210.86	450	64282.50	110	15,713.50	372	50779.86	
18	存货16	176	249.09	38550.88	160	39854.40	133	33,128.97	203	45276.31	
19	存货17	491	214.52	98563.36	300	64356.00	393	84,306.36	398	78613.00	
20	存货18	156	140.36	19007.26	820	115095.20	0	–	976	134102.46	
21	存货19	122	55.45	5685.07	400	22180.00	30	1,663.50	492	26201.57	
22	存货20	16	26.86	429.76	1000	26860.00	0	–	1016	27289.76	
23	合计	3848	–	512,200.85	7296	844,957.72	3,139.00	564,369.40	8005	#NAME?	=SUM(J3:J22)

图 4-113

（4）#NULL! 错误代码

"#NULL!"错误代码名称中的"NULL"代表空值、零值。如果公式中使用了不正确的运算符或引用的单元格区域的交集为空，即会返回这一错误代码。

例如，单个空格如果运用在公式中，可作为引用运算符，表示两个区域之间的交集部分，如图 4-114 所示，D2 和 D3 单元格中公式计算结果分别返回"#NULL!"错误代码和正确结果，原因如下。

◆ D2 单元格：公式"=AVERAGE(A2:A7 B2:B7)"，计算 A2:A7 和 B2:B7 单元格区域交集部分的平均值，但是两个区域之间并无交集，因此返回"#NULL!"错误代码。

◆ D3 单元格：公式"=AVERAGE(A2:B5 B3:C7)"，计算 A2:B5 和 B3:B7 单元格区域交集部分的平均值，其中 B3:B5 单元格区域为交集部分，公式计算返回正确结果。

	A	B	C	D	E
1	数据	数据	数据	计算结果	公式表达式
2	100	700	1300	#NULL!	=AVERAGE(A2:A7 B2:B7)
3	200	800	1400	900	=AVERAGE(A2:B5 C3:C7)
4	300	900	1500		
5	400	1000	1600		
6	500	1100	1700		
7	600	1200	1800		

图 4-114

（5）#DIV/0! 错误代码

"#DIV/0!"错误代码名称中的"DIV/0"的含义是"除以零"。数字 0 不能作为除数，这是一个基本数学常识，Excel 中的计算规则同样如此。如果公式中将空白单元格或单元格中的数字 0 作为除数，就会返回这一错误代码，如图 4-115 所示，D4 和 D5 单元格均返回"#DIV/0!"错误代码，出错原因如下。

◆ D4 单元格：公式"=C4/B4"，引用的 B4 单元格为空值；

◆ D5 单元格：公式"=C5/B5"，引用的 B5 单元格中数值为"0"。

	A	B	C	D	E
1	数据	数据	数据	计算结果	公式表达式
2	100	700	1300	#NULL!	=AVERAGE(A2:A7 B2:B7)
3	200	800	1400	400	=AVERAGE(A2:B5 B3:C7)
4	300		1500	#DIV/0!	=C4/B4
5	400	0	1600	#DIV/0!	=C5/B5
6	500	1100	1700	1.55	=C6/B6
7	600	1200	1800	1.50	=C7/B7

图 4-115

（6）#VALUE! 错误代码

公式返回"#VALUE!"错误代码的主要原因是引用的单元格中数值类型不一致，如图 4-116 所示，D2 单元格公式为"=B2*C2"，但是 B2 单元格数字当中插入了空格，即转变为字符，与 C2 单元格中数值类型不一致，因此 D2 单元格公式返回错误代码"#VALUE!"。

	A	B	C	D	E
1	品名	单价	数量	金额	公式表达式
2	商品A	1 00.68	20	#VALUE!	=B2*C2

图 4-116

（7）#REF! 错误代码

如果公式返回"#REF!"错误代码，其原因通常是公式引用的单元格、区域、名称被删除，如图 4-117 所示，D2 单元格公式为"=B2*C2"，计算结果正确。如果将"数量"字段（C 列）删除，公式即返回错误代码"#REF!"，如图 4-118 所示。

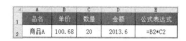

品名	单价	数量	金额	公式表达式
商品A	100.68	20	2013.6	=B2*C2

图 4-117

品名	单价	金额	公式表达式
商品A	100.68	#REF!	=B2*#REF!

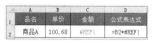

图 4-118

（8）#####……错误代码

如果公式计算结果返回“#####……”错误代码，说明计算时间或日期的公式、数值或格式不正确。正常逻辑下，日期不能为负数，如果在单元格格式为日期的单元格中输入了负数，或公式计算日期之间的间隔数为负数，就会返回“######……”错误代码，如图 4-119 所示，C2 和 C4 单元格公式返回错误代码“#####……”，而 C3 和 C5 单元格公式计算结果正确。原因如下。

◆ C2 单元格：公式“=A2-B2”，计算结果为负数，而单元格格式为“日期”，因此返回错误代码“#####……”；

◆ C3 单元格：公式“=B3-A3”，计算结果为正数，因此返回正确日期；

◆ C4 单元格：公式“=B4-A4”，计算结果为负数，且单元格格式为“日期”，因此返回错误代码“#####……”；

◆ C5 单元格：公式“=B5-A5”，计算结果虽然为负数，但单元格格式类型为“数字”，因此返回正确结果。

数据	日期	计算结果	公式表达式	单元格格式
6	2020-5-1	###########	=A2-B2	C2单元格：日期
6	2020-5-1	2020-4-25	=B3-A3	C3单元格：日期
2020-5-1	2020-3-31	###########	=B4-A4	C4单元格：日期
2020-5-1	2020-3-31	-31	=B5-A5	C5单元格：数字

图 4-119

另外，还有一种情形，并非公式报错也会在单元格中出现“#####……”，是由于列宽小于单元格中数字的长度导致的，只需调整列宽即可，如图 4-120 所示，C2 单元格中未设置公式，数字为“12000”，由于列宽不足，因此显示“####”。

C2 fx 12000

品名	单价	数量	金额	公式表达式
商品A	100.68	####	1208160	=B2*C2

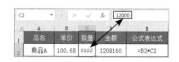

图 4-120

关键技能 043 审核公式，掌握公式的来龙去脉

技能说明

当公式编写出错时，除了返回如前文所述的 8 种错误代码予以提示纠正之外，Excel 还提供了【公式审核】功能，不仅可以审核公式的正确性，更能步步追踪公式中的引用关系，帮助用户摸清公式的来龙去脉，发现公式中很多看上去正确且不会返回错误代码的“隐形”错误，从而保证公式计算的准确性。

【公式审核】中主要包括显示公式、追踪单元格引用、错误检查、公式求值、动态监视公式等功能，从各方面发挥审核公式的作用，如图 4-121 所示。

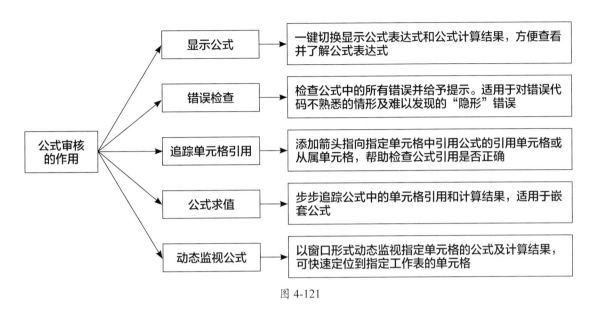

图 4-121

应用实战

下面介绍公式审核中各功能的具体操作方法。

（1）显示公式

在常规状态下，Excel 中包含公式的单元格中一般会直接显示公式计算结果，如果需要查看公式表达式，一键切换为"显示公式"状态即可。

打开"素材文件 \ 第 4 章 \2020 年职工工资表 1.xlsx"文件，其中包含两张 Excel 工作表，分别为 4 月和 5 月的工资表。首先在 <5 月工资表 > 中操作：单击【公式】选项卡下【公式审核】组中的【显示公式】按钮，如图 4-122 所示。

图 4-122

切换后，可看到工资表中包含公式的单元格中全部显示公式表达式，如图 4-123 所示。（再次单击【显示公式】按钮可切换为常规状态。）

（2）错误检查

实际工作中编写公式时，并非所有错误都会返回错误代码，很多时候会发生"隐形"错误，是无法被立即发现和及时纠正的。比如，公式应设置为"=A1*B1"，编写时却写为了"=A1*B11"，这一公式表达式本身正确，并不会返回错误代码，但是由于单元格引用错误，导致计算结果错误，这种错误很难被察觉到。运用【错误检查】功能，即可逐个检查到所有有问题的公式，提示并协助用户纠正错误。

员工编号	姓名	部门	岗位	基本工资	岗位工资	绩效工资	工龄津贴	加班工资	扣款	应发工资	代扣三险一金	代扣个人所得税	实发工资
										2020年5月职工工资表1			
HT001	张果	总经办	总经理	12000	10000	11385.31	550		0	=SUM(E3:I3)-J3	5103.552	=ROUND(P3*0.2-R3,2)	=ROUND($K3-$L3-$M3,2)
HT002	陈娜	行政部	清洁工	2000	500	1758.09	500	80	0	=SUM(E4:I4)-J4	755.136	=ROUND(P4*0.2-R4,2)	=ROUND(K4-L4-M4,2)
HT003	林玲	总经办	销售副总	8000	500	8088.76	400	120	100	=SUM(E5:I5)-J5	2522.744	=ROUND(P5*0.2-R5,2)	=ROUND(K5-L5-M5,2)
HT004	王丽程	行政部	清洁工	2000	500	1658.86	400	60		=SUM(E6:I6)-J6	678.072	=ROUND(P6*0.2-R6,2)	=ROUND(K6-L6-M6,2)
HT005	杨思	财务部	往来会计	6000	500	5076.12	300	150		=SUM(E7:I7)-J7	1768.216	=ROUND(P7*0.2-R7,2)	=ROUND(K7-L7-M7,2)
HT006	陈德芳	仓储部	理货专员	4500	500	3393.46	250		200	=SUM(E8:I8)-J8	1298.992	=ROUND(P8*0.2-R8,2)	=ROUND(K8-L8-M8,2)
HT007	刘韵	人力资源部	人事助理	5000	500	5233.61	200	100		=SUM(E9:I9)-J9	1653.912	=ROUND(P9*0.2-R9,2)	=ROUND(K9-L9-M9,2)
HT008	张运隆	生产部	技术人员	6500	500	6589.07	150	0		=SUM(E10:I10)-J10	2065.68	=ROUND(P10*0.2-R10,2)	=ROUND(K10-L10-M10,2)
HT009	刘丹	生产部	技术人员	6500	500	5856.9	150	0		=SUM(E11:I11)-J11	1919.912	=ROUND(P11*0.2-R11,2)	=ROUND(K11-L11-M11,2)
HT010	冯可可	仓储部	理货专员	4500	500	3674.29	50	150		=SUM(E12:I12)-J12	1317.08	=ROUND(P12*0.2-R12,2)	=ROUND(K12-L12-M12,2)
HT011	马冬梅	行政部	行政前台	4000	500	3044.28	150	0		=SUM(E13:I13)-J13	1175.264	=ROUND(P13*0.2-R13,2)	=ROUND(K13-L13-M13,2)
HT012	李孝骞	人力资源部	绩效考核专员	7000	500	6273.81	200	80		=SUM(E14:I14)-J14	2077.688	=ROUND(P14*0.2-R14,2)	=ROUND(K14-L14-M14,2)
HT013	李云	行政部	保安	3000	500	2262.64	500			=SUM(E15:I15)-J15	863.512	=ROUND(P15*0.2-R15,2)	=ROUND(K15-L15-M15,2)
HT014	赵茜茜	销售部	销售经理	7000	500	6858.62	250	100		=SUM(E16:I16)-J16	2145.024	=ROUND(P16*0.2-R16,2)	=ROUND(K16-L16-M16,2)
HT015	吴春丽	行政部	保安	3000	500	2849.52	300	120	160	=SUM(E17:I17)-J17	954.712	=ROUND(P17*0.2-R17,2)	=ROUND(K17-L17-M17,2)
HT016	孙韵琴	人力资源部	薪酬专员	6000	500	5364.44	100		0	=SUM(E18:I18)-J18	1781.744	=ROUND(P18*0.2-R18,2)	=ROUND(K18-L18-M18,2)
HT017	张翔	人力资源部	人事经理	6500	500	6779.71	150	150	0	=SUM(E19:I19)-J19	2072.064	=ROUND(P19*0.2-R19,2)	=ROUND(K19-L19-M19,2)
HT018	陈俪	行政部	司机	4500	500	3829.41	200	60	0	=SUM(E20:I20)-J20	1359.184	=ROUND(P20*0.2-R20,2)	=ROUND(K20-L20-M20,2)
HT019	唐德	总经办	常务副总	10000	500	7789.3	200		0	=SUM(E21:I21)-J21	2759.408	=ROUND(P21*0.2-R21,2)	=ROUND(K21-L21-M21,2)
HT020	刘艳	人力资源部	培训专员	6000	500	5252.97	200		0	=SUM(E22:I22)-J22	1805.608	=ROUND(P22*0.2-R22,2)	=ROUND(K22-L22-M22,2)
		合计		=SUM(E3:E22)	=SUM(F3:F22)	=SUM(G3:G22)	=SUM(H3:H22)	=SUM(I3:I22)	=SUM(J3:J22)	=SUM(K3:K22)	=SUM(L3:L22)	=SUM(M3:M22)	=SUM(N3:N22)

图 4-123

Step01 在<在<2020年5月职工工资表1>中有几处公式存在问题，单击【公式】选项卡下【公式审核】组中的【错误检查】按钮后，弹出【错误检查】对话框，提示公式出错的单元格及出错原因，此时可单击【从上部复制公式】或【在编辑栏中编辑】按钮予以纠正，如图 4-124 所示。

Step02 纠正第一个公式错误后，单击【下一个】按钮，继续检查并纠正其他单元格公式错误，直至完成整个工作表的错误检查后，弹出提示对话框，单击【确定】按钮即可，如图 4-125 所示。

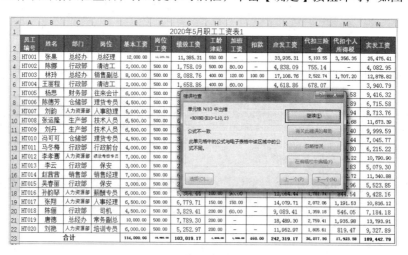

图 4-124

温馨提示

如果公式计算结果正确，仅与同一字段下其他单元格公式不一致，【错误检查】功能也会提示错误，只需单击【忽略错误】按钮即可，不必修改。

图 4-125

（3）追踪单元格引用

追踪单元格引用就是查看指定单元格的引用单元格和从属单元格，即指定单元格中的公式引用了哪些单元格，又被哪些单元格所引用。Excel 将为指定追踪的单元格添加箭头，直观呈现与其他单元格的"引用和被引用"的关系。例如，查看 <2020 年 5 月职工工资表 1> 的 <附表一：个人所得税计算表 > 中，计算"速算扣除数"的 R3 单元格公式的引用单元格和从属单元格。

Step01 选中 R3 单元格→单击【公式】选项卡下【公式审核】组中的【追踪引用单元格】按钮，即可看到 P3 单元格与 U3:W9 单元格区域均出现箭头指向 R3 单元格，代表这两处被 R3 单元格所引用，如图 4-126 所示。

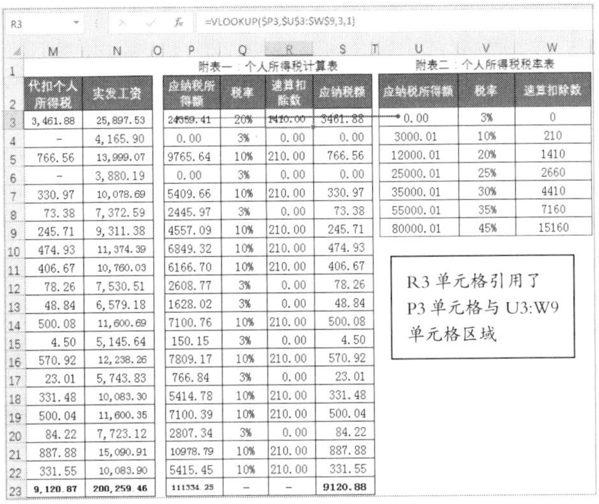

图 4-126

Step02 选中 R11 单元格→单击【公式】选项卡下【公式审核】组中的【追踪从属单元格】按钮，可看到箭头以 R11 单元格为中心，分别指向 M11 和 S11 单元格，代表这两处公式均引用了R11 单元格，换言之，就是 R11 单元格分别从属于 M11 和 S11 单元格，如图 4-127 所示。

代扣个人所得税	实发工资	附表一：个人所得税计算表				附表二：个人所得税税率表		
		应纳税所得额	税率	速算扣除数	应纳税额	应纳税所得额	税率	速算扣除数
3,356.35	25,475.41	23831.76	20%	1410.00	3356.35	0.00	3%	0
–	4,082.95	0.00	3%	0.00	0.00	3000.01	10%	210
1,687.20	12,798.82	9486.02	10%	210.00	738.60	12000.01	20%	1410
–	3,940.79	0.00	3%	0.00	0.00	25000.01	25%	2660
841.58	9,416.32	5257.90	10%	210.00	315.79	35000.01	30%	4410
428.89	6,715.58	2144.47	3%	0.00	64.33	55000.01	35%	7160
665.94	8,713.76	4379.70	10%	210.00	227.97	80000.01	45%	15160
1,124.68	10,548.71	6673.39	10%	210.00	457.34			
587.40	9,999.53	5986.99	10%	210.00	388.70			
511.44	7,045.77	2557.21	3%	0.00	76.72			
303.80	6,215.22	1519.02	3%	0.00	45.57			
1,185.22	10,790.90	6976.12	10%	210.00	487.61			
19.83	5,079.30	99.13	3%	0.00	2.97			
1,322.72	11,340.88	7663.60	10%	210.00	556.36			
130.96	5,523.85	654.81	3%	0.00	19.64			
844.54	9,428.16	5272.70	10%	210.00	317.27			
1,191.53	10,816.12	7007.65	10%	210.00	490.77			
546.05	7,184.18	2730.23	3%	0.00	81.91			
1,935.98	13,793.91	10729.89	10%	210.00	862.99			
819.47	9,327.89	5147.36	10%	210.00	304.74			
17,903.58	188,238.11	108117.95	–	–	8795.63			

R11 单元格从属于 M11 和 S11 单元格

图 4-127

温馨提示

追踪引用单元格和从属单元格的箭头指向相反，应注意区分。如需删除箭头，可单击【公式】选项卡【公式审核】组中的【删除箭头】按钮，一键即可删除所有箭头，或者在下拉列表中选择"删除引用单元格追踪箭头"或"删除从属单元格追踪箭头"。

（4）公式求值

如果某个单元格的公式较为复杂，且引用和从属单元格较多，难以理解，也很难找出错误，可运用【公式求值】逐步对每个公式单元格求值，查看公式的计算过程。例如，<2020 年 5 月职工工资表 2> 中，"代扣个人所得税"字段下的 M3 单元格公式为"=ROUND(P3*VLOOKUP($P3,$U$3:$W$8,2,1)- VLOOKUP($P3, $U$3:$W$8,3,1),2)"，下面运用【公式求值】功能，通过不同的操作方式对公式进行求值，帮助读者朋友理解公式含义。

◆操作一：连续求值

选中 M3 单元格→单击【公式】选项卡下【公式审核】组中的【公式求值】按钮⑥，打开【公式求值】对话框，连续单击【求值】按钮，即可依次求出标有下划线的表达式的值，直至完成所有表达式的求值。如图 4-128 所示为第一步求值，首先计算出 P3 单元格的值"23831.76"。最后一步求值即返回公式最终计算结果"3356.35"，如图 4-129 所示（中间过程略）。

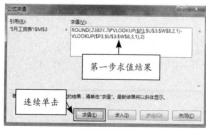

图 4-128

图 4-129

◆操作二：步入和步出

选中 M3 单元格→打开【公式求值】对话框→连续单击【步入】按钮两次，Excel 自动新增文本框依次显示所引用的第一个单元格 P3 的表达式及其引用的 K3 单元格的公式表达式，如图 4-130 所示。单击【步出】按钮即可清除"步入"操作新增的文本框。

图 4-130

◆操作三：按【F9】键快速求值

如果为了让公式表达式更加直观，可使用快捷求值键【F9】键，对整个公式直接快速求值或对其中部分表达式求值。例如，对 M3 单元格公式中的表达式"VLOOKUP($P3,$U$3:$W$8,2,1)"部分求值。

❶ 选中 M3 单元格→双击【编辑栏】→拖曳鼠标指针选中需要求值的部分表达式，如图 4-131 所示；❷ 按【F9】键即可立即计算得出该部分表达式的值，如图 4-132 所示。

图 4-131　　　　　　　　　　　　　　　　图 4-132

温馨提示

使用【F9】键在编辑栏中操作需要注意一点：进行求值操作后，被求值的公式表达式即被清除，直接列示公式计算结果（数字），无法自动恢复为公式。

（5）动态监视公式

动态监视公式是通过添加监视窗口来实现的，不仅能时刻查看公式的变化，检查是否正确，还能巧用监视窗口快速跳转到指定工作表中的指定单元格。下面为 <5 月工资表> 中的 M3:M6 单元格区域和 <4 月工资表> 中的 N3:N6 单元格区域添加监视点。

Step01　单击【公式】选项卡下【公式审核】组中的【监视窗口】按钮即可添加一个空白监视窗口，如图 4-133 所示。

Step02　❶ 选中 <5 月工资表> 中的 M3:M6 单元格区域；❷ 单击【添加监视】按钮；❸ 弹出【添加监视点】对话框→直接单击【添加】按钮即可，如图 4-134 所示。

重复第一至三步操作为 <4 月工资表> 中的 N3:N6 单元格区域添加监视点，效果如图 4-135 所示。

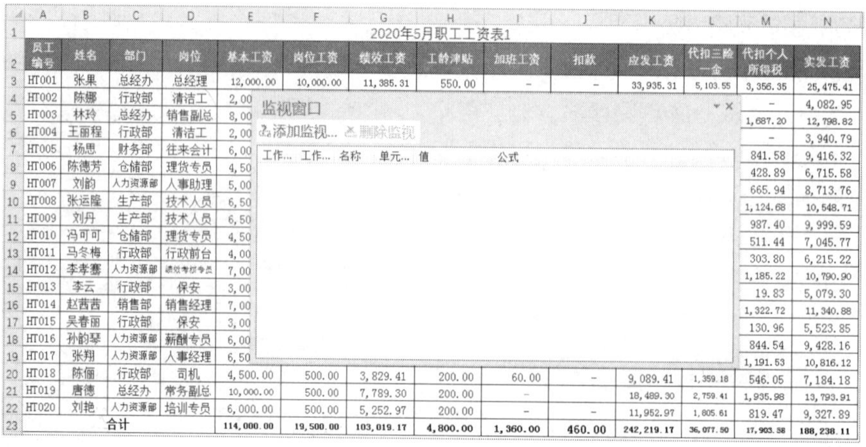

图 4-133

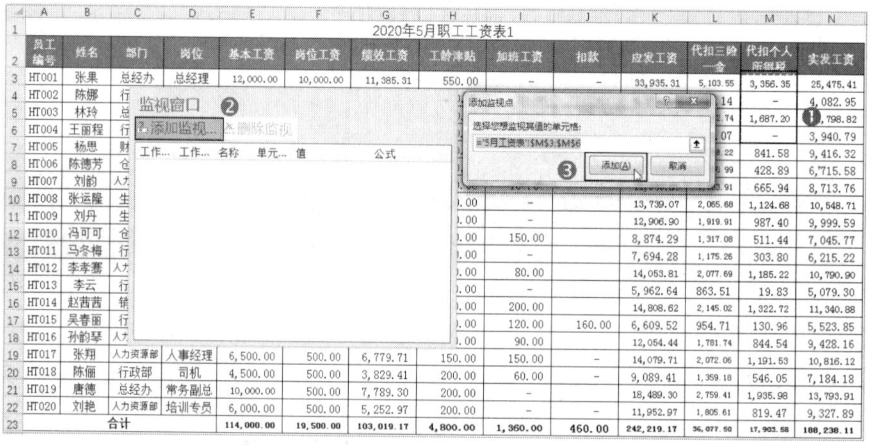

图 4-134

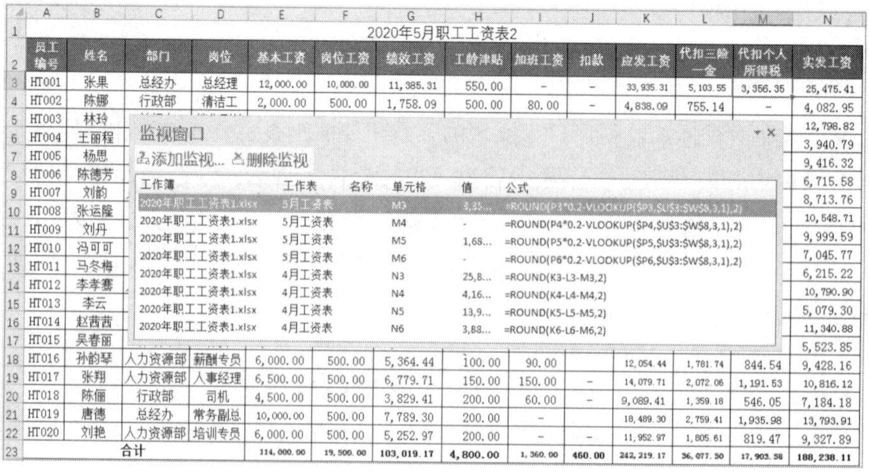

图 4-135

当被监视的单元格公式发生变化时，【监视窗口】中即会同步呈现公式。双击某个监视点，即可快速跳转至所在单元格。另外，【监视窗口】可任意移动，如果活动的窗口影响到工作表的编辑，可将其拖曳至功能区下方予以固定，效果如图 4-136 所示。

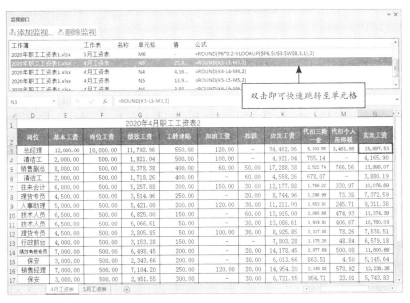

图 4-136

4.4 玩转 42 个必会函数，掌握数据统计分析的硬核技能

　　前面讲过，函数公式是 Excel 这一数据处理系统中真正的核心，编写函数公式也是职场人士必须掌握的核心技能。而函数公式中的"主角"毫无疑问就是函数，同时也是整个 Excel 的灵魂。那么，如何才能学好函数？首先，要对每个函数的基本语法、基本功能、运算特点作一个详细透彻的了解；其次，在编写公式时要保持清晰的思路，善于利用函数的语法特点嵌套函数，才能真正做到对函数运用自如，解决工作中的各种数据难题。本节将系统讲解日常工作中非常实用的 6 大类共 42 个主力函数的语法、特点，并在实例中示范运用函数和嵌套函数的具体方法，帮助读者朋友充分掌握统计分析数据的"硬核"技能。本节将要介绍的主要函数类别及具体常用函数如图 4-137 所示。

关键技能 044 运用 6 个数学函数计算数据

技能说明

　　在 Excel 的"数学与三角函数"这一大类中，共包含了数十个函数。本节介绍日常工作中非常实用的数学函数 SUM、SUMIF、SUMIFS、SUMPRODUCT、SUBTOTAL 及四舍五入运算函数

ROUND 的运用方法。各函数的主要作用、语法结构及使用要点如图 4-138 所示。

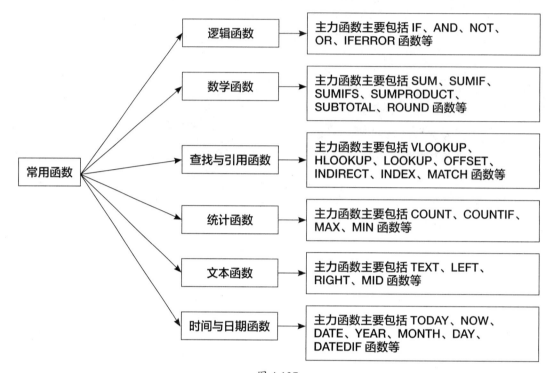

图 4-137

SUM	
	• **主要作用：** 对指定单元格或单元格区域中的数字、逻辑值及数字的文本表达求和
	• **语法结构：** SUM(number1,[number2],…)
	• **使用要点：** 忽略数据区域中的文本数据进行求和，不会返回错误代码

SUMIF	
	• **主要作用：** 对指定单元格区域中满足单一条件的部分数据求和
	• **语法结构：** SUMIF(range,criteria,sum_range)
	• **使用要点：** 第 3 个参数"求和区域"可以缺省，默认条件区域为求和区域

SUMIFS	
	• **主要作用：** 对指定单元格区域中满足多重条件的部分数据求和
	• **语法结构：** SUMIFS(sum_range,criteria_range1,criteria1,criteria_range2,criteria2,…)
	• **使用要点：** 条件区域和条件必须成对设置，最多可设定 127 对条件区域和条件

图 4-138

SUMPRODUCT	• 主要作用：对指定单元格区域中的乘积求和
	• 语法结构：SUMPRODUCT(array1,[array2],[array3],…)
	• 使用要点：可设定多个条件对数据进行乘积求和

SUBTOTAL	• 主要作用：对筛选出的数据进行分类汇总
	• 语法结构：SUBTOTAL(function_num,Ref1)
	• 使用要点：第 1 个参数代表汇总方式的功能代码，可选择不同代码，运用不同的方式对隐藏的数据予以汇总或忽略汇总计算

ROUND	• 主要作用：按照指定的小数位数对数字进行四舍五入计算
	• 语法结构：ROUND(number,num_digits)
	• 使用要点：语法简单，通常与其他函数嵌套使用

图 4-138（续）

以上数学函数既简单，又实用，对于日常数据的计算和统计工作非常重要。因此，无论从事哪种行业，都应当透彻了解它们的基本语法，并充分掌握它们的运用方法。

应用实战

下面列举实例分别介绍上述数学函数在实际工作中的具体运用方法。

（1）SUM 函数的进阶运用

SUM 函数是数学函数乃至整个 Excel 函数库中最简单、使用频率最高的函数。日常工作中，它的基本用法就是对指定的单元格区域中的数据求和，对此，本节不再赘述，下面介绍 SUM 函数的几种进阶运用。

◆进阶运用之一：逐笔累计求和

打开"素材文件 \ 第 4 章 \2020 年 1—6 月销售明细表 1.xlsx"文件，计算逐日汇总销售金额。如果设置普通的算术公式，那么操作步骤为：将 H3 单元格公式设置为"=G3"→将 H4 单元格公式设置为"=H3+G4"→向下填充公式，如图 4-139 所示。

	A	B	C	D	E	F	G	H	I
1	2020年1—6月销售明细表1								
2	销售日期	销售单编号	区域	销售人员	销售商品	销售数量	销售金额	累计销售金额	公式表达式
3	2020-1-1	10102	B区	王**	冰箱	10台	22,000.00	22,000.00	=G3
4	2020-1-2	10103	D区	赵**	洗衣机	16台	35,200.00	57,200.00	=H3+G4
5	2020-1-3	10104	B区	周**	空调	22台	78,364.00	135,564.00	=H4+G5
6	2020-1-4	10105	A区	李**	冰箱	16台	35,200.00	170,764.00	=H5+G6
7	2020-1-5	10106	C区	何**	洗衣机	17台	37,400.00	208,164.00	=H6+G7
8	2020-1-6	10107	A区	冯**	电视机	14台	42,000.00	250,164.00	=H7+G8
9	2020-1-7	10108	C区	赵**	空调	21台	74,802.00	324,966.00	=H8+G9

图 4-139

其实，这种情形如果巧妙利用 SUM 函数忽略文本计算且不会返回错误代码的特点设置公式，操作方法更为简便。在 H3 单元格设置公式"=SUM(H2,G3)"→向下填充公式即可，效果如图 4-140 所示。（示例结果见"结果文件 \ 第 4 章 \2020 年 1—6 月销售明细表 1.xlsx"文件。）

	A	B	C	D	E	F	G	H	I
1	2020年1—6月销售明细表1								
2	销售日期	销售单编号	区域	销售人员	销售商品	销售数量	销售金额	累计销售金额	公式表达式
3	2020-1-1	10102	B区	王**	冰箱	10台	22,000.00	22,000.00	=SUM(H2,G3)
4	2020-1-2	10103	D区	赵**	洗衣机	16台	35,200.00	57,200.00	=SUM(H3,G4)
5	2020-1-3	10104	B区	周**	空调	22台	78,364.00	135,564.00	=SUM(H4,G5)
6	2020-1-4	10105	A区	李**	冰箱	16台	35,200.00	170,764.00	=SUM(H5,G6)
7	2020-1-5	10106	C区	何**	洗衣机	17台	37,400.00	208,164.00	=SUM(H6,G7)
8	2020-1-6	10107	A区	冯**	电视机	14台	42,000.00	250,164.00	=SUM(H7,G8)
9	2020-1-7	10108	C区	赵**	空调	21台	74,802.00	324,966.00	=SUM(H8,G9)

图 4-140

◆进阶运用之二：多表批量求和

日常工作中，通常需要对同一个工作簿中多个工作表中的同一类型的字段中的数据汇总求和，在适合的工作场景中，可以直接使用 SUM 这个最简单的函数完成汇总。

打开“素材文件\第 4 章\2020 年 1—4 月职工工资表 .xlsx”文件，汇总职工 1—4 月的工资数据。除创建数据透视表汇总外，运用 SUM 函数只需两步即可完成。

在 <1—4 月汇总 > 工作表的 E3 单元格中设置公式“=SUM('1 月工资表 :4 月工资表 '!E3)”→将 E3 单元格公式复制粘贴至 E4:N22 单元格区域即可，效果如图 4-141 所示。（示例结果见“结果文件\第 4 章\2020 年 1—4 月职工工资表 .xlsx”文件。）

E3　=SUM('1月工资表:4月工资表'!E3)

E3 单元格公式

	A	B	C	D	E	F	G	H	I	J	K	L	M	N
1	2020年1—4月职工工资汇总													
2	员工编号	姓名	部门	岗位	基本工资	岗位工资	绩效工资	工龄津贴	加班工资	扣款	应发工资	代扣三险一金	代扣个人所得税	实发工资
3	HT001	张果	总经办	总经理	48,000.00	40,000.00	45,797.62	2,200.00	590.00	180.00	136,407.62	20,414.21	13,558.68	102,434.73
4	HT002	陈娜	行政部	清洁工	8,000.00	2,000.00	[illegible]	[illegible]	[illegible]	80.00	19,144.64	3,020.54	-	16,124.09
5	HT003	林玲	总经办	销售副总	32,000.00	2,000.00	[illegible]	[illegible]	[illegible]	100.00	67,787.02	10,090.98	2,929.61	54,766.44
6	HT004	王丽程	行政部	清洁工	8,000.00	2,000.00	[illegible]	[illegible]	[illegible]	150.00	18,300.61	2,712.29	-	15,588.33
7	HT005	杨思	财务部	往来会计	24,000.00	2,000.00	20,039.41	1,200.00	250.00	90.00	47,399.41	7,072.86	1,192.65	39,133.89
8	HT006	陈德芳	仓储部	理货专员	18,000.00	2,000.00	13,461.36	1,000.00	270.00	40.00	34,691.36	5,195.97	284.86	29,210.53
9	HT007	刘韵	人力资源部	人事助理	20,000.00	2,000.00	21,157.70	800.00	210.00	90.00	44,077.70	6,615.65	906.21	36,555.84
10	HT008	张运隆	生产部	技术人员	26,000.00	2,000.00	26,323.34	600.00	-	240.00	54,683.34	8,262.72	1,802.06	44,618.56
11	HT009	刘丹	生产部	技术人员	26,000.00	2,000.00	23,121.76	200.00	60.00	110.00	51,271.76	7,679.65	1,519.21	42,072.91
12	HT010	冯可可	仓储部	理货专员	18,000.00	2,000.00	14,889.06	200.00	100.00	90.00	35,099.06	5,268.32	294.92	29,535.82
13	HT011	马冬梅	行政部	行政前台	16,000.00	2,000.00	12,247.39	600.00	280.00	-	31,127.39	4,701.06	192.79	26,233.54
14	HT012	李孝骞	人力资源部	绩效考核专员	28,000.00	2,000.00	25,061.27	800.00	-	60.00	55,801.27	8,310.75	1,909.05	45,581.47
15	HT013	李云	行政部	保安	12,000.00	2,000.00	8,974.80	800.00	300.00	60.00	24,014.80	3,454.05	16.82	20,543.92
16	HT014	赵茜茜	销售部	销售经理	28,000.00	2,000.00	27,391.97	1,000.00	220.00	60.00	58,551.97	8,580.10	2,157.19	47,814.69
17	HT015	吴春丽	行政部	保安	12,000.00	2,000.00	11,383.92	1,200.00	380.00	210.00	26,753.92	3,818.85	88.05	22,847.02
18	HT016	孙韵琴	人力资源部	薪酬专员	24,000.00	2,000.00	21,279.50	400.00	60.00	60.00	47,679.50	7,126.98	1,215.25	39,337.27
19	HT017	张翔	人力资源部	人事经理	26,000.00	2,000.00	26,698.42	600.00	350.00	-	55,648.42	8,288.26	1,896.02	45,464.14
20	HT018	陈俪	行政部	司机	18,000.00	2,000.00	15,192.07	800.00	-	30.00	35,962.07	5,436.74	315.76	30,209.57
21	HT019	唐德	总经办	常务副总	40,000.00	2,000.00	31,115.40	800.00	160.00	90.00	73,985.40	11,037.63	3,454.78	59,492.98
22	HT020	刘艳	人力资源部	培训专员	24,000.00	2,000.00	21,183.10	800.00	80.00	-	48,063.10	7,222.43	1,244.07	39,596.60
23	合计				456,000.00	78,000.00	411,100.34	19,200.00	3,890.00	1,740.00	966,450.34	144,310.02	34,977.98	787,162.34

图 4-141

温馨提示

运用 SUM 函数进行多表批量求和虽然在操作上极其简单，但是也容易出错，因此需要注意一点：数据汇总表与被求和数据的工作表布局、字段名称及排列顺序必须完全相同，否则容易因字段名称和汇总数据不匹配，而导致计算结果发生严重的错误。

◆进阶运用之三：设置数组公式对乘积一步到位批量求和

打开“素材文件\第 4 章\2020 年 1—6 月销售明细表 2.xlsx”文件，汇总 1—6 月的销售总金额。常规方法是：首先设置公式“销售数量 × 单价”计算每一笔销售金额，再运用 SUM 函数汇总销售金额，如图 4-142 所示。

	A	B	C	D	E	F	G	H
1	2020年1—6月销售明细表2							
2	销售日期	销售单编号	区域	销售人员	销售商品	销售数量	单价	销售金额
177	2020-6-24	10276	C区	王**	电视机	16台	3,000.00	48,000.00
178	2020-6-25	10277	D区	李**	冰箱	22台	2,200.00	48,400.00
179	2020-6-26	10278	C区	何**	洗衣机	18台	2,200.00	39,600.00
180	2020-6-27	10279	A区	冯**	空调	16台	3,562.00	56,992.00
181	2020-6-28	10280	D区	周**	冰箱	18台	2,200.00	39,600.00
182	2020-6-29	10281	B区	冯**	空调	12台	3,562.00	42,744.00
183	2020-6-30	10282	C区	赵**	冰箱	19台	2,200.00	41,800.00
184	合计					2827台	-	7518652.00

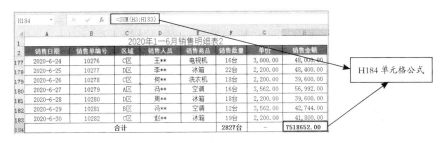

图 4-142

如果需要一步到位汇总销售金额，只需设置数组公式对乘积进行批量求和即可。

在任一单元格，如 J3 单元格中设置数组公式“{=SUM(F3:F183*G3:G183)}”，（注意操作细节：首先输入公式表达式→按组合键【Ctrl+Shift+Enter】才能成功设置数组公式），效果如图 4-143 所示。

	A	B	C	D	E	F	G	H	I	J
1	2020年1—6月销售明细表2									
2	销售日期	销售单编号	区域	销售人员	销售商品	销售数量	单价	销售金额		销售总金额
3	2020-1-1	10102	B区	王**	冰箱	10台	2,200.00	22,000.00		7518652.00
4	2020-1-2	10103	D区	赵**	洗衣机	16台	2,200.00	35,200.00		
5	2020-1-3	10104	B区	周**	空调	22台	3,562.00	78,364.00		
6	2020-1-4	10105	A区	李**	冰箱	16台	2,200.00	35,200.00		
7	2020-1-5	10106	C区	何**	洗衣机	17台	2,200.00	37,400.00		
8	2020-1-6	10107	A区	冯**	电视机	14台	3,000.00	42,000.00		
9	2020-1-7	10108	C区	赵**	空调	21台	3,562.00	74,802.00		

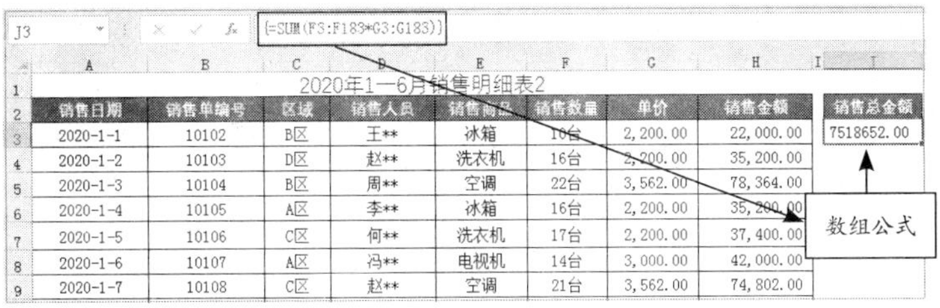

图 4-143

（2）SUMIF 函数：单条件求和

SUMIF 是单条件求和函数，它的基本作用是仅对一组数据中满足指定的一个条件的部分求和，语法结构为：

◆ SUMIF(range,criteria,sum_range)

◆ SUMIF(条件区域 , 求和条件 , 求和区域)

在 SUMIF 函数的 3 个参数中，关键参数是第 2 个，即求和条件。灵活设置不同的求和条件并嵌套函数，可以实现多种方式对目标区域的数据进行汇总求和。下面继续在“2020 年 1—6 月销售明细表 2.xlsx”文件的工作表中，运用 SUMIF 函数分别设置公式，按照表 4-3 所示条件对销售数量和销售金额进行求和。

Step01 按销售人员汇总销售数量和销售金额。❶ 在空白区域（J5:L12 单元格区域）绘制表格，设置好字段及销售人员名称，如图 4-144 所示；❷ 在 K6 单元格设置公式“=SUMIF($D$3:$D$183,$J6,F$3:F$183)”→在 L6 单元格设置公式“=SUMIF($D$3:$D$183,$J6,H$3:H$183)”→在 K12 和 L12 单元格中运用 SUM 函数设置求和公式→将 K6:L6 单元格区域公式填充至 K7:L11 单元格区域，效果如图 4-145 所示。

表 4-3　SUMIF 函数：单条件求和

求和条件及求和数据	
条件 1	按销售人员汇总销售数量、销售金额
条件 2	汇总冰箱和空调的销售数量、销售金额
条件 3	按日期期间汇总销售数量、销售金额

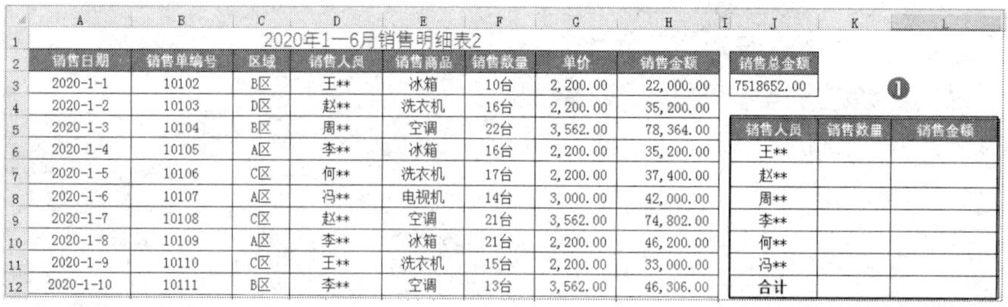

2020年1—6月销售明细表2

销售日期	销售单编号	区域	销售人员	销售商品	销售数量	单价	销售金额
2020-1-1	10102	B区	王**	冰箱	10台	2,200.00	22,000.00
2020-1-2	10103	D区	赵**	洗衣机	16台	2,200.00	35,200.00
2020-1-3	10104	B区	周**	空调	22台	3,562.00	78,364.00
2020-1-4	10105	A区	李**	冰箱	16台	2,200.00	35,200.00
2020-1-5	10106	C区	何**	洗衣机	17台	2,200.00	37,400.00
2020-1-6	10107	A区	冯**	电视机	14台	3,000.00	42,000.00
2020-1-7	10108	C区	赵**	空调	21台	3,562.00	74,802.00
2020-1-8	10109	A区	李**	冰箱	21台	2,200.00	46,200.00
2020-1-9	10110	C区	王**	洗衣机	15台	2,200.00	33,000.00
2020-1-10	10111	B区	李**	空调	13台	3,562.00	46,306.00

销售总金额
7518652.00

销售人员	销售数量	销售金额
王**		
赵**		
周**		
李**		
何**		
冯**		
合计		

图 4-144

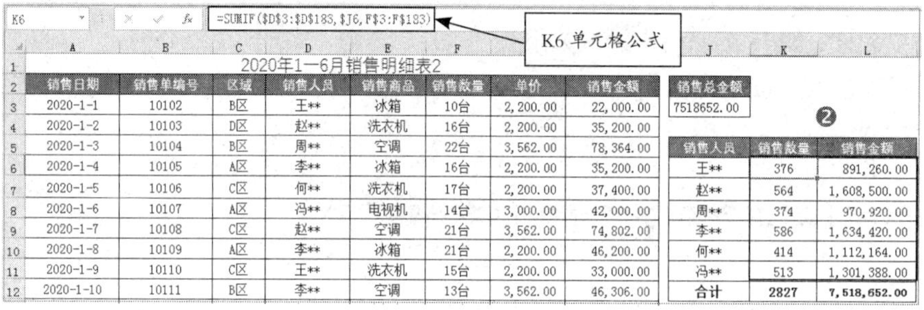

2020年1—6月销售明细表2

销售日期	销售单编号	区域	销售人员	销售商品	销售数量	单价	销售金额
2020-1-1	10102	B区	王**	冰箱	10台	2,200.00	22,000.00
2020-1-2	10103	D区	赵**	洗衣机	16台	2,200.00	35,200.00
2020-1-3	10104	B区	周**	空调	22台	3,562.00	78,364.00
2020-1-4	10105	A区	李**	冰箱	16台	2,200.00	35,200.00
2020-1-5	10106	C区	何**	洗衣机	17台	2,200.00	37,400.00
2020-1-6	10107	A区	冯**	电视机	14台	3,000.00	42,000.00
2020-1-7	10108	C区	赵**	空调	21台	3,562.00	74,802.00
2020-1-8	10109	A区	李**	冰箱	21台	2,200.00	46,200.00
2020-1-9	10110	C区	王**	洗衣机	15台	2,200.00	33,000.00
2020-1-10	10111	B区	李**	空调	13台	3,562.00	46,306.00

销售总金额
7518652.00

销售人员	销售数量	销售金额
王**	376	891,260.00
赵**	564	1,608,500.00
周**	374	970,920.00
李**	586	1,634,420.00
何**	414	1,112,164.00
冯**	513	1,301,388.00
合计	2827	7,518,652.00

图 4-145

Step02 汇总冰箱和空调的销售数量、销售金额。这一条件需要嵌套 SUM 函数，并运用数组，将 SUMIF 函数汇总得到的两个数字进行二次求和。

在K15单元格中设置公式“=SUM(SUMIF($E$3:$E$183,{"冰箱","空调"},$F$3:$F$183))”。同理，L15 单元格公式为“=SUM(SUMIF($E$3:$E$183,{"冰箱","空调"},$H$3:$H$183))”，效果如图 4-146 所示。

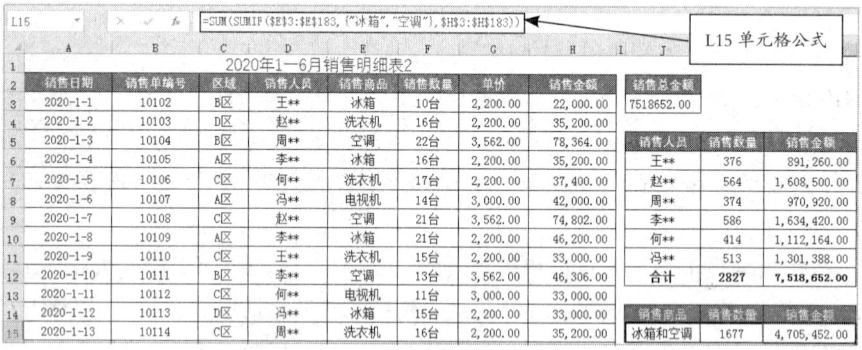

2020年1—6月销售明细表2

销售日期	销售单编号	区域	销售人员	销售商品	销售数量	单价	销售金额
2020-1-1	10102	B区	王**	冰箱	10台	2,200.00	22,000.00
2020-1-2	10103	D区	赵**	洗衣机	16台	2,200.00	35,200.00
2020-1-3	10104	B区	周**	空调	22台	3,562.00	78,364.00
2020-1-4	10105	A区	李**	冰箱	16台	2,200.00	35,200.00
2020-1-5	10106	C区	何**	洗衣机	17台	2,200.00	37,400.00
2020-1-6	10107	A区	冯**	电视机	14台	3,000.00	42,000.00
2020-1-7	10108	C区	赵**	空调	21台	3,562.00	74,802.00
2020-1-8	10109	A区	李**	冰箱	21台	2,200.00	46,200.00
2020-1-9	10110	C区	王**	洗衣机	15台	2,200.00	33,000.00
2020-1-10	10111	B区	李**	空调	13台	3,562.00	46,306.00
2020-1-11	10112	C区	何**	电视机	11台	3,000.00	33,000.00
2020-1-12	10113	D区	冯**	冰箱	15台	2,200.00	33,000.00
2020-1-13	10114	C区	周**	洗衣机	16台	2,200.00	35,200.00

销售总金额
7518652.00

销售人员	销售数量	销售金额
王**	376	891,260.00
赵**	564	1,608,500.00
周**	374	970,920.00
李**	586	1,634,420.00
何**	414	1,112,164.00
冯**	513	1,301,388.00
合计	2827	7,518,652.00

销售商品	销售数量	销售金额
冰箱和空调	1677	4,705,452.00

图 4-146

Step03 按日期期间汇总销售数量、销售金额。这一条件看似复杂，但运用 SUMIF 函数计算非常简单，只需在一条公式中设置两个 SUMIF 函数表达式，分别计算出两个日期节点上的销售金额后，再相减即可得到两个日期之间的销售金额。

在 J18 和 J19 单元格中任意输入需要汇总数据的起止日期→在 K18 单元格设置公式“=SUMIF($A$3:$A$183,">="&$J$18,F$3:F$183)- SUMIF($A$3:$A$183, ">"&$J$19,F$3:F$183)”。同理设置 L18 单元格区域，将求和区域设置为 H3:H183 单元格区域即可，效果如图 4-147 所示。

图 4-147

（3）SUMIFS 函数：多条件求和

SUMIFS 函数是 SUMIF 函数的升级，它突破了 SUMIF 函数只能设定一个条件的限制，可以设定多个求和条件 (最多 127 个)，对条件区域中同时符合指定条件的数据求和。SUMIFS 函数的语法结构为：

◆ SUMIFS(sum_range,criteria_range1,criteria1,criteria_range2,criteria2,…)

◆ SUMIFS(求和区域 , 条件区域 1, 条件 1, 条件区域 2, 条件 2, …)

灵活运用 SUMIFS 函数只需把握好一个关键点：其条件设置方法与 SUMIF 函数完全相同，不同的是二者的参数"求和区域"排列位置不同。SUMIFS 函数的求和区域排列在首位，而 SUMIF 函数的求和区域排列在最末位。

下面继续在 <2020 年 1—6 月销售明细表 2> 中，根据区域、销售人员、销售商品三项条件汇总销售数量和销售金额。

Step01 运用【数据验证】功能快速创建"区域""销售人员""销售商品"的下拉列表，作为 SUMIFS 函数的指定条件。❶ 将 C、D、E 列复制至空白区域后分别删除重复值；❷ 选中 J22 单元格，打开【数据验证】对话框，将"验证条件"设置为"序列"→将"来源"设置为"=$N$2:$N$5"，如图 4-148 所示。同样操作设置"销售人员"和"销售商品"字段的下拉列表即可。

图 4-148

Step02 在三个下拉列表中任意选择一个选项→在 J24 单元格设置公式 "=SUMIFS(F$3:F$183 ,$C$3:$C$183,$J$22,$D$3:$D$183,$K$22,$E$3:$E$183,$L$22)" →填充 J24 单元格公式至 K24 单元格区域，将求和区域（第 1 个参数）修改为 "H$3:H$183" 即可，公式效果如图 4-149 所示。

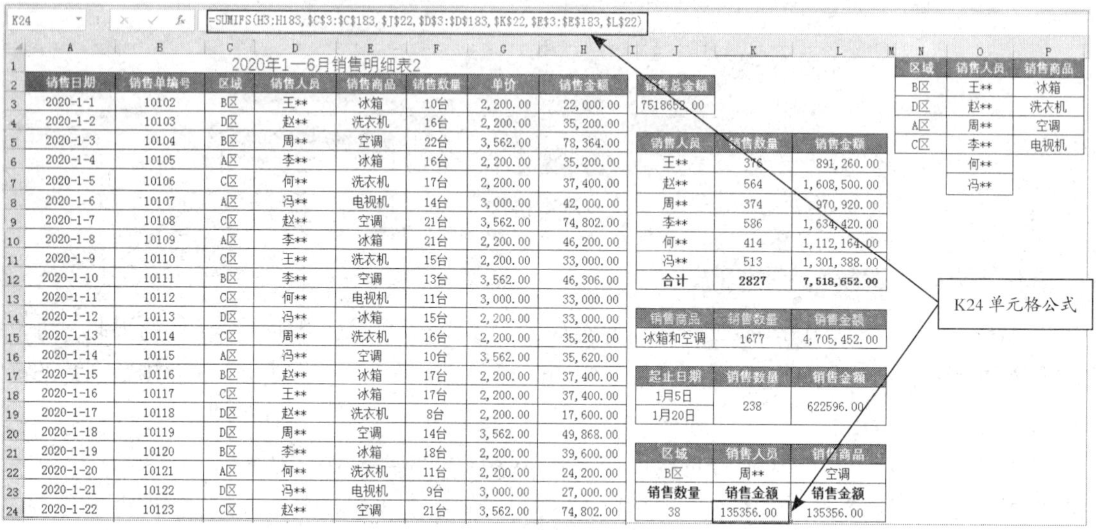

图 4-149

（4）SUMPRODUCT 函数：条件乘积求和

SUMPORDUCT 函数是 SUM 和 PRODUCT 两个函数的组合，顾名思义，就是对乘积（PRODUCT）求和 (SUM)。基本语法结构如下：

◆ SUMPRODUCT(array1,[array2],[array3],…)

◆ SUMPRODUCT(数组 1 区域 , 数组 2 区域 , 数组 3 区域 , …)

SUMPRODUCT 函数功能十分强大。对于乘积求和，相较之前介绍的 SUM 函数数组公式而言，更加简单易懂，且同样能设定多个条件，对指定条件区域进行乘积求和。下面依然在 <2020 年 1—6 月销售明细表 2> 中示范 SUMPRODUCT 函数的运用方法。

Step01 简单的乘积求和。在 K3 单元格中设置公式 "=SUMPRODUCT(F3:F183,G3:G183)"，可看到计算结果与 J3 单元格中的 SUM 函数数组公式 "{=SUM(F3:F183*G3:G183)}" 完全相同，如图 4-150 所示。

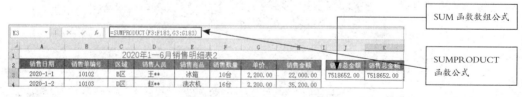

图 4-150

Step02 设定多个条件对乘积求和。在 L24 单元格设置公式 "=SUMPRODUCT((C3:C183=J22) *(D3:D183=K22)*(E3:E183=L22)*(F3:F183),G3:G183)"，根据指定的 "区域" "销售人员" 和 "销

售商品"三个条件汇总"销售金额"。可看到计算结果与之前设置的 SUMIFS 函数相同,效果如图 4-151 所示。(以上函数运用的示例结果见"结果文件\第 4 章\2020 年 1—6 月销售明细表 2.xlsx"文件。)

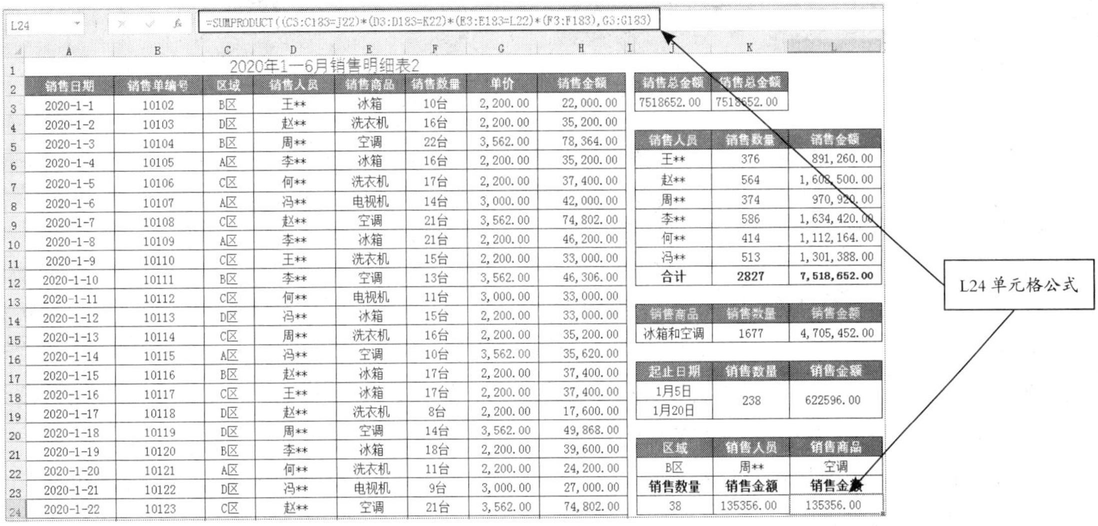

图 4-151

(5) SUBTOTAL 函数:代表 11 个函数、2 种方式对数据进行分类运算

对于指定条件汇总数据,除可运用以上函数设置公式进行汇总运算外,还可运用 SUBTOTAL 函数,通过筛选按钮直接在数据表中筛选目标数据后进行各种分类运算。SUBTOTAL 函数专门用于配合筛选按钮,仅对筛选出的数据进行各种分类运算。语法结构为:

◆ SUBTOTAL(function_num,Ref1)

◆ SUBTOTAL(计算代码 , 数组区域)

SUBTOTAL 的第 1 个参数——计算代码,共包括 22 个计算代码,分别代表 11 个函数,可以用 11 种计算方法对筛选出的数据进行分类运算,同时每个函数均包含 2 个代码以供选择,以确定不计算或计算手动隐藏行中的数据。而对于通过筛选操作被隐藏的数据,2 个代码的计算结果并无区别,详情如表 4-4 所示。

表 4-4　SUBTOTAL 函数计算代码表

计算代码		代表函数	说明
不计算手动隐藏的数据	计算手动隐藏的数据		
1	101	A VERGER	计算筛选结果数据的平均值
2	102	COUNT	统计筛选结果数据组中包含数字的单元格个数
3	103	COUNTA	统计筛选结果数据组中不为空的单元格个数
4	104	MAX	返回筛选结果数据组中的最大值
5	105	MIN	返回筛选结果数据组中的最小值
6	106	PRODUCT	计算筛选结果数据组中的乘积

续表

计算代码		代表函数	说明
不计算手动隐藏的数据	计算手动隐藏的数据		
7	107	STDEV	计算筛选结果数据组的样本标准差
8	108	STDEVP	计算筛选结果数据组的总体标准差
9	109	SUM	计算筛选结果数据组的合计数
10	110	VAR	计算筛选结果数据组中的样本方差
11	111	VARP	计算筛选结果数据组中的总体方差

打开“素材文件\第 4 章\×× 公司 2019 年序时账簿”文件（从财务软件中导出），可看到其中超级表 <×× 公司 2019 年序时账 > 包含 2019 年全年共 3000 多条凭证记录，同时可从切片器中看到科目名称共 114 个，如图 4-152 所示。这种情形不宜使用切片器筛选，更适合通过筛选按钮筛选目标数据，配合 SUBTOTAL 函数公式进行分类运算。

另外，在超级表中，虽然直接在最末行添加“汇总行”，在下拉列表中选择汇总方式，即可自动创建 SUBTOTAL 函数公式，但是在此类数据量过多的表格中，根据某一项目筛选出的数据记录通常多达数百条，查看汇总数据并不方便。例如，筛选出“中国 ×× 银行 ×× 支行”科目共 644 条记录，如图 4-153 所示。

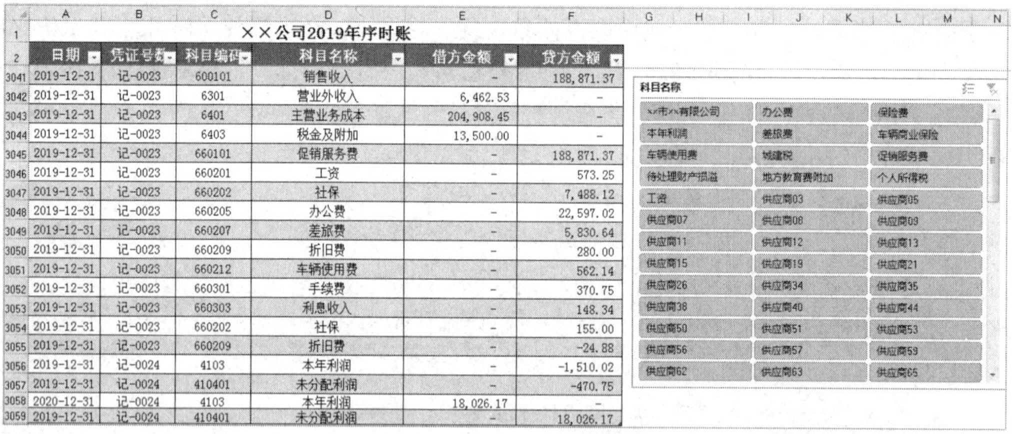

××公司2019年序时账

	日期	凭证号数	科目编码	科目名称	借方金额	贷方金额
3041	2019-12-31	记-0023	600101	销售收入	-	188,871.37
3042	2019-12-31	记-0023	6301	营业外收入	6,462.53	-
3043	2019-12-31	记-0023	6401	主营业务成本	204,908.45	-
3044	2019-12-31	记-0023	6403	税金及附加	13,500.00	-
3045	2019-12-31	记-0023	660101	促销服务费	-	188,871.37
3046	2019-12-31	记-0023	660201	工资	-	573.25
3047	2019-12-31	记-0023	660202	社保	-	7,488.12
3048	2019-12-31	记-0023	660205	办公费	-	22,597.02
3049	2019-12-31	记-0023	660207	差旅费	-	5,830.64
3050	2019-12-31	记-0023	660209	折旧费	-	280.00
3051	2019-12-31	记-0023	660212	车辆使用费	-	562.14
3052	2019-12-31	记-0023	660301	手续费	-	370.75
3053	2019-12-31	记-0023	660303	利息收入	-	148.34
3054	2019-12-31	记-0023	660202	社保	-	155.00
3055	2019-12-31	记-0023	660209	折旧费	-	-24.88
3056	2019-12-31	记-0024	4103	本年利润	-	-1,510.02
3057	2019-12-31	记-0024	410401	未分配利润	-	-470.75
3058	2020-12-31	记-0024	4103	本年利润	18,026.17	-
3059	2019-12-31	记-0024	410401	未分配利润	-	18,026.17

图 4-152

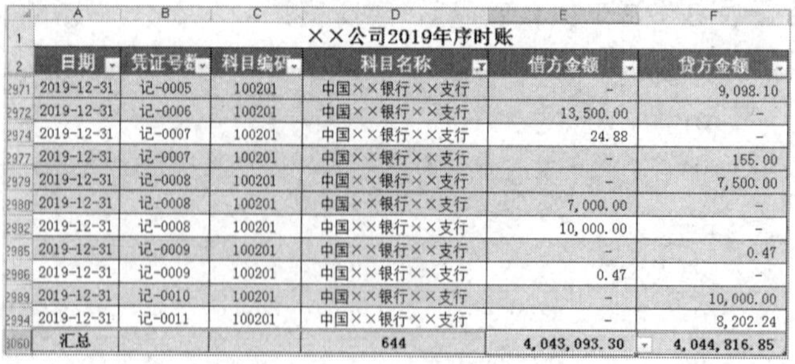

××公司2019年序时账

	日期	凭证号数	科目编码	科目名称	借方金额	贷方金额
2971	2019-12-31	记-0005	100201	中国××银行××支行	-	9,098.10
2972	2019-12-31	记-0006	100201	中国××银行××支行	13,500.00	-
2974	2019-12-31	记-0007	100201	中国××银行××支行	24.88	-
2977	2019-12-31	记-0007	100201	中国××银行××支行	-	155.00
2979	2019-12-31	记-0008	100201	中国××银行××支行	-	7,500.00
2980	2019-12-31	记-0008	100201	中国××银行××支行	7,000.00	-
2982	2019-12-31	记-0008	100201	中国××银行××支行	10,000.00	-
2985	2019-12-31	记-0009	100201	中国××银行××支行	-	0.47
2986	2019-12-31	记-0009	100201	中国××银行××支行	0.47	-
2989	2019-12-31	记-0010	100201	中国××银行××支行	-	10,000.00
2994	2019-12-31	记-0011	100201	中国××银行××支行	-	8,202.24
3060	汇总			644	4,043,093.30	4,044,816.85

图 4-153

因此，本例将汇总行设置在表头之上（即第 2 行），并手工设置 SUBTOTAL 函数公式，分别选择相同的函数代码，以不同的汇总方式计算借方和贷方的合计金额，以便观察计算和不计算手动隐藏数据的效果。

Step01 在第 2 行上插入一行，在 D2、E2、F2 单元格中设置以下公式。

◆ D2 单元格：“=SUBTOTAL(3,D4:D3060)&" 条记录 "”，统计数据记录数量；

◆ E2 单元格：“=SUBTOTAL(9,E4:E3060)”，汇总借方金额；

◆ F2 单元格：“=SUBTOTAL(109,F4:F3060)”，汇总贷方金额，公式效果如图 4-154 所示。

D2 | =SUBTOTAL(3,D4:D3060)&" 条记录"

	A	B	C	D	E	F
1				××公司2019年序时账		
2	分类汇总			3057 条记录	21470989.69	21470989.69
3	日期	凭证号数	科目编码	科目名称	借方金额	贷方金额
4	2019-1-8	记-0001	222102	未交增值税	3,867.14	-
5	2019-1-8	记-0001	100201	中国××银行××支行	-	3,867.14
6	2019-1-8	记-0001	222107	城建税	270.70	-
7	2019-1-8	记-0001	222108	教育费附加	116.01	-
8	2019-1-8	记-0001	222109	地方教育费附加	77.34	-
9	2019-1-8	记-0001	100201	中国××银行××支行	-	464.05
10	2019-1-8	记-0001	222113	印花税	133.50	-
11	2019-1-8	记-0001	100201	中国××银行××支行	-	133.50
12	2019-1-8	记-0001	222111	个人所得税	6.24	-

D2 单元格公式

图 4-154

Step02 测试效果。❶ 任意筛选一个科目，如“供应商 50”，查看分类汇总数据，可看到 D2、E2、F2 单元格中的数据发生变化，如图 4-155 所示；❷ 将第 209 行隐藏，可看到 D2 和 E2 单元格中公式未计算隐藏行的数据，而 F2 单元格中的数据依然不变，如图 4-156 所示。（示例结果见“结果文件 \ 第 4 章 \ ×× 公司 2019 年序时账 .xlsx”文件。）

	A	B	C	D	E	F
1				××公司2019年序时账 ❶		
2	分类汇总			11 条记录	32056.78	36659.54
3	日期	凭证号数	科目编码	科目名称	借方金额	贷方金额
157	2019-1-31	记-0004	220250	供应商50	-	7,774.75
209	2019-1-31	记-0005	220250	供应商50	3,171.99	-
623	2019-3-30	记-0005	220250	供应商50	-	9,079.16
706	2019-3-31	记-0006	220250	供应商50	9,079.16	-
738	2019-3-31	记-0006	220250	供应商50	6,920.41	-
957	2019-4-30	记-0006	220250	供应商50	-	6,920.41
1044	2019-4-30	记-0007	220250	供应商50	5,975.38	-
1248	2019-5-31	记-0004	220250	供应商50	-	5,975.38
1544	2019-6-30	记-0005	220250	供应商50	4,064.94	-
1754	2019-7-31	记-0005	220250	供应商50	-	6,909.84
1779	2019-7-31	记-0006	220250	供应商50	2,844.90	-

图 4-155

手动隐藏第 209 行

	A	B	C	D	E	F
1				××公司2019年序时账 ❷		
2	分类汇总			10 条记录	28884.79	36659.54
3	日期	凭证号数	科目编码	科目名称	借方金额	贷方金额
157	2019-1-31	记-0004	220250	供应商50	-	7,774.75
623	2019-3-30	记-0005	220250	供应商50	-	9,079.16
706	2019-3-31	记-0006	220250	供应商50	9,079.16	-
738	2019-3-31	记-0006	220250	供应商50	6,920.41	-
957	2019-4-30	记-0006	220250	供应商50	-	6,920.41
1044	2019-4-30	记-0007	220250	供应商50	5,975.38	-
1248	2019-5-31	记-0004	220250	供应商50	-	5,975.38
1544	2019-6-30	记-0005	220250	供应商50	4,064.94	-
1754	2019-7-31	记-0005	220250	供应商50	-	6,909.84
1779	2019-7-31	记-0006	220250	供应商50	2,844.90	-

图 4-156

（6）ROUND 函数：精确控制小数位的四舍五入函数

ROUND 函数的主要作用是按照指定的小数位数对数字进行四舍五入计算，使数据计算更规范。基本语法结构为：

◆ ROUND(number,digits)

◆ ROUND(数字 , 小数位数)

ROUND 函数虽然算不上数据核算的主力函数，但是非常实用。本书第 2 章介绍过运用【设置单元格格式】功能可以设置单元格中数字的小数位数，使数字格式规范整洁。但这仅仅是体现在数字的外观格式上，事实上并未对数字做任何“加工”处理。只有运用 ROUND 函数才能真正按照指定的小数位数精确计算数字。例如，在 B2 单元格中输入数字“5.07532”，将单元格的数字格式设置为“数值”，将小数位数设置为 2 位；在 B3 单元格设置公式“=B2”，将单元格格式设置为“常规”，可看到 B3 单元格中显示的数字是“5.07532”。而 C2 单元格公式为“=ROUND(B2,2)”，C3 单元格格式依然为“常规”，但是数字已作四舍五入计算，结果为“5.08”，如图 4-157 所示。

在日常工作中设置公式进行数据核算时，要随时注意嵌套 ROUND 函数，才能确保核算结果准确无误。嵌套方法非常简单，只需将 ROUND 函数的第 1 个参数嵌套其他函数自动计算得出即可。

打开“素材文件 \ 第 4 章 \2019 年 4 月存货汇总表 5”文件，其中 J3 单元格（“期末结存金额”字段）公式为“=SUM(D3,F3,-H3)”。下面在 K3 单元格中嵌套 ROUND 函数再次计算，比较计算结果差异。

在 K3 单元格中设置公式“=ROUND(SUM(D3,F3,-H3),2)”→向下填充公式至 K4:K22 单元格区域，可看到虽然 K3:K22 与 J3:J22 单元格区域的计算结果无差异，但 K23 和 J23 单元格中的合计数差异 0.01 元，如图 4-158 所示。（示例结果见“结果文件 \ 第 4 章 \2020 年 4 月存货汇总表 5.xlsx”文件。）

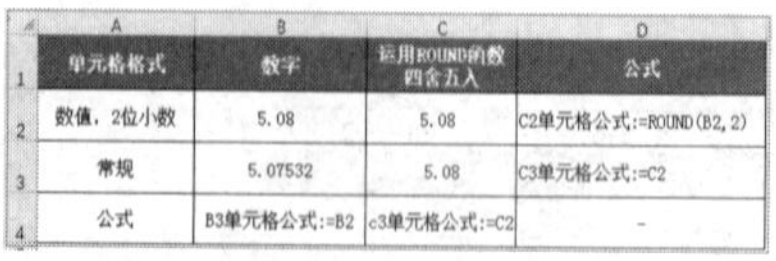

	A	B	C	D
1	单元格格式	数字	运用ROUND函数四舍五入	公式
2	数值，2位小数	5.08	5.08	C2单元格公式:=ROUND(B2,2)
3	常规	5.07532	5.08	C3单元格公式:=C2
4	公式	B3单元格公式:=B2	c3单元格公式:=C2	-

图 4-157

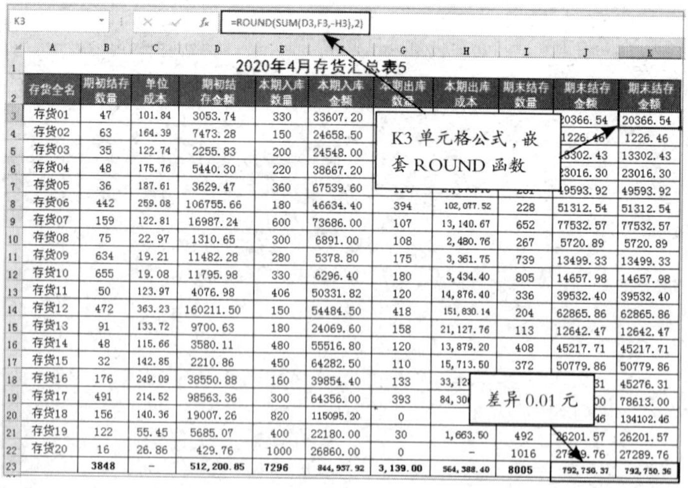

	A	B	C	D	E	F	G	H	I	J	K
1	2020年4月存货汇总表5										
2	存货全名	期初结存数量	单位成本	期初结存金额	本期入库数量	本期入库金额	本期出库数量	本期出库成本	期末结存数量	期末结存金额	期末结存金额
3	存货01	47	101.84	3053.74	330	33607.20				20366.54	20366.54
4	存货02	63	164.39	7473.28	150	24658.50				1226.46	1226.46
5	存货03	35	122.74	2255.83	200	24548.00				3302.43	13302.43
6	存货04	48	175.76	5440.30	220	38667.20				23016.30	23016.30
7	存货05	36	187.61	3629.47	360	67539.60				49593.92	49593.92
8	存货06	442	259.08	106755.66	180	46634.40	394	102,077.52	228	51312.54	51312.54
9	存货07	159	122.81	16987.24	600	73686.00	107	13,140.67	652	77532.57	77532.57
10	存货08	75	22.97	1310.65	300	6891.00	108	2,480.76	267	5720.89	5720.89
11	存货09	634	19.21	11482.28	280	5378.80	175	3,361.75	739	13499.33	13499.33
12	存货10	655	19.08	11795.98	330	6296.40	180	3,434.40	805	14657.98	14657.98
13	存货11	50	123.97	4076.98	406	50331.82	120	14,876.40	336	39532.40	39532.40
14	存货12	472	363.23	160211.50	150	54484.50	418	151,830.14	204	62865.86	62865.86
15	存货13	91	133.72	9700.63	180	24069.60	158	21,127.76	113	12642.47	12642.47
16	存货14	48	115.66	3580.11	480	55516.80	120	13,879.20	408	45217.71	45217.71
17	存货15	32	142.85	2210.86	450	64282.50	110	15,713.50	372	50779.86	50779.86
18	存货16	176	249.09	38550.88	160	39854.40	133	33,12		31	45276.31
19	存货17	491	214.52	98563.36	300	64356.00	393	84,30		00	78613.00
20	存货18	156	140.36	19007.26	820	115095.20	0			46	134102.46
21	存货19	122	55.45	5685.07	400	22180.00	30	1,663.50	492	26201.57	26201.57
22	存货20	16	26.86	429.76	1000	26860.00	0	-	1016	27289.76	27289.76
23		3848	-	512,200.85	7296	844,937.92	3,139.00	564,388.40	8005	792,750.37	792,750.36

图 4-158

关键技能 045 运用 5 个逻辑函数判断数据真假

技能说明

　　逻辑函数是 Excel 函数大类中一个极其重要的函数类别，主要作用是根据指定条件，判断数据的真假（TRUE 和 FALSE），并返回指定的结果。在日常工作中，逻辑函数的应用相当广泛，适用于各种工作场景，能够充分满足各种各样的数据核算需求。本节介绍以下 5 个常用逻辑函数，主要作用、基本语法结构及使用要点如图 4-159 所示。

IF	• 主要作用：对一个或多个条件进行真假值判断，返回指定的数值
	• 语法结构：IF(logical_test,value_if_true,value_if_false)
	• 使用要点：一个 IF 函数只能判断一组条件，若需判断多组条件，可嵌套多层 IF 函数，最多可嵌套 64 层

AND	• 主要作用：判断多个条件是否全部为真，如果其中一个条件不为真，即返回 FALSE，只有全部条件为真时，才会返回 TRUE
	• 语法结构：AND(logical1,[logical2]…)
	• 使用要点：主要配合 IF 函数使用

OR	• 主要作用：判断多个条件，只要其中一个条件为真，就会返回 TRUE，只有全部条件为假，才会返回 FALSE
	• 语法结构：OR(logical1,[logical2]…)
	• 使用要点：主要配合 IF 函数使用

NOT	• 主要作用：对参数的逻辑值求反，即不满足设定的条件才会返回 TRUE
	• 语法结构：NOT(logical)
	• 使用要点：主要配合 IF 函数使用

IFERROR	• 主要作用：判断公式表达式是否返回错误代码，如果正确，即返回公式运算结果，如果存在错误，则返回指定的值
	• 语法结构：IFERROR(value,value_if_error)
	• 使用要点：第 1 个参数通常嵌套其他函数公式，第 2 个参数既可以设定为指定的数据，也可以嵌套公式表达式

图 4-159

应用实战

（1）IF 函数：判断数据真假值，返回指定值

IF 函数的作用是根据指定的一组条件进行真假值判断，并分别返回指定数值（可以是文本、

数值、公式或其他任何数值）。基本语法结构：

◆ IF(logical_test,value_if_true,value_if_false)

◆ IF(指定的条件 , 条件为真时返回的值 , 条件为假时返回的值)

一个 IF 函数只能判断一组条件，若需判断多组条件，可嵌套多层 IF 函数，最多可嵌套 64 层。下面分别介绍运用 IF 函数判断一组条件和嵌套 IF 函数判断多组条件的操作方法。

◆示例一：判断一组条件

IF 函数最简单的运用就是按照其标准语法结构，只设定一组条件和两个值，使其对这一条件进行真假判断后返回指定值。

打开“素材文件 \ 第 4 章 \× × 公司 2019 年序时账 1”文件，其中 E 列和 F 列单元格格式是从财务软件导出 Excel 表格后的原始格式。由于借方金额和贷方金额均在同一列，这就给分别汇总借贷方的金额造成极大的不便，如图 4-160 所示。

	A	B	C	D	E	F
1	××公司2019年序时账1					
2	日期	凭证号数	科目编码	科目名称	方向	金额
3	2019-1-8	记-0001	222102	未交增值税	借	3,867.14
4	2019-1-8	记-0001	100201	中国××银行××支行	贷	3,867.14
5	2019-1-8	记-0001	222107	城建税	借	270.70
6	2019-1-8	记-0001	222108	教育费附加	借	116.01
7	2019-1-8	记-0001	222109	地方教育费附加	借	77.34
8	2019-1-8	记-0001	100201	中国××银行××支行	贷	464.05
9	2019-1-8	记-0001	222113	印花税	借	133.50
10	2019-1-8	记-0001	100201	中国××银行××支行	贷	133.50
11	2019-1-8	记-0001	222111	个人所得税	借	6.24
12	2019-1-8	记-0001	100201	中国××银行××支行	贷	6.24
13	2019-1-22	记-0002	112232	客户32	借	12,381.46

图 4-160

如果要分别核算借方和贷方金额，就必须将 F 列的金额分为两列列示，运用 IF 函数设置公式即可快速实现这一目标。

Step01 在 F 列后面增加两列，用于分别列示借方和贷方金额→在 G3 单元格设置公式“=IF($E3=" 借 ",$F3,0)”，判断 E3 单元格中数值是否为“借”，若是，返回 F3 单元格数值，否则返回“0”→将公式向右填充至 H3 单元格后，将表达式中的“借”修改为“贷”→将 G3:H3 单元格区域中的公式填充至 G4:H3059 单元格区域中，如图 4-161 所示。

H3 =IF($E3="贷",$F3,0)

H3 单元格公式

	A	B	C	D	E	F	G	H
1	××公司2019年序时账1							
2	日期	凭证号数	科目编码	科目名称	方向	金额	借方金额	贷方金额
3	2019-1-8	记-0001	222102	未交增值税	借	3,867.14	3,867.14	-
4	2019-1-8	记-0001	100201	中国××银行××支行	贷	3,867.14	-	3,867.14
5	2019-1-8	记-0001	222107	城建税	借	270.70	270.70	-
6	2019-1-8	记-0001	222108	教育费附加	借	116.01	116.01	-
7	2019-1-8	记-0001	222109	地方教育费附加	借	77.34	77.34	-
8	2019-1-8	记-0001	100201	中国××银行××支行	贷	464.05	-	464.05
9	2019-1-8	记-0001	222113	印花税	借	133.50	133.50	-
10	2019-1-8	记-0001	100201	中国××银行××支行	贷	133.50	-	133.50
11	2019-1-8	记-0001	222111	个人所得税	借	6.24	6.24	-
12	2019-1-8	记-0001	100201	中国××银行××支行	贷	6.24	-	6.24
13	2019-1-22	记-0002	112232	客户32	借	12,381.46	12,381.46	-

图 4-161

Step02 清除 G3:H3059 单元格区域的公式。复制 G3:H3059 单元格区域→“选择性粘贴”—“数值”即可清除公式，保留数字→删除 F 列（原“金额”列）即可，效果如图 4-162 所示。（示例结果见“结果文件 \ 第 4 章 \× × 公司 2019 年序时账 1”文件。）

G4 | 3867.14

	A	B	C	D	E	F	G
1	××公司2019年序时账1						
2	日期	凭证号数	科目编码	科目名称	方向	借方金额	贷方金额
3	2019-1-8	记-0001	222102	未交增值税	借	3,867.14	-
4	2019-1-8	记-0001	100201	中国××银行××支行	贷	-	3,867.14
5	2019-1-8	记-0001	222107	城建税	借	270.70	-
6	2019-1-8	记-0001	222108	教育费附加	借	116.01	-
7	2019-1-8	记-0001	222109	地方教育费附加	借	77.34	-
8	2019-1-8	记-0001	100201	中国××银行××支行	贷	-	464.05
9	2019-1-8	记-0001	222113	印花税	借	133.50	-
10	2019-1-8	记-0001	100201	中国××银行××支行	贷	-	133.50
11	2019-1-8	记-0001	222111	个人所得税	借	6.24	-
12	2019-1-8	记-0001	100201	中国××银行××支行	贷	-	6.24
13	2019-1-22	记-0002	112232	客户32	借	12,381.46	-

清除 G3:H3059 单元格公式后删除原 F 列即可。

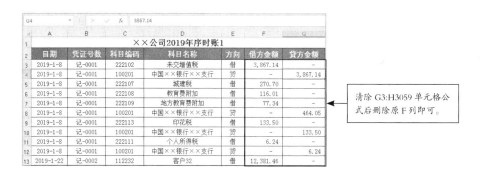

图 4-162

◆示例二：判断多组条件

如果要对多组条件进行判断，则需要嵌套多层 IF 函数。打开“素材文件 \ 第 4 章 \ 销售人员业绩评定表 .xlsx”文件，如图 4-163 所示。下面按照表 4-5 所示条件，根据销售金额高低评定销售人员的业绩。

	A	B	C	D
1	销售人员业绩评定表			
2	销售人员	销售数量	销售金额	业绩评定
3	王**	376	891,260.00	
4	赵**	564	1,608,500.00	
5	周**	374	970,920.00	
6	李**	586	1,634,420.00	
7	何**	414	1,112,164.00	
8	冯**	513	1,301,388.00	
9	合计	2827	7,518,652.00	

图 4-163

表 4-5　运用 IF 函数判断多组条件

判断条件及指定返回的结果	
条件 1	销售金额＜ 100 万元，评为“未达标”
条件 2	销售金额 ≤150 万元，评为“达标”
条件 3	销售金额＞ 150 万元，评为“优”

在 D3 单元格设置公式“=IF(C3>1500000," 优 ",IF(C3<1000000," 未达标 ",IF(C3<=1500000," 达标 ")))”→将公式填充至 D4:D8 单元格区域，公式效果及公式表达式如图 4-164 所示。(示例结果见“结果文件 \ 第 4 章 \ 销售人员业绩评定表 .xlsx”文件。)

	A	B	C	D	E
1	销售人员业绩评定表				
2	销售人员	销售数量	销售金额	业绩评定	公式表达式
3	王**	376	891,260.00	未达标	=IF(C3>1500000,"优",IF(C3<1000000,"未达标",IF(C3<=1500000,"达标")))
4	赵**	564	1,608,500.00	优	=IF(C4>1500000,"优",IF(C4<1000000,"未达标",IF(C4<=1500000,"达标")))
5	周**	374	970,920.00	未达标	=IF(C5>1500000,"优",IF(C5<1000000,"未达标",IF(C5<=1500000,"达标")))
6	李**	586	1,634,420.00	优	=IF(C6>1500000,"优",IF(C6<1000000,"未达标",IF(C6<=1500000,"达标")))
7	何**	414	1,112,164.00	达标	=IF(C7>1500000,"优",IF(C7<1000000,"未达标",IF(C7<=1500000,"达标")))
8	冯**	513	1,301,388.00	达标	=IF(C8>1500000,"优",IF(C8<1000000,"未达标",IF(C8<=1500000,"达标")))
9	合计	2827	7,518,652.00	-	-

图 4-164

（2）AND、OR、NOT 函数：配合 IF 函数判断数据真假的得力助手

IF 函数是逻辑函数队伍中的主力函数，但是一次只能判断一组数据中的一个条件，如果需要对同时满足两个及以上条件的一组数据做判断，就需要嵌套辅助性的逻辑函数 AND、OR、NOT 帮

助 IF 函数做出判断。三个函数的语法结构都非常简单，如下所示。

◆ AND(logical1,[logical2]…) → AND(条件 1,[条件 2],…), 其作用是判断所有条件是否全部为真，并返回 TRUE 或 FALSE。若条件全部为真，才会返回 TRUE，只要其中一个条件为假，即返回 FALSE。

◆ OR(logical1,[logical2]…) → OR(条件 1,[条件 2],…), 其作用是判断条件中是否有一个条件为真。只要有一个条件为真，即返回 TRUE，只有全部条件为假时，才会返回 FALSE。

◆ NOT(logical) → NOT(条件), 只能设定一个条件，其作用是对其参数的逻辑值求反，当不满足设定条件时即返回 TRUE。

下面介绍这三个函数与 IF 函数配合判断条件的运用方法。

打开“素材文件 \ 第 4 章 \2020 年 3 月库存明细表 2.xlsx”文件，如图 4-165 所示。

	A	B	C	D	E	F	G
1	2020年3月库存明细表2						
2	存货编号	存货全名	面料	型号	条形码	结存数量	库存状态
3	KC015	女士长裤	金丝绒	HT-6091	69******88117	15	
4	KC006	长袖衬衫	雪纺	HT-6011	69******88111	20	
5	KC014	男士短裤	棉麻	HT-6071	69******88115	65	
6	KC004	长款女士羽绒服	鸭绒	HT-6141	69******88124	86	
7	KC002	长款男士羽绒服	鸭绒	HT-6121	69******88122	96	
8	KC009	长袖连衣裙	纯棉	HT-6031	69******88113	122	
9	KC001	短款男士羽绒服	鸭绒	HT-6111	69******88121	150	
10	KC008	短袖连衣裙	纯棉	HT-6021	69******88112	210	
11	KC012	长袖T恤	纯棉	HT-6061	69******88120	220	
12	KC007	短袖衬衫	纯棉	HT-6001	69******88110	300	
13	KC010	无袖连衣裙	雪纺	HT-6041	69******88114	365	
14	KC013	女士短裤	牛仔	HT-6081	69******88116	526	
15	KC011	短袖T恤	纯棉	HT-6051	69******88119	586	
16	KC005	短款男士风衣	混纺	HT-6151	69******88125	587	
17	KC003	短款女士羽绒服	鸭绒	HT-6131	69******88123	592	
18	合计					3940	-

图 4-165

Step01 根据“结存数量”，按照表 4-6 所示条件标识“库存状态”。

表 4-6 运用 IF 嵌套 AND 函数判断多重条件

判断条件及指定返回的结果	
条件 1	结存数量 ≤100，标识为“预警”
条件 2	结存数量 > 100 且 ≤300，标识为“正常”
条件 3	结存数量 > 300 且 ≤500，标识为“高库存”
条件 4	结存数量 > 500，标识为“超高库存”

以上 4 个条件，需要嵌套 3 层 IF 函数，并同时嵌套 AND 函数。在 G3 单元格设置公式“=IF(F3<=100," 预 警 ",IF(AND(F3>100,F3<=300)," 正 常 ",IF(AND(F3>300,F3<=500)," 高 库 存 "," 超高库存 ")))”→将公式填充至 G4:G17 单元格区域，效果如图 4-166 所示。

Step02 下面根据库存状态，按照表 4-7 所示条件标识处理方法。

表 4-7 所示条件需要嵌套 2 层 IF 函数，同时，第 1 个条件嵌套 OR 函数。在 H3 单元格设置公式“=IF(OR(G3={" 预警 "," 超高库存 "})," 复核 ",IF(G3=" 正常 "," 补货 "," 促销 "))”→将公式填充至 H4:H17 单元格区域，效果如图 4-167 所示。

	A	B	C	D	E	F	G
1	2020年3月库存明细表2						
2	存货编号	存货全名	面料	型号	条形码	结存数量	库存状态
3	KC015	女士长裤	金丝绒	HT-6091	69******88117	15	预警
4	KC006	长袖衬衫	雪纺	HT-6011	69******88111	20	预警
5	KC014	男士短裤	棉麻	HT-6071	69******88115	65	预警
6	KC004	长款女士羽绒服	鸭绒	HT-6141	69******88124	86	预警
7	KC002	长款男士羽绒服	鸭绒	HT-6121	69******88122	96	预警
8	KC009	长袖连衣裙	纯棉	HT-6031	69******88113	122	正常
9	KC001	短款男士羽绒服	鸭绒	HT-6111	69******88121	150	正常
10	KC008	短袖连衣裙	纯棉	HT-6021	69******88112	210	正常
11	KC012	长袖T恤	纯棉	HT-6061	69******88120	220	正常
12	KC007	短袖衬衫	纯棉	HT-6001	69******88110	300	正常
13	KC010	无袖连衣裙	雪纺	HT-6041	69******88114	365	高库存
14	KC013	女士短裤	牛仔	HT-6081	69******88116	526	超高库存
15	KC011	短袖T恤	纯棉	HT-6051	69******88119	586	超高库存
16	KC005	短款男士风衣	混纺	HT-6151	69******88125	587	超高库存
17	KC003	短款女士羽绒服	鸭绒	HT-6131	69******88123	592	超高库存
18	合计					3940	-

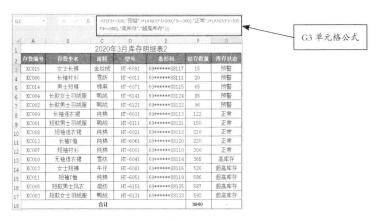

图 4-166

表 4-7　运用 IF 嵌套 OR 函数判断多重条件

判断条件及指定返回的结果	
条件 1	库存状态为“预警”“超高库存”的，标识为“复核”
条件 2	库存状态为“正常”的，标识为“补货”
条件 3	库存状态为“高库存”的，标识为“促销”

	B	C	D	E	F	G	H
1	2020年3月库存明细表2						
2	存货全名	面料	型号	条形码	结存数量	库存状态	处理方法
3	女士长裤	金丝绒	HT-6091	69******88117	15	预警	复核
4	长袖衬衫	雪纺	HT-6011	69******88111	20	预警	复核
5	男士短裤	棉麻	HT-6071	69******88115	65	预警	复核
6	长款女士羽绒服	鸭绒	HT-6141	69******88124	86	预警	复核
7	长款男士羽绒服	鸭绒	HT-6121	69******88122	96	预警	复核
8	长袖连衣裙	纯棉	HT-6031	69******88113	122	正常	补货
9	短款男士羽绒服	鸭绒	HT-6111	69******88121	150	正常	补货
10	短袖连衣裙	纯棉	HT-6021	69******88112	210	正常	补货
11	长袖T恤	纯棉	HT-6061	69******88120	220	正常	补货
12	短袖衬衫	纯棉	HT-6001	69******88110	300	正常	补货
13	无袖连衣裙	雪纺	HT-6041	69******88114	365	高库存	促销
14	女士短裤	牛仔	HT-6081	69******88116	526	超高库存	复核
15	短袖T恤	纯棉	HT-6051	69******88119	586	超高库存	复核
16	短款男士风衣	混纺	HT-6151	69******88125	587	超高库存	复核
17	短款女士羽绒服	鸭绒	HT-6131	69******88123	592	超高库存	复核
18	合计				3940	-	-

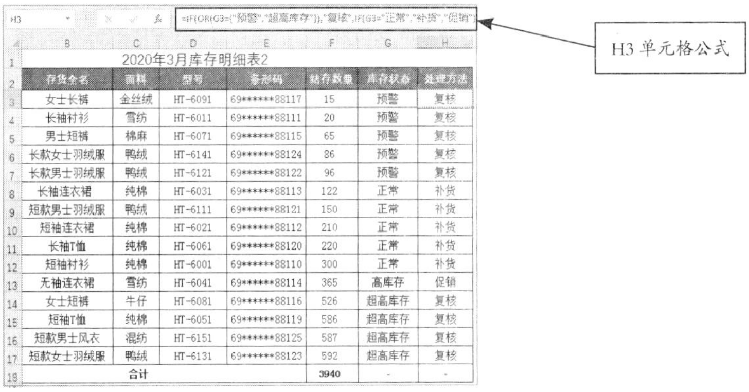

图 4-167

Step03　根据存货“面料”，按照表 4-8 所示条件标识季节属性。

表 4-8　运用 IF 嵌套 NOT 函数判断条件

判断条件及指定返回的结果	
条件 1	面料是“鸭绒”“金丝绒”的，标识为“冬季”
条件 2	其他面料标识为“当季”

以上条件可运用 IF 函数嵌套 NOT 与 OR 函数做判断。在 I3 单元格设置公式“=IF(NOT(OR(C3={"金丝绒","鸭绒"})),"当季","冬季")”→将公式填充至 I4:I17 单元格区域即可，效果如图 4-168 所示。（示例结果见“结果文件 \ 第 4 章 \2020 年 3 月库存明细表 2.xlsx”文件。）

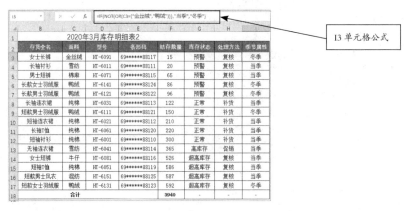

图 4-168

以上条件如果不嵌套 NOT 函数也可以进行判断，将公式修改为"=IF(OR(C3={"金丝绒","鸭绒"}),"冬季","当季")"即可。

（3）IFERROR 函数：屏蔽错误代码，净化数据表

IFERROR 函数，将其名称拆分为 IF 和 ERROR 两个词语，顾名思义，就是"如果错误"。结合 IFERROR 函数的语法结构：IFERROR(value,value_if_error) → IFERROR(公式表达式 , 返回指定结果) 即可理解，它是专门用于判断表达式是否返回错误代码的函数。如果正确，即返回第 1 个参数，即公式表达式的计算结果；如果错误，返回指定的数据（也可嵌套公式表达式），可起到屏蔽错误代码，净化数据表的效果。

打开"素材文件\第 4 章\2020 年 6 月费用分析报表 .xlsx"文件，如图 4-169 所示，计算"超支率"的算术公式为"（实际费用 - 预算费用）÷ 预算费用"，当除数"预算费用"为 0 时，计算结果返回错误代码"#DIV/0"(D7 和 D14 单元格)，下面在公式中嵌套 IFERROR 函数即可屏蔽错误代码。

在 D3 单元格设置公式"=IFERROR((C3-B3)/B3," 预算外费用 ")"→将公式填充至 D4:D14 单元格区域，可看到 D7 和 D14 单元格的公式返回了"预算外费用"，效果如图 4-170 所示。（示例结果见"结果文件\第 4 章\2020 年 6 月费用分析报表 .xlsx"文件。）

图 4-169   图 4-170

关键技能 046 运用 7 个查找和引用函数匹配数据

技能说明

日常工作中，时常需要将分布在不同表格中的数据进行匹配、核对、提取或汇总列示到同一张表格中。例如，HR 在核算工资时，将岗位津贴表中每位职工的岗位津贴数据引用到工资计算表中。如果仅靠手工操作查找数据，既耗时费力、效率低下，也无法保证数据的准确性。那么如何才能在茫茫数据中快速、准确查找到目标数据并引用到目标单元格或工作表之中自动计算？这就需要熟练掌握并灵活运用查找与引用函数，提高数据处理能力，轻松高效地完成这些繁复的工作。

查找与引用类函数共包括 19 个函数，本节主要介绍以下操作简单但非常实用的 7 个函数，主要作用、语法结构及参数或使用要点如图 4-171 所示。

VLOOKUP

- 主要作用：在源数据区域范围内的指定列中查找与关键字匹配的数据并引用至公式单元格中
- 语法结构：VLOOKUP(lookup_value,table_array,col_index_num,range_lookup)
- 使用要点：第 4 个参数可设为“0”或“1”，代表精确查找和近似查找，缺省时默认为 1。如果源数据区域中包含重复关键字，只能查找到第 1 个与之精确匹配或近似匹配的数据

HLOOKUP

- 主要作用：在源数据区域范围内的指定行中查找与关键字匹配的数据并引用至公式单元格中
- 语法结构：HLOOKUP(lookup_value,table_array,row_index_num,range_lookup)
- 使用要点：参考 VLOOKUP 函数

LOOKUP

- 主要作用：在源数据区域中的指定范围内查找与关键字匹配的数据并引用至公式单元格中
- 语法结构：向量形式 LOOKUP(lookup_value,lookup_vector,[result_vector]) 数组形式 LOOKUP(lookup_value,array)
- 使用要点：可设定多个条件进行查找，可用于数值区间查找

OFFSET

- 主要作用：以指定的单元格为基准，根据指定的行和列，按照指定的数字，向上、下、左、右偏移查询追踪单元格中的数据，并引用至公式单元格中
- 语法结构：OFFSET(reference,rows,cols,[height],[width])
- 使用要点：第 4 和第 5 个参数代表引用区域的行高度和列宽度，缺省时默认为 1

图 4-171

INDEX	
	• **主要作用**：根据指定的区域及单元格的二维坐标，定向查找其中数据并引用至公式单元格中
	• **语法结构**：数组形式 INDEX(array,row_num,column_num) 引用形式 INDEX(reference,row_num,[column_num],[area_num])
	• **使用要点**：常用数组形式，与 MATCH 函数嵌套使用

MATCH	
	• **主要作用**：与 INDEX 函数互补，在指定的区域中定位指定的查找值所在单元格的二维坐标
	• **语法结构**：MATCH(lookup_value,lookup_array,[match_type])
	• **要点**：第 3 个参数可设为 -1，0，1，缺省时默认为 1。常与 INDEX 函数嵌套使用

INDIRECT	
	• **主要作用**：对单元格的引用进行计算，并返回其中数值
	• **语法结构**：INDIRECT(ref_text,[a1])
	• **使用要点**：包括直接引用和间接引用两种方法，第 2 个参数代表引用样式：A1 和 R1C1,缺省时默认为 A1 样式

图 4-171（续）

以上仅简要列示了 7 个查找与引用函数的主要作用、基本语法结构及使用要点。事实上，用好每个函数的关键是要充分掌握其中每个参数的作用、特点及设置方法，本节将在实际运用函数前详细介绍关于参数的具体说明并提示相关知识要点。

应用实战

（1）VLOOKUP 函数：查找引用指定区域列中的数据

VLOOKUP 是查找引用类函数中最常运用的函数，其主要作用是在源数据区域范围内的指定列中查找与关键字匹配的第一个数据并引用至公式单元格中。基本语法结构如下：

◆ VLOOKUP(lookup_value,table_array,col_index_num,range_lookup)

◆ VLOOKUP(关键字 , 源数据区域 , 指定的列数 , 精确 / 近似匹配的代码)

函数的每一个参数都有其含义和特点，并发挥不同的作用，对其加以了解并熟悉用法，才能快速编写 VLOOKUP 函数公式并准确查找到目标数据。参数说明如图 4-172 所示。

VLOOKUP 函数比较经典的运用包括精确查找、逆向查找（需嵌套 IF 函数）、近似查找（用于查找数据区间值）。下面分别列举实例介绍具体运用方法。

◆示例一：精确查找

打开"素材文件 \ 第 4 章 \2020 年 4 月职工工资表 .xlsx"文件，其中包含两个工作表：<4 月工资表 > 与 < 工龄工资计算表 >，如图 4-173 和图 4-174 所示。

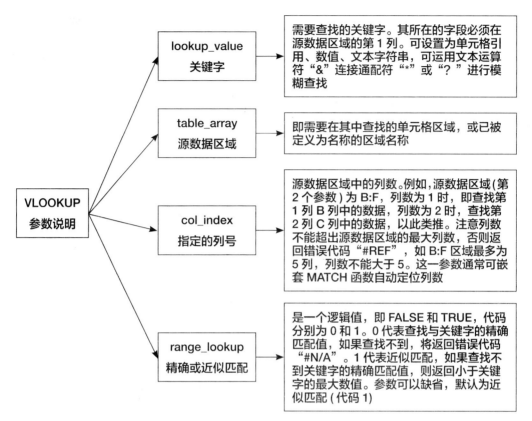

图 4-172

图 4-173　　　　　　　　　　　　　　图 4-174

下面运用 VLOOKUP 函数查找 < 工龄工资计算表 > 中每位职工的工龄工资并引用至 <4 月工资表 > 中。

在 <4 月工资表 > 的 F3 单元格中设置公式 "=VLOOKUP(A3, 工龄工资计算表 !A:G,7,0)"→将公式填充至 F4:F22 单元格区域,效果如图 4-175 所示。(示例结果见 "结果文件 \ 第 4 章 \2020 年 4 月职工工资表 .xlsx" 文件。)

公式含义：在 < 工龄工资计算表 > 的 A:G 区域精确查找 <4 月工资表 > 中 A3 单元格的值，并精确匹配第 7 列的数值后将其引用至 <4 月工资表 > 的 F3 单元格中。

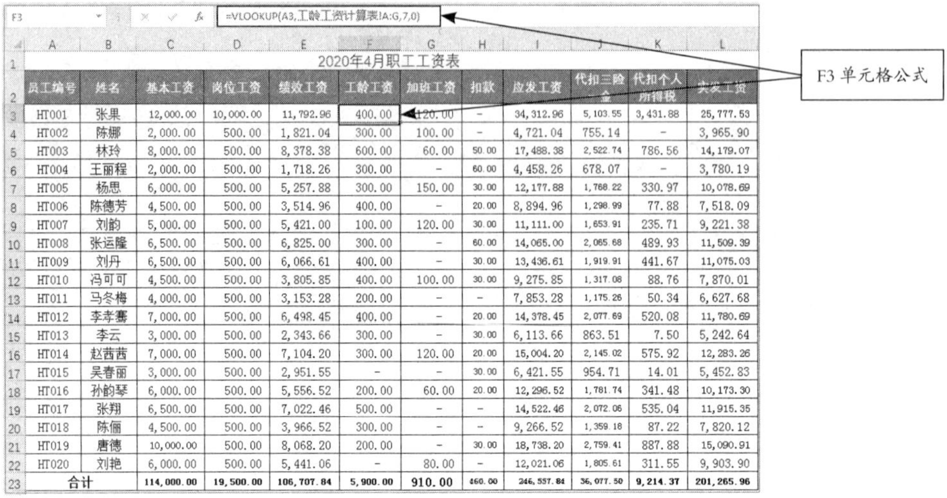

员工编号	姓名	基本工资	岗位工资	绩效工资	工龄工资	加班工资	扣款	应发工资	代扣三险金	代扣个人所得税	实发工资
HT001	张果	12,000.00	10,000.00	11,792.96	400.00	120.00	-	34,312.96	5,103.55	3,431.88	25,777.53
HT002	陈娜	2,000.00	500.00	1,821.04	300.00	100.00	-	4,721.04	755.14	-	3,965.90
HT003	林玲	8,000.00	500.00	8,378.38	600.00	60.00	50.00	17,488.38	2,522.74	786.56	14,179.07
HT004	王丽程	2,000.00	500.00	1,718.26	300.00	-	60.00	4,458.26	678.07	-	3,780.19
HT005	杨思	6,000.00	500.00	5,257.88	300.00	150.00	30.00	12,177.88	1,768.22	330.97	10,078.69
HT006	陈德芳	4,500.00	500.00	3,514.96	400.00	-	20.00	8,894.96	1,298.99	77.88	7,518.09
HT007	刘韵	5,000.00	500.00	5,421.00	100.00	120.00	30.00	11,111.00	1,653.91	235.71	9,221.38
HT008	张运隆	6,500.00	500.00	6,825.00	300.00	-	60.00	14,065.00	2,065.68	489.93	11,509.39
HT009	刘丹	6,500.00	500.00	6,066.61	400.00	-	30.00	13,436.61	1,919.91	441.67	11,075.03
HT010	冯可可	4,500.00	500.00	3,805.85	400.00	100.00	30.00	9,275.85	1,317.08	88.76	7,870.01
HT011	马冬梅	4,000.00	500.00	3,153.28	200.00	-	-	7,853.28	1,175.26	50.34	6,627.68
HT012	李孝骞	7,000.00	500.00	6,498.45	400.00	-	20.00	14,378.45	2,077.69	520.08	11,780.69
HT013	李云	3,000.00	500.00	2,343.66	300.00	-	30.00	6,113.66	863.51	7.50	5,242.64
HT014	赵茜茜	7,000.00	500.00	7,104.20	300.00	120.00	20.00	15,004.20	2,145.02	575.92	12,283.26
HT015	吴春丽	3,000.00	500.00	2,951.55	-	-	30.00	6,421.55	954.71	14.01	5,452.83
HT016	孙韵琴	6,000.00	500.00	5,556.52	200.00	60.00	20.00	12,296.52	1,781.74	341.48	10,173.30
HT017	张翔	6,500.00	500.00	7,022.46	500.00	-	-	14,522.46	2,072.06	535.04	11,915.35
HT018	陈俪	4,500.00	500.00	3,966.52	300.00	-	-	9,266.52	1,359.18	87.22	7,820.12
HT019	唐德	10,000.00	500.00	8,068.20	200.00	-	30.00	18,738.20	2,759.41	887.88	15,090.91
HT020	刘艳	6,000.00	500.00	5,441.06	-	80.00	-	12,021.06	1,805.61	311.55	9,903.90
合计		114,000.00	19,500.00	106,707.84	5,900.00	910.00	460.00	246,557.84	36,077.50	9,214.37	201,265.96

图 4-175

高手点拨 确保关键字的唯一性

VLOOKUP 函数只能查找并引用与关键字匹配的第一个数据。因此，在设置关键字时，应确保其在源数据区域中是唯一的。否则无法准确查找到目标数据。例如，将本例 < 工龄工资计算表 > 中“陈娜”的编号改为“HT001”后，<4 月工资表 > 中“张果”（HT001）的工龄工资依然是“400”，而“陈娜”的工龄工资将返回错误代码“#N/A”。因此本例选择了“员工编号”而非“姓名”作为关键字，正是因为编号不会重复，而“姓名”却极可能出现同名同姓。

◆示例二：逆向查找

VLOOKUP 函数的查找规则为：关键字所在的字段必须在源数据区域中第 1 列，也就是要按照从左至右的方向进行查找。例如，上例公式“=VLOOKUP(A3, 工龄工资计算表 !A:G,7,0)”中，查找的关键字“员工编号”位于 < 工龄工资计算表 >A:G 区域中的 A 列，即第 1 列。但是实际工作中，时常会遇到要求逆向查找的情形，这就需要嵌套 IF 函数，构建一个符合条件的区域。

打开“素材文件 \ 第 4 章 \2020 年 3 月库存明细表 3.xlsx”文件，在 < 表 2：查询表 > 中，根据 H3 单元格中的“型号”查找表 1 中与之匹配的相关数据。其中，表 2 的“存货编号”数据需要逆向查找，如图 4-176 所示。

分别在 I3、J3、K3、L3 单元格中设置以下公式：

- I3 单元格：“=VLOOKUP($H3,IF({1,0},$D$3:$D$17,A3:A17),2,0)”，逆向查找“存货编号”数据；
- J3 单元格：“=VLOOKUP($I3,$A:B,2,0)”，根据 I3 单元格中被查找到的数据正向查找“存货全名”数据，或同样设置逆向查找公式“=VLOOKUP($H3,IF({1,0},$D$3:$D$17,B3:B17),2,0)”；

- K3 和 L3 单元格："=VLOOKUP($I3,$A:E,5,0)"和"=VLOOKUP($I3,$A:F,6,0)"，公式效果如图 4-177 所示。（示例结果见"结果文件\第 4 章\2020 年 3 月库存明细表 3.xlsx"文件。）

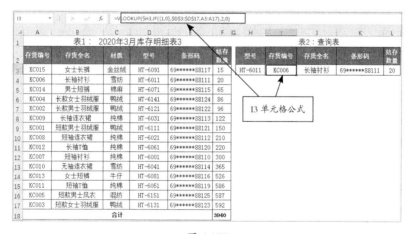

图 4-176

图 4-177

逆向查找原理如下。

①公式中对逆向查找起着决定性作用的部分是表达式"IF({1,0},$D$3:$D$17,A3:A17)"，其实质是利用 IF 函数的数组效应对 VLOOKUP 函数的计算结果进行逻辑判断后，将 D3:D17 和 A3:A17两列数值换位重新排列，再按照正常的从左至右的方向查找。

②数组中的 1 和 0 代表布尔值 TRUE 和 FALSE。执行公式时，分别从 D3:D17 和 A3:A17 单元格区域中返回与 H3 单元格数据匹配的数值，即 D4 单元格中的数值"HT-6011"和 A4 单元格中的数值"KC006"，将两个数值组成一个数组，代入 VLOOKUP 函数公式后的表达式如下：

"=VLOOKUP($H3,{"HT-6011","KC006"},2,0)，第 3 个参数设为"2"，因此公式从数组中取第 2 个数值，即返回"KC006"。

③只要把握其中规律，即可灵活运用 IF 函数加 {1,0} 数组实现逆向查找。例如，I3 单元格公式也可设置为"=VLOOKUP($H3,IF({0,1},A3:A17,$D$3:$D$17),2,0)"，同样能够准确查找到目标数据。

◆示例三：近似匹配查找

运用 VLOOKUP 函数进行近似查找，就是将其第 4 个参数设为"1"。近似查找主要用于数据的区间值查找。例如，计算个人所得税时，根据职工的应纳税所得额所在区间范围，查找与之匹配的税率。

打开"素材文件 \ 第 4 章 \2020 年 4 月个人所得税计算表 .xlsx"文件，根据表 1 中每位职工的应纳税所得额查找表中与之匹配的税率及速算扣除数并引用至表 1，同时计算应纳税额。其中，"税率"需要运用近似匹配查找，而"速算扣除数"可根据查找到的"税率"进行精确匹配查找，如图 4-178 所示。

分别在 D3、E3、F3 单元格设置以下公式：

- D3 单元格："=VLOOKUP(C3,H:I,2,1)"；
- E3 单元格："=VLOOKUP(D3,I:J,2,0)"；
- F3 单元格："=ROUND(C3*D3-E3,2)"，公式效果如图 4-179 所示。

图 4-178

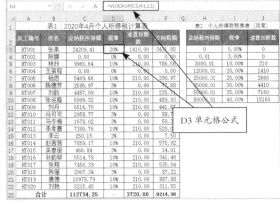

图 4-179

（2）HLOOKUP 函数：查找引用指定区域行中的数据

HLOOKUP 函数的作用是在源数据区域范围内的指定行中查找与关键字匹配的数据并引用至公式单元格中。基本语法结构如下：

◆ HLOOKUP(lookup_value,table_array,row_index_num,range_lookup)

◆ HLOOKUP(关键字 , 源数据区域 , 指定的行数 , 精确 / 近似匹配的代码)

HLOOKUP 与 VLOOKUP 函数的语法结构和查找功能基本相同，关于参数说明请参考 VLOOKUP 函数的相关内容，此处不再赘述。唯一不同的是，HLOOKUP 函数系根据行数查找数据，即 HLOOKUP 函数的 4 个参数中，第 1、2、4 个参数的含义与 VLOOKUP 完全相同，不同的是第 3 个参数代表行数。充分掌握 VLOOKUP 函数后，对 HLOOKUP 函数自然也能轻松上手。

打开"素材文件 \ 第 4 章 \ 销售部季度销售业绩汇总表 .xlsx"文件，如图 4-180 所示。

下面根据表 2 中的"季度"（A12 单元格）数据，在表 1 中查找与之匹配的每个部门的销售数据。

在 B12 单元格设置公式"=HLOOKUP($A12,$B$2:$E$8,2,0)"→将公式填充至 C12:G12 单元格区域中，将公式第 3 个参数分别修改为相应的行号，如 C12 单元格公式的第 3 个参数为"3"，以此类推。公式效果如图 4-181 所示。（示例结果见“结果文件\第 4 章\销售部季度销售业绩汇总表.xlsx”文件。）

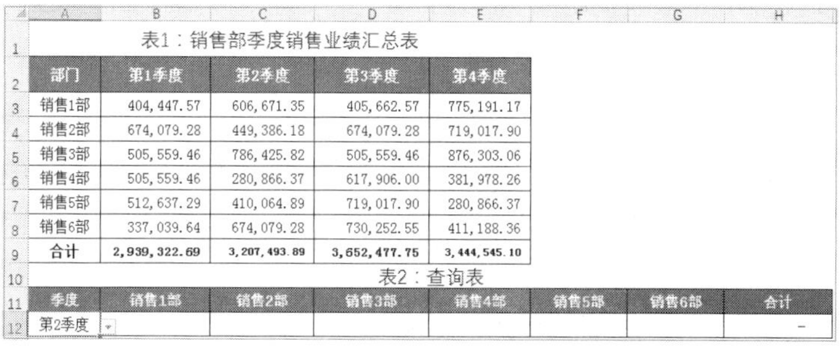

表1：销售部季度销售业绩汇总表

部门	第1季度	第2季度	第3季度	第4季度
销售1部	404,447.57	606,671.35	405,662.57	775,191.17
销售2部	674,079.28	449,386.18	674,079.28	719,017.90
销售3部	505,559.46	786,425.82	505,559.46	876,303.06
销售4部	505,559.46	280,866.37	617,906.00	381,978.26
销售5部	512,637.29	410,064.89	719,017.90	280,866.37
销售6部	337,039.64	674,079.28	730,252.55	411,188.36
合计	2,939,322.69	3,207,493.89	3,652,477.75	3,444,545.10

表2：查询表

季度	销售1部	销售2部	销售3部	销售4部	销售5部	销售6部	合计
第2季度							-

图 4-180

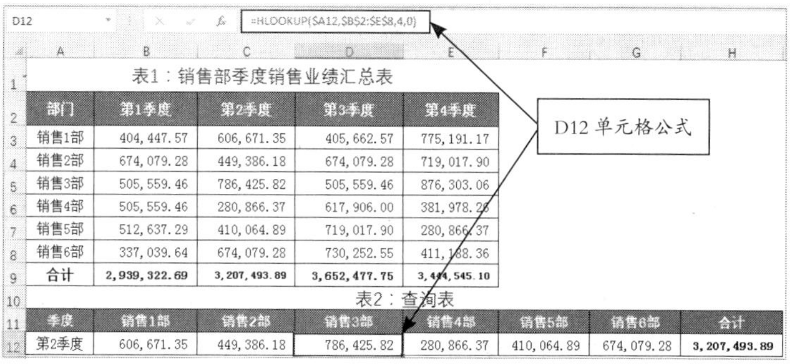

表1：销售部季度销售业绩汇总表

部门	第1季度	第2季度	第3季度	第4季度
销售1部	404,447.57	606,671.35	405,662.57	775,191.17
销售2部	674,079.28	449,386.18	674,079.28	719,017.90
销售3部	505,559.46	786,425.82	505,559.46	876,303.06
销售4部	505,559.46	280,866.37	617,906.00	381,978.26
销售5部	512,637.29	410,064.89	719,017.90	280,866.37
销售6部	337,039.64	674,079.28	730,252.55	411,188.36
合计	2,939,322.69	3,207,493.89	3,652,477.75	3,444,545.10

表2：查询表

季度	销售1部	销售2部	销售3部	销售4部	销售5部	销售6部	合计
第2季度	606,671.35	449,386.18	786,425.82	280,866.37	410,064.89	674,079.28	3,207,493.89

图 4-181

（3）LOOKUP 函数：查找引用指定区域中的数据

LOOKUP 函数的作用是在源数据区域中的指定范围内查找与关键字匹配的数据并引用至公式单元格中。它突破了 VLOOKUP 和 HLOOKUP 函数只能按列或按行查找的局限，能够对目标数据进行全方位查找，而且编写公式过程更简单、快捷。同时，与前两个函数相比，LOOKUP 函数更强大之处体现在它可以设定多个查找条件，只要满足条件即可找到并返回与之匹配的数据。基本语法结构包括 2 种形式：向量形式和数组形式。

◆向量形式 LOOKUP(lookup_value,lookup_vector,[result_vector])

向量形式 LOOKUP(关键字 , 源数据区域 ,[结果区域])

◆数组形式 LOOKUP(lookup_value,array)

数组形式 LOOKUP(关键字 , 二维数组)

其中，向量形式的第 3 个参数（结果区域）如果缺省，则默认第 2 个参数为结果区域，且只适用于正向查找。若需逆向查找，则不能缺省。

LOOKUP 函数的参数比较简单，其他参数说明也可参考 VLOOKUP 函数进行理解。下面分别介绍以 2 种参数形式设置公式，实现查找引用的具体方法。

◆示例一：向量形式的常规运用——升序排序是关键

LOOKUP 函数向量形式的常规运用就是按照其基本语法结构设置公式，但是要确保准确查找到目标数据，必须在之前做好一项非常重要的准备工作：首先将第 2 个参数（源数据区域）所在字段进行升序排序。否则，公式结果将会被张冠李戴，造成数据混乱，但公式表达式本身正确，不会返回错误代码，因此更会导致错误的结果被轻易忽略，无法被及时察觉。

打开“素材文件 \ 第 4 章 \2020 年 3 月库存明表 4.xlsx”文件，如图 4-182 所示。

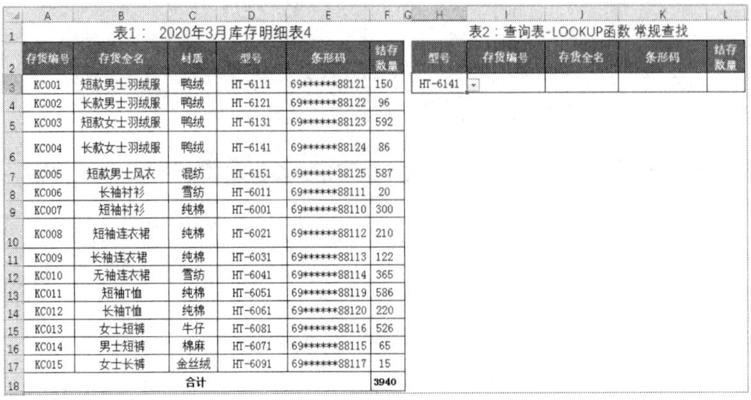

表1：2020年3月库存明细表4

存货编号	存货全名	材质	型号	条形码	结存数量
KC001	短款男士羽绒服	鸭绒	HT-6111	69******88121	150
KC002	长款男士羽绒服	鸭绒	HT-6121	69******88122	96
KC003	短款女士羽绒服	鸭绒	HT-6131	69******88123	592
KC004	长款女士羽绒服	鸭绒	HT-6141	69******88124	86
KC005	短款男士风衣	混纺	HT-6151	69******88125	587
KC006	长袖衬衫	雪纺	HT-6011	69******88111	20
KC007	短袖衬衫	纯棉	HT-6001	69******88110	300
KC008	短袖连衣裙	纯棉	HT-6021	69******88112	210
KC009	长袖连衣裙	纯棉	HT-6031	69******88113	122
KC010	无袖连衣裙	雪纺	HT-6041	69******88114	365
KC011	短袖T恤	纯棉	HT-6051	69******88119	586
KC012	长袖T恤	纯棉	HT-6061	69******88120	220
KC013	女士短裤	牛仔	HT-6081	69******88116	526
KC014	男士短裤	棉麻	HT-6071	69******88115	65
KC015	女士长裤	金丝绒	HT-6091	69******88117	15
合计					3940

表2：查询表-LOOKUP函数 常规查找

型号	存货编号	存货全名	条形码	结存数量
HT-6141				

图 4-182

下面运用 LOOKUP 函数，根据表 2 中的关键字“型号”，在表 1 中查找相关数据，并对比在未排序和排序的情形下的公式效果。

Step01 在 I3 单元格中设置公式“=LOOKUP($H3,$D$3:$D$17,A3:A17)”→将公式填充至 J3:L3 单元格区域中，分别修改第 3 个参数（结果区域），可看到公式返回至 I3:L3 单元格的结果与型号“HT-6141”并不匹配，如图 4-183 所示。

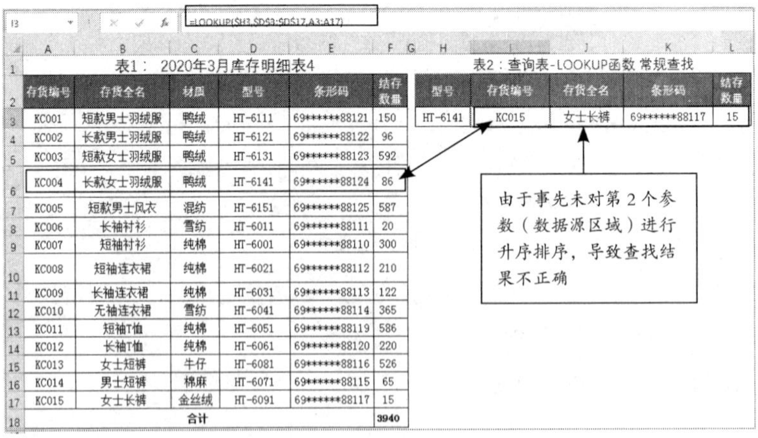

表1：2020年3月库存明细表4

存货编号	存货全名	材质	型号	条形码	结存数量
KC001	短款男士羽绒服	鸭绒	HT-6111	69******88121	150
KC002	长款男士羽绒服	鸭绒	HT-6121	69******88122	96
KC003	短款女士羽绒服	鸭绒	HT-6131	69******88123	592
KC004	长款女士羽绒服	鸭绒	HT-6141	69******88124	86
KC005	短款男士风衣	混纺	HT-6151	69******88125	587
KC006	长袖衬衫	雪纺	HT-6011	69******88111	20
KC007	短袖衬衫	纯棉	HT-6001	69******88110	300
KC008	短袖连衣裙	纯棉	HT-6021	69******88112	210
KC009	长袖连衣裙	纯棉	HT-6031	69******88113	122
KC010	无袖连衣裙	雪纺	HT-6041	69******88114	365
KC011	短袖T恤	纯棉	HT-6051	69******88119	586
KC012	长袖T恤	纯棉	HT-6061	69******88120	220
KC013	女士短裤	牛仔	HT-6081	69******88116	526
KC014	男士短裤	棉麻	HT-6071	69******88115	65
KC015	女士长裤	金丝绒	HT-6091	69******88117	15
合计					3940

表2：查询表-LOOKUP函数 常规查找

型号	存货编号	存货全名	条形码	结存数量
HT-6141	KC015	女士长裤	69******88117	15

图 4-183

Step02 选中 D3:D17 单元格区域（LOOKUP 函数的第 2 个参数），对其作升序排序后，可看到公式返回到 I3:L3 单元格区域中的结果均与型号“HT-6141”匹配，效果如图 4-184 所示。

◆示例二：向量形式的升级运用——无序条件查找

LOOKUP 函数的常规运用需要事先排序才能准确查找到目标数据，这是 LOOKUP 函数的一个“短板”，会对工作效率产生很大影响。那么，如何弥补这一短板，使其无须排序也能准确查找呢？

其实非常简单，可以利用布尔值 1（TRUE）作为第 1 个参数（关键字），然后再将第 2 个参数设置为条件"0/(查找列 = 关键字)"，使其返回一组错误代码，LOOKUP 函数在错误代码中自然查找不到"1"（TRUE），那么就退而求其次，在查找列中查找小于等于关键字的最大值后，再返回与之匹配的第 3 个参数结果列中的数据。由此，即可达到不排序也能准确找到目标数据的目的。同时，运用这一原理，还可以在 2 个参数中设置多组查找列和关键字，实现多组条件查找。无序语法结构分别如下：

◆单组条件：LOOKUP(1,0/(查找列 = 关键字), 结果列)

◆多组条件：LOOKUP(1,0/((查找列 1= 关键字 1)*(查找列 2= 关键字 2)*(…), 结果列)

图 4-184

下面继续在"素材文件 \ 第 4 章 \2020 年 3 月库存明细表 4.xlsx"文件中介绍运用 LOOKUP 函数设置公式实现单组条件和多组条件的无序查找的具体方法。

Step01 单条件无序查找。恢复"存货编号"的升序排序，可看到表 2 中 LOOKUP 函数常规运用设置的公式返回错误结果。在表 3 的 I7 单元格中设置公式"=LOOKUP(1,0/($D3:$D17=$H7),A3:A21)"→将公式填充至 J7:L7 单元格区域→将各单元格中 LOOKUP 函数公式中的第 3 个参数（结果列）修改为与字段名称对应的表 1 中的列区域，可看到公式返回结果均与 H7 单元格中的关键字匹配，效果如图 4-185 所示。

Step02 多条件无序查找。在表 4 中将"材质"和"存货全名"设置为关键字→在 J11 单元格中设置公式"=LOOKUP(1,0/(($C3:$C17=$H11)*($B3:$B17=$I11)),A3:A17)"→将公式填充至 K11 和 L11 单元格→将第 3 个参数（结果列）修改为与字段名称对应的表 1 中的列区域，可看到公式返回结果与 H11 和 I11 单元格中的关键字匹配，效果如图 4-186 所示。（示例结果见"结果文件 \ 第 4 章 \2020 年 3 月库存明细表 4.xlsx"文件。）

◆示例三：数组形式——区间查找的最佳形式

如果将 LOOKUP 函数用于数字区间查找，公式编写更简单，更易理解，采用如前文所述的向量形式常规运用或数组专用形式的语法格式均可实现区间查找。但是，当源数据区域和结果区域中的数据全部为数字时，采用数组形式无须添加辅助表，且更加直观、易懂。

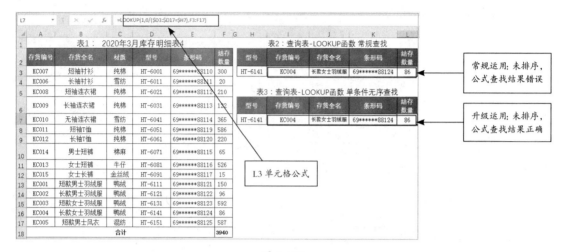

图 4-185

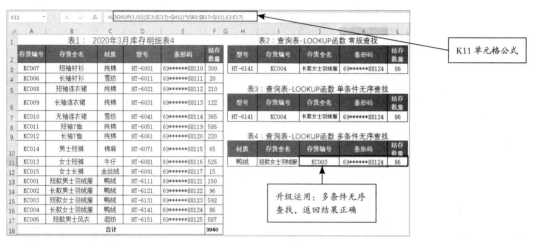

图 4-186

打开"素材文件 \ 第 4 章 \2020 年 4 月个人所得税计算表 1.xlsx"文件，分别运用 LOOKUP 函数在 D3 和 E3 单元格中设置向量形式和数组形式的公式：

◆ D3 单元格："=LOOKUP(C3,$I$3:$I$10,$J$3:$J$10)"

◆ E3 单元格："=LOOKUP(C3,{0,0.01,3000.01,12000.01,25000.01,35000.01,55000.01,80000.01}, {0,0.03,0.1,0.2, 0.25,0.3,0.35,0.4})"

将 D3 和 E3 单元格公式填充至 D4:E22 单元格区域后，可看到计算得到的税率完全一致，效果如图 4-187 所示。（示例结果见"结果文件 \ 第 4 章 \2020 年 4 月个人所得税计算表 1"文件。）

（4）INDEX+MATCH 组合函数：查找引用函数的黄金组合

INDEX 函数的作用是根据指定单元格的行数和列数查找并返回目标数据。MATCH 函数的作用则是根据关键字，查找并返回指定区域中单元格的行数和列数。二者功能恰好互补，因此在实际运用中通常将它们嵌套组成一个公式，发挥查找引用作用。这一函数组合功能十分强大，能够弥补

VLOOKUP、HLOOKUP、LOOKUP 函数的诸多短板，无论正向查找、逆向查找还是双向查找，都能够轻而易举地找到目标数据，堪称查找引用函数中的黄金组合。两个函数及其嵌套组合的语法结构及参数说明如表 4-9 所示。

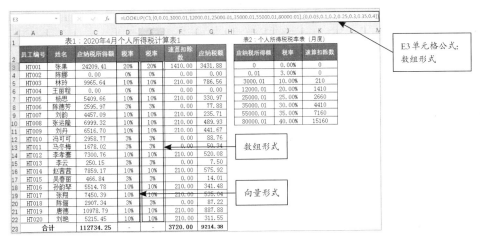

图 4-187

表 4-9　INDEX 和 MATCH 函数及嵌套组合的语法结构及参数说明

函数		语法结构
INDEX 函数	数组形式	NDEX(array,row_num,column_num) INDEX(查找区域 , 行数 , 列数)
	引用形式	INDEX(reference,row_num,[column_num],[area_num] INDEX(一个或多个区域 , 行数 ,[列数],[引用中的区域])
MATCH 函数	-	MATCH(lookup_value,lookup_array,[match_type]) MATCH(查找值 , 查找范围 ,[查找方式])
INDEX+MATCH 函数	-	INDEX(查找区域 ,MATCH(关键字 , 查找范围 (行),[查找方式]),MATCH(关键字 , 查找范围 (列),[查找方式])
参数说明		❶INDEX 函数在日常工作中通常采用数组形式的语法结构 ❷MATCH 函数的第 3 个参数包括 2 个代码，即 0 和 1，分别代表精确查找与近似查找，日常工作中通常设为 0（精确查找） ❸INDEX 与 MATCH 函数嵌套查找的原理：将 INDEX 函数的数组形式语法中的第 2 和第 3 个参数（行数和列数）分别运用 MATCH 函数自动定位，以此达到查找引用的目的。因此，需注意 MATCH 函数的第 2 个参数（查找范围）应设定为单行或单列

值得一提的是，MATCH 函数可以自动定位单元格坐标，因此它能够与 VLOOKUP 或 HLOOKUP 函数及其他需要手动设置行数或列数的函数嵌套，共同发挥高效查找的作用，可谓是查找引用函数中的经典百搭函数之一。下面列举实例介绍运用 INDEX+MATCH 函数、VLOOKUP+MATCH 函数进行查找引用的具体方法。

◆示例一：INDEX+MATCH 函数

打开"素材文件 \ 第 4 章 \2020 年 3 月库存明细表 5.xlsx"文件，根据表 2 中 H3 单元格中的型号，在表 1 中查找与之匹配的相关数据。其中，"存货编号"为逆向查找。

在 I3 单元格中设置公式“=INDEX($A$3: $F$17,MATCH($H3,$D$3:$D$17,0),MATCH(I2,$A$2:$F$2,0))”→将公式填充至 J3:L3 单元格区域。可看到 I3:L3 单元格区域的数据均与 H3 单元格匹配，效果如图 4-188 所示。

I3 单元格公式解析如下。

❶INDEX 函数的第 2 个参数：表达式 MATCH($H3,$D$3:$D$17,0) 的含义是在 D3:D17 单元格区域中查找与 H3 单元格中数据匹配的单元格行号，返回结果为“2”。

❷INDEX 函数的第 3 个参数：表达式 MATCH(I2,$A$2:$F$2,0) 的含义是在 A2:F2 单元格区域中查找与 I2 单元格中数据匹配的单元格列号，返回结果为“1”。

❸INDEX 函数公式含义：在 A3:F17 单元格区域中查找第 2 行第 1 列单元格（A4 单元格）的值，即“KC006”。

❹ 其他单元格公式以此类推理解即可。

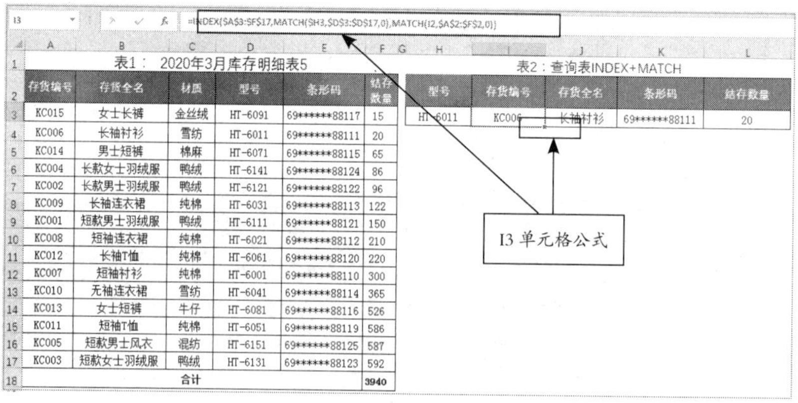

=INDEX($A$3:$F$17,MATCH($H3,$D$3:$D$17,0),MATCH(I2,$A$2:$F$2,0))

表1： 2020年3月库存明细表5

存货编号	存货全名	材质	型号	条形码	结存数量
KC015	女士长裤	金丝绒	HT-6091	69******88117	15
KC006	长袖衬衫	雪纺	HT-6011	69******88111	20
KC014	男士短裤	棉麻	HT-6071	69******88115	65
KC004	长款女士羽绒服	鸭绒	HT-6141	69******88124	86
KC002	长款男士羽绒服	鸭绒	HT-6121	69******88122	96
KC009	长袖连衣裙	纯棉	HT-6031	69******88113	122
KC001	短款男士羽绒服	鸭绒	HT-6111	69******88121	150
KC008	短袖连衣裙	纯棉	HT-6021	69******88112	210
KC012	长袖T恤	纯棉	HT-6061	69******88120	220
KC007	短袖衬衫	纯棉	HT-6001	69******88110	300
KC010	无袖连衣裙	雪纺	HT-6041	69******88114	365
KC013	女士短裤	牛仔	HT-6081	69******88116	526
KC011	短袖T恤	纯棉	HT-6051	69******88119	586
KC005	短款男士风衣	混纺	HT-6151	69******88125	587
KC003	短款女士羽绒服	鸭绒	HT-6131	69******88123	592
合计					3940

表2：查询表INDEX+MATCH

型号	存货编号	存货全名	条形码	结存数量
HT-6011	KC006	长袖衬衫	69******88111	20

图 4-188

◆示例二：VLOOKUP+MATCH 函数

下面继续在“素材文件 \ 第 4 章 \2020 年 3 月库存明细表 5.xlsx”文件中设置公式。根据表 3 中 H7 单元格“存货编号”，在表 1 中查找与之匹配的相关数据。

在 I7 单元格中设置公式“=VLOOKUP($H7,$A$3:$F$17,MATCH(I6,$A$2:$F$2,0),0)”→将公式填充至 J7:M7 单元格区域，无须修改 VLOOKUP 函数的第 3 个参数（列数）。可看到 I7:M7 单元格区域中数据均与 H7 单元格数据匹配，效果如图 4-189 所示。（公式含义请参考示例一中 INDEX+MATCH 嵌套公式进行理解。示例结果见“结果文件 \ 第 4 章 \2020 年 3 月库存明细表 5.xlsx”文件。）

（5）OFFSET 函数：偏移查找目标数据

OFFSET 函数的作用是以指定单元格为基准，按照指定的行数和列数的偏移量追踪单元格，并返回其中的数据。换言之，就是以指定单元格为中心，根据用户给定的数字和方向，全方位搜索与中心单元格相邻的上下左右单元格并返回其中数据。基本语法结构如下：

◆ OFFSET(reference,rows,cols,[height],[width])

◆ OFFSET(基准单元格 , 向上或向下偏移的行数 , 向左或向右偏移的列数 ,[引用区域的行高度],[引用区域的列宽度])

OFFSET 函数的参数中，必需参数为前 3 个，其中第 2 和第 3 个参数，若为正数，代表向下和向右偏移，若为负数，则代表向上和向左偏移，如图 4-190 所示。

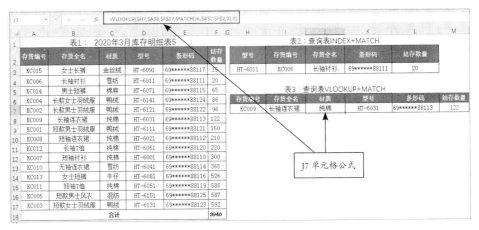

图 4-189

第 4 和第 5 个参数（引用区域的行高度与列宽度）可以缺省，其作用是锁定行的高度和列的宽度所构成的单元格区域，一般在需要对被追踪单元格区域进行计算时使用。如果缺省即默认为"0"，则仅按行数和列数偏移追踪单元格，如图 4-191 所示，F2、F3、F4 单元格中分别设置了正数、负数及未缺省第 4 和第 5 个参数的 3 个 OFFSET 函数公式，其含义分别如下。

- F2 单元格："=OFFSET(B3,2,3)"——以 B3 单元格为基准，向下偏移 2 行，向右偏移 3 列，返回结果为 E5 单元格数值"2000"；
- F3 单元格："=OFFSET(B3,-1,-1)"——以 B3 单元格为基准，向上偏移 1 行，向左偏 1 列，返回结果为 A1 单元格数值"100"；
- F4 单元格："=SUM(OFFSET(B3,1,2,2,2))"——以 B3 单元格为基准，向下偏移 1 行，向右偏移 2 列，偏移的行高和列宽均为 2，即锁定 D4:E5 单元格区域，再运用 SUM 函数计算其中数值之和，因此返回结果为"6800"。

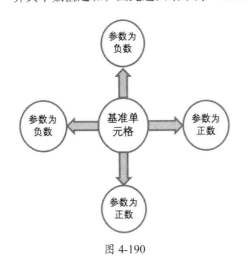

	A	B	C	D	E	F 公式结果	G 公式表达式
1			数据				
2	100	200	300	400	500	2000	=OFFSET(B3,2,3)
3	600	**700**	800	900	1000	100	=OFFSET(B3,-1,-1)
4	1100	1200	1300	1400	1500	6800	=SUM(OFFSET(B3,1,2,2,2))
5	1600	1700	1800	1900	2000		

图 4-190　　　　　　　　　　　　　　图 4-191

由于 OFFSET 函数的参数也需要设置行数和列数，因此，在实际工作中，它同样也要与 MATCH 函数嵌套使用，才能真正发挥其实用性。下面继续在"素材文件\第 4 章\2020 年 3 月库存明细表 5.xlsx"文件中设置公式。根据表 4 中 H11 单元格"型号"，在表 1 中查找与之匹配的相关数据。

在 I11 单元格中设置公式"=OFFSET($A$1,MATCH($H11,$D$2:$D$17,0),MATCH(I10,$A$2:$F$2,0)-1)"→将公式填充至 J11:L11 单元格区域，无须做任何修改。I11 单元格公式含义如下。

❶OFFSET 函数的第 2 和第 3 个参数分别运用 MATCH 函数自动定位行数和列数，返回结果分别为"6"和"0"。其中，第 3 个参数的表达式"MATCH(I10,$A$2:$F$2,0)"返回 1，减 1 的目的是要使得以基准单元格向右偏移 0 行，即定位在 A 列。

❷OFFSET 函数公式含义：以 A1 单元格为基准，向下偏移 6 行，向右偏移 0 列，即可返回 A7 单元格数值"KC002"。

❸其他单元格公式以此类推理解即可。

公式效果如图 4-192 所示。（最终示例结果见"结果文件\第 4 章\2020 年 3 月库存明细表 5.xlsx"文件，读者可从中对比 INDEX、VLOOKUP、OFFSET 函数与 MATCH 嵌套公式的设置方法和公式效果。）

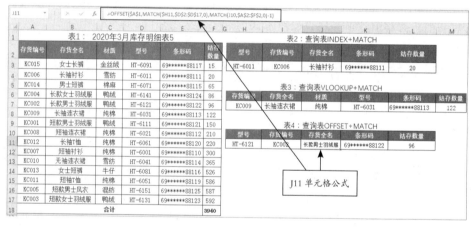

图 4-192

（6）INDIRECT 函数：直观引用指定单元格数值

INDIRECT 函数作用是立刻对指定的单元格引用进行计算，并返回其中数值。基本语法结构如下：

◆ INDIRECT(ref_text,[a1])

◆ INDIRECT(单元格引用或文本 ,[引用样式])

INDIRECT 函数的语法结构非常简单，仅 2 个参数。但是第 1 个参数包括 2 种形式，即直接引用指定单元格中的文本和间接引用指定单元格中指向的另一个单元格。而第 2 个参数所指的"引用样式"包括 A1 和 R1C1 两种样式，参数缺省时默认为 A1 样式。实际工作中通常采用 A1 样式，因此一般只需设置第 1 个参数即可。具体参数说明如图 4-193 所示。

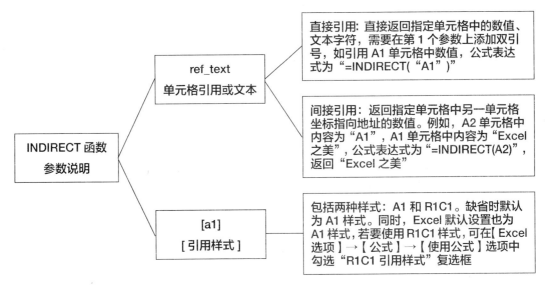

图 4-193

下面对比 INDIRECT 函数的第 1 个参数分别
设置为直接引用和间接引用形式后返回的不同结
果，如图 4-194 所示。

图 4-194

在实际工作中，采用 INDITRECT 函数的直接引用形式能够轻松实现跨表提取数据，而间接引
用形式最经典的应用是通过【数据验证】工具制作二级动态下拉功能列表。下面列举实例分别介绍
2 种引用形式的具体运用方法。

◆示例一：直接引用——嵌套函数轻松实现跨表提取数据

运用 INDIRECT 函数直接引用形式实现跨表提取数据的原理是：公式进行跨表引用时，会在
单元格区域前自动添加工作表名称。例如，引用 sheet1 工作表中的 A2:B10 单元格区域，在公式中
的表达式是 "sheet1!A2:B10"，如果其他单元格公式引用 sheet2 工作表中的相同区域，那么填充公
式后必须手动修改工作表名称，这就给跨表提取数据带来不便。运用 INDIRECT 函数直接引用自
动返回 "工作表名称! 单元格区域" 这一表达式，只需设置一个公式，即可全表填充公式，无须做
任何修改，即可轻松实现跨表提取数据。

打开 "素材文件 \ 第 4 章 \2020 年职工工资表 .xlsx" 文件，其中包含 1—4 月工资表及汇
总表。将每月工资表中每个工资项目的合计数引用至汇总表中，如果在 B3 单元格设置公式
"=HLOOKUP(B$2,'1 月工资表 '!$E$2:$N$23,MATCH($A$7,'1 月工资表 '!$A$2:$A$23,0),0)" 后填充
至 B4:B6 单元格区域，那么该区域中的数据全部为 <1月工资表 > 中的合计数，必须手动批量修改
公式中的工作表名称，如图 4-195 所示。

下面嵌套 INDIRECT 函数设置公式并复制粘贴至所有单元格后返回结果正确，无须修改工作
表名称。

Step01 在 B3 单元格设置公式 "=HLOOKUP(B$2,INDIRECT($A3&" 工资表 !$E$2:$N$23"),
MATCH($A$7,INDIRECT($A3&" 工资表 !$A$2:$A$23"),0),0)" →将公式复制粘贴至 B3:K6 单元格

区域，效果如图 4-196 所示。

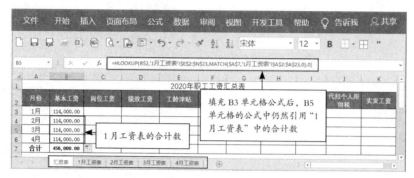

图 4-195

图 4-196

B3 单元格公式解析如下。

HLOOKUP 函数的第 2 个参数（源数据区域）和第 3 个参数（行号）均嵌套了 INDIRECT 函数，其中表达式 "INDIRECT($A3&" 工资表 !$E$2:$N$23")" 返回结果为文本 "1 月工资表 !$E$2:$N$23"，将公式填充至 B4 单元格后即可自动返回 "2 月工资表 !$E$2:$N$23"，以此类推。

Step02 追加 5 月工资表，测试公式效果。❶ 新增工作表，命名为 "5 月工资表"，将 <4 月工资表> 整张复制粘贴至 <5 月工资表>，修改其中数据，以备测试之用，如图 4-197 所示；❷ 在 <汇总表> 第 7 行上插入 1 行，在 A7 单元格输入 "5 月" 后 B7:K7 单元格区域自动填充第 6 行公式并返回正确结果，效果如图 4-198 所示。（示例结果见 "结果文件\第 4 章\2020年职工工资表 2.xlsx" 文件。）

温馨提示

> 如果 Excel 2016 以下的版本在插入新行后不能自动填充上一行公式，只需选中单元格区域，按组合键【Ctrl+D】即可填充。

◆示例二：制作二级联动下拉列表

本书在第 1 章介绍过运用【数据验证】工具将需要录入的数据设置为序列，制作下拉列表，录入数据时可直接在下拉列表中选取，既可省去烦琐的录入工作，又能有效确保原始数据准确无误。但是，如果一个序列中的备选项过多，那么在列表中选择的时候仍然会耗费较多时间和精力。

	2020年5月职工工资表												
	员工编号	姓名	部门	岗位	基本工资	岗位工资	绩效工资	工龄津贴	加班工资	扣款	应发工资	代扣三险一金	代扣个人所得税	实发工资
3	HT001	张果	总经办	总经理	12,000.00	10,000.00					22,000.00	5,103.55		16,896.45
4	HT002	陈娜	行政部	清洁工	2,500.00	500.00					3,000.00	755.14		2,244.86
5	HT003	林玲	总经办	销售副总	8,500.00	500.00					8,500.00	2,522.74		5,977.26
6	HT004	王丽程	行政部	清洁工	2,500.00	500.00					3,000.00	678.07		2,321.93
7	HT005	杨思	财务部	往来会计	6,000.00	500.00					6,500.00	1,768.22		4,731.78
8	HT006	陈德芳	仓储部	理货专员	4,500.00	500.00					5,000.00	1,298.99		3,701.01
9	HT007	刘韵	人力资源部	人事助理	5,000.00	500.00					5,500.00	1,653.91		3,846.09
10	HT008	张运隆	生产部	技术人员	6,500.00	500.00					7,000.00	2,065.68		4,934.32
11	HT009	刘丹	生产部	技术人员	6,500.00	500.00					7,000.00	1,919.91		5,080.09
12	HT010	冯可可	仓储部	理货专员	4,500.00	500.00					5,000.00	1,317.08		3,682.92
13	HT011	马冬梅	行政部	行政前台	4,000.00	500.00					4,500.00	1,175.26		3,324.74
14	HT012	李孝騫	人力资源部	绩效考核专员	7,000.00	500.00					7,500.00	2,077.69		5,422.31
15	HT013	李云	行政部	保安	3,000.00	500.00					3,500.00	863.51		2,636.49
16	HT014	赵茜茜	销售部	销售经理	7,000.00	500.00					7,500.00	2,145.02		5,354.98
17	HT015	吴春丽	行政部	保安	3,200.00	500.00					3,700.00	954.71		2,745.29
18	HT016	孙韵琴	人力资源部	薪酬专员	6,500.00	500.00					6,500.00	1,781.74		4,718.26
19	HT017	张翔	人力资源部	人事经理	6,500.00	500.00					7,000.00	2,072.06		4,927.94
20	HT018	陈俪	行政部	司机	4,500.00	500.00					5,000.00	1,359.18		3,640.82
21	HT019	唐德	总经办	常务副总	10,000.00	500.00					10,500.00	2,759.41		7,740.59
22	HT020	刘艳	人力资源部	培训专员	6,000.00	500.00					6,500.00	1,805.61		4,694.39
23		合计			115,200.00	19,500.00				—	134,700.00	36,077.50	—	98,622.52

汇总表 1月工资表 2月工资表 3月工资表 4月工资表 5月工资表

图 4-197

B7 =HLOOKUP(B$2,INDIRECT($A7&"工资表!!$E$2:$N$23"),MATCH($A$8,INDIRECT($A7&"工资表!)$A$2:$A$23"),0),0)

	2020年职工工资汇总表									
月份	基本工资	岗位工资	绩效工资	工龄津贴	加班工资	扣款	应发工资	代扣三险一金	代扣个人所得税	实发工资
1月	114,000.00	19,500.00	100,602.00	4,800.00	1,150.00	550.00	239,502.00	36,077.50	8,505.64	194,918.85
2月	114,500.00	19,500.00	101,865.52	4,800.00	780.00	290.00	241,155.52	36,077.50	8,669.19	196,408.84
3月	115,000.00	19,500.00	101,924.98	4,800.00	1,050.00	440.00	241,834.98	36,077.50	8,682.29	197,075.19
4月	115,400.00	19,500.00	106,707.84	4,800.00	910.00	460.00	246,657.84	36,077.50	9,120.87	201,459.46
5月	—	—	—	—	—	—	134,700.00	36,077.50	—	98,622.52
合计	573,900.00	97,500.00	411,100.34	19,200.00	3,890.00	1,740.00	1,103,850.34	180,387.52	34,977.98	888,484.86

汇总表 6月工资表 1月工资表 2月工资表 3月工资表 4月工资表 5月工资表

B7 单元格公式

图 4-198

针对这种情形，可以运用 INDIRECT 函数的间接引用形式和【定义名称】功能，通过【数据验证】工具制作二级动态列表，将数据类别设置为一级列表，每一类别中的备选项分别设置为二级列表，选择一级列表中的某一选项后，二级列表只列示其所属一级类别中的备选项，即可更快更准地从下拉列表里选择所需数据。

打开"素材文件\第 4 章\客户名称表 .xlsx"文件，如图 4-199 所示，B2:B61 单元格区域中记录的客户数量多达 60 个，如果以此区域作为下拉列表的源数据，那么在选取客户时会极不方便。下面以"地区"为源数据制作一级列表，再以"客户名称"为源数据制作所属地区的二级列表。

Step01 ❶ 将原始数据整理为如图 4-200 所示格式；❷ 选中 D1:I1 单元格区域→单击【公式】选项卡下【公式】组中的【定义名称】按钮，打开【新建名称】对话框，将"名称"设置为"城市"，如图 4-201 所示。

	A	B
1	地区	客户名称
2	成都	客户01
54	台州	客户37
55	台州	客户38
56	台州	客户39
		客户40
		客户41
57	台州	客户42
58	台州	客户13
		客户14
59	台州	客户18
60	台州	客户19
61	台州	客户20

图 4-199

	成都	广州	深圳	汕头	台州	萍乡
2	客户01	客户31	客户13	客户41	客户11	客户51
3	客户02	客户32	客户15	客户42	客户12	客户52
4	客户03	客户33	客户17	客户43	客户14	客户53
5	客户04	客户34	客户19	客户44	客户16	客户54
6	客户05	客户35	客户21	客户45	客户18	客户55
7	客户06	客户36	客户23	客户46	客户56	
8	客户07	客户37	客户25	客户47	客户24	客户57
9	客户08	客户38	客户27	客户48	客户25	客户58
10	客户09	客户39	客户29	客户49	客户26	客户59
11	客户10	客户40	客户30	客户50	客户27	客户60

图 4-200

图 4-201

Step02 将 D2:D11、E2:E11、F2:F11、G2:G11、H2:H11、I2:I11 6 个单元格区域分别定义名称，注意应将各单元格区域的名称定义为与 D1:I1 单元格区域的城市名称完全一致的字符。例如，D2:D11 单元格区域名称应定义为"成都"，而不能是"成都市"。打开"名称管理器"对话框，可看到已定义的名称，如图 4-202 所示。

图 4-202

Step03 在 K1:L2 单元格区域绘制表格，用于制作联动下拉列表。❶ 选中 K2 单元格→打开【数据验证】对话框→在【设置】选项卡中将"允许"设置为"序列"→在"来源"对话框中输入"= 城市"→单击【确定】按钮，即制作完成一级下拉列表，如图 4-203 所示；❷ 在 L2 单元格中制作二级下拉列表，参照第 1 步在【数据验证】对话框的【设置】选项卡中进行设置，在"来源"文本框中输入"=INDIRECT(K2)"即制作完成二级下拉列表，如图 4-204 所示。

Step04 测试效果。在 K2 单元格下拉列表中任意选择一个城市名称，如"广州"→展开 L2 单元格的下拉列表，可看到其中备选项仅包含"广州"地区的客户名称，效果如图 4-205 所示。（示例结果见"结果文件\第 4 章\客户名称表.xlsx"文件。）

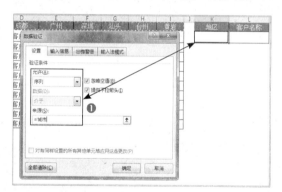

图 4-203

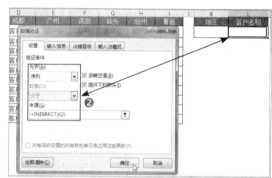

图 4-204

	成都	广州	深圳	汕头	台州	曹岩		地区	客户名称
1								广州	
2	客户01	客户31	客户13	客户41	客户11	客户51			客户31
3	客户02	客户32	客户15	客户42	客户12	客户52			客户32
4	客户03	客户33	客户17	客户43	客户14	客户53			客户33
5	客户04	客户34	客户19	客户44	客户16	客户54			客户34
6	客户05	客户35	客户21	客户45	客户18	客户55			客户35
7	客户06	客户36	客户23	客户46	客户20	客户56			客户36
8	客户07	客户37	客户25	客户47	客户22	客户57			客户37
9	客户08	客户38	客户27	客户48	客户24	客户58			
10	客户09	客户39	客户29	客户49	客户26	客户59			
11	客户10	客户40	客户30	客户50	客户28	客户60			

图 4-205

温馨提示

运用定义名称 + 数据验证 +INDIRECT 函数间接引用形式可以继续制作多级下拉列表，只需按照上述步骤制作即可。

运用 7 个统计函数统计数据

技能说明

统计函数的主要作用就是对数据区域进行统计和分析。在 Excel 中，统计类函数虽然多达 100 多个，但实际上只要完全掌握其中必学必会的几个常用统计函数，灵活运用于实际工作之中，就可以基本满足日常数据计算需求。本节将介绍 7 个常用统计类函数，如图 4-206 所示。

COUNT	• **主要作用**：统计指定的数据区域或数组中，数字类数据的数量
	• **语法结构**：COUNT(value1,[value2],…)
	• **使用要点**：第 2 个参数可缺省，至少设置 1 个参数，最多可设置 255 个参数

COUNTIF	• **主要作用**：统计指定数据区域内，满足指定的单一条件的数据的数量
	• **语法结构**：COUNTIF(rang,criteria)
	• **使用要点**：可指定统计条件为数字、文本、单元格引用、公式表达式等

COUNTIFS	• **主要作用**：统计指定数据区域内，满足指定的多个条件的数据的数量
	• **语法结构**：COUNTIFS(criteria_range1,criteria1, criteria_range2, criteria2,…)
	• **使用要点**：可指定的统计条件请参考 COUNTIF 函数。最多可设置 127 组统计区域 + 条件区域

COUNTA	• **主要作用**：统计指定区域内或数组中非空单元格的数量
	• **语法结构**：COUNTA(value1,[value2],…)
	• **使用要点**：至少设置 1 个参数，最多可设置 255 个参数

COUNTBLANK	• **主要作用**：统计指定区域内空单元格的数量
	• **语法结构**：COUNTBLANK(range)
	• **使用要点**：与 COUNTA 函数作用互补。只有一个参数，即指定的单元格区域

MAX	• **主要作用**：统计指定的数据区域或数组中，最大的一个数值
	• **语法结构**：MAX(number1,[number2],…)
	• **使用要点**：最多可设置 255 个参数，可以设置为数字、空单元格、逻辑值或表示数值的文本字符串

MIN	• **主要作用**：统计指定的数据区域或数组中，最小的一个数值
	• **语法结构**：MIN(number1,[number2],…)
	• **使用要点**：请参考 MAX 函数

图 4-206

统计函数虽然功能强大，但是参数设置方法都非常简单，只要充分掌握了其语法结构、参数特点、使用要点就能够轻松运用。以上仅简要介绍了每个函数的部分框架知识，下面将在【应用实战】中对每个函数的相关知识点进行详细说明。

应用实战

（1）COUNT 函数：统计指定区域中数字类数据的数量

COUNT 函数专门用于统计指定的数据区域或数组中数字类数据的数量。基本语法结构如下：

◆ COUNT(value1,[value2],…)

◆ COUNT(指定区域或数组 1,[指定区域或数组 2]，…)

COUNT 是统计类函数中最简单的函数之一，它的参数最多可设置 255 个，可以设置为数值、文本、单个或连续的单元格区域，日常工作中主要与其他函数嵌套使用。下面分别介绍其基本运用和嵌套运用方法。

◆示例一：基本运用——注意统一数据格式

由于 COUNT 函数仅对数字类数据的数量进行统计，忽略除数字类数据之外的其他类型数据的数量，在实际运用中，需要注意将指定数据区域中数字的格式统一设置为数字类型。

例如，在如图 4-207 所示的表格中，A2:A6 单元格区域中包含 5 个数据，但是其中数字类数据仅 3 个，在 A7 单元格中设置公式 "=COUNT(A2:A6)"，返回结果为 "3"。

忽略统计 A2 和 A4 单元格中的文本类数据

	A	B
1	数字	数据类型
2	50	文本
3	32	数字
4	68	文本
5	23	数字
6	40	数字
7	3	A7单元格公式:=COUNT(A2:A6)

图 4-207

◆示例二：IF+COUNT 函数嵌套使用——实现自动编排和更新序号

打开 "素材文件 \ 第 4 章 \ 职工信息管理表 11.xlsx" 文件，如图 4-208 所示，其中 A3:A22 单元格区域中的 "序号" 为手动填充，虽然可以批量生成，但是每当删除或新增一条数据时，仍然需要手动更新或添加。

手动填充的序号，删除或更新数据后必须手动更新或添加

序号	员工编号	姓名	部门	岗位	学历	身份证号码	出生日期	住址
				职工信息管理表11				
1	HT001	张果	总经办	总经理	研究生	123456197501140123	1975-1-14	北京市朝阳区××街102号
2	HT002	陈娜	行政部	清洁工	高中	123456199403228231	1994-3-22	北京市西城区××街66号
3	HT003	林玲	总经办	销售副总	本科	123456197710162312	1977-10-16	北京市朝阳区××街35号
4	HT004	王丽程	行政部	清洁工	高中	123456198910175202	1989-10-17	北京市东城区××街181号
5	HT005	杨思	财务部	往来会计	专科	123456198508262106	1985-8-26	北京市海淀区××街26号
6	HT006	陈德芳	仓储部	理货专员	专科	123456199606145516	1996-6-14	北京市朝阳区××街25号
7	HT007	刘韵	人力资源部	人事助理	专科	123456199009232318	1990-9-23	北京市通州区××街63号
8	HT009	张运隆	生产部	技术人员	专科	123456197610150423	1976-10-15	北京市大兴区××街78号
9	HT012	刘丹	生产部	技术人员	专科	123456198009132467	1980-9-13	北京市昌平区××街121号
10	HT019	冯可可	仓储部	理货专员	专科	123456199007241019	1990-7-24	北京市大兴区××街1号
11	HT020	马冬梅	行政部	行政前台	专科	123456199203171817	1992-3-17	北京市平谷区××街196号
12	HT010	李孝蹇	人力资源部	绩效考核专员	本科	123456198311251920	1983-11-25	北京市朝阳区××街16号
13	HT011	李云	行政部	保安	高中	123456198104251018	1981-4-25	北京市朝阳区××街29号
14	HT013	赵茜茜	销售部	销售经理	本科	123456199406075180	1994-6-7	北京市通州区××街8号
15	HT014	吴春丽	行政部	保安	高中	123456198903255719	1989-3-25	北京市顺义区××街69号
16	HT015	孙韵琴	人力资源部	薪酬专员	本科	123456197504182758	1975-4-18	北京市西城区××街172号
17	HT016	张翔	人力资源部	人事经理	本科	123456198711301000	1987-11-30	北京市海淀区××街38号
18	HT017	陈德	行政部	司机	高中	123456198309211639	1983-9-21	北京市顺义区××街69号
19	HT008	唐德	总经办	常务副总	研究生	123456197504261000	1975-4-26	北京市朝阳区××街43号
20	HT018	刘艳	人力资源部	培训专员	本科	123456199005233000	1990-5-23	北京市海淀区××街64号

图 4-208

运用 IF+COUNT 函数设置嵌套公式，即可实现自动编排和更新序号的效果。

Step01 在 A3 单元格设置公式 "=IF(B3="","",COUNT(A$2:A2)+1)" →将公式填充至 A4:A22 单元格区域，如图 4-209 所示。

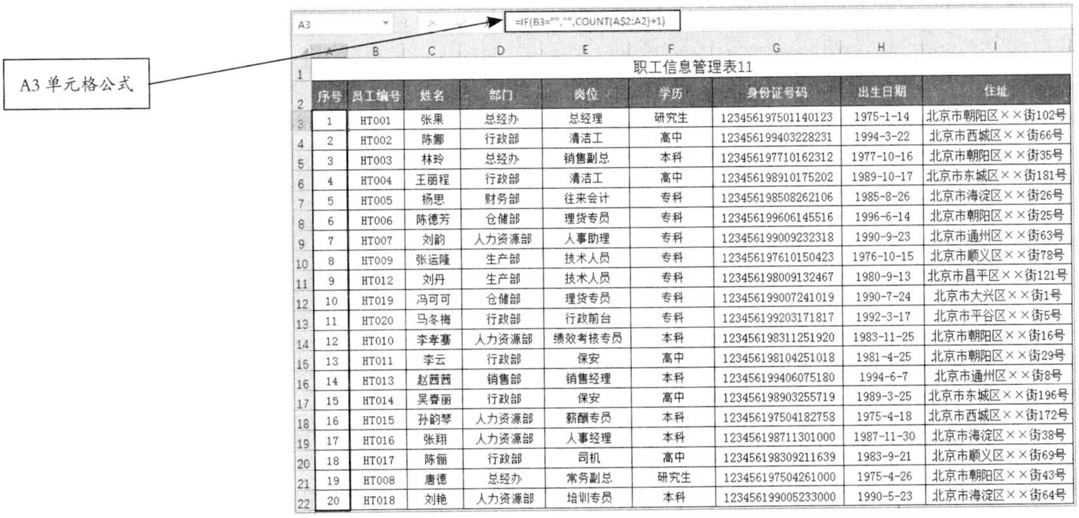

图 4-209

A3 单元格公式解析：

❶ 表达式 "COUNT(A$2:A2)+1" 的作用是统计 A2:A2 单元格区域中数字的数量，由于 A2 单元格中的数据是文本格式，因此返回结果为 "0"，加 1 即返回 "1"。同时，因第 2 行被锁定，所以向下填充后，COUNT 函数将依次统计 A2 单元格至当前单元格所在行号的上一行的数字的数量。例如，将公式填充至 A4 单元格后，此部分表达式变化为 "COUNT(A$2:A3)+1"，返回结果为 1+1，即数字 "2"，依次类推，实现自动编号。

❷ 嵌套 IF 函数的作用：当 B3 单元格 "员工编号" 为空时，即返回空值，那么 COUNT 函数忽略空值，不会统计，以此实现自动更新序号的效果。

Step02 测试效果。❶ 删除任意一条数据，如 B10:I10 单元格区域中的员工信息。可看到 A10 单元格返回空值，而 A11:A22 单元格区域中的数字已自动更新，如图 4-210 所示；❷ 在 B23 单元格输入员工编号 "HT021" →选中 A23 单元格，按组合键【Ctrl+D】填充公式，如图 4-211 所示。

（2）COUNTIF、COUNTIFS 函数：统计指定区域中符合指定条件的数据的数量

COUNTIF 和 COUNTIFS 函数分别用于统计指定范围内，符合指定条件的数据的数量。前者只能指定一个条件，后者可指定多个条件。基本语法结构如下：

◆ COUNTIF(rang,criteria)

COUNTIF(统计区域 , 统计条件)

◆ COUNTIFS(criteria_range1,criteria1, criteria_range2,criteria2,…)

COUNTIFS(指定区域 1,统计条件 1,指定区域 2,统计条件 2,…)

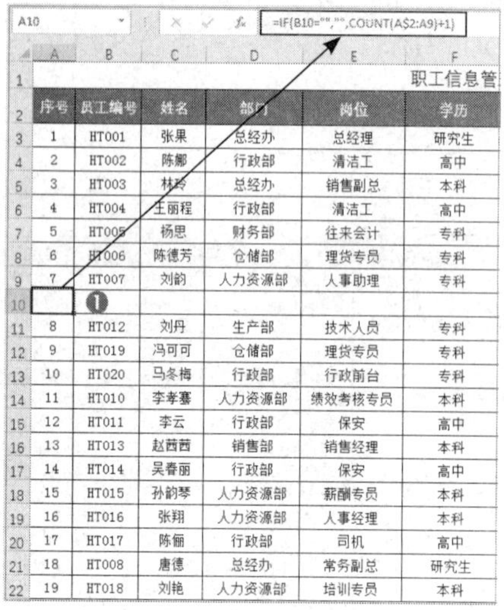

图 4-210

图 4-211

COUNTIF 和 COUNTIFS 函数与 SUMIF、SUMIFS 函数相似，都是根据指定的单个条件或多个条件进行计算。不同之处在于，前一组函数是对满足条件的非空单元格的数量进行统计，后一组函数则是对单元格中的数值求和。另外，两组函数的语法结构也略有不同，前组函数更为简单。用好 COUNTIF 和 COUNTIFS 这两个条件统计函数的关键是要掌握条件的设定规则，主要注意以下几点，如图 4-212 所示。

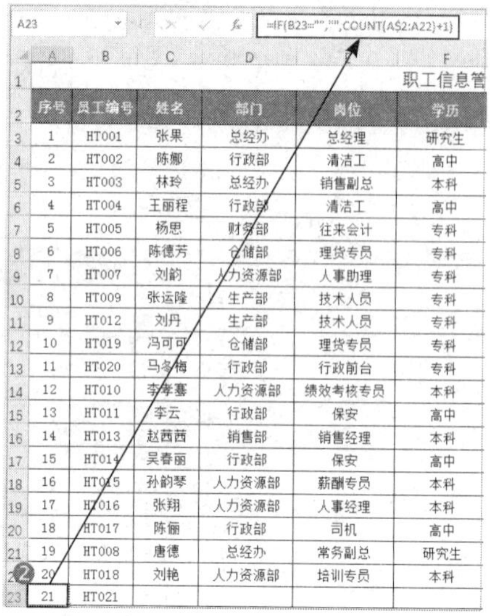

1. 统计条件可以设为数字、文本、单元格引用、公式表达式	2. 如果条件中需要设定比较运算符，如大于">"、小于"<"等，必须添加英文双引号	3. 比较运算符号和文本、单元格引用之间必须用文本运算符"&"连接

图 4-212

下面继续在"素材文件\第 4 章\职工信息管理表 11.xlsx"文件中列举几个示例介绍 COUNTIF 和 COUNTIFS 函数的运用方法（重点关注关键参数——统计条件的设置方法）。

◆示例一：运用 COUNTIF 函数进行单条件统计

分别在 <职工信息管理表 11> 的表 2 和表 3 中根据部门和住址所在区域统计职工人数。

Step01 按部门统计人数。在 L3 单元格设置公式 "=COUNTIF($D$3:$D$22,$K3)"→将公式填充至 L4:L9 单元格区域，效果如图 4-213 所示。（统计其他条件下的职工人数，如统计，如岗位、学历等，只需套用 L3 单元格公式即可。）

Step02 按区域统计人数。在 L13 单元格设置公式 "=COUNTIF($I$3:$I$22,"*"&K13&"*")"→将公式填充至 L14:L21 单元格区域，效果如图 4-214 所示。

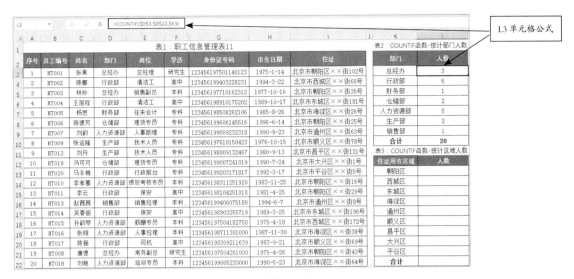

图 4-213

图 4-214

◆ 示例二：运用 COUNTIFS 函数进行多条件统计

在 < 职工信息管理表 11> 的表 4 中统计各年龄段人数，用两种方法设置 COUNTIFS 函数的"统计条件"参数，统计表框架如图 4-215 所示。

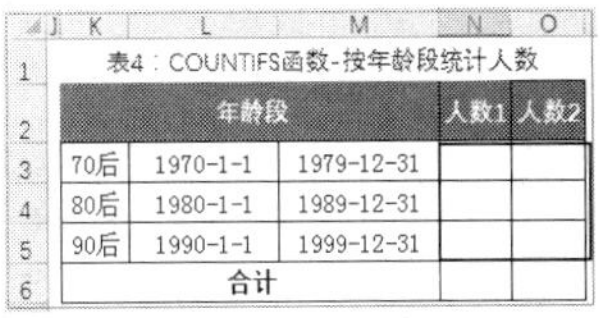

表4：COUNTIFS函数-按年龄段统计人数			人数1	人数2
年龄段			人数1	人数2
70后	1970-1-1	1979-12-31		
80后	1980-1-1	1989-12-31		
90后	1990-1-1	1999-12-31		
合计				

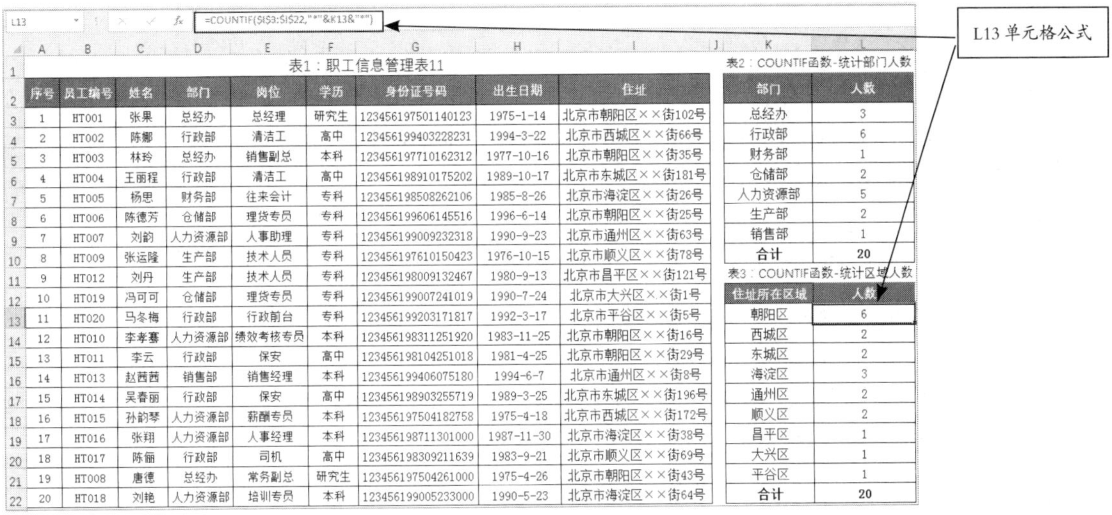

图 4-215

将 K3:K5 单元格区域的单元格格式自定义为"#后"，输入数字"70"，显示"70后"→分别在 N3 和 O3 单元格设置以下公式：

- N3 单元格："=COUNTIFS($H$3:$H$22,">="&L3,$H$3:$H$22,"<="&M3)"；

- O3 单元格："=COUNTIFS($H$3:$H$22,">="&K3&"-1-1",$H$3:$H$22,"<="&(K3+9)&"-12-31")"。

将 N3 和 O3 单元格公式填充至 N4:O5 单元格区域，效果如图 4-216 所示，两种参数设置的公式结果完全一致。（示例结果见“结果文件 \ 第 4 章 \ 职工信息管理表 11.xlsx”文件。）

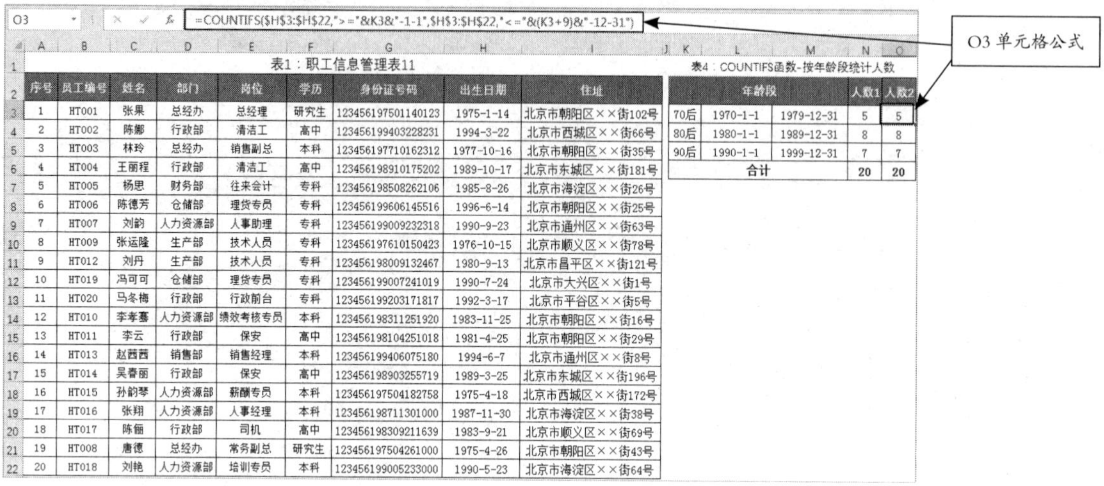

序号	员工编号	姓名	部门	岗位	学历	身份证号码	出生日期	住址
1	HT001	张果	总经办	总经理	研究生	123456197501140123	1975-1-14	北京市朝阳区××街102号
2	HT002	陈娜	行政部	清洁工	高中	123456199403228231	1994-3-22	北京市西城区××街66号
3	HT003	林玲	总经办	销售副总	本科	123456197710162312	1977-10-16	北京市朝阳区××街35号
4	HT004	王丽程	行政部	清洁工	高中	123456198910175202	1989-10-17	北京市东城区××街181号
5	HT005	杨思	财务部	往来会计	专科	123456198508262106	1985-8-26	北京市海淀区××街26号
6	HT006	陈德芳	仓储部	理货专员	专科	123456199606145516	1996-6-14	北京市朝阳区××街25号
7	HT007	刘韵	人力资源部	人事助理	专科	123456199009232318	1990-9-23	北京市通州区××街63号
8	HT009	张运隆	生产部	技术人员	专科	123456197610150423	1976-10-15	北京市顺义区××街78号
9	HT012	刘丹	生产部	技术人员	专科	123456198009132467	1980-9-13	北京市昌平区××街121号
10	HT019	冯可可	仓储部	理货专员	专科	123456199007241019	1990-7-24	北京市大兴区××街1号
11	HT020	马冬梅	行政部	行政前台	专科	123456199203171817	1992-3-17	北京市平谷区××街5号
12	HT010	李孝骞	人力资源部	绩效考核专员	本科	123456198311251920	1983-11-25	北京市朝阳区××街16号
13	HT011	李云	行政部	保安	高中	123456198104251018	1981-4-25	北京市朝阳区××街29号
14	HT013	赵茜茜	销售部	销售经理	本科	123456199406075180	1994-6-7	北京市通州区××街8号
15	HT014	吴春丽	行政部	保安	高中	123456198903255719	1989-3-25	北京市东城区××街196号
16	HT015	孙韵琴	人力资源部	薪酬专员	本科	123456197504182758	1975-4-18	北京市西城区××街172号
17	HT016	张翔	人力资源部	人事经理	本科	123456198711301000	1987-11-30	北京市海淀区××街38号
18	HT017	陈俪	行政部	司机	高中	123456198309211639	1983-9-21	北京市顺义区××街69号
19	HT008	唐德	总经办	常务副总	研究生	123456197504261000	1975-4-26	北京市朝阳区××街43号
20	HT018	刘艳	人力资源部	培训专员	本科	123456199005233000	1990-5-23	北京市海淀区××街64号

年龄段			人数1	人数2
70后	1970-1-1	1979-12-31	5	5
80后	1980-1-1	1989-12-31	8	8
90后	1990-1-1	1999-12-31	7	7
合计			20	20

图 4-216

（3）COUNTA、COUNTBLANK 函数：统计指定区域中非空单元格和空单元格的数量

COUNTA 和 COUNTBLANK 函数的作用恰好相反，分别统计指定区域内非空值单元格和空值单元格的数量。基本语法结构如下：

◆ COUNTA(value1,[value2],⋯)

COUNTA(指定区域或数组 1,[指定区域或数组 2],⋯)

◆ COUNTBLANK(range)

COUNTBLANK(指定区域)

COUNTA 和 COUNTBLANK 函数非常简单，如果统计的范围在同一区域，一般用于统计非此即彼的两种状态下的单元格数量。

打开“素材文件 \ 第 4 章 \2020 年 1—6 月销售明细表 3.xlsx”文件，统计有销售的天数和无销售的天数。在 J3 单元格设置公式“=COUNTA($F$3:$F$183)”→在 K3 单元格设置公式“=COUNTBLANK($F$3:$F$183)”，效果如图 4-217 所示。（示例结果见“结果文件 \ 第 4 章 \2020 年 1—6 月销售明细表 3.xlsx”文件。）

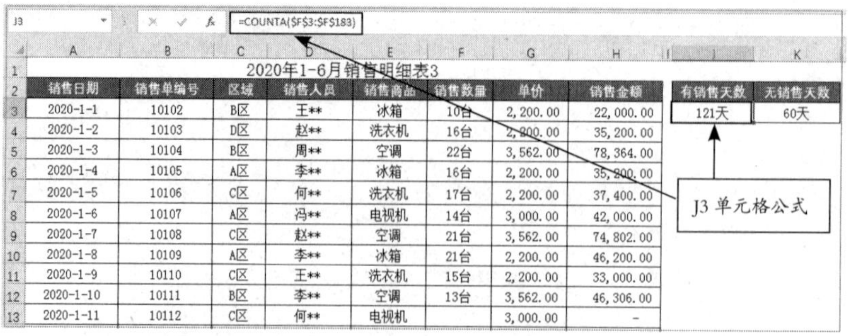

销售日期	销售单编号	区域	销售人员	销售商品	销售数量	单价	销售金额
2020-1-1	10102	B区	王**	冰箱	10台	2,200.00	22,000.00
2020-1-2	10103	D区	赵**	洗衣机	16台	2,200.00	35,200.00
2020-1-3	10104	B区	周**	空调	22台	3,562.00	78,364.00
2020-1-4	10105	A区	李**	冰箱	16台	2,200.00	35,200.00
2020-1-5	10106	C区	何**	洗衣机	17台	2,200.00	37,400.00
2020-1-6	10107	A区	冯**	电视机	14台	3,000.00	42,000.00
2020-1-7	10108	C区	赵**	空调	21台	3,562.00	74,802.00
2020-1-8	10109	A区	李**	冰箱	21台	2,200.00	46,200.00
2020-1-9	10110	C区	王**	洗衣机	15台	2,200.00	33,000.00
2020-1-10	10111	B区	李**	空调	13台	3,562.00	46,306.00
2020-1-11	10112	C区	何**	电视机		3,000.00	-

有销售天数	无销售天数
121天	60天

图 4-217

COUNTA 和 COUNTBLANK 函数看似功能单一，但是可利用其返回数字的特点，与其他函数嵌套使用，如与 OFFSET 函数嵌套，就会发挥不可或缺的重要作用。例如，运用 OFFSET+COUNTA 函数可定义动态名称，生成动态下拉列表。下面介绍具体操作方法。

打开"素材文件\第 4 章\2020 年 3 月库存明细表 6.xlsx"文件，如图 4-218 所示，已将 A3:A17 单元格区域名称定义为"存货编号"，并将名称运用于【数据验证】工具，在 H3 单元格制作下拉列表。

图 4-218

Step01 如果后续追加数据，已定义的名称及下拉列表不会自动将其纳入数值范围内。在第 18 行之上插入 1 行→新增一条数据信息→展开 H3 单元格的下拉列表，可看到其中并无新增的存货编号"KC016"，如图 4-219 所示。

Step02 打开【名称管理器】对话框→将"存货编号"名称的"引用位置"修改为公式"=OFFSET (Sheet1!$A$2,1,,COUNTA(Sheet1!$A:$A)-3)"后关闭对话框，如图 4-220 所示。

Step03 在第 19 行之上再插入几行，任意输入存货编号→展开 H3 单元格的下拉列表，可看到新增数据已自动被纳入列表之中，效果如图 4-221 所示。（示例结果见"结果文件\第 4 章\2020 年 3 月库存明细表 6.xlsx"文件。）

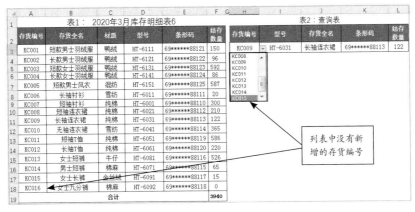

图 4-219

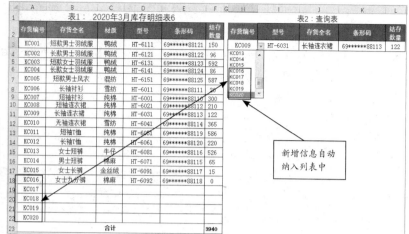

图 4-220　　　　　　　　　　　　　　图 4-221

名称中的公式简析：

❶ 表达式 "COUNTA(Sheet1!\$A:\$A)-3" 作为 OFFSET 函数的第 3 个参数，其作用是自动统计 A 列中不为空值的单元格个数后作为向下偏移的高度（减 3 是要减掉 A1、A2 及 A23 单元格，即表格标题、字段名称及合计行），新增 5 条数据后，这一表达式返回结果为 "20"。

❷ 将 COUNTA 函数表达式的结果代入 OFFSET 函数公式中即为 "=OFFSET(Sheet1!\$A\$2,1,,20)"，其含义是以 A2 单元格为基准，向下偏移 1 行，向右偏移 0 列，向下偏移的高度为 20，返回结果为 A3:A22 单元格区域。H3 单元格的下拉列表自动将该区域的数据纳入其中，后续增加数据后，名称中的数值范围与下拉列表将始终随之自动扩展。

（4）MAX、MIN 函数：统计指定区域或数组中最大值和最小值

MAX 和 MIN 函数的作用也是恰好相反，统计指定的数据区域或数组中的最大值和最小值。基本语法结构如下：

◆ MAX(number1,[number2],…)

　MIN(number1,[number2],…)

◆ MAX(数字 1,[数字 2],…)

　MIN(数字 1,[数字 2],…)

其中，参数 "number" 可以设置为数组、数字及包含数字的单元格区域。函数忽略统计逻辑值及文本，不会返回错误代码。

MAX 和 MIN 函数的语法结构非常简单，其含义也浅显易懂，下面列举两个示例介绍在实际工作中的具体运用方法。

◆示例一：统计最高和最低销售金额

打开 "素材文件 \ 第 4 章 \2020 年 1—6 月销售明细表 4.xlsx" 文件，如图 4-222 所示。下面运用 MAX 和 MIN 函数统计最高和最低销售金额，并以此为关键字，查找相关信息。

❶ 在 K3 和 K4 单元格分别设置公式 "=MAX(\$H\$3:\$H\$183)" 和 "=MIN(\$H\$3:\$H\$183)"，分别统计 H3:H183 单元格区域的最高和最低销售金额；❷ 在 L3 单元格设置公式 "=INDEX(\$A\$3:\$H\$183,

MATCH($K3,$H$3:$H$183,0),MATCH(L$2,$A$2:$H$2,0))”，根据销售金额查找与之匹配的销售数量→将公式复制粘贴至 L3:P4 单元格区域，效果如图 4-223 所示。

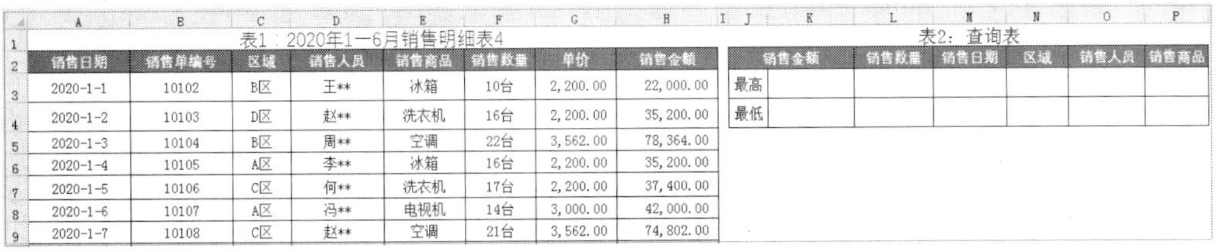

表1：2020年1—6月销售明细表4

销售日期	销售单编号	区域	销售人员	销售商品	销售数量	单价	销售金额
2020-1-1	10102	B区	王**	冰箱	10台	2,200.00	22,000.00
2020-1-2	10103	D区	赵**	洗衣机	16台	2,200.00	35,200.00
2020-1-3	10104	B区	周**	空调	22台	3,562.00	78,364.00
2020-1-4	10105	A区	李**	冰箱	16台	2,200.00	35,200.00
2020-1-5	10106	C区	何**	洗衣机	17台	2,200.00	37,400.00
2020-1-6	10107	A区	冯**	电视机	14台	3,000.00	42,000.00
2020-1-7	10108	C区	赵**	空调	21台	3,562.00	74,802.00

表2：查询表

	销售金额	销售数量	销售日期	区域	销售人员	销售商品
最高						
最低						

图 4-222

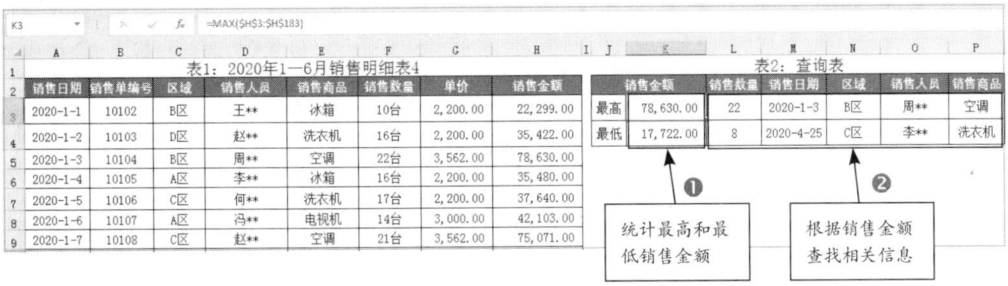

表1：2020年1—6月销售明细表4

销售日期	销售单编号	区域	销售人员	销售商品	销售数量	单价	销售金额
2020-1-1	10102	B区	王**	冰箱	10台	2,200.00	22,299.00
2020-1-2	10103	D区	赵**	洗衣机	16台	2,200.00	35,422.00
2020-1-3	10104	B区	周**	空调	22台	3,562.00	78,630.00
2020-1-4	10105	A区	李**	冰箱	16台	2,200.00	35,480.00
2020-1-5	10106	C区	何**	洗衣机	17台	2,200.00	37,640.00
2020-1-6	10107	A区	冯**	电视机	14台	3,000.00	42,103.00
2020-1-7	10108	C区	赵**	空调	21台	3,562.00	75,071.00

表2：查询表

	销售金额	销售数量	销售日期	区域	销售人员	销售商品
最高	78,630.00	22	2020-1-3	B区	周**	空调
最低	17,722.00	8	2020-4-25	C区	李**	洗衣机

图 4-223

◆示例二：按日期区间统计最高和最低销售金额——MAX+OFFSET+MATCH 函数

将 MAX 与 OFFSET、MATCH 函数嵌套，可实现按日期区域统计最高和最低销售金额，并返回相关信息。

Step01 设置公式。在表 3 的 L7 和 N7 单元格中任意输入起止日期→在 K9 单元格设置公式“=MAX(OFFSET(H$2,MATCH(L$7,A:A,0)-2,0,N$7-L$7+1))”→填充公式至 K10 单元格后将函数名称修改为“MIN”。其他字段运用查找引用函数设置公式即可（请参考示例一），如图 4-224 所示。

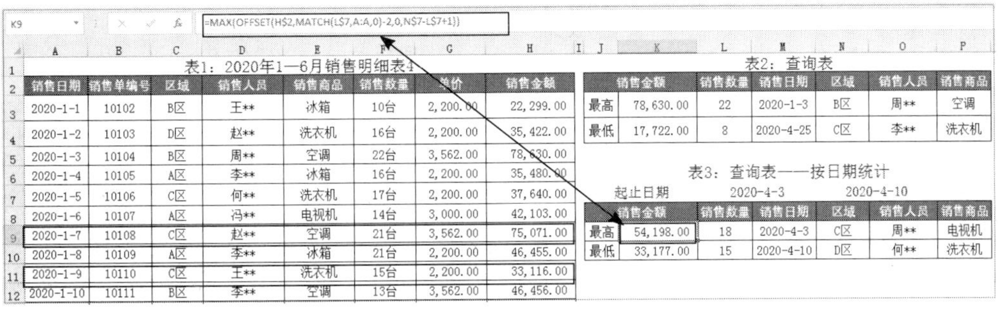

表1：2020年1—6月销售明细表4

销售日期	销售单编号	区域	销售人员	销售商品	销售数量	单价	销售金额
2020-1-1	10102	B区	王**	冰箱	10台	2,200.00	22,299.00
2020-1-2	10103	D区	赵**	洗衣机	16台	2,200.00	35,422.00
2020-1-3	10104	B区	周**	空调	22台	3,562.00	78,630.00
2020-1-4	10105	A区	李**	冰箱	16台	2,200.00	35,480.00
2020-1-5	10106	C区	何**	洗衣机	17台	2,200.00	37,640.00
2020-1-6	10107	A区	冯**	电视机	14台	3,000.00	42,103.00
2020-1-7	10108	C区	赵**	空调	21台	3,562.00	75,071.00
2020-1-8	10109	A区	李**	冰箱	21台	2,200.00	46,455.00
2020-1-9	10110	C区	王**	洗衣机	15台	2,200.00	33,116.00
2020-1-10	10111	B区	李**	空调	13台	3,562.00	46,456.00

表2：查询表

	销售金额	销售数量	销售日期	区域	销售人员	销售商品
最高	78,630.00	22	2020-1-3	B区	周**	空调
最低	17,722.00	8	2020-4-25	C区	李**	洗衣机

表3：查询表——按日期统计

起止日期 2020-4-3 2020-4-10

	销售金额	销售数量	销售日期	区域	销售人员	销售商品
最高	54,198.00	18	2020-4-3	C区	周**	电视机
最低	33,177.00	15	2020-4-10	D区	何**	洗衣机

图 4-224

Step02 测试公式效果。在 L7 和 M7 单元格中输入其他起止日期，可看到 K9:P10 单元格区中的数据变化，效果如图 4-225 所示。（示例结果见“结果文件 \ 第 4 章 \2020 年 1—6 月销售明细表 4.xlsx”文件。）

K9 单元格公式解析如下。

❶ 表达式“OFFSET(H$2,MATCH(L$7,A:A,0)-2,0,N$7-L$7+1))”的作用是以 H2 单元格为基准向下偏移。其中，偏移的行数是表达式“MATCH(L$7,A:A,0)-2”的计算结果，减 2 是要减掉 H1 和 H2 单元格。偏移列数为 0。向下偏移的高度是用结束日期减起始日期的数字再加 1（加回被减掉的起始日期本身）。这一表达式即锁定了 H95:H102 单元格区域。

❷ 整段公式的含义是运用 MAX 函数在 H95:H102 单元格区域统计最大值，公式结果将随着 L7 和 N7 单元格中日期的变化而改变。

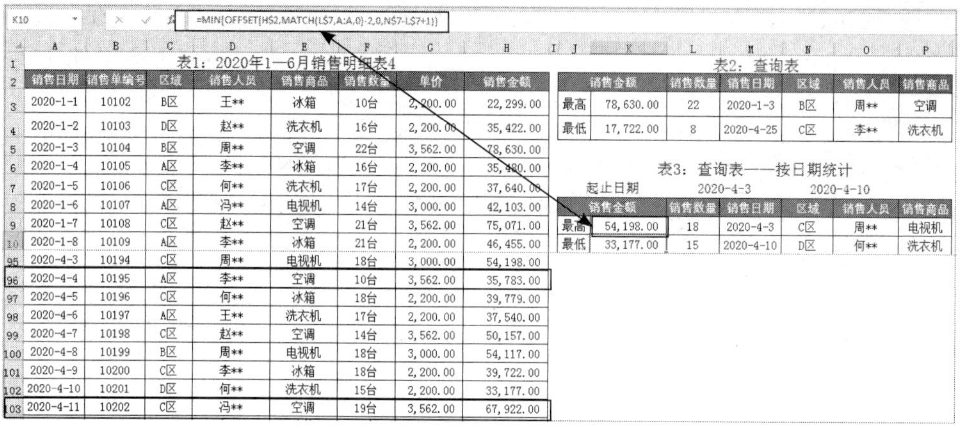
K10 =MIN(OFFSET(H$2,MATCH(L$7,A:A,0)-2,0,N$7-L$7+1))

表1：2020年1—6月销售明细表4

销售日期	销售单编号	区域	销售人员	销售商品	销售数量	单价	销售金额
2020-1-1	10102	B区	王**	冰箱	10台	2,200.00	22,299.00
2020-1-2	10103	D区	赵**	洗衣机	16台	2,200.00	35,422.00
2020-1-3	10104	B区	周**	空调	22台	3,562.00	78,630.00
2020-1-4	10105	A区	李**	冰箱	16台	2,200.00	35,480.00
2020-1-5	10106	C区	何**	洗衣机	17台	2,200.00	37,640.00
2020-1-6	10107	A区	冯**	电视机	14台	3,000.00	42,103.00
2020-1-7	10108	C区	赵**	空调	21台	3,562.00	75,071.00
2020-1-8	10109	A区	李**	冰箱	21台	2,200.00	46,455.00
2020-4-3	10194	C区	周**	电视机	18台	3,000.00	54,198.00
2020-4-4	10195	A区	李**	空调	10台	3,562.00	35,783.00
2020-4-5	10196	C区	何**	冰箱	18台	2,200.00	39,779.00
2020-4-6	10197	A区	王**	洗衣机	17台	2,200.00	37,540.00
2020-4-7	10198	C区	赵**	空调	14台	3,562.00	50,157.00
2020-4-8	10199	B区	周**	电视机	18台	3,000.00	54,117.00
2020-4-9	10200	C区	李**	冰箱	18台	2,200.00	39,722.00
2020-4-10	10201	D区	何**	洗衣机	15台	2,200.00	33,177.00
2020-4-11	10202	C区	冯**	空调	19台	3,562.00	67,922.00

表2：查询表

	销售金额	销售数量	销售日期	区域	销售人员	销售商品
最高	78,630.00	22	2020-1-3	B区	周**	空调
最低	17,722.00	8	2020-4-25	C区	李**	洗衣机

表3：查询表——按日期统计

起止日期 2020-4-3 2020-4-10

	销售金额	销售数量	销售日期	区域	销售人员	销售商品
最高	54,198.00	18	2020-4-3	C区	周**	电视机
最低	33,177.00	15	2020-4-10	D区	何**	洗衣机

图 4-225

高手点拨 MAX 函数也可以自动更新序号

运用 MAX 函数实现自动更新序号的方法与 COUNT 函数如出一辙。例如，从 A3 单元格起编排序号，那么将 A3 单元格公式设置为“=IF(B3="","",MAX(A$2:A2)+1)”后向下填充公式即可。

关键技能 048 运用 6 个文本函数处理文本

技能说明

文本函数主要是针对文本字符串进行处理。在实际运用中，一般与其他主力函数嵌套使用，可以帮助用户更方便、更灵活地对目标数据中包含的字符串进行提取，转换等。Excel 2016 中共包含文本类函数 38 个，本节介绍 6 个常用、实用的文本函数。主要作用、语法结构及使用要点如图 4-226 所示。

实际工作中，文本函数是不可缺少的辅助性函数，且语法结构、参数设置都非常简单。下面在【应用实战】中对 6 个文本函数的相关知识点予以补充说明，并着重介绍实际运用中与其他函数嵌套设置公式进行运算的方法。

LEN	• 主要作用：计算一个文本字符串的长度
	• 语法结构：LEN(text)
	• 使用要点：参数可以是文本、数值、单元格引用及公式表达式

LEFT	• 主要作用：从指定的文本字符串的左边第一个字符开始返回指定个数的字符
	• 语法结构：LEFT(text,[num_chars])
	• 使用要点：参数 text 可设置为文本、数值、单元格引用及公式表达式

RIGHT	• 主要作用：从指定的文本字符串的右边第 1 个字符开始返回指定个数的字符
	• 语法结构：RIGHT(text,[num_chars])
	• 使用要点：参考 LEFT 函数

MID	• 主要作用：从指定的文本字符串中指定的起始位置起，返回指定长度的字符
	• 语法结构：MID(text,start_num,num_chars)
	• 使用要点：3 个参数均为必需参数

FIND	• 主要作用：返回指定字符串在另一个字符串中出现的起始位置
	• 语法结构：FIND(find_text,within_text,[start_num])
	• 使用要点：参数 1 和参数 2 区分大小写，第 3 个参数代表查找起始位置，缺省时默认为 1

TEXT	• 主要作用：根据指定的数值格式将数据转换为文本
	• 语法结构：TEXT(value,format_text)
	• 使用要点：第 1 个参数可以是具体的数字、单元格引用及公式表达式，第 2 个参数即指定的格式，必须在其首尾添加英文双引号

图 4-226

应用实战

（1）LEN 函数：计算文本字符串的长度

LEN 函数就是用于计算指定文本字符串长度的函数，基本语法结构如下：

◆ LEN(text)

◆ LEN(文本字符串)

其中，参数 "text" 可以是文本、数值、单元格引用及公式表达式。公式返回结果为数字，如图 4-227 所示。

	A	B	C	D
1	指定的 "text"		公式结果	公式表达式
2	Excel之美		7	=LEN(A2)
3	70865.65		8	=LEN(A3)
4	13251.22	262	10	=LEN(ROUND(A4*B4,2))

图 4-227

LEN 函数是文本类函数中最简单的函数之一，若单独使用，一般作用不大，实际工作中，通常与其他参数包含数字的函数，如 LEFT、RIGHT、MID、REPLACE 等函数嵌套使用。因此，本节后面介绍其他函数时再将其嵌套使用到示例中。

（2）LEFT 和 RIGHT 函数：从字符的左右两端截取指定长度的字符串

LEFT 和 RIGHT 函数的作用是根据指定的长度，以左或右为起始位置开始截取指定的字符串。基本语法结构如下：

- ◆ LEFT(text,[num_chars]) → LEFT(指定的字符串 , 截取长度)
- ◆ RIGHT(text,[num_chars]) → RIGHT(指定的字符串 , 截取长度)

除截取“text”的起始位置不同外，LEFT 和 RIGHT 函数在语法格式、参数设置规则上完全相同。参数说明如图 4-228 所示。

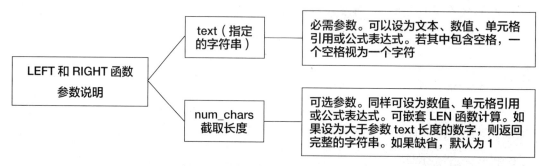

图 4-228

打开“素材文件 \ 第 4 章 \ 开办筹备项目表 .xlsx”文件，如图 4-229 所示，A3:A14 单元格区域的文本中包含了编码及项目名称，下面将编码和名称分别分列至 B3:B14 和 C3:C14 单元格区域。

在 B3 单元格设置公式：“=LEFT(A3,5)”→在 C3 单元格设置公式“=RIGHT(A3,LEN(A3)-5)”→将 B3:C3 单元格区域的公式填充至 B4:C14 单元格区域，效果如图 4-230 所示。（示例结果见“结果文件 \ 第 4 章 \ 开办筹备项目表 .xlsx”文件。）

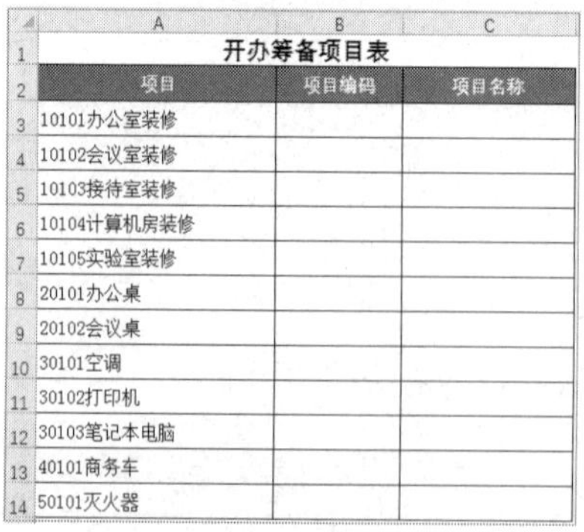

开办筹备项目表

项目	项目编码	项目名称
10101办公室装修		
10102会议室装修		
10103接待室装修		
10104计算机房装修		
10105实验室装修		
20101办公桌		
20102会议桌		
30101空调		
30102打印机		
30103笔记本电脑		
40101商务车		
50101灭火器		

图 4-229

=RIGHT(A3,LEN(A3)-5)

开办筹备项目表

项目	项目编码	项目名称
10101办公室装修	10101	办公室装修
10102会议室装修	10102	会议室装修
10103接待室装修	10103	接待室装修
10104计算机房装修	10104	计算机房装修
10105实验室装修	10105	实验室装修
20101办公桌	20101	办公桌
20102会议桌	20102	会议桌
30101空调	30101	空调
30102打印机	30102	打印机
30103笔记本电脑	30103	笔记本电脑
40101商务车	40101	商务车
50101灭火器	50101	灭火器

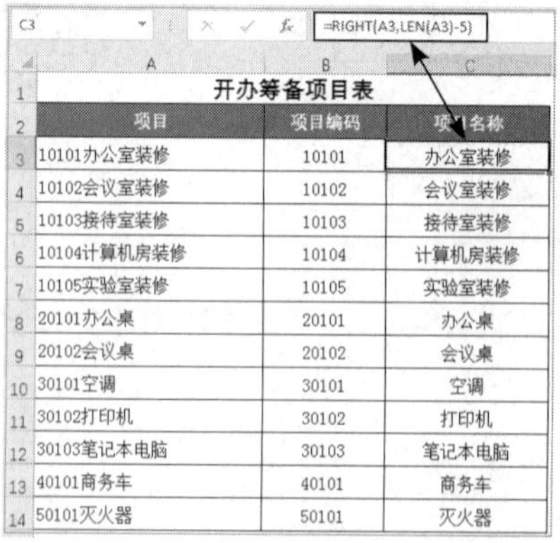

图 4-230

C3 单元格公式简析如下。

❶ 公式运用 RIGHT 函数从右截取 A3 单元格中的项目名称。但是 A3:A14 单元格区域中项目名

称字符串的长度不固定，不便于填充公式，因此嵌套LEN函数应首先自动计算字符的总长度，再减去项目编码的固定长度“5”，得到RIGHT函数的第2个参数，即截取长度，返回结果为“5”。

❷ 将表达式“LEN(A3)-5”的值代入RIGHT函数公式中，即“=RIGHT(A3,5)”，即可成功截取到项目名称“办公室装修”。

（3）MID函数：从字符的左右两端截取指定长度的字符串

MID函数的作用是从字符左右的指定位数起，截取指定长度的字符串。基本语法结构如下：

◆ MID(text,start_num,num_chars)

◆ MID(指定的字符串,起始位数,截取长度)

MID函数的3个参数均为必需参数。其中，第1个和第3个参数设置规则与LEFT和RIGHT函数相同，第2个参数表示从字符串中的第几个数字开始截取。

MID函数在实际工作中非常实用，其中最经典的两种应用就是从身份证号码中提取出生日期及根据身份证号码第17位数字判断性别。

打开“素材文件\第4章\职工信息管理表12.xlsx”文件，在H3单元格和I3单元格设置公式，并设置单元格格式。

- H3单元格：“=MID(G3,7,8)*1”→将单元格格式自定义为“0000-00-00”；
- I3单元格：“=IF(OR(MID(G3,17,1)*1={1,3,5,7,9}),"男","女")”。

将H3:I3单元格区域公式填充至H4:I22单元格区域，效果如图4-231所示。（示例结果见“结果文件\第4章\职工信息管理表12.xlsx”文件。）

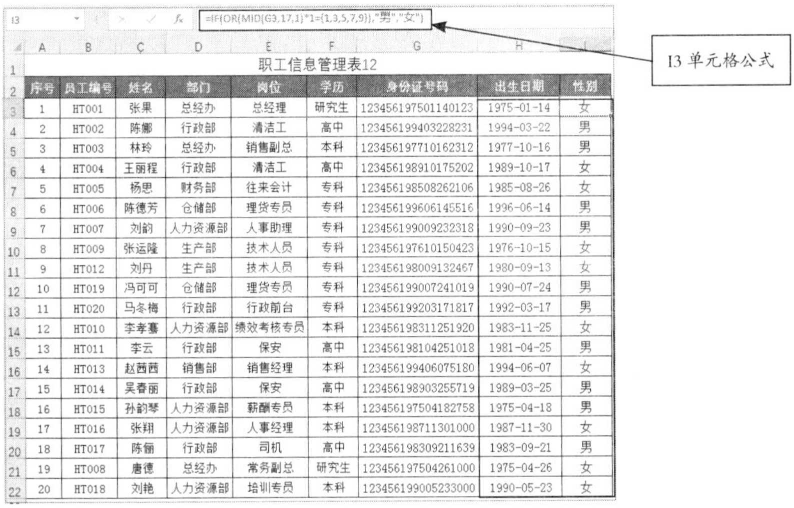

职工信息管理表12

序号	员工编号	姓名	部门	岗位	学历	身份证号码	出生日期	性别
1	HT001	张果	总经办	总经理	研究生	123456197501140123	1975-01-14	女
2	HT002	陈娜	行政部	清洁工	高中	123456199403228231	1994-03-22	男
3	HT003	林玲	总经办	销售副总	本科	123456197710162312	1977-10-16	男
4	HT004	王丽程	行政部	清洁工	高中	123456198910175202	1989-10-17	女
5	HT005	杨思	财务部	往来会计	专科	123456198508262106	1985-08-26	女
6	HT006	陈德芳	仓储部	理货专员	专科	123456199606145516	1996-06-14	男
7	HT007	刘韵	人力资源部	人事助理	专科	123456199009232318	1990-09-23	男
8	HT009	张运隆	生产部	技术人员	专科	123456197610150423	1976-10-15	女
9	HT012	刘丹	生产部	技术人员	专科	123456198009132467	1980-09-13	女
10	HT019	冯可可	仓储部	理货专员	专科	123456199007241019	1990-07-24	男
11	HT020	马冬梅	行政部	行政前台	专科	123456199203171817	1992-03-17	男
12	HT010	李孝骞	人力资源部	绩效考核专员	本科	123456198311251920	1983-11-25	女
13	HT011	李云	行政部	保安	高中	123456198104251018	1981-04-25	男
14	HT013	赵茜茜	销售部	销售经理	本科	123456199406075180	1994-06-07	女
15	HT014	吴春丽	行政部	保安	高中	123456198903255719	1989-03-25	男
16	HT015	孙韵琴	人力资源部	薪酬专员	本科	123456197504182758	1975-04-18	男
17	HT016	张翔	人力资源部	人事经理	本科	123456198711301000	1987-11-30	女
18	HT017	陈俪	行政部	司机	高中	123456198309211639	1983-09-21	男
19	HT008	唐德	总经办	常务副总	研究生	123456197504261000	1975-04-26	女
20	HT018	刘艳	人力资源部	培训专员	本科	123456199005233000	1990-05-23	女

图4-231

H3和I3单元格公式简析如下。

❶H3单元格公式含义：从G3单元格中身份证号码第7位起提取8个字符，返回结果“19750114”为文本类字符，因此乘1将其转换为数字格式，才能显示为自定义格式“1975-01-14”。

❷I3单元格公式含义：

第1步：运用表达式“MID(G3,17,1)*1”从G3单元格的身份证号码第17位起提取1个字符并乘 1 将其转换为数字格式。

第 2 步：嵌套 IF+OR 函数，判断 MID 函数公式的结果，如果为"1，3，5，7，9"，返回"男"，否则返回"女"。

（4）FIND 函数：定位字符的起始位置

FIND 函数，顾名思义就是"寻找"的意思，它的作用是根据指定的起始位置准确寻找并定位指定的字符在另一个字符串中第 1 次出现的位置。基本语法结构如下：

◆ FIND(find_text,within_text,[start_num])

◆ FIND(待查找的字符 , 另一个包含参数 1 的字符串 ,[查找起始位置])

第 3 个参数为可选参数，如果缺省，则默认为"1"，即从字符串的第 1 个字符起开始查找。如果参数在参数 2 的字符串中是独一无二的，那么第 3 个参数作用不大。反之，如果参数 2 的字符串中包含两个及以上的参数 1，那么第 3 个参数就会发挥作用。

日常工作中，FIND 函数主要与其他文本类函数嵌套，发挥重要的辅助作用。

打开"素材文件 \ 第 4 章 \ 开办筹备费用分析表 .xlsx"文件，如图 4-232 所示，A3:A14 单元格区域中的字符串包含了预算费用，如果根据预算费用和实际费用计算超支额，那么第一步必须将预算费用从字符串中提取出来。

在 B3 单元格设置公式 "=MID(A3,FIND("-",A3)+1,LEN(A3)-FIND("-",A3)-1)*1"→在 D3 单元格设置公式 "=IF(C3<B3," 未超支 ",C3-B3)"→将 B3 和 D3 单元格公式填充至下方单元格区域即可。公式效果如图 4-233 所示。（示例结果见"结果文件 \ 第 4 章 \ 开办筹备费用分析表 .xlsx"文件。）

图 4-232　　　　　　　　　　　　　　　　　图 4-233

B3 单元格公式简析：运用 MID 函数从 A3 单元格中提取费用。其中，MID 函数的第 2 和第 3 个参数，即起始位置和字符截取长度均嵌套函数进行自动计算。其含义分析如下。

❶ 第 2 个参数（截取的起始位置）："FIND("-",A3)+1"，运用 FIND 函数寻找字符"-"在 A3 单元格的位置，加 1 是要从符号"-"所在位数的下一位数开始截取，返回结果为"12"（11+1）。

❷ 第 3 个参数（截取字符的长度）："LEN(A3)-FIND("-",A3)-1"，首先运用 LEN 函数计算 A3 单元格字符的总长度，然后减去 FIND 函数查找符号"-"在 A3 单元格的位数，再减 1 是要减掉最末一个字符"元"的长度。

❸ 将第 2 和第 3 个参数的计算结果代入 MID 函数公式，即为 "=MID(A3,12,6)"，公式最终返回结果为 "160000"。

（5）TEXT 函数：转换为文本格式

TEXT 函数的作用是根据指定的数值格式将数据转换为文本。基本语法结构如下：

◆ TEXT(value,format_text)

◆ TEXT(待转换的数字 , 指定的格式)

第 1 个参数可以是具体的数字、单元格引用及公式表达式。第 2 个参数即指定的格式 , 必须在其首尾添加英文双引号。

TEXT 函数的关键参数是第 2 个参数——指定的格式，其设置规则和方法与【设置单元格格式】中的"自定义"相同。下面列举两个示例介绍具体运用方法。

◆示例一：统一数字格式

打开"素材文件 \ 第 4 章 \ 开办筹备项目表 1.xlsx"文件，如图 4-234 所示。要求从 A3:A14 单元格区域中分别提取项目编码和项目名称至 B3:B14 与 C3:C14 单元格区域，同时，将项目编码统一为 5 位数，不足 5 位的在数字前添 0 补足。

在 B3 和 C3 单元格设置以下公式：

· B3 单元格： "=TEXT(LEFT(A3,FIND("-",A3)-1),"00000")"

· C3 单元格： "=RIGHT(A3,LEN(A3)-FIND("-",A3))"

将 B3:C3 单元格区域公式填充至 B4:C14 单元格区域，效果如图 4-235 所示。（示例结果见"结果文件 \ 第 4 章 \ 开办筹备项目表 1.xlsx"文件。）

图 4-234　　　　　　　　　　　　　　图 4-235

◆示例二：进行条件判断

在某些情形下，TEXT 函数可以替代 IF 函数进行条件判断。但需要注意一点：TEXT 函数的设置规则与方法和【设置单元格格式】中的"自定义"相同。也就是说，TEXT 函数的第 2 个参数（指定的格式）同样只能设置 2 组条件，指定显示 3 项不同结果。

打开"素材文件 \ 第 4 章 \ 开办筹备费用分析表 1.xlsx"文件，如图 4-236 所示，要求运用 TEXT 函数将实际费用 - 预算费用的差额设置为以下指定格式。

①差额＜ 0，显示“节支”+ 差额（两位小数）+ 符号“√”；

②差额 =0，显示“持平”；

③差额＞ 0, 显示“超支”+ 差额（两位小数）+ 首尾添加符号“★”，提示相关人员重点关注超支的项目。

在 D3 单元格设置公式“=TEXT(C3-B3,"[<0] 节支 0.00 √ ;[=0] 持平 ; ★超支 0.00 ★ ")”→将公式填充至 D4:D14 单元格区域，公式效果如图 4-237 所示。（示例结果见“结果文件 \ 第 4 章 \ 开办筹备费用表 1.xlsx”文件。）

	A	B	C	D
1	开办筹备费用分析表1			
2	项目	预算费用	实际费用	超支额
3	10101办公室装修-160000元	160000	155000	
4	10102会议室装修-80000元	80000	81020	
5	10103接待室装修-70000元	70000	72000	
6	10104计算机房装修-120000元	120000	120320	
7	10105实验室装修-180000元	180000	175000	
8	20101办公桌-6000元	6000	6050	
9	20102会议桌-3000元	3000	3000	
10	30101空调-12000元	12000	10800	
11	30102打印机-2400元	2400	2400	
12	30103笔记本电脑-18000元	18000	16600	
13	40101商务车-150000元	150000	138000	
14	50101灭火器-1050元	1050	1080	

图 4-236

D3 =TEXT(C3-B3,"[<0]节支0.00√;[=0]持平;★超支 0.00★")

	A	B	C	D
1	开办筹备费用分析表1			
2	项目	预算费用	实际费用	超支额
3	10101办公室装修-160000元	160000	155000	节支5000.00√
4	10102会议室装修-80000元	80000	81020	★超支 1020.00★
5	10103接待室装修-70000元	70000	72000	★超支 2000.00★
6	10104计算机房装修-120000元	120000	120320	★超支 320.00★
7	10105实验室装修-180000元	180000	175000	节支5000.00√
8	20101办公桌-6000元	6000	6050	★超支 50.00★
9	20102会议桌-3000元	3000	3000	持平
10	30101空调-12000元	12000	10800	节支1200.00√
11	30102打印机-2400元	2400	2400	持平
12	30103笔记本电脑-18000元	18000	16600	节支1400.00√
13	40101商务车-150000元	150000	138000	节支12000.00√
14	50101灭火器-1050元	1050	1080	★超支 30.00★

图 4-237

关键技能 049 运用 11 个日期函数计算日期

技能说明

时间与日期函数，是专门用于计算时间和日期的函数。在日常工作中，通常用于计算职工年龄、工龄、工作日、合同到期时间、固定资产折旧期等。此类函数的语法结构、含义都浅显易懂，但是在数据核算分析方面发挥着举足轻重的作用。Excel 2016 中共包含 24 个时间与日期函数，本节介绍其中 11 个常用、实用的日期函数。主要作用、基本语法结构及参数要点如图 4-238 所示。

TODAY

- 主要作用：返回当前计算机系统日期
- 语法结构：TODAY( )
- 参数要点：没有参数，一般与其他日期函数嵌套使用

YEAR

- 主要作用：返回指定日期所在的年份值
- 语法结构：YEAR(serial_number)
- 参数要点：参数 serial_number 可设置为文本、数值、单元格引用及公式表达式

图 4-238

MONTH	
	• 主要作用：返回指定日期所在的月份值
	• 语法结构：MONTH(serial_number)
	• 参数要点：参考 YEAR 函数

DAY	
	• 主要作用：返回指定日期的日期数
	• 语法结构：DAY(serial_number)
	• 参数要点：参考 YEAR 函数

DATE	
	• 主要作用：将代表年份、月份、日期的 3 个数字组合成为标准格式的日期
	• 语法结构：DATE(year,month,day)
	• 参数要点：第 2 和第 3 个参数可以为空或 0

WEEKDAY	
	• 主要作用：根据指定的日期计算一周中的第几天，即星期数
	• 语法结构：WEEKDAY(serial_number,[return_type])
	• 参数要点：第 2 个参数可分别设置为 1~3，11~17 等 10 个代码，代表从数字 1~7 分别对应的星期数，缺省时默认代码为 1

NETWORKDAYS	
	• 主要作用：计算两个日期之间的完整工作日数
	• 语法结构：NETWORKDAYS(start_date,end_date,[holidays])
	• 参数要点：3 个参数可以设置具体的日期（必须添加英文双引号）、单元格引用及公式表达式。第 3 个参数若包含多个日期，则必须体现为单元格引用形式，缺省时默认为 0

NETWORKDAYS.INTL	
	• 主要作用：根据自定义的每周休息日计算两个日期之间的完整工作日
	• 语法结构：NETWORKDAYS.INTL(start_date,end_date,[weekend],[holidays])
	• 参数要点：第 3 个参数可分别设置为 1~7，11~17 等 14 个代码，代表自定义的双休日和单休日。其他参数参考 NETWORKDAYS 函数

EDATE	
	• 主要作用：根据计算起始日期与间隔月数，计算起始日期之前或之后的日期
	• 语法结构：EDATE(start_date,months)
	• 参数要点：第 2 个参数可以为负数，返回与起始日期间隔月数之前的日期

DATEDIF	
	• 主要作用：计算两个日期之间的间隔数，并按照指定的类型返回相应的数字
	• 语法结构：DATEDIF(start_date,end_date,unit)
	• 参数要点：第 3 个参数代表返回的类型，必须添加英文双引号

EOMONTH	
	• 主要作用：计算指定日期之前或之后的某月最后一天日期
	• 语法结构：EOMONTH(start_date,months)
	• 参数要点：第 2 个参数可以负数、0，不能为空

图 4-238（续）

实际工作中，日期函数更是不可或缺的重要函数。其中，TODAY 函数最为简单，在日常工作中的主要作用是与其他函数嵌套，协助计算"今天"至另一个指定日期的间隔数。对此，本节不再赘述。下面将在【应用实战】中对以上其他日期函数的相关知识点予以补充说明，并在实例中介绍日期函数与其他函数嵌套使用的方法。

应用实战

（1）YEAR、MONTH 和 DAY 函数：分解指定日期的年份、月份和日期

YEAR、MONTH 和 DAY 函数，根据其名称即可明确含义，它们是将指定的日期分别返回其所在的年份、月份、日期。基本语法结构非常简单，如下所示：

◆ YEAR(serial_number) → YEAR(日期序列号)

◆ MONTH(serial_number) → MONTH(日期序列号)

◆ DAY(serial_number) → DAY(日期序列号)

其中，参数 serial_number 的中文意思是指日期序列号（即日期）。例如，在 A2 单元格中输入日期"2020-5-20"，将单元格格式设置为"常规"，即可看到序列号为"43971"。参数可设置为文本、数值、单元格引用及公式表达式。

日常工作中，一般可运用 YEAR 和 MONTH 嵌套 TODAY 函数计算职工工龄。打开"素材文件\第 4 章\职工信息管理表13.xlsx"文件，如图 4-239 所示。要求根据入职时间和当前计算机系统日期（2020 年 5 月 28 日）计算职工工龄（计算到具体月份，即 n 年 n 个月）。

序号	员工编号	姓名	部门	岗位	学历	身份证号码	出生日期	性别	入职时间	工龄
				职工信息管理表13						
1	HT001	张果	总经办	总经理	研究生	123456197501140123	1975-01-14	女	2015-6-15	
2	HT002	陈娜	行政部	清洁工	高中	123456199403228231	1994-03-22	男	2016-7-10	
3	HT003	林玲	总经办	销售副总	本科	123456197710162312	1977-10-16	男	2014-1-15	
4	HT004	王丽程	行政部	清洁工	高中	123456198910175202	1989-10-17	女	2016-8-20	
5	HT005	杨思	财务部	往来会计	专科	123456198508262106	1985-08-26	女	2017-4-17	
6	HT006	陈德芳	仓储部	理货专员	专科	123456199606145516	1996-06-14	男	2016-3-6	
7	HT007	刘韵	人力资源部	人事助理	专科	123456199009232318	1990-09-23	男	2019-2-15	
8	HT009	张运隆	生产部	技术人员	专科	123456197610150423	1976-10-15	女	2016-8-1	
9	HT012	刘丹	生产部	技术人员	专科	123456198009132467	1980-09-13	女	2015-9-1	
10	HT019	冯可可	仓储部	理货专员	专科	123456199007241019	1990-07-24	男	2015-6-7	
11	HT020	马冬梅	行政部	行政前台	专科	123456199203171817	1992-03-17	男	2018-1-10	
12	HT010	李孝蹇	人力资源部	绩效考核专员	本科	123456198311251920	1983-11-25	女	2015-6-12	
13	HT011	李云	行政部	保安	高中	123456198104251018	1981-04-25	男	2016-9-15	
14	HT013	赵茜茜	销售部	销售经理	本科	123456199406075180	1994-06-07	女	2017-5-20	
15	HT014	吴春丽	行政部	保安	高中	123456199803255719	1989-03-25	男	2019-7-18	
16	HT015	孙韵琴	人力资源部	薪酬专员	本科	123456197504182758	1975-04-18	男	2017-7-18	
17	HT016	张翔	人力资源部	人事经理	本科	123456198711301000	1987-11-30	男	2015-2-18	
18	HT017	陈佩	行政部	司机	高中	123456198309211639	1983-09-21	男	2016-8-10	
19	HT008	唐德	总经办	常务副总	研究生	123456197504261000	1975-04-26	女	2017-9-20	
20	HT018	刘艳	人力资源部	培训专员	本科	123456199005233000	1990-05-23	女	2019-8-10	

图 4-239

由于需要以"n 年 n 个月"的形式计算工龄，如果仅设置一个公式，需要嵌套多个函数，不易理解。因此首先添加辅助列，计算工龄中的年数和月数。具体操作步骤如下。

Step01 在 K 列右侧添加两列，设置好字段名称→分别在 L3 和 M3 单元格设置以下公式：

◆ L3 单元格："=YEAR(TODAY())-YEAR($J3)"，分别将当前计算机系统日期与入职日期分解成年份后计算二者之间的差额。

◆ M3 单元格："=MONTH(TODAY())-MONTH($J3)"，与 L3 单元格公式同理，计算月份之间的差额。

将 L3:M3 单元格区域公式填充至 L4:M22 单元格区域，效果如图 4-240 所示。

图 4-240

L3 单元格公式简析如下。

TODAY 函数返回当前计算机系统日期，即 "2020-5-28"，那么表达式 "YEAR(TODAY())" 返回结果为 "2020"，同理，表达式 "YEAR($J3)" 返回结果为 "2015"，整条公式最终运算结果为 "5"。

Step02 在 K3 单元格中设置公式 "=IF(M3<0,L3-1,IF(M3=0,L3+1,L3))&" 年 "&IF(M3<0,12+M3,M3)&" 个月 ""→将公式填充至 K4:K22 单元格区域，效果如图 4-241 所示。（示例结果见 "结果文件 \ 第 4 章 \ 职工信息管理表 13.xlsx" 文件。）

图 4-241

K3 单元格公式解析如下。

❶ 表达式 "IF(M3<0,L3-1,IF(M3=0,L3+1,L3))" 的作用是判断 M3 中的月数大小，并返回不同的年份数，公式逻辑如下。

- M3 单元格数字 < 0，即当前计算系统日期所在月份 < 入职日期所在月份，说明不足 1 年，那么 L3 单元格中的年数减掉 1；

- M3 单元格数字 =0，即当前计算系统日期所在月份恰好等于入职日期所在月份，表明月份数正好满 1 年，那么 L3 单元格中的年数应当加上 1；

- M3 单元格数字 > 0，即当前计算系统日期所在月份大于入职日期所在月份，表明已超过 1 年，L3 单元格公式已将其计算在内，因此返回 L3 单元格的年份数。

❷ 表达式 "IF(M3<0,12+M3,M3)" 的作用与前一个表达式相同，但是返回结果为月份数。公式逻辑略有不同：当 M3 单元格数字 < 0 时，表明不足 1 年，即用一年的月份数 12 加上这一负数，返回结果为 "11"（12-1）。否则仍然返回 M3 单元格的数字。

❸ 运用文本运算符 "&" 将两个表达式和文本字符连接成一条公式，以达到 K3 单元格中所显示的效果。

（2）DATE 函数：将指定数字组合为标准格式的日期

DATE 函数的作用恰好与 YEAR、MONTH、DAY 函数互补，是将代表年份、月份、日期的数字配置组合成为一个标准日期的函数。基本语法结构如下：

◆ DATE(year,month,day)

◆ DATE(年份数 , 月份数 , 日期数)

DATE 函数的 3 个参数各有设置规则，如图 4-242 所示。

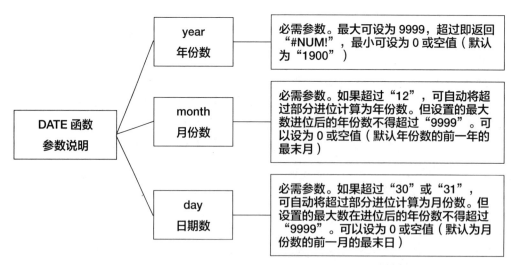

图 4-242

下面在参数设置规则范围内采用不同方式设置 DATE 函数的参数，以体现不同的效果，帮助读者迅速掌握参数设置规则，如图 4-243 所示。

	年份数	月份数	日期数	DATE函数组合日期	公式表达式	说明
2	2020	6	1	2020-6-1	=DATE(A2,B2,C2)	标准参数设置
3	2020	6	1	1900-6-1	=DATE(,B3,C3)	第1个参数为空
4	2020	6	1	2020-5-31	=DATE(A4,B4,)	第3个参数为空
5	2020	6	1	2019-12-1	=DATE(A5,,C5)	第2个参数为空
6	2020	6	1	2019-11-30	=DATE(A6,,)	第2、3个参数为空
7	2019	13	40	2020-2-9	=DATE(A7,B7,C7)	第2和第3个参数超出12和30（或31），自动进位
8	9999	0	0	9998-11-30	=DATE(A8,B8,C8)	第2和第3个参数为0，依次默认为年份数的前一年和前一年最后一月的前一月
9	0	9999	9999	2760-7-15	=DATE(A9,B9,C9)	第2和第3个参数依次自动进位

图 4-243

日常工作中，通常将 DATE 函数与其他日期函数嵌套使用。例如，嵌套 MONTH 函数计算固定资产折旧到期日期、返回当前计算机系统日期所在月份的第 1 日，用于制作动态万年月历等。本书将在第 2 篇 <综合技能篇> 的综合实例中运用 DATE 函数，充分体现它的作用。

（3）WEEKDAY 函数：计算指定日期的星期数

WEEKDAY 函数的作用是计算指定日期的星期数，即计算某日期是一个星期内的第几天，返回结果是一个 1~7 的整数。基本语法结构如下：

◆ WEEKDAY(serial_number,[return_type])

◆ WEEKDAY(日期 ,[返回数字的类型代码])

第 1 个参数 "日期"，可以设置为代表日期的文本（"2020-6-1"）、单元格引用、公式表达式等。第 2 个参数 "返回数字的类型代码"，包括 1~3、11~17 共 10 个代码，缺省时默认为 "1"。每一个代码代表数字 1~7 对应的星期数。例如，计算 2020 年 6 月 1 日的星期数，下面将第 2 个参数分别设置为不同代码，以对比不同的结果，如图 4-244 所示。

			日期						
代码	返回数字	代表星期数	2020-6-1 星期一	2020-6-2 星期二	2020-6-3 星期三	2020-6-4 星期四	2020-6-5 星期五	2020-6-6 星期六	2020-6-7 星期日
1	1~7	星期日—星期六	2	3	4	5	6	7	1
2	1~7	星期一—星期日	1	2	3	4	5	6	7
3	0~6	星期一—星期日	0	1	2	3	4	5	6
11	1~7	星期一—星期日	1	2	3	4	5	6	7
12		星期二—星期一	7	1	2	3	4	5	6
13		星期三—星期二	6	7	1	2	3	4	5
14		星期四—星期三	5	6	7	1	2	3	4
15		星期五—星期四	4	5	6	7	1	2	3
16		星期六—星期五	3	4	5	6	7	1	2
17		星期日—星期六	2	3	4	5	6	7	1

图 4-244

日常工作中，一般使用第1种通用类型，即代码 "1" 返回数字 1~7，代表星期数为星期日至星期六。本书将在第 2 篇 <综合技能篇> 的综合实例中运用 WEEKDAY 函数制作动态月历。

（4）NETWORKDAYS 函数：计算两个日期之间的完整工作日数

NETWORKDAYS 函数的作用是计算指定的两个日期之间的完整工作日数。基本语法结构如下：

◆ NETWORKDAYS(start_date,end_date,[holidays])

◆ NETWORKDAYS(起始日期 , 结束日期 ,[指定假日])

NETWORKDAYS 函数计算工作日数的原理是默认每星期六、星期日为休假日，并减掉另行指定的休假日（参数 [holidays]）后计算得到的两个日期之间的工作日数。

NETWORKDAYS 的 3 个参数可以设置为具体的日期（必须添加英文双引号）、单元格引用及公式表达式。其中，第 3 个参数若包含多个日期，则必须体现为单元格引用形式，缺省时默认为 0。

例如，计算 2020 年 6 月的工作日数（其中 6 月 25 日为法定假日），可设置公式“=NETWORKDAYS("2020-6-1","2020-6-30","2020-6-25"), 返回结果为“21”。

实际工作中，NETWORKDAYS 函数可用于统计职工工作天数，计算职工的加班工资等，本书将在第 2 篇 < 综合技能篇 > 的综合实例中讲解如何运用 NETWORKDAYS 函数。

（5）NETWORKDAYS.INTL 函数：根据自定义每周休息日计算两个日期之间的完整工作日数

NETWORKDAYS.INTL 函数是 NETWORKDAYS 函数的升级版。与之不同的是：它能根据自定义的每周休息日（双休或单休）计算指定的两个日期之间的完整工作日数。基本语法结构如下：

◆ NETWORKDAYS.INTL(start_date,end_date,[weekend],[holidays])

◆ NETWORKDAYS.INTL(起始日期 , 结束日期 ,[休息日代码],[指定假日])

NETWORKDAYS.INTL 函数的第 3 个参数——休息日代码，包括 1~7，11~17 共 14 个代码，分别代表自定义的双休日和单休日，如图 4-245 所示。

双休		单休	
代码	休息日	代码	休息日
1	星期六和星期日	11	星期日
2	星期日和星期一	12	星期一
3	星期一和星期二	13	星期二
4	星期二和星期三	14	星期三
5	星期三和星期四	15	星期四
6	星期四和星期五	16	星期五
7	星期五和星期六	17	星期六

图 4-245

例如，某企业实行单休制，休息日为每星期三。计算 2020 年 6 月的工作日数（其中 6 月 25 日为法定假日）。设置公式“=NETWORKDAYS.INTL("2020-6-1","2020-6-30",14,"2020-6-25")”，返回结果为“25”。

日常工作中，NETWORKDAYS.INTL 函数对于实行轮班制、休息日不固定的企业计算职工工资及加班费非常实用。

（6）EDATE 函数：根据起始日期与间隔月数，计算起始日期之前或之后的日期

EDATE 函数的主要作用是根据一个指定的起始日期和间隔月数，计算起始日期之前或之后的日期。基本语法结构如下：

◆ EDATE(start_date,months)

◆ EDATE(起始日期 , 间隔月数)

第 2 个参数如果为负数，即返回与起始日期间隔月数之前的日期。

日常工作中，EDATE 函数可用于计算合同到期日、固定资产折旧期满日期等。下面列举两个示例介绍 EDATE 函数的运用方法。

◆示例一：计算固定资产折旧期满日期

打开“素材文件 \ 第 4 章 \ 固定资产折旧日期计算表 .xlsx”文件，如图 4-246 所示，根据固定资产的购置日期和折旧年限计算固定资产的“折旧起始日期”和“折旧结束日期”。

固定资产折旧日期计算表

序号	资产编号	固定资产名称	购置日期	折旧年限	折旧起始日期	折旧结束日期
1	HT1001	生产设备01	2017-6-6	10年		
2	HT1002	生产设备02	2018-8-15	5年		
3	HT1003	××牌办公设备01	2019-9-16	3年		
4	HT1004	××牌机械设备02	2019-10-20	5年		
5	HT1005	××牌机器	2020-3-1	5年		
6	HT1006	生产设备03	2020-4-3	8年		
7	HT1007	××牌货车	2019-4-3	8年		

图 4-246

在 F3 和 G3 单元格分别设置以下公式：

- F3 单元格："=DATE(YEAR(D3),MONTH(D3+1),1)"，运用 DATE 函数，根据固定资产当月购置，下月折旧的规定，将购置日期的年数、月数加 1，和数字"1"组合成为折旧起始日期，返回结果为"2017-7-1"。
- G3 单元格："=EDATE(F3,E3*12)-1"，运用 EDATE 函数计算折旧起始日期之后的 10 年 × 12 个月后日期，其中，表达式"=EDATE(F3,E3*12)"的计算结果为"2027-6-1"，减 1 后即返回结果"2027-5-31"。

将 F3:G3 单元格区域公式填充至 F4:G9 单元格区域，效果如图 4-247 所示。（示例结果见"结果文件 \ 第 4 章 \ 固定资产折旧日期计算表 .xlsx"文件。）

G3　=EDATE(F3,E3*12)-1　　G3 单元格公式

固定资产折旧日期计算表

序号	资产编号	固定资产名称	购置日期	折旧年限	折旧起始日期	折旧结束日期
1	HT1001	生产设备01	2017-6-6	10年	2017-6-1	2027-5-31
2	HT1002	生产设备02	2018-8-15	5年	2018-8-1	2023-7-31
3	HT1003	××牌办公设备01	2019-9-16	3年	2019-9-1	2022-8-31
4	HT1004	××牌机械设备02	2019-10-20	5年	2019-10-1	2024-9-30
5	HT1005	××牌机器	2020-3-1	5年	2020-3-1	2025-2-28
6	HT1006	生产设备03	2020-4-3	8年	2020-4-1	2028-3-31
7	HT1007	××牌货车	2019-4-3	8年	2019-4-1	2027-3-31

图 4-247

◆示例二：根据年龄计算出生年份

将 EDATE 函数的第 2 个参数设置为负数，即可根据间隔月数计算起始日期之前的日期。例如，下面运用 EDATE 计算职工的出生年份。打开"素材文件 \ 第 4 章 \ 职工信息管理表 14.xlsx"文件，如图 4-248 所示，企业在招聘职工时仅要求填写年龄，未填写身份证号码，下面根据入职年龄计算出生年份和现年龄。

职工信息管理表14

序号	员工编号	姓名	部门	岗位	学历	性别	性别	入职时间	入职年龄	出生年份	现年龄
1	HT001	张果	总经办	总经理	研究生	女	女	2015-6-15	40		
2	HT002	陈娜	行政部	清洁工	高中	男	男	2016-7-10	22		
3	HT003	林玲	总经办	销售副总	本科	男	男	2014-1-15	37		
4	HT004	王丽程	行政部	清洁工	高中	女	女	2016-8-20	27		
5	HT005	杨思	财务部	往来会计	专科	女	女	2017-4-17	32		
6	HT006	陈德芳	仓储部	理货专员	专科	男	男	2016-3-6	20		
7	HT007	刘韵	人力资源部	人事助理	专科	男	男	2019-2-15	29		
8	HT009	张运隆	生产部	技术人员	专科	女	女	2016-8-1	40		
9	HT012	刘丹	生产部	技术人员	专科	女	女	2015-9-1	35		
10	HT019	冯可可	仓储部	理货专员	专科	男	男	2015-6-7	25		
11	HT020	马冬梅	行政部	行政前台	专科	男	男	2018-1-10	26		
12	HT010	李孝骞	人力资源部	绩效考核专员	本科	女	女	2015-6-12	32		
13	HT011	李云	行政部	保安	高中	男	男	2016-9-15	35		
14	HT013	赵茜茜	销售部	销售经理	本科	女	女	2017-5-20	23		
15	HT014	吴春丽	行政部	保安	高中	男	男	2019-7-15	30		
16	HT015	孙韵琴	人力资源部	薪酬专员	本科	男	男	2017-7-18	42		
17	HT016	张翔	人力资源部	人事经理	本科	女	女	2015-2-18	28		
18	HT017	陈俪	行政部	司机	高中	男	男	2016-8-10	33		
19	HT008	唐德	总经办	常务副总	研究生	女	女	2017-9-20	42		
20	HT018	刘艳	人力资源部	培训专员	本科	女	女	2019-8-10	29		

图 4-248

分别在 K3 和 L3 单元格设置以下公式：

- K3 单元格："=YEAR(EDATE(I3,-(J3*12)))"，首先运用 EDATE 函数根据入职时间和入职年龄返回日期，再运用 YEAR 函数返回该日期的年份。其中，第 2 个参数设置为负数，即代表返回起始日期之前的 n 个月的日期。
- L3 单元格："=YEAR(TODAY())-K3"，运用 YEAR 函数返回当前计算机系统日期的年份数后，减掉出生年份，即可计算得到现年龄。

将 K3:L3 单元格公式填充至 K4:L22 单元格区域，效果如图 4-249 所示。

K3 =YEAR(EDATE(I3,-(J3*12)))

K3 单元格公式

职工信息管理表14

序号	员工编号	姓名	部门	岗位	学历	性别	性别	入职时间	入职年龄	出生年份	现年龄
1	HT001	张果	总经办	总经理	研究生	女	女	2015-6-15	40	1975	45
2	HT002	陈娜	行政部	清洁工	高中	男	男	2016-7-10	22	1994	26
3	HT003	林玲	总经办	销售副总	本科	男	男	2014-1-15	37	1977	43
4	HT004	王丽程	行政部	清洁工	高中	女	女	2016-8-20	27	1989	31
5	HT005	杨思	财务部	往来会计	专科	女	女	2017-4-17	32	1985	35
6	HT006	陈德芳	仓储部	理货专员	专科	男	男	2016-3-6	20	1996	24
7	HT007	刘韵	人力资源部	人事助理	专科	男	男	2019-2-15	29	1990	30
8	HT009	张运隆	生产部	技术人员	专科	女	女	2016-8-1	40	1976	44
9	HT012	刘丹	生产部	技术人员	专科	女	女	2015-9-1	35	1980	40
10	HT019	冯可可	仓储部	理货专员	专科	男	男	2015-6-7	25	1990	30
11	HT020	马冬梅	行政部	行政前台	专科	男	男	2018-1-10	26	1992	28
12	HT010	李孝骞	人力资源部	绩效考核专员	本科	女	女	2015-6-12	32	1983	37
13	HT011	李云	行政部	保安	高中	男	男	2016-9-15	35	1981	39
14	HT013	赵茜茜	销售部	销售经理	本科	女	女	2017-5-20	23	1994	26
15	HT014	吴春丽	行政部	保安	高中	男	男	2019-7-15	30	1989	31
16	HT015	孙韵琴	人力资源部	薪酬专员	本科	男	男	2017-7-18	42	1975	45
17	HT016	张翔	人力资源部	人事经理	本科	女	女	2015-2-18	28	1987	33
18	HT017	陈俪	行政部	司机	高中	男	男	2016-8-10	33	1983	37
19	HT008	唐德	总经办	常务副总	研究生	女	女	2017-9-20	42	1975	45
20	HT018	刘艳	人力资源部	培训专员	本科	女	女	2019-8-10	29	1990	30

图 4-249

（7）DATEDIF 函数：计算两个日期间隔年数、月数或天数

DATEDIF 主要用于计算两个日期之间间隔的年数、月数或天数。它是 Excel 中的一个隐藏函数，在输入函数名称时没有任何提示，并且在【插入函数】对话框和【帮助】说明中都无法寻觅到它的身影，必须完整输入它的名称才能正常使用。基本语法结构如下：

◆ DATEDIF(start_date,end_date,unit)

◆ DATEDIF(起始日期 , 结束日期 , 指定类型)

使用 DATEDIF 函数计算日期间隔需要注意两点，如图 4-250 所示。

◆第 2 个参数 end_date（结束日期）必须大于第 1 个参数 start_date（起始日期），否则返回错误代码"#NUM!"

◆第 3 个参数（指定类型）包括"Y""M""MD""YM""YD"5 种，设定时必须添加英文双引号，否则返回错误代码"#NAME?"，也可设置为单元格引用或公式表达式

图 4-250

3 个参数均为必需参数。其中，第 3 个参数包括 5 种不同类型，可分别计算日期间隔的年数、月数和天数，返回结果略有不同，具体说明如图 4-251 所示。

图 4-251

日常工作中,运用 DATEDIF 函数能够更简便快捷地计算合同执行进度,固定资产累计折旧期数、职工年龄、职工工龄、指定日期的倒计时等。

打开"素材文件\第 4 章\固定资产折旧日期计算表 1.xlsx"文件,如图 4-252 所示,下面在 H 列和 I 列中分别计算固定资产累计折旧和剩余折旧的年数和月数。

图 4-252

Step01 ❶ 选中 H2 单元格区域→运用【数据验证】工具制作下拉列表,设置"序列"来源为"年,月"→将单元格格式自定义为"累计折旧 @ 数";❷ 在 I2 单元格中设置公式"=H2"→将单元格格式自定义为"剩余折旧 @ 数"。操作完成后,在 H2 单元格的下拉列表中选择"月",可看到效果如图 4-253 所示。

图 4-253

Step02 运用【条件格式】功能在 H3 单元格中设置两组条件格式:

- 第 1 组:设置公式"=H$2=" 月 ""→将单元格格式自定义为"0 月";
- 第 2 组:设置公式"=H$2=" 年 ""→将单元格格式自定义为"0 年",如图 4-254 所示。

Step03 分别在 H3 和 I3 单元格设置以下公式:

- H3 单元格:"=DATEDIF(F3,TODAY(),IF(H$2=" 年 ","Y","M"))"。其中,DATEDIF 函数

的第 3 个参数嵌套 IF 函数，根据在 H2 单元格下拉列表选择的字符"年"或"月"，分别返回"Y"或"M"。

- I3 单元格："=IF(I$2=" 年 ",E3-H3,E3*12-H3)"，计算剩余折旧的年数或月数。

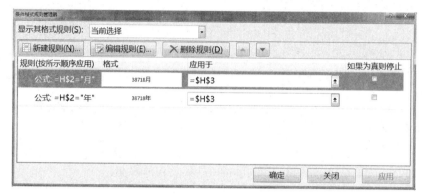

图 4-254

将 H3:I3 单元格公式填充至 H4:I9 单元格区，效果如图 4-255 所示。

序号	资产编号	固定资产名称	购置日期	折旧年限	折旧起始日期	折旧结束日期	累计折旧月数	剩余折旧月数
1	HT1001	生产设备01	2017-6-6	10年	2017-6-1	2027-5-31	35月	85月
2	HT1002	生产设备02	2018-8-15	5年	2018-8-1	2023-7-31	21月	39月
3	HT1003	××牌办公设备01	2019-9-16	3年	2019-9-1	2022-8-31	8月	28月
4	HT1004	××牌机械设备02	2019-10-20	5年	2019-10-1	2024-9-30	7月	53月
5	HT1005	××牌机器	2020-3-1	5年	2020-3-1	2025-2-28	2月	58月
6	HT1006	生产设备03	2020-4-3	8年	2020-4-1	2028-3-31	1月	95月
7	HT1007	××牌货车	2019-4-3	8年	2019-4-1	2027-3-31	13月	83月

H3 单元格公式（=DATEDIF(F3,TODAY(),IF(H$2="年","Y","M"))）固定资产折旧日期计算表1

图 4-255

Step04 测试效果。在 H2 单元格下拉列表中选择"年"，可看到 H3:I9 单元格区域均以"年"为单位计算累计折旧和剩余折旧年数，如图 4-256 所示。（示例结果见"结果文件 \ 第 4 章 \ 固定资产折旧日期计算表 1.xlsx"文件。）

序号	资产编号	固定资产名称	购置日期	折旧年限	折旧起始日期	折旧结束日期	累计折旧年数	剩余折旧年数
1	HT1001	生产设备01	2017-6-6	10年	2017-6-1	2027-5-31	2年	8年
2	HT1002	生产设备02	2018-8-15	5年	2018-8-1	2023-7-31	1年	4年
3	HT1003	××牌办公设备01	2019-9-16	3年	2019-9-1	2022-8-31	0年	3年
4	HT1004	××牌机械设备02	2019-10-20	5年	2019-10-1	2024-9-30	0年	5年
5	HT1005	××牌机器	2020-3-1	5年	2020-3-1	2025-2-28	0年	5年
6	HT1006	生产设备03	2020-4-3	8年	2020-4-1	2028-3-31	0年	8年
7	HT1007	××牌货车	2019-4-3	8年	2019-4-1	2027-3-31	1年	7年

H3 单元格公式（=DATEDIF(F3,TODAY(),IF(H$2="年","Y","M"))）固定资产折旧日期计算表1

图 4-256

（8）EOMONTH 函数：计算起始日期间隔指定月数之前或之后的月份的最后一天日期

EOMONTH 函数的作用是计算起始日期间隔指定月数之前或之后的月份的最末一天的日期。基本语法结构如下。

◆ EOMONTH(start_date,months)

◆ EOMONTH(起始日期 , 月数)

EOMONTH 函数的 2 个参数均为必需参数，第 2 个参数“月数”为 0、负数和正数时分别代表返回指定日期的当月、指定之前和之后月份的最后一天日期，如图 4-257 所示。

日常工作中，EOMONTH 函数同样可用于计算固定资产折旧结束日期、合同到期日。如果与其他日期函数嵌套使用，还能计算当月最后一个工作日。在财务季度报表中自动计算每季度的起止日期等。

	A	B	C	D
1	起始日期	月数	返回结果	公式表达式
2	2020-6-12	-5	2020-1-31	=EOMONTH(A$2,B2)
3		0	2020-6-30	=EOMONTH(A$2,B3)
4		5	2020-11-30	=EOMONTH(A$2,B4)

图 4-257

例如，根据工作表中 A2 单元格中的月份（2020 年 5 月）计算当月最后一个工作日。只需在 B2 单元格设置公式“=IF(OR(WEEKDAY(EOMONTH(A2,0))={1,7}),EOMONTH(A2,0)-{2,1},EOMONTH(A2,0))”即可，公式结果及公式表达式如图 4-258 所示。（示例结果见“结果文件\第 4 章\月末日期计算表 .xlsx”文件。）

B2 =IF(OR(WEEKDAY(EOMONTH(A2,0))={1,7}),EOMONTH(A2,0)-{2,1},EOMONTH(A2,0))

	A	B	C
1	月份	最后一个工作日	公式表达式
2	5月	2020-5-29	=IF(OR(WEEKDAY(EOMONTH(A2,0))={1,7}),EOMONTH(A2,0)-{2,1},EOMONTH(A2,0))

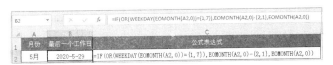

图 4-258

B3 单元格公式解析如下。

❶ 表达式“EOMONTH(A2,0)”是整条公式的主角，作用是计算 A2 单元格中指定月份的最后一天的日期，返回结果为“2020-5-31”。

❷ 表达式“WEEKDAY(EOMONTH(A2,0))”是用于计算“2020-5-31”的星期数，返回结果为“1”（星期日）。

❸ 运用 IF 嵌套 OR 函数判断当月最后一天日期是否为周末休息日，若是“1”（星期日）或“7”（星期六），则用表达式“EOMONTH(A2,0)”的计算结果“2020-5-31”减去“2”或“1”，否则直接返回表达式“EOMONTH(A2,0)”的计算结果。因此，整条公式最终计算结果为“2020-5-29”（“2020-5-31”减“2”）。

温馨提示

如果月末最后一天是法定假日，还需嵌套 WORKDAYS 函数，本书将在第 2 篇 <综合技能篇> 列举实例介绍公式设置方法。

第 5 章

数据图表可视化分析的 8 个关键技能

　　数据是这个信息时代最核心的资源，也是每位职场人士亲密接触的工作对象。无论是作调研报告还是方案描述，都要以数据说话。从数据的收集整理到清洗加工、核算分析，无一不是在与数据打交道。数据能够传递信息，充分体现企业的经营状况、经营成果，并揭示内在发展规律，为企业制定正确的经营策略提供可靠的依据。数据的确很重要，但是也比较枯燥和抽象，单纯的数据所传递的信息往往很难被完全接收并理解到位，也就更难以帮助企业做出正确的经营决策和制定完整的发展计划。所以，作为职场人士，除了要掌握收集整理数据、加工清洗数据和核算分析数据的技能，还要学会运用图表将数据可视化，让原本枯燥、抽象的数据及其内涵生动形象地展现出来，让人一看就明白，一读就理解，让数据的作用和价值得以充分发挥。

　　为此，本章将介绍关于图表运用的 8 个关键技能，帮助读者朋友快速掌握数据可视化的具体技法，进一步提高数据处理能力。本章知识框架及简要说明如图 5-1 所示。

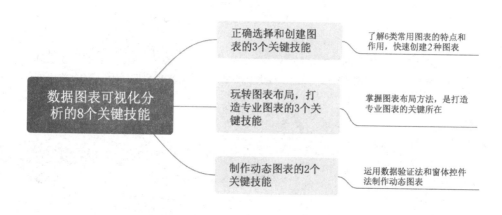

图 5-1

5.1 正确选择和创建图表

图表以其直观的形象，放大数据特征，反映数据内在规律，是分析与展示数据的利器。在 Excel 2016 中，图表类型多种多样，每种图表对于数据展现的突出点均有所不同。因此，如果想要通过图表淋漓尽致地展现数据内涵，首先应了解并熟悉实际工作中常用图表的类型、特点和作用，才能在创建图表时，正确地选择适合数据特征的图表类型。本节介绍正确选择和创建图表的 3 个关键技能，知识框架如图 5-2 所示。

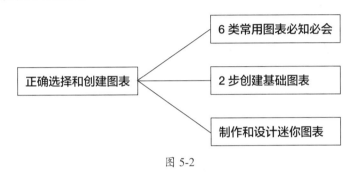

图 5-2

关键技能 050 6 类常用图表必知必会

技能说明

Excel 2016 提供了 15 种图表类型，包括柱形图、折线图、饼图、条形图、面积图、XY 散点图、股价图、曲面图、雷达图、树状图、旭日图、直方图、箱形图、瀑布图、组合图。每种图表类型下还包含多个子类型。每种图表都有其特长，分别适用于不同行业、不同工作场景下的数据展现。但是，对于大多数职场人士而言，并不会应用到所有的图表类型，只需充分了解并熟悉 6 类通用型图表的特点、作用，并在此基础上深入学习制作、布局、设计样式等方法，就完全能够处理好 80% 的数据可视化工作。6 类常用图表的名称和子类型，及其主要作用的简要说明如图 5-3 所示。

折线图	• 展示重点：数据变化趋势。主要展示同一组数据随时间的推移而变化的趋势 • 子类型：普通折线图、堆积折线图
柱形图	• 展示重点：数据的差异性。主要展示不同时期、同类数据的变化情况或不同类别数据之间的差异，也可以呈现不同时期、不同类别数据的变化差异。与条形图相比，更适合展示存在负数的数据 • 子类型：簇状柱形图、堆积柱形图、百分比堆积柱形图

图 5-3

条形图	• 展示重点：数据的差异性比较。主要用于比较同一时期、不同类别数据的差异情况。与柱形图相比，更适用于展示大量的数据源
	• 子类型：堆积条形图、簇状条形图
饼图	• 展示重点：数据的占比。主要用于展示一个数据系列中各项目的比例大小，以及与数据总和的占比关系
	• 子类型：普通饼图、子母饼图、复合条饼图、圆环图
瀑布图	• 展示重点：多个特定数值之间的数量变化关系，直观地反映数据的增减变化及增加值或减少值对初始值的影响
	• 子类型：无
组合图	• 展示重点：数据的绝对值和相对值。由两种或两种以上的图表类型组合为一个图表，主要用于同时展示同一变量的绝对值和相对值
	• 子类型：经典组合形式为折线图 + 柱形图。也可以自定义组合

图 5-3（续）

应用实战

前一小节简要介绍了 6 类常用图表的展示重点及子类型图表。本节将对这些图表的概念、特点、作用等相关知识予以补充和深化。

（1）折线图：展示数据的变化趋势

折线图主要用于展示同一组数据随着时间推移的变化情况。通过折线图的线条波动趋势，可以轻松判断在不同时期内，数据的上升和下降趋势及数据变化的波动程度。同时，根据折线的高点和低点也能轻松找到数据波动的峰顶和谷底。

折线图的子类型主要包括普通折线图和堆积折线图两种。如果仅仅展示一个数据系列，二者并无区别。但如果展示两个及以上的数据系列，二者之间则存在着细微的差别。

◆普通折线图

在普通折线图中，数据系列虽然在同一图表中展示，但是各自独立，数据系列之间的折线会发生交叉，只能单纯反映每种产品随时间变化的发展趋势。如图 5-4 所示是使用普通折线图展示数据源表格中列示的两种产品 1—12 月的销售数据。

◆堆积折线图

堆积折线图可以显示两个或两个以上的数据系列在同一分类上的值的总和的发展变化趋势，如图 5-5 所示，"空调"数据系列值在纵坐标轴上的位置与普通折线图相同，而"冰箱"数据系列的值在纵坐标轴上的位置是"空调"和"冰箱"数据的合计值，同时反映了两种产品的总销售额随时间发展变化的趋势。

因此，在选择折线图类型图表分析数据发展趋势时，需注意如果数据源中有两个或以上的数据系列时，更适宜采用堆积折线图进行展示。

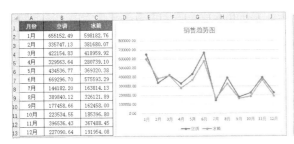

图 5-4

图 5-5

（2）柱形图：对比数据的差异性

柱形图又称长条图、柱状统计图，是一种以柱形的长度为变量的统计图表，由根据行或列数据绘制的长方形组成，主要对比展示同类数据在不同时期的变化，重点呈现两个数据系列之间的差异性，用于两个及以上的数据系列之间的大小比较，也可以体现一段时间内数据的高低变化。柱形图主要包括簇状柱形图、堆积柱形图和百分比堆积柱形图 3 种。

◆ 簇状柱形图

簇状柱形图一般可以用来对比多个数据系列的值或数据随时间推移的变化。如图 5-6 所示，采用了簇状柱形图对比"空调"和"冰箱"两种产品在每月中的销售额高低，同时也可分别观察同一种产品随时间推移的变化情况。

◆ 堆积柱形图

堆积柱形图是将数据叠加到一个柱条上，既可对比不同数据系列之间的高低大小，又可以通过柱条叠加的总高度，判断一段时期内数据系列的总值对比。如图 5-7 所示，采用了堆积柱形图对比"空调"和"冰箱"在每月的销售额，以及每月"空调 + 冰箱"的销售额之和的变化情况。

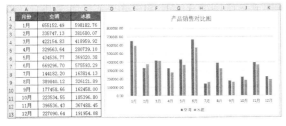

图 5-6

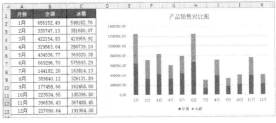

图 5-7

◆ 百分比堆积柱形图

百分比堆积柱形图也是将数据系列叠加到一个柱条上，以所占百分比体现数据系列的大小。与堆积柱形图不同的是，它的总值都是 100%，也就是说，代表总销售额的柱条总高度全部相等。而每个数据系列占据总高度的比例即代表占据总销售额的比例。如图 5-8 所示，采用了百分比堆积柱形图展示"空调"和"冰箱"两种产品的销售额分别占据每月总销售额的比例。

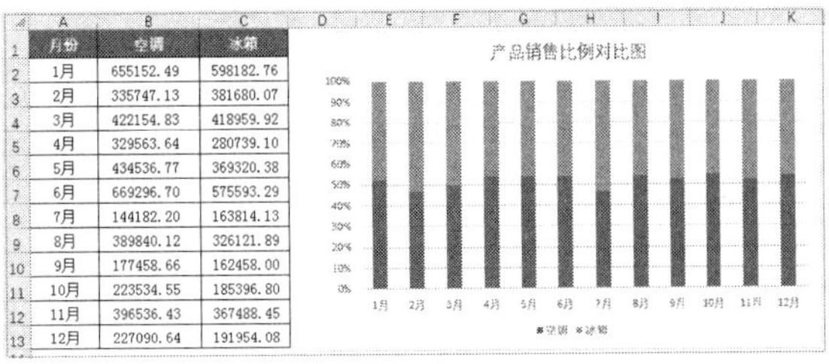

图 5-8

（3）条形图：展示大量数据的差异性

条形图同样是以长方形的长度为变量的一种图表，它实际上就是横置的柱形图。二者共同之处主要包括两点，如图 5-9 所示。

◆ **1. 主要作用相同：**
都可用于对比两个及以上数据系列之间的大小及变化情况

◆ **2. 子类型相同：**
条形图大类下也包括簇状条形图、堆积条形图、百分比堆积条形图

图 5-9

二者的区别主要有以下三点。

◆**区别一：条形图比柱形图更适合展示类别名称较长的数据系列**

如图 5-10 所示，采用了簇状柱形图对不同原因离职的人数进行分析。因类别名称较长，且不适用简称，造成类别名称倾斜，使图表整体显得凌乱，影响图表的美观度和专业性。而采用条形图既可正常显示长类别名称，同时，也使图表显得整洁清爽，体现出制图者的专业水平，如图 5-11 所示。

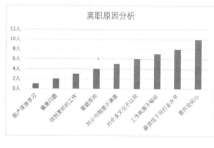

图 5-10

图 5-11

◆**区别二：条形图比柱形图更适合展示类别较多的数据系列**

如果需要在有限的工作表空间中展示多个类别的数值对比，选择柱形图同样会导致类别名称倾斜和柱条拥挤，增加图表使用者的阅读难度，如图 5-12 所示，采用了簇状柱形图对比各种商品类别的销售金额，由于类别较多，造成类别名称倾斜，虽然可通过将类别名称文本换行、增大图表的方法解决这一问题，但是依然会影响图表的美观和专业性。同时，数据标签发生重叠，无法看清。因此，在这种情形下，簇状条形图是对比数据的不二选择，如图 5-13 所示。

图 5-12

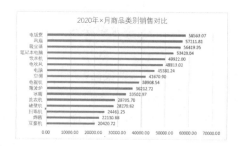

图 5-13

◆**区别三：柱形图比条形图更适合展示有负数的数据系列**

如果要对比的数据系列中存在负数，那么柱形图比条形图更合适。如图 5-14 所示，采用了簇状条形图对比 2019 年 1—12 月的利润。其中，负数和正数是以左右方向呈现的，并不能直观地对比数据。而柱形图以上下方向呈现正数和负数，相较条形图而言，数据展示更直观，图表更美观，如图 5-15 所示。

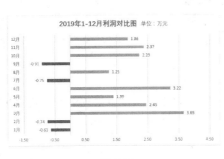

图 5-14

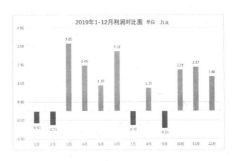

图 5-15

（4）饼图：分析数据占比关系

饼图主要用于显示一个数据系列中各项目的比例大小，以及与各项总和的占比关系，如不同类别的商品销售金额与销售总额占比等。在 Excel 2016 中，饼图包括普通饼图、子母饼图、复合条饼图、圆环图 4 种。

◆ 普通饼图

普通饼图就是对同一数据系列中各数据占总量的比例进行简单的展示。如图 5-16 所示的普通饼图，展示了如图 5-17 所示的数据源表中每个商品类别的销售金额及与销售合计数的占比。

图 5-16

2020年×月商品类别销售		
商品类别	销售金额	占比
冰箱	260521.26	15.68%
空调	185693.36	11.18%
电视机	222885.61	13.42%
洗衣机	186695.08	11.24%
微波炉	222821.27	13.41%
扫地机器人	192631.00	11.59%
电脑	390188.77	23.49%
合计	1661436.35	100.00%

图 5-17

◆ 子母饼图

子母饼图是指同时生成大小两个饼图。大饼图主要用于展示大类数据项目的占比，小饼图展示其中一个数据项目所包含的子分类的占比，如图 5-18 所示，在商品类别中，单门式、双门式、三门式冰箱同属于冰箱类别，因此可全部划为"冰箱"类，归入小饼图中进行展示。

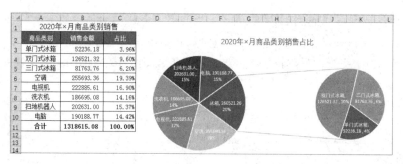

图 5-18

另外，如果数据项目较多，其中部分数据项目的占比较小时，也可将较小占比的数据项目划入小饼图进行展示，如图 5-19 所示，在商品类别中，扫地机、洗衣机、微波炉的销售占比均小于 6%，因此可划为"其他"类，归入小饼图中进行展示。

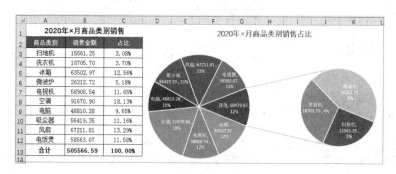

图 5-19

◆ 复合条饼图

复合条饼图与子母饼图作用和形式基本相同。不同之处是用于展示较小占比的数据项目的小图是条形图，即小图中的每个项目以条形显示，如图 5-20 所示，小于 6% 的商品类别在条形图中展示。

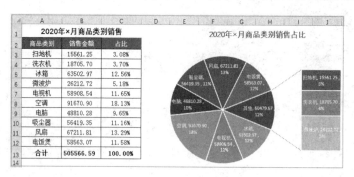

图 5-20

◆ 圆环图

圆环图的作用同样是展示各数据项目的比例，但是可以通过增加圆环图的层数，来体现数据项目随时间或其他因素变化的比例。如图 5-21 所示圆环图展示了 2019 年 6 月和 2020 年 6 月各类商品销售额占当月总销售额的比例，同时还可以对比同类商品在不同年份中相同月份的销售额比例大小。

图 5-21

（5）瀑布图：展示数据增减变化关系

瀑布图是 Excel 2016 的新增图表类型，由于图表中数据点的排列形似瀑布流水，因而被称为"瀑布图"。瀑布图主要用于表达多个特定数值之间的数量变化关系，可以直观地反映数据的增减变化及增加值或减少值对初始值的影响，如图 5-22 所示，通过瀑布图可以分析 2019 年的营业成本、税金及附加、销售费用、管理费用、财务费用、营业外收入、营业外支出等数据的增减对营业收入的影响，以及所得税费用和净利润对利润总额、营业收入的影响。

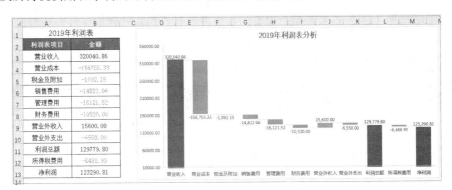

图 5-22

（6）组合图：同时展示多组数据

组合图是指由两种或两种以上类型的图表组合而成的图表。它最大的特点就是不同类型的图表共享一个横坐标，使用不同的纵坐标，可以更清晰地区分不同的数据类型，并强调关注的不同侧重点。

实际工作中，很多时候单一的图表类型无法满足互有勾稽关系数据的多元化展示，此时就需要运用组合图表来展示多组数据。

组合图最经典的组合形式是"柱形图 + 折线图"，用于展示同一组数据系列的绝对值和相对值。如图 5-23 所示的 <2019 年 1—12 月销售指标达成分析 > 图表，采用了簇状柱形图展现 1—12 月销售额的绝对值，而每月的指标达成率则用折线图进行展示。二者共用一个横坐标，但分别使用左右两侧的纵坐标。

图 5-23

关键技能 **051** **2 步创建基础图表**

技能说明

Excel 2016 提供了 15 种图表类型，每种图表类型都有着独特的作用，能够从各个角度突出数据的特点。虽然图表类型较多，但是所有图表的创建流程却既统一，又简单，只需通过 2 步简单操作，做出 2 个正确选择，就能快速创建一份基础图表。创建流程及操作说明如图 5-24 所示。

第 1 步：选择正确的数据源	第 2 步：选择适合的图表类型
1. 选择数据源时既可以选择工作表中的全部数据，也可以批量选择连续或间隔的部分数据 2. 注意将行标题和列标题一并选中，图表会智能识别数据、行标题、列标题并将它们确定为合适的图表元素，如将行标题设定为"图例"、将列标题设为"水平坐标轴"或"垂直坐标轴"、将数据设为"数据系列"等	可通过 2 种快捷方法选择图表类型： 1. 通过常用图表的快捷按钮选择 2. 通过【推荐的图表】选择

图 5-24

应用实战

下面列举两个示例，介绍通过两种方法选择图表类型，创建基础图表的具体步骤和实际操作方法。

◆示例一：通过常用图表快捷按钮选择图表类型

Excel 在【插入】选项卡下【图表】组中提供了几种常用图表的快捷按钮，方便快速创建图表。如果在创建图表之前已经明确图表类型，直接在其中选择即可。

打开"素材文件\第 5 章\2019 年 1—12 月商品销售统计表 .xlsx"文件，创建柱形图对比分析空调和冰箱的每月销售金额大小。

Step01 选择数据源。对比每月两种商品销售金额大小，注意不要选择"合计"金额。选中

A3:C15 单元格区域，包括行标题和列标题，如图 5-25 所示。

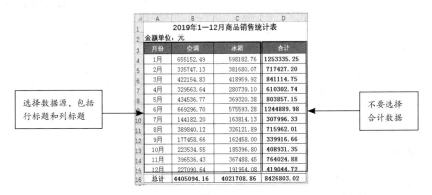

图 5-25

Step02 选择适合的图表类型。❶ 单击【插入】选项卡下【图表】组中的【柱形图】下拉按钮 ；
❷ 单击下拉列表中"二维柱形图"组中的"堆积柱形图"即可，如图 5-26 所示。

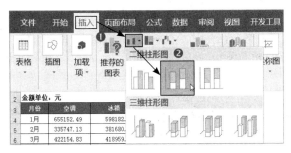

图 5-26

操作完成后，在工作表中已同步创建一个基础图表，其中初始图表元素包括数据系列、纵坐标、横坐标、图例、图表标题文本框（标题名称自行修改），效果如图 5-27 所示。（示例结果见"结果文件 \ 第 5 章 \2019 年 1—12 月商品销售统计表 .xlsx"文件。）

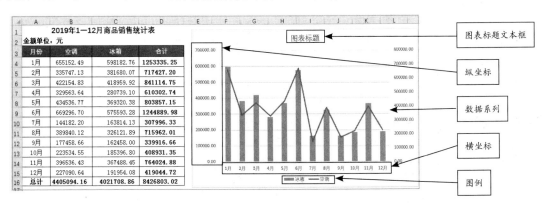

图 5-27

◆示例二：通过【推荐的图表】对话框选择图表类型

如果不明确需要创建的图表类型，或者【插入】选项卡下【图表】组中没有所需图表类型的快捷按钮，可以打开【推荐的图表】对话框，根据系统智能推荐或自行选择图表类型。

打开"素材文件 \ 第 5 章 \2019 年销售指标达成分析 .xlsx"文件，创建组合图表（柱形图＋折线图）分析每月销售额与指标达成率情况。

Step01 选中 A2:D14 单元格区域→单击【插入】选项卡【图表】组中【推荐的图表】按钮，如图 5-28 所示。

图 5-28

Step02 ❶ 弹出【插入图表】对话框→切换至【所有图表】选项卡→单击列表框中的"组合图"选项；❷ 将数据系列"销售额"与"指标"的图表类型设置为"簇状柱形图"→将数据系列"达成率"的图表类型设置为"折线图"，并选中"次坐标轴"复选框，同时可看到图表的预览图；❸ 单击【确定】按钮，如图 5-29 所示。

操作完成后，可看到基础组合图表已创建成功，图表初始布局如图 5-30 所示。（示例结果见"结果文件 \ 第 5 章 \2019 年销售指标达成分析 .xlsx"文件。）

> **温馨提示**
>
> 基础图表创建完成之后，所呈现的是最初始的样式。因此，还需要进行更重要的一项工作，也是制作专业图表必须掌握的最关键的一个技能——图表布局。本章第5.2节将详细介绍图表布局的相关知识内容。

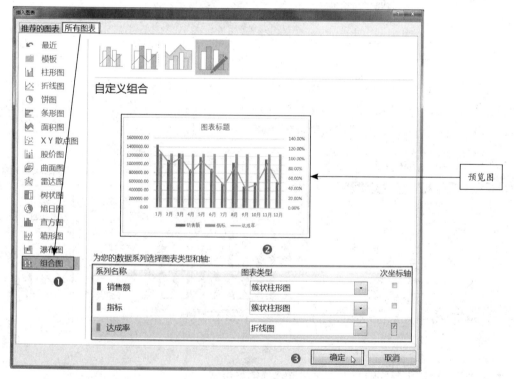

图 5-29

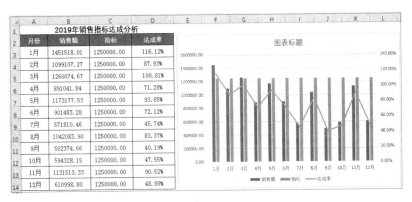

图 5-30

关键技能 052 制作和设计迷你图表

技能说明

迷你图是 Excel 提供的一种简洁小巧的微型图表工具，与图表不同的是，它仅在单元格里生成图形，并且只有 3 种类型：折线图、柱形图、盈亏图，可对数据源表里同一行或同一列中的一组数据进行简要的对比分析或趋势分析。

迷你图的制作流程同样只需 2 步：选择数据源→选择迷你图表类型。同时，设计迷你图表的样式比图表操作简单、快捷，在【设计】选项卡中即可快速完成全部操作。

应用实战

迷你图在制作与设计上比图表更加简单、快捷，下面介绍具体操作方法。

打开"素材文件\第 5 章\2019 年 1—12 月商品销售统计表 1.xlsx"文件，如图 5-31 所示。要求创建迷你图简单分析每类商品 1—12 月的销售趋势，并对比每月各类商品的销售金额高低。

月份	空调	冰箱	电视机	合计
	2019年1—12月商品销售统计表1			
金额单位：元				
1月	655152.49	598182.76	601989.60	1855324.85
2月	335747.13	381680.07	375694.94	1093122.14
3月	422154.83	418959.92	421161.97	1262276.72
4月	329563.64	280739.10	280167.80	890470.54
5月	434536.77	369320.38	362351.67	1166208.82
6月	669296.70	575593.29	571906.04	1816796.03
7月	144182.20	163814.13	163127.42	471123.75
8月	389840.12	326121.89	329839.03	1045801.04
9月	177458.66	162458.00	161714.27	501630.93
10月	223534.55	185396.80	188541.32	597472.67
11月	396536.43	367488.45	370323.62	1134348.50
12月	227090.64	191954.08	188464.16	607508.88
总计	4405094.16	4021708.87	4015281.84	12442084.87

图 5-31

◆创建迷你图

分析每类商品 1—12 月的销售趋势应创建迷你折线图，对比每月各类商品的销售高低可创建迷你柱形图。操作步骤如下。

Step01 ❶ 选中 B4:E15 单元格区域（注意不要选择 B16:E16 单元格区域的"总计"金额）→单击【插入】选项卡下【迷你图】组中的【折线】按钮，如图 5-32 所示；❷ 弹出【创建迷你图】对话框，"数据范围"文本框已自动填入之前选中的数据源区域→单击"位置范围"文本框→选中

B17:E17 单元格区域；❸ 单击【确定】按钮即可成功创建折线迷你图，如图 5-33 所示。

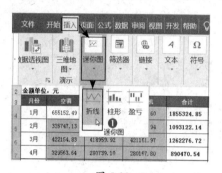
图 5-32

图 5-33

Step02 按照 Step01 的操作步骤创建迷你柱形图，注意选择数据源时应选择 B4:D16 单元格区域（不要选择 E4:E16 单元格区的"合计"数），将"位置范围"设置为 F4:F16 单元格区域。迷你折线图和迷你柱形图效果如图 5-34 所示。

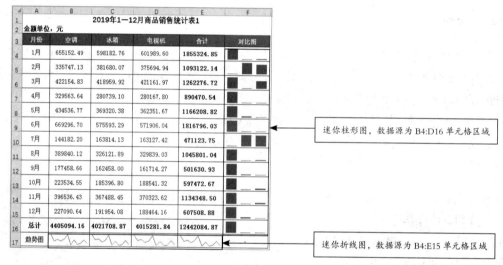
图 5-34

◆设计迷你图样式

迷你图创建完成后，已经能够直观地呈现数据的对比效果或变化趋势，如果认为目标数据不够突出，可运用【迷你图工具】对其进行设计和美化。

单击任意一个迷你图所在的单元格，激活【迷你图工具】—【设计】选项卡→在展开的列表功能组中设计迷你图即可。例如，可在【类型】组中修改迷你图表的类型；在【显示】组中为迷你图添加"五点一记"（高点、低点、负点、首点、尾点、标记）；在【样式】组中单独设置迷你图与标记的颜色或者直接套用内置样式；在【组合】组中设置坐标轴类型、自定义坐标轴的最大值等。【迷你图工具】—【设计】选项卡下的功能列表如图 5-35 所示。

迷你图表的设计效果如图 5-36 所示。（示例结果见"结果文件\第 5 章\2019 年 1—12 月商品销售统计表 1.xlsx"文件。）

图 5-35

月份	空调	冰箱	电视机	合计	对比图
1月	655152.49	598182.76	601989.60	1855324.85	
2月	335747.13	381680.07	375694.94	1093122.14	
3月	422154.83	418959.92	421161.97	1262276.72	
4月	329563.64	280739.10	280167.80	890470.54	
5月	434536.77	369320.38	362351.67	1166208.82	
6月	669296.70	575593.29	571906.04	1816796.03	
7月	144182.20	163814.13	163127.42	471123.75	
8月	389840.12	326121.89	329839.03	1045801.04	
9月	177458.66	162458.00	161714.27	501630.93	
10月	223534.55	185396.80	188541.32	597472.67	
11月	396536.43	367488.45	370323.62	1134348.50	
12月	227090.64	191954.08	188464.16	607508.88	
总计	4405094.16	4021708.87	4015281.84	12442084.87	
趋势图					

2019年1—12月商品销售统计表1
金额单位：元

图 5-36

5.2 玩转图表布局，打造专业图表

一图胜千言，用一份专业图表展示数据内涵远胜于用大段文字来解释数据的含义。同时，专业图表还能传递制图者的敬业精神和专业水平，以及值得信赖的职业形象。那么，如何将原本粗糙的基础图表制作出专业效果？其中的关键点和核心点正是图表的布局。本节将介绍运用技巧为图表布局，将图表打造成专业图表的 3 个关键技能，知识框架如图 5-37 所示。

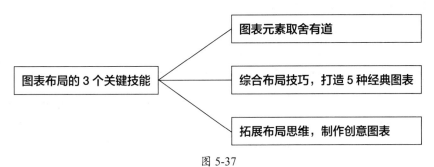

图 5-37

关键技能 **053** 图表元素取舍有道

技能说明

图表元素是指组成图表的多个对象。例如，前面小节展示的图表中介绍过的图表标题、数据系列、坐标轴、数据标签、图例等，都是组成图表的元素。除此之外，图表元素还包括坐标轴标题、绘图区、网格线等，具体如图 5-38 所示。

| 图表标题 | 数据系列 | 坐标轴 | 数据标签 | 图例 |
| 坐标轴标题 | 绘图区 | 网格线 | 误差线 | 其他元素 |

图 5-38

创建基础图表后，初始图表中一般自带 3 个基本元素：图表标题文本框、数据系列、坐标轴（雷达图、树状图、饼图除外）。如果需要添加元素，可通过功能区或快捷按钮操作，如图 5-39 所示。

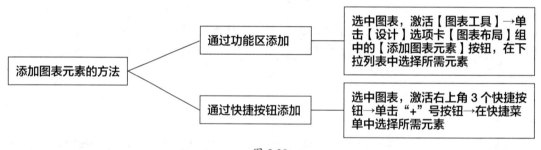

图 5-39

如果需要删除元素，只需选中后按【Delete】键即可。

各种图表元素各有特点，发挥不同的重要作用，但并非每个图表都必须具备全部图表元素。许多图表的问题正是布局元素过多，功能重复，没有选择最有针对性的布局来表现图表主题，导致图表效果适得其反。正确的方法是：首先充分了解每个图表元素的作用，制作图表时结合图表特点和作用，以及想要突出的数据重点等因素对图表元素进行合理取舍。本节将在【应用实战】中作详细介绍。

应用实战

下面介绍各个图表元素的作用及针对图表主题对图表元素进行取舍的方法。

（1）"刚需"元素：数据系列、坐标轴、图表标题

数据系列、图表标题是每个图表必需的元素。另外，除饼图、旭日图、雷达图、树状图外，其他类型的图表中，坐标轴也是必不可缺的元素之一。因此，这三个元素可以算作图表的"刚需"元素。

◆数据系列

数据系列即图表中所要展示的源数据的集合，是图表的核心组成元素，如果没有数据系列，图表就不成立。同一个数据系列可以统一调整颜色、填充图形，也可以单独设置其中要强调突出的某一个或几个关键数据点的颜色。例如，运用折线图展示 1—12 月的销售趋势，将其中呈上升趋势的线段设置为其他颜色，区别于代表下降趋势的线段颜色，可对图表阅读者起到提示作用。

◆坐标轴

坐标轴包括 X 轴和 Y 轴。在组合图表中，为了更清晰地展示不同类型的数据系列（如绝对值和相对值），通常需要在图表右侧添加次要纵坐标轴。例如，在"柱形图 + 折线图"组合图表中，柱形图展示 1—12 月销售数据的绝对值，折线图展示每月销售占总销售额的百分比，此时就需要添加次要纵坐标轴。

◆图表标题

图表标题的作用和文章标题、表格标题相同，用来说明数据的核心主题。标题内容通常应以简明扼要的文字对需要展示数据的重点内容进行概括。但是，当图表的主要目的是突出数据的结果或强调数据某一方面的内容时，那么图表标题应与之对应。

例如，运用图表分析 2020 年 1—12 月的销售额，那么标题可拟定为"2020 年 1—12 月销售分析"。如果要强调销售额最高和最低的月份，标题可拟定为"2020 年 1—12 月销售最高 / 最低月份：……"，具体操作方法是在数据源表中设置为动态标题，再将图表标题链接至数据源标题，使其随数据的变化而动态改变。

下面列举实例，介绍动态标题及设置数据系列颜色的操作方法。打开"素材文件 \ 第 5 章 \2020 年 1—12 月销售统计表 .xlsx"文件，假设当前月份为 2020 年 8 月，9—12 月暂无销售统计数据。已创建基础组合图表，如图 5-40 所示。

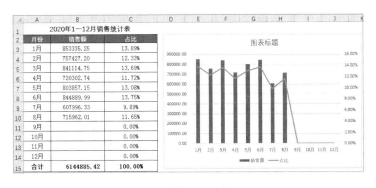

图 5-40

下面设置图表标题，动态显示销售额最高和最低的月份。

Step01 ❶ 在 A1 单元格中设置公式"=""2020 年 1—12 月 销售最高 / 最低月份："&VLOOKUP(MAX(B3:B14), IF({1,0},B3:B14,A3:A14),2,0)&"/"&VLOOKUP(MIN(B3:B14),IF({1,0},B3:B14,A3:A14),2,0)"，将数据源表中的标题动态化；❷选中"图表标题"文本框→单击【编辑栏】→输入符号"="后，选中 A1 单元格即可，效果如图 5-41 所示。

设置公式动态显示标题

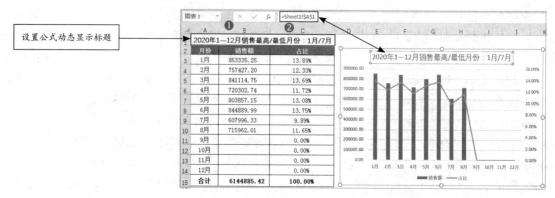

图 5-41

Step02 测试效果。在 B11:B14 单元格区域中任意填入数据，可看到 A1 单元格与图表的标题内容已同步发生变化，如图 5-42 所示。（示例结果见"结果文件 \ 第 5 章 \2020 年 1—12 月销售统计表 .xlsx"文件。）

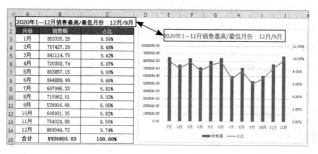

图 5-42

（2）"弹性"元素：其他元素

除以上"刚需"元素外，其他元素可以根据图表类型、特点、图表主题选择添加或删除。具体元素名称及其作用如下。

◆ 数据标签和数据表

数据标签是在每个数据系列上直接标识每个项目的名称和数值的文本框。可以让阅读者更明确地区分数据系列的名称和具体数值。一般情况下，各种类型的图表中都应添加数字标签。但是，如果数据点较多，间距太小，添加数据标签不仅会导致数字相互混淆，无法看清，还会使整个图表显得凌乱，影响图表的专业效果，如图 5-43 所示。

数据表是添加在图表中的表格，作用是将数据源表包含的数据系列名称、每一数据具体大小予以精确展示。当图表不宜添加数据标签时，即可添加数据表。同时，数据表所展示的内容比数据标签更加完善。在作工作汇报时，添加数据表能让数据本身及其内涵同时呈现，更能为图表锦上添花，如图 5-44 所示。

◆ 图例

图例是显示数据系列的具体样式和对应系列名称的示例。在图 5-43 和图 5-44 中的图表中均包含这一元素。其中，图 5-44 的图表中数据表已自带图例，那么就无须再画蛇添足，保留原有图例即可。另外，在某些类型的图表中，也无须图例。例如，图 5-45 所示的饼图中已添加了数据标签，每个扇形区域对应的类别名称及数据已经一目了然，就不必多此一举添加图例了。

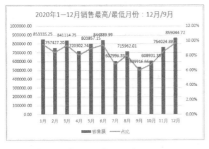

图 5-43

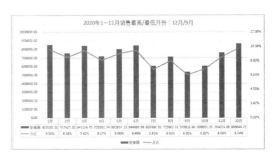

图 5-44

◆绘图区和网格线

绘图区即图表中放置数据系列的矩形区域。网格线是绘图区中平行于各个坐标轴的便于读数的参照线，包括主要和次要的水平网格线和垂直网格线。其作用是引导视线，帮助阅读者找到数据项目对应的 X 轴和 Y 轴坐标，从而更准确地判断数据大小。但是网格线不宜添加过多，否则反而会干扰视线。一般情况下，Excel 图表默认添加主要水平轴网格线，如有必要，可根据图表类型及具体数据再添加一条垂直网格线，如图 5-46 所示，图表中添加了主要和次要的水平和垂直网格线共 4 条。

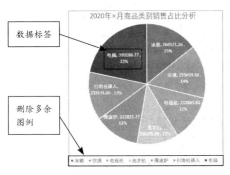

图 5-45

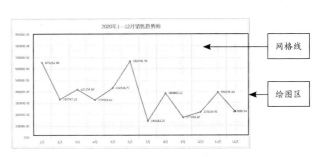

图 5-46

◆误差线

误差线是用于标识数据具体数值与坐标轴数字范围之间差距的辅助线，可以帮助阅读者更直观准确地理解数据，如图 5-47 所示，图表中添加了误差线，可以看到每个数据点与 Y 轴上标识的数字之间的差距。

◆其他

除以上主要元素外，其他元素中还包括用于表现数据发展趋势的"趋势线"，一般可在柱形图、散点图等图表中添加；突出显示双变量之间的涨跌量大小的"涨 / 跌柱线"，主要适用于分析急剧变化的数据的涨跌幅度，如股价图；在折线图中添加"垂直线"（如图 5-48 所示），以便对应坐标轴上的数字。

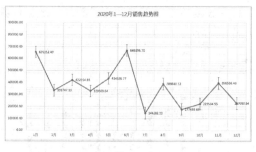

图 5-47　　　　　　　　　　　　　　图 5-48

温馨提示

　　注意在折线图中的垂直线必须通过【图表工具】—【设计】选项卡【添加图表元素】的下拉列表"线条"选项进行添加。

关键技能 054　综合布局技巧——打造 5 种经典图表

技能说明

　　前面小节介绍了各种图表组成元素的作用和取舍元素的方法、技巧，本节将列举示例，通过综合布局，制作 5 种经典图表，以分享制图思路和图表布局技巧。希望能够起到抛砖引玉的作用，帮助读者朋友玩转图表布局，打造出更具专业性和美观度的图表。5 种经典图表如图 5-49 所示。

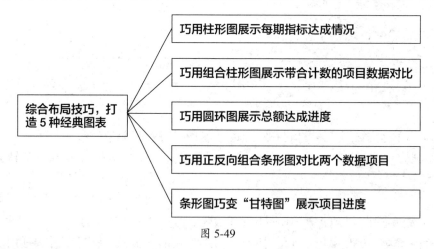

图 5-49

应用实战

（1）巧用柱形图展示每期指标达成情况

　　柱形图一般用于数据对比分析，运用一系列布局技巧，可以制作出具有特殊效果的柱形图，更直观地展示某项指标的达成情况或进度分析结果。

打开"素材文件 \ 第 5 章 \2019 年销售指标达成分析 .xlsx"文件，已根据数据源创建基础簇状柱形图表，其中两个数据系列分别为销售额和指标，如图 5-50 所示。

图 5-50

下面为图表布局，使指标与达成的对比效果更直观和鲜明。

Step01 设置数据系列填充色。右击图表中的"指标"数据系列（橙色）→在弹出的快捷菜单中单击【填充】按钮，设置填充色为"无填充"→再单击【边框】按钮，将边框色设置为蓝色，如图 5-51 所示。

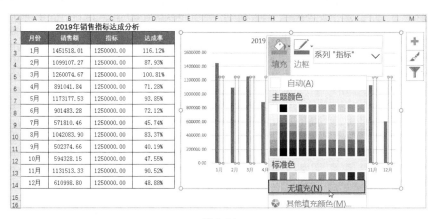

图 5-51

Step02 将两个系列重叠。❶ 右击任意一个数据系列→在弹出的快捷菜单中单击【设置数据系列格式】命令，如图 5-52 所示；❷ 窗口右侧弹出【设置数据系列格式】任务窗格，在"系列选项"列表中将"系列重叠"设置为 100%，将"间隙宽度"设置为 120%，图表同步呈现效果，如图 5-53 所示。

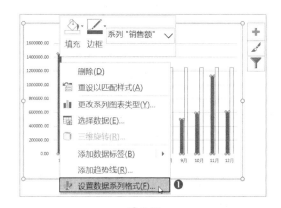

图 5-52

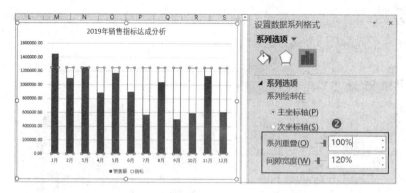

图 5-53

Step03 设置"销售额"系列填充色。❶ 选中图表中的"销售额"数据系列→单击【设置数据系列格式】任务窗格中的【填充】选项按钮 🖑；❷ 选中列表中的"渐变填充"单选按钮，并设置合适的渐变颜色，操作的同时即可看到图表效果，如图 5-54 所示。

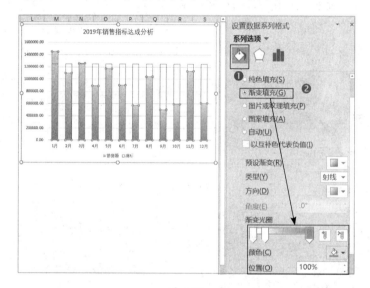

图 5-54

Step04 设置"销售额"数据标签，并以百分比格式显示数字。❶ 选中"销售额"数据系列，单击右上角的【图表元素】快捷按钮 ➕ →勾选快捷菜单中的"数据标签"复选框，即可添加数据标签，如图 5-55 所示；❷ 右击数据标签，在【设置数据标签格式】任务窗格中的"标签选项"列表中选中"单元格中的值"复选框；❸ 弹出【数据标签区域】对话框→单击"选择数据标签区域"文本框后选中数据源表中的 D3:D14 单元格区域→单击【确定】按钮；❹ 取消勾选"标签选项"列表中的"值"复选框，以免数据标签中的数据过多而容易混淆，如图 5-56 所示。

布局完成后，效果如图 5-57 所示。（示例结果见"结果文件\第 5 章\2019 年销售指标达成分析 .xlsx"文件。）

本例布局技巧的关键点是将两个数据系列重叠为一个柱形，再利用强烈的色差突出达成率与指标的对比效果。

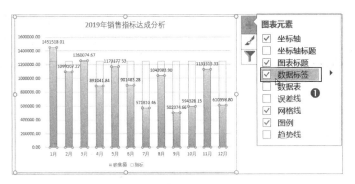

图 5-55

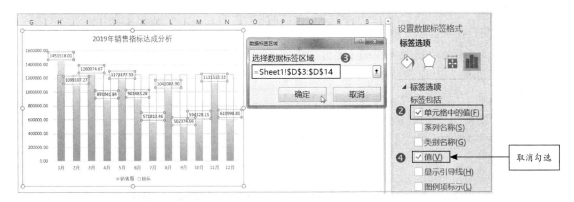

图 5-56

图 5-57

（2）巧用组合柱形图展示带合计数的项目数据对比

如果要在柱形图中同时展示各项目明细数据和合计数的对比效果，关键是要解决一个问题：代表合计数的柱形过高，对比效果不够清晰，同时影响图表整体美观度和专业性。例如，A 商品和 B 商品的销售额分别为 45 万元和 60 万元，合计 105 万元，那么在柱形图中，合计数的数据系列就会远远高于其他两个数据系列。针对这一情形，可以巧妙利用组合图的特点，添加次要坐标轴，改变轴数字的边界值，再通过其他布局予以美化，解决一这问题。

打开"素材文件 \ 第 5 章 \2015—2020 年商品销售对比 .xlsx"文件，在根据数据源创建的基础簇状柱形图中，"合计"数据系列的柱形过高，与明细数据系列落差太大，而明细数据系列对比效果不够明显，如图 5-58 所示。

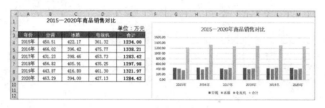

图 5-58

下面制作组合簇状柱形图，解决图 5-58 中柱形图的问题。

Step01 更改图表类型。❶ 右击"合计"数据系列（黄色）→单击快捷菜单中的【更改图表类型】命令，如图 5-59 所示；❷ 弹出【更改图表类型】对话框，在"组合图"类型列表框中选中"空调""冰箱""电视机"三个系列的"次坐标轴"复选框→单击【确定】按钮关闭对话框，如图 5-60 所示。

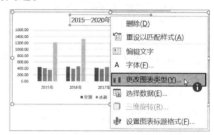

图 5-59

图 5-60

Step02 设置数据系列格式。❶ 双击"合计"数据系列，打开【设置数据系列格式】任务窗格→在"系列选项"列表框中设置"主坐标轴"的"系列重叠"值为"0"，"间隙宽度"值为"50%"，如图 5-61 所示；❷ 双击其他三个数据系列中的任意一个，在【设置数据系列格式】任务窗格中将"次坐标轴"的"系列重叠"和"间隙宽度"值分别设置为"-30%"和"230%"，如图 5-62 所示。

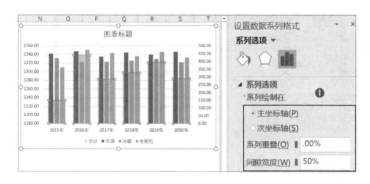

图 5-61

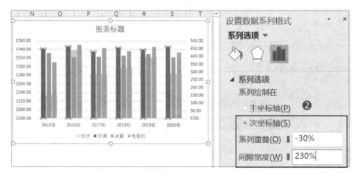

图 5-62

Step03 设置坐标轴边界值。❶ 右击图表左侧的主要纵坐标轴→在【设置坐标轴格式】任务窗格中的"坐标轴选项"列表中将"边界"的"最小值"和"最大值"分别设置为"0"和"1400"，如图 5-63 所示；❷ 在"数字"选项列表下将"小数位数"修改为"0"，如图 5-64 所示。参照第 1、2 步设置次要坐标轴，将"边界"的"最小值"和"最大值"分别设置为"0"和"800"即可。

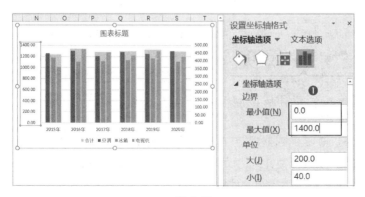

图 5-63

图 5-64

Step04 最后设置图表样式。添加数据表→删除图例→设置图表标题→为各个数据系列填充合适的颜色。最终效果如图 5-65 所示。（示例结果见"结果文件 \ 第 5 章 \2015—2020 年商品销售对比 .xlsx"文件。）

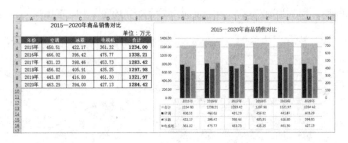

图 5-65

（3）巧用圆环图展示总额达成进度

圆环图一般用于展示各数据项目的比例。利用图形的特点可以展示数据项目的完成进度，直观对比已经完成和未完成部分分别占据总额的比例，并运用布局技巧美化图表，让数据对比效果一目了然。

打开"素材文件 \ 第 5 章 \2019 年销售总指标达成进度 .xlsx"文件，已创建基础圆环图，包含两个数据系列，即 B16 和 C16 单元格中的合计销售额和累计未完成的销售额，如图 5-66 所示。

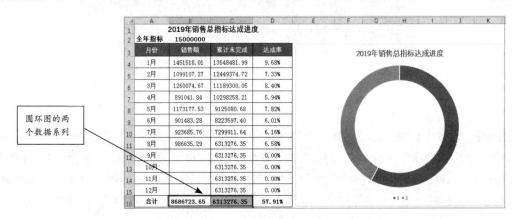

图 5-66

下面对以上基础圆环图进行布局，打造一个简洁、清晰、美观的圆环图，直观对比指标达成进度。

Step01 设置数据系列颜色。❶选中代表销售合计数的数据系列 1（蓝色），将"边框"设置为白色，"填充"色设置为蓝色→在任务窗格的"设置数据点格式"—"效果"选项列表中设置"发光"样式，如图 5-67 所示；❷选中代表累计未完成的数据系列 2（橙色），在"设置数据点格式"—"填充"选项列表中设置填充效果，如图 5-68 所示。

Step02 添加数据标签、文本。❶添加数据标签→在每个标签文本框中输入文本，区分"已完成"和"未完成"数据（这里同样可设置标签样式，设置方法与其他图表元素相同，不再赘述）；❷插入一个文本框，链接至 D16 单元格（销售额合计数的达成率）→设置文本框样式→将其移动至圆环中心，如图 5-69 所示。

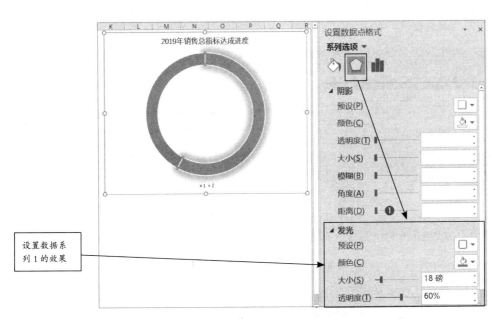

图 5-67

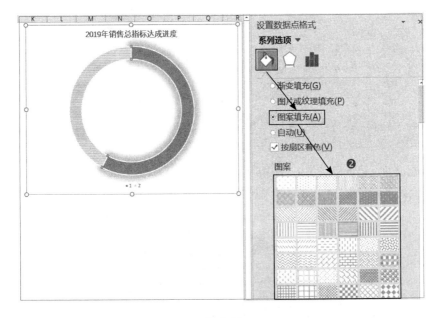

图 5-68

Step03 测试效果。在 B12 单元格中输入任意数据，销售额合计数、累计未完成及达成率均发生变化，圆环图形及数字也随之改变，如图 5-70 所示。（示例结果见 "结果文件 \ 第 5 章 \2019 年销售总指标达成进度 .xlsx" 文件。）

（4）巧用正反向组合条形图对比两个数据项目

实际工作中，对不同的项目数据进行对比分析时，可以采用条形图予以展现。布局的关键点是以中间轴为基准，让数据系列分别向左、右两个方向延伸，使对比效果更直观清晰。这种条形图非常适用于对两组数据进行对比。

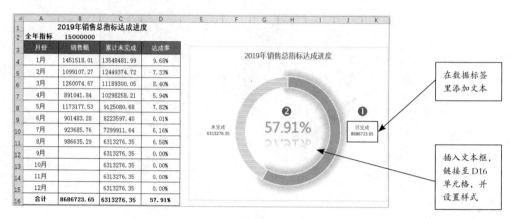

图 5-69

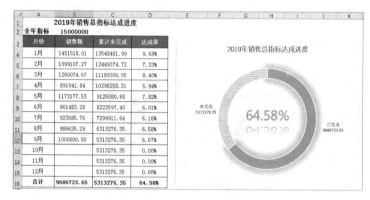

图 5-70

打开"素材文件 \ 第 5 章 \2019—2020 年商品销售对比 .xlsx"文件，如图 5-71 所示，2020 年销售额按照从大到小降序排序已根据数据源创建基础条形图。

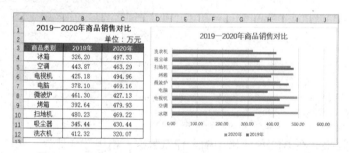

图 5-71

下面在初始条形图表的基础上制作正反向组合条形图，使两个数据系列分别向左、右两个方向延伸。

Step01 更改图表类型。打开【更改图表类型】对话框→在"组合图"选项列表框中选中"2019年"数据系列右侧的"次坐标轴"复选框（具体操作请参考图 5-60）。设置完成后图表效果如图 5-72 所示。

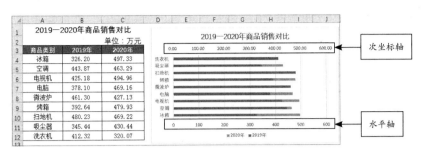

图 5-72

Step02 设置水平轴格式。❶ 双击次坐标轴，打开【设置坐标轴格式】任务窗格→在"坐标轴选项"列表中将"边界"的"最小值"和"最大值"分别设置为"-600"和"600"→将"单位"的"大"和"小"分别设置为"100"和"20"，如图 5-73 所示；❷ 勾选"逆序刻度值"复选框，如图 5-74 所示→将数字的小数位数设置为"0"。

图 5-73

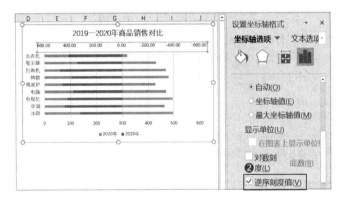

图 5-74

按照第 1、2 步操作方法将"水平轴"设置为与"次坐标轴水平（值）轴"相同的数字，注意不要勾选"逆序刻度值"复选框。操作完成后，效果如图 5-75 所示。

图 5-75

Step03 设置坐标轴的标签位置。双击坐标轴标签，打开【设置坐标轴格式】任务窗格，在"标签"选项列表中将"标签位置"设置为"低"，如图 5-76 所示。

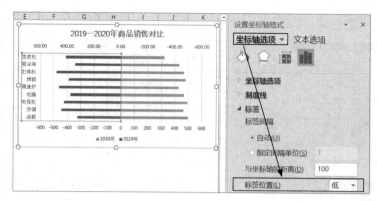

图 5-76

Step04 设置图表样式。删除坐标轴、网格线→添加数据标签并设置格式、设置图表标题及其他布局。最终效果如 5-77 图所示。（示例结果见"结果文件\第 5 章\2019—2020 年商品销售对比 .xlsx"文件。）

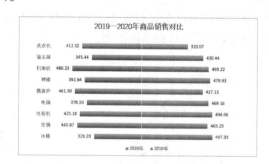

图 5-77

（5）条形图巧变"甘特图"展示项目进度

甘特图是专门用于展现项目的时间日程进度情况的一种经典图表，又称为横道图、条状图。它通过条形图来显示项目、进度和其他时间相关的系统进展的内在关系随着时间进展的情况。所以，甘特图的"真身"就是条形图。下面讲解制作甘特图的布局方法和技巧。

打开"素材文件\第 5 章\编制 2020 年下半年销售预算的进度表 .xlsx"文件，已根据数据源创建基础的堆积条形图。数据源为 A2:C9 单元格区域，初始布局如图 5-78 所示。

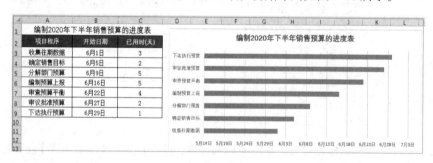

图 5-78

Step01 添加数据源。❶ 右击图表→在快捷菜单中单击【选择数据源】命令→弹出同名对话框，单击"图例项（系列）"列表框中的【添加】按钮，如图 5-79 所示；❷ 弹出【编辑数据系列】对话框，将"系列名称"设置为 C2 单元格→将"系列值"设置为 C3:C9 单元格区域→单击【确定】按钮，如图 5-80 所示。

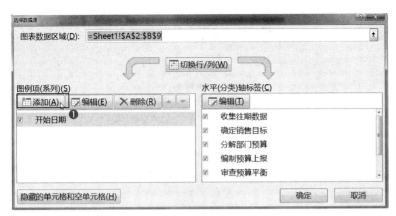

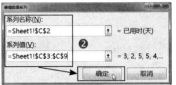

图 5-79　　　　　　　　　　　　　　　　　　　图 5-80

Step02　设置坐标轴起止日期。制作甘特图的关键是要正确设置水平坐标轴"边界"值，即起止日期。❶ 双击【垂直 (类别) 轴】，打开【设置坐标轴格式】任务窗格→在"坐标轴选项"列表中勾选"逆序类别"复选框，即可调换坐标轴标签的排列顺序，如图 5-81 所示；❷ 双击【水平 (值) 轴】，在"坐标轴选项"列表中将"边界"的"最小值"和"最大值"分别设置为"43983"和"44012"（代表 6 月 1 日和 6 月 30 日）→将"单位"大小分别设置为"2"和"1"，如图 5-82 所示。

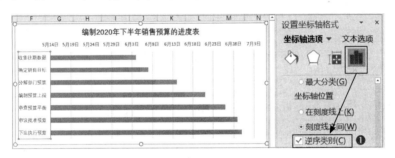

图 5-81

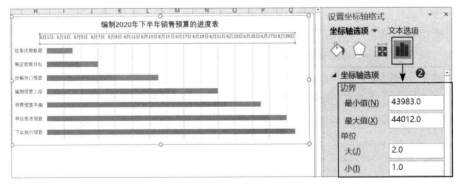

图 5-82

Step03　隐藏"开始日期"的数据系列。双击"开始日期"数据系列（蓝色）→将"边框"和"填充"的颜色设置为"无线条"和"无填充"，效果如图 5-83 所示。

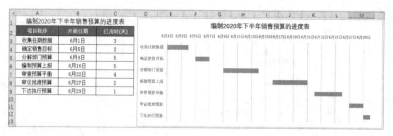

图 5-83

Step04 设置图表样式。添加"主轴主要水平网格线"元素→设置网格线及绘图区的线型、颜色、结尾箭头样式等。最终效果如图 5-84 所示。（示例结果见"结果文件 \ 第 5 章 \ 编制 2020 年下半年销售预算的进度表 .xlsx"文件。）

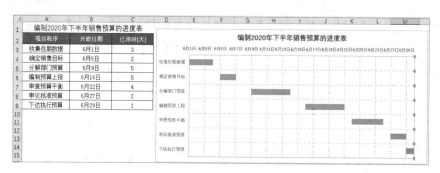

图 5-84

关键技能 055 拓展布局思维——制作创意图表

技能说明

关于图表样式，Excel 为每一种类型的图表提供了多种内置图表样式，可在【图表工具】—【图表样式】组中选择适用的样式一键套用，也可运用前面小节介绍的各种布局方法自行设计。而图表布局的作用远远不止于设计商业化的经典图表样式，在作数据分析报告时，如果工作场景和报告主题比较轻松活泼，可以拓展布局思维，充分发挥创意，制作出颇具创意的艺术化图表，利用视觉效果让阅读者眼前一亮，让数据内涵被淋漓尽致地体现出来。本节介绍 2 种创意图表的布局思路和具体方法，希望对读者朋友有所启发。创意图表内容及简要说明如图 5-85 所示。

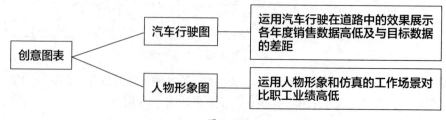

图 5-85

应用实战

（1）汽车行驶图

汽车行驶图的"真身"是组合条形图，创意点是用汽车行驶的动态效果替代普通条状伸缩效果，对比每年销售数据高低，以及实际销售额与销售目标的差距。

打开"素材文件 \ 第 5 章 \2015—2020 年 × × 汽车销售对比 .xlsx"文件，已创建组合条形图，如图 5-86 所示，"销售额"数据系列的坐标轴为次坐标轴，"目标"数据系列为主坐标轴。

图 5-86

下面通过布局将组合条形图设计为"汽车行驶图"。

Step01 运用 Excel 中的形状工具绘制一张"道路"图，按组合键【Ctrl+C】复制→选中"目标"数据系列→按组合键【Ctrl+V】粘贴即可，效果如图 5-87 所示。

Step02 准备一张汽车素材图片，插入工作表中→取消之前绘制的"道路"图片的填充色与线条颜色，使之透明不可见→将其与汽车图片组合为一张图片→按照 Step01 的操作方法填充至"销售额"数据系列中，效果如图 5-88 所示。

注意这一步组合透明的"道路"图片填充数据系列的原因在于：如果直接将汽车图片填充至条状中，会使其拉伸变形，如图 5-89 所示，虽然也可以在【设置数据系列格式】任务窗格中将填充设置为"层叠"，但是效果仍然不理想，如图 5-90 所示。而组合图片填充后即可达到理想效果。

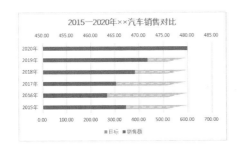

图 5-87

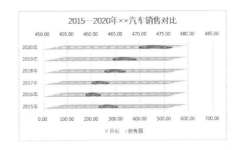

图 5-88

Step03 最后分别调整两个数据系列的"间隙宽度"值，并对其他元素布局，如添加数据标签、删除不必要的图例和网格线、隐藏次坐标轴等。注意坐标轴不能删除，只需将字体设置为与背景色相同的颜色即可，效果如图 5-91 所示。（示例结果见"结果文件 \ 第 5 章 \2015—2020 年 × × 汽车销售对比 .xlsx"文件。）

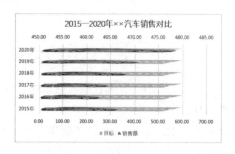

图 5-89

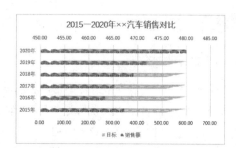

图 5-90

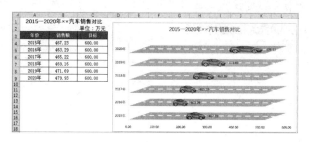

图 5-91

（2）人物形象图

人物形象图的创意点是采用人物图片替代数据系列，特别适合作员工业绩分析评比报告时使用。其布局原理与汽车行驶图相似，布局的关键是数据标签的设置技巧。

打开"素材文件\第 5 章\2020 年 6 月销售部业绩评比 .xlsx"文件，C4:C9 单元格区域中已对各位职工的业绩作出评比，制图目标是将柱形替换为人物形象，再让业绩数字和评比内容同时显示在数据标签中。但是，图表不能根据文本生成数据系列，也无法添加数据标签，如图 5-92 所示，虽然创建基础图表时已选择 C4:C9 单元格区域作为数据源，但图表仅仅生成了 B4:B9 单元格区域的数据系列。

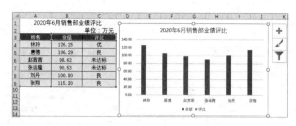

图 5-92

对此情形，采用自定义单元格格式和图表布局技巧双管齐下，即可轻松实现在图表中生成"文本"数据标签，达成上述制图目标。

Step01 在 C4 单元格输入公式"=B4"并向下填充至 C5:C9 单元格区域→将 C4:C9 单元格区域的单元格格式自定义为"[>120] 优 ;[<100] 未达标 ; 良"，可看到图表中已自动生成"评比"的数据系列（橙色），如图 5-93 所示。

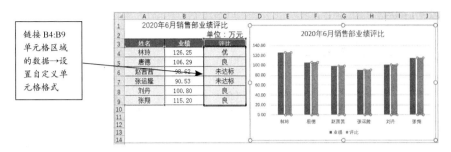

链接 B4:B9
单元格区域
的数据→设
置自定义单
元格格式

图 5-93

Step02 ❶ 删除 "业绩" 数据系列→添加 "评比" 的数据标签，效果如图 5-94 所示；❷ 双击数据标签→在【设置数据标签格式】任务窗格的 "标签选项" 列表中勾选 "单元格中的值" 复选框→弹出【数据标签区域】对话框→单击 "选择数据标签区域" 文本框→选中 B4:B9 单元格区域→单击【确定】按钮即可，如图 5-95 所示。整体效果如图 5-96 所示。

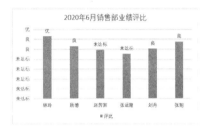

图 5-94

图 5-95

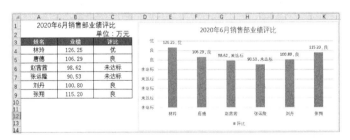

图 5-96

Step03 将素材图片插入 Excel 工作表中→复制粘贴至图表中的数据系列的柱形图（如果人数不多，可逐个设置不同图片）→在【设置数据格式】任务窗格的 "数据系列选项" 列表中调整 "间隙宽度" 为合适的值，效果如图 5-97 所示。

Step04 填充图表背景。注意这步操作不能先插入 Excel 工作表再复制粘贴，应当通过对话框插入填充至图表中。❶ 右击图表→单击【填充】快捷按钮→单击下拉列表中的【图片】命令，如图 5-98 所示；❷ 弹出【插入图片】对话框→单击 "从文件" 选项中的【浏览】按钮在目标文件夹里选择素材图片即可，如图 5-99 所示。

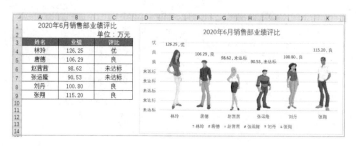

图 5-97

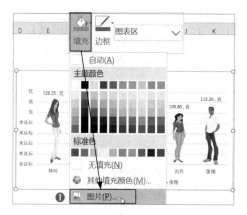

图 5-98

图 5-99

Step05 最后删除图例、坐标轴、网格线等不必要的元素，调整数据标签的字体颜色等。最终效果如图 5-100 所示。（示例结果见"结果文件 \ 第 5 章 \2020 年 6 月销售部业绩评比 .xlsx"文件。）

图 5-100

5.3 打造动态图表，让数据呈现更加立体灵动

本章前面小节中制作的图表均为静态图表，即数据源一旦确定，图表中的数据系列组合也就静止不变。若要改变图表中的数据系列，就只能通过在数据源表中手动添加或删除数据实现。如果需要对多种数据进行多个维度的分析报告，静态图表无法实现，只能逐一制作和展示，这样不仅增加

了工作量、工作效率低下，而且也会让分析报告重复累赘。事实上，在实际工作中，更多时候需要采用动态图表作数据分析报告。因此，制作动态图表也是职场人士必须掌握的图表关键技能。

动态图表也称为"交互式图表"，可以在一张图表中运用多个数据系列展示多种数据分析，并且能够随用户对数据选择的变化而同步变化。与静态图表相比，动态图表充满活力，不但能提高数据分析效率，还能让数据展示更丰富、更立体、更灵动。

动态图表的制作非常简单，其原理是设置函数公式将图表的核心——数据源变为动态的数据源，再配合数据验证工具或窗体控件即可实现图表动态化。制作动态图表有多种方法，本节将介绍 2 种最为简单实用的方法，制作思路简要说明如图 5-101 所示。

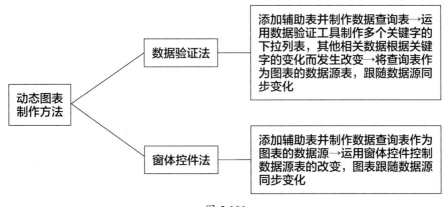

图 5-101

关键技能 056 数据验证法

技能说明

数据验证法制作动态图表的原理是：根据数据源表制作查询表，以此作为图表的数据源→运用数据验证工具制作关键字段的下拉列表→运用查找引用函数设置公式在数据源表中查找关键字段的相关信息，数据源发生改变，那么图表中的数据也会随之同步变化。

应用实战

打开"素材文件 \ 第 5 章 \ 销售部季度销售业绩汇总表 .xlsx"文件，原始数据表及查询表框架如图 5-102 所示。下面在查询表中设置函数公式，制作全动态查询表，分别从季度和部门的维度查询销售数据，并以此为数据源创建动态图表。

Step01 制作二级动态下拉列表。❶ 将 A3:A8 和 B2:E2 单元格区域分别定义名称为"部门"和"季度"，名称及引用位置如图 5-103 所示；❷ 运用【数据验证】工具在 A11 单元格中制作一级下拉列表，设置序列来源为"季度,部门"→在 A12 单元格中制作二级下拉列表，设置序列来源为"=INDIRECT(A11)"，动态下拉列表效果如图 5-104 和图 5-105 所示。（具体操作步骤请参考第 4 章的 < 关键技能 046：运用 7 个查找和引用函数匹配数据 > 中的相关介绍。）

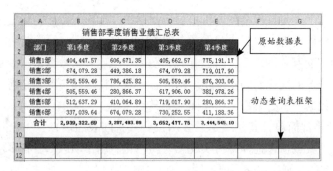

图 5-102

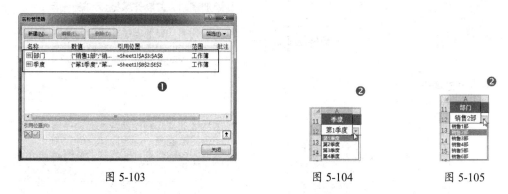

图 5-103　　　　　　　　　　图 5-104　　　　　图 5-105

Step02　依次在 B11、B12 和 A10 单元格中设置以下函数公式：

- B11 单元格：" =IF($A11=" 季度 ",INDIRECT("$A"&COLUMN()+1),B2)"，运用 IF 函数判断 A11 单元格中内容为 "季度" 时，引用 A3 单元格中的部门名称，否则引用 B2 单元格中的季度名称。

其中，COLUMN 函数的作用是返回当前单元格（B11）所在的列数 "2"，加 1 后为 "3"，再将字符 "$A" 与其组合，即返回 "$A3"，运用 INDIRECT 函数引用 A3 单元格中的数据，即可返回 "销售 1 部"。设置这一嵌套函数公式的目的是为了方便下一步填充公式。

- B12 单元格："=IFERROR(IF($A11=" 部 门 ",VLOOKUP($A12,$A$2:E8,MATCH(B$11, $B$2:$E$2,0)+1,0),HLOOKUP($A12,$A$2:$E$8,MATCH(B$11,$A$3:$A$8,0)+1,0)),0)"，当 IF 函数判断 A11 单元格中内容为 "部门" 时，运用 VLOOKUP 函数根据 A12 单元格中的部门名称和 B11 单元格中季度名称在 A2:E8 单元格区域查找并返回相关数据，否则运用 HLOOKUP 函数查找相关数据。

- A10 单元格："=A12&IF(A11=" 部门 "," 季度 "," 部门 ")&" 销售对比表 ""，生成动态标题，作为图表的动态标题。

将 B11 和 B12 单元格区域公式向右填充至 C11:G12 单元格区域。以上公式设置完成后，呈现的动态效果是：B11:G12 单元格区域数据与 A10 单元格中的标题都将跟随 A11 和 A12 单元格下拉列表中所选择的不同部门或季度名称而发生动态变化，效果如图 5-106 和图 5-107 所示。

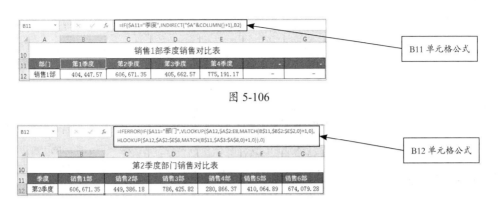

图 5-106

图 5-107

Step03 选中 B11:G12 单元格区域创建图表，可同时创建柱形图和三维饼图，同时展示数据对比和占比效果→自行设置图表样式即可，效果如图 5-108 所示。

图 5-108

Step04 测试效果。在 A11 单元格下拉列表中选择"部门"选项→在 A12 单元格下拉列表中选择任一部门名称，如"销售 5 部"，即可看到查询表及动态图表变化效果，如图 5-109 所示。（示例结果见"结果文件 \ 第 5 章 \ 销售部季度销售业绩汇总表 .xlsx"文件。）

图 5-109

关键技能 057 窗体控件法

技能说明

采用窗体控件法与数据验证法制作动态图表的原理基本一致：都是根据数据源表制作查询表作为图表的数据源。但是数据验证工具只能在单元格中制作下拉列表，无法灵活移动，如果数据量较多，图表较大，就需要将其放置在其他工作表中。同时，实际工作中，作分析报告通常要求图表另外放置在 PPT 中，这样操作起来就极不方便，所以数据验证法制作的动态图表，其应用场景有所局限，仅适合图表与数据源表在同一工作表中时采用。其实，制作动态图表更好的选择是使用窗体控件来控制辅助表中的数据发生变化，从而让图表也随之动态变化。由于窗体控件可以随意移动，可将其与图表组合，跟随图表移动，更方便动态展示数据。

应用实战

Excel 2016 中提供了多种窗体控件，下面列举两个示例，使用常见的三种窗体控件控制数据源动态变化并制作动态图表。

（1）运用“选项按钮”+“组合框”控件制作动态图表

选项按钮 + 组合框控件通常用于控制显示多种数据组合的查询结果。打开“素材文件 \ 第 5 章 \ 销售部季度销售业绩汇总表 1.xlsx”文件，如图 5-110 所示，其中原始数据及动态查询表框架与 < 关键技能 056: 数据验证法制作动态图表 > 中的示例完全相同，以便读者对比两种不同方法进行学习和记忆。

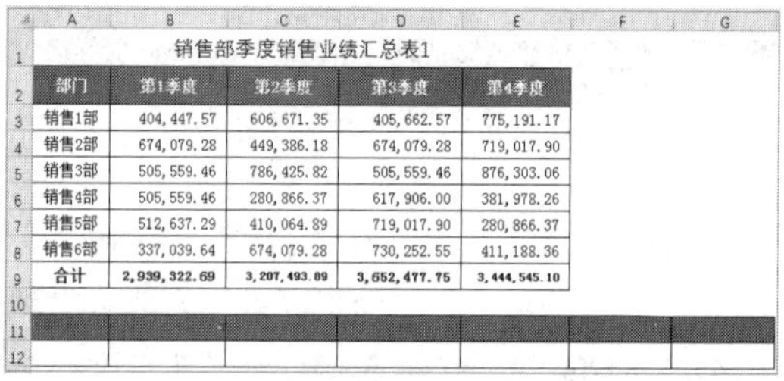
销售部季度销售业绩汇总表1

部门	第1季度	第2季度	第3季度	第4季度
销售1部	404, 447. 57	606, 671. 35	405, 662. 57	775, 191. 17
销售2部	674, 079. 28	449, 386. 18	674, 079. 28	719, 017. 90
销售3部	505, 559. 46	786, 425. 82	505, 559. 46	876, 303. 06
销售4部	505, 559. 46	280, 866. 37	617, 906. 00	381, 978. 26
销售5部	512, 637. 29	410, 064. 89	719, 017. 90	280, 866. 37
销售6部	337, 039. 64	674, 079. 28	730, 252. 55	411, 188. 36
合计	2,939,322.69	3,207,493.89	3,652,477.75	3,444,545.10

图 5-110

Step01 制作“选项按钮”◉控件。单击【开发工具】选项卡【插入】下拉按钮→弹出下拉列表，❶ 单击【选项】按钮◉，如图 5-111 所示；❷ 在工作表空白区域绘制一个选项按钮，输入名称“季度”→右击选项按钮，单击快捷菜单中的【设置控件格式】命令，如图 5-112 所示；❸ 弹出【设置控件格式】对话框，在【控制】选项卡下将“单元格链接”设置为 A11 单元格，勾选“三维阴影”复选框→单击【确定】按钮，如图 5-113 所示；❹ 复制粘贴“季度”选项按钮，将控件名称修改为“部门”→将两个选项按钮移动至 A11 单元格附近→选中“季度”选项按钮，A11 单元格中数字为“1”，选中“部门”选项按钮，A11 单元格中变为“2”，如图 5-114 和图 5-115 所示。

Step02 制作季度和部门名称的“组合框”。“组合框”是一个下拉列表控件，与数据验证工具制作的单元格下拉列表相似，只能将同一列的数据作为序列。因此制作之前，首先应将“季度”设置为一个序列。

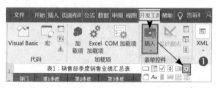

图 5-111

图 5-112

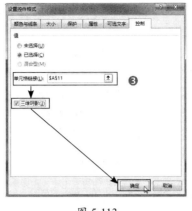
图 5-113

图 5-114　　图 5-115

❶ 复制 B2:E2 单元格区域→运用【选择性粘贴】—【转置】方式粘贴至其他空白区域，如 H1:H4 单元格区域，如图 5-116 所示；❷ 单击【开发工具】选项卡下 "插入" 下拉列表中的【组合框】按钮▤→在空白区域绘制两个组合框→按照如图 5-117 和图 5-118 所示分别设置两个控件格式，即可成功制作 "部门" 和 "季度" 的组合框控件；

图 5-116

图 5-117

图 5-118

❸ 将两个组合框移至 "季度" 和 "部门" 选项按钮控件旁，以便下一步设置公式，分别在两个组合框下拉列表中选择任一季度和部门，可看到 A10 和 B10 单元格中的数字变化依次对应下拉列表中的选项，如图 5-119 所示。

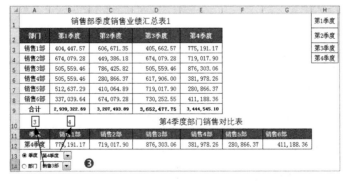
图 5-119

Step03 分别在 A12、B11 和 B12 单元格设置以下公式：

- A12 单元格："=IF(A11=1," 第 "&$B$10&" 季度 "," 销售 "&A10&" 部 ")"，运用 IF 函数

判断 A11 单元格数字为"1"时，即链接 B10 单元格数字并与指定文本组合，否则返回 A10 单元格数字并与指定文本组合；

- B11 单元格："=IF($A11=1,INDIRECT("$A"&COLUMN()+1),B2)"；
- B12 单元格："=IFERROR(IF($A11=1, HLOOKUP($A12,$A$2:$E$8,MATCH(B$11,$A$3:$A$8, 0)+1,0)，VLOOKUP($A12,$A$2:E8,MATCH(B$11,$B$2:$E$2,0)+1,0)),0)"；

将 B11 和 B12 单元格公式向右填充至 C11:G12 单元格区域中即可，公式效果如图 5-120 所示。

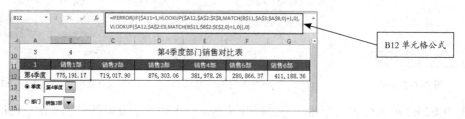

图 5-120

Step04 测试公式效果。❶ 首先将 A11 单元格格式自定义为"[=1] 季度 ; 部门"，当 A11 单元格中数字为 1 时，显示"季度"，否则显示"部门"→将 A10 和 B10 单元格格式自定义为";;;"，即可隐藏数字；❷ 单击"部门"选项按钮→在"部门"组合框下拉列表中选择"销售 2 部"，可看到设置公式的单元格中所有数据发生变化，如图 5-121 所示。

图 5-121

Step05 创建动态图表。以 A11:G12 单元格区域作为数据源创建柱形图表并设置样式→将 4 个控件移至图表区域内再与图表组合，选中整个图表区域后移动图表，控件即可跟随图表任意移动。在控件中选择不同选项，图表即随之发生动态变化，效果如图 5-122 所示。（示例结果见"结果文件 \ 第 5 章 \ 销售部季度销售业绩汇总表 1.xlsx"文件。）

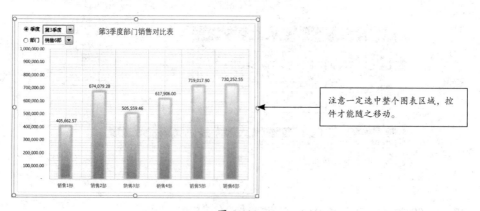

图 5-122

高手点拨　运用控件制作动态图表的操作细节

在实际工作中，运用控件制作动态图表要注意一个操作细节：如果需要在其他工作表或 PPT 中运用控件制作动态图表，必须先在新工作表或 PPT 中绘制控件并链接数据源工作表中的数据源区域，而不能先在数据源区域制作控件后再复制粘贴到新工作表中。

（2）运用“数值调节钮”+“复选框”控件制作动态图表

数值调节钮一般用于控制数据连续滚动显示目标数据。“复选框”控件可控制选择或不选择指定的数据的结果。打开“素材文件\第5章\2020年1—6月销售明细表5.xlsx”文件，原始数据及查询表框架如图5-123所示。

2020年1—6月销售明细表5

销售日期	销售金额	利润额	利润率
1月1日	22,299.00	4531.16	20.32%
1月2日	35,422.00	7257.97	20.49%
1月3日	78,630.00	18430.87	23.44%
1月4日	35,480.00	7433.06	20.95%
1月5日	37,640.00	9673.48	25.70%
1月6日	42,103.00	10812.05	25.68%
1月7日	75,071.00	15584.74	20.76%
1月8日	46,455.00	10698.59	23.03%
1月9日	33,116.00	8116.73	24.51%
1月10日	46,456.00	9704.66	20.89%

动态查询表

	销售金额	利润额	利润率

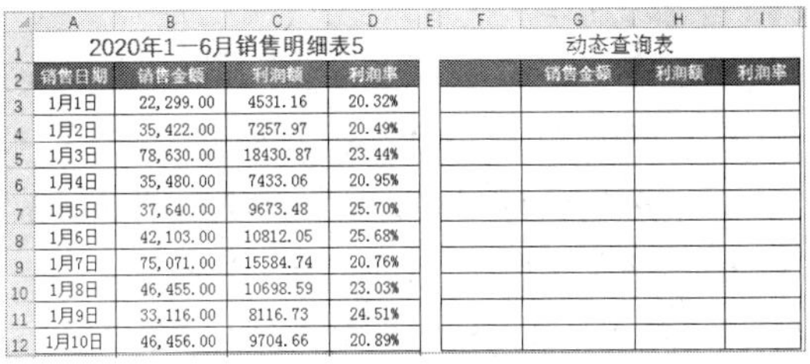

图 5-123

下面制作“数值调节键”和“复选框”控件，控制动态查询表中依次显示连续10日的“销售金额”“利润额”和“利润率”数据。

Step01 制作控件。❶单击【开发工具】选项卡下“插入”下拉列表中的【数值调节钮】按钮→在工作表空白区域绘制一个数值调节钮，按照如图5-124所示设置控件格式；❷单击【开发工具】选项卡下“插入”下拉列表中的【复选框】按钮☑→在工作表空白区域绘制3个复选框→分别将控件名称设置为“销售金额”“利润额”“利润率”→按照如图5-125、图5-126、图5-127所示分别设置3个控件格式。

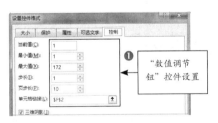

图 5-124

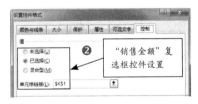

图 5-125

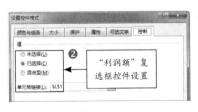

图 5-126

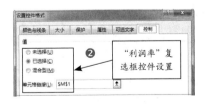

图 5-127

制作完成后的效果如图5-128所示，左右拖动左上角的“数值调节钮”滑块,F2单元格中的数值依次变化。勾选或取消右上角的3个“复选框”控件，所链接的K1、L1和M1单元格分别显示“TRUE”和“FALSE”。

图 5-128

Step02 在 F3、G3 和 F1 单元格中分别设置以下公式：

- F3 单元格：`=OFFSET(A2,F$2,,)`，以 A2 单元格为起点，向下移动n行并返回单元格中的值，移动的行数为 F2 单元格中被"数值调节钮"控件控制显示的数字。

- G3 单元格：`=IF(K$1=TRUE,VLOOKUP($F3,$A:$D,COLUMN(A3)+1,0),"")`，当 IF 函数判断 K1 单元格中数值为"TRUE"时，运用 VLOOKUP 函数在 A:D 区域中的第 n+1 列中查找与 F3 单元格中日期匹配的数值，否则返回空值。

其中，表达式"COLUMN(A3)+1"的含义是：运用 COLUMN 函数返回 A3 单元格所在的列号后加 1，返回结果为"2"。因此，表达式"VLOOKUP($F3,$A:$D,COLUMN(A3)+1,0)"的含义为：在 A:D 区域中的第 2 列查找与 F3 单元格中日期相匹配的"销售金额"。

- F1 单元格："=MONTH(F3)&" 月 "&DAY(F3)&" 日 -"&MONTH(F12)&" 月 "&DAY(F12)&" 日数据查询 """，生成动态标题。

将 G3 单元格公式向右填充至 H3 和 I3 单元格→将 F3:I3 单元格区域公式向下填充至 F4:I12 单元格区域中，公式效果如图 5-129 所示。

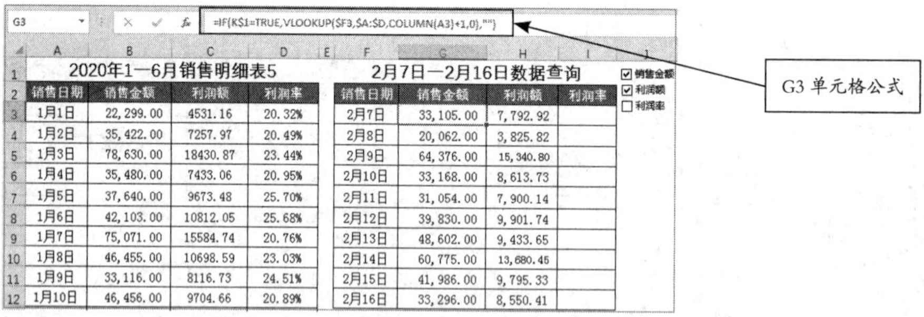

图 5-129

Step03 测试公式效果。将 F2 单元格格式自定义为"销售日期"→向左或向右拖动"数值调节钮"控件中的滑块或单击左右箭头→取消勾选"利润额"复选框→选中"利润率"复选框，可看到 F3:F12 单元格区域中列示的日期发生变化，同时，H3:H12 单元格区域显示空值，I3:I12 单元格区域显示数字，效果如图 5-130 所示。

图 5-130

Step04 创建动态图表。将 F2:I12 单元格区域作为数据源创建组合图表。其中，"销售金额"和"利润额"数据系列采用簇状柱形图，"利润率"数据系列采用折线图，使用"次坐标轴"→自行设置图表样式→将 4 个控件移至图表区域中适合的位置并与图表组合→拖动"数值调节钮"控件的滑块，并选中或取消"复选框"控件控制图表发生动态变化，效果如图 5-131 和图 5-132 所示。（示例结果见"结果文件 \ 第 5 章 \2020 年 1—6 月销售明细表 5.xlsx"文件。）

图 5-131

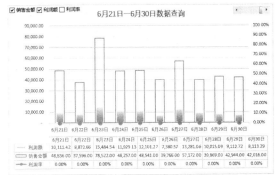

图 5-132

第6章

Excel 管理 "进销存数据" 的 11 个关键技能

进销存又称为购销链，主要是指企业将商品从采购入库→销售出库→盘存核算的动态过程。进销存管理是企业经营管理活动中一个至关重要的环节。实际工作中，发生进销存时，每一个环节都会产生大量原始数据，并涉及大量相关数据的核算工作。例如，采购入库时，根据商品入库数量、入库价格及相关费用核算入库成本、制定售价；销售出库时，根据出库数量、出库价格及相关费用核算销售额、出库成本等数据；盘存时根据入库、出库、实盘等相关数据核算结存数量、结存金额、盘亏或盘盈金额等。管理和核算分析进销存数据的工作量非常大，在如今快节奏的工作当中，如何才能高效率、高质量管理好进销存数据？当然可以借助 Excel 这个强大的数据处理工具来实现这一工作目标。本章将综合 Excel 中各种功能、技巧、函数，运用 11 个相关关键技能，打造一套进销存管理系统，高效核算和分析进销存数据，并分享管理思路和方法。本章知识框架及简要说明如图6-1 所示。

	建立完善的基础资料信息库的4个关键技能	制作供货商、客户、商品信息表，批量导入商品图片
Excel管理"进销存数据"的11个关键技能	制作智能化的进销存单据的3个关键技能	制作采购入库、销售出库、盘存等单据，并自动生成动态进销存汇总表
	统计与分析进销存数据的4个关键技能	以销售数据为例，按月汇总分析销售额、多维度综合分析销售相关数据，运用数据透视图制作动态销售排行榜、制作图表展示销售达标率

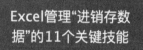

图 6-1

6.1 建立完善的基础资料信息库

在 "进销存" 数据管理工作中，基础资料的完善和规范非常重要，它直接影响后续数据统计、核算和分析结果的准确性。进销存的基础资料信息主要包括供应商信息、客户信息、商品信息 3 大类，每一大类中又分别涵盖了大量具体信息。因此建立基础资料信息库，规范管理基础资料信息库，为后续数据核算和分析做好基础保障十分必要。本节主要介绍运用 Excel 制作以上 3 大类基础信息管理表格及批量导入商品图片的 4 个关键技能，知识框架如图 6-2 所示。

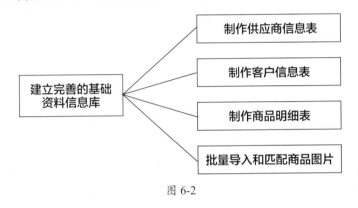

图 6-2

关键技能 058 制作供货商信息表

技能说明

供货商相关信息是在采购入库环节中产生的，也是组成商品基础信息的一个重要部分。例如，商品定价时，需要考虑供货商是否提供增值税发票、提供专用发票还是普通发票等因素。因此，一份完善的供货商信息表中至少要包括 "纳税人类型" "发票类型" "进项税率" 等关键信息。

制作供应商信息表的具体操作非常简单，只需综合运用几个简单的工具和函数即可快速、准确录入相关基础信息。将要运用的工具、函数（或函数组合）及其作用说明如图 6-3 所示。

工具	• 数据验证：①设置序列：规范录入纳税人类型、发票类型、进项税率；②指定文本长度：规范录入联系电话
函数	• IF+COUNT：自动生成序号 • TEXT+（IF+COUNT）：自动生成供应商编码，并转换为指定文本格式 • IF：判断进项税额是否可以抵扣

图 6-3

应用实战

下面介绍制作供货商信息表的操作步骤，并分享数据管理思路。

Step01 绘制表格框架。新建 Excel 工作簿，命名为 < 进销存基础资料信息库 >→将工作表 “Sheet1” 重命名为 “供货商信息”（由于后面制作商品信息表时将引用此工作表中的数据，因此工作表名称应尽量简短）→绘制表格框架并设置字段名称。其中，D 列设置 “商品信息表关联信息” 字段的思路是：将 “供货商编码” 和 “供货商名称” 字段内容组合，以便后面在 “商品信息表” 中填写每个商品信息时，同时引用商品的供货商编码和名称，表格框架如图 6-4 所示。

××有限公司供货商信息表

序号	供货商编码	供货商名称	商品信息表关联信息	纳税人类型	发票类型	进项税率	是否可抵扣	品牌	联系人	联系电话	备注

图 6-4

Step02 创建超级表。选中 A2:L12 单元格区域→按组合键【Ctrl+T】将表格转换为 “超级表”，主要利用其两大功能：一是表格框线可随着信息的增加而自动添加；二是后面将在 “商品信息表” 中运用【数据验证】工具设置序列，其来源即为 D3:D12 单元格区域（“商品信息表关联信息” 字段），设置超级表可使序列内容自动扩展。

Step03 运用【数据验证】工具设置数据验证条件。❶ 将 E3:E12、F3:F12 单元格区域设置为 “序列”，来源分别如下：

- E3:E12 单元格区域：“一般纳税人 , 小规模纳税人 , 其他”
- F3:F12 单元格区域：“专用发票 , 普通发票 , 无票”

❷ 将 K3:K12 单元格区域设置为 “文本长度” → “等于” → “11”。

Step04 填入基本信息。除 “序号” “供货商编码” “商品信息表关联信息” “是否可抵扣” 字段外，其他字段预先填入基本信息，以便下一步设置函数公式并检验效果。

Step02 至 Step04 操作完成后，效果如图 6-5 所示。

××有限公司供货商信息表

序号	供货商编码	供货商名称	商品信息表关联信息	纳税人类型	发票类型	进项税率	是否可抵扣	品牌	联系人	联系电话	备注
		供货商A		一般纳税人	专用发票	13%		品牌A	王先生	135******50	
		供货商B		一般纳税人	专用发票	13%		品牌B	刘先生	137******36	
		供货商C		小规模纳税人	专用发票	3%		品牌C	陈女士	136******25	自开专用发票
		供货商D		小规模纳税人	普通发票	3%		品牌D	张先生	186******27	
		供货商E		一般纳税人	专用发票	13%		品牌E	赵先生	159******41	
		供货商F		小规模纳税人	普通发票	3%		品牌F	唐女士	180******11	
		供货商G		小规模纳税人	专用发票	3%		品牌G	吴先生	135******00	自开专用发票
		供货商H		一般纳税人	专用发票	13%		品牌H	周女士	131******38	
		供货商I	❶	一般纳税人	专用发票	13%		品牌I	雷先生	158******83	
		供货商J		小规模纳税人	普通发票	3%		品牌J	孙先生	138******37	

❷

图 6-5

Step05 分别在 A3、B3、D3、H3 单元格中设置以下公式。

- A3 单元格：“=IF(C3="","☆",COUNT($A$2:$A2)+1)”，运用 IF 函数判断 C3 单元格为空时，返回符号“☆”（避免误删公式），否则自动生成序号。
- B3 单元格：“="GHS"&TEXT(IF(C3="","☆",COUNT($A$2:$A2)+1),"000")”，自动生成供货商编码，并转换为指定格式，同时与指定文本组合。其中，表达式“IF(C3="","☆",COUNT($A$2:$A2)+1)”的作用与 A3 单元格完全相同。
- D3 单元格：“=B3&" "&C3”，将供货商编码与名称组合，将作为后面“商品信息表”下拉列表中的序列来源。
- H3 单元格：“=IF(F3="专用发票","是","否")”，运用 IF 函数根据发票类型判断进项税额是否可以抵扣。

将各单元格公式填充至下方单元格区域，效果如图 6-6 所示。

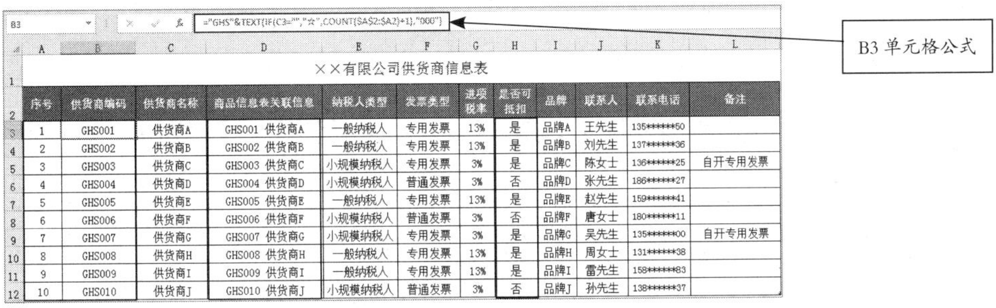

××有限公司供货商信息表

序号	供货商编码	供货商名称	商品信息表关联信息	纳税人类型	发票类型	进项税率	是否可抵扣	品牌	联系人	联系电话	备注
1	GHS001	供货商A	GHS001 供货商A	一般纳税人	专用发票	13%	是	品牌A	王先生	135******50	
2	GHS002	供货商B	GHS002 供货商B	一般纳税人	专用发票	13%	是	品牌B	刘先生	137******36	
3	GHS003	供货商C	GHS003 供货商C	小规模纳税人	专用发票	3%	是	品牌C	陈女士	136******25	自开专用发票
4	GHS004	供货商D	GHS004 供货商D	小规模纳税人	普通发票	3%	否	品牌D	张先生	186******27	
5	GHS005	供货商E	GHS005 供货商E	一般纳税人	专用发票	13%	是	品牌E	赵先生	159******41	
6	GHS006	供货商F	GHS006 供货商F	小规模纳税人	普通发票	3%	否	品牌F	唐女士	180******11	
7	GHS007	供货商G	GHS007 供货商G	小规模纳税人	专用发票	3%	是	品牌G	吴先生	135******00	自开专用发票
8	GHS008	供货商H	GHS008 供货商H	一般纳税人	专用发票	13%	是	品牌H	周女士	131******38	
9	GHS009	供货商I	GHS009 供货商I	一般纳税人	专用发票	13%	是	品牌I	雷先生	158******83	
10	GHS010	供货商J	GHS010 供货商J	小规模纳税人	普通发票	3%	否	品牌J	孙先生	138******37	

图 6-6

关键技能 059 制作客户信息表

技能说明

客户信息同样也是商品基础信息的一个重要部分。其中，关键信息是“销售价格类型”，即根据合同条件，为每个客户预先设定一种以不同成本利润率计算的销售价格类型。因此，除客户编码、客户名称等信息外，客户信息表中至少还应包括“价格类型”“成本利润率”等字段内容，为后面在“商品信息表”中为商品批量定价提供数据依据。

客户信息表的制作思路、方法及运用的工具和函数与“供货商信息表”基本相同（参考图 6-3），略有不同的是价格类型及成本利润率的设定，需要添加辅助表设置每种价格类型对应的成本利润率，再运用 VLOOKUP 函数引用至客户信息表中。

应用实战

下面继续在 <进销存基础资料信息库> 工作簿中制作“客户信息表”。

Step01 复制粘贴表格。将工作表“Sheet2”重命名为“客户信息”→将“供货商信息”工作表中的表格复制粘贴至“客户信息”工作表→删除不必要的字段→添加“价格类型”“成本利润率”字段→修改其他字段名称→将“客户编码”字段下单元格区域公式中的文本“GHS”批量修改为“KH”→预先填入基本信息，如图 6-7 所示。

××有限公司客户资料明细表

序号	客户编码	客户名称	单据关联信息	纳税人类型	销项发票类型	销项税率	价格类型	成本利润率	联系人	联系电话	备注
1	KH001	客户A	KH001 客户A	小规模纳税人	普通发票	13%			吴先生	137******65	
2	KH002	客户B	KH002 客户B	一般纳税人	专用发票	13%			陈女士	153******43	
3	KH003	客户C	KH003 客户C	一般纳税人	专用发票	13%			赵先生	135******57	
4	KH004	客户D	KH004 客户D	一般纳税人	专用发票	13%			张先生	130******88	
5	KH005	客户E	KH005 客户E	小规模纳税人	普通发票	13%			刘女士	199******22	
6	KH006	客户F	KH006 客户F	一般纳税人	普通发票	13%			王先生	159******20	
7	KH007	客户G	KH007 客户G	一般纳税人	普通发票	13%			袁女士	136******52	
8	KH008	客户H	KH008 客户H	小规模纳税人	普通发票	13%			周先生	152******71	
9	KH009	客户I	KH009 客户I	一般纳税人	普通发票	13%			赵女士	137******26	
10	KH010	客户J	KH010 客户J	小规模纳税人	普通发票	13%			杨先生	189******68	

图 6-7

Step02 设置价格类型和成本利润率。❶ 在空白区域创建超级表作为辅助表，设定价格类型及成本利润率，如图 6-8 所示；❷ 运用【数据验证】工具在 H3:H12 单元格区域中制作下拉列表，将“序列”来源设置为“=$N$3:$N$7”→在 H3:H12 单元格区域中填入价格类型；❸ 在 I3 单元格中设置公式“=VLOOKUP(H3,N$3:O7,2,0)”→将公式填充至 I4:I12 单元格区域即可，效果如图 6-9 所示。

××有限公司客户资料明细表

序号	客户编码	客户名称	单据关联信息	纳税人类型	销项发票类型	销项税率	价格类型	成本利润率	联系人	联系电话	备注
1	KH001	客户A	KH001 客户A	小规模纳税人	普通发票	13%			吴先生	137******65	
2	KH002	客户B	KH002 客户B	一般纳税人	专用发票	13%			陈女士	153******43	
3	KH003	客户C	KH003 客户C	一般纳税人	专用发票	13%			赵先生	135******57	
4	KH004	客户D	KH004 客户D	一般纳税人	专用发票	13%			张先生	130******88	
5	KH005	客户E	KH005 客户E	小规模纳税人	普通发票	13%			刘女士	199******22	
6	KH006	客户F	KH006 客户F	一般纳税人	普通发票	13%			王先生	159******20	
7	KH007	客户G	KH007 客户G	一般纳税人	普通发票	13%			袁女士	136******52	
8	KH008	客户H	KH008 客户H	小规模纳税人	普通发票	13%			周先生	152******71	
9	KH009	客户I	KH009 客户I	一般纳税人	普通发票	13%			赵女士	137******26	
10	KH010	客户J	KH010 客户J	小规模纳税人	普通发票	13%			杨先生	189******68	

定价表

价格类型	批量定价成本利润率
零售价	55.00%
批发价	40.00%
促销价	30.00%
最低限价	20.00%
成本价	10.00%

❶

图 6-8

I3 =VLOOKUP(H3,N$3:O7,2,0) ← I3 单元格公式

××有限公司客户资料明细表 ❸

序号	客户编码	客户名称	单据关联信息	纳税人类型	销项发票类型	销项税率	价格类型	成本利润率	联系人	联系电话	备注
1	KH001	客户A	KH001 客户A	小规模纳税人	普通发票	13%	零售价	55.00%	吴先生	137******65	
2	KH002	客户B	KH002 客户B	一般纳税人	专用发票	13%	❷批发价	40.00%	陈女士	153******43	
3	KH003	客户C	KH003 客户C	一般纳税人	专用发票	13%	批发价	40.00%	赵先生	135******57	
4	KH004	客户D	KH004 客户D	一般纳税人	专用发票	13%	批发价	40.00%	张先生	130******88	
5	KH005	客户E	KH005 客户E	小规模纳税人	普通发票	13%	零售价	55.00%	刘女士	199******22	
6	KH006	客户F	KH006 客户F	一般纳税人	普通发票	13%	促销价	30.00%	王先生	159******20	
7	KH007	客户G	KH007 客户G	一般纳税人	普通发票	13%	最低限价	20.00%	袁女士	136******52	
8	KH008	客户H	KH008 客户H	小规模纳税人	普通发票	13%	零售价	55.00%	周先生	152******71	
9	KH009	客户I	KH009 客户I	一般纳税人	普通发票	13%	促销价	30.00%	赵女士	137******26	
10	KH010	客户J	KH010 客户J	小规模纳税人	普通发票	13%	最低限价	20.00%	杨先生	189******68	

定价表

价格类型	批量定价成本利润率
零售价	55.00%
批发价	40.00%
促销价	30.00%
最低限价	20.00%
成本价	10.00%

图 6-9

关键技能 060 制作商品明细表

技能说明

实际工作中，商品原始信息通常是由供货商提供，而各个供货商提供的 Excel 表格格式千差万别，无法统一规范管理，因此在接收到商品原始资料后，都必须整理规范并录入统一模板中。同时，每一个商品必需设置的关键信息也比较多，如商品名称、规格型号、条形码、所属供应商、进价、

每种销售价格类型的具体价格等。

本小节制作商品明细表运用的工具、函数（或函数组合）及其作用的简要说明如图 6-10 所示。

工具

- 数据验证：①将“供货商信息表”中 D 列信息设置为序列来源，为商品匹配供货商；②指定文本长度：规范录入商品条形码

函数

- IF+COUNT: 自动生成序号
- MID+TEXT+COUNTIF: 以商品所属供货商的编码起头，自动生成商品编码
- IFERROR+VLOOKUP: 根据供货商信息查找引用与之匹配的“品牌”信息，并屏蔽错误值
- IFERROR+ROUND+VLOOKUP: 根据供货商编码和名称查找引用与之匹配的折税率，并计算含税价格
- IFERROR+ROUND+IF+VLOOKUP: 根据 IF 函数判断供货商提供的发票是否可抵扣，分别以“不含税进价”或“含税进价”为基数计算各种销售价格

图 6-10

应用实战

下面仍然在 <进销存基础资料信息库> 工作簿中制作“商品明细表”。

Step01 绘制框架，设置数据验证条件并预填基本信息。将工作表“sheet3”重命名为“商品资料”→绘制表格框架→运用【数据验证】工具分别为“条形码”和“供货商”字段设置验证条件，并预填商品基本信息（共 30 条）。其中，“供货商”字段制作下拉列表，将验证条件设置为“序列”，将“来源”设置为“=供货商信息 !$D$3:$D$12”。将“条形码”字段的验证条件设置为“文本长度”—“等于”—“13”。其他空白字段将在下一步设置函数公式，如图 6-11 所示。

××有限公司商品明细表

序号	商品编码	商品名称	规格型号	条形码	品牌	装箱数	供货商	不含税进价	含税进价	零售价	批发价	促销价	最低限价	商品图片
		商品01	A6180	69**********01		36	GHS001 供货商A	25.68						
		商品02	A6181	69**********02		12	GHS001 供货商A	13.25						
		商品03	A6182	69**********03		6	GHS001 供货商A	45.62						
		商品04	B6183	69**********04		48	GHS002 供货商B	15.86						
		商品05	B6184	69**********05		10	GHS002 供货商B	62.51						
		商品06	D6185	69**********06		20	GHS004 供货商D	16.22						
		商品07	C6186	69**********07		40	GHS003 供货商C	32.63						
		商品08	C6187	69**********08		30	GHS003 供货商C	38.12						
		商品09	C6188	69**********09		12	GHS003 供货商C	36.22						
		商品10	D6189	69**********10		60	GHS004 供货商D	12.05						

数据验证条件：“文本长度”—“等于”—“13”

数据验证条件：“序列”—“来源”为“= 供货商信息 !$D$3:$D$12”

图 6-11

Step02 分别在 A3、B3、F3 单元格和 J3:N3 单元格区域中设置以下公式。

- A3 单元格：“=IF(H3=""," ☆ ",COUNT($A$2:A2)+1)”，自动生成序号。
- B3 单元格：“=MID(H3,4,3)&TEXT(COUNTIF(H$2:H2,H3)+1,"000")”，公式含义如下。

①表达式“MID(H3,4,3)”的作用是截取 H3 单元格中的供货商编码，返回结果“001”；

②表达式"TEXT(COUNTIF(H$2:H2,H3)+1,"000")"，首先运用 COUNTIF 函数在 H2:H2 单元格区域中统计 H3 单元格中供货商的数量后加 1，返回结果为"1"，再运用 TEXT 函数将其格式转换为"001"；

③最后将供货商编码"001"与顺序码"001"组合后为"001001"，以此类推。

- F3 单元格："=IFERROR(VLOOKUP(H3, 供货商信息 !D$3:I12,6,0),"")"，根据 H3 单元格中的供货商编码和名称查找并引用"供货商信息"工作表中与之匹配的"品牌"信息。

- J3 单元格："=IFERROR(ROUND(I3*(1+VLOOKUP($H3, 供货商信息 !$D:G,4,0)),2),0)"，将 I3 单元格中的"不含税进价"×（1+ 运用 VLOOKUP 函数查找并引用"供货商信息"工作表中与 H3 单元格中供货商编号和名称匹配的"税率"），再运用 ROUND 函数将乘积保留两小数，返回结果为"29.02"（25.68×1.13）。

- K3 单元格："=IFERROR(ROUND(IF(VLOOKUP($I3, 供货商信息 !$D$3:$H$12,5,0)=" 是 ", $J3,$K3)/(1-VLOOKUP(L$2, 客户信息 !$N$3:$O7,2,0)),2),0)"，公式含义如下。

①表达式"IF(VLOOKUP($H3, 供货商信息 !$D$3:$H$12,5,0)=" 是 ",$I3,$J3)"，运用 IF 函数判断"供货商信息"工作表的 H12 单元格中数据为"是"时，代表进项税额可以抵扣，返回 I3 单元格数据（不含税进价），否则返回 J3 单元格数据（含税进价）。此表达式返回结果为"$I3"，即不含税进价"25.68"。

②将第①个表达式返回的 I3 单元格数据"25.68"除以（1-"客户信息表"的 N3:O7 单元格区域中设置的各种价格类型所对应的"成本利润率"），即可计算得出"零售价"。最终返回结果为"57.07"（25.68÷（1-0.55））。

将 K3 单元格公式填充至 L3:N3 单元格区域中→再将以上单元格公式填充至下面单元格区域，效果如图 6-12 所示。

图 6-12

关键技能 061 批量导入和匹配商品图片

技能说明

实际工作中，很多时候需要将大量商品图片导入 Excel 表格中，虽然可以通过【插入】选项卡下【插图】组中的【图片】按钮打开对话框批量导入，但是导入后需要花费大量的时间与精力将图片与名称——匹配，且无法确保图片与信息内容 100% 相符。此时，可以运用【选择性粘贴】功能一次性导入，同时实现图片与商品准确匹配，基本操作流程如图 6-13 所示。

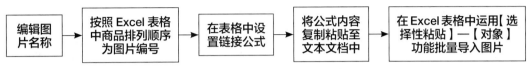

图 6-13

应用实战

下面在＜进销存基础资料信息库＞工作簿的"商品明细表"中批量导入商品图片。

Step01 编辑图片名称和编号。在计算机 D盘(或其他任一盘)中新建一个文件夹,命名为"商品图片"→将所有图片存放在其中→编辑好商品名称,并排好顺序,如图 6-14 所示。

图 6-14

Step02 设置公式。在"商品明细表"工作表中的 O3 单元格内输入公式 "="<table><img src="""D:\ 商品图片 \"&C3&".png""width="""100""height="""100"">""。其中，"&C3&"是指"商品图片"文件夹里包含 C3 单元格中字符的图片名称（注意公式中这里不能直接输入图片名称），输入公式按【Enter】键后在 O3 单元格内显示文本 "<table><img src="D:\ 商品图片 \ 商品 01.png"width="100"height="100">"→将 O3 单元格内的公式向下填充至 O4:O32 单元格区域,如图 6-15 所示。

	O3单元格公式
fx	="<table><img src="D:\商品图片\"&C3&".png"width="100"height="100">"

××有限公司商品明细表

序号	商品编码	商品名称	不含税进价	含税进价	零售价	批发价	促销价	最低限价	商品图片
1	001001	商品01	25.68	29.02	57.07	42.80	36.69	32.10	<table><img src="D:\商品图片\商品01.png"width="100"height="100">
2	001002	商品02	13.25	14.97	29.44	22.08	18.93	16.56	<table><img src="D:\商品图片\商品02.png"width="100"height="100">
3	001003	商品03	45.62	51.55	101.38	76.03	65.17	57.03	<table><img src="D:\商品图片\商品03.png"width="100"height="100">
4	002001	商品04	15.86	17.92	35.24	26.43	22.66	19.83	<table><img src="D:\商品图片\商品04.png"width="100"height="100">
5	002002	商品05	62.51	70.64	138.91	104.18	89.30	78.14	<table><img src="D:\商品图片\商品05.png"width="100"height="100">
6	004001	商品06	16.22	16.71	37.13	27.85	23.87	20.89	<table><img src="D:\商品图片\商品06.png"width="100"height="100">
7	003001	商品07	32.63	33.61	72.51	54.38	46.61	40.79	<table><img src="D:\商品图片\商品07.png"width="100"height="100">
8	003002	商品08	38.12	39.26	84.71	63.53	54.46	47.65	<table><img src="D:\商品图片\商品08.png"width="100"height="100">
9	003003	商品09	36.22	37.31	80.49	60.37	51.74	45.28	<table><img src="D:\商品图片\商品09.png"width="100"height="100">
10	004002	商品10	12.05	12.41	27.58	20.68	17.73	15.51	<table><img src="D:\商品图片\商品10.png"width="100"height="100">

图 6-15

Step03 复制粘贴公式文本。❶ 新建一个文本文档→将"商品明细表"中 O3:O32 单元格区域中的文本全部复制粘贴至文本文档内,如图 6-16 所示;❷ 删除 O3:O32 单元格区域中的文本→调整工作表行高与列宽,用于放置商品图片,如图 6-17 所示。

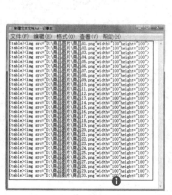

图 6-16

序号	商品编码	商品名称	规格型号	条形码	品牌	装箱数	供货商	不含税进价	含税进价	零售价	批发价	促销价	最低限价	商品图片
							××有限公司商品明细表							
1	001001	商品01	A6180	69********01	品牌A	36	GHS001 供货商A	25.68	29.02	57.07	42.80	36.69	32.10	
2	001002	商品02	A6181	69********02	品牌A	12	GHS001 供货商A	13.25	14.97	29.44	22.08	18.93	16.56	
3	001003	商品03	A6182	69********03	品牌A	6	GHS001 供货商A	45.62	51.55	101.38	76.03	65.17	57.03	
4	002001	商品04	B6183	69********04	品牌B	48	GHS002 供货商B	15.86	17.92	35.24	26.43	22.66	19.83	
5	002002	商品05	B6184	69********05	品牌B	10	GHS002 供货商B	62.51	70.64	138.91	104.18	89.30	78.14	
6	004001	商品06	D6185	69********06	品牌D	20	GHS004 供货商D	16.22	16.71	37.13	27.85	23.87	20.89	

图 6-17

Step04 选择性粘贴导入图片。❶ 复制文本文档中的全部内容→右击 O3 单元格→在弹出的快捷菜单中单击【选择性粘贴】命令，如图 6-18 所示；❷ 弹出【选择性粘贴】对话框→选中"方式"列表框中的"Unicode 文本"选项→单击【确定】按钮即可批量导入图片，如图 6-19 所示。

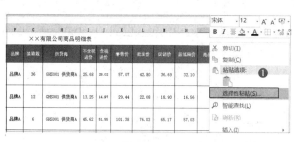

图 6-18

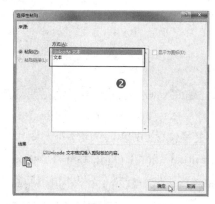

图 6-19

导入图片后只需批量将所有图片的大小和位置略作调整即可，最终效果如图 6-20 所示。

序号	商品编码	商品名称	规格型号	条形码	品牌	装箱数	供货商	不含税进价	含税进价	零售价	批发价	促销价	最低限价	商品图片
							××有限公司商品明细表							
1	001001	商品01	A6180	69********01	品牌A	36	GHS001 供货商A	25.68	29.02	57.07	42.80	36.69	32.10	商品 01
2	001002	商品02	A6181	69********02	品牌A	12	GHS001 供货商A	13.25	14.97	29.44	22.08	18.93	16.56	商品 02
3	001003	商品03	A6182	69********03	品牌A	6	GHS001 供货商A	45.62	51.55	101.38	76.03	65.17	57.03	商品 03
4	002001	商品04	B6183	69********04	品牌B	48	GHS002 供货商B	15.86	17.92	35.24	26.43	22.66	19.83	商品 04
5	002002	商品05	B6184	69********05	品牌B	10	GHS002 供货商B	62.51	70.64	138.91	104.18	89.30	78.14	商品 05

图 6-20

Step05 筛选商品信息和图片。筛选商品信息非常简单，插入切片器或添加【筛选】按钮即可，但是筛选后将导致图片排列混乱。例如，插入"供货商"切片器后筛选某一供货商的商品信息，图片排列效果如图 6-21 所示。其实只需对图片属性进行一个简单的设置即可解决。❶ 取消筛选结果→恢复图片存放位置→选中任意一张图片后按组合键【Ctrl+A】即可全选所有图片→右击图片，在弹出的快捷菜单中单击【大小和属性】命令，如图 6-22 所示；❷ 弹出【设置图片格式】任务窗格，选中"属性"列表中的"随单元格改变位置和大小"单选按钮即可，如图 6-23 所示。

图 6-21

图 6-22

图 6-23

设置完成后，再次筛选商品信息，与之匹配的图片即可正常显示，效果如图 6-24 所示。（示例结果见"结果文件\第 6 章\进销存基础资料信息库.xlsx"文件。）

图 6-24

温馨提示

　　基础资料表格制作完成后，按照企业实际录入商品信息的一般流程，在接收到供应商提供的商品原始资料后，只需输入或直接从供应商发送的电子表格中复制相关字段内容粘贴至表格中，即可自动链接或运算生成其他字段内容。以上三类表格中所设字段为常用项目，日常工作中根据实际需求自行增减字段即可。

6.2 制作智能化的进销存表单

在企业的进销存经营活动过程中，最核心的工作是准确核算每一环节所产生的所有相关数据，包括每项商品的入库成本、销售金额、销售成本、成本利润率、每月结存数量、结存金额及盘存差异等。这些工作不仅繁重复杂，而且由于诸多客观原因，也难以确保数据的准确性。但是只要能充分运用 Excel 中的功能、函数，制作规范的管理表单，计算相关数据，就能够将复杂的工作简单化，同时保证数据准确可靠。本节将介绍如何运用 Excel 制作进销存相关的采购入库单、销售出库单等智能化的进销存管理表单，以及同步动态汇总进销存数据的 3 个关键技能，知识框架如图 6-25 所示。

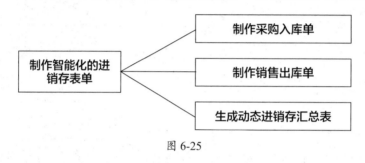

图 6-25

关键技能 062 制作采购入库单

技能说明

当采购的货物到达仓库，经过验收入库后，接下来的工作就是要将货物的数量、金额等相关数据录入系统，那么就需要运用 Excel 制作一份规范的采购入库单。在这份表单中，应当尽可能包含完善的数据，以便后期查阅，同时保证后续数据统计分析工作的顺利进行。

本小节制作采购入库单将要综合运用的 Excel 中的几种工具、功能、主要函数及其作用的简要说明如图 6-26 所示。

工具	• 数据验证：设置序列，录入供货商名称、发票类型、商品的单位
功能	• 自定义单元格格式：按照指定格式显示供货商名称、单据编号 • 定义名称：主要用于设置数据验证条件的序列来源
函数	• IF+COUNT：自动生成序号 • IF+VLOOKUP：查找引用"商品资料"工作表中的相关商品信息

图 6-26

应用实战

下面介绍采购入库单的制作方法和具体步骤，同时分享管理思路。打开"素材文件 \ 第 6 章 \ 进销存管理表单 .xlsx"文件，其中包含第 6.1 节制作的 3 张基础信息表。

Step01 绘制表格框架，设置字段名称。新增工作表，命名为"2020.08 入库"，代表 2020 年 8 月的采购入库单（工作表名称应尽量简短，便于公式引用）→绘制表格框架并设置字段名称。由于供货商提供的发货单上一般包括"规格型号""条形码"等信息，填写采购入库单时，录入"规格型号"更简便，因此本例将"规格型号"字段作为查找引用商品信息的关键字。另外，L3 单元格和 L4:O8 单元格区域作为辅助区域，如图 6-27 所示。

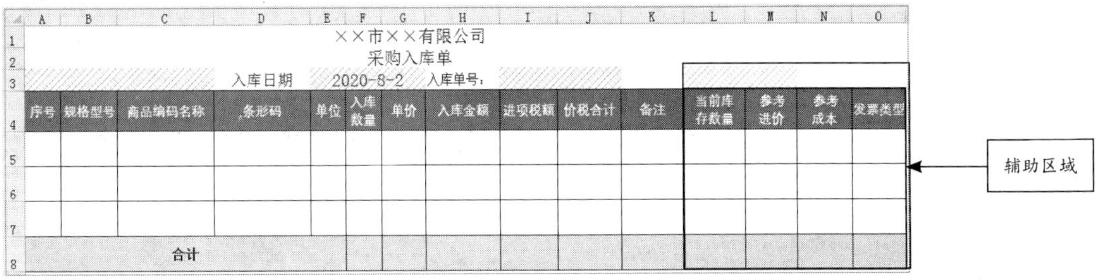

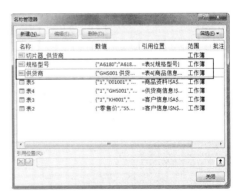

图 6-27

Step02 组合商品编码和名称。切换至"商品资料"工作表→在 D 列前插入一列→在 D3 单元格中设置公式"=B3&" "&C3"，将商品编码和名称组合，作为在采购入库单中显示的商品信息，如图 6-28 所示。

Step03 定义名称。分别将"供货商信息"工作表中的 D3:D32 单元格区域（"商品信息表关联信息"字段）与"商品资料"工作表中的 E3:E32 单元格区域（"规格型号"字段）定义为名称，作为设置数据验证条件的"序列"来源，如图 6-29 所示（除"规格型号"和"供货商"名称外，其他名称是在创建超级表时自动建立的）。

图 6-28

图 6-29

Step04 切换至"2020.08 入库"工作表，在以下单元格或单元格区域中设置数据验证条件或自定义单元格格式。

- A3 单元格：设置数据验证条件的"序列"来源为"= 供货商"→将单元格格式自定义为"供

货商 :@”。

- B5:B7 单元格区域（“规格型号”字段）：设置数据验证条件的“序列”来源为“= 规格型号”。
- E5:E7 单元格区域（“单位”字段）：设置数据验证条件的“序列”来源为“个 , 包 , 盒 , 箱”等，后续可继续添加。
- I3 单元格：将单元格格式自定义为“"JH"yyyymmdd”。
- L3 单元格：设置数据验证条件的“序列”来源为“专用发票 , 普通发票”，其作用是参与计算进项税额和价税合计金额。

设置完成后，在 I3 单元格输入“8-1”→在其他单元格或单元格区域中填入任意信息，效果如图 6-30 所示。

	A	B	C	D	E	F	G	H	I	J	K	L	M	N	O
1	××市××有限公司														
2	采购入库单														
3	供货商：GHS001 供货商A			入库日期		2020-8-2		入库单号：	JH20200801			专用发票			
4	序号	规格型号	商品编码名称	条形码	单位	入库数量	单价	入库金额	进项税额	价税合计	备注	当前库存数量	参考进价	参考成本	发票类型
5		A6180			个	80		2,100.00							
6		A6181			盒	220		3,000.00							
7		A6182			个	90		4,200.00							
8	合计														

图 6-30

Step05 分别在以下单元格或单元格区域设置函数公式。

- A5 单元格（序号）：“=IF(B5="","",1)”，运用 IF 函数判断 B5 单元格为空时，返回空值，否则返回数字“1”；
- A6 单元格（序号）：“=IF(B6="","",A5+1)”，运用 IF 函数判断 B6 单元格为空时，返回空值，否则返回 A5 单元格中的值 +1 →填充公式至 A7 单元格。

这里设置自动编号并未使用 IF+COUNT 函数组合，是由于该函数组合不适用这种场景。使用这一函数组合进行自动编号必须绝对引用 COUNT 函数统计范围内的第一个单元格，如“商品资料”工作表中 A3 单元格公式“=IF(H3=""," ☆ ",COUNT($A$2:A2)+1)”。而本例中，新增单据需要复制前面的采购入库单，那么粘贴后依然会以前面单据被绝对引用的单元格作为 COUNT 函数统计范围的起始单元格，因此无法准确生成序号。

- C5 单元格（商品编码名称）：“=IF(B5="","-",VLOOKUP($B5,IF({1,0}, 商品资料 !E:E, 商品资料 !D:D),2,0))”，运用 IF 函数判断 B5 单元格为空时，返回符号“-”，否则运用 VLOOKUP 函数，在“商品资料”工作表中逆向查找并引用与 B5 单元格中的“规格型号”匹配的“商品编码名称”字段下的数据。
- D5 单元格（条形码）：“=IFERROR(VLOOKUP(C5, 商品资料 !$D:F,3,0),"-")”，根据 C5 单元格中的“商品编码名称”查找并引用“商品资料”工作表中的“条形码”字段下的数据。
- G5 单元格（发票类型）：“=IFERROR(ROUND(H5/F5,2),0)”，由于实务中，实际进价通常会与供货商报价有所差异，因此这里采用“入库金额”÷“数量”的方法计算“单价”。
- O5 单元格（发票类型）：“=IF(L3=" 专用发票 ",1,IF(L3=" 普通发票 ",2,"-"))”，运用 IF 函数判断 L3 单元格中数据为“专用发票”和“普通发票”时，分别返回数字“1”和“2”，否则返回符号“-”。

- O6 单元格：“=O5”，填充公式至 O7 单元格。

设置 O5 和 O6 单元格公式的作用是在后面汇总入库金额时，需要根据发票类型，分别以“入库金额”或“价税合计”金额作为入库成本进行统计（专用发票的进项税额可以抵扣，以“入库金额”入账；普通发票以价税合计金额入账）。

- I5 单元格（进项税额）：“=IF($O5=1,ROUND(H5*0.13,2),0)”，运用 IF 函数判断 O5 单元格数字为“1”时，代表“专用发票”，即进项税额可以抵扣，那么就用 H5 单元格中的“入库金额”× 税率 13%，否则返回“0”，后面即可准确汇总可抵扣的进项税额。填制采购入库单时需注意，“普通发票”的进项税额不能抵扣，应将“价税合计”金额直接录入“入库金额”字段中。
- J5 单元格（价税合计）：“=ROUND(H5+I5,2)”，计算价税合计金额。
- M5 单元格（参考进价）：“=IFERROR(VLOOKUP(C5, 商品资料 !D:K,IF(O5=1,7,8),0),"-")”，运用 VLOOKUP 函数在“商品资料”工作表的 D:K 区域的第 7 列或第 8 列中查找并引用与 C5 单元格中的商品编码和名称匹配的“不含税进价”或“含税进价”。其中，表达式“IF(O5=1,7,8)”的作用就是判断 O5 单元格中数字为“1”时（即专用发票），返回“商品资料”工作表 D:K 单元格区域第 7 列中的“不含税进价”，否则返回第 8 列中的“含税进价”。

这里引用“参考进价”的目的是便于及时发现供货商报价与实际进价之间的差异，如果价格差异过大，可迅速与供货商沟通处理。

- N5 单元格：“=ROUND(F5*M5,2)”，用“数量”×“参考进价”计算“参考成本”。

设置完成后，向下填充公式即可。“当前库存数量”字段将在后面引用“进销存汇总表”中的数据，最后在合计行设置求和公式，效果如图 6-31 所示。

××市××有限公司
采购入库单
供货商：GHS001 供货商A　入库日期　2020-8-2　入库单号：JH20200801　专用发票

序号	规格型号	商品编码名称	条形码	单位	入库数量	单价	入库金额	进项税额	价税合计	备注	当前库存数量	参考进价	参考成本	发票类型
1	A6180	001001 商品01	69*********01	个	80	26.25	2,100.00	273.00	2,373.00			25.68	2,054.40	1
2	A6182	001003 商品03	69*********03	盒	220	45.45	10,000.00	1,300.00	11,300.00			45.62	10,036.40	1
3	B6183	002001 商品04	69*********04	个	90	46.67	4,200.00	546.00	4,746.00			15.86	1,427.40	1
合计					390	-	16,300.00	2,119.00	18,419.00	-	-	-	13,518.20	

图 6-31

Step06 测试公式效果。在采购入库单中输入其他原始信息，效果如图 6-32 所示。

××市××有限公司
采购入库单
供货商：GHS001 供货商A　入库日期　2020-8-2　入库单号：JH20200801　专用发票

序号	规格型号	商品编码名称	条形码	单位	入库数量	单价	入库金额	进项税额	价税合计	备注	当前库存数量	参考进价	参考成本	发票类型
1	A6180	001001 商品01	69*********01	个	80	26.25	2,100.00	273.00	2,373.00			25.68	2,054.40	1
2	A6181	001002 商品02	69*********02	盒	220	13.64	3,000.00	390.00	3,390.00			13.25	2,915.00	1
3	A6182	001003 商品03	69*********03	个	90	46.67	4,200.00	546.00	4,746.00			45.62	4,105.80	1
合计					390	-	9,300.00	1,209.00	10,509.00	-	-	-	9,075.20	

图 6-32

Step07 将"2020.08入库"工作表中的"采购入库单"表格保存为模板。新建工作表,重命名为"单据模板"→将采购入库单复制粘贴至此工作表→删除原始信息,可根据工作需要增加单据的行数,如图 6-33 所示。

Step08 最后对当月入库单数、数量、入库金额、进项税额及价税合计金额做一个简单汇总。新增两张入库单,填入任意数据,以便测试公式→在第 1 行之上插入 2 行,绘制表格并设置字段名称→选中 A3 单元格,单击【视图】选项卡下【窗口】组中"冻结窗格"下拉列表中的【冻结窗格】命令,将第 1、2 行冻结,方便查看汇总数据,如图 6-34 所示。

图 6-33

图 6-34

在 A2:H2 单元格区域中设置以下公式。

- A2 单元格:"=COUNTIF(D:D," 入库日期")",根据文本"入库日期"出现的次数统计单据数。
- C2 单元格:"=SUMIF($A:$A," 合计 ",F:F)",汇总入库数量。
- D2 单元格:"=SUMIF($A:$A," 合计 ",H:H)",汇总入库金额。
- E2 单元格:"=SUMIF($A:$A," 合计 ",I:I)",汇总进项税额。
- H2 单元格:"=SUMIF($A:$A," 合计 ",J:J)",汇总价税合计金额。也可以设置公式 "=ROUND(D2+E2,2)"进行计算,公式效果如图 6-35 所示。

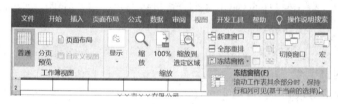

	入库单数		入库数量	入库金额			可抵扣进项税额	价税合计
2	3		2190	29,450.00			1209.00	30,659.00

图 6-35

高手点拨 打印指定单据的技巧

如需打印指定的采购入库单,可将单据所在区域(不包括辅助区域)设置为"打印区域"。例如,打印第 1 张单据:选中 A3:K10 单元格区域→单击【页面布局】选项卡下【页面设置】组中"打印区域"下拉列表中的【设置打印区域】命令即可。

关键技能 063 制作销售出库单

技能说明

销售出库单的表单格式与采购入库单大同小异。在字段设置方面，商品基础类信息与采购入库单完全一致，其他字段内容因销售环节的业务特点与采购入库环节不同，所以与采购入库单必然有所差别。另外，本节制作销售出库单所运用的工具、功能和函数也与采购入库单基本相同。因此，本节主要介绍和分享与采购入库单不同的字段下，设置函数公式计算相关数据的方法和思路。在销售单中，除体现销售金额外，还应具备计算单据的毛利额和毛利率的功能。

应用实战

下面继续在“进销存管理表单”工作簿中制作销售出库单，以便后面综合统计和核算进销存数据。

Step01 新增工作表，重命名为“2020.08 销售”→将“2020.08 入库”工作表中的一张单据复制粘贴至此表→修改部分字段名称和原始信息。修改说明如下：

- 主表区域：“单价”和“销售金额”重新设置公式，折扣率默认为 100%，其他单元格区域公式不变。
- 辅助区域：M7:P9 单元格区域用于显示动态库存数量和核算每单毛利额和毛利率，需要引用后面制作的“进销存汇总表”中的数据，因此暂时空置。“价格类型”字段，由于实际经营中，通常会临时调整销售价格，因此运用【数据验证】工具制作下拉列表，以便选择价格类型。设置验证条件的“序列”来源为“= 客户信息 !$N$3:$N$7”。初始效果如图 6-36 所示。

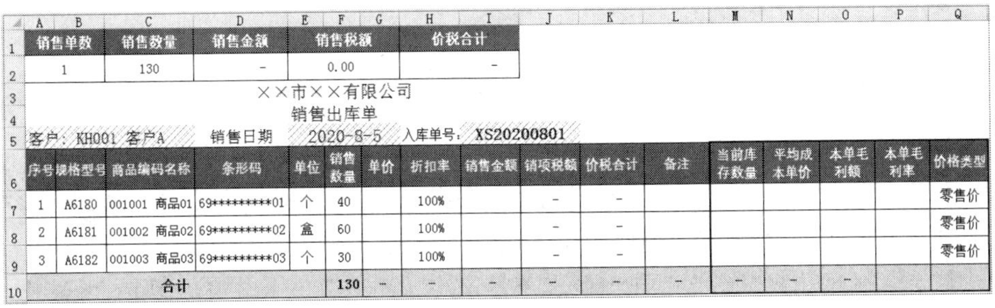

销售单数	销售数量	销售金额	销售税额	价税合计
1	130	-	0.00	-

××市××有限公司

销售出库单

客户：KH001 客户A　销售日期　2020-8-5　入库单号：XS20200801

序号	规格型号	商品编码名称	条形码	单位	销售数量	单价	折扣率	销售金额	销项税额	价税合计	备注	当前库存数量	平均成本单价	本单毛利额	本单毛利率	价格类型
1	A6180	001001 商品01	69*********01	个	40		100%		-	-						零售价
2	A6181	001002 商品02	69*********02	盒	60		100%		-	-						零售价
3	A6182	001003 商品03	69*********03	个	30		100%		-	-						零售价
合计					130	-	-	-	-	-	-	-	-	-		

图 6-36

Step02 分别在 G7 和 I7 单元格设置以下公式：

- G7 单元格：“=ROUND(IFERROR(VLOOKUP(C7, 商品资料 !$D:O,MATCH(Q7, 商品资料 !$2:$2,0)- 3,0),0)*H7,2)”，根据 Q7 单元格中的价格类型，在“商品资料”工作表的 D:O 区域中查找并引用与 C7 单元格中商品名称匹配的价格后，再与“折扣率”相乘，即可计算出实际销售单价。
- I7 单元格：“=ROUND(G7*F7,2)”，计算销售金额。将公式向下填充即可，效果如图 6-37 所示。

图 6-37

Step03　测试效果。在 Q7:Q9 单元格区域的下拉列表中选择不同的价格类型→在 H7:H9 单元格区域输入不同的折扣率，单价、销售金额、销售税额、价税合计数据均发生变化→新增两张单据，填入任意原始信息，可看到 A2:H2 单元格区域数据的变化，效果如图 6-38 所示。

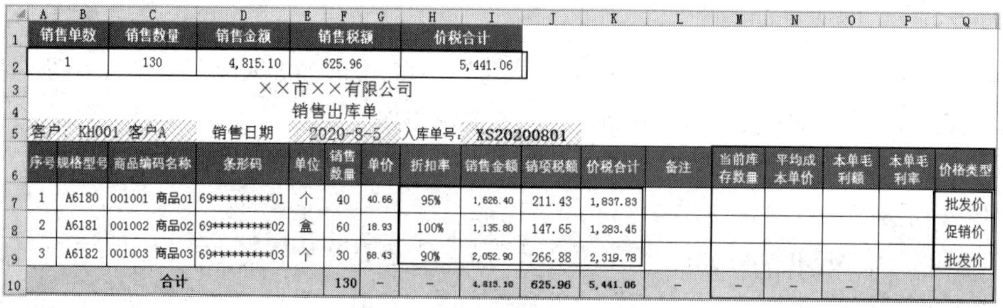

图 6-38

最后将销售出库单保存至"单据模板"工作表中。

关键技能 **064** 生成动态进销存明细表

技能说明

　　在企业的实际经营活动中，每天都有可能发生采购入库和销售出库的业务，所以每月都必须汇总大量入库或出库的相关数据，同时核算并结转当月成本。而采购入库单与销售出库单中所记录的商品出入库的相关数据信息是分散和重复的，不便于统计和汇总。本节将运用 Excel 制作一份完全动态、自动化的"进销存明细表"，具备以下核心功能，如图 6-39 所示。

1. 在"商品资料"工作表增加新的商品信息时，自动添加至表格中	2. 在录入采购入库单和销售出库单的同时，自动统计汇总进销存数据	3. 同步计算结存数量和金额，并在采购入库单和销售出库单中显示结存数量	4. 根据实际盘存数量，核算盘存差异

图 6-39

应用实战

"进销存明细表"的表格框架比较简单，主要通过函数公式实现对进销存进行全自动统计汇总和核算。下面介绍具体方法和操作步骤，同时分享数据管理思路。

Step01　新增工作表，命名为"2020.08 进销存"，绘制表格框架并设置好字段名称。由于商品数量无法预知，后期将持续新增商品，因此应将"合计"设置在表头，以便完整汇总所有商品的相关数据。另外，"盘存差异"在后面填入实际盘存数量后自动计算。

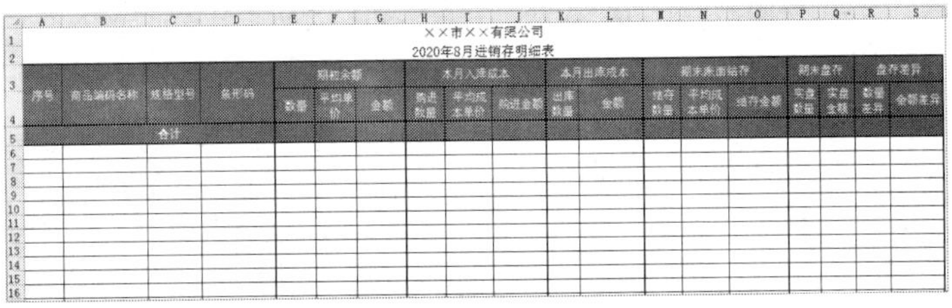

图 6-40

Step02　查找引用商品基本信息，实现自动添加新增商品。分别在 A5 单元格和 A6:D6 单元格区域设置以下公式。

- A5 单元格："=MAX(商品资料 !A3:A32)"，返回"商品资料"工作表中 A 列（序号）数据组中的最大数字，公式的作用是统计当前最多商品数量。

- A6 单元格："=IF(ROW()-5<=A$5,ROW()-5,"")"，自动生成序号，公式含义如下。

①表达式"ROW()-5"："ROW()"用于返回当前单元格所在的行数，减 5 是要减掉表头所占用的 5 行，返回结果为"1"；

②运用 IF 函数判断表达式"ROW()-5"的值是否小于 A5 单元格中统计得到的当前最多商品数量，如果是，即返回"ROW()-5"的值，否则返回空值。

- B6 单 元 格："=IFERROR(VLOOKUP(A6, 商 品 资 料 !$A$3:D32,MATCH(B3, 商 品 资料 !$2:$2,0),0),"")"，巧妙利用"序号"查找引用"商品资料"工作表中与之匹配的"商品编码名称"字段中的数据。

- C6 单 元 格："=IFERROR(VLOOKUP($B6, 商 品 资 料 !$D$3:E32,MATCH(C3, 商 品 资料 !$2:$2,0)-3,0),"")"，在"商品资料"工作表中查找与 B6 单元格中商品编码名称匹配的"规格型号"字段中的数据。

将 C6 单元格公式填充至 D6 单元格→将 A6:D6 单元格区域公式填充至下面区域即可，效果如图 6-41 所示。

图 6-41

Step03 测试自动添加新增商品的公式效果。❶ 切换至 "商品资料" 工作表中，新增一条商品信息，如图 6-42 所示；❷ 切换回 "2020.08 进销存" 工作表，新增的商品信息已自动显示在表格中，如图 6-43 所示。

序号	商品编码	商品名称	商品编码名称	规格型号	条形码	品牌	装箱数	供货商	不含税进价	含税进价	零售价	批发价	促销价	最低限价	商品图片
					××有限公司商品明细表										
28	009002	商品28	009002 商品28	I6207	69*********28	品牌I	10	GHS009 供货商I	86.82	98.11	192.93	144.70	124.03	108.53	商品 28
29	010001	商品29	010001 商品29	J6208	69*********29	品牌J	6	GHS010 供货商J	161.55	166.40	369.78	277.33	237.71	208.00	商品 29
30	010002	商品30	010002 商品30	J6209	69*********30	品牌J	18	GHS010 供货商J	78.96	81.33	180.73	135.55	116.19	101.66	商品 30
31	010003	商品31	010003 商品31	J6210	69*********31	品牌J	60	GHS010 供货商J	30.00	30.90	68.67	51.50	44.14	38.63	

图 6-42

序号	商品编码名称	规格型号	条形码	期初余额			本月入库成本			本月出库成本		期末账面结存			期末盘存		盘存差异	
				数量	平均单价	金额	购进数量	平均成本单价	购进金额	出库数量	金额	结存数量	平均成本单价	结存金额	实盘数量	实盘金额	数量差异	金额差异
31		合计																
25	008001 商品25	H6204	69*********25															
26	007002 商品26	G6205	69*********26															
27	009001 商品27	I6206	69*********27															
28	009002 商品28	I6207	69*********28															
29	010001 商品29	J6208	69*********29															
30	010002 商品30	J6209	69*********30															
31	010003 商品31	J6210	69*********31															

在 "商品资料" 工作表中新增的商品信息

图 6-43

Step04 ❶ 在 E6:G36 单元格区域中填入期初数（实际工作中应当引用上一个月的期末数）→在 P6:P36 单元格区域中填入实盘数量；在 E5 和 G5 单元格中设置合计公式，注意尽可能扩大合计范围，才能完整汇总所有商品的相关数据，例如，E5 单元格公式可设为 "=SUBTOTAL(9,E6:E888)"，分类汇总数量，以此类推→将公式复制粘贴至 H5:S5 单元格区域；❷ 在 H6:S6 单元格区域各单元格中设置公式，计算进销存数据；❸ 在 A5:S5 单元格区域添加筛选按钮，可分类汇总供货商商品的相关数据。

- H6 单元格："=IF($B6="",0,SUMIF('2020.08 入库 '!$C:$C,$B6,'2020.08 入库 '!F:F))"，运用 IF 函数，判断 B6 单元为空时，返回数字 "0"，否则运用 SUMIF 函数汇总 "2020.08 入库" 工作表中所有采购入库单中 "001001 商品 01" 的入库数量。

- J6 单元格："=IF($B6="",0,SUMIF('2020.08 入库 '!$C:$C,$B6,'2020.08 入库 '!H:H))"，公式含义与 H6 单元格同理，即汇总 "2020.08 入库" 工作表中 "001001 商品 01" 的入库金额。

- I6 单元格："=IFERROR(ROUND(J6/H6,2),0)"，用入库金额 ÷ 入库数量计算得到平均成本单价。

- K6 单元格：“=IF($B6="",0,SUMIF('2020.08 销售 '!$C:$C,$B6,'2020.08 销售 '!F:F))”，汇总销售数量。
- L6 单元格：“=IFERROR(ROUND((G6+J6)/(E6+H6)*K6,2),0)”，计算加权平均出库成本。
- M6 单元格：“=E6+H6-K6”，计算期末结存数量。
- O6 单元格：“=ROUND(G6+J6-L6,2)”，计算期末结存金额。
- N6 单元格：“=IFERROR(ROUND(O7/M7,2),0)”，计算期末平均成本单价。
- Q6 单元格：“=ROUND(P6*N6,2)”，根据实际盘存数量 × 期末平均成本单价计算实盘金额。
- R6 单元格：“=P6-M6”，计算实际盘存数量与结存数量差异。
- S6 单元格：“=ROUND(Q6-O6,2)”，计算实际盘存金额与结存金额差异。

公式设置完成后，填充至下面单元格区域即可，效果如图 6-44 所示。

××市××有限公司
2020年8月进销存明细表

序号	商品编码名称	规格型号	条形码	期初余额			本月入库成本			本月出库成本		期末账面结存			期末盘存		盘存差异	
				数量	平均单价	金额	购进数量	平均成本单价	购进金额	出库数量	金额	结存数量	平均成本单价	结存金额	实盘数量	实盘金额	数量差异	金额差异
31		合计		1218	-	515,711	219	-	29,450.0	80	28,015.0	135	-	517,146.5	135	514,451.	-5	-2,695.4
1	001001 商品01	A6180	69*********01	300	25.68	7,704.00	80	26.25	2,100.00	40	1,032.00	340	25.80	8,772.00	338	8,720.40	-2	-51.60
2	001002 商品02	A6181	69*********02	600	13.25	7,950.00	220	13.64	3,000.00	60	801.22	760	13.35	10,148.78	758	10,119.30	-2	-29.48
3	001003 商品03	A6182	69*********03	700	45.62	31,934.00	90	46.67	4,200.00	30	1,372.18	760	45.74	34,761.82	759	34,716.66	-1	-45.16
4	002001 商品04	B6183	69*********04	420	15.86	6,661.20	-	-	-	100	1,586.00	320	15.86	5,075.20	319	5,059.34	-1	-15.86
5	002002 商品05	B6184	69*********05	120	62.51	7,501.20	-	-	-	100	6,251.00	20	62.51	1,250.20	18	1,125.18	-2	-125.02
6	004001 商品06	D6185	69*********06	220	16.22	3,568.40	-	-	-	-	-	220	16.22	3,568.40	219	3,552.18	-1	-16.22
7	003001 商品07	C6186	69*********07	160	32.63	5,220.80	-	-	-	120	3,915.60	40	32.63	1,305.20	38	1,239.94	-2	-65.26
8	003002 商品08	C6187	69*********08	400	38.12	15,248.00	-	-	-	200	7,624.00	200	38.12	7,624.00	❷	7,547.76	-2	-76.24
9	003003 商品09	C6188	69*********09	420	36.22	15,212.40	-	-	-	150	5,433.00	270	36.22	9,779.40	267	9,670.74	-3	-108.66
10	004002 商品10	D6189	69*********10	498	12.05	6,000.90	120	12.50	1,500.00	-	-	618	12.14	7,500.90	616	7,478.24	-2	-22.66
11	004003 商品11	D6190	69*********11	400	8.52	3,408.00	300	10.00	3,000.00	-	-	700	9.15	6,408.00	700	6,405.00	-	-3.00
12	004004 商品12	D6191	69*********12	468	3.26	1,525.68	100	3.50	350.00	-	-	568	3.30	1,875.68	565	1,864.50	-3	-11.18
13	005001 商品13	E6192	69*********13	320	3.20	1,024.00	-	-	-	-	-	320	3.20	1,024.00	319	1,020.80	-1	-3.20
14	005002 商品14	E6193	69*********14	260	3.50	910.00	-	-	-	-	-	260	3.50	910.00	260	910.00	-	-
15	005003 商品15	E6194	69*********15	250	16.82	4,205.00	-	-	-	-	-	250	16.82	4,205.00	248	4,171.36	-2	-33.64
16	006001 商品16	F6195	69*********16	240	16.58	3,979.20	100	18.00	1,800.00	-	-	340	17.00	5,779.20	338	5,746.00	-2	-33.20

图 6-44

Step05 在采购入库单和销售出库单中引用结存数量，并在销售出库单中计算单据毛利额和毛利率。❶ 切换至“2020.08 入库”工作表→在 L7 单元格中设置公式“=IFERROR(VLOOKUP($C7,'2020.08 进销存 '!$B:M,12,0),0)”，根据 C7 单元格中的商品编码名称，在“2020.08 进销存”工作表中查找并引用与之匹配的结存数量→向下填充公式，效果如图 6-45 所示。

入库单数	入库数量	入库金额	可抵扣进项税额	价税合计
3	2190	29,450.00	1209.00	30,659.00

××市××有限公司
采购入库单

供货商：GHS001 供货商A　入库日期　2020-8-2　入库单号：　JH20200801　　专用发票

序号	规格型号	商品编码名称	条形码	单位	入库数量	单价	入库金额	进项税额	价税合计	备注	当前库存数量	参考进价	参考成本	发票类型
1	A6180	001001 商品01	69*********01	个	80	26.25	2,100.00	273.00	2,373.00		340	25.68	2,054.40	1
2	A6181	001002 商品02	69*********02	盒	220	13.64	3,000.00	390.00	3,390.00	❶	760	13.25	2,915.00	1
3	A6182	001003 商品03	69*********03	个	90	46.67	4,200.00	546.00	4,746.00		760	45.62	4,105.80	1
合计					390	-	9,300.00	1,209.00	10,509.00	-	-	-	9,075.20	

图 6-45

❷ 切换至“2020.08 销售”工作表，在 M7 单元格中设置同样的公式查找引用结存数量→在 N7:P7 单元格中设置以下公式：

- N7 单元格：“=IFERROR(VLOOKUP(C7,'2020.08 进销存 '!B:N,13,0),0)”，查找引用“2020.08 进销存”工作表中的“平均成本单价”。
- O7 单元格：“=IFERROR(ROUND(I7-F7*N7,2),0)”，计算本单毛利额。
- P7 单元格“=IFERROR(ROUND(O7/I7,4),0)”，计算本单毛利率。

设置完成后向下填充公式并更新单据模板，公式效果如图 6-46 所示。（示例结果见“结果文件\第 6 章\进销存管理表单 .xlsx”文件。）

销售单数	销售数量	销售金额	销售税额	价税合计
3	800	41,516.50	5397.15	33,481.34

××市××有限公司

销售出库单

客户：KH001 客户A　销售日期　2020-8-5　入库单号：XS20200801

序号	规格型号	商品编码名称	条形码	单位	销售数量	单价	折扣率	销售金额	销项税额	价税合计	备注	当前库存数量	平均成本单价	本单毛利额	本单毛利率	价格类型
1	A6180	001001 商品01	69*********01	个	40	40.66	95%	1,626.40	211.43	1,837.83		340	25.80	594.40	36.55%	批发价
2	A6181	001002 商品02	69*********02	盒	60	26.50	90%	1,590.00	206.70	1,796.70		760	13.35	789.00	49.62%	零售价
3	A6182	001003 商品03	69*********03	个	30	72.23	95%	2,166.90	281.70	2,448.60		760	45.74	794.70	36.67%	批发价
合计					130	–	–	5,383.30	699.83	6,083.13	–	–	–	2,178.10	40.46%	

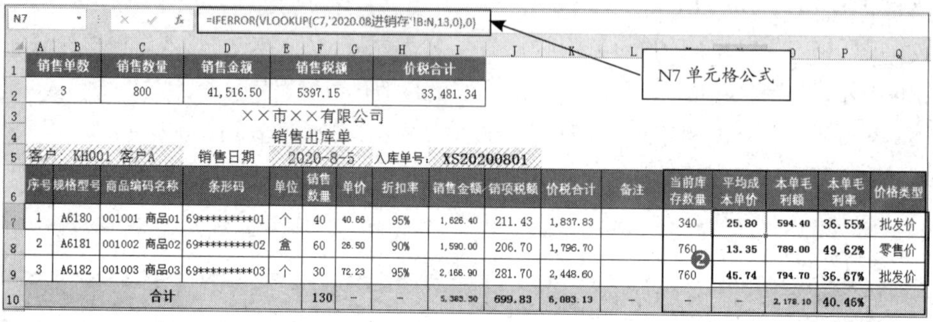

图 6-46

6.3 销售数据统计与分析

日常工作中，对销售数据进行不同维度的统计、汇总和分析，不仅可以衡量每一项商品对企业获得利润的贡献度，还能找出商品畅销或滞销的原因所在，从而帮助企业解决问题。这些工作具体实施时虽然也很烦琐和复杂，但是只要有正确的思路和方法，仍然可以充分运用 Excel 制作相关销售数据分析表，设置公式规范管理数据，高效率完成工作任务。

本节将介绍如何运用 Excel 制作销售数据管理分析表、销售排行榜、动态分析图表的 3 个相关关键技能，知识框架如图 6-47 所示。

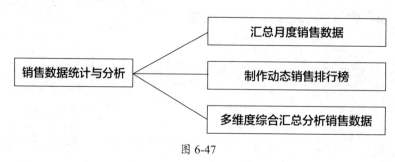

图 6-47

关键技能 065 按月度汇总全年销售数据

技能说明

按月度汇总全年销售数据是指将每月销售单据中每一商品的销售数量、销售金额、毛利额和毛利率分月汇总后，再次汇总为全年数据。汇总后更方便后面自动生成销售排行榜。

本节技能的具体操作方法非常简单，查找引用商品信息的方法与“进销存汇总表”相同，而汇总数据以函数组合 SUMIF+INDIRECT 为主，再配合 2 个小技巧，即可轻松完成海量数据的汇总工作。

应用实战

打开“素材文件 \ 第 6 章 \2020 年销售数据分析 .xlsx”文件，其中包括前面小节制作的各种表格，以及“2020 商品销售汇总”工作表及其中的表格框架。同时，表格中已预先设置查找引用公式自动列示商品基本信息，同时在 G4:N4 单元格区域中设置了汇总公式，初始表格框架如图 6-48 所示。

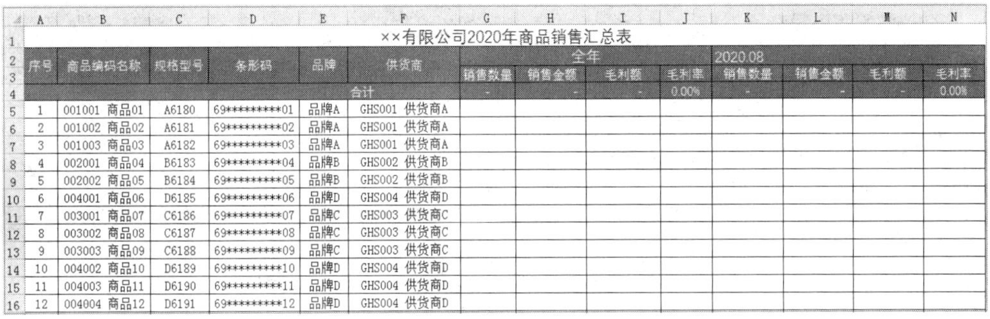

××有限公司2020年商品销售汇总表

序号	商品编码名称	规格型号	条形码	品牌	供货商	全年				2020.08			
						销售数量	销售金额	毛利额	毛利率	销售数量	销售金额	毛利额	毛利率
合计						-	-	-	0.00%	-	-	-	0.00%
1	001001 商品01	A6180	69*********01	品牌A	GHS001 供货商A								
2	001002 商品02	A6181	69*********02	品牌A	GHS001 供货商A								
3	001003 商品03	A6182	69*********03	品牌A	GHS001 供货商A								
4	002001 商品04	B6183	69*********04	品牌B	GHS002 供货商B								
5	002002 商品05	B6184	69*********05	品牌B	GHS002 供货商B								
6	004001 商品06	D6185	69*********06	品牌D	GHS004 供货商D								
7	003001 商品07	C6186	69*********07	品牌C	GHS003 供货商C								
8	003002 商品08	C6187	69*********08	品牌C	GHS003 供货商C								
9	003003 商品09	C6188	69*********09	品牌C	GHS003 供货商C								
10	004002 商品10	D6189	69*********10	品牌D	GHS004 供货商D								
11	004003 商品11	D6190	69*********11	品牌D	GHS004 供货商D								
12	004004 商品12	D6191	69*********12	品牌D	GHS004 供货商D								

图 6-48

另外，为更好地展示数据汇总效果，预先在工作簿中新增“2020.09 销售”和“2020.09 进销存”工作表，并在“2020.09 销售”工作表中填制 10 张销售出库单。下面介绍具体操作步骤并分享管理思路。

Step01 在 L2 单元格设置公式“=K2”→填充至 M2 单元格中，方便下一步填充汇总公式→为使表格美观，可将 K2 和 M2 单元格格式自定义为“;;;”（隐藏），效果如图 6-49 所示。

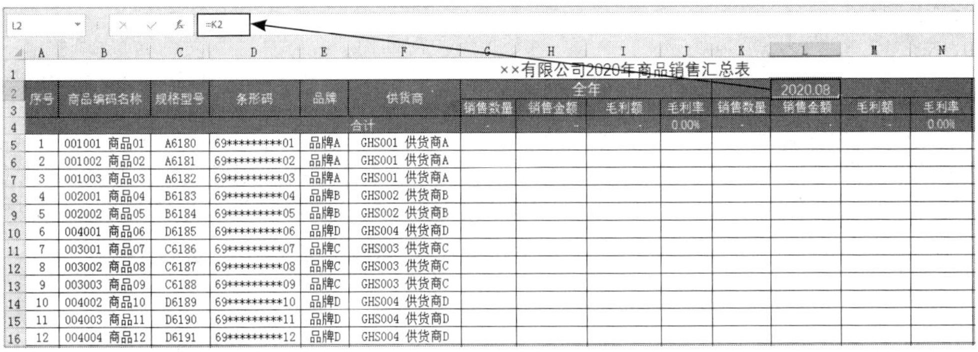

L2 =K2

××有限公司2020年商品销售汇总表

序号	商品编码名称	规格型号	条形码	品牌	供货商	全年					2020.08		
						销售数量	销售金额	毛利额	毛利率	销售数量	销售金额	毛利额	毛利率
合计						-	-	-	0.00%	-	-	-	0.00%
1	001001 商品01	A6180	69*********01	品牌A	GHS001 供货商A								
2	001002 商品02	A6181	69*********02	品牌A	GHS001 供货商A								
3	001003 商品03	A6182	69*********03	品牌A	GHS001 供货商A								
4	002001 商品04	B6183	69*********04	品牌B	GHS002 供货商B								
5	002002 商品05	B6184	69*********05	品牌B	GHS002 供货商B								
6	004001 商品06	D6185	69*********06	品牌D	GHS004 供货商D								
7	003001 商品07	C6186	69*********07	品牌C	GHS003 供货商C								
8	003002 商品08	C6187	69*********08	品牌C	GHS003 供货商C								
9	003003 商品09	C6188	69*********09	品牌C	GHS003 供货商C								
10	004002 商品10	D6189	69*********10	品牌D	GHS004 供货商D								
11	004003 商品11	D6190	69*********11	品牌D	GHS004 供货商D								
12	004004 商品12	D6191	69*********12	品牌D	GHS004 供货商D								

图 6-49

Step02 汇总月度和全年销售数据。❶ 在 K5 和 N5 单元格设置以下公式并使用技巧进行操作。

- K5 单元格："=IF($B5="",0,SUMIF(INDIRECT(K$2&" 销售 !$C:$C"),$B5,INDIRECT(K$2&" 销售 !F:F")))"，运用 IF 函数判断 B5 单元格为空值时，返回数字"0"，否则运用 SUMIF 函数汇总指定工作簿中，与 B5 单元格中商品编码名称匹配的销售数量。其中，表达式"INDIRECT(K$2&" 销售 !$C:$C")"作为 SUMIF 函数的第 1 个参数（条件区域），其作用就是引用 K2 单元格中的月份"2020.08"与"销售 !$C:$C"组合后所代表的区域，也就是"2020.08 销售"工作表中 $C:$C 区域。表达式"INDIRECT(K$2&" 销售 !F:F")"是引用汇总区域，作用与第 1 个参数相同。

将 K5 单元格公式复制粘贴至 L5 和 M5 单元格后，只需修改第 3 个参数中指定的区域即可。

- N5 单元格："=IFERROR(ROUND(M5/L5,4),0)"，不必引用其他工作表数据，只需要根据销售金额和毛利额直接计算毛利率即可。

将 K5:N5 单元格区域的公式填充至下面区域，效果如图 6-50 所示。

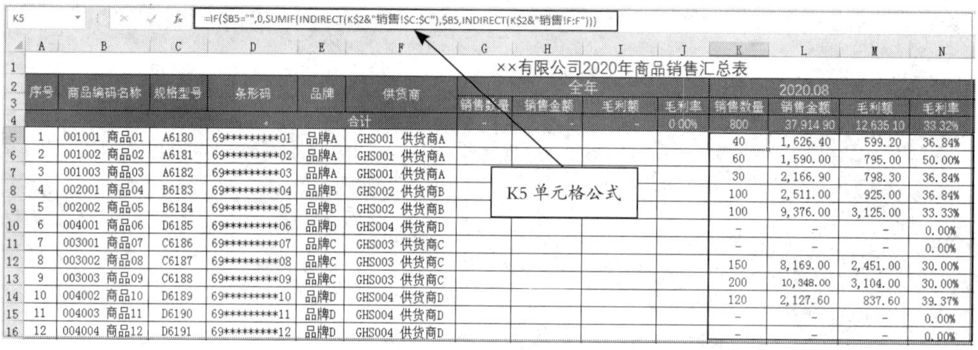

××有限公司2020年商品销售汇总表

序号	商品编码名称	规格型号	条形码	品牌	供货商	全年				2020.08			
						销售数量	销售金额	毛利额	毛利率	销售数量	销售金额	毛利额	毛利率
合计						-	-	-	0.00%	800	37,914.90	12,635.10	33.32%
1	001001 商品01	A6180	69*********01	品牌A	GHS001 供货商A					40	1,626.40	599.20	36.84%
2	001002 商品02	A6181	69*********02	品牌A	GHS001 供货商A					60	1,590.00	795.00	50.00%
3	001003 商品03	A6182	69*********03	品牌A	GHS001 供货商A					30	2,166.90	798.30	36.84%
4	002001 商品04	B6183	69*********04	品牌B	GHS002 供货商B					100	2,511.00	925.00	36.84%
5	002002 商品05	B6184	69*********05	品牌B	GHS002 供货商B					100	9,376.00	3,125.00	33.33%
6	004001 商品06	D6185	69*********06	品牌D	GHS004 供货商D					-	-	-	0.00%
7	003001 商品07	C6186	69*********07	品牌C	GHS003 供货商C					-	-	-	0.00%
8	003002 商品08	C6187	69*********08	品牌C	GHS003 供货商C					150	8,169.00	2,451.00	30.00%
9	003003 商品09	C6188	69*********09	品牌C	GHS003 供货商C					200	10,348.00	3,104.00	30.00%
10	004002 商品10	D6189	69*********10	品牌D	GHS004 供货商D					120	2,127.60	837.60	39.37%
11	004003 商品11	D6190	69*********11	品牌D	GHS004 供货商D					-	-	-	0.00%
12	004004 商品12	D6191	69*********12	品牌D	GHS004 供货商D					-	-	-	0.00%

图 6-50

❷ 将 K:N 区域复制粘贴至 O:R 区域中→只需在 O2 单元中输入"2020.09"，该区域即可自动汇总"2020.09 销售"工作表中的相关数据，效果如图 6-51 所示。

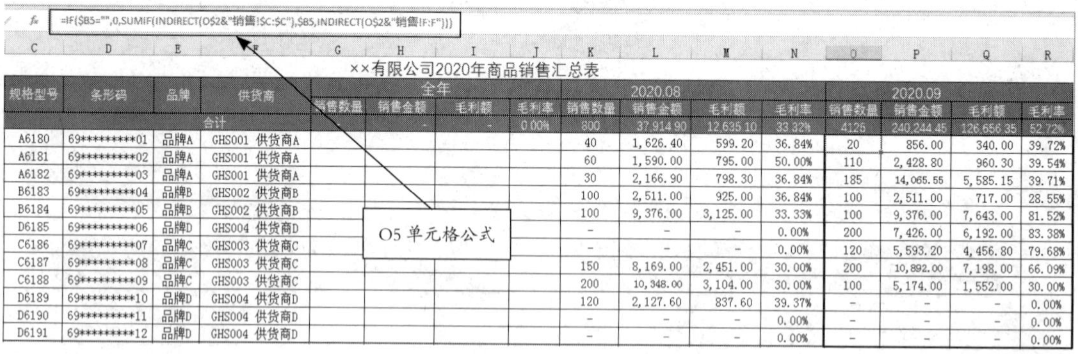

××有限公司2020年商品销售汇总表

规格型号	条形码	品牌	供货商	全年				2020.08				2020.09			
				销售数量	销售金额	毛利额	毛利率	销售数量	销售金额	毛利额	毛利率	销售数量	销售金额	毛利额	毛利率
合计				-	-	-	0.00%	800	37,914.90	12,635.10	33.32%	4125	240,244.45	126,656.35	52.72%
A6180	69*********01	品牌A	GHS001 供货商A					40	1,626.40	599.20	36.84%	20	856.00	340.00	39.72%
A6181	69*********02	品牌A	GHS001 供货商A					60	1,590.00	795.00	50.00%	110	2,428.80	960.30	39.54%
A6182	69*********03	品牌A	GHS001 供货商A					30	2,166.90	798.30	36.84%	185	14,065.55	5,585.15	39.71%
B6183	69*********04	品牌B	GHS002 供货商B					100	2,511.00	925.00	36.84%	100	2,511.00	717.00	28.55%
B6184	69*********05	品牌B	GHS002 供货商B					100	9,376.00	3,125.00	33.33%	100	9,376.00	7,643.00	81.52%
D6185	69*********06	品牌D	GHS004 供货商D					-	-	-	0.00%	200	7,426.00	6,192.00	83.38%
C6186	69*********07	品牌C	GHS003 供货商C					-	-	-	0.00%	120	5,593.20	4,456.80	79.68%
C6187	69*********08	品牌C	GHS003 供货商C					150	8,169.00	2,451.00	30.00%	200	10,892.00	7,198.00	66.09%
C6188	69*********09	品牌C	GHS003 供货商C					200	10,348.00	3,104.00	30.00%	100	5,174.00	1,552.00	30.00%
D6189	69*********10	品牌D	GHS004 供货商D					120	2,127.60	837.60	39.37%	-	-	-	0.00%
D6190	69*********11	品牌D	GHS004 供货商D					-	-	-	0.00%	-	-	-	0.00%
D6191	69*********12	品牌D	GHS004 供货商D					-	-	-	0.00%	-	-	-	0.00%

图 6-51

❸ 在 G5 单元格设置公式"=SUMIF($K$3:Z$3,G$3,$K5:Z5)"，汇总全年的"销售数量"→将公式填充至 H5 和 I5 单元格汇总全年的"销售金额"和"毛利额"数据→在 J5 单元格设置公式"=IFERROR(ROUND(I5/H5,4),0)"，计算毛利率→将 G5:J5 单元格区域公式填充至下面区域，效果如图 6-52 所示。

图 6-52

后续添加其他月份的销售单后，汇总销售数据时只需以下两步操作。

①复制并粘贴已有汇总月度销售数据的区域，如将 O:R 区域复制粘贴至后面区域；

②修改表头单元格中的月份数即可，如将"2020.09"修改为"2020.10"。

Step03 最后按照以上步骤，制作一张"×× 有限公司 2020 年客户销售汇总表"表格，即以客户名称为关键字汇总每月销售数据和全年销售数据，效果如图 6-53 所示。

图 6-53

关键技能 **066** 动态综合查询全年销售数据

技能说明

前面制作的两张销售汇总表，是以每项商品名称及每个客户名称为关键字对销售数据进行汇总和分析。本节将这两张表格中的数据整合至一张工作表中，设置以 IF+VLOOKUP 函数组合为主的公式，通过窗体控件控制表格分别以供货商编码名称、客户编码名称、商品编码名称为关键字，动态查询全年销售数据。

应用实战

Step01 新增工作表，命名为"2020 销售综合查询"→绘制表格框架，并设置字段名称（"序号"可手动设置，后面将运用"条件格式"使其显示或隐藏）→制作 3 个"选项按钮"控件◉→在【设置控件格式】对话框中，将"单元格链接"设置为"$A$2"→制作一个辅助表，设置被控件控制的数字对应的内容，以便简化公式设置。初始表格框架如图 6-54 所示。

图 6-54

Step02 分别在 B3 单元格、B5:E5 单元格区域设置以下查找引用公式，动态显示基本信息。

- B3 单元格："=VLOOKUP(A2,S2:T4,2,0)"，在 S2:T4 单元格区域中查找并引用与 A2 单元格中数字匹配的内容，动态显示字段名称。

- B5 单元格："=IFERROR(VLOOKUP(A5,IF($A$2=1,供货商信息!$A$3:$D$12,IF($A$2=2,客户信息!A:D,商品资料!A:D)),4,0),"")"，运用 IF 函数判断 A2 单元格中的数字分别为 1、2，和不为 1、2（即为 3）时，返回不同的 VLOOKUP 函数公式的第 2 个参数，即分别返回不同的查找范围。

- C5 单元格："=IF(NOT($A$2=3),"-",VLOOKUP($A5,商品资料!$A:E,5,0))"，运用 IF 函数判断 A2 单元格中数字不为"3"时（即商品编码名称），返回符号"-"，否则在"商品资料"工作表中查找与 A5 单元格中的序号匹配的规格型号（显示供货商和客户的编码名称时无须匹配规格型号）。

- D5 单元格："=IF(NOT($A$2=3),"-",VLOOKUP($A5,商品资料!$A:F,6,0))"，公式含义与 C5 单元格同理。

- E5 单元格："=IF($A$2=2,"-",IF($A$2=1,VLOOKUP(A5,供货商信息!A:I,9,0),VLOOKUP(A5,商品资料!A:G,7,0)))"，运用 IF 函数判断 A2 单元格中数字为"2"时，返回符号"-"；如果为"1"，将在"供货商信息"工作表 A:I 区域中的 I 列查找引用与 A5 单元格匹配的品牌名称，否则在"商品资料"工作表中查找并引用品牌名称。

将 B5:E5 单元格区域公式填充至下面区域，效果如图 6-55 所示。

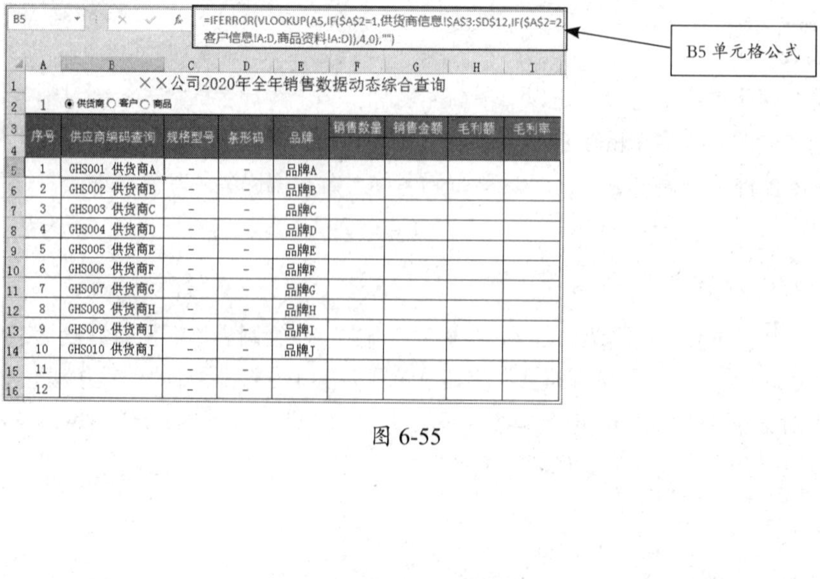

图 6-55

Step03 在 F5:I5 和 F4:I4 单元格区域设置以下公式，分别汇总计算相关数据。

- F5 单元格："=IFERROR(IF($A$2=1,SUMIF('2020商品销售汇总'!$F:$F,$B5,'2020商品销售汇总'!G:G),IF($A$2=3,VLOOKUP($B5,'2020商品销售汇总'!$B:G,6,0),VLOOKUP($B5,'2020客户销售汇总'!$B:F,2,0))),"")"，运用 IF 函数判断 A2 单元格数字为1、3，和不为1、3（即为2）时，分别运用 SUMIF 函数在不同的工作表中汇总销售数量。

- G5 单元格："=IFERROR(IF($A$2=1,SUMIF('2020商品销售汇总'!$F:$F,$B5,'2020商品销售汇总'!H:H),IF($A$2=3,VLOOKUP($B5,'2020商品销售汇总'!$B:H,7,0),VLOOKUP($B5,'2020客户销售汇总'!$B:D,3,0))),"")"，汇总销售金额，公式含义与 F5 单元格同理。

- H5 单元格："=IFERROR(IF($A$2=1,SUMIF('2020商品销售汇总'!$F:$F,$B5,'2020商品销售汇总'!I:I),IF($A$2=3,VLOOKUP($B5,'2020商品销售汇总'!$B:I,8,0),VLOOKUP($B5,'2020客户销售汇总'!$B:E,4,0))),"")"，汇总毛利额，公式含义与 F5 单元格同理。

- I5 单元格："=IFERROR(ROUND(H5/G5,4),0)"，根据本表格数据直接计算毛利率，无须引用其他工作表。将公式复制粘贴至 I4 单元格。

- F4:H4 单元格区域：运用 SUM 函数设置求和公式即可。

最后将 F5:I5 单元格区域公式填充至下面区域，效果如图 6-56 所示。

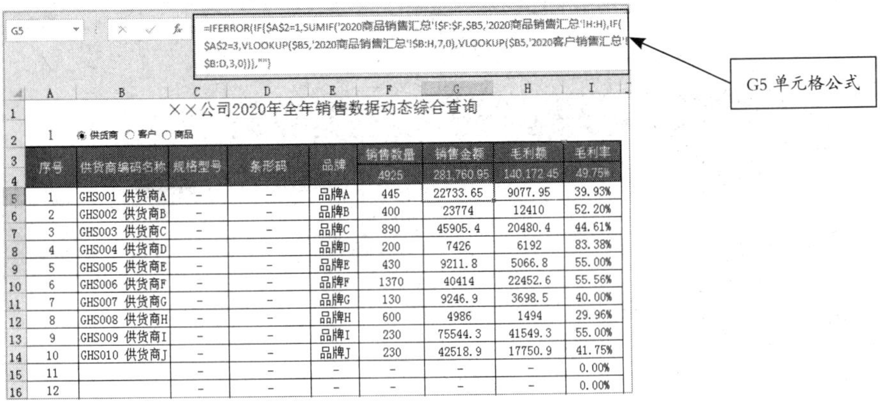

图 6-56

Step04 测试数据动态显示效果。分别单击"客户"和"商品"控件，可看到包含公式的单元格数据的动态变化，如图 6-57 和图 6-58 所示。

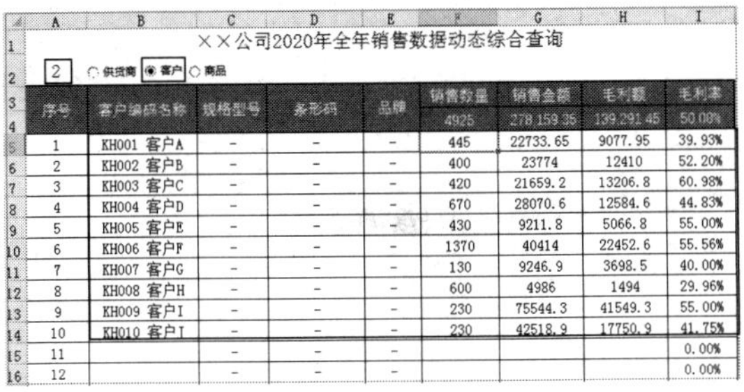

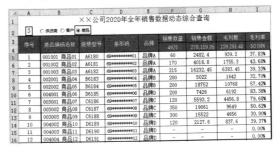

图 6-57　　　　　　　　　　　　　　图 6-58

Step05 设置条件格式，隐藏数据为空的单元格。选中 A5:I39 单元格区域→清除表格框线→根据以下条件设置格式。

- 条件格式 1：当 B5 单元格为空时，隐藏同一行中其他单元格中的数据（将单元格格式自定义为“;;;”）。
- 条件格式 2：当 B5 单元格不为空时，添加表格框线，如图 6-59 所示。

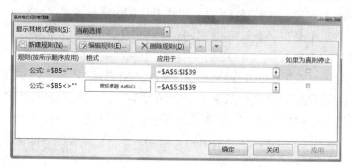

图 6-59

同时，也可将 A2 单元格中的数据隐藏。设置完成后，效果如图 6-60 所示。

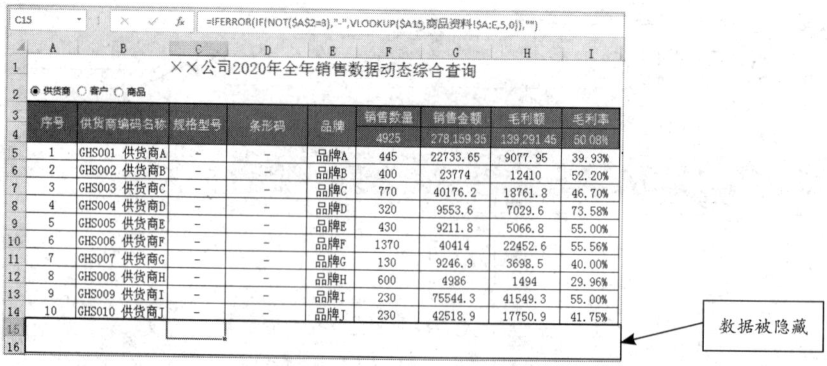

序号	供货商编码名称	规格型号	条形码	品牌	销售数量	销售金额	毛利额	毛利率
					4925	278,159.35	139,291.45	50.08%
1	GHS001 供货商A	–	–	品牌A	445	22733.65	9077.95	39.93%
2	GHS002 供货商B	–	–	品牌B	400	23774	12410	52.20%
3	GHS003 供货商C	–	–	品牌C	770	40176.2	18761.8	46.70%
4	GHS004 供货商D	–	–	品牌D	320	9553.6	7029.6	73.58%
5	GHS005 供货商E	–	–	品牌E	430	9211.8	5066.8	55.00%
6	GHS006 供货商F	–	–	品牌F	1370	40414	22452.6	55.56%
7	GHS007 供货商G	–	–	品牌G	130	9246.9	3698.5	40.00%
8	GHS008 供货商H	–	–	品牌H	600	4986	1494	29.96%
9	GHS009 供货商I	–	–	品牌I	230	75544.3	41549.3	55.00%
10	GHS010 供货商J	–	–	品牌J	230	42518.9	17750.9	41.75%

图 6-60

温馨提示

为简化公式，便于读者朋友理解，本章在运用 VLOOKUP 函数设置查找引用公式时，未将第 3 个参数嵌套 MATCH 函数公式。实际运用时，视具体情况和数据需求自行嵌套即可。

关键技能 067 巧用数据透视表制作销售排行榜

技能说明

“销售排行榜”即对销售数量、销售金额、毛利额、毛利率等数据进行降序排序。通过排序，可以帮助企业分析影响商品畅销或滞销的诸多因素，以及每种商品的盈利对企业总盈利额的贡献大小，也为企业制定正确的经营方针和政策提供有力的数据依据。

在 Excel 中，通常运用以下 2 种方法对指定数组进行排序。

①最简单的方法是直接单击【快速访问工具栏】中的升序或降序按钮，但是这种方法仅适用于临时、急需的数据需求，同时也会打乱原表格中的数据排列顺序。

②采用 RANK 函数进行排序。RANK 函数的作用就是返回指定的数字在其所在数组中的排名，不影响区域内数值的原有排列顺序，但是无法达到"排行"的理想效果。

因此，本节将巧妙运用数据透视表功能制作销售排行榜，既不影响数据源表的布局，也能更直观地对指定数据进行降序排序。

应用实战

下面以"2020 销售综合查询"工作表中的"×× 公司 2020 年全年销售数据动态综合查询"表为数据源，创建数据透视表，制作"销售排行榜"。

Step01 添加辅助行。由于 B3 单元格设置了公式动态显示字段名称，而数据透视表中的"标签"无法跟随数据源的表头动态更新。因此，首先添加辅助行，设置静态表头，作为数据透视的行标签。在第 5 行上插入一行→在 A5 单元中输入公式"=A3"→将公式填充至 B5:I5 单元格区域→采用"选择性粘贴"—"数值"的方法将公式清除，仅保留数值→将 B5 单元格中的文本修改为"关键字"，如图 6-61 所示。

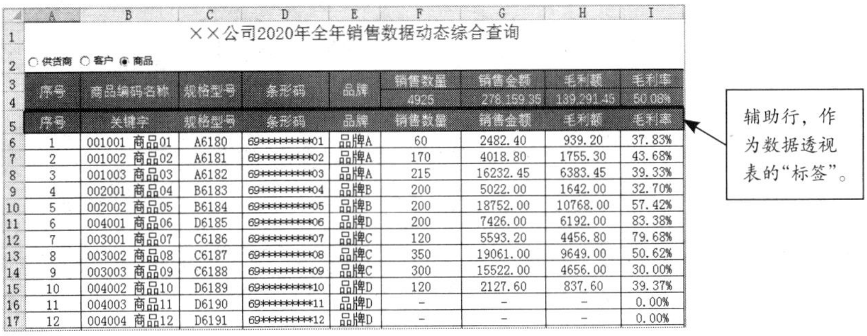

图 6-61

Step02 创建透视表。❶ 选中 B5:I36 单元格区域→单击【插入】选项卡下【表格】组中的"数据透视表"选项→弹出【创建数据透视表】对话框→为便于展示，这里选中"选择放置数据透视表的位置"列表下的"现有工作表"单选按钮→将位置设置为 L5 单元格，单击【确定】按钮，如图 6-62 所示；❷ 以 L5 单元格为起始位置生成一个空白数据透视表，单击后激活【数据透视表字段】任务窗格，将"关键字"字段拖至"行"区域→将"销售数量""销售金额""毛利额""毛利率"字段拖至"值"区域后，数据透视表初始布局如图 6-63 所示。

图 6-62

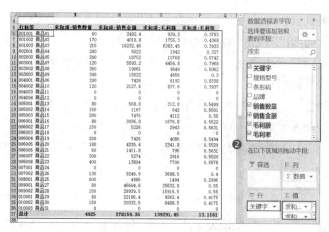

图 6-63

Step03 ❶ 设计数据透视表样式。激活【数据透视表工具】→单击【设计】选项卡下【布局】组中"总计"下拉列表中的"对行和列禁用"选项→在"数据透视表样式"组中选择一种样式→设置数据透视表区域中的单元格格式→将"行标签"修改为"关键字",效果如图 6-64 所示。

	关键字	求和项:销售数量	求和项:销售金额	求和项:毛利额	求和项:毛利率
001001 商品01		60	2,482.40	939.20	37.83%
001002 商品02		170	4,018.80	1,755.30	43.68%
001003 商品03		215	16,232.45	6,383.45	39.33%
002001 商品04		200	5,022.00	1,642.00	32.70%
002002 商品05		200	18,752.00	10,768.00	57.42%
003001 商品07		120	5,593.20	4,456.80	79.68%
003002 商品08		350	19,061.00	9,649.00	50.62%
003003 商品09		300	15,522.00	4,656.00	30.00%
004001 商品06		200	7,426.00	6,192.00	83.38%
004002 商品10		120	2,127.60	837.60	39.37%
004003 商品11		0	—	—	0.00%
004004 商品12		0	—	—	0.00%

图 6-64

❷ 添加一列设置"排行"数字。在 K5 单元格中输入文本"排行"→从 K6 单元格起,填充序号至 K36 单元格→使用格式刷将 L5:L36 单元格格式复制粘贴至 K5:K36 单元格区域,可与数据透视表"拼接"成一个表格→运用【条件格式】工具设置 K6:K36 单元格区域的条件格式,具体条件参考<关键技能 067:动态综合查询全年销售数据>中的方法设置即可,效果如图 6-65 所示。

		2020年销售排行榜			
排行	关键字	求和项:销售数量	求和项:销售金额	求和项:毛利额	求和项:毛利率
1	001001 商品01	60		939.20	37.83%
2	001002 商品02	170		1,755.30	43.68%
3	001003 商品03	215		6,383.45	39.33%
4	002001 商品04	200		1,642.00	32.70%
5	002002 商品05	200	18,752.00	10,768.00	57.42%
6	003001 商品07	120	5,593.20	4,456.80	79.68%
7	003002 商品08	350	19,061.00	9,649.00	50.62%
8	003003 商品09	300	15,522.00	4,656.00	30.00%
9	004001 商品06	200	7,426.00	6,192.00	83.38%
10	004002 商品10	120	2,127.60	837.60	39.37%
11	004003 商品11	0			0.00%
12	004004 商品12	0			0.00%
13	005001 商品13		568.80	312.80	54.99%
14	005002 商品14	150	1,167.00	642.00	55.01%
15	005003 商品15	200	7,476.00	4,112.00	55.00%
16	006001 商品16	80	3,036.80	1,676.80	55.22%
17	006002 商品17	150	5,226.00	2,943.00	56.31%
18	006003 商品18	0			0.00%
19	006004 商品19	200	7,426.00	4,080.00	54.94%
20	006005 商品20	180	4,235.40	2,341.80	55.29%
21	006006 商品21	60	1,411.80	795.00	56.31%
22	006007 商品22	300	5,274.00	2,916.00	55.29%
23	006008 商品23	400	13,804.00	7,700.00	55.78%
24	007001 商品24	0			0.00%
25	007002 商品26	130	9,246.90	3,698.50	40.00%
26	008001 商品25	600	4,986.00	1,494.00	29.96%
27	009001 商品27	80	46,604.80	25,632.80	55.00%
28	009002 商品28	150	28,939.50	15,916.50	55.00%
29	010001 商品29	80	22,186.40	9,262.40	41.75%
30	010002 商品30	150	20,332.50	8,488.50	41.75%
31	010003 商品31				0.00%

图 6-65

Step04 对数据进行排序并更新数据透视表。❶ 对供货商的"销售数量"进行排序，选中 M6:M36 单元格区域，进行降序排序→单击"供货商"选项按钮→右击数据透视表区域中任一单元格，在快捷菜单中单击【刷新】命令，效果如图 6-66 所示；❷ 对客户的"销售金额"排行，选中 N6:N36 单元格区域，按照第 1 步操作方法进行排序后【刷新】数据透视表，可看到排序效果变化，如图 6-67 所示；❸ 临时修改一个数字，查看排序效果，将 F11 单元格数字改为"1"→刷新数据透视表，可看到排序效果变化，如图 6-68 所示。

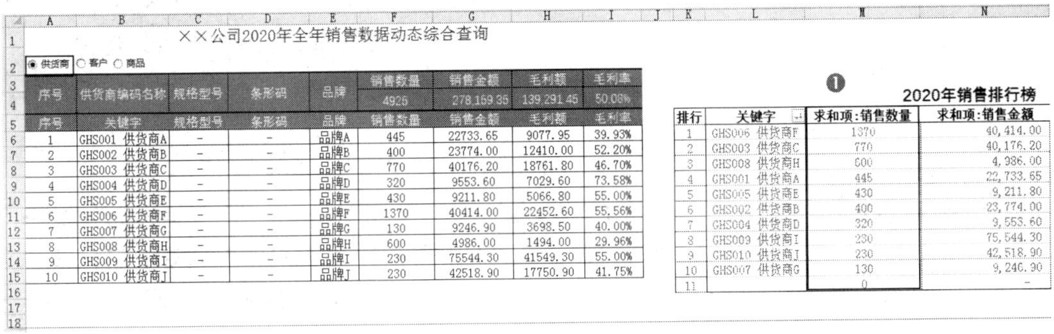

××公司2020年全年销售数据动态综合查询

◉ 供货商 ○ 客户 ○ 商品

序号	供货商编码名称	规格型号	条形码	品牌	销售数量	销售金额	毛利额	毛利率
					4925	278,159.35	139,291.45	50.08%
序号	关键字	规格型号	条形码	品牌	销售数量	销售金额	毛利额	毛利率
1	GHS001 供货商A	-	-	品牌A	445	22733.65	9077.95	39.93%
2	GHS002 供货商B	-	-	品牌B	400	23774.00	12410.00	52.20%
3	GHS003 供货商C	-	-	品牌C	770	40176.20	18761.80	46.70%
4	GHS004 供货商D	-	-	品牌D	320	9553.60	7029.60	73.58%
5	GHS005 供货商E	-	-	品牌E	430	9211.80	5066.80	55.00%
6	GHS006 供货商F	-	-	品牌F	1370	40414.00	22452.60	55.56%
7	GHS007 供货商G	-	-	品牌G	130	9246.90	3698.50	40.00%
8	GHS008 供货商H	-	-	品牌H	600	4986.00	1494.00	29.96%
9	GHS009 供货商I	-	-	品牌I	230	75544.30	41549.30	55.00%
10	GHS010 供货商J	-	-	品牌J	230	42518.90	17750.90	41.75%

2020年销售排行榜

排行	关键字	求和项:销售数量	求和项:销售金额
1	GHS006 供货商F	1370	40,414.00
2	GHS003 供货商C	770	40,176.20
3	GHS008 供货商H	600	4,986.00
4	GHS001 供货商A	445	22,733.65
5	GHS005 供货商E	430	9,211.80
6	GHS002 供货商B	400	23,774.00
7	GHS004 供货商D	320	9,553.60
8	GHS009 供货商I	230	75,544.30
9	GHS010 供货商J	230	42,518.90
10	GHS007 供货商G	130	9,246.90
11		0	-

图 6-66

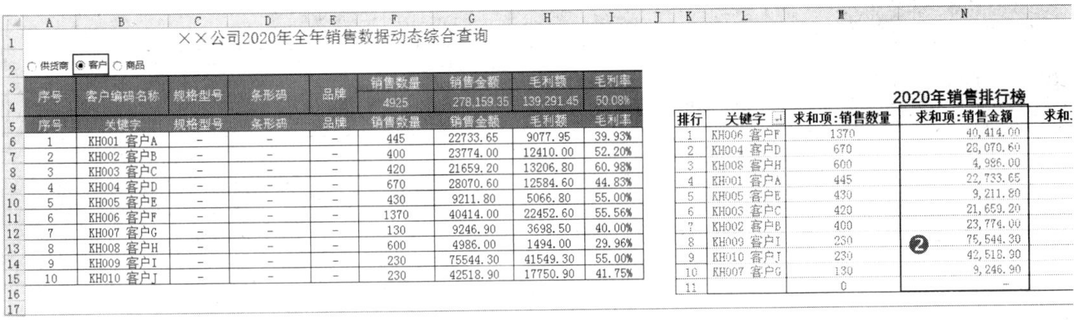

××公司2020年全年销售数据动态综合查询

○ 供货商 ◉ 客户 ○ 商品

序号	客户编码名称	规格型号	条形码	品牌	销售数量	销售金额	毛利额	毛利率
					4925	278,159.35	139,291.45	50.08%
序号	关键字	规格型号	条形码	品牌	销售数量	销售金额	毛利额	毛利率
1	KH001 客户A	-	-	-	445	22733.65	9077.95	39.93%
2	KH002 客户B	-	-	-	400	23774.00	12410.00	52.20%
3	KH003 客户C	-	-	-	420	21659.20	13206.80	60.98%
4	KH004 客户D	-	-	-	670	28070.60	12584.60	44.83%
5	KH005 客户E	-	-	-	430	9211.80	5066.80	55.00%
6	KH006 客户F	-	-	-	1370	40414.00	22452.60	55.56%
7	KH007 客户G	-	-	-	130	9246.90	3698.50	40.00%
8	KH008 客户H	-	-	-	600	4986.00	1494.00	29.96%
9	KH009 客户I	-	-	-	230	75544.30	41549.30	55.00%
10	KH010 客户J	-	-	-	230	42518.90	17750.90	41.75%

2020年销售排行榜

排行	关键字	求和项:销售数量	求和项:销售金额
1	KH006 客户F	1370	40,414.00
2	KH004 客户D	670	28,070.60
3	KH008 客户H	600	4,986.00
4	KH001 客户A	445	22,733.65
5	KH005 客户E	430	9,211.80
6	KH003 客户C	420	21,659.20
7	KH002 客户B	400	23,774.00
8	KH009 客户I	230	75,544.30
9	KH010 客户J	230	42,518.90
10	KH007 客户G	130	9,246.90
11		0	-

图 6-67

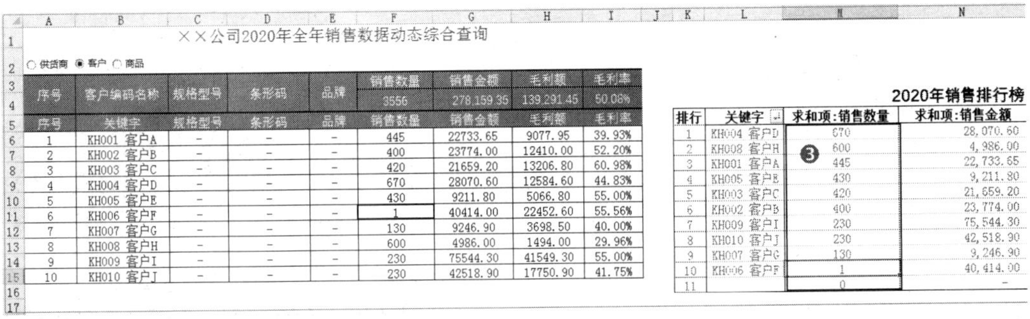

××公司2020年全年销售数据动态综合查询

○ 供货商 ◉ 客户 ○ 商品

序号	客户编码名称	规格型号	条形码	品牌	销售数量	销售金额	毛利额	毛利率
					3556	278,159.35	139,291.45	50.08%
序号	关键字	规格型号	条形码	品牌	销售数量	销售金额	毛利额	毛利率
1	KH001 客户A	-	-	-	445	22733.65	9077.95	39.93%
2	KH002 客户B	-	-	-	400	23774.00	12410.00	52.20%
3	KH003 客户C	-	-	-	420	21659.20	13206.80	60.98%
4	KH004 客户D	-	-	-	670	28070.60	12584.60	44.83%
5	KH005 客户E	-	-	-	430	9211.80	5066.80	55.00%
6	KH006 客户F	-	-	-	1	40414.00	22452.60	55.56%
7	KH007 客户G	-	-	-	130	9246.90	3698.50	40.00%
8	KH008 客户H	-	-	-	600	4986.00	1494.00	29.96%
9	KH009 客户I	-	-	-	230	75544.30	41549.30	55.00%
10	KH010 客户J	-	-	-	230	42518.90	17750.90	41.75%

2020年销售排行榜

排行	关键字	求和项:销售数量	求和项:销售金额
1	KH004 客户D	670	28,070.60
2	KH008 客户H	600	4,986.00
3	KH001 客户A	445	22,733.65
4	KH005 客户E	430	9,211.80
5	KH003 客户C	420	21,659.20
6	KH002 客户B	400	23,774.00
7	KH009 客户I	230	75,544.30
8	KH010 客户J	230	42,518.90
9	KH007 客户G	130	9,246.90
10	KH006 客户F	1	40,414.00
11		0	-

图 6-68

温馨提示

如果将数据透视表的放置位置设置为"新工作表"，那么可以隐藏数据源表中的辅助行 A5:I5 单元格区域，使表格更整洁和美观。

关键技能 068 图文并茂展示销售达标率

技能说明

实际工作中，企业需要根据每月完成的销售额对比销售指标分析达标率，帮助企业及时找出影响销售的直接因素，也便于明确后期的工作目标，并做出正确的经营决策。本节将制作"销售指标达成率记录表"，介绍如何综合运用 Excel 中的函数公式、条件格式、窗体控件、迷你图表、图表等功能或工具制作一份图文并茂的销售数据达标率分析表的关键技能。本节主要运用的函数、工具（或功能）及制作思路的简要说明如图 6-69 所示。

工具	• **窗体控件**：制作复选框，使图表按照已勾选的月份展示销售任务达标率 • **迷你图表**：分别插入折线图和柱形图，展示销售趋势和对比销售高低 • **动态图表**：制作动态创意图表，生动形象地展示实际销售额与销售指标的差距
功能	• **条件格式**：采用"数据条"展示销售总额达标率
函数	• **SUMIF**：对勾选月份的销售额进行汇总统计

图 6-69

应用实战

打开"素材文件\第 6 章\×× 有限公司 2020 年销售指标达成记录表 .xlsx"文件，如图 6-70 所示，表格中已填入部分基础数据（金额单位为"万元"）。其中，"超额指标"是指企业拟定的可能超额完成指标的最高金额，主要是为后面制作创意动态图表达到更好的展示效果提供的数据源。

	A	B	C
1	×× 有限公司2020年销售指标达成记录表		
2	全年总指标	超额指标	已完成百分比
3	1,440.00	1,700.00	
4	2020年	月销售金额	勾选月份
5	1月	92.68	
6	2月	85.96	
7	3月	95.92	
8	4月	106.65	
9	5月	102.36	
10	6月	98.22	
11	7月	96.28	
12	8月	99.65	
13	9月		
14	10月		
15	11月		
16	12月		
17	合计		

图 6-70

Step01 制作控件。❶ 单击【开发工具】选项卡下【控件】组中【插入】下拉列表中的"复选框"按钮☑→绘制一个"复选框"控件后放置于 C5 单元格中→删除控件中的文字→在【设置控件格式】对话框中将"单元格链接"设置为 C5 单元格→复制粘贴 11 个控件，分别放置于 C6:C16 单元格区域中→将"单元格链接"修改为控件各自所在的单元格，如图 6-71 所示；❷ 选中 C5:C16 单元格区域→将单元格格式自定义为";;;;"隐藏其中的文本（即勾选或取消勾选复选框后返回的文本"TRUE"

或"FALSE"），效果如图 6-72 所示。

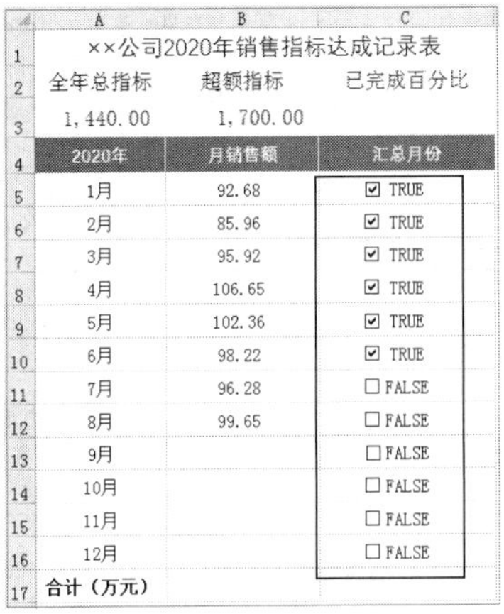

图 6-71

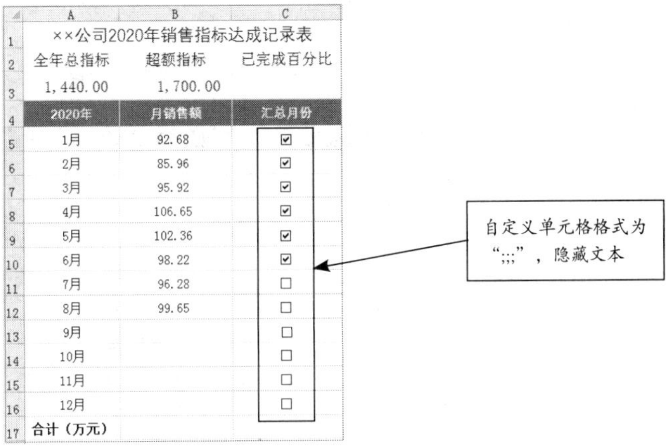

图 6-72

Step02 设置公式和条件格式。❶ 分别在 B17、C3、C17 单元格设置以下公式：

- B17 单元格："=SUMIF(C5:C16,TRUE,B5:B16)"，汇总 C5:C16 单元格区域中被勾选月份的销售额。
- C3 单元格："=ROUND(B17/A3,4)"，计算已完成销售指标的百分比。
- C17 单元格："=C3"，直接引用 C3 单元格中的百分比数据，效果如图 6-73 所示。

❷ 选中 C17 单元格，单击【开始】选项卡下【样式】组"条件格式"下拉列表中"数据条"二级列表中的【其他规则】命令，打开【新建格式规则】对话框→设置"最小值"和"最大值"的"类型"为"百分比"，值分别设置为"0"和"100"→设置"条形图外观"，如图 6-74 所示。

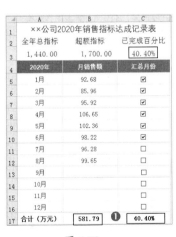

图 6-73

图 6-74

Step03 插入迷你图表。❶ 在 C 列右侧增加一列→合并 D8 和 D9 单元格，插入迷你折线图，在【编辑迷你图】对话框中将"数据范围"设置为 B5:B16 单元格区域；❷ 合并 D10:D16 单元格区域，插入迷你柱形图，数据范围与迷你折线图相同（合并单元格放置迷你图可将其放大，更清晰地展示数据）→清除 D5:D16 单元格区域中的内框线→将 C17 和 D17 单元格合并，放大 C17 单元格中的数据条，效果如图 6-75 所示。

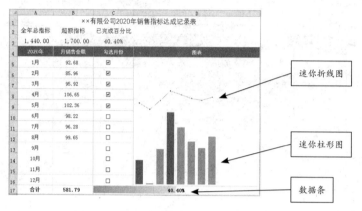

图 6-75

接下来制作"升旗"效果的创意动态图表。

Step04 插入基础图表。❶ 选中 A3:B3 单元格区域和 B17 单元格→单击【插入】选项卡下【图表】组中的【折线图】快捷按钮 → 在下拉列表中单击"带数据标记的折线图"生成基础图表，如图 6-76 所示；❷ 选中图表激活【图表工具】→单击【设计】选项卡下"添加图表元素"下拉列表中的"线条"选项→弹出二级下拉列表，单击"垂直线"选项，如图 6-77 所示。

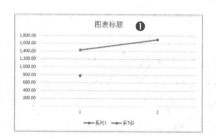

图 6-76

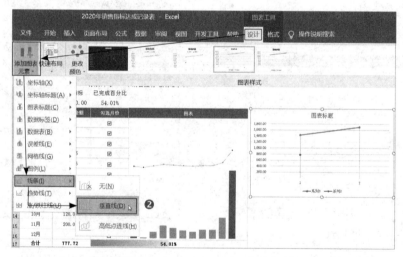

图 6-77

Step05 修改和添加数据源，将"全年总指标""超额指标"和"月销售金额"的合计数三点连成一线。❶右击图表→单击快捷菜单中的【选择数据】命令→打开【选择数据源】对话框→选中 "图例项" 列表框中的 "系列 1",单击【编辑】按钮,如图 6-78 所示;❷弹出【编辑数据系列】对话框,设置 "系列名称" 为 "全年总指标"→将 "系列值" 修改为 A3 单元格,如图 6-79 所示;❸返回【选择数据源】对话框→单击 "图例项" 列表框下的【添加】按钮,如图 6-80 所示;❹在【编辑数据系列】对话框中设置 "系列名称" 为 "已完成销售额"→将系列值设置为 B17 单元格,如图 6-81 所示。

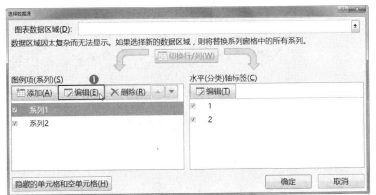

图 6-78

图 6-79

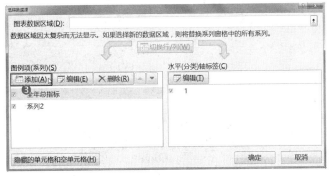

图 6-80

图 6-81

设置完成后,图表效果如图 6-82 所示。

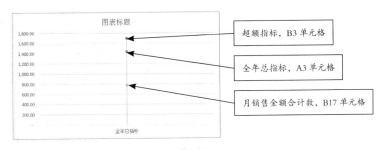

图 6-82

Step06 设计图表样式。❶适当调整垂直线和 3 个标记的宽度,并调整为相同颜色→设置垂直线的 "结尾箭头类型",如图 6-83 所示;❷添加数据标签,将准备好的素材图片插入工作表中→

复制图片→右击"已完成销售额"标签→单击【设置数据标签格式】命令→在"标签选项"下"填充"列表中选中"图片或纹理填充"选项按钮→单击【剪贴板】按钮，即可将图片填充至标签中，如图6-84所示；❸ 最后调整坐标轴的最大值、调整标签大小、设置标签字体颜色→删除坐标轴、网格线、图例、图表标题等元素→将图表区域边框设置为"无边框"，填充色设置为"无填充"并调整图表整体大小。最终图表效果如图6-85所示。

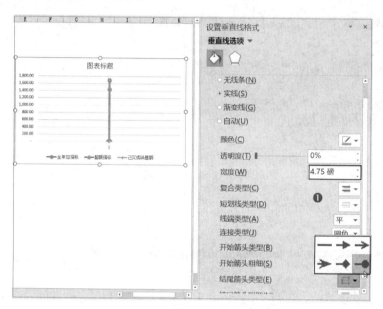

图 6-83

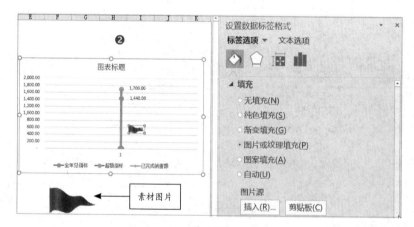

图 6-84

Step07 测试效果。❶ 勾选 C11 和 C12 单元格中的复选框，可看到图表的动态变化，如图6-86所示；❷ 在 B13:B16 单元格区域中依次输入任意数字并勾选 C13:C16 单元格区域中的复选框，再次观察数据源表、迷你图表、数据条及图表的动态变化，效果如图6-87所示。（示例结果见"结果文件\第6章\××有限公司2020年销售指标达成记录表.xlsx"文件。）

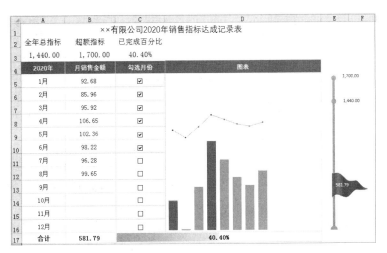

图 6-85

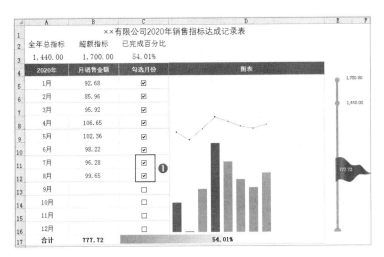

图 6-86

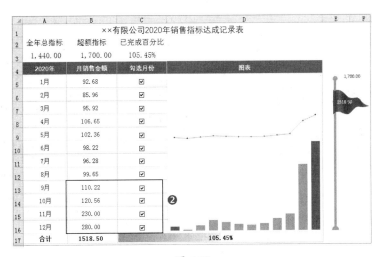

图 6-87

7

Excel 管理"人力资源数据"的 13 个关键技能

　　人力资源是指企事业单位独立的经营团体所需人员具备的能力。人力资源管理就是根据企业发展战略的要求，有计划地对人力资源进行合理配置，通过对企业职工的招聘、培训、使用、考核、激励、调整等一系列过程，调动职工的积极性，发挥职工的潜能，更好地为企业服务，为企业创造价值，给企业带来效益，为实现企业持续健康稳定的发展提供源源不断的动力和强而有力的保障。那么，HR 如何做好人力资源管理的具体工作？在如今这个数据至上、效率为先的时代，当然是要从数据着手，并借助 Excel 这个强大的数据处理工具，对人力资源管理活动中产生的海量数据进行科学有序的管理，同时提高工作效率，达到事半功倍的效果。本章将围绕人力资源管理活动中最为重要的 3 方面内容，列举职工信息管理、职工考勤管理、职工工资薪金管理的具体实例，介绍如何充分运用 Excel 高效管理人力资源数据的 13 个关键技能。本章知识框架及要点说明如图 7-1 所示。

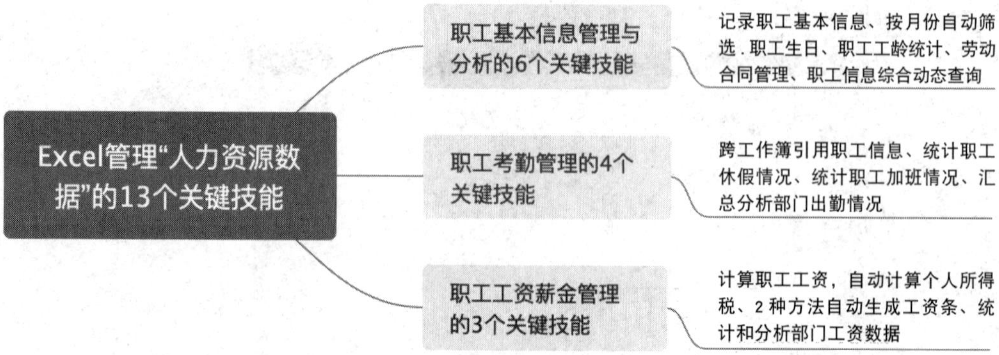

Excel管理"人力资源数据"的13个关键技能	职工基本信息管理与分析的6个关键技能	记录职工基本信息、按月份自动筛选、职工生日、职工工龄统计、劳动合同管理、职工信息综合动态查询
	职工考勤管理的4个关键技能	跨工作簿引用职工信息、统计职工休假情况、统计职工加班情况、汇总分析部门出勤情况
	职工工资薪金管理的3个关键技能	计算职工工资，自动计算个人所得税、2种方法自动生成工资条、统计和分析部门工资数据

图 7-1

7.1 职工基本信息管理与分析

在人力资源数据中，职工信息是最基本和最重要的数据信息，它的准确与否，直接影响后续一系列数据处理和分析工作的效率和质量，规范管理职工基本信息，并对相关数据做出合理分析是HR必须掌握的关键技能。本节主要介绍如何运用 Excel 制作管理表格，科学合理地管理好职工基本信息并进行数据分析的 6 个关键技能。本节知识框架及要点如图 7-2 所示。

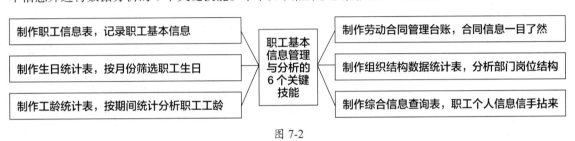

图 7-2

关键技能 069 制作职工信息表，记录职工基本信息

技能说明

职工信息表主要用于存储职工的基本信息，是人力资源数据管理中最基础的一张表格。HR 在设计表格时，注意不能只是简单地将需要的内容输入，而是要全面考虑其他工作环节中对职工信息的需要，以便为后续其他管理表格提供数据源。因此，本小节设计的职工信息表包括字段名称、设置目的和作用及编辑方式，如表 7-1 所示。

表 7-1　职工信息表设计说明

字段名称	设置目的和作用	编辑方式
序号	通用	设置公式自动生成
职工编号	记录职工基本信息	手工录入
身份证号码		运用【数据验证】工具限定文本长度，手工录入
出生日期、出生月份、性别	记录职工基本信息、统计职工生日	设置公式自动计算
部门、岗位、学历	统计人员结构	运用【数据验证】工具制作二级动态下拉列表，手工录入
工龄		设置公式自动计算
工作年、工作月	辅助列，计算职工工龄	设置公式自动计算
入职时间、离职时间	统计劳动合同相关数据	手工录入
离职原因		运用【数据验证】工具制作下拉列表，手工录入

续表

字段名称	设置目的和作用	编辑方式
转正时间	统计劳动合同相关数据	设置公式计算或手工录入
照片	存储职工照片，用于动态查询表	批量插入图片
验证码	辅助列，用于统计职工生日	设置公式自动生成

应用实战

下面按照表 7-1 设计思路创建职工信息表。

Step01 制作【数据验证】的"序列"数据源。❶ 新建 Excel 工作簿，命名为＜职工信息管理＞→
将工作表"Sheet1"重命名为"序列信息"→在 A2:H2 单元格区域输入部门名称→在每个字段下面
的区域中输入岗位名称→分别将每个部门及下面的岗位名称创建为超级表→选中 A2:H2 单元格区
域，定义名称为"部门名称"→创建超级表后，系统自动将超级表区域定义为名称，只需在【名称
管理器】对话框中将名称修改为部门名称即可；❷ 在 J 列输入离职原因后同样创建超级表并定义名
称，效果如图 7-3 所示。

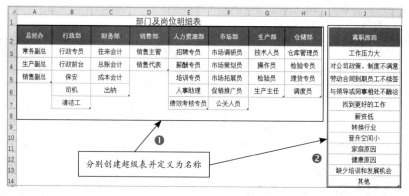

图 7-3

Step02 制作职工信息表。将工作表"Sheet2"重命名为"职工信息"→绘制表格框架、设置
字段名称和基本格式→运用【数据验证】工具在"部门""岗位""身份证号码"及"离职原因"
字段下设置数据验证条件，如表 7-2 所示→填入需由手工录入的基本信息，包括职工编号、姓名、
部门、岗位、身份证号码、学历、入职时间、离职时间、离职原因，效果如图 7-4 所示（当前共
100 条职工信息）。

表 7-2　数据验证条件

字段名称	数据验证条件
部门	序列→来源："= 部门名称"
岗位	序列→来源："=INDIRECT(D3)"
身份证号码	文本长度→等于→"18"
学历	研究生,本科,专科,中专,高中
离职原因	序列→来源："= 序列信息 !$J$3:$J$14"

××公司职工信息表

序号	职工编号	姓名	部门	岗位	身份证号码	出生日期	出生月	性别	学历	入职时间	转正时间	工龄	工作年	工作月	离职时间	离职原因
	HT001	张果	总经办	总经理	123456198307262210				研究生	2009-3-15						
	HT002	陈娜	行政部	清洁工	123456197605020021				高中	2009-3-29						
	HT003	林玲	总经办	销售副总	123456198302055008				本科	2009-5-17						
	HT004	王丽程	行政部	行政专员	123456198012026001				高中	2009-5-30						
	HT005	杨思	财务部	往来会计	123456198204288009				专科	2009-6-21						
	HT006	陈德芳	仓储部	调度员	123456197504262127				专科	2009-7-3						
	HT007	刘韵	人力资源部	人事助理	123456198012082847				专科	2009-7-26					2013-9-30	工作压力大
	HT008	张运隆	生产部	技术人员	123456197207169113				专科	2009-8-7						
	HT009	刘丹	生产部	技术人员	123456198407232318				专科	2009-8-30						
	HT010	冯可可	仓储部	理货专员	123456198711301673				专科	2009-9-12						
	HT011	马冬梅	行政部	行政前台	123456198508133567				专科	2009-10-6						
	HT012	李孝骞	人力资源部	绩效考核专员	123456198803069384				本科	2009-10-20						
	HT013	李云	行政部	保安	123456197903045343				高中	2009-12-20						
	HT014	赵茜茜	销售部	销售经理	123456198210036306				本科	2010-2-24						
	HT015	吴春丽	行政部	清洁工	123456198401019344				高中	2010-4-19					2016-6-30	找到更好的工作
	HT016	孙韵琴	人力资源部	薪酬专员	123456198410313851				本科	2010-5-21						
	HT017	张翔	人力资源部	人事经理	123456198511100023				本科	2010-6-10						
	HT018	陈俪	行政部	司机	123456198605020021				高中	2010-6-28						
	HT019	唐德	总经办	常务副总	123456199302185000				研究生	2010-7-6						
	HT020	刘艳	人力资源部	培训专员	123456199212086000				本科	2010-7-28					2014-12-31	晋升空间小

图 7-4

Step03 分别在 A3 单元格、G3:I3、L3:O3 单元格区域及 S3 单元格设置以下公式，计算相关数据（当前计算系统日期为 2020 年 7 月 21 日）。

- A3 单元格：“=IF(B3="","",COUNTA(B$3:B3))”，自动生成序号，公式返回结果为“1”。
- G3 单元格：“=DATE(MID(F3,7,4),MID(F3,11,2),MID(F3,13,2))”，分别提取身份证号码中的年、月、日后组合成标准日期格式，公式返回结果为“1983-7-26”。
- H3 单元格：“=IF(P3="",N(MONTH(G3)),"离职")”，字段作为辅助列，将用于后面统计职工生日，因此首先运用 IF 函数判断职工是否离职，如果未离职，就计算职工出生月份，否则返回“离职”，不参与统计→将单元格格式自定义为“m 月”。公式返回结果为“7 月”。
- I3 单元格：“=IFERROR(IF(MOD(MID(F3,17,1),2),"男","女"),"")”，判断职工性别。其中，表达式“MOD(MID(F3,17,1),2)”的作用是计算身份号码的第 17 位数字除以 2 的余数，如果为“1”，表明是奇数，即返回“男”，否则返回“女”。公式返回结果为“男”。
- L3 单元格：“=EDATE(K3,3)”，按 3 个月试用期计算转正日期。如果实际转正日期与公式计算结果不一致（提前或延后转正），直接在单元格中输入实际日期即可。公式返回结果为“2009-6-15”。
- N3 单元格：“=YEAR(IF(P3="",TODAY(),P3))-YEAR($L3)”，根据“今天”的日期或离职日期计算工作年数。公式返回结果为“11”。
- O3 单元格：“=MONTH(IF(P3="",TODAY(),P3))-MONTH($L3)”，根据“今天”的日期或离职日期计算工作月数。公式返回结果为“1”。
- M3 单元格：“=IF(TODAY()<L3,"试用期",IF(O3<0,N3-1,IF(O3=0,N3+1,N3))&"年"&IF(O3<0,12+O3,O3)&"个月")”，将 N3 和 O3 单元格中的工作年数和月数与指定文本组合。公式返回结果为“11 年 1 个月”。

关于 N3、O3、M3 单元格的公式原理及含义，本书在第 4 章的 <关键技能 049：运用 11 个日期函数计算日期> 的示例中已进行详细解析，请参照理解。

- S3 单元格：“=G3&COUNTIF(G$2:G3,G3)”，运用 COUNTIF 统计 G3 单元格中的出生日期在 G2:G3 单元格区域中的数量，再与 G3 单元格中的日期组合。公式返回结果为“305231”。设置这一公式的作用是避免在后面统计职工的出生日期时，若存在两个及以上完全相同的出生日期的情况下，与之关联的信息无法被准确查找到。

设置完成后，将各单元格公式填充至下面区域即可（辅助列可隐藏）→最后将职工照片批量插入表格中，具体操作方法请参照本书第 6 章中＜关键技能 061：批量导入和匹配商品图片＞的详细介绍（本例插入 9 张图片，作为职工编号为 HT001-H009 的职工照片），效果如图 7-5 所示。

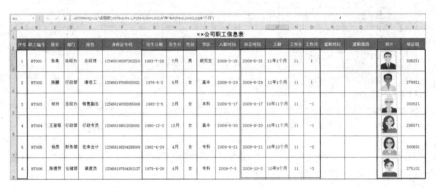

图 7-5

关键技能 **070** **制作生日统计表，按月筛选职工生日**

技能说明

企业为了增强团队凝聚力和职工的归属感，通常会以月为单位，在职工生日当月为职工提供福利，这就需要 HR 准确统计将要在指定月份中过生日的全部职工的相关信息。这一工作目标可以用"【切片器】筛选法"和"函数法"来实现，具体操作方法非常简单，制作步骤的简要说明如图 7-6 所示。

【切片器】筛选法	• 将职工信息表创建为"超级表"→插入【切片器】→选择"出生月"切片→单击切片器中的月份，即可快速筛选出当月生日的所有职工信息
函数法	• 另制表格，设置函数公式，只需输入月份数（如"6-1"，代表 6 月），即可罗列出当月生日的职工姓名及其他指定的相关信息。实现目标的主力函数包括：COUNTIF、SMALL、VLOOKUP 等函数，同时需要创建数组公式。另外，可运用【条件格式】功能美化表格

图 7-6

应用实战

（1）【切片器】筛选法

【切片器】筛选法操作非常简单，只需创建超级表后插入【切片器】，选择"出生月"切片后即可进行筛选，前面章节多处均有介绍具体操作方法，如第 6 章中＜关键技能 061：批量导入和匹配商品图片＞的内容，参照操作即可，效果如图 7-7 所示。

图 7-7

（2）函数法

函数法的制作原理也很简单，运用的函数均为常用函数，如 COUNTIF、SMALL、VLOOKUP 等，与其他函数组合设置公式后，只需输入指定月份，即可立即筛选出当月出生的职工信息。

Step01 ❶ 制作辅助表，统计在职职工每月生日人数。这张表格有两个作用：一是明确过生日人数最多的月份和具体数字，方便确定动态生日统计表的绘制区域；二是可以快速核对两张表格统计的指定月份过生日的人数是否一致，检验公式的正确性。将工作表"Sheet2"重命名为"职工生日统计"→在 K1:M14 单元格区域绘制辅助表格→设置字段名称及基本格式→在 K2:K13 单元格区域输入"1-1"至"12-1"→将 K2:K13 单元格区域的单元格格式自定义为"m 月"；❷ 在 L2 单元格中设置公式"=COUNTIF(职工信息 !H\$2:H\$102,MONTH(K2))"，统计生日在 1 月的人数→将公式复制粘贴至 L3:L13 单元格区域→L14 单元格运用 SUM 函数设置求和公式（"两表核对"字段，在动态生日统计表制作完成后再设置函数公式）；❸ 从辅助表中得知，生日人数最多的月份是 7 月，人数为 16 人，因此，在 A1:I19 单元格区域绘制表格并设置需要查询信息的字段名称及基础格式→将 A1 单元格格式自定义为"×× 公司 yyyy 年 m 月职工生日明细表"。A2 单元格将在下一步设置公式自动显示指定月份的生日职工人数→在 A3:I3 单元格区域中设置字段名称，A4:I19 单元格区域（行数为 16 行）用于罗列职工信息，如图 7-8 所示。

图 7-8

Step02 设置函数公式计算相关数据。在 A2、M2 单元格和 B4:I4 单元格区域中分别设置以下公式：

- G4 单元格：设置数组公式"{=IFERROR(SMALL(IF(职工信息 !H\$3:H200=MONTH(A\$1), 职工信息 !G\$3:G200,""),A4),"")}"，在"职工信息"工作表中统计出生月份为 1 月的所有

日期中从小到大的第 1 个日期，返回结果为 "1984-1-1"。公式解析如下。

① SMALL 函数的作用是从一组数据中，按照从小到大的顺序抓取指定的第 n 个数据。语法结构非常简单，即 SMALL(array,k) → SMALL(数组 , 第 n 个数字)。

② SMALL 函数的第 1 个参数（数组）是运用 IF 函数判断 "职工信息" 工作表中 H3:H200 单元格区域中的出生月份等于 A1 单元格中的月份时，则返回 "职工信息" 工作表中的 G3:G200 单元格区域中出生月份为 1 月的数组，否则返回空值。第 2 个参数为 A4 单元格中的序号 "1"，也就是数组中最小的日期。将 IF 函数表达式求值，并将 A4 单元格中的序号代入后，公式表达式即为 "=IFERROR(SMALL({1984-1-1,1984-1-24,1988-1-24,1988-1-25,1992-1-15,1995-1-14},1)"。公式返回结果为第 1 个数值 "1984-1-1"。

将 G4 单元格公式复制粘贴至 G5:G19 单元格区域，

- A2 单元格："=COUNT(G4:G19)"，统计 G4:G19 单元格区域中不为空值的单元格数量，即统计 1 月生日人数→将单元格格式自定义为 "★共 # 人生日★"，公式返回结果为 "★共 6 人生日★"。

- I4 单元格："=G4&IF(ROW()-3<=A$2,COUNTIF(G$3:G4,G4),"")"，将 G4 单元格中的出生日期与表达式 "IF(ROW()-3<=A$2,COUNTIF(G$3:G4,G4),"")" 的计算结果组合为验证码，公式返回结果为 "306821"。

- B4 单元格："=IFERROR(VLOOKUP(I4,IF({1,0},职工信息 !S$3:S200,职工信息 !B$3:B200),2,0),"")"，在 "职工信息" 工作表中查找与 I4 单元格中的 "验证码" 匹配的职工编号，公式返回结果为 "HT015"。

- C4 单元格："=IFERROR(VLOOKUP($B4,职工信息 !$B:S,MATCH(C$3,职工信息 !$2:$2,0)-1,0),"")"，在 "职工信息" 工作表中查找与 B4 单元格匹配的职工姓名，公式返回结果为 "吴春丽"。

将 C4 单元格公式复制粘贴至 D4:F4 单元格区域中。

- H4 单元格："=IFERROR(YEAR(TODAY())-YEAR(G4),"")"，计算职工年龄。

将以上公式复制粘贴至下面单元格区域即可。

- M2 单元格："=IF(A$1=K2,IF(L2=A$2,"√"," 检查公式 "),"")"，核对 A2 单元格统计的人数是否与 L2 单元格相等→将公式复制粘贴至 M3:M13 单元格区域。操作完成后，效果如图 7-9 所示。

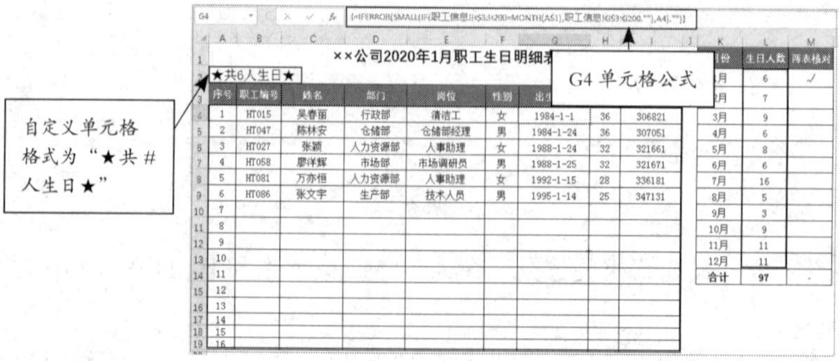

图 7-9

Step03 设置条件格式，美化表格。取消 A4:I19 单元格区域框线→按照如图 7-10 所示设置两个条件格式，作用：❶ 当 B4 单元格不为空时，自动添加框线；❷ 当 B4 单元格为空值时，则隐藏 A4 单元格中的序号。

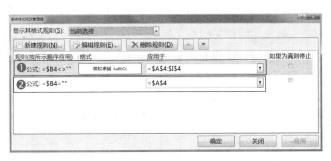

图 7-10

Step04 测试效果。在 A1 单元格中输入其他月份，可看到数据动态变化及条件格式效果，如图 7-11 和图 7-12 所示。

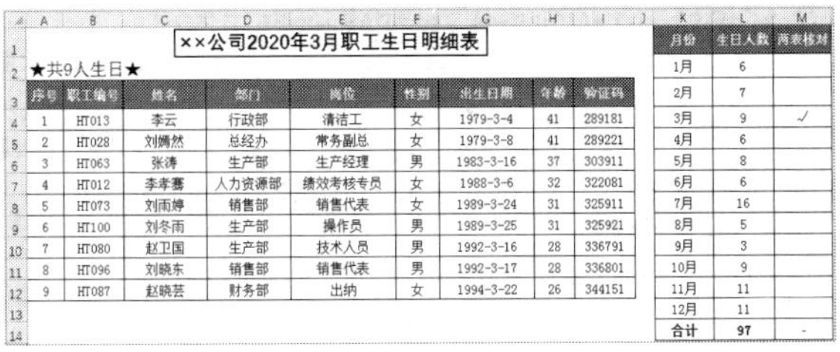

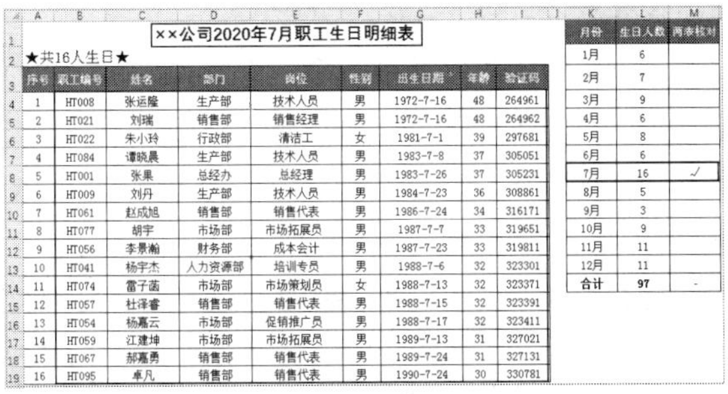

××公司2020年3月职工生日明细表

★共9人生日★

序号	职工编号	姓名	部门	岗位	性别	出生日期	年龄	验证码
1	HT013	李云	行政部	清洁工	女	1979-3-4	41	289181
2	HT028	刘嫣然	总经办	常务副总	女	1979-3-8	41	289221
3	HT063	张涛	生产部	生产经理	男	1983-3-16	37	303911
4	HT012	李孝骞	人力资源部	绩效考核专员	女	1988-3-6	32	322081
5	HT073	刘雨婷	销售部	销售代表	女	1989-3-24	31	325911
6	HT100	刘冬雨	生产部	操作员	男	1989-3-25	31	325921
7	HT080	赵卫国	生产部	技术人员	男	1992-3-16	28	336791
8	HT096	刘晓东	销售部	销售代表	男	1992-3-17	28	336801
9	HT087	赵晓芸	财务部	出纳	女	1994-3-22	26	344151

月份	生日人数	两表核对
1月	6	
2月	7	
3月	9	✓
4月	6	
5月	8	
6月	6	
7月	16	
8月	5	
9月	3	
10月	9	
11月	11	
12月	11	
合计	97	-

图 7-11

××公司2020年7月职工生日明细表

★共16人生日★

序号	职工编号	姓名	部门	岗位	性别	出生日期	年龄	验证码
1	HT008	张运隆	生产部	技术人员	男	1972-7-16	48	264961
2	HT021	刘瑞	销售部	销售经理	男	1972-7-16	48	264962
3	HT022	朱小玲	行政部	清洁工	女	1981-7-1	39	297681
4	HT084	谭晓晨	生产部	技术人员	男	1983-7-8	37	305051
5	HT001	张果	总经办	总经理	男	1983-7-26	37	305231
6	HT009	刘丹	生产部	技术人员	男	1984-7-23	36	308861
7	HT061	赵成旭	销售部	销售代表	男	1986-7-24	34	316171
8	HT077	胡宇	市场部	市场拓展员	男	1987-7-7	33	319651
9	HT056	李景瀚	财务部	成本会计	男	1987-7-23	33	319811
10	HT041	杨宇杰	人力资源部	培训专员	男	1988-7-6	32	323301
11	HT074	雷子菡	市场部	市场策划员	女	1988-7-13	32	323371
12	HT057	杜泽睿	销售部	销售代表	男	1988-7-15	32	323391
13	HT054	杨嘉云	市场部	促销推广员	男	1988-7-17	32	323411
14	HT059	江建坤	市场部	市场拓展员	男	1989-7-13	31	327021
15	HT067	郝嘉勇	销售部	销售代表	男	1989-7-24	31	327131
16	HT095	卓凡	销售部	销售代表	男	1990-7-24	30	330781

月份	生日人数	两表核对
1月	6	
2月	7	
3月	9	
4月	6	
5月	8	
6月	6	
7月	16	✓
8月	5	
9月	3	
10月	9	
11月	11	
12月	11	
合计	97	-

图 7-12

关键技能 071 制作工龄统计表，按期间统计职工工龄

技能说明

工龄是指自职工与单位建立劳动关系起，以工资收入为主要来源或全部来源的工作时间，也是企业用以衡量职工对企业贡献的大小、工作经验和技术水平程度高低，以及计算工龄工资的一个重

要标准和数据依据。因此，计算和统计职工的工龄是 HR 的一项基本工作。前面小节在制作"职工信息"工作表时已计算工龄，虽然可以在"职工信息"工作表中操作，但是【切片器】工具难以实现按期间统计，因此只能添加筛选按钮进行筛选。但是这样一来，既影响工作效率，具体操作也极不方便。因此，本小节将制作工龄统计表，只需输入代表期间的两个数字，即可快速统计得出职工工龄、人数及其相关信息。例如，统计工龄在 1 年及以上，5 年以下的所有职工信息。

制作工龄统计表的总体思路与职工生日统计表基本一致。但由于需要按照期间统计工龄，具体操作方法和运用的函数略有不同。主力函数（或函数组合）及其作用的简要说明如图 7-13 所示。

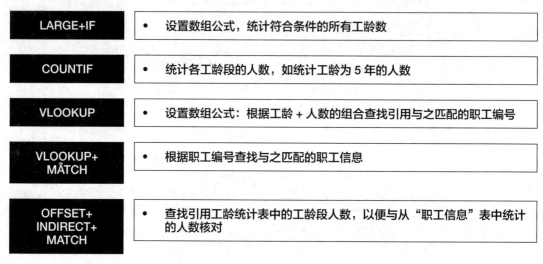

LARGE+IF	• 设置数组公式，统计符合条件的所有工龄数
COUNTIF	• 统计各工龄段的人数，如统计工龄为 5 年的人数
VLOOKUP	• 设置数组公式：根据工龄 + 人数的组合查找引用与之匹配的职工编号
VLOOKUP+MATCH	• 根据职工编号查找与之匹配的职工信息
OFFSET+INDIRECT+MATCH	• 查找引用工龄统计表中的工龄段人数，以便与从"职工信息"表中统计的人数核对

图 7-13

应用实战

Step01 在"职工信息"工作表中添加辅助列并设置公式。在"职工信息"工作表的 T3 单元格中设置公式"=IF(OR(O3>=0,N3=0),N3,N3-1)"，计算实际工作年数，返回结果为"11"→在 U3 单元格中设置公式"=COUNTIF(T$3:T3,T3)"，统计工作年数为 11 年的人数，返回结果为"1"（超级表自动填充公式），效果如图 7-14 所示。

T3			fx	=IF(OR(O3>=0,N3=0),N3,N3-1)														
	A	B	C	D	E	F												

图 7-14

Step02 将工作表"Sheet3"重命名为"工龄统计"→绘制两张表格框架并设置字段名称及基础格式。其中，表 1 用于动态统计职工工龄明细，表 2 统计各年度的工龄总人数。按照以下步骤操作：

❶ 分别在 A2 和 C2 单元格输入数字"1"和"5"，代表统计工龄的期间段→将 A2 单元格格

式自定义为 "# 年及以上" →将 C2 单元格格式自定义为 "# 年以下";

❷ 在 L2 单元格中设置公式 "=MAX(职工信息 !T:T)+1",获取 "职工信息" 工作表中 T 列的最大数字(即最大工作年数)后加 1 →将 L2 单元格格式自定义为 "" 工龄期间:0 年—"# 年"。公式逻辑:表达式 "MAX(职工信息 !T:T)" 返回结果为 "11",代表最高工龄为 11 年及以上但未满 12 年,加 1 的目的是为了提示给统计工龄即将达到 12 年的人数预留和扩展表格行;

❸ 将 L4 单元格格式设置为 "文本" 格式,输入数字 "0"(常规格式输入 0 返回空值)→在 L5:L16 单元格区域输入数字 1~12 →将 L4:L16 单元格区域的格式自定义为 "# 年";

❹ 在 M4 单元格中设置公式 "=COUNTIF(职工信息 !T$3:T$103,L4)",根据指定工龄数统计人数→将公式填充至 M5:M16 单元格区域,将 M4:M16 单元格区域的格式自定义为 "# 人"。以上操作完成后,效果如图 7-15 所示。

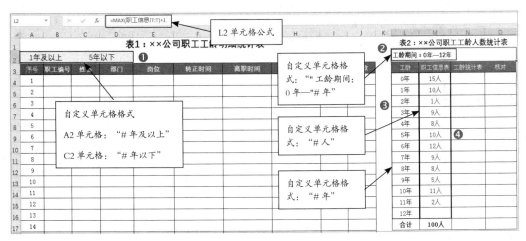

图 7-15

Step03 在表 1 的 B4:J4 单元格区域的各单元格中设置以下公式,统计工龄及其相关数据。

- I4 单元格:设置数组公式 "{=IFERROR(LARGE(IF((职工信息 !T$3:T$102>=$A$2)*(职工信息 !T$3:T$102<$C$2), 职工信息 !T$3:T$102,""),$A4),""))}",根据 A2 和 C2 单元格中指定的条件,统计 "职工信息" 工作表中的工作年数大于等于 1 年且小于 5 年的最大数字。其中,LARGE 函数与 SMALL 函数的语法结构完全相同,但作用与之相反,统计顺序为从大到小。公式返回结果为 "4"。

- J4 单元格:"=IF(I4="","",COUNTIF(I$4:I4,I4))",统计 I4:I4 单元格区域中 I4 单元格中数字的个数(即工龄为 4 年的人数)。公式返回结果为 "1"。

- B4 单元格:设置数组公式 "{=IFERROR(VLOOKUP(I4&J4,IF({1,0}, 职工信息 !T$3:T$103& 职工信息 !U$3:U$103, 职工信息 !B$3:B$103),2,0),""))}",将 I4 和 J4 单元格中数值组合后作为查找关键字,再将 "职工信息" 工作表中的 T3:T103 与 U3:U103 单元格区域组合,以及 B3:B103 单元格区域作为查找区域,查找匹配的 "职工编号"。公式返回结果为 "HT020"。

- C4 单元格:"=IFERROR(VLOOKUP($B4, 职工信息 !$B$3:T200,MATCH(C$3, 职工信息 !$2:$2,0)-1,0),"")",根据 B4 单元格中的职工编号查找 "职工信息" 工作表中与之匹配的姓名。公式返回结果为 "刘艳"。将公式复制粘贴至 D4:H4 单元格区域。

将 B4:J4 单元格区域公式填充至 B5:J103 单元格区域即可，效果如图 7-16 所示。

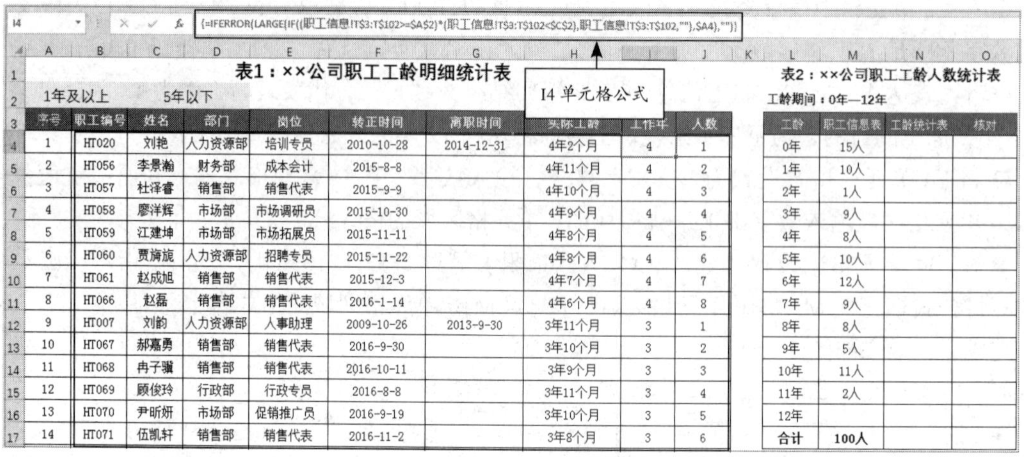

表1：××公司职工工龄明细统计表

1年及以上　5年以下

序号	职工编号	姓名	部门	岗位	转正时间	离职时间	实际工龄	工作年	人数
1	HT020	刘艳	人力资源部	培训专员	2010-10-28	2014-12-31	4年2个月	4	1
2	HT056	李景瀚	财务部	成本会计	2015-8-8		4年11个月	4	2
3	HT057	杜泽睿	销售部	销售代表	2015-9-9		4年10个月	4	3
4	HT058	廖洋辉	市场部	市场调研员	2015-10-30		4年9个月	4	4
5	HT059	江建坤	市场部	市场拓展员	2015-11-11		4年8个月	4	5
6	HT060	贾旖旎	人力资源部	招聘专员	2015-11-22		4年8个月	4	6
7	HT061	赵成旭	销售部	销售代表	2015-12-3		4年7个月	4	7
8	HT066	赵磊	销售部	销售代表	2016-1-14		4年6个月	4	8
9	HT007	刘韵	人力资源部	人事助理	2009-10-26	2013-9-30	3年11个月	3	1
10	HT067	郝嘉勇	销售部	销售代表	2016-9-30		3年10个月	3	2
11	HT068	冉子骥	销售部	销售代表	2016-10-11		3年9个月	3	3
12	HT069	顾俊玲	行政部	行政专员	2016-8-8		3年11个月	3	4
13	HT070	尹昕妍	市场部	促销推广员	2016-9-19		3年10个月	3	5
14	HT071	伍凯轩	销售部	销售代表	2016-11-2		3年8个月	3	6

表2：××公司职工工龄人数统计表

工龄期间：0年—12年

工龄	职工信息表	工龄统计表	核对
0年	15人		
1年	10人		
2年	1人		
3年	9人		
4年	8人		
5年	10人		
6年	12人		
7年	9人		
8年	8人		
9年	5人		
10年	11人		
11年	2人		
12年			
合计	100人		

图 7-16

高手点拨　数组公式中的符号用法

在数组公式中，运用 IF 函数设定条件时，如果设定同时满足多个条件，或满足多个条件之一，应使用符号“*”或“+”将各个条件连接（作用相当于普通公式中的 AND 函数和 OR 函数）。例如，I4 单元格数组公式中的表达式“(职工信息!T$3:T$102>=$A$2)*(职工信息!T$3:T$102<$C$2)”即代表同时满足大于等于 A2 单元格中的数值和小于 C2 单元格中的数值。

Step04 在表 2 的 N4 和 O4 单元格中设置公式，查找引用表 1 中的人数，便于核对“职工信息”工作表与“表 1”中统计的工龄人数是否一致。

- N4 单元格：“=IF(AND(L4*1>=A$2,L4*1<C$2),OFFSET(INDIRECT("I"&MATCH(L4*1,I:I,0)),M4-1, 1) ,"")”，引用“表 1”中统计的各年度的工龄人数。公式解析如下。

①表达式“AND(L4*1>=A$2,L4*1<C$2)”中，将 L4 单元格中数值乘 1 的原因是 L4 单元格的数值格式为文本格式，乘 1 后即可转换为数字格式。

②表达式“OFFSET(INDIRECT("I"&MATCH(L4*1,I:I,0)),M4-1, 1)”中，OFFSET 函数的第 1 个参数首先运用 MATCH 函数定位“L4*1”后的数字在 I 列中的行数，然后与字符“I”组合为单元格地址→再运用 INDIRECT 引用这个单元格地址中的内容。其实质是从 I 列中数字为“0”的第 1 个单元格为起点进行偏移。第 2 个参数为“M4-1”，即以 M4 单元格中的人数作为偏移行数，减 1 是减掉起始单元格本身。第 3 个参数为“1”，向右偏移 1 列，即可返回 J 列单元格中的人数。如果返回结果与 M4 单元格中人数相同，则表明两个表格公式正确。

- O4 单元格：“=IF(N4<>"",IF(M4=N4," √ "," 检查公式 "),"")”，核对 M4 和 N4 单元格中的数字是否一致，以便及时发现问题并予以更正。

将 N4:O4 单元格区域公式填充至 N5:O16 单元格区域。由于 L5:L16 单元格区域中的数值均为数字格式，可运用【查找与替换】工具将 N5:N16 单元格区域公式中的“*1”批量取消，效果如图 7-17

所示。

N4 =IF(AND(L4*1>=A$2,L4*1<C$2),OFFSET(INDIRECT("I"&MATCH(L4*1,I:I,0)),M4-1,1),"")

N4 单元格公式

表1：××公司职工工龄明细统计表

1年及以上　　5年以下

序号	职工编号	姓名	部门	岗位	转正时间	离职时间	实		数
1	HT020	刘艳	人力资源部	培训专员	2010-10-28	2014-12-31	4年2个月	4	1
2	HT056	李景瀚	财务部	成本会计	2015-8-8		4年11个月	4	2
3	HT057	杜泽睿	销售部	销售代表	2015-9-9		4年10个月	4	3
4	HT058	廖洋辉	市场部	市场调研员	2015-10-30		4年9个月	4	4
5	HT059	江建坤	市场部	市场拓展员	2015-11-11		4年8个月	4	5
6	HT060	贾旖旎	人力资源部	招聘专员	2015-11-22		4年8个月	4	6
7	HT061	赵成旭	销售部	销售代表	2015-12-3		4年7个月	4	7
8	HT066	赵磊	销售部	销售代表	2016-1-14		4年6个月	4	8
9	HT007	刘韵	人力资源部	人事助理	2009-10-26	2013-9-30	3年11个月	3	1
10	HT067	郝嘉勇	销售部	销售代表	2016-9-30		3年10个月	3	2
11	HT068	冉子骥	销售部	销售代表	2016-10-11		3年9个月	3	3
12	HT069	顾俊玲	行政部	行政专员	2016-8-8		3年11个月	3	4
13	HT070	尹昕妍	市场部	促销推广员	2016-9-19		3年10个月	3	5
14	HT071	伍凯轩	销售部	销售代表	2016-11-2		3年8个月	3	6

表2：××公司职工工龄人数统计表

工龄期间：0年—12年

工龄	职工信息表	工龄统计表	核对
0年	15人		
1年	10人	10	√
2年	1人	1	√
3年	9人	9	√
4年	8人	8	√
5年	10人		
6年	12人		
7年	9人		
8年	8人		
9年	5人		
10年	11人		
11年	2人		
12年			
合计	100人	28人	-

图 7-17

Step05　最后同样可设置条件格式，隐藏无须显示的序号和表格框线。测试效果：在 A2 和 C2 单元格中输入其他数字，即可看到数据动态变化和条件格式效果，如图 7-18 所示。

表1：××公司职工工龄明细统计表

2年及以上　　4年以下

序号	职工编号	姓名	部门	岗位	转正时间	离职时间	实际工龄	工作年	人数
1	HT007	刘韵	人力资源部	人事助理	2009-10-26	2013-9-30	3年11个月	3	1
2	HT067	郝嘉勇	销售部	销售代表	2016-9-30		3年10个月	3	2
3	HT068	冉子骥	销售部	销售代表	2016-10-11		3年9个月	3	3
4	HT069	顾俊玲	行政部	行政专员	2016-8-8		3年11个月	3	4
5	HT070	尹昕妍	市场部	促销推广员	2016-9-19		3年10个月	3	5
6	HT071	伍凯轩	销售部	销售代表	2016-11-2		3年8个月	3	6
7	HT072	王涛	生产部	操作员	2017-1-13		3年6个月	3	7
8	HT073	刘雨婷	销售部	销售代表	2017-2-24		3年5个月	3	8
9	HT074	雷子菡	市场部	市场策划员	2017-4-27		3年3个月	3	9
10	HT075	丁瑞	生产部	检验员	2017-8-18		2年11个月	2	1

表2：××公司职工工龄人数统计表

工龄期间：0年—12年

工龄	职工信息表	工龄统计表	核对
0年	15人		
1年	10人		
2年	1人	1	√
3年	9人	9	√
4年	8人		
5年	10人		
6年	12人		
7年	9人		
8年	8人		
9年	5人		
10年	11人		
11年	2人		
12年			
合计	100人	10人	-

图 7-18

关键技能 072 制作劳动合同管理台账，合同信息一目了然

技能说明

劳动合同是指劳动者与用人单位在遵循平等自愿、协商一致原则的前提下，确立劳动关系，明确双方权利和义务并签订的书面协议。管理劳动合同是 HR 最为重要的工作之一，那么运用 Excel 管理劳动合同数据也是 HR 必须掌握的一个关键技能。本小节将制作劳动合同管理台账表格，运用各种功能、技巧和函数实现高效管理与计算劳动合同信息及相关数据。本小节将要运用的主要功能、技巧和函数（或函数组合）及作用的简要说明如图 7-19 所示。

工具	• 数据验证：制作"签订期限"下拉列表 • 自定义单元格格式：使单元格中数值显示为指定格式
函数 （或函数组合）	• MAX: 统计"职工信息"工作表中职工总人数 • IF+ROW(): 根据职工总人数自动生成序号 • VLOOKUP: 根据序号查找引用与之匹配的"职工编号"及其相关信息 • EDATE: 计算劳动合同到期时间 • DATEDIF: 计算劳动合同到期的倒计时天数 • OFFSET+INDIRECT+ADDRESS+MATCH: 查找引用最新合同状态的相关数据

图 7-19

应用实战

　　劳动合同信息同样可归属于"职工信息"，而且制作劳动合同管理台账需要引用职工信息，因此本例依然在＜职工信息管理＞工作簿中制作"劳动合同管理台账"。

Step01　制作表格框架。新增工作表，命名为"劳动合同台账"→设置字段名称及基本格式。按照以下步骤操作：❶ 在 A2 单元格中设置公式"=MAX(职工信息 !A:A)"，统计职工总人数（包括已离职的职工在内）→将 A2 单元格格式自定义为"序号"；❷ 在 M2 单元格中输入数字"1"→将 M2 单元格格式自定义为"第 # 次续签"；初始效果如图 7-20 所示。

图 7-20

Step02　分别在 A4:H4 单元格区域中设置以下公式，引用职工基本信息。

- A4 单元格："=IF(ROW()-3<=$A$2,ROW()-3,"")"，自动生成序号。
- B4 单元格："=IFERROR(VLOOKUP($A4, 职工信息 !A:U,2,0),"")"，根据 A4 单元格中的序号在"职工信息"工作表中查找与之匹配的职工编号。
- C4 单元格："=IFERROR(VLOOKUP($B4, 职工信息 !$B:$U,MATCH(C$2, 职工信息 !$2:$2,0)-1,0),"")"，根据 B4 单元格中的职工编号在"职工信息"工作表中查找与之匹配的职工姓名。

将 C4 单元格公式复制粘贴至 D4、E4、F4 和 H4 单元格中→将 H4 单元格公式中的"H$2"修改为"H$3"。

- G4 单元格："=IFERROR(IF(VLOOKUP(B4, 职工信息 !B:U,15,0)=""," 在职 "," 离职 "),"")"，判断职工在职或离职状态。

将 A4:H4 单元格区域公式填充至 A5:G120 单元格区域，效果如图 7-21 所示。

图 7-21

Step03 计算合同数据。❶ 选中 I4:I120 单元格区域→将单元格格式自定义为"# 年"→运用【数据验证】工具制作下拉列表，设置数据验证条件为"序列"，将"来源"设置为"3,5,无固定 ,-"→在单元格中填入数字；❷ 在 J4 和 K4 单元格中设置以下公式。

- J4 单元格："=IFERROR(EDATE(H4,I4*12)-1,"")"，计算合同到期时间。
- K4 单元格："=IFERROR(IF(TODAY()>=J4," 已到期 ",DATEDIF(TODAY(),J4,"d")),"-")"，计算合同到期的"倒计时"天数→将单元格格式自定义为"# 天"。

将 J4:K4 单元格区域公式填充至 J5:K120 单元格区域；

❸ 将 L4:L120 单元格区域的单元格格式自定义为"[=1]" 是 ";[=2]" 否 ""→填入数字"1"或"2"；❹ 将 I4:I120 单元格区域中的数据验证条件和单元格格式复制粘贴至 M4:M120 单元格区域后填入数字；❺ 分别在 N4、O4 和 P4 单元格中设置以下公式。

- N4 单元格："=IFERROR(IF(L4=1,J4+1,"-"),"")"，计算第 1 次续签合同开始时间。
- O4 单元格："=IFERROR(IF(L4=1,EDATE(N4,M4*12)-1,"-"),"-")"，计算第 1 次续签合同结束时间。
- P4 单元格：将 K4 单元格公式复制粘贴至 P4 单元格中即可。

将 N4:P4 单元格区域公式填充至 N5:P120 单元格区域中→将 L4:L120 单元格区域的自定义单元格格式复制粘贴至 Q4:Q120 单元格区中→填入数字"1"或"2"，效果如图 7-22 所示。

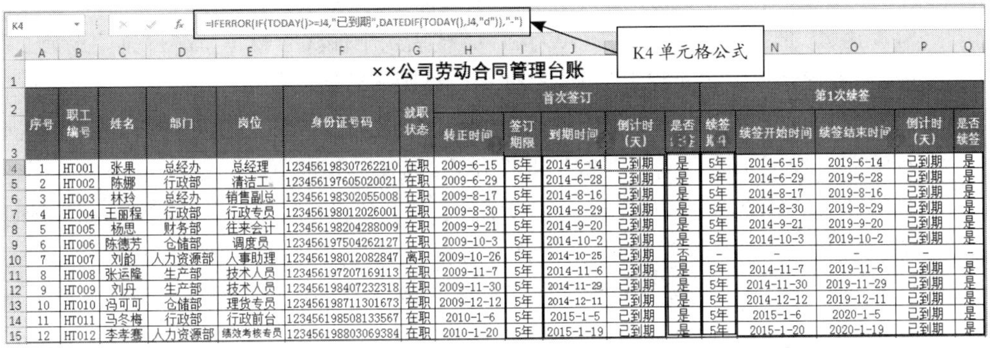

图 7-22

Step04 统计最新合同状态。❶ 复制 M:Q 列粘贴至 V:Z 列→在 V2 单元格中输入数字 "2"（代表第 2 次续签），修改部分职工的续签期限；❷ 在 H 列前插入 4 列（用于统计最新合同状态）→设置字段及单元格格式，如图 7-23 所示；

姓名	部门	岗位	身份证号码	是否在职	最新合同状态				第1次续签						第2次续签				
					续签次数	最新合同期限	到期时间	倒计时(天)	续签期限	续签开始时间	续签结束时间	倒计时(天)	是否续签	续签期限	续签开始时间	续签结束时间	倒计时(天)	是否续签
张果	总经办	总经理	123456198307262210	在职					5年	2014-6-15	2019-6-14	已到期	是	无固定	2019-6-15	-		
陈娜	行政部	清洁工	123456197605020021	在职					5年	2014-6-29	2019-6-28	已到期	是	无固定	2019-6-29	-		
林玲	总经办	销售副总	123456198302055008	在职					5年	2014-8-17	2019-8-16	已到期	是	无固定	2019-8-17	-		
王丽程	行政部	行政专员	123456198012026001	在职			❷		5年	2014-8-30	2019-8-29	已到期	是	无固定	2019-8-30	-		
杨思	财务部	往来会计	123456198204288009	在职					5年	2014-9-21	2019-9-20	已到期	是	无固定	2019-9-21	-	❶	
陈德芳	仓储部	调度员	123456197504262127	在职					5年	2014-10-3	2019-10-2	已到期	是	无固定	2019-10-3	-		
刘韵	人力资源部	人事助理	123456198012082847	离职					-	-	-	-						
张运隆	生产部	技术人员	123456197207169113	在职					5年	2014-11-7	2019-11-6	已到期	是	无固定	2019-11-7	-		
刘丹	生产部	技术人员	123456198407232318	在职					5年	2014-11-30	2019-11-29	已到期	是	无固定	2019-11-30	-		
冯可可	仓储部	理货专员	123456198711301673	在职					5年	2014-12-12	2019-12-11	已到期	是	无固定	2019-12-12	-		
马冬梅	行政部	行政前台	123456198508133567	在职					5年	2015-1-6	2020-1-5	已到期	是	无固定	2020-1-6	-		
李孝骞	人力资源部	绩效考核专员	123456198803069384	在职					5年	2015-1-20	2020-1-19	已到期	是	无固定	2020-1-20	-		

图 7-23

❸ 分别在 H4:K4 单元格中设置以下公式。

- H4 单元格："=IF(B4="","",IF(G4="在职",COUNTIF(L4:Z4,1),"-"))"，统计在职职工续签合同次数。

- I4 单元格："=IFERROR(IF($H4=0,M4,OFFSET(INDIRECT(ADDRESS(2,MATCH($H4,$2:$2,0),4)), ROW()-2,,)),"-")"，查找引用最后一次续签合同的开始时间。公式中发挥关键作用的是 OFFSET 函数表达式，解析如下。

① OFFSET 函数的第 1 个参数是表达式 "INDIRECT(ADDRESS(2,MATCH($H4,$2:$2,0),4))"。

其中 ADDRESS 函数的作用是创建一个以文本方式对工作簿中某一单元格的引用。通俗地讲，就是根据指定的行号和列号，"测量"单元格的地址，同时返回指定的引用类型。其语法结构如下：

ADDRESS(row_num,column_num,[abs_num],[a1],[sheet_text])

ADDRESS(行号 , 列号 ,[引用类型],[引用方式],[工作表名称])

ADDRESS 函数的第 3 个参数以数字代表引用类型，分别为 1（绝对引用）、2（绝对行相对列）、3（相对行绝对列）、4（相对引用），缺省时默认为 1（绝对引用）；而第 4 个和第 5 个参数缺省时默认为 A1 样式和当前工作表。

因此，表达式 "ADDRESS(2,MATCH($H4,$2:$2,0),4)" 的含义是相对引用行号为第 2 行，列号为运用 MATCH 函数定位 H4 单元格中的值在第 2 行中的列标，返回结果为 "V2" 单元格。OFFSET 函数即以 INDIRECT 函数引用 V2 单元格的数值作为起点进行偏移。

② OFFSET 函数的第 2 个参数为 "ROW()-2"，代表向下偏移 2 行（当前行数 4 减第 2 行和第 3 行）。整条公式返回结果为 "无固定"，即 V4 单元格中的数值。

- J4 单元格：将 I4 单元格公式复制粘贴至 J4 单元格后，在 OFFSET 函数表达式中将第 4 个参数设置为 "2"（向右偏移 2 列）即可引用 "续签结束时间"。

- K4 单元格：不必设置 OFFSET 函数查找引用，可直接根据 "最新合同期限" 和 "到期时间" 进行计算。设置公式 "=IFERROR(DATEDIF(TODAY(),J4,"d"),"-")" 即可。

将 H4:K4 单元格区域公式填充至 H5:K120 单元格区域→将 I4:I120 单元格区域格式设置为 "#" 年→最后可设置条件格式标识已离职职工的信息，以作提示。以上操作完成后，效果如图 7-24 所示。

温馨提示

　　劳动合同管理表格的框架结构和数据类型都比较简单，可直接在其中筛选数据。如果需要另制表格进行数据筛选，可参考前面小节介绍的工龄统计表中的制表思路及相关函数设置公式进行自动筛选。

图 7-24

关键技能 073 制作组织结构数据统计分析表，合理配置岗位人员

技能说明

　　企业内部的人员组织结构的相关数据，主要是指企业中设置了多少个部门，每个部门又设置了哪些岗位、每个岗位的在岗人数及比例等。作为企业的人力资源管理者，对于每一项数据都应当了如指掌，才能及时发现岗位配备问题，以便及时作出调整，使岗位配置更为合理化。本小节将介绍如何运用 Excel 制作组织结构数据统计分析表，自动统计各个部门及其每个岗位的人数，并制作动态数据表和图表，分析每个部门的人员结构。

　　本小节将要运用的主力函数（及函数组合）包括"查找与引用"类函数，如 VLOOKUP 函数、HLOOKUP 函数、LOOKUP 函数、OFFSET 函数等，统计类函数 COUNTIF 函数、COUNTIFS 等。主要运用的功能依然是"自定义单元格格式"。制作动态数据表和动态图表时将使用"组合框"窗体控件控制数据动态变化。

应用实战

　　下面依然在＜职工信息管理＞工作簿中制作表格，统计和分析组织结构的相关数据。为了更好地演示制作过程，展现效果，本例已预先将"序列信息"工作表中的部分部门岗位数量及岗位名称进行调整（同时调整"职工信息"工作表中职工的岗位名称），如图 7-25 所示。

图 7-25

Step01 新增工作表，命名为"组织结构分析"→根据"序列信息"工作表中部门数量及最多岗位数量绘制表格框架并设置字段名称及基本格式。 在 B2:M2 单元格区域中分别输入数字 1~6 →将单元格格式自定义为"岗位 #"； 在 A3 单元格中设置公式"=COUNTA(序列信息 !A2:H2)"，统计部门数量→将单元格格式自定义为""(数量 :"#")""。初始效果如图 7-26 所示。

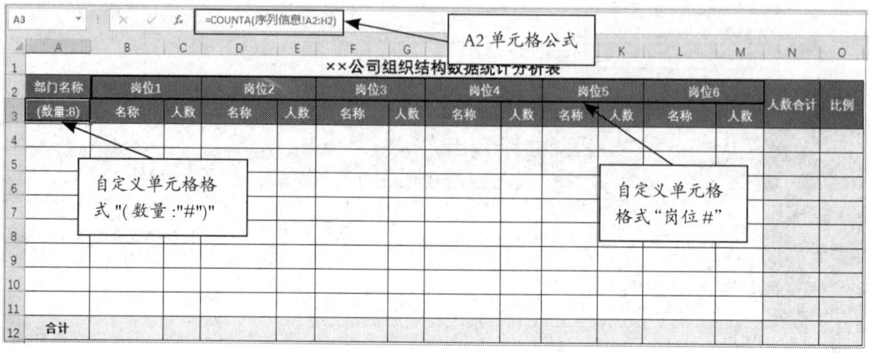

图 7-26

Step02 计算组织结构相关数据。❶ 分别在 A4、B4 和 C4 单元格设置以下公式，引用部门和岗位名称及在岗人数。

- A4 单元格："=IF(ROW()-3<=A$3,OFFSET(序列信息 !A$2,0,ROW()+4-$A$3),"-")"，查找与引用"序列信息"工作表中第 1 个部门名称。在这个公式中，关键参数是 OFFSET 函数的第 3 个参数，即表达式"ROW()+4-$A$3"，代表向右偏移的列数。其中，ROW() 返回"4"，而"+4-$A$3"的原因是我们已预先知悉应当偏移 0 列（4+4-8=0），那么 A5:A11 单元格区域中则依次偏移 1~7 列。这样设置方便向下填充公式时自动计算偏移列数。公式返回结果为"总经办"。

- B4 单元格："=IFERROR(HLOOKUP($A4, 序列信息 !$A$2:$H$15,B$2+1,0),"-")"，在"序列信息"工作表中查找引用与 A4 单元格中数值匹配的第 1 个岗位名称。其中，HLOOKUP 函数的第 3 个参数，即表达式"B$2+1"的原理与 A4 单元格相同，即应当返回指定范围的第 3 行数值。公式返回结果为"总经理"。

- C4 单元格："=COUNTIFS(职工信息 !$E$3:$E$103,B4, 职工信息 !$H$3:$H$103,"<> 离职 ")"，统计"职工信息"工作表中"总经理"岗位的在职人数。返回结果为"1"。

将 A4:C4 单元格区域公式填充至 A5:C11 单元格区域中→将 C4:C11 单元格区域的单元格格式自定义为"# 人"。

❷ 将 B4:C11 单元格区域整体复制粘贴至 D4:M11 单元格区域（"合计"行设置普通求和公式并自定义单元格格式即可）；❸N4 单元格设置公式"=SUMIF(A$3:M$3," 人数 ",A4:M4)"，计算部门人数→ O4 单元格设置公式"=ROUND(N4/N$12,4)"，计算部门人数的比例→将 N4:O4 单元格区域公式填充至 N5:O11 单元格区域，效果如图 7-27 所示。

Step03 制作动态数据表。❶ 在 Q2:T9 单元格区域绘制动态数据表框架，设置字段名称及基本格式→将 Q2 单元格格式自定义为"序号"（注意这里不是直接输入文本）。其中 ,Q1 和 R2 单元格将设置公式自动显示标题和字段名称，如图 7-28 所示；❷ 插入一个"列表框"窗体控件（控

件按钮样式为▦）→在【设置控件格式】对话框中将"数据源区域"设置为 A4:A11 单元格区域→
将"单元格链接"设置为 Q2 单元格，如图 7-29 所示（单击切换组合框中的部门名称，Q2 单元格
中将依次显示数字 1~8）。设置完成后，效果如图 7-30 所示。

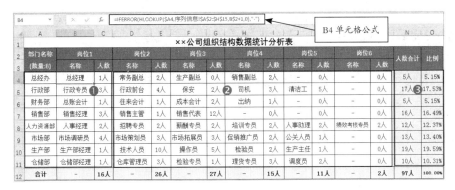

图 7-27

图 7-28　　　　　　　　　　图 7-29　　　　　　　　　　图 7-30

❸ 分别在 Q1、R2 单元格及 R3:T3 单元格区域中设置以下公式：

- R2 单元格："=LOOKUP(Q2,{1,2,3,4,5,6,7,8},A4:A11)"，根据 Q2 单元格中的数字返回与
  之对应的部门名称，生成动态字段名称。

- Q1 单元格："=R2&" 共 "&VLOOKUP(R2,A4:N11,14,0)&" 人 ""，运用 VLOOKUP 函数
  查找引用与 R2 单元格中的部门名称匹配的总人数后，再与 R2 单元格中部门名称和指定
  文本组合。公式返回结果为"行政部共 17 人"。

- R3 单元格："=IF(OFFSET(INDIRECT("A"&MATCH(R$2,A$1:A$11,0)),0,Q3)=0,"- ",OFFSET
  (INDIRECT("A"&MATCH(R$2,A$1:A$11,0)),0,Q3))"，查找引用"行政部"下的第 1 个岗
  位名称。公式含义请参照 <关键技能 071：制作工龄统计表，按期间统计职工工龄> 中的
  介绍进行理解。公式返回结果为"行政专员"。

- R4 单元格："=IF(OFFSET(INDIRECT("A"&MATCH(R$2,A$1:A$11,0)),0, Q3+Q4)=0,"- ",OFFSET
  (INDIRECT("A"&MATCH(R$2,A$1:A$11,0)),0,Q3+Q4))"，查找引用"行政部"下的第 2
  个岗位名称。公式返回结果为"行政前台"。将公式填充 R5:R8 单元格区域中。

- S3 单元格："=IF(COUNTIFS(职工信息 !$E$3:$E$103,R3, 职工信息 !$H$3:$H$103,"<> 离
  职 ")=0,"-",COUNTIFS(职工信息 !$E$3:$E$103,R3, 职工信息 !$H$3:$H$103,"<> 离职 "))"，
  统计"行政专员"岗位的在职人数。

- T3 单元格："=IFERROR(ROUND(S3/S$9,4),0)"，计算人数比例。

将 S3:T3 单元格区域公式填充至 S4:T8 单元格区域→将 S3:S8 单元格区域格式自定义为"# 人"→S9 单元格设置普通求和公式，T9 单元格复制 T8 单元格公式即可，效果如图 7-31 所示。

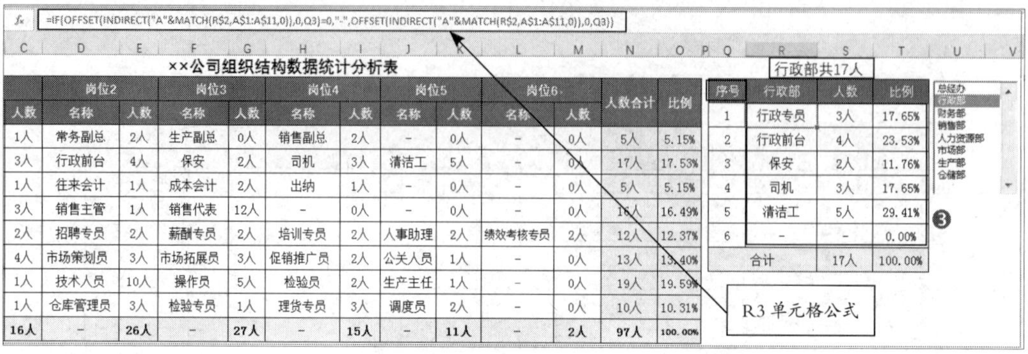

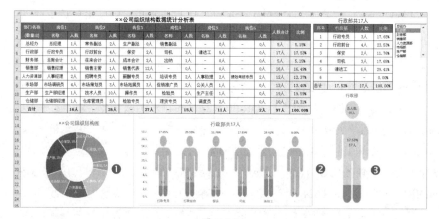

图 7-31

Step04 分别制作静态图表和动态图表，分析公司组织人员结构及每个部门的岗位人员结构。❶ 选中 A4:A11 和 N4:N11 单元格区域→插入圆环图→自行设计图表样式；❷ 插入柱形图，选择 R3:R8 单元格区域为一个数据系列→添加数据系列，选择 6 次 S9 单元格作为一个数据系列的系列值，以便直观呈现每个岗位人数与部门总人数的占比情况→将图表标题设置为"= 组织结构分析 !$Q$1"→自行设计其他图表元素格式；❸ 插入柱形图，分别选择 N12 和 S9 单元格作为两个数据系列，呈现各部门总人数和公司总人数的占比效果→将图表标题设置为"= 组织结构分析 !$R$2"→自行设置图表样式，效果如图 7-32 所示。

图 7-32

温馨提示

在图 7-32 所示的柱形图中，显示为百分比的数据标签虽然是为部门总人数数据系列而添加的，但实际引用的数值是 T3:T8 单元格区域中的百分比数字。这样设置的目的是让数据标签中的数字更完整、更清晰地呈现出来。

Step05 测试效果。单击"组合框"中的其他部门名称，即可看到动态数据表与动态图表的变化效果，如图 7-33 所示。

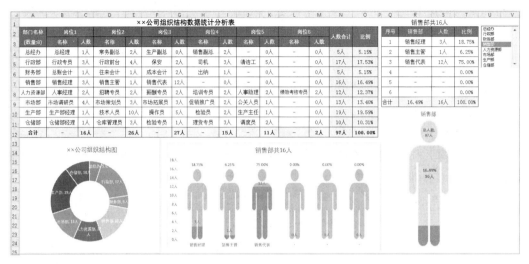

图 7-33

关键技能 074 制作综合信息查询表，职工个人信息信手拈来

技能说明

查询职工个人信息最简单的方法是制作查询表，通过职工编号查询，或者直接在"职工基本信息"工作表中筛选，但是这两种操作方法运用到实际工作中并不能大幅度提高工作效率，主要原因有以下两点。

1. 直接在工作表中查找或筛选目标信息需要频繁进行手工操作，既不方便，又影响工作效率；

2. 实际工作中，表格使用者往往更习惯于根据最原始的信息（即职工姓名）直接查询其他相关信息，或通过部门筛选职工姓名的方式间接查询其个人信息。

因此，本小节将充分运用 Excel 中各种常用工具（或功能）、函数，制作一份职工个人信息查询表，通过 2 种方式查询职工个人信息，既能简化手工操作，又能满足实际工作需求。查询方式的简要说明如图 7-34 所示。

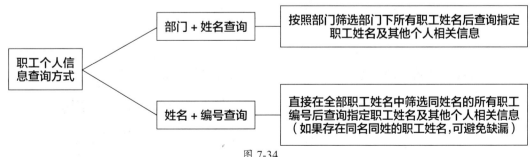

图 7-34

另外，再制作一份数据表和图表，动态分析并呈现各部门男性和女性人数、比例及对比效果。

本小节运用的常用工具（或功能）、函数主要包括"选项按钮"控件、【数据验证】工具、"查找与引用"类函数（OFFSET 函数、VLOOKUP 函数、INDEX+MATCH 函数组合）、"统计"类函数（COUNTIF、COUNTIFS、LARGE 函数）等。表格制作难度不大，需重点关注操作技巧和制表思路。

应用实战

Step01 制作控件、绘制表格框架。❶ 新增工作表，命名为"职工个人信息查询"→绘制 3 个表格框架，设置字段名称及基本格式（暂无字段名称的单元格中将设置函数公式动态显示）。各表格作用如下。

- "表 1：查询条件"：运用【数据验证】工具制作下拉列表，选择查询条件；
- "表 2：职工信息列表"：列示符合指定条件的所有职工信息；
- "表 3：职工个人信息"：列示指定职工姓名的个人详细信息（包括职工照片）。

❷ 制作两个"选项按钮"控件，分别命名为"部门+姓名查询"和"姓名+编号查询"，在【控件格式设置】对话框中将单元格链接设置为 E2 单元格，初始效果如图 7-35 所示。

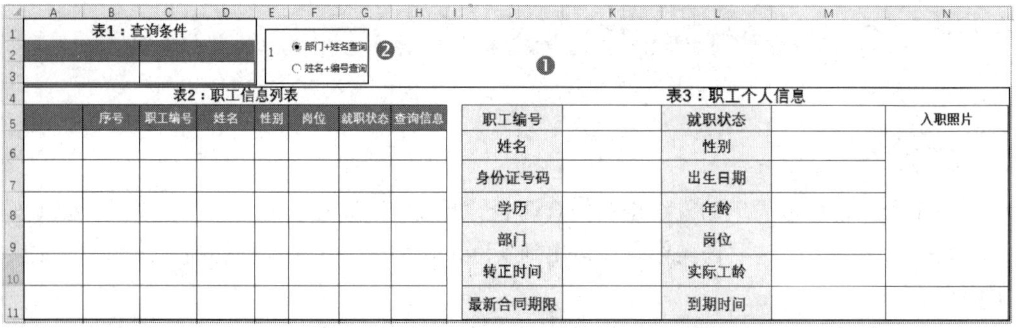

图 7-35

Step02 设置动态字段名称。分别在 A2、C2 和 A5 单元格中设置以下公式，可根据 E2 单元格中的数字变化，返回不同的字段名称。

- A2 单元格："=IF(E2=1," 部门名称 "," 全部职工 ")"；
- C2 单元格："=IF(E2=1," 姓名 "," 职工编号 ")"；
- A5 单元格："=IF(E2=1," 部门人数 "," 同名人数 ")"。

分别单击两个控件，效果如图 7-36 和图 7-37 所示。

图 7-36

图 7-37

Step03 筛选职工信息。❶ 运用【数据验证】工具在 A3 单元格中制作下拉列表，设置数据验证条件为"序列"，将"来源"设置为公式"=IF(E2=1,部门名称,职工信息!$C$3:$C102)"，根据E2单元格中的数字变化,返回"部门名称"(已定义的名称)或"职工信息"工作表中的 $C3:$C102 单元格区域作为序列(C3单元格下拉列表将于表2公式设置完成后制作)→选中"部门+姓名查询"控件→在 A3 单元格下拉列表中选择任一部门名称(如"销售部"),以便下一步呈现公式效果。

❷ 分别在 A6、A7 单元格和 B6:G6 单元格区域中设置以下公式:

- A6 单元格:"=COUNTIF(IF(E2=1,职工信息!D3:D102,职工信息!C3:C102),A3)",根据 E2 单元格中的数字变化,分别在"职工信息"工作表中的 D3:D102("部门"字段)或 C3:C102 单元格区域("姓名"字段)中统计 A3 单元格中的部门名称或职工姓名的数量。公式返回结果为"16"(即销售部人数为 16 人)。

- A7 单元格:"=IFERROR(IF(A6-1<=0,"",A6-1),"")",将 A6 单元格的数字减 1,如果为负数,则返回空值→将公式填充至 A8:A30 单元格区域。这个区域的公式返回结果是以 A6 单元格统计得到的人数作为最大数字,依次递减至数字"1"的序列(如 16,15,14,13…1),以此作为 B 列区域中 LARGE 函数公式的第 2 个参数。

- B6 单元格:设置数组公式"{=IFERROR(LARGE(IF((职工信息!D$3:D$102=$A$3)+(职工信息!C$3:C$102=$A$3),职工信息!$A$3:$A$103,""),A6),"")}",运用 IF 函数判断"职工信息"工作表中的 D3:D102 单元格区域,或(数组公式中用符号"+"表示)C3:C102 单元格区域数组中数值与 A3 单元格相等时,即运用 LARGE 函数返回 A3:A102 单元格区域中的数组中("序号"字段)与之匹配的最小数字(因 A6 单元格中为最大数字)。公式返回结果为"14"。

- C6 单元格:"=IFERROR(VLOOKUP($B6,职工信息!$A$3:$U102,MATCH(C$5,职工信息!$2:$2,0),0),"")",根据 B6 单元格中的序号查找"职工信息"工作表中与之匹配的职工编号,返回结果为"HT014"。

- D6 单元格:"=IFERROR(VLOOKUP($C6,职工信息!$B$3:$U102,MATCH(D$5,职工信息!$2:$2,0)-1,0),"")",根据 C6 单元格中职工编号查找姓名(也可直接复制粘贴 C6 单元格公式,根据序号查找)→将公式复制粘贴至 E6 和 F6 单元格中。

- G6 单元格:"=IFERROR(IF(VLOOKUP($C6,职工信息!$B$3:$U102,15,0)=0,"在职","离职"),"")",判断职工在职或离职状态。

将 B6:G6 单元格区域公式填充至下面单元格区域中。

❸ 运用【数据验证】工具在 C3 单元格中制作下拉列表,将数据验证条件设置为"序列",将"来源"设置为公式"=OFFSET(IF(E2=1,D5,C5),1,0,A6)"。公式含义:OFFSET 函数的第 1 个参数是运用 IF 函数根据 E2 单元格中的数字变化,分别以 D5 或 C5 单元格为起点,向下偏移 1 行,向右偏移 0 列,偏移的行高即为 A6 单元格中统计得到的人数→在下拉列表中选择任一姓名;❹ 在 H6 单元格中设置公式"=IF(OR(C3=D6,C3=C6),1,"")",运用 IF 函数判断 C3 单元格中数值与 D6 或 C6 单元格相同时,返回数字"1"→将 H6 单元格格式自定义为"√"→将公式填充至下面单元格区域→最后设置条件格式隐藏表格框线,突出显示被查询的信息即可。以上操作完成后,效果如图 7-38 所示。

Step04 查询职工个人信息。❶ 在 K5、K6、M8、K11 和 N11 单元格中设置公式,查询职工个人信息。

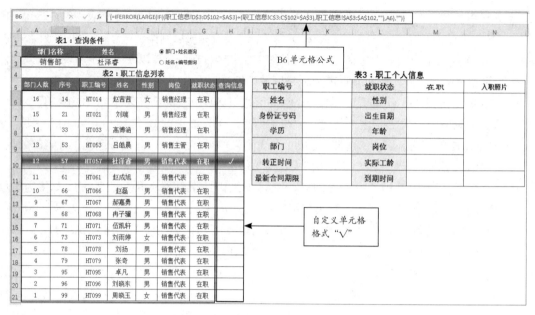

图 7-38

- K5 单元格：设置数组公式"{=IFERROR(VLOOKUP(MAX(IF($H6:$H30=1,$B6:$B30,"")),0),$B6:$G30,MATCH(J5,$B5:$G5,0),0),"-")}"，当 H6:H30 单元格区域中数值为"1"时，在 B6:G30 单元格区域中查找引用职工编号→将公式复制粘贴至 M5 单元格中。
- K6 单元格："=IFERROR(VLOOKUP($K$5,职工信息!$B$3:$U102,MATCH(J6,职工信息!$2:$2,0)-1,0),"-")"，根据 K5 单元格中的职工编号，在"职工信息"工作表中查找引用与之匹配的姓名→将公式复制粘贴至 K7:K10、M6:M7 和 M9:M10 单元格区域中。

K6 单元格其实也可以复制粘贴 K5 单元格公式，在表 1 中查找姓名，但是由于表 1 中没有包含其他信息，如"身份证号码"，因此将公式设置为在"职工信息"工作表中查找，更方便复制粘贴公式。

- M8 单元格："=IFERROR(YEAR(TODAY())-YEAR(M7),"-")"，计算职工年龄。
- K11 单元格："=IFERROR(VLOOKUP($K$5,劳动合同台账!$B$3:$U102,MATCH(J11,劳动合同台账!$3:$3,0)-1,0),"-")"，查找引用"合同台账"工作表中的最新合同期限→将公式复制粘贴至 M11 单元格中。
- N11 单元格："=IFERROR(" ★ 倒计时:"&DATEDIF(TODAY(),M11,"D")&" 天 ★ ","-")"，计算合同期限的"倒计时"天数，并与指定文本组合。

❷查找引用职工照片。打开【新建名称】对话框创建名称，将名称命名为"职工照片"→将"引用位置"设置为公式"=INDEX(职工信息 !$R:$R,MATCH(职工个人信息查询 !$K$5,职工信息 !$B:$B,0))"→在"职工信息"工作表中复制任意一张照片至"职工个人信息查询"工作表的 N6 单元格中→单击照片→在【编辑栏】中输入"= 职工照片"→调整照片大小和格式即可。

以上操作完成后，可将 E2 单元格中的数字隐藏，效果如图 7-39 所示。

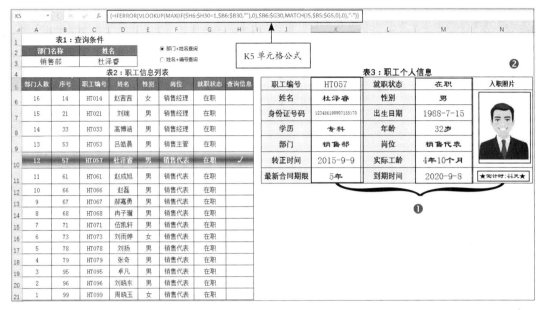

图 7-39

Step05 制作动态数据表和图表，按部门统计展示职工性别人数及比例。❶ 绘制表4表格框架，设置字段名称及基本格式→将 L14:M14 单元格区域格式自定义为"# 人"，效果如图 7-40 所示；❷ 分别在 K13、L14、L15 和 K14 单元格中设置以下公式。

- K13 单元格："=IF(E2=1,A3,K9)"，如果选中"按部门 + 姓名查询"控件，即返回 A3 单元格中的部门名称，否则返回 K9 单元格中的部门名称。

- L14 单元格："=COUNTIFS(职工信息 !$D3:$D103,IF($E2=1,$A3,$K13),职工信息 !$P3:$P103,"",职工信息 !$I3:$I103,LEFT(L13,1))"，根据 A3 或 K13 单元格中的部门名称，在"职工信息"工作表中统计男性人数（已离职的不统计）。

- L15 单元格："=ROUND(L14/SUM($L14:$M14),4)"，计算男性人数占部门人数的比例。
将 L14:L15 单元格区域公式填充至 M14:M15 单元格区域。

- K14 单元格："=IF(E2=1,A3,K13)&" 共 "&SUM(L14:M14)&" 人 """，计算部门人数合计，并与 A3 或 K13 单元格中的部门名称组合（将作为图表的横坐标轴），效果如图 7-41 所示。

图 7-40

图 7-41

选中 K13:M15 单元格区域→插入"堆积条形图"，初始图表如图 7-42 所示；打开【选择数据源】对话框→单击【切换行 / 列】按钮；取消勾选"水平轴标签"列表中的"比例"复选框，如图 7-43 所示。

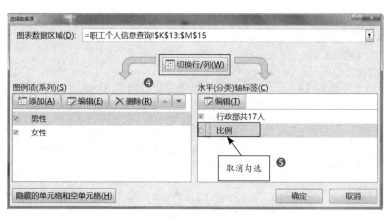

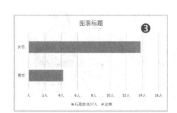

图 7-42

图 7-43

　　最后自行设计图表样式，可在数据系列中插入人形图片，添加数据标签、设置纵坐标轴的最小值和最大值后删除。同时删除图例项、图表标题、网格线等不需要的图表元素，填充图表区域背景等，效果如图 7-44 所示。

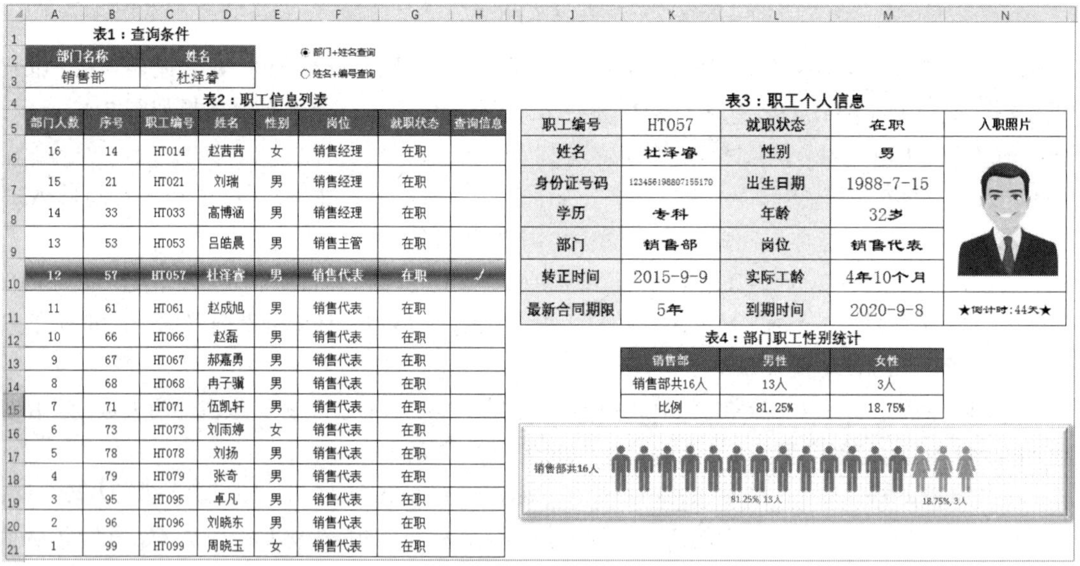

图 7-44

　　Step06 测试效果。❶ 在 A3 单元格下拉列表中选择其他部门名称，如"人力资源部"→在 C3 单元格下拉列表中选择任意姓名，可看到所有数据及图表动态变化效果，如图 7-45 所示；❷ 将"职工信息"工作表中的任意 3 个姓名修改为完全相同的姓名（如"林玲"）→在"职工个人信息"工作表中选中"按姓名＋编号查询"控件→在 A3 单元格下拉列表中选择姓名"林玲"→在 C3 单元格下拉列表中的 3 个职工编号中任意选择其一，数据及图表动态变化效果如图 7-46 所示。

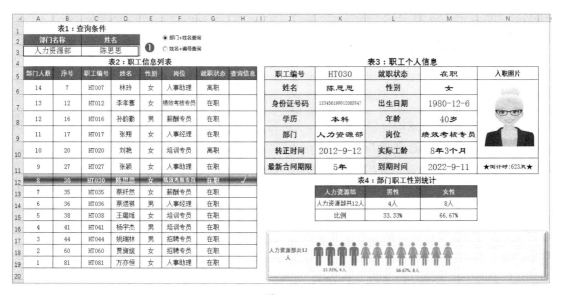

图 7-45

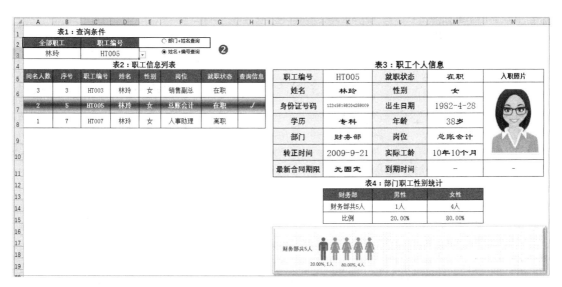

图 7-46

本节示例结果见"结果文件 \ 第 7 章 \ 职工信息管理 .xlsx"文件。

本节制作了职工基本信息表、劳动合同管理台账，并以此为数据基础，制作了几种比较典型的统计分析表格。其实还可从多种角度对职工基本数据进行统计和分析。例如，可制作"职工转正统计表"，按时间段统计转正职工数据，并提示即将转正的职工信息；制作"职工岗位变动表"，统计和分析职工岗位变动时间和变动类型；制作"年度人员流动统计表"，统计并对比分析各年度人员流动数据，并分析离职原因；制作"在职职工结构综合分析表"，分别按部门、岗位、性别、年龄段统计和分析职工分布数据等。以上所列各种统计分析表格，均可参考本节内容进行设计和制作，只要充分掌握了制表技能的关键点和数据管理思路，就能轻松制作出所需的数据表，提高工作效率，达到事半功倍的效果。

7.2 职工考勤管理

考勤是企业人力资源管理部门最日常和最基础的一项工作，是企业对职工出勤的一种考查制度。考勤的目的是维护企业的日常工作秩序，使职工自觉遵守工作时间和劳动纪律，使企业内部运转能够得到基本保障，在此基础上，才能进一步提高工作效率，真正为企业创造价值。另外，考勤数据也是企业为职工提供薪酬和福利的一项必不可缺的重要数据依据。因此，HR 必须做好考勤管理工作，为企业健康、稳定、持续发展提供坚实的后盾，也为保障职工的薪酬福利提供准确的数据基础。

本节主要介绍如何借助 Excel 工具做好考勤管理工作的 4 个关键技能，知识框架及要点如图 7-47 所示。

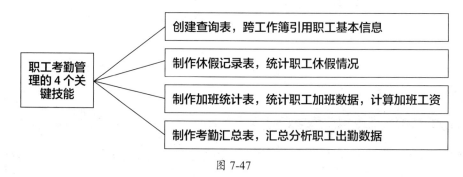

图 7-47

关键技能 075 创建查询表，跨工作簿引用职工基本信息

技能说明

前面小节中，在制作各种统计分析表格时，都是从同一工作簿中的"职工信息"工作表中引用职工信息，本节将新建工作簿计算与管理工资及相关数据，那么就必须跨工作簿引用职工基本信息。跨工作簿引用的传统方法有以下 2 种。

①计算数据时，在公式中直接引用 < 职工信息管理 >—"职工信息"工作表中的目标单元格；

②设置链接公式，将"职工信息"工作表的全部信息引用至新建工作簿中的一张工作表中，制作其他工作表时即可在同一工作簿中引用此工作表中的目标单元格。

采用以上两种方法进行跨工作簿引用的弊端是：公式中将显示被引用单元格所在的完整路径，导致公式冗长繁杂。比如，引用"职工信息"工作表中的 B3 单元格数据，公式表达式为"=D:\ 我的文档 \ 同步学习文件 \ 结果文件 \ 第 7 章 \[职工信息管理 .xlsx] 职工信息 !$B$3"，如果公式中还需要嵌套其他函数，就会更加繁冗复杂，难以理解。另外，如果源工作表布局发生改变，将导致数据计算发生错误。

其实在 Excel 2016 中，可以使用第 3 种方法，即运用新增功能——【新建查询】创建查询表（本书在第 1 章中做过简要介绍），无须设置任何公式，只需通过简单的几步操作即可完成跨工作簿引用，而且当源数据表发生任何改变时，查询表中的数据也可同步更新。

因此，本小节在制作考勤管理表格之前，将首先介绍创建查询表，引用职工基本信息的关键操作技能和具体方法。

应用实战

创建查询表的方法非常简单，只需两步即可，操作步骤如下。

Step01 ❶ 新建 Excel 工作簿，命名为"职工考勤管理"→在任意一张工作表中单击【数据】选项卡下【获取和转换】组中的【新建查询】下拉按钮→在下拉列表中单击"从文件"选项→在二级列表中单击【从工作簿】命令，如图 7-48 所示；❷ 弹出【导入数据】对话框，打开存储工作簿的文件夹→选中目标工作簿后单击【导入】按钮，如图 7-49 所示；❸ 弹出【导航器】对话框，左侧列表列出工作簿中所有工作表，选中"职工信息"工作表后，右侧预览框中将显示预览图→单击【转换数据】按钮，开启 Power Query 编辑器，如图 7-50 所示。

图 7-48

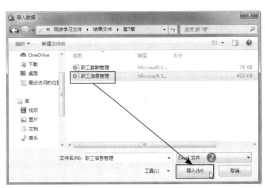

图 7-49

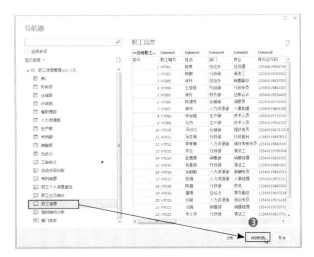

图 7-50

Step02 在 Power Query 编辑器中完成以下 4 个操作即可。❶ 删除不需要的列，如"照片"列，右击"照片"列→单击快捷菜单中的【删除】命令，如图 7-51 所示；❷ 删除空行，导入查询表后增加许多空行，单击【主页】选项卡下【减少行】组中的【删除行】下拉按钮→单击下拉列表中的【删除空行】命令，如图 7-52 所示；

图 7-51

图 7-52

❸ 提升标题，单击左上角按钮 ▦ →单击快捷菜单中的【将第一行用作标题】命令；❹ 上载数据，单击【主页】选项卡【关闭】组中的【关闭并上载】按钮，如图 7-53 所示。导入 Excel 工作表后，将工作表重命名为"职工信息表"，初始效果如图 7-54 所示（自行设计表格样式即可）。

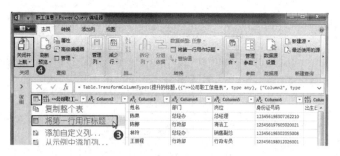

图 7-53

图 7-54

温馨提示

①源数据表进行任何数据或布局上的改动后,只需保存源数据表→右击查询表→单击快捷菜单中的【刷新】命令即可同步更新查询表数据或布局。

②读者下载随书附赠的学习文件后,由于存储源文件的路径发生变化,首先要修改查询表的源文件路径后才能正常使用。例如,下载至计算机 E 盘。修改步骤如下。

打开查询表→选中任一单元格,激活【查询工具】→单击【查询】选项卡【编辑】组中的【编辑】按钮,开启 Power Query 编辑器→单击【主页】选项卡下的【数据源设置】按钮,打开同名对话框→单击【更改源】按钮,在对话框中将源文件路径修改为"E:\……\ 同步学习文件 \ 第 7 章 \ 结果文件 \ 职工信息管理 .xlsx"→最后单击【关闭并上载】按钮即可。

关键技能 076 制作休假记录表,统计职工休假情况

技能说明

休假管理是企业内部为了规范考勤管理,维护正常工作秩序,保障职工休息、休假权利,为职工创造有序工作环境的一项基本管理工作。同时,休假管理数据将为考勤、核算工资提供数据支撑。因此,对于 HR 来说,不仅需要掌握职工休假的时间及休假的记录,还要对职工休假的详细情况进行准确的统计。

实际工作中,职工休假类型一般包括带薪年休假、婚假、工伤假、丧假及病事假等。本小节将制作两张表格,分别用于计算职工带薪年休假和记录职工休假情况,为后面汇总和统计考勤数据提供数据依据。两张表格分别运用的主要功能、技巧和函数作用及制表思路的简要说明如图 7-55 所示。

年休计算表	• LOOKUP 函数:根据年休假的相关规定计算职工应享受的带薪年休假天数
休假记录表	• NETWORKDAYS 函数:计算指定月份的工作日数(应出勤天数) • WEEKDAY 函数:计算星期数,生成动态表头 • 窗体控件:结合我国国情,制作辅助表记录当月节假日和调班、调休日期,制作"选项按钮"控件,控制计算节假日和调休天数 • 条件格式:运用 WEEKDAY、VLOOKUP 函数在条件格式中设置公式,分别标识休息日、节假日、调班和调休日期

图 7-55

应用实战

(1)自动计算职工带薪年休假天数

劳动者连续工作一年以上,即可享受一定时间的带薪年休假。计算带薪年休假天数非常简单,根据《职工带薪年休假条例》第三条规定:"职工累计工作满 1 年不满 10 年的,年休假 5 天;已满 10 年不满 20 年的，年休假 10 天；已满 20 年的，年休假 15 天。国家法定休假日、休息日不计入年休假的假期。"下面根据上述规定，计算职工应享受的年休假天数。

Step01 将工作表"Sheet1"重命名为"年休计算"→绘制表格框架、设置字段名称及基本格式→将 G 列单元格格式自定义为"# 年"→将 H 列单元格格式自定义为"# 天"。表格中所有字段要全部设置公式，从"职工信息表"工作表中取数，并自动计算年休天数。初始表格如图 7-56 所示。

Step02 分别在 A3:C3 单元格区域和 H3 单元格中设置以下公式。

- B3 单元格：设置数组公式"{=IFERROR(VLOOKUP(SMALL(IF(职工信息表 !$H$3:$H$102=" 离职 ",""," 职工信息表 !$A$3:$A$102),ROW()-2), 职工信息表 !A:B,2,0),""")}"，运用 VLOOKUP 函数，以 SMALL 函数表达式从"职工信息表"工作表中统计得到的序号作为关键字，查找引用与之匹配的职工编号（已离职的不统计）。其中，表达式"ROW()-2"是 SMALL 函数的第 2 个参数，其作用是自动生成数字序列。公式返回结果为"HT001"。
- A3 单元格："=IF(B3="","",MAX(A$2:A2)+1)"，自动生成序号。
- C3 单元格："=IFERROR(VLOOKUP($B3, 职工信息表 !$B$3:$U$102,MATCH(C$2, 职工信息表 !$2:$2,0)-1,0),"")"，根据职工编号查找姓名，公式返回结果为"张果"→将公式复制粘贴至 D3:G3 单元格区域。
- H3 单元格："=IFERROR(LOOKUP(G3,{0,1,10,20},{0,5,10,15}),"")"，根据工龄计算年休天数。公式返回结果为"10 天"。

将 A3:B3 单元格区域公式填充至 A4:B120 单元格区域（在职人数为 97 人，预留行，若增加职工，可自动列示），效果如果 7-57 所示。

图 7-56

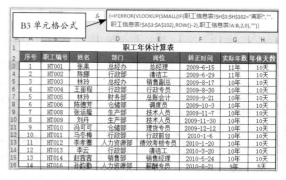

图 7-57

（2）制作职工休假记录表

职工休假记录表是参考考勤表格式，列出指定月份的全部日期，详细记录职工各种休假类型及具体休假日期。职工休假记录表的框架非常简单，制表关键点在于如何结合我国国情，将法定节假日、调班及调休日期考虑在内，准确计算当月应出勤天数。下面以具有代表性的、节假日及调休日较多的 2020 年 10 月为例，制作休假记录表，同时分享制表思路。

Step01 将工作表"Sheet2"重命名为"休假记录表"→直接将"年休计算"工作表中 A:D 列复制粘贴至此→补充绘制表格框架及辅助表框架，两张表格分别用于记录职工休假日期，以及法定节假日的放假和调休日期。❶ 在 D1 单元格中输入"10-1"；❷ 在 E2、F2 单元格中分别输入公式

"=D1""=E2+1"→将 F2 单元格公式填充至 G2:AI2 单元格区域→将 E2:AI2 单元格区域格式自定义为"d"，仅显示日期；❸ 在 E3 单元格中输入公式"=E2"，将公式填充至 F3:AI3 单元格区域→将 E3:AI3 单元格区域格式自定义为"aaa"，显示星期数；❹ 在 AK1 单元格中输入公式"=D1"→将单元格格式自定义为"yyyy" 年 "m" 月法定节假日记录表 ""；❺ 制作两个"选项按钮"控件◉，分别命名为"含节假日"和"无节假日"→在【设置控件格式】对话框中将"单元格链接"设置为 AN1 单元格（选中"含节假日"控件时，单元格中数字为"1"）→将单元格格式自定义为";"隐藏数字。初始表格如图 7-58 所示。

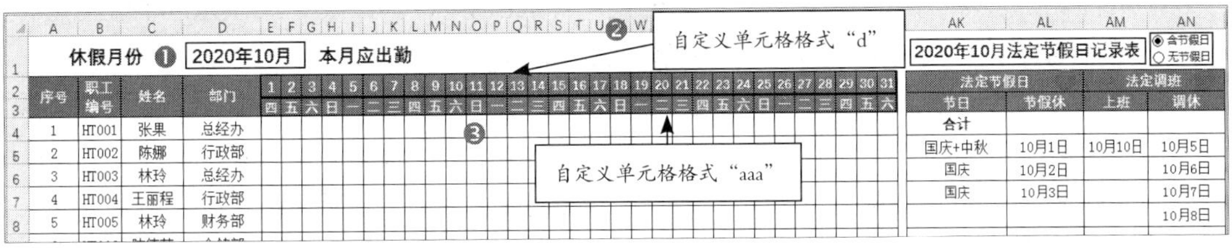

图 7-58

Step02 分别在 AL4、AM4 和 M1 单元格中设置以下公式。

- AL4 单元格："=COUNT(IF($AN$1=1,AL5:AL9,""))"，当 AN1 单元格中数字为 1 时（即选中"含节假日"控件）统计节假日休假天数，否则不作统计→将公式复制粘贴至 AN4 单元格。

- AM4 单元格："=COUNT(AM5:AM9)"→用格式刷 将 AL4 单元格格式刷至 AM4 单元格中，公式中未设定条件"IF($AN$1=1)"的原因在于：即使当月没有节假日，也可能有调班日。例如，2020 年 9 月 27 日（周日）即为调班日。

- M1 单元格："=NETWORKDAYS(E2,EOMONTH(E2,0),IF($AN$1=1,AL5:AL9,0))+AM4-AN4"，计算本月应出勤天数→将单元格格式自定义为"# 天"。公式返回结果为"17 天"，公式解析如下。

① NETWORKDAYS 函数第 2 个参数是表达式"EOMONTH(E2,0)"，用于计算本月最末一天日期。第 3 个参数，即"IF($AN$1=1,AL5:AL9,0)"是计算本月的法定节假日休假天数。

② NETWORKDAYS 函数计算工作日原理：根据起始日期计算本月总天数 - 休息日天数（周六和周日）- 指定休假天数，不能识别调休和调班的日期，因此，需要再加上 AM4 单元格中的法定调班的上班天数，并减掉 AN4 单元格中的调休天数，即可得到本月应出勤天数。

设置完成后，效果如图 7-59 所示。

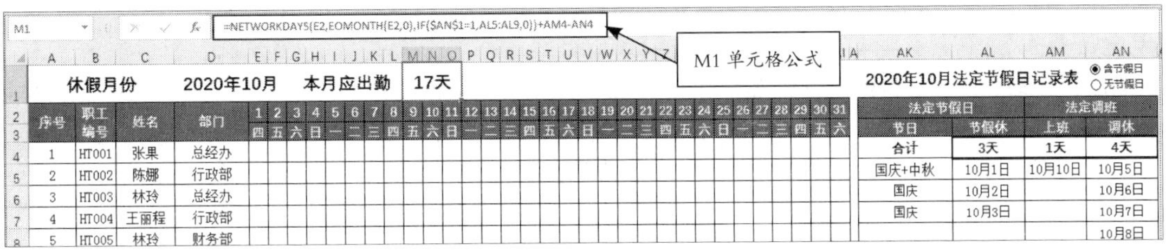

图 7-59

Step03 设置条件格式，标识休息日、节假日、调班及调休日期。选中 E2:E121 单元格区域，分别设置以下 4 个条件格式。

- 条件格式一：标识休息日。设置公式“=OR(WEEKDAY(E$2)=7,WEEKDAY(E$2)=1)”，即 E2 单元格中的星期数为 7 或 1（代表星期六和星期日）→设置填充色为蓝色。
- 条件格式二：标识节假日。设置公式“=AND($AN$1=1,E$2=(VLOOKUP(E$2,$AL$5:$AL$10, 1,0)))”，E2 单元格中的日期与 AL5:AL10 单元格区域中其中一个日期相同→设置填充为红色。
- 条件格式三：标识调休日。设置公式“=AND($AN$1=1,E$2=VLOOKUP(E$2,$AN$5:$AN$10,1,0))”，与条件格式二的公式含义相同→设置填充色为绿色。
- 条件格式四：标识调班日。设置公式“=VLOOKUP(E$2,$AM$5:$AM$10,1,0)”，与条件格式二、三公式含义相同，但未设置条件“$AN$1=1”，原因在于：即使当月没有节假日，也可能有调班日，例如，2020 年 9 月 27 日（周日）即为调班日→设置填充色为灰色。

最后运用【格式刷】工具将 E2:E121 单元格区域的格式刷至 F2:AI121 单元格区域→在表格中填入职工休假情况，以作为后面统计考勤数据的数据源，效果如图 7-60 所示。

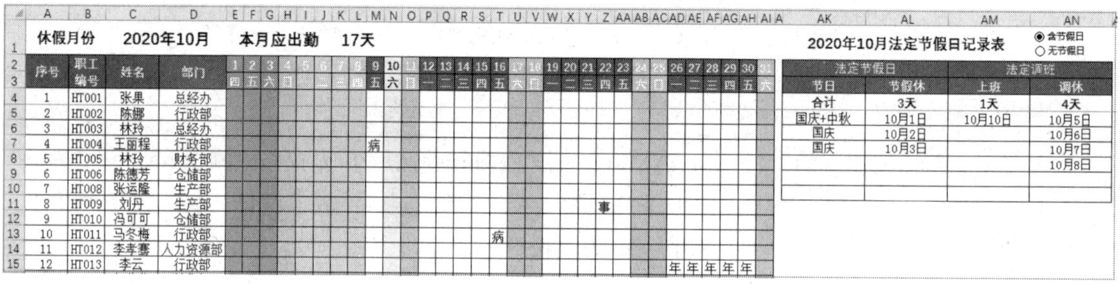

休假月份 2020年10月 本月应出勤 17天

序号	职工编号	姓名	部门	1	2	3	4	5	6	7	8	9	10	11	12	13	14	15	16	17	18	19	20	21	22	23	24	25	26	27	28	29	30	31
				四	五	六	日	一	二	三	四	五	六	日	一	二	三	四	五	六	日	一	二	三	四	五	六	日	一	二	三	四	五	六
1	HT001	张果	总经办																															
2	HT002	陈娜	行政部																															
3	HT003	林玲	总经办																															
4	HT004	王丽程	行政部									病																						
5	HT005	林玲	财务部																															
6	HT006	陈德芳	仓储部																															
7	HT008	张运隆	生产部																															
8	HT009	刘丹	生产部																						事									
9	HT010	冯可可	仓储部																															
10	HT011	马冬梅	行政部																病															
11	HT012	李孝賽	人力资源部																															
12	HT013	李云	行政部																										年	年	年	年	年	

2020年10月法定节假日记录表 ◉含节假日 ○无节假日

法定节假日		法定调班	
节日	节假休	上班	调休
合计	3天	1天	4天
国庆+中秋	10月1日	10月10日	10月5日
国庆	10月2日		10月6日
国庆	10月3日		10月7日
			10月8日

图 7-60

关键技能 077 制作加班统计表，统计职工加班数据，计算加班工资

技能说明

日常工作中，企业难免会遇到需要职工加班的情况，尤其是生产型企业，加班更是屡见不鲜。由于加班超出了职工的正常劳动时间，企业必须按照国家劳动法的相关规定向职工支付额外的加班工资，保障职工的合法权益。因此，HR 应当详细记录每位职工的加班时长，确保加班工资计算准确无误。

本小节将制作 3 张表格，分别为加班记录表、加班统计表及动态日历，用于记录职工加班数据、计算加班工资，动态日历可方便对照填写和核实加班类型。制作表格需要运用的主要函数、工具及制表思路的简要说明如图 7-61 所示。

加班记录表

- VLOOKUP 函数：根据职工编号查找职工相关信息
- COUNTIF 函数：统计职工加班次数

加班统计表

- VLOOKUP+SMALL+IF 函数：全自动列示加班记录表中记录的职工编号和职工姓名，可去除重复的职工编号
- SUMIFS 函数：分类汇总职工的各种类型的加班时长，以便根据不同标准计算加班工资

动态月历

- WEEKDAY 函数：计算日期的星期数
- SUMIFS 函数：分类汇总职工的各种类型的加班时长，以便根据不同标准计算加班工资
- 条件格式：标识指定日期

图 7-61

应用实战

下面仍然以 2020 年 10 月为例，制作加班记录表、加班统计表及动态日历，同时分享数据管理思路及制表思路。

Step01 将工作表"Sheet3"重命名为"加班统计"，绘制 3 个表格框架并设置字段名称及基本格式。另外，可将"休假记录表"工作表中的"法定节假日记录表"直接复制粘贴至此表中，作用同"表 3"，具体操作步骤如下。

❶ 在表 1 中填入加班日期、职工编号、加班类型、加班事由及加班时间等基本信息；❷ 在表 3 中的 W1 单元格中输入"10-1"→将单元格格式自定义为"yyyy"年"m"月日历""→在 V2:AB2 单元格区域中依次输入数字 1~7→将单元格格式自定义为"aaa"，即可显示为星期数。初始效果如图 7-62 所示。

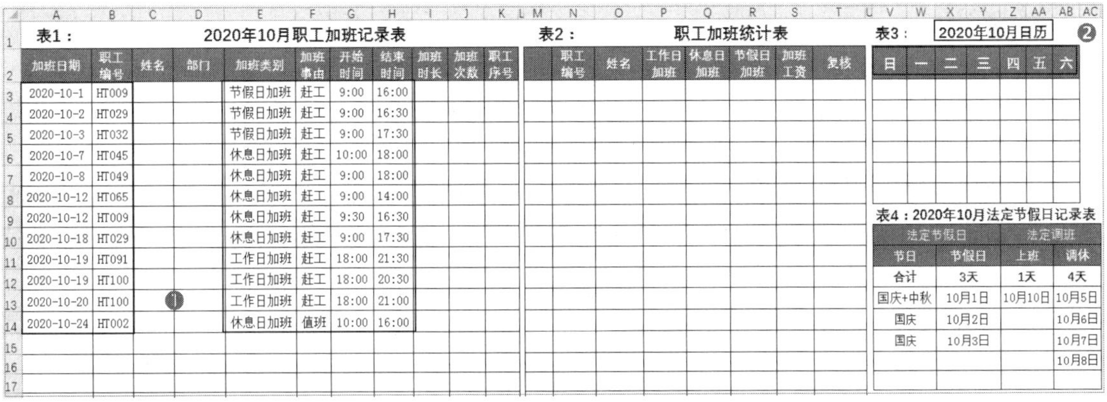

表1： 2020年10月职工加班记录表

加班日期	职工编号	姓名	部门	加班类别	加班事由	开始时间	结束时间	加班时长	加班次数	职工序号
2020-10-1	HT009			节假日加班	赶工	9:00	16:00			
2020-10-2	HT029			节假日加班	赶工	9:00	16:30			
2020-10-3	HT032			节假日加班	赶工	9:00	17:30			
2020-10-7	HT045			休息日加班	赶工	10:00	18:00			
2020-10-8	HT049			休息日加班	赶工	9:00	18:00			
2020-10-12	HT065			休息日加班	赶工	9:00	14:00			
2020-10-12	HT009			休息日加班	赶工	9:30	16:30			
2020-10-18	HT029			休息日加班	赶工	9:00	17:30			
2020-10-19	HT091			工作日加班	赶工	18:00	21:30			
2020-10-19	HT100			工作日加班	赶工	18:00	20:30			
2020-10-20	HT100			工作日加班	赶工	18:00	21:00			
2020-10-24	HT002			休息日加班	值班	10:00	16:00			

表2： 职工加班统计表

	职工编号	姓名	工作日加班	休息日加班	节假日加班	加班工资	复核

表3： 2020年10月日历

日	一	二	三	四	五	六

表4：2020年10月法定节假日记录表

法定节假日		法定调班	
节日	节假日	上班	调休
合计	3天	1天	4天
国庆+中秋	10月1日	10月10日	10月5日
国庆	10月2日		10月6日
国庆	10月3日		10月7日
			10月8日

图 7-62

Step02 分别在表 1 中的 C3 单元格和 I3:K3 单元格区域设置以下公式：

- C3 单元格："=IFERROR(VLOOKUP($B3, 职工信息表 !$B$3:S$103,MATCH(C$2, 职工信

息表 !$2:$2,0)-1,0),"")"，根据 B3 单元格中的职工编号在"职工信息表"工作表中查找引用与之匹配的姓名→将公式填充至 D3 单元格中。

- I3 单元格："=(H3-G3)*24"，计算加班时长。
- J3 单元格："=COUNTIF(B$3:B3,B3)"，统计加班次数。
- K3 单元格："=VLOOKUP(B3,IF({1,0}, 职工信息表 !B$2:B$103, 职工信息表 ! A$2:A$103), 2,0)"，根据 B3 单元格中的职工编号在"职工信息表"工作表中查找引用与之匹配的序号。

将以上公式填充至下面单元格区域即可（J 列和 K 列为辅助列，其中数据将作为"职工加班统计表"中，设置筛选职工编号公式的参数之一），效果如图 7-63 所示。

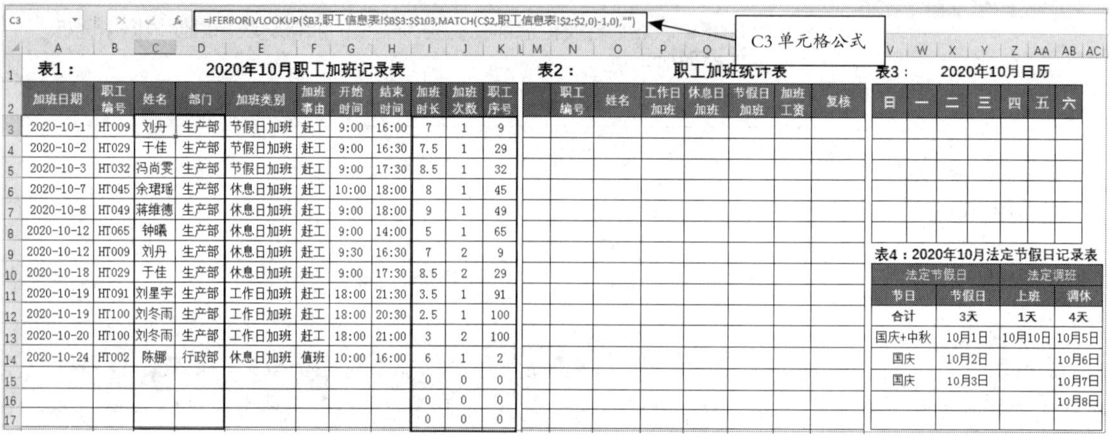

加班日期	职工编号	姓名	部门	加班类别	加班事由	开始时间	结束时间	加班时长	加班次数	职工序号
2020-10-1	HT009	刘丹	生产部	节假日加班	赶工	9:00	16:00	7	1	9
2020-10-2	HT029	于佳	生产部	节假日加班	赶工	9:00	16:30	7.5	1	29
2020-10-3	HT032	冯尚雯	生产部	节假日加班	赶工	9:00	17:30	8.5	1	32
2020-10-7	HT045	余珺瑶	生产部	休息日加班	赶工	10:00	18:00	8	1	45
2020-10-8	HT049	蒋维德	生产部	休息日加班	赶工	9:00	18:00	9	1	49
2020-10-12	HT065	钟曦	生产部	休息日加班	赶工	9:00	14:00	5	1	65
2020-10-12	HT009	刘丹	生产部	休息日加班	赶工	9:30	16:30	7	2	9
2020-10-18	HT029	于佳	生产部	休息日加班	赶工	9:00	17:30	8.5	2	29
2020-10-19	HT091	刘星宇	生产部	工作日加班	赶工	18:00	21:30	3.5	1	91
2020-10-19	HT100	刘冬雨	生产部	工作日加班	赶工	18:00	20:30	2.5	1	100
2020-10-20	HT100	刘冬雨	生产部	工作日加班	赶工	18:00	21:00	3	2	100
2020-10-24	HT002	陈娜	行政部	休息日加班	值班	10:00	16:00	6	1	2
								0	0	0
								0	0	0
								0	0	0

	职工编号	姓名	工作日加班	休息日加班	节假日加班	加班工资	复核

日	一	二	三	四	五	六

法定节假日		法定调班	
节日	节假日	上班	调休
合计	3天	1天	4天
国庆+中秋	10月1日	10月10日	10月5日
国庆	10月2日		10月6日
国庆	10月3日		10月7日
			10月8日

图 7-63

Step03 自动汇总加班数据。分别在表 2 的 M2 单元格与 M3:P3 单元格区域及 S3 单元格中设置公式。

- M2 单元格："=COUNTIF(J3:J30,1)"，统计加班次数为"1"的数量，以此作为自动生成序号的依据，公式返回结果为"9"→将单元格格式自定义为"序号"。
- M3 单元格："=IF(ROW()-2<=M$2,ROW()-2,"")"，自动生成序号，以此作为 N3 单元格中 SMALL 函数的第 2 个参数。公式返回结果为"1"。
- N3 单元格：设置数组公式"={IFERROR(VLOOKUP(SMALL(IF(J$3:J$103=1,K$3:K$103, ""),M3), IF({1,0},K$3:K$103,B$3:B$103),2,0),"")}"，根据 SMALL 函数返回加班次数为"1"所对应的最小序号，在表 1 中查找与之匹配的职工编号。这个公式的主要作用是自动查找引用 B 列中的职工编号，同时去除其中重复的职工编号（加班 1 次以上）。公式返回结果为"HT002"。
- O3 单元格："=IFERROR(VLOOKUP(N3,B$3:J$103,2,0),"")"，查找引用姓名。公式返回结果为"陈娜"。
- P3 单元格："=SUMIFS($I$3:$I$103,$C$3:$C$103,$O3,$E$3:$E$103,P$2)"，分类汇总"陈娜"的"工作日加班"时长→将公式填充至 Q3 和 R3 单元格中。
- S3 单元格："=SUM((P3*20*1.5),(Q3*20*2),(R3*20*3))"，按照 20 元 / 小时、工作日加班 1.5 倍工资、休息日加班 2 倍工资及节假日加班 3 倍工资的标准计算加班费。

将以上公式填充至下面单元格区域→最后设置条件格式清除多余的表格框线，隐藏空行中的数字“0”，效果如图 7-64 所示。

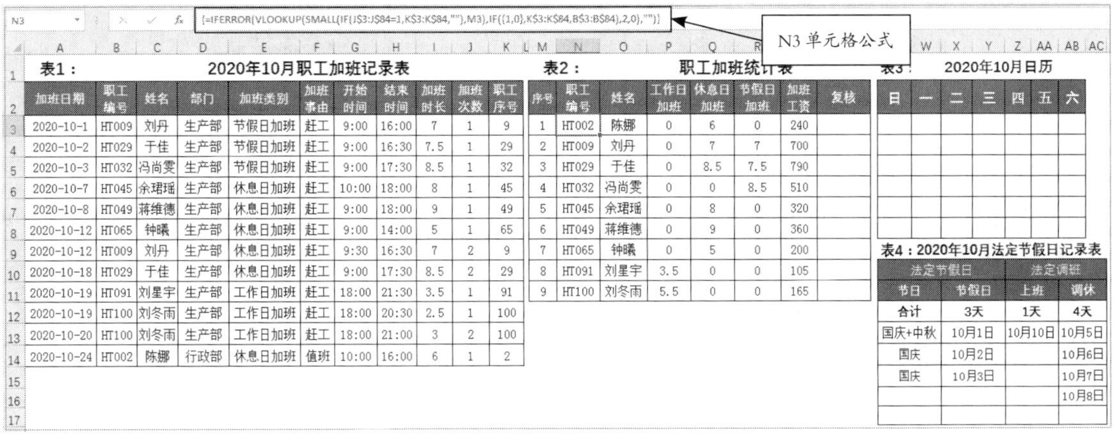

表1：2020年10月职工加班记录表

加班日期	职工编号	姓名	部门	加班类别	加班事由	开始时间	结束时间	加班时长	加班次数	职工序号
2020-10-1	HT009	刘丹	生产部	节假日加班	赶工	9:00	16:00	7	1	9
2020-10-2	HT029	于佳	生产部	节假日加班	赶工	9:00	16:30	7.5	1	29
2020-10-3	HT032	冯尚雯	生产部	节假日加班	赶工	9:00	17:30	8.5	1	32
2020-10-7	HT045	佘珺瑶	生产部	休息日加班	赶工	10:00	18:00	8	1	45
2020-10-8	HT049	蒋维德	生产部	休息日加班	赶工	9:00	18:00	9	1	49
2020-10-12	HT065	钟曦	生产部	休息日加班	赶工	9:00	14:00	5	1	65
2020-10-12	HT009	刘丹	生产部	休息日加班	赶工	9:30	16:30	7	2	9
2020-10-18	HT029	于佳	生产部	休息日加班	赶工	9:00	17:30	8.5	2	29
2020-10-19	HT091	刘星宇	生产部	工作日加班	赶工	18:00	21:30	3.5	1	91
2020-10-19	HT100	刘冬雨	生产部	工作日加班	赶工	18:00	20:30	2.5	1	100
2020-10-20	HT100	刘冬雨	生产部	工作日加班	赶工	18:00	21:00	3	2	100
2020-10-24	HT002	陈娜	行政部	休息日加班	值班	10:00	16:00	6	1	2

表2：职工加班统计表

序号	职工编号	姓名	工作日加班	休息日加班	节假日加班	加班工资	复核
1	HT002	陈娜	0	6	0	240	
2	HT009	刘丹	0	7	7	700	
3	HT029	于佳	0	8.5	7.5	790	
4	HT032	冯尚雯	0	0	8.5	510	
5	HT045	佘珺瑶	0	8	0	320	
6	HT049	蒋维德	0	9	0	360	
7	HT065	钟曦	0	5	0	200	
8	HT091	刘星宇	3.5	0	0	105	
9	HT100	刘冬雨	5.5	0	0	165	

表4：2020年10月法定节假日记录表

法定节假日		法定调班	
节日	节假日	上班	调休
合计	3天	1天	4天
国庆+中秋	10月1日	10月10日	10月5日
国庆	10月2日		10月6日
国庆	10月3日		10月7日
			10月8日

图 7-64

Step04 制作动态日历。❶ 将 V3:AB8 单元格区域格式自定义为“d”，仅显示日期数→在表 3 中的 V3、W3、U4 和 W4 单元格中设置以下公式。

- V3 单元格：“=IF(WEEKDAY($W$1)=V2,$W$1,"")”，运用 IF 函数判断 W1 单元格中的星期数与 V1 单元格相等时，返回 W1 单元格中的日期（即每月第 1 日），否则返回空值。
- W3 单元格：“=IF(WEEKDAY($W$1)=W2,$W$1,IF(V3="","",V3+1))”，公式在 V3 单元格公式的基础上添加了一个 IF 函数表达式，其含义是当 V3 单元格为空值时，代表星期日一定不是当月的第 1 日，也返回空值，否则在 V3 的日期数上加 1。

将 W3 单元格公式填充至 X3:AB3 单元格区域中。

- V4 和 W4 单元格：“=AB3+1”和“=V4+1”，在前一个日期数之前加 1。

将 W4 单元格公式填充至 X4:AB4 单元格区域→将 V4:AB4 单元格区域公式填充至 V5:AB8 单元格区域，效果如图 7-65 所示。

❷ 选中 V8 单元格，设置如下 2 个条件格式。

- 条件格式一：区分本月日期和次月日期。将条件设置为公式“=V8>EOMONTH($W$1,0)”，其含义是 V8 单元格中的日期数大于 W1 单元格中日期数所在月份的最末一日；
- 条件格式二：标识“今天”的日期。将条件设置为公式“=V8=TODAY()”→设置字体颜色和单元格填充色。

运用【格式刷】工具将 V8 单元格格式刷至 V3:AB8 单元格区域→最后可将 V3:V8 和 AB3:AB8 单元格区域字体设置为红色，标识休息日日期，效果如图 7-66 所示。

❸ 测试效果。在 W1 单元格中输入其他月份日期，如“8-1”→将计算机系统日期调整为 8 月 18 日，可看到日历动态变化效果，如图 7-67 所示。

图 7-65    图 7-66    图 7-67

关键技能 **078** 制作考勤汇总表，汇总分析职工出勤数据

技能说明

目前大部分企业采用考勤机自动记录职工的出勤情况。虽然考勤机的功能较多，但实际工作中通常只用于打卡记录，而对于职工迟到、早退、未打卡（如休假）等情况，仍然需要 HR 对考勤机中的数据进行整理、统计，再将休假及加班情况全部汇总。对此，本小节将制作两张表格，如图 7-68 所示。

考勤汇总表	部门考勤统计表
汇总考勤机数据及前面小节统计的职工休假、加班数据	对比分析各部门出勤情况，同时制作图表直观呈现数据效果

图 7-68

制作上述表格非常简单。其中，汇总考勤数据主要运用 VLOOKUP 函数，分别从不同表格中查找引用指定数据。而部门考勤统计表只需运用 SUMIF 函数，根据指定部门汇总考勤数据。图表制作主要采用簇状条形图、堆积条形图，根据休假类型呈现各部门考勤数据的对比效果，并采用簇状柱形图对比各部门平均出勤天数。

应用实战

（1）制作考勤汇总统计表

考勤汇总表是指将职工的出勤时间、休假及加班情况全部列示在一张表格中，再汇总统计每位职工当月的出勤情况，前面小节已制作表格统计了休假及加班情况，那么在汇总全部考勤数据之前，只需获取考勤机中的数据，根据职工签到和签退时间判断"迟到"或"早退"情况即可。

Step01 如图 7-69 所示是从考勤机中导出的 Excel 文件，经过一番整理后再导入到"职工考勤管理"工作簿中的考勤表（不含节假日和休息日的考勤记录，工作表名称为"考勤机数据"）。在 F 列右侧添加两列，在 G2 单元格中设置公式 "=IF(E2="","",IF(E2-"9:00:00">0," 迟到 ",""))"，判断迟到情况→在 H2 单元格中设置公式 "=IF(F2="","",IF(F2-"18:00:00"<0," 早退 ",""))"，判断早退情况→将 G2:H2 单元格区域公式填充至下面单元格区域中，如图 7-70 所示。

	A	B	C	D	E	F
1	员工号	姓名	部门	签到日期	签到	签退
2	HT001	张果	总经办	2020-10-9	08:52:25	18:17:22
3	HT001	张果	总经办	2020-10-10	08:52:19	18:09:46
4	HT001	张果	总经办	2020-10-12	08:44:38	18:19:42
5	HT001	张果	总经办	2020-10-13	08:44:22	18:10:55
6	HT001	张果	总经办	2020-10-14	08:40:32	18:16:17
7	HT001	张果	总经办	2020-10-15	08:50:28	17:50:42
8	HT001	张果	总经办	2020-10-16	08:48:15	18:04:49
9	HT001	张果	总经办	2020-10-19	08:54:15	18:06:20
10	HT001	张果	总经办	2020-10-20	08:55:21	18:06:35
11	HT001	张果	总经办	2020-10-21	08:41:22	18:13:51
12	HT001	张果	总经办	2020-10-22	08:56:16	18:12:52
13	HT001	张果	总经办	2020-10-23	08:43:38	18:12:34
14	HT001	张果	总经办	2020-10-26	08:56:14	18:13:36

图 7-69

G2 单元格公式 =IF(E2="","",IF(E2-"9:00:00">0,"迟到",""))

	A	B	C	D	E	F	G	H
1	员工号	姓名	部门	签到日期	签到	签退	迟到情况	早退情况
2	HT001	张果	总经办	2020-10-9	08:52:25	18:17:22		
3	HT001	张果	总经办	2020-10-10	08:52:19	18:09:46		
4	HT001	张果	总经办	2020-10-12	08:44:38	18:19:42		
5	HT001	张果	总经办	2020-10-13	08:44:22	18:10:55		
6	HT001	张果	总经办	2020-10-14	08:40:32	18:16:17		
7	HT001	张果	总经办	2020-10-15	08:50:28	17:50:42		早退
8	HT001	张果	总经办	2020-10-16	08:48:15	18:04:49		
9	HT001	张果	总经办	2020-10-19	08:54:15	18:06:20		
10	HT001	张果	总经办	2020-10-20	08:55:21	18:06:35		
11	HT001	张果	总经办	2020-10-21	08:41:22	18:13:51		
12	HT001	张果	总经办	2020-10-22	08:56:16	18:12:52		
13	HT001	张果	总经办	2020-10-23	08:43:38	18:12:34		
14	HT001	张果	总经办	2020-10-26	08:56:14	18:13:36		

图 7-70

Step02 新增工作表，命名为"考勤汇总表"→将"休假记录表"工作表中的表格全部复制并粘贴至此表中→删除之前填写的休假记录→在 AJ 列右侧绘制考勤统计表表格框架，设置字段名称及基础格式，如图 7-71 所示。

图 7-71

Step03 分别在 E4、AK4、AV4、AW4 和 AX4 单元格中设置以下公式。

- E4 单元格：设置数组公式"{=IFERROR(VLOOKUP($B4,休假记录表 !$B$4:$AI$200,COLUMN(E4)-1,0),"") &IFERROR(VLOOKUP($B4&E$3,IF({1,0},考勤机数据 !$A$2: $A$1625&考勤机数据 !$D$2:$D$1625,考勤机数据 !$G$2:$G$1625),2,0),"")&IFERROR(VLOOKUP($B4&E$3,IF({1,0},考勤机数据 !$A$2:$A$1029& 考勤机数据 !$D$2:$D$1625,考勤机数据 !$H$2:$H$1625),2,0),"")&IFERROR(IF(VLOOKUP($B4&E$3,IF({1,0},加班统计 !$B$2:$B$30&加班统计 !$A$2:$A$30,加班统计 !$J$2:$J$30),2,0)," 加 ",""),""))}"，查找引用"休假记录表""考勤机数据"和"加班统计"工作表中 10 月 1 日的出勤数据。公式虽然较长，但是简单易懂，其实质就是 4 组 VLOOKUP 函数表达式的组合→将公式复制粘贴至 E4:AI103 单元格区域即可。

- AK4 单元格："=COUNTIF($E$4:$AI4,AK$2)"，统计职工全月加班次数→将公式填充至 AL4:AU4 单元格区域。

- AV4 单元格："=IF(B4<>"",K$1-SUM(AL4:AQ4,AT4),"")"，计算职工全月实际出勤天数。

- AW4 单元格："=IFERROR(ROUND(AU4/K$1,4),"")"，计算职工全月出勤率。

- AX4 单元格："=AL4*50+AM4*20+(AS4+AT4)*15"，根据公司制定的标准计算病事假、迟到及早退的考勤扣款额。

将 AK4:AV4 单元格区域和 AX4 单元格格式自定义为"[=0]"""，隐藏数字"0"→将 AK4:AX4 单元格区域公式填充至 AK5:AV103 单元格区域，效果如图 7-72 所示。

（2）分析部门考勤情况

按照部门分析统计职工当月的考勤情况可为企业管理或调整考勤制度提供参考依据。下面制作部门考勤汇总统计表格及图表，呈现考勤数据。

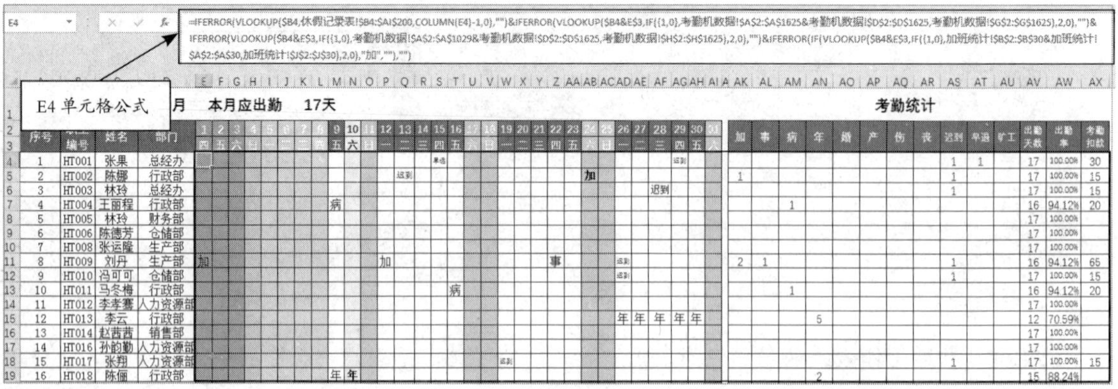

图 7-72

Step01 新增工作表，命名为“部门考勤统计”→绘制表格框架，设置字段名称及基础格式。初始表格框架如图 7-73 所示。

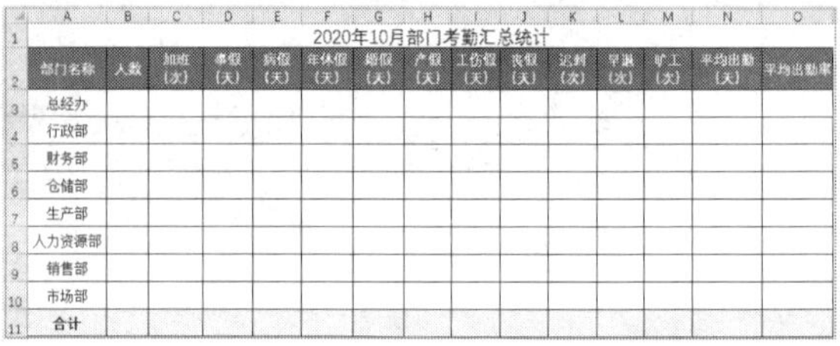

2020年10月部门考勤汇总统计														
部门名称	人数	加班（次）	事假（天）	病假（天）	年休假（天）	婚假（天）	产假（天）	工伤假（天）	丧假（天）	迟到（次）	早退（次）	旷工（次）	平均出勤（天）	平均出勤率
总经办														
行政部														
财务部														
仓储部														
生产部														
人力资源部														
销售部														
市场部														
合计														

图 7-73

Step02 分别在 B3、C3、N3 和 O3 单元格中设置以下公式：

- B3 单元格：“=COUNTIF(考勤汇总表 !$D$4:$D$103, 部门考勤统计 !A3)”，统计部门人数。
- C3 单元格：“=SUMIF(考勤汇总表 !$D$4:$D$103,$A3, 考勤汇总表 !AK$4:AK$103)”，统计“总经办”的加班次数→将公式填充至 D3:M3 单元格区域。
- N3 单元格：“=SUMIF(考勤汇总表 !$D$4:$D$103,A3, 考勤汇总表 !AV$4:AV$103)/B3”，计算实际平均出勤天数。
- O3 单元格：“=ROUND(N3/17,4)”，计算平均出勤率。

将 B3:N3 单元格区域公式填充至 B4:N10 单元格区域中→运用 SUM 函数在 B11:M11 单元格区域中设置求和公式→将 B3:M10 单元格区域格式自定义为“[=0]""”，可隐藏数字“0”，效果如图 7-74 所示。

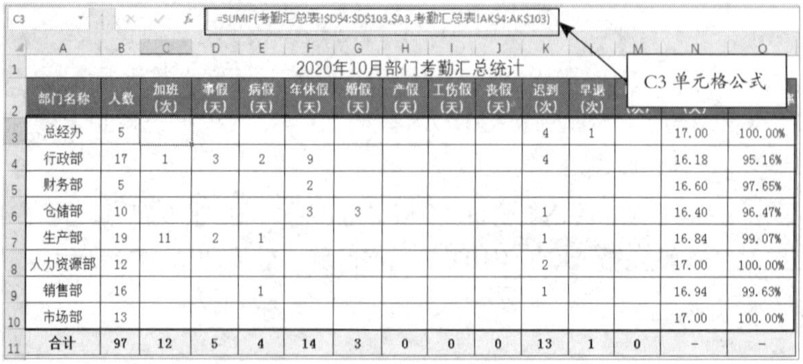

2020年10月部门考勤汇总统计														
部门名称	人数	加班（次）	事假（天）	病假（天）	年休假（天）	婚假（天）	产假（天）	工伤假（天）	丧假（天）	迟到（次）	早退（次）	（次）	（天）	
总经办	5									4	1		17.00	100.00%
行政部	17	1	3	2	9					4			16.18	95.16%
财务部	5				2								16.60	97.65%
仓储部	10				3	3				1			16.40	96.47%
生产部	19	11	2	1						1			16.84	99.07%
人力资源部	12									2			17.00	100.00%
销售部	16			1						1			16.94	99.63%
市场部	13												17.00	100.00%
合计	97	12	5	4	14	3	0	0	0	13	1	0	–	–

图 7-74

Step03 制作图表。❶ 将各种加班及休假划分为以下 4 类，分别制作 4 个简洁小巧的图表→自行设置图表样式。

①加班：选择 A3:A10、C3:C10 单元格区域制作簇状条形图。

②带薪假：年休假、婚假、产假、工伤假、丧假。选择 A3:A10、F3:F10、G3:G10 单元格区域数据制作堆积条形图。

③病事假：病假和事假。选择 A3:A10、D3:D10 和 E3:E10 单元格区域数据制作堆积条形图。

④劳动纪律：迟到、早退、旷工。选择 A3:A10、K3:K10 和 L3:L10 单元格区域数据制作堆积条形图。

全部部门均无数据的字段，如"产假""工伤假""丧假""旷工"等可不选择。

❷ 选中 A2:A10、N2:N10 单元格区域，制作柱形图，对比各部门平均出勤天数→自行设置图表样式，效果如图 7-75 所示。

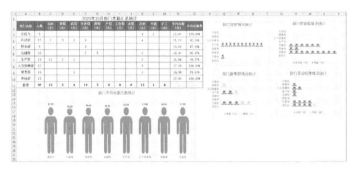

图 7-75

本节示例结果见"结果文件 \ 第 7 章 \ 职工考勤管理 .xlsx"文件。

7.3 职工工资薪金管理

职工是企业的主体，更是企业发展的践行者，而工资薪金直接关系到每一位职工的切身利益，也是职工通过劳动从企业获取的赖以生存的主要经济来源之一。因此，工资薪金核算是否准确、管理是否规范等相关问题对企业能否稳定发展起着至关重要的作用。HR 做好工资薪金的核算和管理工作，才能吸引人才，留住人才，也才能保障企业的整体效益和健康稳定的持续发展。

本节将介绍如何运用 Excel 计算工资薪金、制作工资条，以及统计和分析部门工资数据的 3 个相关关键技能，知识框架如图 7-76 所示。

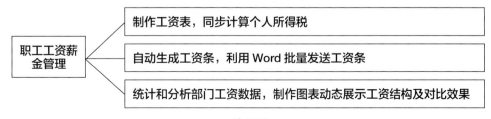

图 7-76

关键技能 **079** 制作工资表，同步计算个人所得税

技能说明

工资表用于对企业职工的每月工资进行计算和统计。工资表一般由基本工资、岗位津贴、工龄工资、绩效工资、加班工资、全勤奖、其他补贴、考勤扣款、其他扣款、实发工资等项目组成。同时，企业负有为职工代扣代缴"三险一金"（包括个人应缴纳的养老保险、基本医疗保险、失业保险和住房公积金，生育保险和工伤保险仅企业缴纳，职工个人不缴纳）与个人所得税的法定义务，因此，在工资表中也应当体现。

工资表中的部分项目数据一般可直接引用其他相关表格中的数据。例如，基本工资、岗位津贴、工龄工资、三险一金等数据相对固定，属于常量数据。可在其他表格中预先设置好并保存，每次制作工资表时皆可直接引用。而绩效工资、加班工资、考勤扣款等为变量数据，一般由各部门主管统计汇后提报 HR，同样也可通过引用方式获得。其他临时性数据，如其他补贴、其他扣款等数据直接填入即可。以上数据的计算方法都非常简单。事实上，计算工资的重点和难点在于个人所得税的计算。那么，结合个人所得税的相关规定，获取相关累计数据，在工资表中准确计算每月应预扣预缴的个人所得税额，也是 HR 必须掌握关键技能之一。

本节将针对上述内容介绍如何运用 Excel 制作工资表及相关数据表格（尤其是个人所得税相关数据）的获取和计算方法，并分享制表思路。

应用实战

制作工资表需要引用考勤数据，因此本节以第 7.2 节"职工考勤管理 .xlsx"文件中的相关表格作为本节素材文件，在此基础上制作工资表及相关数据表。打开"素材文件 \ 第 7 章 \ 职工工资薪金管理 .xlsx"文件，工作簿中包含"职工信息表""年休计算""2020.10 休假记录表""2020.10加班统计""2020.10 考勤机数据"及"2020.10 考勤汇总表"6 张工作表。

Step01 新增 3 张工作表，用于计算工资表的部分相关数据，并作为工资表的数据源。工作表名称、用途及制作要点说明如下。

- 岗位基本工资及津贴标准：按照岗位制定基本工资及岗位津贴标准。在 C3 单元格中（"在岗人数"字段）设置公式"=COUNTIFS(职工信息表 !E:E, 岗位基本工资及津贴标准 !B3,职工信息表 !P:P,"")"→向下填充公式，统计"职工信息表"工作表中每个岗位的在职职工人数，如图 7-77 所示。

- 固定工资数据：根据职工工龄及工龄工资标准计算工龄工资。"职工编号""姓名""岗位""实际年数"（即工龄）等字段的数据可直接从"年休计算表"工作表复制粘贴至此。在 H3 单元格（"工龄工资"字段）设置公式"=IFERROR(F3*50,"")"→向下填充公式，按 50 元 / 年标准计算工龄工资→输入或从官方软件导入由企业代扣代缴的每位职工的"三险一金"金额（"三险一金"的金额一般在一个年度内相对固定），如图 7-78 所示。

- 2020 年 10 月绩效工资：制定岗位绩效工资标准，根据当月绩效评分计算绩效工资，在 G3

单元格设置公式"=E3*(78/100)"→向下填充公式，如图7-79所示（实际工作中，职工绩效可由每个部门主管统计汇总并提报HR）。

图 7-77	图 7-78	图 7-79

Step02 绘制工资表及个人所得税计算表框架。新增工作表，命名为"2020.10工资"→绘制工资表和个人所得税计算表表格框架，设置字段名称及基础格式。其中，"序号""职工编号""姓名""部门""岗位"字段依然可从其他工作表中复制粘贴。可将合计行设置在表头，以便查看合计数。
❶ 在A1单元格输入"10-1"→将单元格格式自定义为"yyyy年m月职工工资表"；❷ 在T1单元格中设置公式"=A1"，引用A1单元格中的日期→将单元格格式自定义为"yyyy年m月个人所得税计算表"。初始表格框架及内容如图7-80所示。

图 7-80

Step03 计算工资数据。分别在以下单元格中设置公式或录入数据。

- F4单元格："=VLOOKUP($B4,固定工资数据!$B:$T,MATCH(F$2,固定工资数据!$2:$2,0)-1,0)"，从"固定工资数据"工作表中查找引用与职工编号匹配的基本工资数据→将公式复制粘贴至G4、H4及N4单元格中。

- I4单元格："=VLOOKUP($B4,2020.10绩效工资!$B$3:$G$103,6,0)"，从"2020.10绩效工资"工作表中查找引用与B4单元格中的职工编号匹配的绩效工资数据。

- J4单元格："=IFERROR(VLOOKUP(B4,2020.10加班统计!$N$2:$S$30,6,0),0)"，从"2020.10加班统计"工作表中查找引用与B4单元格中的职工编号匹配的加班工资数据。

- K4单元格："=IF(P4=0,100,0)"，运用IF函数判断P4单元格中无考勤扣款时，返回全勤奖"100"，否则返回数字"0"。

- L4单元格：填入非固定的临时性补贴，如高温补贴、过节费等。

- M4 单元格：“=SUM(F4:L4)”，计算应发工资。
- O4 单元格：“=AE4”，直接引用 AE4 单元格中的“本月应补缴税额”。因暂未计算个人所得税，所以返回结果为“0”。
- P4 单元格：“=VLOOKUP($B4,2020.10 考勤汇总表 !B:AX,MATCH(P$2,2020.10 考勤汇总表 !$2:$2,0)-1,0)”，从“2020.10 考勤汇总表”工作表中查找引用与 B4 单元格中的职工编号匹配的考勤扣款数据。
- Q4 单元格：填入其他临时性扣款。
- R4 单元格：“=ROUND(M4-SUM(N4:O4,2)”，计算实发工资。

将 J4:K100 和 N4:P100 单元格区域的单元格格式自定义为“[=0]"-"”，可使表格整洁美观→将以上公式填充至下面单元格区域中，效果如图 7-81 所示。

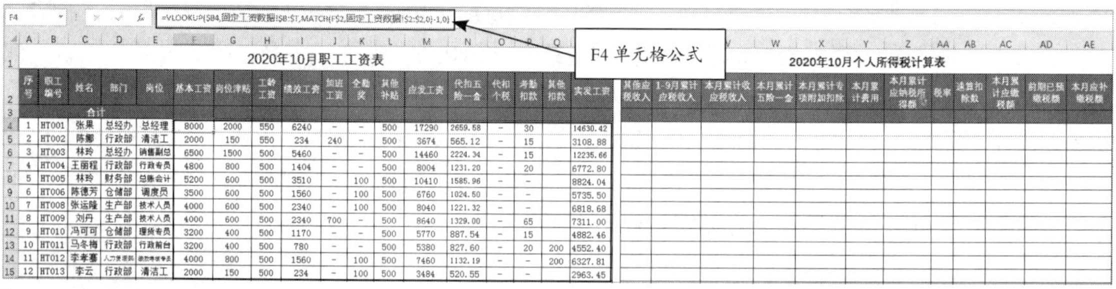

2020年10月职工工资表

序号	职工编号	姓名	部门	岗位	基本工资	岗位津贴	工龄工资	绩效工资	加班工资	全勤奖	其他补贴	应发工资	代扣五险一金	代扣个税	考勤扣款	其他扣款	实发工资
合计																	
1	HT001	张果	总经办	总经理	8000	2000	550	6240	-	-	500	17290	2659.58	-	30		14630.42
2	HT002	陈娜	行政部	清洁工	2000	150	550	234	240	-	500	3674	565.12	-	15		3108.88
3	HT003	林玲	总经办	销售副总	6500	1500	500	5460	-	-	500	14460	2224.34	-	15		12235.66
4	HT004	王丽程	行政部	行政专员	4800	800	500	1404	-	-	500	8004	1231.20	-	20		6772.80
5	HT005	林玲	财务部	总账会计	5200	600	500	3510	-	100	500	10410	1585.96	-	-		8824.04
6	HT006	陈德芳	仓储部	调度员	3500	600	500	1560	-	100	500	6760	1024.50	-	-		5735.50
7	HT008	张运隆	生产部	技术人员	4000	600	500	2340	-	100	500	8040	1221.32	-	-		6818.68
8	HT009	刘丹	生产部	技术人员	4000	600	500	2340	700	-	500	8640	1329.00	-	65		7311.00
9	HT010	冯可可	仓储部	理货专员	3200	400	500	1170	-	-	500	5770	887.54	-	15		4882.46
10	HT011	马冬梅	行政部	行政前台	3200	400	500	780	-	-	500	5380	827.60	-	20	200	4552.40
11	HT012	李孝骞	人力资源部	绩效考核专员	4000	800	500	1560	-	100	500	7460	1132.19	-	-	200	6327.81
12	HT013	李云	行政部	清洁工	2000	150	500	234	-	100	500	3484	520.55	-	-		2963.45

2020年10月个人所得税计算表

其他应税收入	1-9月累计应税收入	本月累计收应税收入	本月累计五险一金	本月累计专项附加扣除	本月累计费用	本月累计应纳税所得额	税率	速算扣除数	本月累计应缴税额	前期已预缴税额	本月应补缴税额

图 7-81

Step04 计算 2020 年 10 月应累计预扣预缴的个人所得税。T4:AE4 单元格区域中各字段用途和数据计算及获取方法如下。

- T4 单元格：填入其他已发放福利的应税收入金额。主要是指提供给职工的各种现金、实物福利。例如，中秋节月饼的金额、生日礼金、其他福利等。
- U4:U100、W4:W100、AD4:AD100 单元格区域：获取累计数据最简便、最准确的方法是每月申报个人所得税后，从“自然人电子税务局”官方申报系统中导出 Excel 申报文件留存。计算次月工资和个人所得税时，将相关累计数据直接复制粘贴或查找引用至对应单元格区域中即可。例如，申报 2020 年 9 月个人所得税后导出 Excel 文件，其中已包含 1—9 月的计算个人所得税所需的全部累计数据。注意：若申报文件中职工姓名排列顺序与工资表一致可直接复制粘贴，如果顺序不一致可用 VLOOKUP 等函数，根据职工编号或身份证号码进行查找引用。
- V4 单元格：“=ROUND(M4+U4+T4,2)”，计算本月累计应税收入。算术公式为“本月累计应税收入 = 本月应发工资 + 本月其他应税收入 +1—9 月累计应税收入”。
- Y4 单元格：“=5000*MONTH(T$1)”，按每月固定费用扣除标准 5000 元 / 月计算 2020 年 1—10 月的累计金额。其中，表达式“MONTH(T$1)”的作用即为计算累积期数。
- Z4 单元格：“=IF(V4-SUM(W4:Y4)>0,V4-SUM(W4:Y4),0)”，计算本月累计应纳税所得额。算术公式为“本月累计纳税所得额 = 本月累计应税收入 - 本月累计三险一金 - 本月累计附加扣除 - 本月累计费用”。

设置 IF 函数的作用是判断应纳税所得额大于 0 时，返回应纳税所得额，否则返回数字"0"，避免出现负数。

- AA4 单元格："=IF(Z4=0,0,LOOKUP(Z4,{0,36000.01,144000.01,300000.01,420000.01,660000.01,960000.01},{0.03,0.1,0.2,0.25,0.3,0.35,0.45}))"，根据个人所得税超额累进税率标准，返回与应纳税所得额匹配的适用税率。
- AB4 单元格："=IF(AA4=0,0,LOOKUP(AA4,{0.03,0.1,0.2,0.25,0.3,0.35,0.45},{0,2520, 16920,31920,52920,85920,181920}))"，根据个人所得税超额累进税率标准，返回与税率匹配的速算扣除数。
- AC4 单元格："=ROUND(Z4*AA4-AB4,2)"，计算本月累计应缴税额。算术公式为"本月累计应缴税额 = 本月累计应纳税所得额 × 适用税率 - 速算扣除数"。
- AE4 单元格："=ROUND(AC4-AD4,2)"，计算本月应补缴税额。算术公式为"本月应补缴税额 = 本月累计应缴税额 - 前期已预缴税额"。

将以上单元格公式填充至下面单元格区域→将 X4:X100、Z4:Z100 和 AB4:AE100 单元格区域的单元格格式自定义为"[=0]"-""→将 AA4:AA100 单元格区域的单元格格式自定义为"[=0]"-";0%"。

- F3 单元格："=SUM(F4:F100)"，计算基本工资合计数→将公式复制粘贴至 G3:R3、T3:AE3 单元格区域（AA3 单元格中不设置公式），效果如图 7-82 所示。

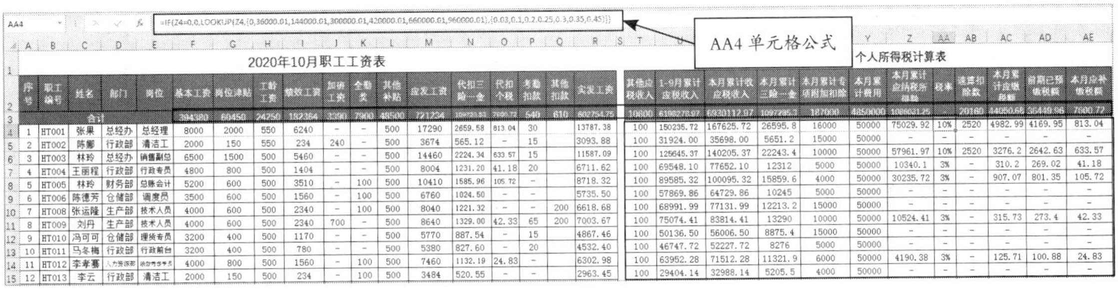

序号	职工编号	姓名	部门	岗位	基本工资	岗位津贴	工龄工资	绩效工资	加班工资	全勤奖	其他补贴	应发工资	代扣三险一金	代扣个税	考勤扣款	其他扣款	实发工资
合计					394380	60450	24250	182364	3290	7900	48500	721234	[illegible]	[illegible]	540	610	[illegible]
1	HT001	张果	总经办	总经理	8000	2000	550	6240	-	-	500	17290	2659.58	813.04	30		13787.38
2	HT002	陈郦	行政部	清洁工	2000	150	550	234	240	-	500	3674	565.12	-	15		3093.88
3	HT003	林玲	总经办	销售副总	6500	1500	500	5460	-	-	500	14460	2224.34	633.57	15		11587.09
4	HT004	王丽程	行政部	行政专员	4800	800	500	1404	-	-	500	8004	1231.20	41.18	20		6711.62
5	HT005	林玲	财务部	总账会计	5200	600	500	3510	-	100	500	10410	1585.96	105.72	-		8718.32
6	HT006	陈德芳	仓储部	调度员	3500	600	500	1560	-	100	500	6760	1024.50	-	-		5735.50
7	HT008	张运隆	生产部	技术人员	4000	600	500	2340	-	100	500	8040	1221.32	-	-	200	6618.68
8	HT009	刘丹	生产部	技术人员	4000	600	500	2340	700	-	500	8640	1329.00	42.33	65	200	7003.67
9	HT010	冯可可	仓储部	理货专员	3200	400	500	1170	-	-	500	5770	887.54	-	15		4867.46
10	HT011	马冬梅	行政部	行政前台	3200	400	500	780	-	-	500	5380	827.60	-	20		4532.40
11	HT012	李孝骞	人力资源部	[illegible]	4000	800	500	1560	-	100	500	7460	1132.19	24.83	-		6302.98
12	HT013	李云	行政部	清洁工	2000	150	500	234	-	100	500	3484	520.55	-	-		2963.45

序号	其他应税收入	1-9月累计应税收入	本月累计收应税收入	本月累计三险一金	本月累计专项附加扣除	本月累计费用	本月累计应纳税所得额	税率	速算扣除数	本月累计应缴税额	前期已预缴税额	本月应补缴税额
合计	10600	[illegible]	6930112.97	[illegible]	187000	4850000	[illegible]	-	20160	[illegible]	[illegible]	[illegible]
1	100	150235.72	167625.72	26595.8	16000	50000	75029.92	10%	2520	4982.99	4169.95	813.04
2	100	31924.00	35698.00	5651.2	15000	50000	-	-	-	-	-	-
3	100	125645.37	140205.37	22243.4	10000	50000	57961.97	10%	2520	3276.2	2642.63	633.57
4	100	69548.10	77652.10	12312	5000	50000	10340.1	3%	-	310.2	269.02	41.18
5	100	89585.32	100095.32	15859.6	4000	50000	30235.72	3%	-	907.07	801.35	105.72
6	100	57869.86	64729.86	10245	5000	50000	-	-	-	-	-	-
7	100	68991.99	77131.99	12213.2	15000	50000	-	-	-	-	-	-
8	100	75074.41	83814.41	13290	10000	50000	10524.41	3%	-	315.73	273.4	42.33
9	100	50136.50	56006.50	8875.4	15000	50000	-	-	-	-	-	-
10	100	46747.72	52227.72	8276	5000	50000	-	-	-	-	-	-
11	100	63952.28	71512.28	11321.9	6000	50000	4190.38	3%	-	125.71	100.88	24.83
12	100	29404.14	32988.14	5205.5	4000	50000	-	-	-	-	-	-

图 7-82

关键技能 080 自动生成工资条，利用 Word 批量发送工资条

技能说明

工资条是 HR 将当月工资明细数据分别反馈给每位职工，以使职工明确各自的具体工资结构的一种小型表格。因此 HR 每月完成工资核算后，需要同时制作一份当月工资条，以便及时发送给职工。制作和发送工资条虽然没有技术难度，但是实际操作却很烦琐，尤其在职工人数众多的企业中，要完成这项简单的工作，就需要花费较多的时间和精力。因此，如何充分运用 Excel 快速制作、发送工资条，提高工作效率，同样是 HR 必备的关键技能之一。本小节将介绍 2 种迥然不同的简便方法，高效制作和发送工资条，可满足实际工作中打印、裁剪纸质工资条，以及群发电子版工资条等不同需求。本小节将要运用的工具（或功能）、函数及制作思路的简要说明如图 7-83 所示。

函数法	• 制作方便打印和裁剪的工资条：运用 COUNT 函数、VLOOKUP+MATCH 函数组合设置公式即可实现
Word 邮件合并功能	• 生成可批量发送邮件的工资条：利用 Word 中的【邮件合并功能】生成工资条，并以电子邮件形式批量发送至每位职工的电子邮箱中

图 7-83

应用实战

（1）运用函数法快速制作工资条

函数法制作工资条的原理非常简单：运用 COUNT 函数设置公式自动生成序号→运用 VLOOKUP+MATCH 函数组合设置公式，根据序号查找引用相关工资数据→批量填充工资条即可。具体操作步骤如下。

Step01 新增工作表，命名为"2020.10 工资条"→将"2020.10 工资"工作表中的 A1:Q4 单元格区域全部复制粘贴至此工作表→删除合计行→删除不需要的字段（如"岗位"）→删除 A1 单元格中的标题内容→在 B1 单元格中设置链接公式"='2020.10 工资'!\$A\$1"→将 B1 单元格格式自定义为"×× 公司 yyyy 年 m 月职工工资条"→设置 A4:Q4 单元格区域的下边框作为裁剪线，效果如图 7-84 所示。

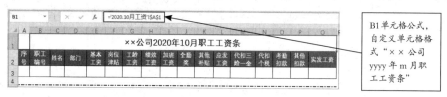

图 7-84

Step02 ❶ 分别在 A3、B3 单元格设置公式，引用工资表数据。

- A3 单元格："=COUNT(A\$2:A2)+1"，自动生成序号。
- B3 单元格："=VLOOKUP(\$A3,'2020.10 工资'!\$A:\$R,MATCH(B\$2,'2020.10 工资'!\$2:\$2,0),0)"，根据序号在"2020.10 工资"工作表中查找引用与之匹配的职工编号→将公式填充至 C3:O3 单元格区域。

❷ 将 A1:O4 单元格区域向下填充直至序号为"97"（职工共 97 人）；❸ 在 S2:U3 单元格区域绘制一个辅助表，用于统计工资条数量、汇总实发工资、与工资表数据核对。如果工资条中的公式有误，可及时发现问题。分别在 S3、T3、U3 单元格设置以下公式。

- S3 单元格："=COUNT(A:A)"或"=MAX(A:A)"，统计工资条数量→将单元格格式自定义为"# 份"。
- T3 单元格："=SUM(Q\$3:Q1000)"，汇总"实发工资"金额。
- U3 单元格："=IF(T3='2020.10 工资'!R\$3,"√",T3-'2020.10 工资'!R\$3)"，运用 IF 函数判断 T3 单元格中的实发工资与"2020.10 工资"工作表 R3 单元格中的实发工资合计相等时，返回符号"√"，否则计算二者之间的差额。

以上操作完成后，效果如图 7-85 所示。

温馨提示

将工资表和工资条保存为模板，次月核算工资时复制粘贴两张工作表，运用【查找与替换】功能批量替换公式中引用的工作表名称即可。例如，核算 2020 年 11 月工资时，复制粘贴 10 月工资表和工资条两张工作表→将工作表重命名为"2020.11 工资"和"2020.11 工资条"→将"2020.11 工资条"工作表公式中的"2020.10"批量替换为"2020.11"即可立即生成 11 月工资条。

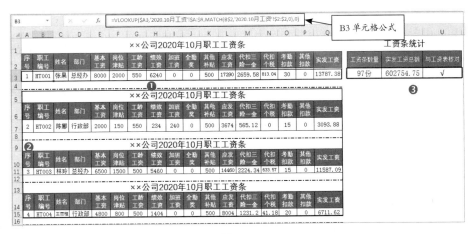

图 7-85

（2）利用 Word 生成工资条并批量发送工资条

利用 Word 中的邮件合并功能不仅能自动生成工资条，还能将工资条一键批量发送至每位职工的电子邮箱中。具体操作步骤如下。

Step01 创建收件人列表。新建工作簿，命名为"10 月工资条"→将"职工工资薪金管理"工作簿中的"2020.10 工资"工作表整体复制粘贴至新工作簿中→运用【选择性粘贴】功能清除工作表中的所有公式→删除标题、合计行、不需要的列（如"部门"），以及个人所得税计算表→在表格末尾添加"邮箱"列，输入职工的电子邮箱地址→保存并关闭工作簿，效果如图 7-86 所示。

图 7-86

Step02 制作合并邮件文档。❶ 新建一个 Word 文档，命名为"职工工资条"→将工资表表头复制粘贴至 Word 文档中（无须复制"邮箱"字段）→添加标题，如图 7-87 所示；❷ 单击【邮件】选项卡下【开始邮件合并】组中的【选择收件人】按钮→在下拉列表中单击"使用现有列表"选项，如图 7-88 所示；❸ 弹出【选择数据源】对话框→选中"10 月工资条"工作表→单击【打开】按钮，如图 7-89 所示→弹出【选择表格】对话框，直接单击【确定】按钮即可。

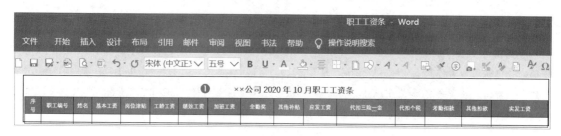

图 7-87

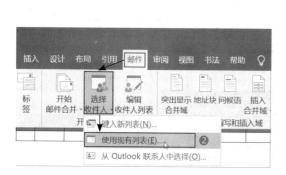

图 7-88

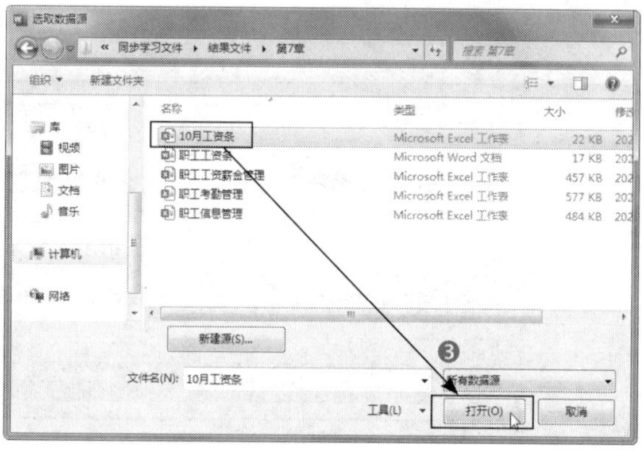

图 7-89

Step03 插入合并域。❶ 单击【邮件】选项卡下【编写和插入域】组中的【插入合并域】按钮，在下拉列表中分别选择选项插入至表格中相应的单元格中，如图 7-90 所示，插入完成后效果如图 7-91 所示；❷ 单击【预览结果】组中的同名按钮，可预览合并域结果，效果如图 7-92 所示。

图 7-90

序号	职工编号	姓名	基本工资	岗位津贴	工龄工资	绩效工资	加班工资	全勤奖	其他补贴	应发工资	代扣三险一金	代扣个税	考勤扣款	其他扣款	实发工资
《序号》	《职工编号》	《姓名》	《基本工资》	《岗位津贴》	《工龄工资》	《绩效工资》	《加班工资》	《全勤奖》	《其他补贴》	《应发工资》	《代扣三险一金》	《代扣个税》	《考勤扣款》		《实发工资》

图 7-91

序号	职工编号	姓名	基本工资	岗位津贴	工龄工资	绩效工资	加班工资	全勤奖	其他补贴	应发工资	代扣三险一金	代扣个税	考勤扣款	其他扣款	实发工资
1	HT001	张果	8000	2000	550	6240	0	0	500	17290	2659.5799999999999	813.04	30		13787.379999999999

图 7-92

Step03 批量发送邮件。❶ 单击【邮件】选项卡下【完成】组中的【完成并合并】按钮→在下拉列表中单击【发送电子邮件】命令，如图 7-93 所示；❷ 弹出【合并到电子邮件】对话框→在"收件人"下拉列表中选择"邮箱"→在"主题行"文本框中输入主题"10月工资条"→单击【确定】按钮，如图 7-94 所示→之后按照系统提示操作，启动 Outlook，即可批量发送工资条。

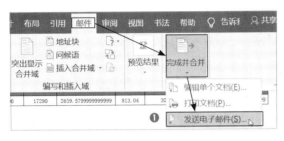

图 7-93

图 7-94

注意：如果源文件的存储位置发生改变，在打开 Word 文档时需要按照提示修改路径。

关键技能 081 统计和分析部门工资数据

技能说明

HR 不仅要确保工资薪金核算准确无误，还要善于分析工资数据。实际工作中，一般可从部门、岗位、月份或职工个人这几个角度对工资数据进行统计和分析。虽然在 Excel 中，运用【数据透视表】分析以上数据在操作上更为简便，但是在数据透视表基础上制作图表却难以达到预想效果。因此，本小节绘制普通表格，此表统计分析工资项目的两个数据：合计工资和平均工资。同时，制作两种图表，直观呈现每个部门的工资结构和各个部门的工资项目对比数据。

本小节工作计划及制作思路的简要说明如图 7-95 所示。

按部门汇总工资数据	• 制作部门工资汇总分析表，统计"合计工资"和"平均工资"两种数据。运用窗体控件控制两种数据的计算方式
制作两种动态图表展示数据	• 瀑布图：动态展示每个部门合计工资和平均工资的工资结构，并与柱形图联动，在其中突出指定部门 • 柱形图：动态展示同一工资项目中各个部门的合计工资和平均工资的数据对比，并与瀑布图联动，突出瀑布图中展示的部门的数据系列

图 7-95

本小节技能关键点是如何通过巧妙的设置，构建动态数据源，使两种图表联动，从而达到预想效果。因此，本小节将侧重介绍图表的制作和设置。

> **应用实战**

（1）按部门汇总工资数据

按部门汇总工资数据非常简单，只需运用 COUNTIF、SUMIF 及 SUMPRODUCT 等常用函数即可实现。

Step01 新增工作表，命名为"部门工资分析"，绘制 3 个表格框架，并设置字段名称及基础格式。各表格用途如下。

- 表1：按部门汇总各工资项目数据，用于总览全部数据。
- 表2：分部门动态列示各工资项目数据，作为瀑布图及柱形图表的动态数据源。
- 表3：动态列示各部门的工资项目数据，预设两行"辅助行"，将作为柱形图表的动态数据源。

❶ 制作两个"选项按钮"控件，分别命名为"合计工资"和"平均工资"→在【控件格式设置】对话框中将"单元格链接"设置为 A1 单元格。选中"合计工资"控件，A1 单元格数字为"1"；❷ 运用【数据验证】工具在表 2 的 L2 单元格和表 3 的 A19 单元格中制作下拉列表，数据验证条件均为"允许—序列"，将"来源"分别设置为 B2:J2 和 A4:A17 单元格区域。初始框架如图 7-96 所示。

图 7-96

Step02 在表 1 中汇总工资数据。分别在 B3 单元格、B4:B16 单元格区域及 B17、J3、J4 单元格设置以下公式：

- B3 单元格："=COUNTIF('2020.10 工资 '!\$D:\$D,B2)"，汇总"总经办"部门人数→将单元格格式自定义为"# 人"。公式返回结果为"5"。
- B4:B16 单元格区域：根据 A1 单元格中的数字变化，运用 SUMIF、IF 等函数计算部门工资的合计数或平均数。例如，B4 单元格公式为"=ROUND(SUMIF('2020.10 工资 '!\$D:\$D,B\$2,'2020.10 工资 '!\$F:\$F)/IF(\$A\$1=1,1,B\$3),2)"，其中，表达式"/IF(\$A\$1=1,1,B\$3),2)"的含义是，当 IF 函数判断 A1 单元格中的数字为"1"时，代表计算合计数，即用合计数除以 1 后仍然是合计数，否则除以 B3 单元格中的人数，即得到平均数。公式返回结果为"34000"。

- B17 单元格：“=ROUND(IF($A$1=1,B16/$J16,B16/B11),4)”，根据 A1 单元格中数字变化，计算“总经办”的实发工资合计数占所有部门实发工资合计数的比例，或者计算“总经办”的实发工资平均数占本部门应发工资平均数的比例。

将 B3:B17 单元格区域公式填充至 C3:I17 单元格区域中。

- J3 单元格：“=SUM(B3:I3)”，计算各部门人数之和。
- J4 单元格：“=ROUND(IF($A$1=1,SUM(B4:I4),SUMPRODUCT(B$3:I$3,B4:I4)/J$3),2)”，运用 IF 函数判断 A1 单元格数字为“1”时，代表计算合计数，即汇总 B4:I4 单元格区域中的数字。否则计算 B3:I3 和 B4:I4 单元格区域的乘积之和，再除以总人数，才能得到正确的平均数。

将 J4 单元格公式填充至 J5:J16 单元格区域中。J17 单元格只需复制 I17 单元格公式即可，效果如图 7-97 所示。

B4 =ROUND(SUMIF('2020.10工资'!$D:$D,B$2,'2020.10工资'!$F:$F)/IF($A$1=1,1,B$3),2)

B4 单元格公式

◉ 合计工资 ○ 平均工资　表1：2020年10月部门工资数据汇总表

部门名称	总经办	行政部	销售部	财务部	人力资源部	市场部	生产部	仓储部	合计
部门人数	5人	17人	16人	5人	12人	13人	19人	10人	97人
基本工资	34000.00	52880.00	69300.00	22800.00	51600.00	51400.00	75800.00	36600.00	394380.00
岗位津贴	8000.00	6400.00	10200.00	2450.00	8800.00	7200.00	11600.00	5800.00	60450.00
工龄工资	2300.00	5100.00	2850.00	1100.00	4050.00	2100.00	3600.00	3150.00	24250.00
绩效工资	28080.00	12324.00	35100.00	13650.00	21840.00	14430.00	39000.00	17940.00	182364.00
加班工资	0.00	240.00	0.00	0.00	0.00	0.00	3150.00	0.00	3390.00
全勤奖	100.00	1100.00	1400.00	500.00	1000.00	1300.00	1600.00	900.00	7900.00
其他补贴	2500.00	8500.00	8000.00	2500.00	6000.00	6500.00	9500.00	5000.00	48500.00
应发工资	74980.00	86544.00	126850.00	43000.00	93290.00	82930.00	144250.00	69390.00	721234.00
三险一金	11518.48	13143.46	19297.71	6537.51	14196.79	12556.65	21942.67	10535.26	109728.53
个税	3436.16	147.16	1936.53	339.56	487.68	217.55	788.65	247.43	7600.72
考勤扣款	75.00	250.00	35.00	0.00	30.00	0.00	135.00	15.00	540.00
其他扣款	0.00	50.00	0.00	100.00	0.00	60.00	400.00	0.00	610.00
实发工资	59950.36	72953.38	105580.76	36022.93	78575.53	70095.80	120983.68	58592.31	602754.75
实发比例	9.95%	12.10%	17.52%	5.98%	13.04%	11.63%	20.07%	9.72%	100.00%

图 7-97

（2）制作瀑布图展示工资结构

瀑布图能够直观地反映数据的增减变化，是展示工资结构的不二之选。制作步骤如下。

Step01 根据部门名称引用表 1 数据。在 L3 单元格设置公式“=OFFSET(A3,1,MATCH(L$2,A$2:J$2,0)-1)”→将公式复制粘贴至 L4:L17 单元格区域。注意减少项需用负数表示，应在 L13:L15 单元格区域中公式前添加减号，因此公式为“=-OFFSET(A3,1, MATCH(L$2,A$2:J$2,0)-1)”，效果如图 7-98 所示。

L12 =-OFFSET(A11,1,MATCH(L$2,A$2:J$2,0)-1)

L12 单元格公式

1　◉ 合计工资 ○ 平均工资　表1：2020年10月部门工资数据汇总表　表2

部门名称	总经办	行政部	销售部	财务部	人力资源部	市场部	生产部	仓储部	合计		人力资源部
部门人数	5人	17人	16人	5人	12人	13人	19人	10人	97人		12人
基本工资	34000.00	52880.00	69300.00	22800.00	51600.00	51400.00	75800.00	36600.00	394380.00		51600.00
岗位津贴	8000.00	6400.00	10200.00	2450.00	8800.00	7200.00	11600.00	5800.00	60450.00		8800.00
工龄工资	2300.00	5100.00	2850.00	1100.00	4050.00	2100.00	3600.00	3150.00	24250.00		4050.00
绩效工资	28080.00	12324.00	35100.00	13650.00	21840.00	14430.00	39000.00	17940.00	182364.00		21840.00
加班工资	0.00	240.00	0.00	0.00	0.00	0.00	3150.00	0.00	3390.00		0.00
全勤奖	100.00	1100.00	1400.00	500.00	1000.00	1300.00	1600.00	900.00	7900.00		1000.00
其他补贴	2500.00	8500.00	8000.00	2500.00	6000.00	6500.00	9500.00	5000.00	48500.00		6000.00
应发工资	74980.00	86544.00	126850.00	43000.00	93290.00	82930.00	144250.00	69390.00	721234.00		93290.00
三险一金	11518.48	13143.46	19297.71	6537.51	14196.79	12556.65	21942.67	10535.26	109728.53		-14196.79
个税	3436.16	147.16	1936.53	339.56	487.68	217.55	788.65	247.43	7600.72		-487.68
考勤扣款	75.00	250.00	35.00	0.00	30.00	0.00	135.00	15.00	540.00		-30.00
其他扣款	0.00	50.00	0.00	100.00	0.00	60.00	400.00	0.00	610.00		0.00
实发工资	59950.36	72953.38	105580.76	36022.93	78575.53	70095.80	120983.68	58592.31	602754.75		78575.53
实发比例	9.95%	12.10%	17.52%	5.98%	13.04%	11.63%	20.07%	9.72%	100.00%		13.04%

图 7-98

Step02 制作瀑布图。❶ 选中 A4:A16 和 J4:J16 单元格区域（A17 单元格不选）→插入瀑布图；❷ 右击"实发工资"柱形，单击快捷菜单中的【设置为汇总】命令，如图 7-99 所示（同样将"应发工资"柱形设置为汇总项）→在【图表工具】中【设计】选项卡下的【图表样式】组中选择图表样式即可，效果如图 7-100 所示。

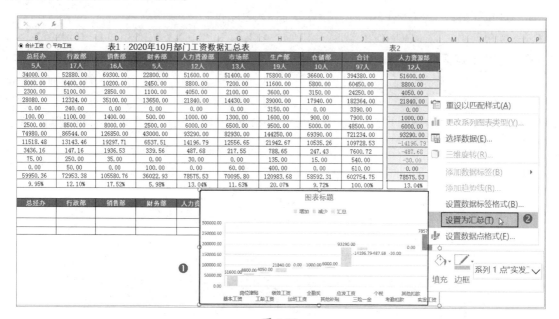

图 7-99

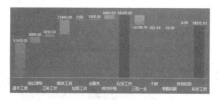

图 7-100

（3）制作柱形图对比各部门工资数据

下面运用柱形图动态展示同一工资项目中不同部门的工资数据。

Step01 设置动态标题和动态数据源。在 B18 和 B20 单元格中设置以下公式：

- B18 单元格："="2020 年 10 月部门 "&IF(A1=1," 工资合计数 "," 平均值 ")&" 对比分析 "&"—"&A20"，设置动态标题，同时也将作为图表的标题。公式返回结果为"2020 年 10 月部门工资合计数对比分析—应发工资"。

- B20 单元格："=INDEX($A$4:$J$17,MATCH($A20,$A4:$A17,0),MATCH(B19,$A2:$J2,0))"，引用"总经办"的应发工资合计数→将公式填充至 C20:J20 单元格区域中。

运用【条件格式】工具在 B20:J20 单元格区域设置条件格式。将确定条件格式的公式设置为"=$A$20=$A$17"→将数字格式设置为"百分比"格式。

Step02 构建动态图表中数据标签效果的数据源。根据制图思路，将要在柱形图中突出显示表

2 中被选中部门的柱形和数据标签，那么就必须设置两个完全相同的数据系列和不同的数据标签效果，因此需要在辅助行中构建数据源。下面在 B21 和 B22 单元格中设置以下公式：

- B21 单元格：“=IF(B22<>"","",IF($A$20=$A$17,TEXT(B20,"0.00%"),B20))”，整条公式含义是当 B22 单元格为空值时，返回 B20 单元格中的数字，否则返回空值。其中，表达式“IF($A$20=$A$17, TEXT(B20,"0.00%")”的作用是：当 A20 单元格中的工资项目为“实发比例”时，数字为百分比格式。
- B22 单元格：“=IF($L2=B19,B20,"")”，含义是当表 2 的 L2 单元格中的部门名称与 B19 单元格相同时，返回 B20 单元格中的数字，否则返回空值→将单元格格式自定义为“[<=1] ★ 0.00%; ★ 0.00”。由于数字前面添加了符号“★”，图表不能将其识别为数字，因此这里只能采用自定义格式设置。

将 B21:B22 单元格区域公式填充至 C21:J22 单元格区域中。

以上操作完成后，效果如图 7-101 所示。在 A20 单元格下拉列表中选择“实发比例”→在 L2 单元格下拉列表中选择“总经办”，可看到数据及数字格式的变化效果，如图 7-102 所示。

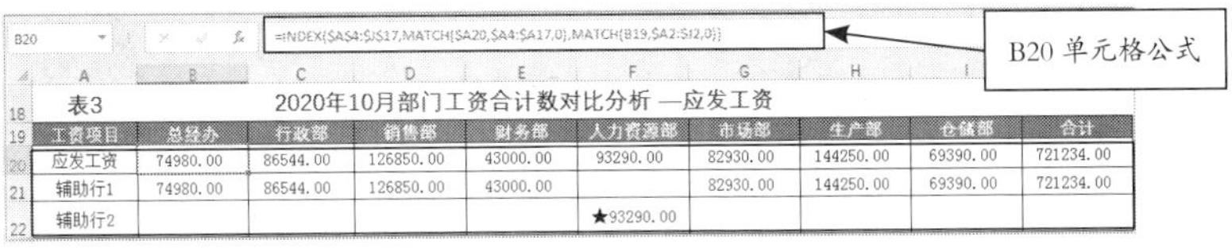

工资项目	总经办	行政部	销售部	财务部	人力资源部	市场部	生产部	仓储部	合计
应发工资	74980.00	86544.00	126850.00	43000.00	93290.00	82930.00	144250.00	69390.00	721234.00
辅助行1	74980.00	86544.00	126850.00	43000.00		82930.00	144250.00	69390.00	721234.00
辅助行2					★93290.00				

图 7-101

工资项目	总经办	行政部	销售部	财务部	人力资源部	市场部	生产部	仓储部	合计
实发比例	9.95%	12.10%	17.52%	5.98%	13.04%	11.63%	20.07%	9.72%	100.00%
辅助行1	9.95%	12.10%	17.52%	5.98%		11.63%	20.07%	9.72%	100.00%
辅助行2					★13.04%				

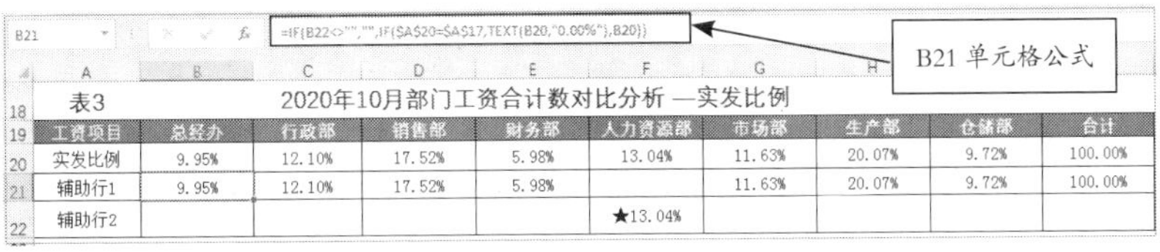

图 7-102

Step03 制作柱形图。❶ 选中 B19:I20 单元格区域，插入簇状柱形图→打开【选择数据源】对话框，单击【添加】按钮，打开【编辑数据系列】对话框→将“系列值”设置为 B22:I22 单元格区域→单击【确定】按钮关闭对话框，如图 7-103 所示；❷ 返回【选择数据源】对话框，单击【隐藏的单元格和空单元格】按钮，如图 7-104 所示；❸ 弹出【隐藏和空单元格设置】对话框，勾选“显示隐藏行列中的数据”复选框后关闭对话框（图表制作完后，可隐藏辅助行，图表中依然显示其中数据），单击【确定】按钮，如图 7-105 所示。

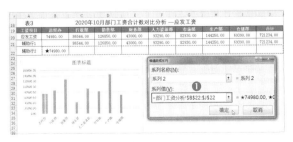

图 7-103

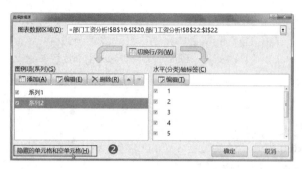

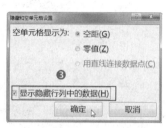

图 7-104 　　　　　　　　　　　　　　　　　　图 7-105

❹ 激活任务窗格，在"设置数据系列格式"列表中将"系列重叠"值设置为 100%，调整间隙宽度，如图 7-106 所示。

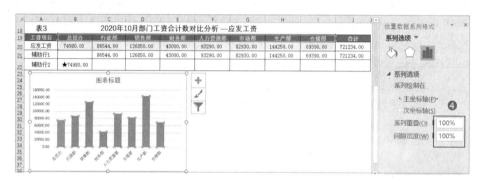

图 7-106

图 7-107

Step04 设置图表样式。❶ 设置数据标签，为"系列 1"（蓝色柱形）添加数据标签后选中"系列 1"（蓝色柱形）的数据标签→在【设置数据标签格式】任务窗格中的"标签选项"列表中取消勾选"值"选项→勾选"单元格中的值"选项→在弹出的【数据标签区域】对话框将区域设置为 B21:I21 单元格区域，如图 7-107 所示→同样方法将"系列 2"（橙色柱形）的"数据标区域"设置为 B22:I22 单元格区域；❷ 设置其他图表样式，如将图表标题链接至 B18 单元格→删除不需要的图表元素→用图片填充柱形→设置图表区域背景色等；最后隐藏辅助行（即第 21 和 22 行）即可，效果如图 7-108 所示。

图 7-108

Step05 测试效果。❶ 在 A20 单元格下拉列表中选择"实发比例"→在 L2 单元格中选择其他部门，如"生产部"，数据及图表动态效果如图 7-109 所示；❷ 单击"平均工资"控件→在 A20 和 L2 单元格下拉列表中选择其他工资项目和部门名称，效果如图 7-110 所示。

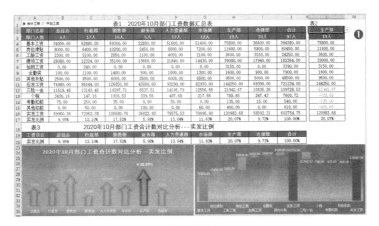

图 7-109

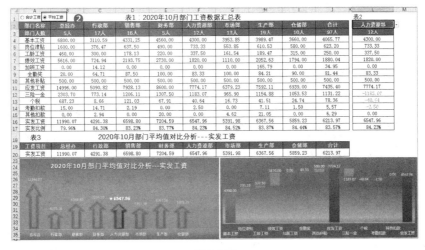

图 7-110

本节示例结果见"结果文件\第 7 章\职工工资薪金管理 .xlsx"文件。

第 8 章

Excel 管理 "财务数据" 的 19 个关键技能

　　财务管理是所有企业管理的核心和基础，是一项综合性非常强的管理工作。在日常经营中，财务渗透在每一个经营管理环节之中，几乎所有的经营管理活动最终都会通过一系列财务数据反映出来，企业可以通过这些数据分析和评价一段时间内的经营成果，及时找出经营管理中存在的漏洞和薄弱环节并予以弥补和加强，同时也能帮助企业制定正确有效的经营决策，以指导后期的各项工作。所以，做好财务管理最基础也是最重要的一项工作就是管理好财务数据。但是，财务环节的数据量远比其他环节多，数据之间的勾稽关系也更为复杂。因此，财务人员要真正管理好财务数据绝非易事，需要掌握更精湛的 Excel 技能，拥有更高的数据处理能力。本章将通过财务管理中 4 大核心环节，列举财务凭证、账表、固定资产、往来账务、税金核算等具体管理实例，介绍如何充分运用 Excel 游刃有余地管好财务数据的 19 个关键技能。本章知识框架及简要说明如图 8-1 所示。

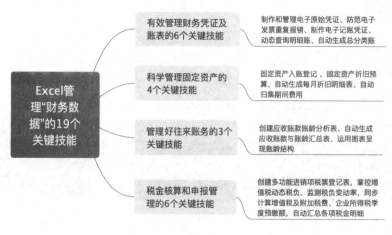

图 8-1

8.1 有效管理财务凭证及账簿

财务凭证，也称为会计凭证，是记录日常经济业务发生与完成状况的书面证明，按其用途与编制程序不同，主要分为原始凭证和记账凭证。其中，原始凭证是编制记账凭证的依据，记账凭证是财务人员登记财务账簿必不可少的凭据。所以，制作与管理财务凭证是财务管理工作的起点。而财务账簿则是以记账凭证为依据，对凭证中记载的零散的大量经济信息进行全面、系统、连续、分类记录和核算的簿籍，更是连接财务凭证和财务报表的纽带。因此，管好财务凭证与账簿，能够为期末编制财务报表提供全面、可靠的数据依据。在不违背会计凭证和账簿管理总体原则的大前提下，运用 Excel 制作和管理财务凭证及账簿，可以按照自身的特点和需求予以定制，不断加强和完善财务管理工作，而且经济实惠，更能够提高工作效率。本节主要介绍如何运用 Excel 制作财务凭证和账簿，并进行有效管理的 6 个关键技能，知识框架如图 8-2 所示。

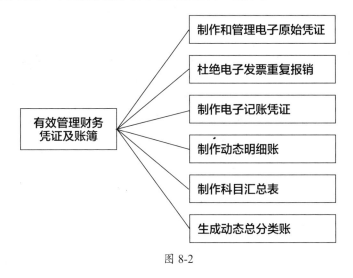

图 8-2

关键技能 082 制作和管理电子原始凭证

技能说明

原始凭证涵盖范围非常广泛，主要包括发票、收据、交通票据、收料单、发货单、员工借款单、费用报销单等。日常工作中，很多企业会购买预制的空白原始凭证单据进行手工填写，如收据、借款单、费用报销单等。这些工作虽然简单，但是却因为效率低下、填写不规范、汇总金额和书写大写金额容易出错而往往事倍功半。本小节以借款单、报销单、收据为例，介绍运用 Excel 制作和管理原始凭证的具体方法和思路。制作原始凭证将运用以下工具（功能）、函数，如图 8-3 所示。

工具（功能）	• 数据验证：设置序列，规范录入原始信息 • 自定义格式：简化输入单据号码 • 条件格式：自动添加下划线
函数	• IF+TEXT+INT+TRUNC 函数：自动返回大写金额 • COUNTIFS 函数：根据指定条件统计借款、报销人次等 • SUMIFS 函数：根据指定的多个条件汇总单据金额 • IF+LEN+MID 函数：按照金额的数位截取数字分栏填入单据

图 8-3

应用实战

下面介绍制作 3 种单据的操作步骤，并分享管理思路。

（1）借款单

借款单是指记录企业与个人或其他单位发生资金借支的原始凭证，通常在发生借款、归还或报销借款时需要使用借款单。因此，为了详细记录相关信息，便于后面统计汇总相关数据，借款单中的项目除了借款人、借款日期、借款金额等基本信息外，还应包括借款账户、报销金额、归还金额、未还金额等项目。

Step01 建立基础信息。新建工作簿，命名为 < 原始凭证管理 > →将工作表“Sheet1”重命名为“基础信息”→创建超级表，录入填制原始凭证所需的基础信息，包括职工姓名、部门名称、业务类型、借款账户、期间费用（填制报销单时使用），如图 8-4 所示。

	A	B	C	D	E
2	基础信息				
3	职工姓名	部门名称	业务类型	借款账户	期间费用
4	张果	总经办	采购	银行存款	营业费用
5	陈娜	行政部	出差	库存现金	管理费用
6	林玲	人力资源部	缴费	其他	财务费用
7	王丽程	财务部	业务招待		
8	杨思	销售部	备用金		
9	陈德芳	生产部	其他		
10	刘韵	仓储部			
11	张运隆				
12	刘丹				
13	冯可可				
14	马冬梅				
15	李孝骞				
16	李云				
17	赵茜茜				
18	吴春丽				
19	孙韵琴				
20	张翔				
21	陈俪				
22	唐德				
23	刘艳				

图 8-4

Step02 制作借款单模板。❶ 将工作表“Sheet2”重命名为“借款单模板”→设计单据样式并绘制表格框架，设置字段名称→在 F4、B6、F8、D10 单元格填入借款时间、借款事由、借款金额等基本信息，F3 单元格将在后面设置自定义格式，初始表格框架如图 8-5 所示。

❷ 运用【数据验证】工具在 B4、D4、B8、F8 单元格中设置数据验证条件为“序列”→将“来源”设置为“基础信息”工作表中匹配的单元格区域，如 B4 单元格的序列来源为“= 基础信息 !$A$4:$A$22”，如图 8-6 所示→在下拉列表中选择任意项填入基本信息。

❸ 在 B12 单元格设置公式“=ROUND(F8-D10-F10,2)”，计算未还金额；❹ 将 F3 单元格格式自定义为“" 单据编号 :2020"0000”→输入数字“801”（代表 8 月第 1 笔借款）后即可显示“单据编号：20200801”，如图 8-7 所示。

图 8-5

图 8-6

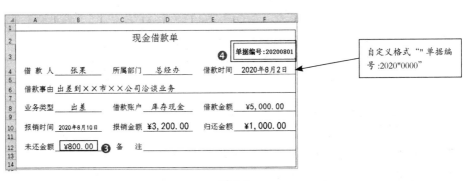

图 8-7

Step03 统计和汇总借款数据。❶ 新增工作表，命名为"借款记录"，在 A1:F2 单元格区域绘制表格，并设置好字段名称，如图 8-8 所示。

图 8-8

❷ 在下方单元格区域中填制几张借款单→分别在 A2:F2 单元格区域设置以下公式：

- A2 单元格："=COUNTIFS(E3:E888,"借款金额",F3:F888,">0")"，统计借款人次，即借款单数量。
- B2 单元格："=SUMIF(E3:E888,"借款金额",F3:F888)"，汇总借款金额。
- C2 单元格："=SUMIF(C3:C888,"报销金额",D3:D888)"，汇总已报销金额。
- D2 单元格："=SUMIF(E3:E888,"归还金额",F3:F888)"，汇总已还款金额。
- E2 单元格："=ROUND(B2-C2-D2,2)"，计算未还金额。
- F2 单元格："=COUNTIFS(A3:A888,"未还金额",B3:B888,">0")"，计算未还清借款的单据数量。

公式设置完成后，效果如图 8-9 所示。

（2）报销单

报销单是指企业发生费用支出时，职工用借款或垫付费用后，向企业报销时必须填制的单据，也是财务人员记账必不可少的原始凭证之一。报销单中包括多个项目,如日期、单据号码、项目、部门、日期、摘要、附件张数、报销金额(大小写)、备注及各部门领导的签字等。除此之外,还可加入费用类别,在填制报销单的同时直接归集期间费用。制作报销单的难点在于如何根据填入的小写金额自动返回大写金额。下面介绍制作方法和具体步骤。

Step01 新增工作表,命名为"报销单模板"→绘制表格框架,设计报销单项目(字段),初始框架如图 8-10 所示。

图 8-9

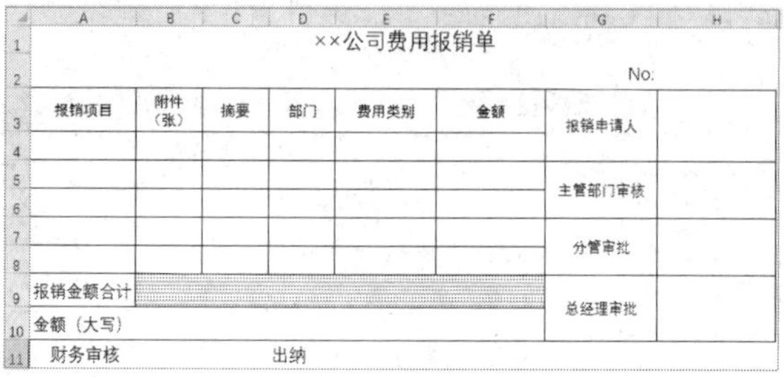

图 8-10

Step02 自定义单元格格式。❶ 将 A2 单元格格式自定义为"报销日期:yyyy 年 m 月 d 日"→在单元格中输入数字"8-10";❷ 将 H2 单元格格式自定义为""BX-"20200000"→在单元格中输入数字"802",效果如图 8-11 所示。

Step03 制作"部门"和"费用类别"的下拉列表。运用【数据验证】工具分别在 D4:D8 和 E4:E8 单元格区域设置验证条件为"序列"→将"来源"设置为"= 基础信息 !$B$3:$B$9"和"= 基础信息 !$E$3:$E$5"→填入基础报销信息,如图 8-12 所示。

图 8-11

图 8-12

Step04 汇总报销金额,自动"书写"大写金额。分别在 B9 和 B10 单元格中设置以下公式:

- B9 单元格:"=ROUND(SUM(F4:F8),2)",汇总报销金额。
- B10 单元格:"=IF(B9=0,"",IF(INT(B9)=0,"",TEXT(TRUNC(B9),"人民币[DBNum2]G/通用格式")&"元")&IF(TRUNC(B9*10)-TRUNC(B9*10,-1)=0,IF(TRUNC(B9*100)-TRUNC(B9*100,-1)<>0,"零",""),TEXT(TRUNC(B9*10)-TRUNC(B9*10,-1),"[DBNum2]G/通用格式")&"角")&IF(TRUNC(B9*100)-TRUNC(B9*100,-1)=0,"",TEXT(TRUNC(B9*100)-TRUNC(B9*100,-1),"[DBNum2]G/通用格式")&"分")&IF(TRUNC(B9*10)-TRUNC(B9*10,

-1)=0," 整 ",""))"。

B10 单元格公式嵌套了 IF、TEXT、INT、TRUNC 函数，其中，IF 和 TEXT 函数的相关知识点在本书第 4 章已作详细讲解，下面介绍 INT 和 TRUNC 函数的作用。

① INT 函数：其作用是将数值向下取整为最接近的整数，语法为"INT(number)"。例如，表达式"INT(B9)"，无论 B9 单元格中的数值为"3800"还是"3800.50"，运用 INT 函数取整后的结果均为"3800"。

② TRUNC 函数：按指定的精度截取数字，包含 2 个参数，语法是"TRUNC(number, number_digits)"，其中"number_digits"即代表取整的精度，如果设置为正数，代表向右移动指定位数截取数字，如果设置为负数，代表向左移动指定位数截取数字。如果缺省，则默认为"0"，即直接取整。假设 B9 单元格数值为"3805.55"，将第 2 个参数设为不同的值，返回结果分别如下：

- =TRUNC(B9)：3805.00
- =TRUNC(B9,1):3805.50
- =TRUNC(B9,-1):3800.00
- =TRUNC(B9*10)-TRUNC(B9*10,-1)：5（38055-38050），金额中的个位数。

其他表达式依此类推理解即可。

整条公式的原理是运用 IF 函数判断 INT 或 TRUNC 函数截取后的数值等于 0 或不等于 0 后，再分别运用 TEXT 函数返回指定的文本，公式效果如图 8-13 所示。

图 8-13

Step05 测试公式效果。在 F4 和 F5 单元格中输入包含小数的金额，对比 B9 单元格中的金额合计数检验 B10 单元格中的大写金额是否正确，效果如图 8-14 所示。

报销单模板制作完成后，接下来制作费用统计表，按部门和期间费用类别分类统计和汇总报销单中的相关数据。

Step06 新增工作表，命名为"报销记录"→绘制统计表，如图 8-15 所示→在下方区域填制几份报销单。

Step07 添加辅助单元格。实际工作中，报销单是区分部门填写的，也就是说，同一部门的费用报销才会填写在同一份报销单之中，因此，为方便按部门统计报销单份数，可在每张报销单的相同位置添加辅助单元格。例如，在 E12 单元格输入公式 "=D14"（其他报销单同样在 E 列添加辅助单元格，同时更新模板），如图 8-16 所示。

图 8-14

图 8-15

图 8-16

Step08 分别在 B2、C2 和 H2 单元格区域中的各单元格中设置公式，统计或汇总单据金额。

- B2 单元格："=COUNTIFS($H$11:$H$888,"<>"",$E$11:$E$888,$A2)"，根据 2 个条件统计报销单份数。条件 1：H11:H888 单元格区域不为空值；条件 2：E11:E888 单元格区域中的部门名称与 A2 单元格相同。

- C2 单元格："=SUMIFS($F$11:$F$888,$D$11:$D$888,$A2,$E$11:$E$888,C$1)"，根据 2 个条件汇总营业费用金额。条件 1：D11:D888 单元格区域中的部门名称与 A2 单元相同；条件 2：E11:E888 单元格区域中的费用类别名称与 C1 单元格相同。将 C2 单元格公式复制粘贴至 D2:F2 单元格区域。

- H2 单元格："=ROUND(SUM(C2:G2),2)"，汇总总经办的费用金额。将 B2:H2 单元格区域中公式向下填充至 B3:H8 单元格区域。

最后在 B9:H9 单元格区域中运用 SUM 函数设置求和公式即可，效果如图 8-17 所示。

部门	报销单份数	营业费用	管理费用	财务费用	部门合计
总经办	1	621.33	3,212.25	-	3,833.58
行政部	2	-	2,960.00		2,960.00
人力资源部	0	-			-
财务部	0	-			-
销售部	1	600.00			600.00
生产部	0	-			-
仓储部	1	-	2,650.00		2,650.00
费用合计	5	1,221.33	8,822.25		10,043.58

C2 单元格公式：=SUMIFS($F$11:$F$888,$D$11:$D$888,$A2,$E$11:$E$888,C$1)

图 8-17

（3）收据

收据是企事业单位在从事经济活动过程中，收到款项时应向付款方出具的收款凭证，也是用于记账不可或缺的原始凭证之一。运用 Excel 制作一份电子收据，不仅能帮助财务人员简化手工输入，准确统计相关数据，还能体现从业人员的专业水平，提升企业的整体形象。根据比较标准的收据格式来看，制作电子收据的难点在于如何按照金额的数位分栏填入单据之中。下面介绍制作方法和具体步骤。

Step01 绘制收据框架。新增工作表，命名为"收据模板"→绘制表格框架，设计收据格式。其中，辅助列 (E3:E9 单元格区域) 是为后面简化公式而增设的，收据制作完毕后可将其隐藏，如图 8-18 所示。

图 8-18

Step02 设置自定义单元格格式和数据验证条件，并填入基本信息。❶ 将 A2 单元格格式自定义为"客户名称 :@"；❷ 将 N1 单元格格式自定义为""No:"0000000"；❸ 将 J2 单元格格式自定义为"收款日期 : yyyy 年 m 月 d 日"；❹ 运用【数据验证】工具将 N5:N8 单元格区域的验证条件设置为"序列"→将"来源"设置为"现金 , 转账 , 其他"，填入基本信息，效果如图 8-19 所示。

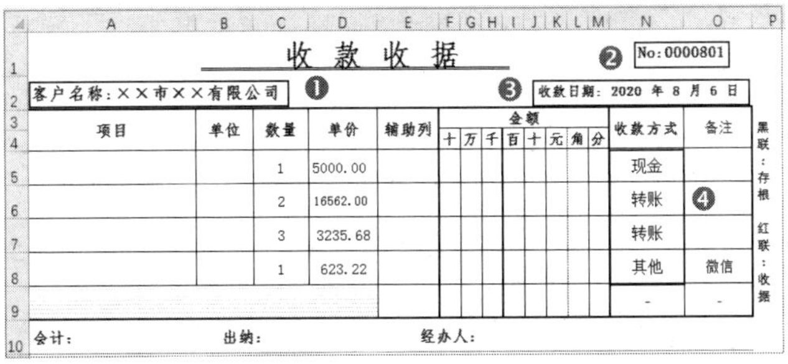

图 8-19

Step03 设置公式计算相关数据。分别在 E5:M5 单元格区域、A9 和 E9 单元格中设置以下公式：

- E5 单元格："=ROUND(C5*D5,2)"，计算数量 × 单价后的金额。将公式填充至 E5:E8 单元格区域。

- E9 单元格："=ROUND(SUM(E5:E8),2)"，计算合计金额。

- A9 单元格："=" 合计 (大写):"&IF(E9=0,"",IF(INT(E9)=0," 人民币 ",TEXT(TRUNC(E9)," 人民币 [DBNum2]G/ 通用格式 ")&" 元 ")&IF(TRUNC(E9*10)-TRUNC(E9*10,-1)=0,IF(TRUNC(E9*100)-TRUNC(E9*100,-1)<>0," 零 ",""),TEXT(TRUNC(E9*10)-TRUNC(E9*10,-1),"[DBNum2]G/ 通用格式 ")&" 角 ")&IF(TRUNC(E9*100)-TRUNC(E9*100,-1)=0,"",TEXT

(TRUNC(E9*100)-TRUNC(E9*100,-1),"[DBNum2]G/通用格式 ")&" 分 ")&IF(TRUNC(E9*10)
-TRUNC(E9*10,-1)=0," 整 ",""))"，根据 E9 单元格中金额自动"书写"大写金额。公式含
义请参照"报销单"中的相同公式理解。

- F5 单元格："=IF(LEN($E5*100)=8,MID($E5*100,1,1),"")"，截取 E5 单元格中金额的
  十万位数字。

- G5 单元格："=IF(LEN($E5*100)>=7,MID($E5*100,LEN($E5*100)-6,1),"")"，截取 E5 单
  元格中金额的万位数字。

- H5 单元格："=IF(LEN($E5*100)>=6,MID($E5*100,LEN($E5*100)-5,1),"")"，截取 E5 单
  元格中金额的千位数字。

- I5 单元格："=IF(LEN($E5*100)>=5,MID($E5*100,LEN($E5*100)-4,1),"")"，截取 E5 单
  元格中金额的百位数字。

- J5 单元格："=IF(LEN($E5*100)>=4,MID($E5*100,LEN($E5*100)-3,1),"")"，截取 E5 单
  元格中金额的十位数字。

- K5 单元格："=IF(LEN($E5*100)>=3,MID($E5*100,LEN($E5*100)-2,1),"")"，截取 E5 单
  元格中金额的个位数字。

- L5 单元格："=IF(LEN($E5*100)>=2,MID($E5*100,LEN($E5*100)-1,1),"")"，截取 E5 单
  元格中金额的角位数字。

- M5 单元格："=IF(E5=0,"",IF(LEN($E5*100)>=1,MID($E5*100,LEN($E5*100),1)))"，截取 E5
  单元格中金额的分位数字。

F5 单元格公式解析如下。

①首先运用 LEN 函数计算 E5 单元格中数字"5000×100"后的字符串"500000"的个数，计
算结果为"6"。

②运用 IF 判断字符串"500000"是否等于 8，如果判断结果为真，就运用 MID 函数从第 1 位
开始截取 1 个数字，否则返回空值。因此整个公式返回结果为空值。其他 G5:M5 单元格区域中的
公式含义参照 F5 单元格理解。

最后将 F5:M5 单元格区域公式填充至 F6:F9 单元格区域中，隐藏 E 列。最终效果如图 8-20 所示。

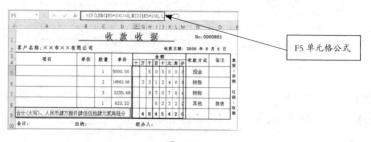

图 8-20

Step04 按照收款方式分别汇总收款数据。❶ 新增工作表，命名为"收款记录"→任意填制几份收款收据，在第 1~5 行绘制表格，如图 8-21 所示；❷ 在 B2 单元格设置公式"=SUMIF(N:N,A2,E:E)"，汇总"现金"的收款金额→在 F2 单元格设置公式"=COUNTIF(N:N,A2)"，统计"现金"的收款次数→将 B2:F2 单元格区域公式填充至 B3:F4 单元格区域→运用 SUM 函数在 B2 和 F2 单元格中设置求和公式，效果如图 8-22 所示。（示例结果见"结果文件 \ 第 8 章 \ 原始凭证管理 .xlsx"文件。）

	收款方式	收款金额	收款次数
1			
2	现金		
3	❶ 转账		
4	其他		
5	合计		

图 8-21

	收款方式	收款金额	收款次数
1			
2	现金	14106.98	6
3	❷ 转账	63133.26	8
4	其他	2478.44	5
5	合计	79718.68	19

图 8-22

关键技能 083 3 招杜绝电子发票重复报销

技能说明

电子发票是信息时代的产物，操作流程简单快捷，销售方开具电子发票后，通过网络远程传送给购买方下载并打印纸质发票后即可报销。但是，电子发票存在一个巨大的漏洞：可以重复下载和打印，也就是可以被重复利用报销，如果这样，将给企业造成不小的经济损失。那么，如何运用 Excel 有效堵住漏洞，杜绝电子发票重复报销就是财务人员必须掌握的关键技能之一。本节将介绍以下 3 种方法，分别使用条件格式、数据验证、函数公式智能识别重复的电子发票号码，如图 8-23 所示。

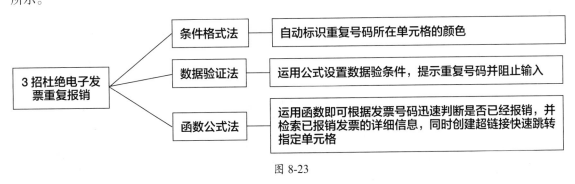

图 8-23

应用实战

（1）条件格式法

运用条件格式法检验重复的发票号码是最简单的一种方法。打开"素材文件 \ 第 8 章 \ ×× 公司电子发票报销记录表 .xlsx"文件，表格中记录了已报销的电子发票的相关信息（发票号码均为虚拟号码）。下面只需对"发票号码"所在区域设置条件格式即可。

❶ 选中 B 列（"发票号码"字段）→单击【开始】选项卡下【样式】组中"条件格式"下拉

列表中的"突出显示单元格规则"选项→在子列表中单击【重复值】命令，如图 8-24 所示→弹出【重复值】对话框，直接单击【确定】按钮；❷ 在 B11 单元格中输入任一与 B3:B10 单元格区域相同的发票号码，即可看到重复号码已被标识为指定颜色，如图 8-25 所示。

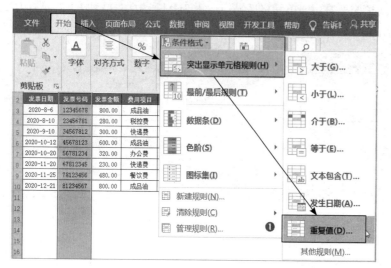

图 8-24

图 8-25

（2）**数据验证法**

利用【数据验证】工具中的"自定义"条件设置 COUNTIF 函数公式，当发票号码出现重复时，立即弹出对话框显示警告信息并阻止输入。

Step01 创建超级表。由于超级表能够智能识别并自动填充上一行单元格的所有设置，因此为避免重复粘贴数据验证条件，可选择将表格转换为超级表。选中 A2:H10 单元格区域→按组合键【Ctrl+T】，弹出【创建表】对话框，不做任何改动，直接单击【确定】按钮→简单设计超级表样式，效果如图 8-26 所示。

			××公司电子发票报销记录表				
发票日期	发票号码	发票金额	费用项目	报销人	报销日期	报销单号	备注
2020-8-6	12345678	800.00	成品油	张果	2020-8-11	BX-20200810	
2020-8-10	23456781	280.00	税控费	马冬梅	2020-8-12	BX-20200822	
2020-9-10	34567812	300.00	快递费	刘韵	2020-9-15	BX-20200918	
2020-10-12	45678123	600.00	成品油	张翔	2020-10-16	BX-20201009	
2020-10-20	56781234	320.00	办公费	杨思	2020-10-23	BX-20201026	
2020-11-20	67812345	230.00	快递费	陈倩	2020-11-23	BX-20201135	
2020-11-25	78123456	480.00	餐饮费	林玲	2020-11-30	BX-20201152	
2020-12-21	81234567	800.00	成品油	唐德	2020-12-26	BX-20201286	

转换为超级表

图 8-26

Step02 设置数据验证条件。❶ 选中 B3:B10 单元格区域→打开【数据验证】对话框，设置验证条件为"自定义"→设置公式为"=COUNTIF(B:B,B3)=1"，如图 8-27 所示；❷ 切换至【出错警告】选项卡，设置输入无效数据时显示出错警告的样式、标题及错误信息，如图 8-28 所示；❸ 在 B11 单元格中输入任一与 B3:B10 单元格区域中相同的发票号码，即弹出对话框，显示提示信息并阻止继续输入，如图 8-29 所示。

图 8-27

图 8-28

发票日期	发票号码	发票金额	费用项目	报销人	报销日期	报销单号	备注
			××公司电子发票报销记录表				
2020-8-6	12345678	800.00	成品油	张果	2020-8-11	BX-20200810	
2020-8-10	23456781	280.00	税控费	马冬梅	2020-8-12	BX-20200822	
2020-9-10	34567812	300.00	快递费	刘韵	2020-9-15	BX-20200918	
2020-10-12	45678123					BX-20201009	
2020-10-20	56781234					BX-20201026	
2020-11-20	67812345					BX-20201135	
2020-11-25	78123456					BX-20201152	
2020-12-21	81234567	800.00	成品油	唐德	2020-12-26	BX-20201286	
	34567812						

图 8-29

（3）函数公式法

运用函数设置公式判断发票号码是否为重复报销，并根据发票号码检索已经报销发票的所有相关信息，同时创建超链接快速跳转至首次记录发票号码的单元格，以便核对原始信息。

Step01 制作辅助表。在第一行之上插入两行→绘制辅助表格并设置好字段名称→预先输入任意一个与 B5:B12 单元格区域相同的发票号码，如"78123456"，如图 8-30 所示。

发票号码	是否已报销	发票日期	发票金额	费用项目	报销人	报销日期	报销单号	首次记录地址
78123456								
			××公司电子发票报销记录表					
发票日期	发票号码	发票金额	费用项目	报销人	报销日期	报销单号	备注	
2020-8-6	12345678	800.00	成品油	张果	2020-8-11	BX-20200810		
2020-8-10	23456781	280.00	税控费	马冬梅	2020-8-12	BX-20200822		
2020-9-10	34567812	300.00	快递费	刘韵	2020-9-15	BX-20200918		
2020-10-12	45678123	600.00	成品油	张翔	2020-10-16	BX-20201009		
2020-10-20	56781234	320.00	办公费	杨思	2020-10-23	BX-20201026		
2020-11-20	67812345	230.00	快递费	陈俪	2020-11-23	BX-20201135		
2020-11-25	78123456	480.00	餐饮费	林玲	2020-11-30	BX-20201152		
2020-12-21	81234567	800.00	成品油	唐德	2020-12-26	BX-20201286		

图 8-30

Step02 分别在 B2:D2 单元格区域和 I2 单元格设置以下公式。

- B2 单元格："=IF(A2="","-",IF(COUNTIF(B5:B888,A2)>=1," 已 报 销 "," 未 报 销 "))"，运用 IF 函数判断 A2 单元格为空时，返回符号"-"，否则再运用 IF 函数判断表达式"COUNTIF(B5:B888,A2)"的结果大于或等于 1 时，返回文本"已报销"，否则返回"未报销"。

- C2 单元格：" =IF(A2="","-",IFERROR(VLOOKUP(A2,IF({1,0},B5:B888,A5:A888),2,0),"-"))"，

运用 IF 函数判断 A2 单元格为空时,返回符号"-",否则运用 VLOOKUP 函数,逆向查找引用指定区域中与 A2 单元格中发票号码匹配的报销日期。

- D2 单元格:"=IFERROR(VLOOKUP($A2,$B5:H888,COLUMN()-2,0),"-")",运用 VLOOKUP函数查找引用指定区域中与 A2 单元格中发票号码匹配的发票金额。其中,第 3 个参数嵌套了 COLUMN 函数的目的是方便填充公式。COLUMN 函数的作用是返回单元格所在的列号,那么表达式"COLUMN()"的计算结果为 4,减 2 是减掉 A、B 两列,即返回数字"2"→将 D2 单元格公式填充至 E2:H2 单元格区域。

- I2 单元格: "=HYPERLINK("#"&"B"&(MATCH(A2,B:B,0)),"B"&(MATCH(A2,B:B,0)&" 单元格 "))",公式解析如下。

① HPYERLINK 函数的作用是创建超链接,其语法格式如下:

◆ HYPERLINK(link_location,[friendly_name])

◆ HYPERLINK(指定位置 ,[超链接的名称])

②第 1 个参数: ""#"&"B"&(MATCH(A2,B:B,0))",其中表达式"MATCH(A2,B:B,0)"返回结果为"11",与指定文本字符"B"组合后即为"B11"。而符号"#"是 HYPERLINK 函数为指定单元格创建超链接的标配符号。例如,为工作表"Sheet1"的 A6 单元格创建超链接,那么第 1 个参数应设置为""#Sheet1!A6""(注意:必须添加英文双引号)。

③第 2 个参数: ""B"&(MATCH(A2,B:B,0)&" 单元格 ")"是指定显示在单元格中的超链接名称,因此返回"B11 单元格"。

公式效果如图 8-31 所示。(示例结果见"结果文件 \ 第 8 章 \ × × 公司电子发票报销记录表 .xlsx"文件。)

图 8-31

关键技能 **084** **制作电子记账凭证,记载原始经济信息**

技能说明

记账凭证是财会部门根据审核无误的原始凭证填制、记载经济业务简要内容,作为记账依据的会计凭证,是登记明细分类账和总分类账的依据。

实际工作中,填制记账凭证时,是将各类经济业务归入相应的某一会计科目,确定会计分录。

但是，会计科目总数通常多达几百个，财务人员在填写会计科目时需要从几百个科目中选取相应的会计科目就非常耗费时间和精力，同时也会产生许多五花八门、意想不到的问题，导致会计科目选取错误，从而影响财务数据的准确性。因此，本节针对在编制记账凭证过程中容易出现纰漏的细节，设计制作一份与众不同的会计科目表、记账凭证模板及打印样式，以便高效填制和打印记账凭证，同时确保会计科目与数据准确无误。本节将要运用的主要工具、函数及简要说明如图 8-32 所示。

工具

- 定义名称：运用函数设置总账科目名称及动态的记账凭证科目名称，作为【数据验证】的序列来源
- 数据验证：①将已定义的总账科目名称设置为一级下拉列表的序列来源；②将已定义的动态记账科目名称设置为二级下拉列表的序列来源，可缩小会计科目选取范围
- 自定义格式：输入简单数据，显示指定文本
- 条件格式：用于提示试算借贷金额不平衡
- 窗体控件：插入数值调节钮，用于选择需要打印的记账凭证

函数

- IFERROR+VLOOKUP 函数：设置公式作为动态记账凭证科目名称的引用位置
- IF+SUM+ROUND 函数：试算会计凭证借贷方金额是否平衡
- NOT 公式：在条件格式中设置公式

图 8-32

应用实战

下面分别介绍设计会计科目表、制作记账凭证及凭证打印样式的具体方法和操作步骤。

（1）设计会计科目表

打开"素材文件\第 8 章\账簿管理 .xlsx"文件，其中包含一张工作表，名称为"科目表"。其中，会计科目一至三级共 195 个，如图 8-33 所示。

	A	B	C	D	E	F	G
1	会计科目表						
2	类型	级次	科目代码	科目名称			记账凭证科目名称
3				一级(总账)科目	二级科目	三级科目	
4	资产	1	1001	库存现金			
5	资产	1	1002	银行存款			
6	资产	2	100201	银行存款	××银行××支行		
7	资产	1	1021	结算备付金			
8	资产	1	1031	存出保证金			
9	资产	1	1121	应收票据			
10	资产	2	112101	应收票据	G公司		
11	资产	1	1122	应收账款			
12	资产	2	112201	应收账款	暂估应收款		
13	资产	2	112202	应收账款	A公司		
14	资产	2	112203	应收账款	B公司		
15	资产	2	112204	应收账款	C公司		
16	资产	2	112205	应收账款	D公司		
17	资产	2	112206	应收账款	E公司		

图 8-33

下面将一至三级科目名称组合，作为在记账凭证中显示的会计科目名称，并运用【定义名称】工具定义一级（总账）会计科目名称。

Step01 组合会计科目名称。在 G4 单元格设置公式"=IF(B4=1,D4&C4,IF(B4=2,D4&"\"&E4&C4,IF(B4=3,D4&"\"&E4&"\"&F4&C4)))"→将公式向下填充至 G5:G198 单元格区域，效果如图 8-34 所示。

图 8-34

Step02 定义"总账科目"名称。❶ 复制 D3:D198 单元格区域→粘贴至 I2:I197 单元格区域→单击【数据】选项卡下【数据工具】组中的【删除重复值】按钮 📊 删除重复的总账科目名称，如图 8-35 所示；❷ 选中 I3:I127 单元格区域→单击【公式】选项卡下【定义的名称】组中的【定义名称】按钮，打开【新建名称】对话框→将名称命名为"总账科目"，如图 8-36 所示。

图 8-35   图 8-36

（2）制作记账凭证录入表

记账凭证模板可以参考前面章节，以"单据"形式进行制作。但是，为方便后面生成动态明细账，最好以表格形式制作。这里的难点是：根据总账科目一级下拉列表生成动态的二级明细科目下拉列表。下面介绍具体方法和操作步骤。

Step01 新增工作表，命名为"凭证录入"→绘制表格框架，设置字段名称，并预先填入部分基础信息→将 B4:B44 区域内单元格格式自定义为"0000"→H4:H11 区域内单元格格式自定义为"#张"，效果如图 8-37 所示。

Step02 设置试算平衡公式。❶ 在 C2 单元格设置公式"=IF(SUM(F4:F888)=SUM(G4:G888),"借贷平衡 √"," 借贷不平衡 ×: 差异 "&ROUND(SUM(F4:F885)-SUM(G4:G885),2))"，运用 IF 函数判断 F4:F888 与 G4:G888 单元格区域数据的合计数相等时，返回文本"借贷平衡 √"，否则返回文本"借贷不平衡 ×：差异"并计算具体差异数字，效果如图 8-38 所示；❷ 运用【条件格式】工具设置 C2 单元格的条件格式，设置条件为公式"=NOT(C2=" 借贷平衡 √")"→设置格式为红色加粗字体→在 F4 单元格中输入任意其他数字，测试 C2 单元格公式效果，如图 8-39 所示。

		记 账 凭 证					
试算平衡：							
日期	凭证号	摘要	总账科目	明细科目	借方金额	贷方金额	附件张数
8月3日	0001	缴纳7月增值税			10116.08		3张
8月3日	0001	缴纳7月增值税				10116.08	
8月3日	0001	缴纳7月城建税			708.14		
8月3日	0001	缴纳7月教育费附加			303.48		
8月3日	0001	缴纳7月地方教育费附加			202.32		
8月3日	0001	缴纳7月附加税费				1213.94	
8月3日	0002	缴纳印花税			226.80		
8月3日	0002	缴纳印花税				226.80	

图 8-37

`C2    =IF(SUM(F4:F849)=SUM(G4:G849),"借贷平衡√","借贷不平衡×：差异"&ROUND(SUM(F4:F849)-SUM(G4:G849),2))`

		记 账 凭 证					
试算平衡：	借贷平衡√ ❶						
日期	凭证号	摘要	总账科目	明细科目	借方金额	贷方金额	附件张数
8月3日	0001	缴纳7月增值税			10116.08		3张
8月3日	0001	缴纳7月增值税				10116.08	
8月3日	0001	缴纳7月城建税			708.14		
8月3日	0001	缴纳7月教育费附加			303.48		
8月3日	0001	缴纳7月地方教育费附加			202.32		
8月3日	0001	缴纳7月附加税费				1213.94	
8月3日	0002	缴纳印花税			226.80		
8月3日	0002	缴纳印花税				226.80	

图 8-38

`C2    =IF(SUM(F4:F849)=SUM(G4:G849),"借贷平衡√","借贷不平衡×：差异"&ROUND(SUM(F4:F849)-SUM(G4:G849),2))`

		记 账 凭 证					
试算平衡：	借贷不平衡×：差异-10115.08 ❷						
日期	凭证号	摘要	总账科目	明细科目	借方金额	贷方金额	附件张数
8月3日	0001	缴纳7月增值税			1.00		3张
8月3日	0001	缴纳7月增值税				10116.08	
8月3日	0001	缴纳7月城建税			708.14		
8月3日	0001	缴纳7月教育费附加			303.48		
8月3日	0001	缴纳7月地方教育费附加			202.32		
8月3日	0001	缴纳7月附加税费				1213.94	
8月3日	0002	缴纳印花税			226.80		
8月3日	0002	缴纳印花税				226.80	

图 8-39

Step03 运用【数据验证】工具制作"总账科目"一级下拉列表和二级动态"明细科目"下拉列表。❶ 选中 D4:D11 单元格区域→打开【数据验证】对话框，将"序列"来源设置为"= 总账科目"，如图 8-40 所示；❷ 选中 E4 单元格→打开【新建名称】对话框，将名称设置为"记账凭证科目"→在"引用位置"文本框中设置公式"=OFFSET(科目表 !$G$2,MATCH(凭证录入 !$D4&"*",科目表 !$G:$G,0)-2,0,COUNTIF(科目表 !$G:$G, 凭证录入 !$D4&"*"))"，如图 8-41 所示→在 E4 单元格中制作下拉列表，将"记账凭证科目"名称设置"序列"来源→将 E4 单元格的数据验证条件向下填充至 E5:E11 单元格区域。

图 8-40

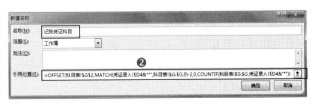

图 8-41

Step04 ❶ 添加 2 列辅助列，统计每月每张凭证的会计分录数，并与凭证号码组合，为下一步制作凭证打印模板提供数据依据，在 I4 单元格中设置公式 "=MONTH(A4)&"-"&B4" →在 J2 单元格设置公式 "=I4&"-"&COUNTIF(I$3:I4,I4)" →将 I4 和 J4 单元格中公式填充至 I5:J11 单元格区域；❷ 将 A3:J11 单元格区域转换为超级表，之后继续填写凭证时，表格自动填充上一行所有设置→设置完成后，在 D4:D11 单元格区域的下拉列表中选择总账科目名称→展开 E4:E11 单元格区域的下拉列表，可看到其中备选项均为总账科目的下级明细科目，效果如图 8-42 所示。

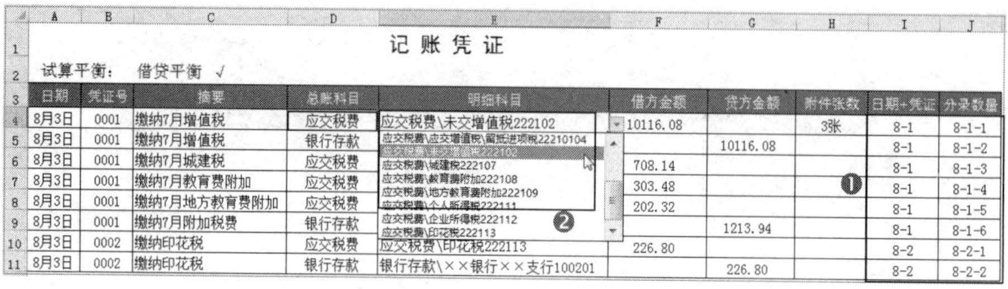

图 8-42

（3）制作记账凭证打印模板

记账凭证打印模板的制作原理就是运用函数公式在记账凭证表格中查找与指定凭证号码匹配的所有凭证内容，并引用至固定的打印样式表格中。查找引用的关键字即凭证号码，将通过数值调节钮进行控制。

Step01 在"凭证录入"工作表中增加录入 8 月及 9 月凭证内容→新增工作表，命名为"凭证打印"→绘制记账凭证打印样式。❶ 在 A1 单元格中输入需要打印凭证的月份→在 A3 单元格输入任意凭证号→将 A3 单元格格式自定义为"记字 第 0000 号"；❷ 在 E5:E10 单元格区域中依次输入数字 1~6 作为辅助列，效果如图 8-43 所示。

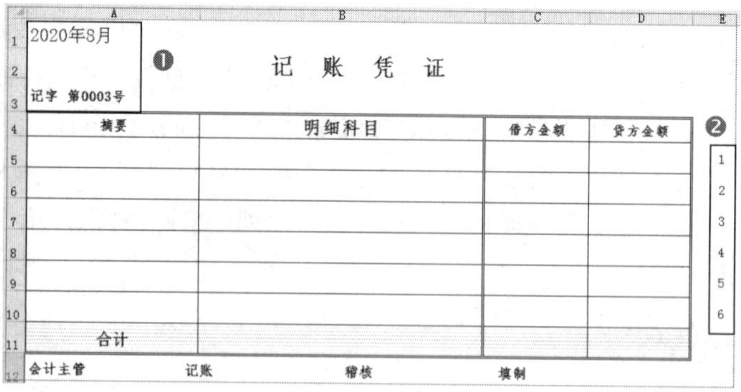

图 8-43

Step02 单击【开发工具】选项卡下【控件】组"插入"下拉列表中的【数值调节钮】按钮，绘制一个控件，放置在 A3 单元格旁。❶ 打开【设置控件格式】对话框，在【控制】选项卡设置最小值和单元格链接，如图 8-44 所示；❷ 切换至【属性】选项卡→取消勾选"打印对象"复选框（打印凭证时不会打印出控件），如图 8-45 所示。

图 8-44   图 8-45

Step03 分别在 B3、D3、A5、B5、B11、C11 单元格中设置如下公式:

- B3 单元格: "=IFERROR(VLOOKUP(MONTH($A$1)&"-"&A3&"-"&E5,IF({1,0},凭证录入 !J$4:J$888,凭证录入 !A$4:A$892),2,0),"")",查找引用第 0003 号凭证的日期。

- D3 单元格: "=IFERROR(VLOOKUP(MONTH($A$1)&"-"&A3&"-"&E5,IF({1,0},凭证录入 !J$4:J$888,凭证录入 !H$4:H$888),2,0),"")",查找引用第 0003 号凭证的附件张数→将单元格格式设置为"附件 0 张"。

- A5 单元格: "=IFERROR(VLOOKUP(MONTH($A$1)&"-"&$A$3&"-"&$E5,IF({1,0},凭证录入 !J$4:J$900,凭证录入 !C$4:C$900),2,0),"")",将 A3 单元格中的凭证号与 E5 单元格中的数字组合作为关键字,在"凭证录入"工作表中逆向查找摘要内容。

- B5 单元格: "=IFERROR(VLOOKUP(MONTH($A$1)&"-"&$A$3&"-"&$E5,IF({1,0},凭证录入 !J$4:J$888,凭证录入 !E$4:E$900),2,0),"")",公式含义与 A5 单元格同理。复制 B5 单元格公式并选择性粘贴至 C5 和 D5 单元格后,将公式中的"K$4:K$888"修改为"J$4:J$888"→运用"选择性粘贴"功能将 A5:D5 单元格区域公式复制粘贴至 A6:D10 单元格区域中。

- B11 单元格: "=IF(C11=D11,"-"," 借贷不平衡,差异 :"&ROUND(C11-D11,2))",运用 IF 函数判断 C11 和 D11 单元格金额相等时,返回符号"-",否则返回设定的文本,并计算借贷双方金额差异。

- C11 单元格: "=ROUND(SUM(C5:C10),2)",汇总借方金额→将公式复制并选择性粘贴至 D11 单元格。

设置完成后,记账凭证效果如图 8-46 所示。

图 8-46

Step04 ❶选中C5:D10单元格区域,按照图8-47所示设置条件格式,当单元格中数字为"0"时,将单元格格式自定义为";;;",即隐藏数字"0";❷选中A2:D12单元格区域→单击【页面布局】选项卡下【页面设置】组中【打印区域】下拉列表中的【设置打印区域】命令,如图8-48所示。

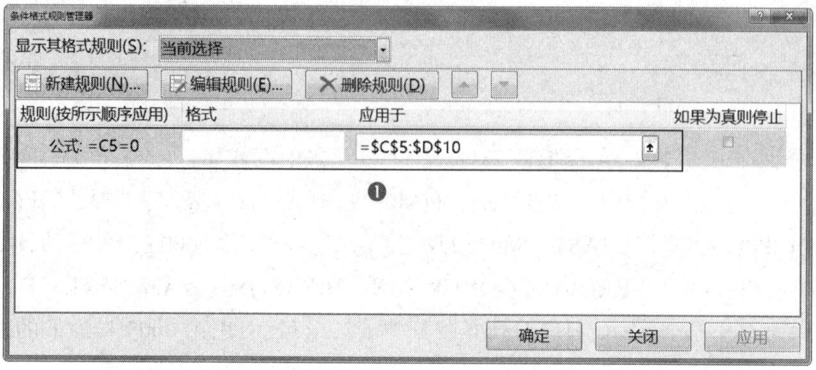

图 8-47

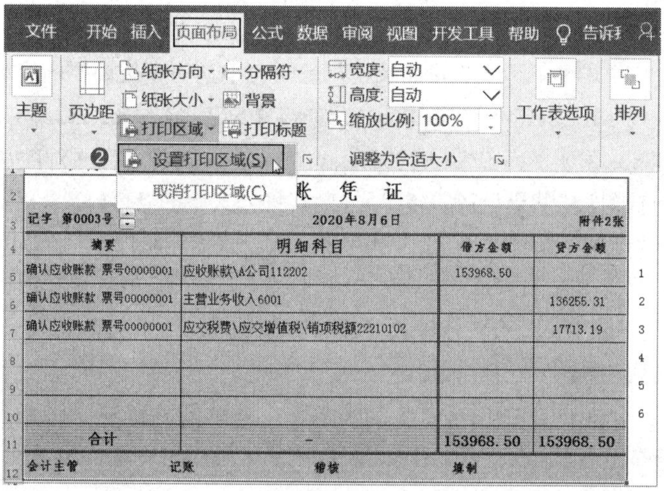

图 8-48

设置完成后,在A1单元格中输入"9-1"(2020年9月)→单击"数值调节钮"控件,调整凭证号码,可检验公式效果,最终效果如图8-49所示。

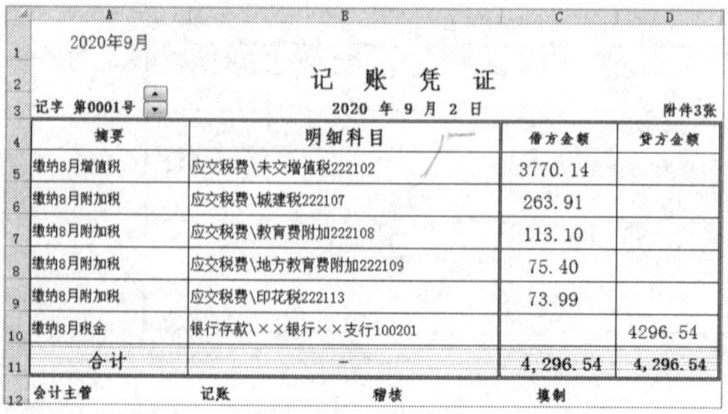

图 8-49

关键技能 085 制作动态明细账，综合查询凭证内容

技能说明

明细账也称明细分类账，是按明细科目分类账户开设的、用来分类登记某类经济业务详细情况、提供明细核算资料的账簿。本小节将在 Excel 中制作一份“动态明细账”综合查询表，实现按月份、科目级次查询相关会计凭证的所有信息，具体作用如图 8-50 所示。

1. 在录入记账凭证的同时，同步将每一明细科目的凭证内容自动记录到明细账表中，无须另行任何手工操作
2. 根据指定的会计期间分月查询明细账
3. 根据指定的会计科目的级次查询明细账。例如，选择一级（总账）科目，即可查询该科目下一至三级的凭证内容，选择二级科目，即可查询二至三级科目的凭证内容
4. 自动判断会计科目余额的方向（借方或贷方）

图 8-50

本小节将参考“记账凭证打印模板”的制作思路制作“动态明细账”综合查询表，需要运用的工具、技巧及函数也与电子记账凭证大致相同，不再赘述。

应用实战

下面继续在 < 账簿管理 > 工作簿中制作动态明细账综合查询表。

Step01 新增工作表，命名为“明细账”→绘制表格框架，设置字段名称→运用【数据验证】工具分别在 A1 和 C1 单元格中制作总账科目和明细账科目联动下拉列表（参考“电子记账凭证”制作方法），并选择任一会计科目名称→在 I2 单元格中制作会计期间下拉列表并选择“2020 年 8 月”。其中，A5、A6、A7 单元格分别用于显示一至三级会计科目名称，如图 8-51 所示。

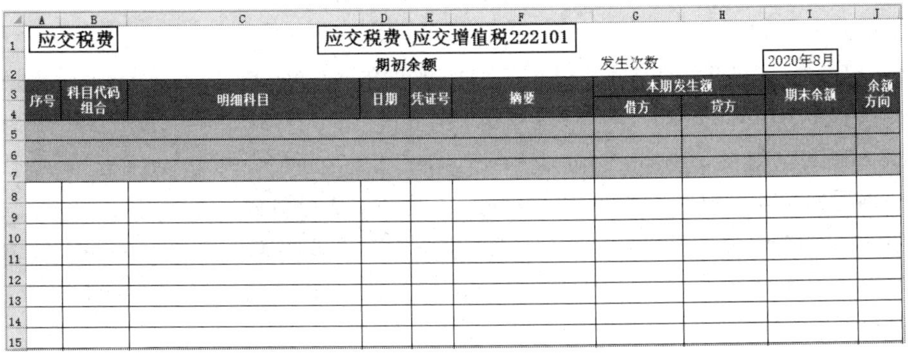

图 8-51

Step02 分别在 A2、A5、A6、A7 单元格中设置以下公式：

- A2 单元格："=IFERROR(INDEX(科目表 !C:C,MATCH(C1, 科目表 !G:G,0)),"")"，根据 C1 单元格中的会计科目名称，查找"科目表"中与之匹配的科目代码。
- A5 单元格："=IFERROR(VLOOKUP($A$2, 科目表 !C:D,2,0)&"　　　　　","," 请选择明细科目 ")"，根据 A2 单元格中的科目代码，查找"科目表"中的一级 (总账) 科目名称，公式中运用连接符号"&"并在后面设置一串空格的目的是使表格美观，让不同级次的科目名称错落有致地列示在单元格中。
- A6 单元格："=IF(LEN($A$2)>=6,"　---"&VLOOKUP($A$2, 科目表 !$C:E,3,0)," 请选择二级科目 ")"，根据会计科目编码规则，一级至三级科目的编码长度分别设为 4 位、6 位、8 位数字。公式运用"LEN"函数并嵌套"IF(LEN($A$2)>=6）"，用于计算 A2 单元格中科目编码的长度以判断科目编码的级次是否为二级以上。整个公式的含义是：如果 A2 单元格中的科目编码长度大于等于 6 位（代表科目级次为二级或三级），即从"科目表"中查找并返回与之匹配的二级科目名称，否则显示自定义文本"请选择二级科目"。
- A7 单元格："=IF(LEN($A$2)>=8,"　　---"&VLOOKUP($A$2, 科目表 !$C:G,4,0)," 请选择三级科目 ")"，参考 A6 单元格公式理解含义。

以上公式设置完成后，效果如图 8-52 所示。

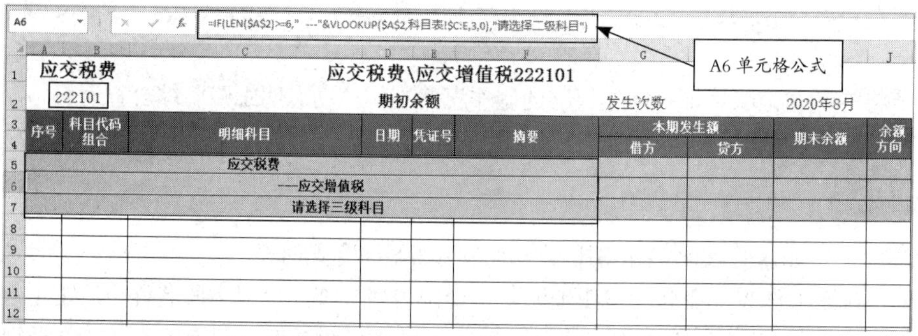

图 8-52

Step03 在"凭证录入"工作表中添加辅助列，根据 A2 单元格中的科目代码统计科目发生次数。切换至"凭证录入"工作表，将 L1:M1 单元格区域设置为辅助区域，并添加 K、L、M 三列辅助列→分别在 M1 单元格、K4:M4 单元格区域设置以下公式：

- M1 单元格："=LEN(明细账 !A2)"，计算"明细账"工作表中 A2 单元格中科目代码的长度。
- K4 单元格："=VLOOKUP(IF(M$1=4,D4,E4),IF({1,0},IF(M$1=4, 科目表 !D$4:D$298, 科目表 !G$4:G$298), 科目表 !C$4:C$298),2,0)"，运用 IF 函数判断 M1 单元格数字为"4"或不为"4"时，分别返回 VLOOKUP 函数不同的第 1 个参数和第 2 个参数，查找引用"科目表"工作表中的科目代码。如果理解此公式有难度，也可设置公式"=IF(M$1=4,VLOOKUP(D4,IF({1,0}, 科目表 !D$4:D$298, 科目表 !C$4:C$298), 2,0),VLOOKUP(E4,IF({1,0}, 科目表 !G$4:G$298, 科目表 !C$4:C$298),2,0))"，公式结果完全相同。
- L4 单元格："=MONTH(A4)&"-"&LEFT(K4,M$1)"，将 MONTH 函数所计算的 A4 单元格的日期中的月份数与符号"-"，以及运用 LEFT 函数，根据 M1 单元格中的科目代码长度截取的 K4 单元格中科目代码后的数字组合。

- M4 单元格：“=L4&"-"&COUNTIF(L$3:L4,L4)”，将月数、L4 单元格中的科目代码、以及 COUNTIF 函数统计得到的 L3:L4 单元格区域中 L4 科目代表的数量组合。M4 单元格中数字将作为在“明细账”工作表中查找引用凭证内容的关键字。

将 K4:M4 单元格区域中的公式填充至下方单元格区域。设置完成后，效果如图 8-53 所示。

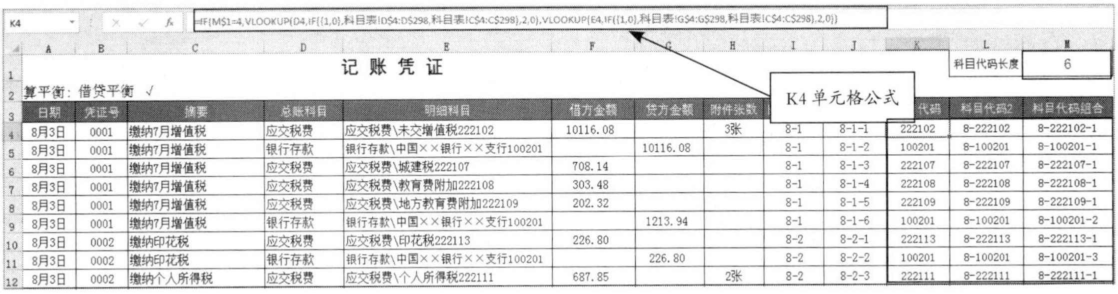

日期	凭证号	摘要	总账科目	明细科目	借方金额	贷方金额	附件张数			代码	科目代码2	科目代码组合
8月3日	0001	缴纳7月增值税	应交税费	应交税费\未交增值税222102	10116.08		3张	8-1	8-1-1	222102	8-222102	8-222102-1
8月3日	0001	缴纳7月增值税	银行存款	银行存款\中国××银行××支行100201		10116.08		8-1	8-1-2	100201	8-100201	8-100201-1
8月3日	0001	缴纳7月增值税	应交税费	应交税费\城建税222107	708.14			8-1	8-1-3	222107	8-222107	8-222107-1
8月3日	0001	缴纳7月增值税	应交税费	应交税费\教育费附加222108	303.48			8-1	8-1-4	222108	8-222108	8-222108-1
8月3日	0001	缴纳7月增值税	应交税费	应交税费\地方教育费附加222109	202.32			8-1	8-1-5	222109	8-222109	8-222109-1
8月3日	0001	缴纳7月增值税	银行存款	银行存款\中国××银行××支行100201		1213.94		8-1	8-1-6	100201	8-100201	8-100201-2
8月3日	0002	缴纳印花税	应交税费	应交税费\印花税222113	226.80			8-2	8-2-1	222113	8-222113	8-222113-1
8月3日	0002	缴纳印花税	银行存款	银行存款\中国××银行××支行100201		226.80		8-2	8-2-2	100201	8-100201	8-100201-3
8月3日	0002	缴纳个人所得税	应交税费	应交税费\个人所得税222111	687.85		2张	8-2	8-2-3	222111	8-222111	8-222111-1

图 8-53

温馨提示

以上分别设置了 4 个辅助单元格或辅助列，是为了简化公式，便于理解。如果能够熟练设置嵌套公式，可将 M1、K4 和 L4 单元格中公式合并为一条公式。

Step04 切换至“明细账”工作表，分别在 H2 单元格、A8:J8 单元格区域、J9 单元格中设置公式，查找引用凭证内容。

- H2 单元格：“=COUNTIF(凭证录入 !M:M,MONTH(I2)&"-"&A2&"*")”，统计科目发生次数。
- A8 单元格：“=IF((ROW()-7)<=$H$2,ROW()-7,"")”，首先运用 ROW 函数返回本行号减 4（表头占据 4 行）后的数字，返回结果为“1”，再运用 IF 函数判断“(ROW()-7)”是否小于 H2 单元中统计的科目发生次数，如果判断结果为真，则返回这个数字，否则返回空值。
- B8 单元格：“=IF(A8="","",MONTH($I$2)&"-"&$A$2&"-"&A8)”，将 I2 单元格中的月份数、A2 单元格中的科目代码和 A8 单元格中的数字组合。
- C8 单元格：“=IFERROR(VLOOKUP($B8,IF({1,0}, 凭证录入 !M$4:M$888, 凭证录入 !E$4:E$888),2,0),"")”，根据 B8 单元格中的组合数字在“凭证录入”工作表中查找并引用与之匹配的科目名称。
- D8:H8 单元格区域：参照 C8 单元格设置查找引用公式。
- I8 单元格：“=IFERROR((ROUND(SUM(F2,G8,-H8),2)),"")”，计算期末余额 + 或 - 第 1 张凭证数据后的期末余额。会计公式为期初余额 + 借方金额 - 贷方金额。
- I9 单元格：“=IFERROR(ROUND(I8+G9-H9,2),"")”，计算上一笔余额 + 或 - 第 2 张凭证数据后的期末余额→将公式填充至下方单元格区域。
- J8 单元格：“=IF(I8="","",IF(I8>0," 借 ",IF(I8=0," 平 "," 贷 ")))”，判断余额方向。

将 A8:M8 单元格区域和 I9 单元格中的公式填充至下方单元格区域即可。以上公式设置完成后，效果如图 8-54 所示。

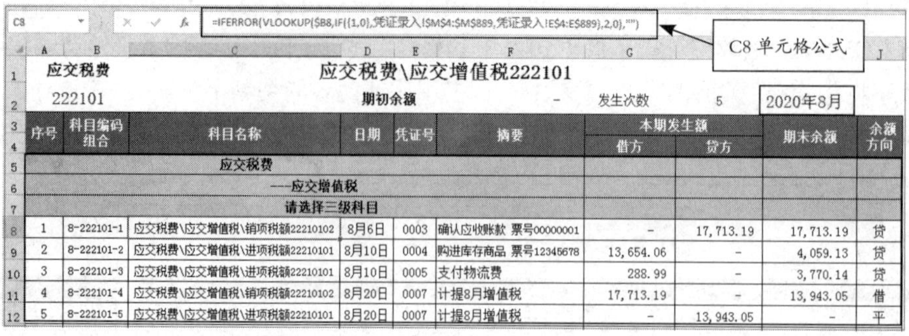

应交税费		应交税费\应交增值税222101							
222101			期初余额		-	发生次数	5	2020年8月	
序号	科目编码组合	科目名称	日期	凭证号	摘要	本期发生额		期末余额	余额方向
						借方	贷方		
		应交税费							
		——应交增值税							
		请选择三级科目							
1	8-222101-1	应交税费\应交增值税\销项税额22210102	8月6日	0003	确认应收账款 票号00000001	-	17,713.19	17,713.19	贷
2	8-222101-2	应交税费\应交增值税\进项税额22210101	8月10日	0004	购进库存商品 票号12345678	13,654.06	-	4,059.13	贷
3	8-222101-3	应交税费\应交增值税\进项税额22210101	8月10日	0005	支付物流费	288.99	-	3,770.14	贷
4	8-222101-4	应交税费\应交增值税\销项税额22210102	8月20日	0007	计提8月增值税	17,713.19	-	13,943.05	借
5	8-222101-5	应交税费\应交增值税\进项税额22210101	8月20日	0007	计提8月增值税	-	13,943.05	-	平

图 8-54

Step05 在 G5:I7 单元格设置不同的公式，分别按照科目级次汇总科目发生额。

- G5 单元格："=SUMIF(凭证录入 !$L:$L,MONTH($I$2)&"-"&LEFT($A$2,4)&"*", 凭证录入 !F:F)"，汇总"凭证录入"工作表中包含与 A2 单元格中相同的一级 (总账) 科目的借方发生额。其中，表达式"LEFT($A$2,4)"的作用就是截取 A2 单元格中左侧的 4 位数字，即一级科目代码。
- G6 单元格："=IF(LEN($A$2)>=6,SUMIF(凭证录入 !$M:$M,MONTH($I$2)&"-"&LEFT($A$2,6)&"*", 凭证录入 !F:F),0)"，运用 IF 函数判断 A2 单元格中科目代码长度大于等于 6 时，即运用 SUMIF 函数汇总"凭证录入"工作表中包含与 A2 单元格相同的二级科目的借方发生额，否则返回数字"0"。
- G7 单元格："=IF(LEN($A$2)=8,SUM(G8:G888),0)"，运用 IF 函数判断 A2 单元格中科目代码长度为"8"时（代表三级科目），即汇总 G8:G888 单元格区域的借方发生额。

将 G5:G7 单元格区域公式填充至 H5:H7 单元格区域。

- I5 单元格："=F$2+G5-H5"，计算期末余额。
- I6 单元格："=IF(LEN(A2)=4,0,F$2+G6-H6)"，运用 IF 函数判断 A2 单元格中科目代码长度为"4"时，返回数字"0"，否则计算二级科目的期末余额。
- I7 单元格："=IF(LEN($A$2)<8,0,IFERROR(F2+G7-H7,0))"，运用 IF 函数判断 A2 单元格中科目代码长度小于"8"时，返回数字"0"，否则计算三级科目的期末余额。

最后在 J5:J7 单元格区域设置判断余额方式的公式，只需直接复制粘 J8 单元格公式即可。以上公式设置完成后，效果如图 8-55 所示。

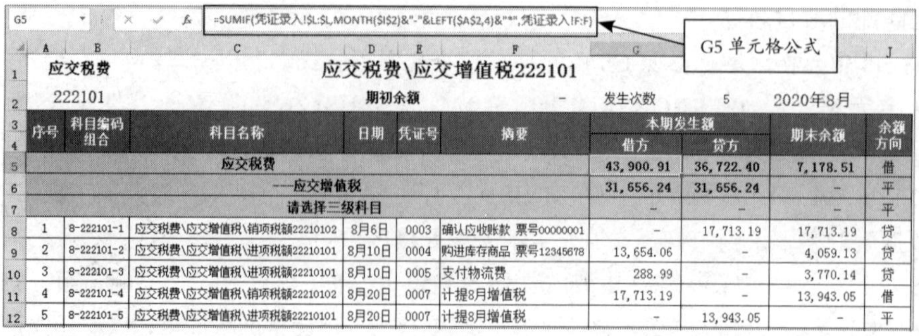

应交税费		应交税费\应交增值税222101							
222101			期初余额		-	发生次数	5	2020年8月	
序号	科目编码组合	科目名称	日期	凭证号	摘要	本期发生额		期末余额	余额方向
						借方	贷方		
		应交税费				43,900.91	36,722.40	7,178.51	借
		——应交增值税				31,656.24	31,656.24	-	平
		请选择三级科目				-	-	-	平
1	8-222101-1	应交税费\应交增值税\销项税额22210102	8月6日	0003	确认应收账款 票号00000001	-	17,713.19	17,713.19	贷
2	8-222101-2	应交税费\应交增值税\进项税额22210101	8月10日	0004	购进库存商品 票号12345678	13,654.06	-	4,059.13	贷
3	8-222101-3	应交税费\应交增值税\进项税额22210101	8月10日	0005	支付物流费	288.99	-	3,770.14	贷
4	8-222101-4	应交税费\应交增值税\销项税额22210102	8月20日	0007	计提8月增值税	17,713.19	-	13,943.05	借
5	8-222101-5	应交税费\应交增值税\进项税额22210101	8月20日	0007	计提8月增值税	-	13,943.05	-	平

图 8-55

Step06 查找引用期初余额。切换至“科目表”工作表，增加一列（H 列），填入 2020 年 8 月的科目期初余额→在“明细账”工作表的 F2 单元格中设置公式“=VLOOKUP(A2,科目表!C:H,6,0)”，将“科目表”工作表中的科目余额引用至 F2 单元格中→运用【条件格式】设置 F2 单元格格式：公式设置为“=F2<0”→单元格格式自定义为“[<0]#,##0.00”，也就是让负数显示为正数（会计账簿中数字一般不允许出现负数，而是根据科目余额的借贷方向判断正负）。

Step07 最后设置条件格式，清除多余的表格框线，根据查询到的科目明细凭证内容数量自动添加表格框线→分别在 A1 和 C1 单元格中依次选择一至三级科目名称，检验所有公式是否正确，效果分别如图 8-56、图 8-57、图 8-58 所示。

应交税费		应交税费2221							
2221			期初余额		12,244.67	发生次数	17	2020年8月	
序号	科目编码组合	科目名称	日期	凭证号	摘要	本期发生额 借方	本期发生额 贷方	期末余额	余额方向
应交税费						43,900.91	36,722.40	5,066.16	贷
请选择二级科目						-	-	-	平
请选择三级科目						-	-	-	平
1	8-2221-1	应交税费\未交增值税222102	8月3日	0001	缴纳7月增值税	10,116.08	-	2,128.59	贷
2	8-2221-2	应交税费\城建税222107	8月3日	0001	缴纳7月城建税	708.14	-	1,420.45	贷
3	8-2221-3	应交税费\教育费附加222108	8月3日	0001	缴纳7月教育费附加	303.48	-	1,116.97	贷
4	8-2221-4	应交税费\地方教育费附加222109	8月3日	0001	缴纳7月地方教育费附加	202.32	-	914.65	贷
5	8-2221-5	应交税费\印花税222113	8月3日	0002	缴纳印花税	226.80	-	687.85	贷
6	8-2221-6	应交税费\个人所得税222111	8月3日	0002	缴纳个人所得税	687.85	-	-	平
7	8-2221-7	应交税费\应交增值税\销项税额22210102	8月6日	0003	确认应收账款 票号00000001	-	17,713.19	17,713.19	贷
8	8-2221-8	应交税费\应交增值税\进项税额22210101	8月10日	0004	购进库存商品 票号12345678	13,654.06	-	4,059.13	贷
9	8-2221-9	应交税费\应交增值税\进项税额22210101	8月10日	0005	支付物流费	288.99	-	3,770.14	贷
10	8-2221-10	应交税费\应交增值税\销项税额22210102	8月20日	0007	计提8月增值税	17,713.19	-	13,943.05	借
11	8-2221-11	应交税费\应交增值税\进项税额22210101	8月20日	0007	计提8月增值税	-	13,943.05	-	平
12	8-2221-12	应交税费\未交增值税222102	8月20日	0007	计提8月增值税	-	3,770.14	3,770.14	贷
13	8-2221-13	应交税费\城建税222107	8月20日	0008	计提8月城建税	-	263.91	4,034.05	贷
14	8-2221-14	应交税费\教育费附加222108	8月20日	0008	计提8月教育费附加	-	113.10	4,147.15	贷
15	8-2221-15	应交税费\地方教育费附加222109	8月20日	0008	计提8月地方教育费附加	-	75.40	4,222.55	贷
16	8-2221-16	应交税费\印花税222113	8月20日	0008	计提8月印花税	-	73.99	4,296.54	贷
17	8-2221-17	应交税费\个人所得税222111	8月20日	0009	支付7月工资-代扣7月个人所得税	-	769.62	5,066.16	贷

图 8-56

应交税费		应交税费\应交增值税222101							
222101			期初余额		-	发生次数	5	2020年8月	
序号	科目编码组合	科目名称	日期	凭证号	摘要	本期发生额 借方	本期发生额 贷方	期末余额	余额方向
应交税费						43,900.91	36,722.40	7,178.51	借
─应交增值税						31,656.24	31,656.24	-	平
请选择三级科目						-	-	-	平
1	8-222101-1	应交税费\应交增值税\销项税额22210102	8月6日	0003	确认应收账款 票号00000001	-	17,713.19	17,713.19	贷
2	8-222101-2	应交税费\应交增值税\进项税额22210101	8月10日	0004	购进库存商品 票号12345678	13,654.06	-	4,059.13	贷
3	8-222101-3	应交税费\应交增值税\进项税额22210101	8月10日	0005	支付物流费	288.99	-	3,770.14	贷
4	8-222101-4	应交税费\应交增值税\销项税额22210102	8月20日	0007	计提8月增值税	17,713.19	-	13,943.05	借
5	8-222101-5	应交税费\应交增值税\进项税额22210101	8月20日	0007	计提8月增值税	-	13,943.05	-	平

图 8-57

应交税费		应交税费\应交增值税\销项税额22210102							
22210102			期初余额		-	发生次数	2	2020年8月	
序号	科目编码组合	科目名称	日期	凭证号	摘要	本期发生额 借方	本期发生额 贷方	期末余额	余额方向
应交税费						43,900.91	36,722.40	7,178.51	借
─应交增值税						31,656.24	31,656.24	-	平
──销项税额						17,713.19	17,713.19	-	平
1	8-22210102-1	应交税费\应交增值税\销项税额22210102	8月6日	0003	确认应收账款 票号00000001	-	17,713.19	17,713.19	贷
2	8-22210102-2	应交税费\应交增值税\销项税额22210102	8月20日	0007	计提8月增值税	17,713.19	-	-	平

图 8-58

关键技能 086 制作科目汇总表，按月汇总科目发生额

技能说明

"科目汇总表"也称为"记账凭证汇总表"，是按照会计期间对全部记账凭证进行汇总，按各个会计科目列示其借方发生额和贷方发生额的一种汇总凭证。科目汇总表同样具有试算平衡的作用。记账凭证汇总表是记账凭证汇总表核算形式下总分类账登记的依据。因此，对每一位财务人员来说，运用 Excel 制作一份自动的科目汇总表也是必不可少的关键技能之一。

其实科目汇总表的制作相对于"动态明细账"更为简单，公式也更易于理解，主要运用 SUMIF 和 SUMIFS 函数，并嵌套其他常用函数，再配合部分工具、技巧，即可轻松完成这项工作任务。

本节将要制作的科目汇总表包含 3 张表格，具备 3 个不同的功能，如图 8-59 所示。

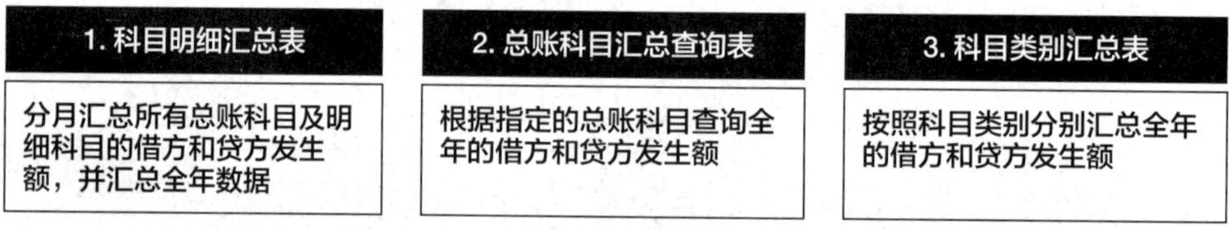

1. 科目明细汇总表	2. 总账科目汇总查询表	3. 科目类别汇总表
分月汇总所有总账科目及明细科目的借方和贷方发生额，并汇总全年数据	根据指定的总账科目查询全年的借方和贷方发生额	按照科目类别分别汇总全年的借方和贷方发生额

图 8-59

应用实战

下面仍然在<账簿管理>工作簿中制作"科目汇总表"。

Step01 新增工作表，命为"科目汇总表"，绘制 3 个表格。❶ 将"科目表"工作表整张复制粘贴至"科目汇总表"中→删除原表格中不需要的内容→添加列；❷ 在上方区域插入 4 行，绘制两个表格。其中，A2:E3 单元格区域表格将用于按科目类别和单个科目动态查询全年汇总额，G3:M4 单元格区域用于按科目类别汇总发生额并计算所有科目汇总金额。初始表格框架如图 8-60 所示。

图 8-60

Step02 汇总明细科目发生额。❶ 在"科目明细汇总表"中 I9 单元格设置公式。

- I9 单元格:"=SUMIFS(凭证录入!$F:$F,凭证录入!$E:$E,IF($B9=1,$D9&"*",IF($B9=2,$D9&"\"
&$E9&"*","*"&$F9)),凭证录入!$A:$A,">="&$I$6,凭证录入!$A:$A,"<="&EOMONTH
($I$6,0))",运用 SUMIFS 函数,按照以下三个条件汇总"凭证录入"工作表中 2020 年 8
月记账凭证的借方发生额。

①条件 1:表达式"凭证录入!$E:$E,IF($B9=1,$D9&"*",IF($B9=2,$D9&"\"&$E9&"*","*"
&$F9))",即"凭证录入"工作表 E 列(字段名称为"明细科目")中,当 IF 函数判断 B9 单元
格中的编码级次为"1"时(代表总账科目),即返回"$D9&"*"",也就是汇总所有科目的借方
发生额;如果编码级次为"2",则返回"$D9&"\"&$E9&"*"",即汇总所有二级明细科目的借方
发生额;否则仅汇总三级明细科目的借方发生额。

②条件 2:表达式"凭证录入!$A:$A,">="&$I$6",即"凭证录入"工作表中 A 列中的凭证
日期大于等于 I6 单元格中的日期,也就是大于等于 2020 年 8 月 1 日。

③条件 3:表达式"凭证录入!$A:$A,"<="&EOMONTH($I$6,0)",即凭证日期小于等于 I6 单
元格中月份的最末一日,也就是小于等于 2020 年 8 月 31 日(函数 EOMONTH 的作用是返回指定
月份的最末一日)。

❷ 将 I9 单元格公式复制粘贴至 J9 单元格→将表达式"=SUMIFS(凭证录入!$F:$F,"中的
"$F:$F"修改为"$G:$G"→将 I9:J9 单元格区域公式复制粘贴至 I10:J203 单元格区域→将 I9:J203
单元格区域公式复制粘贴至 K9:L203 单元格区域→运用【查找与替换】功能将表达式"凭证录
入!$A:$A,">="&$I$6,凭证录入!$A:$A,"<="&EOMONTH($I$6,0))"中的"$I$6"批量替换为"$K$6"。
此后汇总其他月份的科目发生额也只需操作两步:复制粘贴上月全部计算公式→批量替换公式中指
定月份所在单元格。

❸ 在 G9 单元格设置公式"=SUMIF($I$7:$U$7,G$7,$I9:$U9)",汇总所有月份的借方发生额→
将公式复制粘贴至 H9 单元格→将 G9:H9 单元格区域复制粘贴至 G10:H203 单元格区域,效果如图
8-61 所示,可看到所有科目均按照科目级次汇总借方和贷方发生额。

			总账科目汇总查询表						科目类别汇总表				
科目类别	科目名称		借方发生额	贷方发生额		方向	资产	负债	权益	成本	损益		合计
						借方							
						贷方							
					科目明细汇总表								
类别	编码级次	科目编码	一级科目	二级科目	三级科目	全年合计		2020年8月		2020年9月		2020年10月	
						借方	贷方	借方	贷方	借方	贷方	借方	贷方
负债	1	2221	应交税费			48,967.07	36,722.40	43,900.91	36,722.40	5,066.16	–		
负债	2	222101	应交税费	应交增值税		31,656.24	31,656.24	31,656.24	31,656.24				
负债	3	22210101	应交税费	应交增值税	进项税额	–	–	–	–				
负债	3	22210102	应交税费	应交增值税	销项税额	–	–	–	–				
负债	3	22210103	应交税费	应交增值税	减免税款	–	–	–	–				
负债	3	22210104	应交税费	应交增值税	营转逆项税额	–	–	–	–				
负债	2	222102	应交税费	未交增值税		13,886.22	3,770.14	10,116.08	3,770.14	3,770.14			
负债	2	222107	应交税费	城建税		972.05	263.91	708.14	263.91	263.91			
负债	2	222108	应交税费	教育费附加		416.58	113.10	303.48	113.10	113.10			
负债	2	222109	应交税费	地方教育费附加		277.72	75.40	202.32	75.40	75.40			
负债	2	222111	应交税费	个人所得税		1,457.47	769.62	687.85	769.62	769.62			
负债	2	222112	应交税费	企业所得税		–	–	–	–				
负债	2	222113	应交税费	印花税		300.79	73.99	226.80	73.99	73.99			

二级科目合计数等于一级科目金额

图 8-61

Step03 按类别汇总科目全年借方和贷方发生额。在 H3 和 H4 单元格中设置以下公式。

- H3 单元格："=SUMIFS($G$9:$G$203,$A$9:$A$203,H$2,$B$9:$B$203,1)"，运用 SUMIFS 函数汇总"资产"类一级(总账)科目全年借方发生额。
- H4 单元格:"=SUMIFS($H$9:$H$203,$A$9:$A$203,H$2,$B$9:$B$203,1)",汇总贷方发生额。

将 H3:H4 单元格区域公式填充至 I3:L4 单元格区域→运用 SUM 函数在 M3 和 M4 单元格设置求和函数即可，效果如图 8-62 所示。

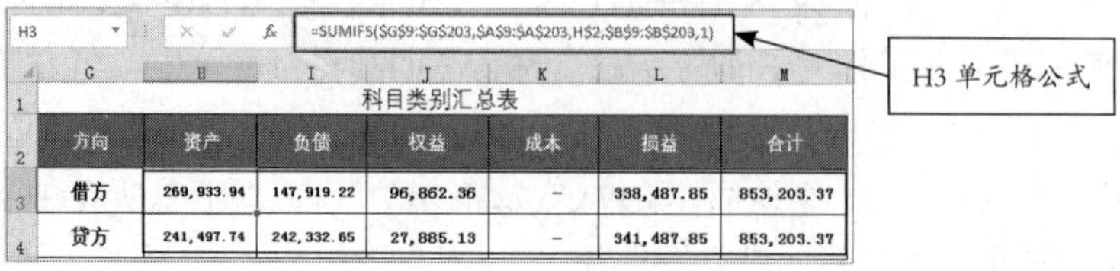

方向	资产	负债	权益	成本	损益	合计
借方	269,933.94	147,919.22	96,862.36	-	338,487.85	853,203.37
贷方	241,497.74	242,332.65	27,885.13	-	341,487.85	853,203.37

图 8-62

Step04 查询一级科目全年借方和贷方发生额。❶ 新增工作表，命名为"科目类别"→制作以下科目类别表，将 5 个科目大类定义为名称"科目类别"→将每一类别下的一级科目分别定义名称，如图 8-63 所示；❷ 切换至"科目汇总表"工作表，运用【数据验证】工具在 A3 和 B3 单元格中制作联动下拉列表，数据验证条件为"允许"—"序列"，A3 单元格"来源"为"=科目类别"；B3 单元格"来源"为"=INDIRECT(A3)"；❸ 在 D3 单元格设置公式"=VLOOKUP(RIGHT($B$3,LEN($B$3)-5),$D$9:H$203,4,0)",同理设置 E3 单元格公式,效果如图 8-64 所示。

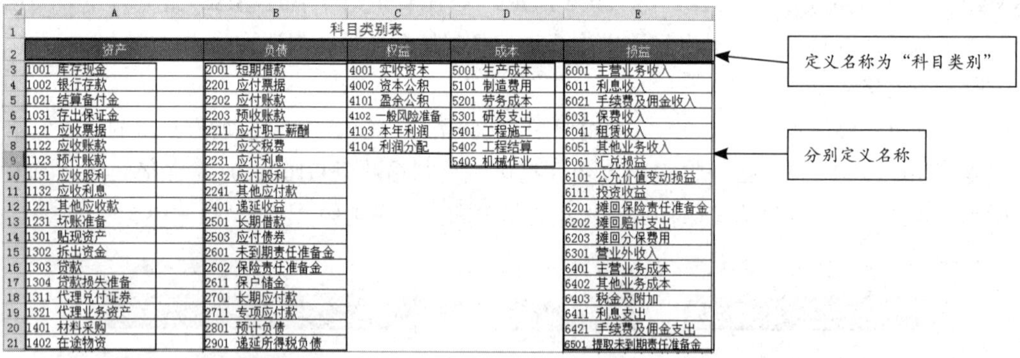

资产	负债	权益	成本	损益
1001 库存现金	2001 短期借款	4001 实收资本	5001 生产成本	6001 主营业务收入
1002 银行存款	2201 应付票据	4002 资本公积	5101 制造费用	6011 利息收入
1021 结算备付金	2202 应付账款	4101 盈余公积	5201 劳务成本	6021 手续费及佣金收入
1031 存出保证金	2203 预收账款	4102 一般风险准备	5301 研发支出	6031 保费收入
1121 应收票据	2211 应付职工薪酬	4103 本年利润	5401 工程施工	6041 租赁收入
1122 应收账款	2221 应交税费	4104 利润分配	5402 工程结算	6051 其他业务收入
1123 预付账款	2231 应付利息		5403 机械作业	6061 汇兑损益
1131 应收股利	2232 应付股利			6101 公允价值变动损益
1132 应收利息	2241 其他应付款			6111 投资收益
1221 其他应收款	2401 递延收益			6201 摊回保险责任准备金
1231 坏账准备	2501 长期借款			6202 摊回赔付支出
1301 贴现资产	2503 应付债券			6203 摊回分保费用
1302 拆出资金	2601 未到期责任准备金			6301 营业外收入
1303 贷款	2602 保险责任准备金			6401 主营业务成本
1304 贷款损失准备	2611 保户储金			6402 其他业务成本
1311 代理兑付证券	2701 长期应付款			6403 税金及附加
1321 代理业务资产	2711 专项应付款			6411 利息支出
1401 材料采购	2801 预计负债			6421 手续费及佣金支出
1402 在途物资	2901 递延所得税负债			6501 提取未到期责任准备金

图 8-63

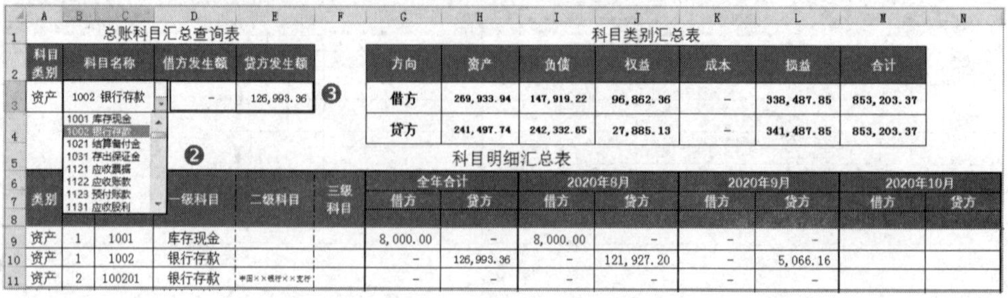

科目类别	科目名称	借方发生额	贷方发生额
资产	1002 银行存款	-	126,993.36

方向	资产	负债	权益	成本	损益	合计
借方	269,933.94	147,919.22	96,862.36	-	338,487.85	853,203.37
贷方	241,497.74	242,332.65	27,885.13	-	341,487.85	853,203.37

类别			一级科目	二级科目	三级科目	全年合计		2020年8月		2020年9月		2020年10月	
						借方	贷方	借方	贷方	借方	贷方	借方	贷方
资产	1	1001	库存现金			8,000.00	-	8,000.00	-	-	-		
资产	1	1002	银行存款			-	126,993.36	-	121,927.20	-	5,066.16		
资产	2	100201	银行存款	中国××银行××支行		-	-	-	-	-	-		

图 8-64

关键技能 087 生成动态总分类账，统计全年总账科目数据

技能说明

总分类账也称总账，是按总分类科目分类登记全部经济业务的账簿，用于核算总分类财务数据。总分类账能全面、总括地反映和记录经济业务引起的资金运动和财务收支情况，并为编制会计报表提供数据。所以，任何单位都必须设置总分类账。

总分类账是以"月"为最小单位汇总总账科目发生额并将每月汇总额再次逐月累加至全年。因此，总分类账的表格框架非常简单。本节将按照实际工作中规范的账表框架设计表格，同时制作二级联动下拉列表，将总分类账"动态化"与"自动化"，在列表中选择不同的科目类别和一级科目后，账表里的当月发生额即可根据所选科目直接链接"科目汇总表"，并从中自动获取汇总金额。而"累计""本年累计""余额"则设置简单公式，以当月发生额为基数进行计算即可。同时，设置公式检验"科目汇总表"与"总分类账"两张表格的累计金额是否一致。

应用实战

下面在 < 账簿管理 > 工作簿中制作"总分类账"表。

Step01 新增工作表，命名为"总分类账"→绘制表格框架并设置好字段名称、基本格式等→直接在 F6 单元格中填入 2020 年 7 月期末余额作为 8 月的期初余额→将"科目汇总表"工作表中 A2:A3 单元格区域全部复制粘贴至"总分类账"工作表中 G1:G2 单元格区域（即"科目类别"下拉列表）→同样将二级科目名称下拉列表复制粘贴至"总分类账"工作表中 A2 单元格中→将 A2 单元格格式自定义为"科目：@"。这里将"科目类别"下拉列表作为辅助列放置在账表之外的原因是方便将账表区域设置为打印区域，而不打印 G1:G2 单元格区域内容。初始表格框架及内容如图 8-65 所示。

Step02 分别在 A1、A18、C8、C19、D8、E8、F8 单元格设置以下公式，查找引用"科目汇总表"中的数据。

- A1 单元格："=RIGHT($A$2,LEN(A2)-5)&" 总账 ""，从右截取 A2 单元格中的总账科目名称后与文本"总账"组合成为动态标题。

- C8 单元格："=IFERROR(VLOOKUP(LEFT($A$1,LEN($A$1)-2),科目汇总表 !$D:$Z,MATCH($A8,科目汇总表 !$6:$6,0)-3,0),0)"，根据截取得到的 A1 单元格中总账科目名称，查找引用"科目汇总表"中与 A8 单元格中月份匹配的借方发生额。

- D8 单元格："=IFERROR(VLOOKUP(LEFT($A$1,LEN($A$1)-2),科目汇总表 !$D:$Z,MATCH($A8,科目汇总表 !$6:$6,0)-2,0),0)"，引用贷方发生额，公式含义与 C8 单元格相同。

- C9 单元格："=ROUND(C7+C8,2)"，计算 2020 年 8 月的借方累计发生额→将公式填充至 D9 单元格。

- F8 单元格："=IF(B8=" 本月合计 ",ROUND(F6+C8-D8,2),0)"，运用 IF 函数判断 B8 单元格中文本为"本月合计"时，计算期末余额，否则返回数字"0"→将公式填充至 F9 单元格。

- E8 单元格："=IF(F8=0," 平 ",IF(F8>0," 借 "," 贷 "))"，自动判断期末余额的借贷方向。将

C8:F9 单元格区域复制粘贴至 C10:F17 单元格区域。

- A18 单元格："=IF(C$17=VLOOKUP(LEFT($A$1,LEN($A$1)-2), 科目汇总表 !D:H,4,0)," √ 本年借方累计额与科目汇总表总额相符! "," × 全年借方累计额不符，请检查公式 ")"，检验两张表格的借方累计金额是否一致→将公式填充至 A19 单元格，只需将表达式中的 "=IF(C$17)" 修改为 "=IF(D$17)"，将 VLOOKUP 函数的第 3 个参数修改为 "5"→再将文本 "借方" 修改为 "贷方" 即可，公式效果如图 8-66 所示。

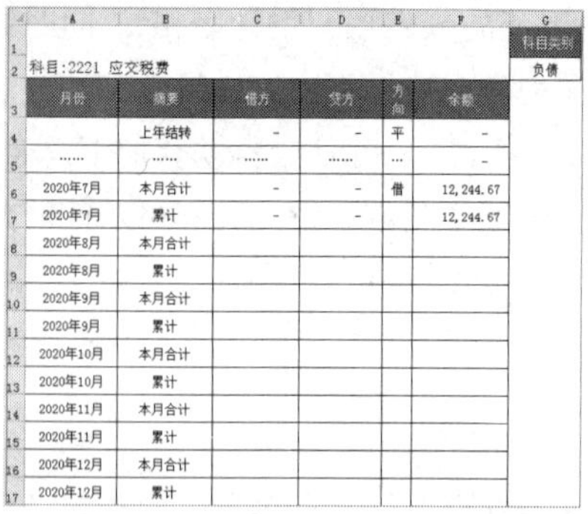

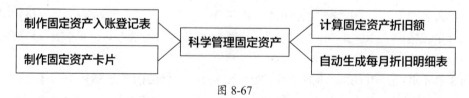

图 8-65   图 8-66

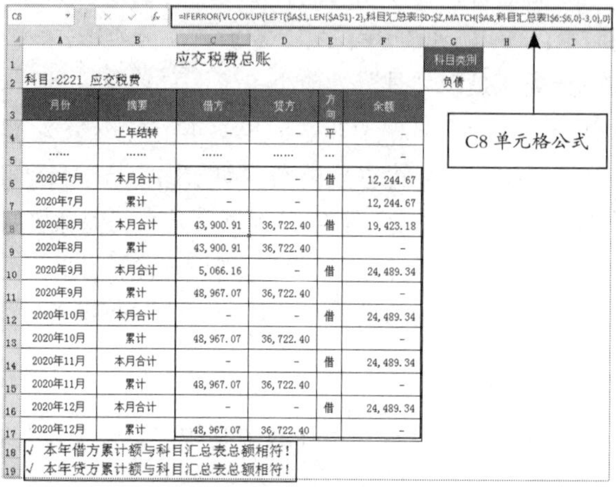

关键技能 085~087 示例结果见 "结果文件 \ 第 8 章 \ 账簿管理 .xlsx" 文件。

8.2 科学管理固定资产

固定资产是指企业为生产产品、提供劳务、出租或经营管理而持有的、使用时间超过 12 个月的、价值达到一定标准的非货币性资产，包括房屋、建筑物、机器、机械、运输工具及其他与生产经营活动有关的设备、器具、工具等。固定资产是企业赖以生产经营和发展的重要资产。加强固定资产管理，对于保障固定资产的安全和完整、推动技术进步、提高企业生产能力和企业经济效益具有重要的意义。

本节将介绍运用 Excel 科学管理固定资产，制作系列表格，将具体工作化繁为简，轻松高效地完成固定资产日常管理工作的 4 个关键技能。本节知识框架如图 8-67 所示。

```
制作固定资产入账登记表                      计算固定资产折旧额
                    科学管理固定资产
制作固定资产卡片                            自动生成每月折旧明细表
```

图 8-67

关键技能 **088** 制作登记表，做好固定资产入账记录

技能说明

固定资产的原始信息记录至关重要，决定着后期计算折旧、期间费用及相关财务数据的准确与否。因此，财务人员在对固定资产做入账登记时，必须做到无遗漏，井然有序地记录和管理好每项资产的重要信息，以便在后续管理和计算时有据可依，有账可查。

制作固定资产入账登记表其实非常简单，基本原始信息需要手工录入，需要设置函数公式计算的项目数据主要包括预计净残值、折旧基数、折旧期数、折旧起止月份等。主要运用的函数是日期与时间类函数，包括 DATE、YEAR、MONTH、EDATE。

应用实战

下面介绍固定资产入账登记表的制作方法和具体步骤，并分享管理思路。

Step01 新建工作簿，命名为<固定资产管理>→将工作表"Sheet1"重命名为"固定资产登记"→绘制表格框架，设置固定资产初始登记所需项目的字段名称。其中，"资产用途""使用部门""折旧方法"可运用【数据验证】工具制作下拉列表→设置辅助列，将"卡片编号"和"固定资产名称"组合，作为后面制作"固定资产卡片"的查找与引用关键字→将表格区域转换为超级表→填入固定资产基本信息。初始内容如图 8-68 所示。

图 8-68

Step02 分别在 A3、L3、M3 单元格和 O3:R3 单元格区域设置以下公式：

- A3 单元格："=IF(B3="","",COUNT(B$2:B3))"，自动生成序号。
- L3 单元格："=ROUND(K3*0.05,2)"，计算固定资产预计净残值。
- M3 单元格："=ROUND(K3-L3,2)"，计算固定资产折旧基数。
- O3 单元格："=IF(N3=" 直线法 ",J3*12&" 期 /"&ROUND(M3/(J3*12),2)&" 元 ",J3*12)"，计算折旧期数。由于直线法折旧额非常简单，不必另制表格计算，因此直接在 O3 单元格中进行计算并与指定文本组合。
- P3 单元格："=IF(B3="","",DATE(YEAR(F3),MONTH(F3)+1,1))"，根据固定资产购置日期计算折旧起始月份（当月购置，次月开始折旧）。
- Q3 单元格："=IF(B3="","",EDATE(P3,J3*12)-1)"，计算固定资产折旧结束月份。
- R3 单元格："=B3&" "&D3"，将卡片编号与固定资产名称组合。

将以上公式填充至下面单元格区域→将 R3:R9 单元格区域定义为名称"固定资产名称"，效

果如图 8-69 所示。

序号	卡片编号	资产编号	固定资产名称	规格型号	购置日期	发票号码	资产用途	使用部门	使用年限	资产原值	预计净残值(5%)	折旧基数	折旧方法	折旧期数	折旧起始月	折旧结束月	辅助列
1	10001	HT-GDZC001	××生产设备01	HT8186	2019-9-20	00123456	生产经营	生产部	10	300,000.00	15,000.00	285,000.00	年数总和法	120	2019-10-1	2029-9-30	10001 ××生产设备01
2	10002	HT-GDZC002	××生产设备02	HT8187	2019-12-10	00234567	出租	—	5	120,000.00	6,000.00	114,000.00	直线法	60期/1900元	2020-1-1	2024-12-31	10002 ××生产设备02
3	10003	HT-GDZC003	××牌办公设备01	HT8188	2020-1-12	00345678	生产经营	行政部	5	60,000.00	3,000.00	57,000.00	直线法	60期/950元	2020-2-1	2025-1-31	10003 ××牌办公设备01
4	10004	HT-GDZC004	××牌机械设备02	HT8189	2020-3-20	00456789	生产经营	财务部	6	65,000.00	3,250.00	61,750.00	双倍余额递减法	72	2020-4-1	2026-3-31	10004 ××牌机械设备02
5	10005	HT-GDZC005	××牌机器01	HT8190	2020-4-11	00567890	出租	—	5	80,000.00	4,000.00	76,000.00	年数总和法	60	2020-5-1	2025-4-30	10005 ××牌机器01
6	10006	HT-GDZC006	××生产设备03	HT8191	2020-5-10	00678901	生产经营	销售部	8	120,000.00	6,000.00	114,000.00	直线法	96期/1187.5元	2020-6-1	2028-5-31	10006 ××生产设备03
7	10007	HT-GDZC007	××牌货车	HT8192	2020-5-25	00234567	生产经营	物流部	8	150,000.00	7,500.00	142,500.00	工作量法	96	2020-6-1	2028-5-31	10007 ××牌货车

图 8-69

关键技能 089 制作固定资产卡片

技能说明

固定资产卡片是指登记固定资产原始信息，是对固定资产进行明细分类核算的一种基本的账簿形式。实际工作中，固定资产卡片一般至少一式两份，分别由财务部门和使用部门保管。

固定资产卡片的制作原理与前面小节介绍的记账凭证打印样式相似且更为简单，只需运用 VLOOKUP 函数，根据指定的固定资产名称，从"固定资产登记表"中查找并引用匹配的相关信息即可。

应用实战

由于工作量法与其他折旧方法略有不同，因此固定资产卡片格式也有所区别，下面分别制作两种格式的"固定资产卡片"。

Step01 新增工作表，命名为"固定资产卡片"→绘制卡片样式的表格，设置字段名称→运用【数据验证】工具在 A1 单元格中制作下拉列表，将"序列"来源设置为"=固定资产名称"→在下拉列表中任意选择一项固定资产名称。其中，打印区域为 A2:D11 单元格区域，而 A12:D13 单元格区域用于计算累计折旧相关数据，由于数据是动态变化的，仅用于查询，不打印。另外，部分单元格中可自行定义单元格格式，例如，本例中"发票号码"（D5 单元格）自定义格式为""No."00000000"、"资产原值"等（D7 单元格）自定义格式为"#,##0.00" 元 ""等，根据实际需求自行设置即可，书中不赘述，如图 8-70 所示。

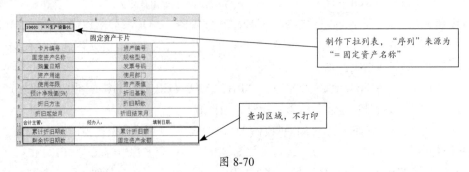

图 8-70

Step02 分别在B3和D3单元格中设置以下公式，查找引用固定资产原始信息。

- B3单元格：“=VLOOKUP(A1,IF({1,0},固定资产登记!R:R,固定资产登记!B:B),2,0)”，运用VLOOKUP函数在“固定资产登记”工作表中逆向查找并引用卡片编号。
- D3单元格：“=IFERROR(VLOOKUP($B$3,固定资产登记!$B:$Q,MATCH(C3,固定资产登记!$2:$2,0)-1,0),"")”，根据B3单元格中的卡片编号，在“固定资产登记”工作表中查找与之匹配的资产编号。

将D3单元格公式复制粘贴至B4:B10和D4:D10单元格区域，效果如图8-71所示。

Step03 分别在B12、B13、D12、D13单元格中设置公式，计算累计折旧相关数据。

- B12单元格：“=IFERROR(IF(B5="","",DATEDIF(B5,TODAY(),"M")),"")”，计算累计折旧期数。
- B13单元格：“=IFERROR(B7*12-B12,"")”，计算剩余折旧期数。
- D12单元格：“=IF(B$9="直线法",D8/(B7*12)*B12,0)”，计算直线法下的累计折旧额。其他方法的折旧额需另行制表计算。
- D13单元格：“=IF(D12=0,0,D8-D12)”，计算直线法下的固定资产余额。

D3 =IFERROR(VLOOKUP($B$3,固定资产登记!$B:$Q,MATCH(C3,固定资产登记!$2:$2,0)-1,0),"")

D3单元格公式

	A	B	C	D
2		固定资产卡片		
3	卡片编号	10001	资产编号	HT-GDZC001
4	固定资产名称	××生产设备01	规格型号	HT8186
5	购置日期	2019-9-20	发票号码	No. 00123456
6	资产用途	生产经营	使用部门	生产部
7	使用年限	10年	资产原值	300,000.00元
8	预计净残值(5%)	15,000.00元	折旧基数	285,000.00元
9	折旧方法	年数总和法	折旧期数	120
10	折旧起始月	2019年10月	折旧结束月	2029年9月
11	会计主管：	经办人：		填制日期：
12	累计折旧期数		累计折旧额	
13	剩余折旧期数		固定资产余额	

图8-71

公式设置完成后，在A1单元格下拉列表中选择另一项采用直线法折旧的固定资产名称，即可检验公式效果，如图8-72所示。

Step04 制作采用工作量法折旧的固定资产卡片。复制A1:A13单元格区域，粘贴至A15:D28单元格区域→在第24行之上插入一行→在A24和C24单元格设置字段名称为“预计总工作量”和“单位工作量折旧额”→在B24单元格中填入预计总工作量→在D24单元格中设置公式“=ROUND(D22/B24,2)”，计算单位工作量折旧额，效果如图8-73所示。

B12 =IFERROR(IF(B5="","",DATEDIF(B5,TODAY(),"M")),"")

	A	B	C	D
1	10002 ××生产设备02			
2		固定资产卡片		
3	卡片编号	10002	资产编号	HT-GDZC002
4	固定资产名称	××生产设备02	规格型号	HT8187
5	购置日期	2019-12-10	发票号码	No. 00234567
6	资产用途	出租	使用部门	-
7	使用年限	5年	资产原值	120,000.00元
8	预计净残值(5%)	6,000.00元	折旧基数	114,000.00元
9	折旧方法	直线法	折旧期数	60期/1900元
10	折旧起始月	2020年1月	折旧结束月	2024年12月
11	会计主管：	经办人：		填制日期：
12	累计折旧期数	7期	累计折旧额	13,300.00
13	剩余折旧期数	53期	固定资产余额	100,700.00

图8-72

D24 =ROUND(D22/B24,2)

	A	B	C	D
15	10007 ××牌货车			
16		固定资产卡片-工作量法		
17	卡片编号	10007	资产编号	HT-GDZC007
18	固定资产名称	××牌货车	规格型号	HT8192
19	购置日期	2020-5-25	发票号码	No. 00234567
20	资产用途	生产经营	使用部门	物流部
21	使用年限	8年	资产原值	150,000.00元
22	预计净残值(5%)	7,500.00元	折旧基数	142,500.00元
23	折旧方法	工作量法	折旧期数	96
24	预计总工作量	400000公里	单位工作量折旧额	0.36
25	折旧起始月	2020年6月	折旧结束月	2028年5月
26	会计主管：	经办人：		填制日期：
27	累计折旧期数	1期	累计折旧额	1,484.38
28	剩余折旧期数	95期	固定资产余额	141,015.63

图8-73

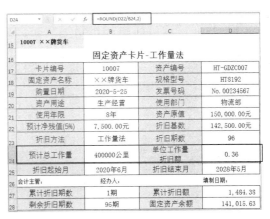

关键技能 **090** 计算固定资产折旧额

技能说明

企业在购置固定资产并做好原始信息登记后，还需要对固定资产的各年折旧额进行预算。在前面小节中，已将直线法下的每月折旧额直接体现在固定资产卡片中。但是年数总和法、双倍余额递减法的计算方法相对直线法更为复杂，每年折旧额也有所不同，因此，固定资产卡片中无法完整地计算每年折旧额。本小节将专门针对年数总和法、双倍余额递减法，制作一份简洁小巧的折旧预算表，根据指定的固定资产卡片中所列示的折旧方法，在同一表格中动态计算不同折旧方法下每年的折旧额。而对于工作量法，则是根据每月实际工作量计算折旧额，在采用工作量法折旧的固定资产卡片基础上制作折旧计算表。

计算动态固定资产折旧额的主力仍然是函数公式。本节将要运用的主力函数包括 ROW、TEXT、IF、SYD（计算年数总和法折旧额）、VDB（计算双倍余额递减法折旧额）。

应用实战

下面在"固定资产卡片"工作表中分别制作年数总和法与双倍余额递减法动态折旧计算表和工作量法折旧计算表。

（1）年数总和法与双倍余额递减法折旧计算表

Step01 绘制折旧计算表。在 A1 单元格中选择采用年数总和法折旧的固定资产"10001 ×× 生产设备 01"→在 F2:I13 单元格区域绘制表格框架，预留 10 行用于计算使用年限在 10 年及以内的固定资产折旧额（折旧计算表制作完成后介绍扩展方法，用以计算使用年限在 10 年以上的固定资产）→设置好字段名称、单元格格式→在 F2 单元格设置公式"=B4&" 折旧计算表 ""，生成动态标题，如图 8-74 所示。

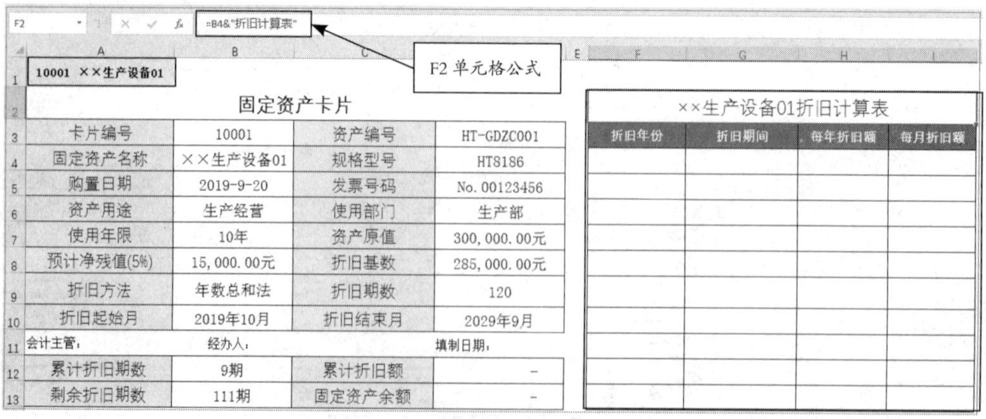

图 8-74

Step02 设置公式计算折旧额。在 F4:I4 单元格区域中设置以下公式：

- F4 单元格："=IF(ROW()-ROW(F$3)<=$B$7,ROW()-ROW(F$3),"")"，根据 B7 单元格中的使用年限自动生成数字，返回结果为"1"→将 F4 单元格格式自定义为"第 # 年"，使之显示为"第 1 年"。

- G4 单元格："=IF(F4="","",TEXT(EDATE($B$5,F4*12-11),"YYYY.M")&"—"&TEXT(EDATE($B$5,F4*12),"YYYY.M"))"，计算第 1 年折旧期的起止日期，并运用 TEXT 函数返回指定格式。G4 单元格公式返回结果为"2019.10-2020.9"。

- H4 单元格："=IFERROR(IF($B$9="年数总和法",SYD($D$7,$B$8,$B$7,F4),IF($B$9="双倍余额递减法",VDB($D$7,$B$8,$B$7,F4-1,F4),"-")),"")"，运用 IF 函数判断 B9 单元格中的折旧方法后，分别采用 SYD 函数或 VDB 函数计算折旧额。

SYD 和 VDB 函数是专门用于计算年数总和法与双倍余额递减法下的固定资产折旧额，语法结构及参数说明如下。

① SYD 函数：计算年数总和法下的固定资产折旧额。

语法结构：SYD(cost,salvage,life,per) → SYD(资产原值 , 预计净残值 , 使用寿命 , 折旧期数)

参数说明：SYD 函数的参数缺一不可。其中第 3 个参数"使用寿命"只能设定为年数，第 4 个参数的意思是计算第 n 年的折旧额。

② VDB 函数：计算双倍余额递减法下的固定资产折旧额。

语法结构：VDB(cost,salvage,life,start_period,end_period,[factor],[no_swich]) → VDB(资产原值 , 预计净残值 , 使用寿命 , 起始期间 , 截止期间 ,[余额递减速率],[是否转为直线法])

参数说明：VDB 函数的关键参数在第 3~5 个参数，第 6~7 个参数为可选参数。需注意以下参数作用及设置规则，如图 8-75 所示。

◆第 3、4、5 个参数可以以年、月、日为单位计算，但 3 个参数的单位必须相同

◆第 4 个参数为起始期间，但是所设定的数字不包含在核算期间范围之内

例如，折旧期限为 6 年，如果按年核算第 1 年折旧额，那么第 3~5 个参数分别设为 6,0,1；如果按月核算第 5—12 月折旧额，共核算 8 个月的折旧额，那么第 3~5 个参数应分别设为 6*12,4,12

◆第 6 个参数代表余额递减速率。缺省则默认为 2，即双倍递减

◆第 7 个参数为逻辑值 TRUE（不转用直线法）和 FALSE（转用直线法），用数字 1 和 0 代表。意思是指当折旧值大于余额递减计算值是，是否转用直线折旧法。缺省时默认为 0（即转用直线法）

图 8-75

- I4 单元格："=IF(F4="","",IFERROR(H4/12,"-"))"，根据每年折旧额，计算每月折旧额。

将 F4:I4 单元格区域公式填充至 F5:I13 单元格区域即可，公式效果如图 8-76 所示。

Step03 测试公式效果。在 A1 单元格下拉列表中选择采用双倍余额递减法折旧的固定资产"10004××牌机械设备 02"，可看到折旧计算表中的所有数据均发生动态变化，效果如图 8-77 所示。

Step04 扩展表格，计算使用年限 10 年以上的固定资产折旧额。❶ 由于双倍余额递减法一般适用 10 年以内的固定资产折旧，因此首先在 A1 单元格下拉列表中选择采用年数总和法折旧的

固定资产 "10001××生产设备 01"；❷ 将 B7 单元格中的使用年限临时修改为 15 年；❸ 复制 F3:I13 单元格区域的全部内容粘贴至 J3:M13 单元格区域→将 J4 单元格公式修改为 "=IF(ROW()-ROW(J$3)+10<=$B$7,ROW()-ROW(J$3)+10,"")"→填充公式至 J5:M13 单元格区域即可，效果如图 8-78 所示。

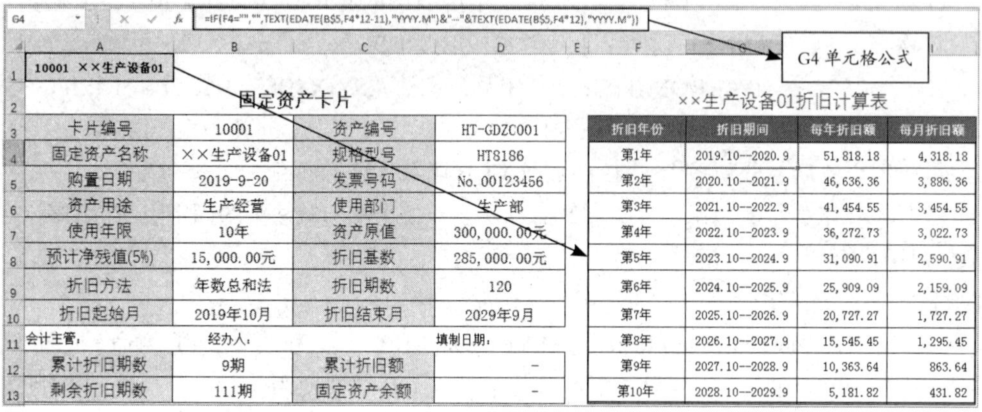

图 8-76

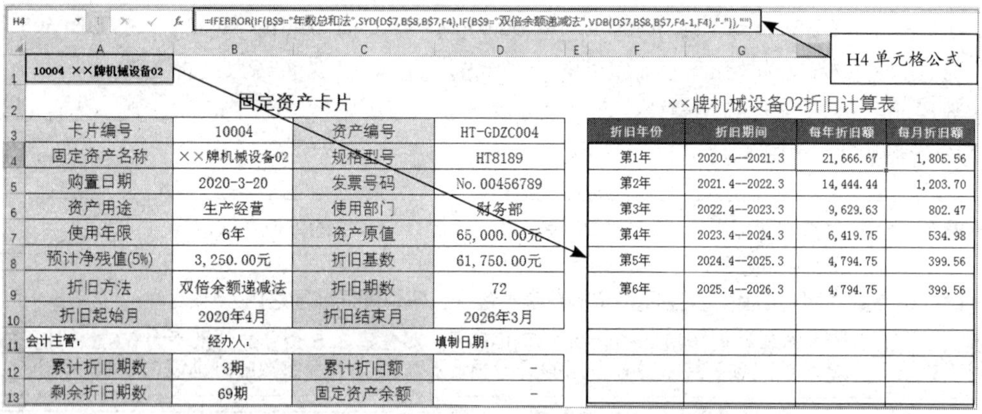

图 8-77

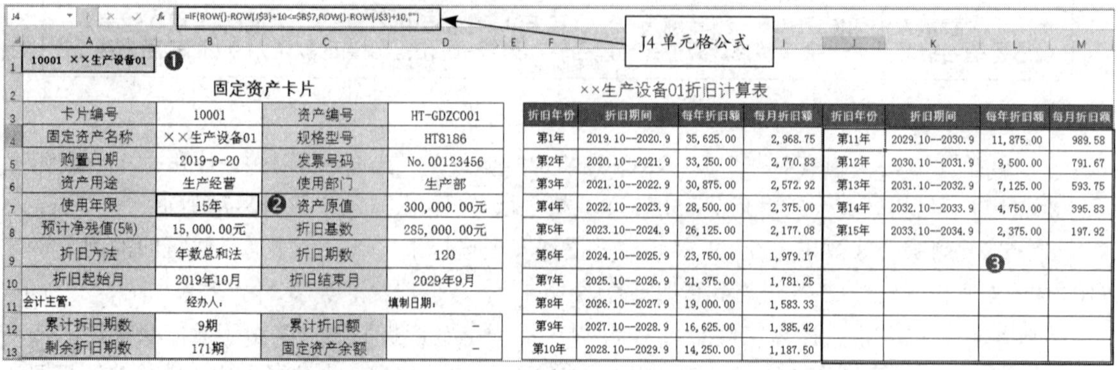

图 8-78

（2）工作量法折旧计算表

Step01 绘制折旧计算表。在 F16:L29 单元格区域绘制表格框架→设置字段名称→预留 12 行用于计算全年 12 个月的折旧额→在 F17 单元格输入"1"→将 F17 单元格格式自定义为"第 # 年"，使之显示为"第 1 年"，表格初始框架如图 8-79 所示。

固定资产卡片-工作量法

卡片编号	10007	资产编号	HT-GDZC007
固定资产名称	××牌货车	规格型号	HT8192
购置日期	2020-5-25	发票号码	No. 00234567
资产用途	生产经营	使用部门	物流部
使用年限	8年	资产原值	150,000.00元
预计净残值(5%)	7,500.00元	折旧基数	142,500.00元
折旧方法	工作量法	折旧期数	96
预计总工作量	400000公里	单位工作量折旧额	0.36
折旧起始月	2020年6月	折旧结束月	2028年5月
会计主管：	经办人：		填制日期：
累计折旧期数	1期	累计折旧额	-
剩余折旧期数	95期	固定资产余额	-

××牌货车折旧计算表——工作量法

第1年	里程期初数	里程期末数	月工作量（公里）	月折旧额	累计折旧额	固定资产余额

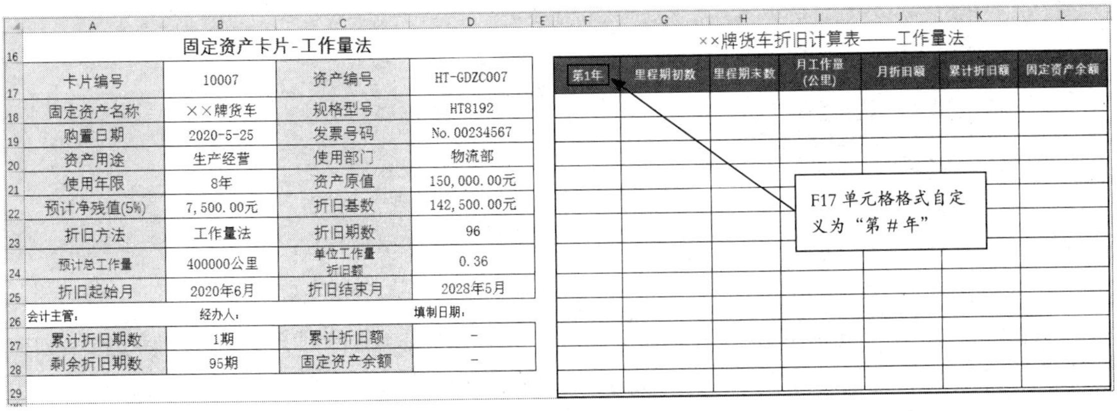

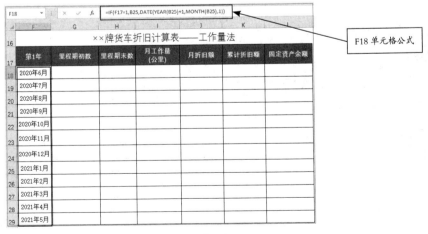

图 8-79

Step02 在 F18 和 F19 单元格中分别设置以下公式，自动列示每年折旧的月份数。

- F18 单元格："=IF(F17=1,B25,DATE(YEAR(B25)+1,MONTH(B25),1))"，运用 IF 函数判断 F17 单元格数字为"1"时，即返回 B25 单元格中的折旧起始日期，否则将 B25 单元格中的年份数加 1，再与月份数字和数字"1"组成日期。F17 单元格公式返回结果为"2020 年 6 月"。
- F19 单元格："=DATE(YEAR(F18),MONTH(F18)+1,1)"，将 F18 单元格的年份数、月份数加 1 和数字"1"组成日期，公式返回结果为"2020 年 7 月"。

将 F19 单元格公式填充至 F20:F29 单元格区域，效果如图 8-80 所示→在 F17 单元格中输入"2"，可看到 F18:F29 单元格区域中月份数字的动态变化，如图 8-81 所示。

××牌货车折旧计算表——工作量法

第1年	里程期初数	里程期末数	月工作量（公里）	月折旧额	累计折旧额	固定资产余额
2020年6月						
2020年7月						
2020年8月						
2020年9月						
2020年10月						
2020年11月						
2020年12月						
2021年1月						
2021年2月						
2021年3月						
2021年4月						
2021年5月						

图 8-80

××牌货车折旧计算表——工作量法						
第2年	里程期初数	里程期末数	月工作量(公里)	月折旧额	累计折旧额	固定资产余额
2021年6月						
2021年7月						
2021年8月						
2021年9月						
2021年10月						
2021年11月						
2021年12月						
2022年1月						
2022年2月						
2022年3月						
2022年4月						
2022年5月						

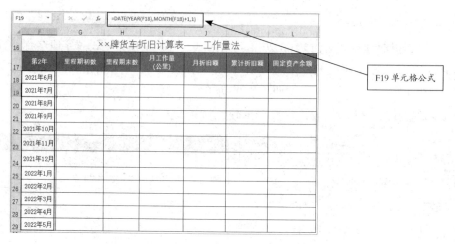

图 8-81

Step03 将 F17 单元格中数字恢复为“1”→在 G18、H18 和 H19 单元格填入实际里程期初数和期末数→在 G19 单元格与 D27:D28、I18:L18 单元格区域设置以下公式，计算折旧数据。

- G19 单元格：“=H18”，链接上月的期末数→将公式填充至 G20:G29 单元格区域中。
- I18 单元格：“=IF(H18=0,0,ROUND(H18-G18,2))”，计算固定资产的月工作量。
- J18 单元格：“=IFERROR(ROUND(I18*$D$24,2),"")”，计算 2020 年 6 月的折旧额。
- K18 单元格：“=ROUND(SUM(J$17:J18),2)”，计算累计折旧额。
- L18 单元格：“=ROUND(D$22-K18,2)”，计算固定资产余额。

将 I18:L18 单元格区域公式填充至 I19:L29 单元格区域。

- D27 单元格：“=K29”，链接累计折旧额。
- D28 单元格：“=ROUND(D22-K27,2)”，计算固定资产余额。

公式设置完成后，效果如图 8-82 所示。

固定资产卡片-工作量法			
卡片编号	10007	资产编号	HT-GDZC007
固定资产名称	××牌货车	规格型号	HT8192
购置日期	2020-5-25	发票号码	No. 00234567
资产用途	生产经营	使用部门	物流部
使用年限	8年	资产原值	150,000.00元
预计净残值(5%)	7,500.00元	折旧基数	142,500.00元
折旧方法	工作量法	折旧期数	96
预计总工作量	400000公里	单位工作量折旧额	0.36
折旧起始月	2020年6月	折旧结束月	2028年5月
会计主管：	经办人：		填制日期：
累计折旧期数	1期	累计折旧额	4,872.23
剩余折旧期数	95期	固定资产余额	137,627.77

××牌货车折旧计算表——工作量法						
第1年	里程期初数	里程期末数	月工作量(公里)	月折旧额	累计折旧额	固定资产余额
2020年6月	-	6,261.32	6,261.32	2,254.08	2,254.08	140,245.92
2020年7月	6,261.32	13,533.97	7,272.65	2,618.15	4,872.23	137,627.77
2020年8月	13,533.97		-	-	4,872.23	137,627.77
2020年9月	-		-	-	4,872.23	137,627.77
2020年10月	-		-	-	4,872.23	137,627.77
2020年11月	-		-	-	4,872.23	137,627.77
2020年12月	-		-	-	4,872.23	137,627.77
2021年1月	-		-	-	4,872.23	137,627.77
2021年2月	-		-	-	4,872.23	137,627.77
2021年3月	-		-	-	4,872.23	137,627.77
2021年4月	-		-	-	4,872.23	137,627.77
2021年5月	-		-	-	4,872.23	137,627.77

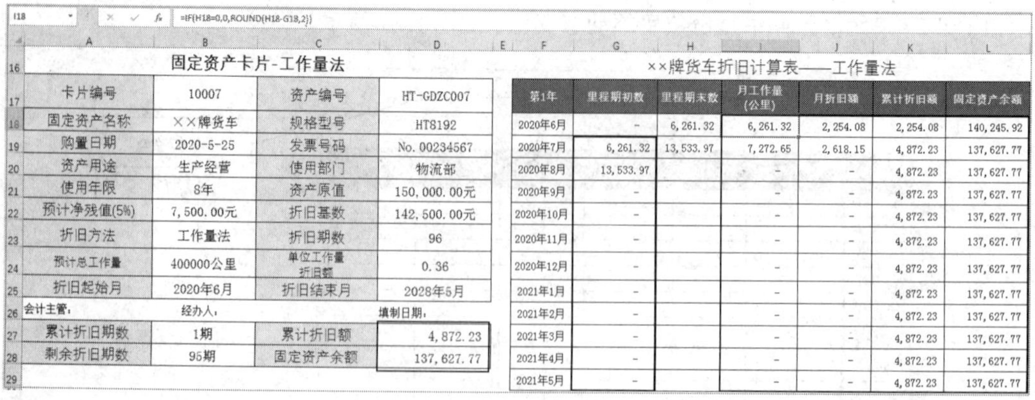

图 8-82

温馨提示

计算以后年度的每月折旧额时，只需在 K18 单元格公式表达式后面加上上一年末的累计折旧额即可。

自动生成每月折旧明细表

技能说明

　　财务人员每月填制并打印纸质记账凭证的同时，还必须在每一份纸质凭证后面粘贴与凭证记载的经济内容相符的附件（原始凭证），那么对于计提固定资产折旧的记账凭证当然也不能例外，也应当在其后附上一份折旧明细表，详细列示固定资产的基本信息及本月折旧额、累计折旧额、固定资产余额等数据，并对每项固定资产的折旧额作费用归集。本节将按此工作要求制作表格，按月自动生成固定资产折旧明细表数据。其中，固定资产的基础信息依然设置函数公式引用"固定资产登记"工作表中的相关数据，其他数据不必跨表引用，直接在本表格中计算即可，具体制作思路如图 8-83 所示。

---

1. 固定资产基本信息从"固定资产登记"工作表中查找引用。折旧数据设置函数公式自动计算

---

2. 以指定月份为依据，判断固定资产是否在折旧期内，对于尚未开始折旧的固定资产，不作列示。例如，指定月份为 2020 年 7 月，某项固定资产的折旧起始月为 2020 年 8 月，那么折旧明细表中不列示此项固定资产信息

---

3 以指定月份为依据，判断固定资产的折旧起始月是否为指定月份，即是否为当月最新进入折旧期。运用条件格式添加颜色标识，以作提醒。例如，指定月份为 2020 年 8 月，某项固定资产的折旧起始月为 2020 年 8 月，即标识颜色

---

4. 按部门、费用类别分类汇总当月折旧额

图 8-83

应用实战

　　下面制作固定资产每月折旧明细表。

　　Step01　新增工作表，命名为"固定资产折旧明细表"→绘制表格框架、设置字段名称及基础格式。❶ 在 B2 单元格中输入"7-31"→将 B2 单元格格式自定义为""yyyy"年"m"月固定资产折旧明细表""，使之显示为"2020 年 7 月固定资产折旧明细表"；❷ 运用【数据验证】工具在 L4:L10 单元格区域制作下拉列表，设置"序列"来源为"生产成本,制造费用,营业费用,管理费用"，并在下拉列表中选择一项费用类别；❸ 预先在 Q4:Q10 单元格区域填入期初累计折旧额（后面月份可设置公式链接上月的"期末累计折旧额"数据）。其他单元格将全部设置函数公式，如图 8-84 所示。

　　Step02　在 A2、A4、B4、C4、J4 单元格设置以下公式。

- A2 单元格："=COUNTIF(固定资产登记!\$P\$3:\$P\$9,"<="&B2)"，统计"固定资产登记"工作表的 P3:P9 单元格区域中，固定资产折旧的起始月份小于或等于 B2 单元格中指定月份的固定资产的数量，公式返回结果为"7"。如果"固定资产登记"工作表中增加固定资产，A2 单元格公式将自动扩展统计范围。

- A4 单元格："=IF(ROW()-ROW(A\$3)<=A\$2,ROW()-ROW(A\$3),"")"，自动生成序号。最

大不超过 A2 单元格中的数字，否则返回空值。

- B4 单元格："=IFERROR(VLOOKUP(A4, 固定资产登记 !A:B,2,0),"")"，在"固定资产登记"工作表中查找引用与 A4 单元格中的序号匹配的卡片编号。公式返回结果为"10001"。
- C4 单元格："=IFERROR(VLOOKUP($B4, 固定资产登记 !$B:$Q,MATCH(C$3, 固定资产登记 !$2:$2,0)-1,0),"")"，在"固定资产登记"工作表中查找引用与 B4 单元格中的卡片编号匹配的资产编号。公式返回结果为"HT-GDZC001"。

××市××有限公司

2020年7月固定资产折旧明细表 ❶

序号	卡片编号	资产编号	固定资产名称	规格型号	购置日期	折旧起始月	折旧结束月	折旧期数	折旧年度	使用部门	费用归集	折旧方法	资产原值	预计净残值(5%)	折旧基数	期初累计折旧额	本月折旧额	期末累计折旧额	期末余额
											生成产本					26,718.75			
											管理费用					10,075.76			
											管理费用					4,750.00	❸		
											管理费用	❷				1,266.67			
											管理费用					-			
											营业费用					1,187.50			
											管理费用					2,254.08			
费用汇总																			

自定义单元格格式为"yyyy"年"m"月固定资产折旧明细表""

图 8-84

将 C4 单元格公式复制粘贴至 D4:I4、K4 和 M4:P4 单元格区域。

- I4 单元格："=DATEDIF(G4,H4,"M")+1"，计算折旧期数。
- J4 单元格："=IFERROR(DATEDIF(G4,$B$2,"Y")+1,"")"，以折旧起始月与 B2 单元格中日期的间隔年数，也就是计算 B2 单元格中指定日期在折旧期的第 n 年。

以上公式设置完成后，将 A4:K4 和 M4:P4 单元格区域公式复制粘贴至 A5:K10 和 M5:P10 单元格区域，效果如图 8-85 所示。

C4 =IFERROR(VLOOKUP($B4,固定资产登记!$B:$Q,MATCH(C$3,固定资产登记!$2:$2,0)-1,0),"")

C4 单元格公式

A2：7

××市××有限公司

2020年7月固定资产折旧明细表

序号	卡片编号	资产编号	固定资产名称	规格型号	购置日期	折旧起始月	折旧结束月	折旧期数	折旧年度	使用部门	费用归集	折旧方法	资产原值	预计净残值(5%)	折旧基数	期初累计折旧额	本月折旧额	期末累计折旧额	期末余额
1	10001	HT-GDZC001	××生产设备01	HT8186	2019-9-20	2019-10-1	2029-9-30	120	1	生产部	生成产本	年数总和法	300,000.00	15,000.00	285,000.00	26,718.75			
2	10002	HT-GDZC002	××生产设备02	HT8187	2019-12-10	2020-1-1	2024-12-31	60	1	-	管理费用	直线法	120,000.00	6,000.00	114,000.00	10,075.76			
3	10003	HT-GDZC003	××牌办公设备01	HT8188	2020-1-12	2020-2-1	2025-1-31	60	1	行政部	管理费用	直线法	60,000.00	3,000.00	57,000.00	4,750.00			
4	10004	HT-GDZC004	××牌机械设备02	HT8189	2020-3-20	2020-4-1	2026-3-31	72	1	财务部	管理费用	双倍余额递减法	65,000.00	3,250.00	61,750.00	1,266.67			
5	10005	HT-GDZC005	××牌机器01	HT8190	2020-4-11	2020-5-1	2025-4-30	60	1	-	管理费用	年数总和法	80,000.00	4,000.00	76,000.00	-			
6	10006	HT-GDZC006	××生产设备03	HT8191	2020-5-10	2020-6-1	2028-5-31	96	1	销售部	营业费用	直线法	120,000.00	6,000.00	114,000.00	1,187.50			
7	10007	HT-GDZC007	××牌货车	HT8192	2020-5-25	2020-6-1	2028-5-31	96	1	物流部	管理费用	工作量法	150,000.00	7,500.00	142,500.00	2,254.08			
费用汇总																			

图 8-85

Step03 在 R4、S4、T4、C11 和 N11 单元格中设置以下公式，计算折旧数据及分类费用金额。

- R4 单元格："=IF(A4="","",IF(M4=" 直线法 ",P4/I4,IF(M4=" 年数总和法 ",SYD(N4,O4,I4/12,J4)/12,IF(M4=" 双倍余额递减法 ",VDB(N4,O4,I4/12,J4-1,J4)/12,0))))"，运用 IF 函数判断 M4 单元格中的折旧方法后，返回不同的表达式计算折旧额。工作量法折旧额应先在"固定资产卡片"工作表中的折旧计算表中计算得到本月折旧额后直接填入。
- S4 单元格："=IF(A4="","",ROUND(Q4+R4,2))"，计算期末累计折旧额。
- T4 单元格："=IF(A4="","",ROUND(P4-S4,2))"，计算期末余额（即固定资产折旧余额）。

将 R4:T4 单元格区域公式填充至 R5:T9 单元格区域中→在 R10 单元格中直接填入工作量法折旧额→将 S9:T9 单元格区域公式填充至 S10:T10 单元格区域中。

- C11 单元格："="生产成本："&ROUND(SUMIF(L$4:L11,"生产成本",R$4:R11),2)&"制造费用："&ROUND(SUMIF(L$4:L11,"制造费用",R$4:R11),2)&" 营业费用："&ROUND(SUMIF(L$4:L11,"营业费用",R$4:R11),2)&" 管理费用："&ROUND(SUMIF(L$4:L11,"管理费用",R$4:R11),2)"，运用 SUMIF 函数分别汇总各类费用，并与指定文本组合。
- N11 单元格："=SUM(OFFSET(N$1,3,,):INDEX(N:N,ROW()-1))"，汇总资产原值→将公式复制粘贴至 O11:T11 单元格区域。

以上公式设置完成并向下填充后，效果如图 8-86 所示。

C11 ="生产成本："&ROUND(SUMIF(L$4:L11,"生成产本",R$4:R11),2)&" 制造费用："&ROUND(SUMIF(L$4:L11,"制造费用",R$4:R11),2)&" 营业费用："&ROUND(SUMIF(L$4:L11,"营业费用",R$4:R11),2)&" 管理费用："&ROUND(SUMIF(L$4:L11,"管理费用",R$4:R11),2)

C11 单元格公式

××市××有限公司
2020年7月固定资产折旧明细表

7

序号	卡片编号	资产编号	固定资产名称	规格型号	购置日期	折旧起始月	折旧结束月	折旧期数	折旧年度	使用部门	费用归集	折旧方法	资产原值	预计净残值(5%)	[illegible]	[illegible]	[illegible]	期末累计折旧额	期末余额
1	10001	HT-GDZC001	××生产设备01	HT8186	2019-9-20	2019-10-1	2029-9-30	120	1	生产部	生成产本	年数总和法	300,000.00	15,000.00	[illegible]	[illegible]	[illegible]	31,036.93	253,963.07
2	10002	HT-GDZC002	××生产设备02	HT8187	2019-12-10	2020-1-1	2024-12-31	60	1	-	管理费用	直线法	120,000.00	6,000.00	114,000.00	10,075.76	1,900.00	11,975.76	102,024.24
3	10003	HT-GDZC003	××牌办公设备01	HT8188	2020-1-12	2020-2-1	2025-1-31	60	1	行政部	管理费用	直线法	60,000.00	3,000.00	57,000.00	4,750.00	950.00	5,700.00	51,300.00
4	10004	HT-GDZC004	××牌机械设备02	HT8189	2020-3-20	2020-4-1	2026-3-31	72	1	财务部	管理费用	双倍余额递减法	65,000.00	3,250.00	61,750.00	1,266.67	1,805.56	3,072.23	58,677.77
5	10005	HT-GDZC005	××牌机器01	HT8190	2020-4-11	2020-5-1	2025-4-30	60	1	-	管理费用	年数总和法	80,000.00	4,000.00	76,000.00	-	2,111.11	2,111.11	73,888.89
6	10006	HT-GDZC006	××生产设备03	HT8191	2020-5-10	2020-6-1	2028-5-31	96	1	销售部	营业费用	直线法	120,000.00	6,000.00	114,000.00	1,187.50	1,187.50	2,375.00	111,625.00
7	10007	HT-GDZC007	××牌货车	HT8192	2020-5-25	2020-6-1	2028-5-31	96	1	物流部	管理费用	工作量法	150,000.00	7,500.00	142,500.00	2,254.08	7,272.65	9,526.73	132,973.27
费用汇总		生产成本：4318.18 制造费用：0 营业费用：1187.5 管理费用：14039.32											895,000.00	44,750.00	850,250.00	46,252.76	19,545.00	65,797.76	784,452.24

图 8-86

Step04 设置条件格式，突出当月新增折旧的固定资产。选中 A4:T4 单元格区域→打开【新建格式规则】对话框设置条件格式。将公式设为"=MONTH($G4)=MONTH($B$2)"→设置填充颜色→运用【格式刷】将 A4:T4 单元格区域格式"刷"至 A5:T10 单元格区域。

Step05 测试效果。在"固定资产登记"工作表中任意添加一项固定资产（折旧起始月为 2020 年 7 月），以作测试之用，如图 8-87 所示。

××公司固定资产入账登记表

序号	卡片编号	资产编号	固定资产名称	规格型号	购置日期	发票号码	资产用途	使用部门	使用年限	资产原值	预计净残值(5%)	折旧基数	折旧方法	折旧期数	折旧起始月	折旧结束月	辅助列
1	10001	HT-GDZC001	××生产设备01	HT8186	2019-9-20	00123456	生产经营	生产部	10	300,000.00	15,000.00	285,000.00	年数总和法	120	2019-10-1	2029-9-30	10001 ××生产设备01
2	10002	HT-GDZC002	××生产设备02	HT8187	2019-12-10	00234567	出租	-	5	120,000.00	6,000.00	114,000.00	直线法	60期/1900元	2020-1-1	2024-12-31	10002 ××生产设备02
3	10003	HT-GDZC003	××牌办公设备01	HT8188	2020-1-12	00345678	生产经营	行政部	5	60,000.00	3,000.00	57,000.00	直线法	60期/950元	2020-2-1	2025-1-31	10003 ××牌办公设备01
4	10004	HT-GDZC004	××牌机械设备02	HT8189	2020-3-20	00456789	生产经营	财务部	6	65,000.00	3,250.00	61,750.00	双倍余额递减法	72	2020-4-1	2026-3-31	10004 ××牌机械设备02
5	10005	HT-GDZC005	××牌机器01	HT8190	2020-4-11	00567890	出租	-	5	80,000.00	4,000.00	76,000.00	年数总和法	60	2020-5-1	2025-4-30	10005 ××牌机器01
6	10006	HT-GDZC006	××生产设备03	HT8191	2020-5-10	00678901	生产经营	销售部	8	120,000.00	6,000.00	114,000.00	直线法	96期/1187.5元	2020-6-1	2028-5-31	10006 ××生产设备03
7	10007	HT-GDZC007	××牌货车	HT8192	2020-5-25	00234567	生产经营	物流部	8	150,000.00	7,500.00	142,500.00	工作量法	96	2020-6-1	2028-5-31	10007 ××牌货车
8	10008	HT-GDZC008	××牌货车	HT8193	2020-6-10	03456789	生产经营	物流部	6	100,000.00	5,000.00	95,000.00	直线法	72期/1319.44元	2020-7-1	2026-6-30	10008 ××牌货车

图 8-87

下面只需在"固定资产折旧明细表"中做一步简单操作即可。在第 11 行之上插入 1 行，选中 A11:P11 单元格区域→按组合键【Ctrl+D】即可快速填充上一行公式及数据→在 Q11 单元格中填入期初累计折旧额"0"→将 R9:T9 单元格公式复制粘贴至 R11:T11 单元格区域中，效果如图 8-88 所示。

××市××有限公司
2020年7月固定资产折旧明细表

8

序号	卡片编号	资产编号	固定资产名称	规格型号	购置日期	折旧起始月	折旧结束月	折旧期数	折旧年度	使用部门	费用归集	折旧方法	资产原值	预计净残值(5%)	折旧基数	期初累计折旧额	本月折旧额	期末累计折旧额	期末余额
1	10001	HT-GDZC001	××生产设备01	HT8186	2019-9-20	2019-10-1	2029-9-30	120	1	生产部	生成产本	年数总和法	300,000.00	15,000.00	285,000.00	26,718.75	4,318.18	31,036.93	253,963.07
2	10002	HT-GDZC002	××生产设备02	HT8187	2019-12-10	2020-1-1	2024-12-31	60	1	-	管理费用	直线法	120,000.00	6,000.00	114,000.00	10,075.76	1,900.00	11,975.76	102,024.24
3	10003	HT-GDZC003	××牌办公设备01	HT8188	2020-1-12	2020-2-1	2025-1-31	60	1	行政部	管理费用	直线法	60,000.00	3,000.00	57,000.00	4,750.00	950.00	5,700.00	51,300.00
4	10004	HT-GDZC004	××牌机械设备02	HT8189	2020-3-20	2020-4-1	2026-3-31	72	1	财务部	管理费用	双倍余额递减法	65,000.00	3,250.00	61,750.00	1,266.67	1,805.56	3,072.23	58,677.77
5	10005	HT-GDZC005	××牌机器01	HT8190	2020-4-11	2020-5-1	2025-4-30	60	1	-	管理费用	年数总和法	80,000.00	4,000.00	76,000.00	-	2,111.11	2,111.11	73,888.89
6	10006	HT-GDZC006	××生产设备03	HT8191	2020-5-10	2020-6-1	2028-5-31	96	1	销售部	营业费用	直线法	120,000.00	6,000.00	114,000.00	1,187.50	1,187.50	2,375.00	111,625.00
7	10007	HT-GDZC007	××牌货车	HT8192	2020-5-25	2020-6-1	2028-5-31	96	1	物流部	管理费用	工作量法	150,000.00	7,500.00	142,500.00	2,254.08	7,272.65	9,526.73	132,973.27
8	10008	HT-GDZC008	××牌货车	HT8193	2020-6-10	2020-7-1	2026-6-30	72	1	物流部	管理费用	直线法	100,000.00	5,000.00	95,000.00	2,254.08	1,319.44	3,573.52	91,426.48
费用汇总		生产成本：4318.18 制造费用：0 营业费用：1187.5 管理费用：15358.76											995,000.00	49,750.00	945,250.00	48,506.84	20,864.44	69,371.28	875,878.72

图 8-88

本节所有示例结果见"结果文件\第 8 章\固定资产管理 .xlsx"文件。

8.3 管好往来账务，保证资金链数据清晰

往来账款是企业在生产经营过程中因发生供销产品、提供或接受劳务而形成的资金上的债权或债务。往来账款一般包括应收账款、应付账款、预收账款、预付账款、其他应收款、其他应付款等。其中，应收账款与应付账款是维系企业正常生产经营运转所需要的基本循环资金链中最为重要的流动资产，企业应当将其作为重点管理对象，准确记录往来账金额、加强账龄分析、尽量预防坏账发生，避免债务纠纷，降低企业的讨债成本和管理成本，保障企业的资金链正常运转。因此，如何运用 Excel 管理好往来账务，也是财务人员必须掌握的关键技能之一。

本节主要以应收账款为示例，介绍如何运用 Excel 做好应收账款管理中最重要的一项工作——账龄分析管理的 3 个关键技能，并分享其中的管理思路（其他往来账务可参考应收账款的管理思路，并套用工作表格进行管理）。本节知识框架如图 8-89 所示。

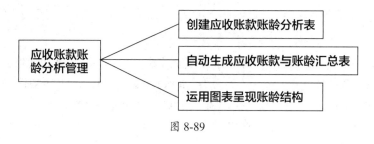

图 8-89

关键技能 092 创建应收账款账龄分析表

技能说明

本小节以 30 天、60 天、90 天的账期模式为示例，运用 Excel 制作"账龄分析表"，分别按照不同往来单位的不同账期，计算一个会计年度内每个月发生应收账款的到期日期，判断到期应收款，分析不同逾期时间段的逾期应收款。

分析应收账款账龄的主角依然是函数公式，本小节将要运用的主力函数是 SUMIF 与 INDIRECT 函数组合。其中 INDIRECT 函数的作用是嵌套在 SUMIF 函数中，引用指定工作表中的相关数据。

应用实战

由于分析账龄需要大量原始数据提供计算依据，因此，本节已预先制作 6 个客户的应收账款台账，并录入 1—6 月应收账款的原始数据。打开"素材文件\第 8 章\应收账款管理 .xlsx"文件，可看到工作簿中包含 6 张工作表，其名称即为 A1 单元格中往来单位的名称。另外，应收账款台账

中的函数公式都非常简单, 主要包括 COUNTA 函数 (统计销售单的数量)、ROUND 函数 (将应收余额四舍五入至两位小数)、SUM+OFFSET+INDEX 函数组合与 INDIRECT+ROW() 函数组合 (自动扩展求和区域与链接区域) 等, 读者朋友可在素材文件中查看具体公式内容, 这里不再赘述。

往来单位 "KH001 客户 A" 的应收账款台账框架与基础数据如图 8-90 所示。

图 8-90

下面制作账龄分析表。

Step01 新增工作表, 命名为 "账龄分析"→绘制表格框架、设置字段名称和基础格式。❶ 在 A1 单元格中输入任意一个日期, 如 "6-30"; ❷ 在 A2 单元格中输入往来单位名称 "KH001 客户 A"→将 A2 单元格格式自定义为 "客户名称:@", 使之显示为 "客户名称: KH001 客户 A"; ❸ 在 D2 单元格中输入账期 "30"→将 D2 单元格格式自定义为 "# 天", 使之显示为 "30 天"; ❹ 在 A5:B16 单元格区域分别输入 "2020 年 n 月合计" 与当月的最后一日的日期 (也可运用函数设置公式自动计算); ❺ 在 A17 单元格中设置公式 "=A2", 直接引用 A2 单元格中的文本→将单元格格式自定义为 "@ 合计", 使之显示为 "KH001 客户 A 合计", 效果如图 8-91 所示。

Step02 查找引用应收账款基础数据。在 D5、E5、J5 和 D6 单元格中分别设置以下公式。

- D5 单元格: "=INDIRECT(""""&A2&""""!$B$2")", 引用包含 A2 单元格文本的工作表中的 B2 单元格的内容, 即 "KH001 客户 A" 工作表的 B2 单元格中的 2019 年余额数字。

- E5 单元格: "=SUMIF(INDIRECT(""""&$A$2&""""!$D:$D"),$A5,INDIRECT(""""&$A$2&""""!E:E"))", 汇总 "KH001 客户 A" 工作表中 2020 年 1 月的送货金额。

同样运用 SUMIF+INDIRECT 函数组合在 F5:I5 单元格区域中设置公式, 汇总相关数据。

- J5 单元格: "=ROUND(D5+E5-F5-G5,2)", 计算期末余额。

- D6 单元格: "=J5", 直接引用 2020 年 1 月的期末余额作为 2020 年 2 月的期初余额。

图 8-91

将 D6 单元格公式复制粘贴至 D7:D16 单元格区域→将 E5:J5 单元格区域公式复制粘贴至 E6:J16 单元格区域→在 D17:J17 单元格区域设置链接引用公式和求和公式即可,效果如图 8-92 所示。

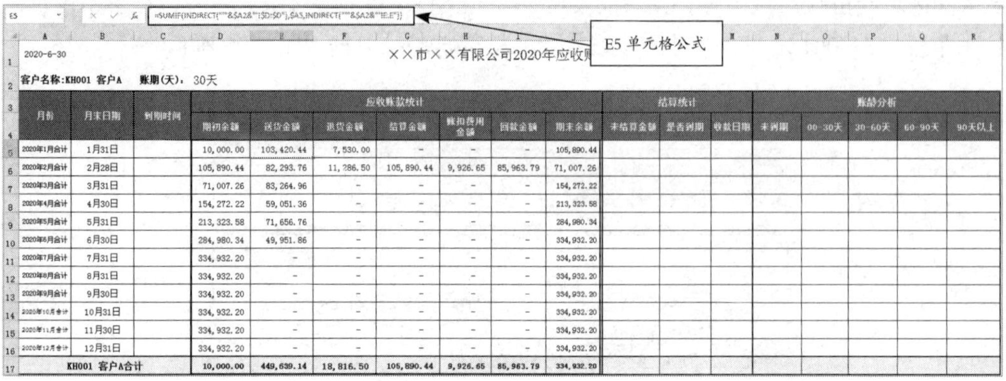

E5 单元格公式

图 8-92

Step03 计算应收款账到期时间及结算数据。❶ 在 C5 单元格中设置公式"=IF(E5-F5>0,$B5+D$2,0)",运用 IF 函数判断送货金额 - 退货金额的余额大于 0 时,将 B5 单元格中的日期加上 D2 单元格中的账期,即可得到 2020 年 1 月应收账款的到期时间,否则返回空值→将公式复制粘贴至 C6:C16 单元格区域;❷ 在 M5 单元格填入 2020 年 1 月应收账款的收款日期→在 K5 和 L5 单元格中设置以下公式:

- K5 单元格:"=IF(E5=0,0,IF(M5<>"",0,E5-F5))",运用 IF 函数判断 E5 单元格数字为 0 时(即无销售额),返回数字 0。同时,当 M5 单元格中数字不为空时,代表已收回应收账款,也返回数字 0,否则计算送货金额 - 退货金额后的余额,即应收账款。

- L5 单元格:"=IF(K5=0,"-",IF(AND(M5="",C5<=$A$1),"已到期","未到期"))",运用 IF 函数判断 K5 单元格中数字为 0 时,代表没有未结算金额,则返回符号"-"。当 M5 单元格为空值,且 C5 单元格中的日期小于或等于 A1 单元格中日期时,表明应收账款已经到期,返回文本"已到期",否则返回文本"未到期"。

在 K17 单元格中设置求和公式→将 K5:L5 单元格区域公式复制粘贴至 K6:L16 单元格区域,效果如图 8-93 所示。

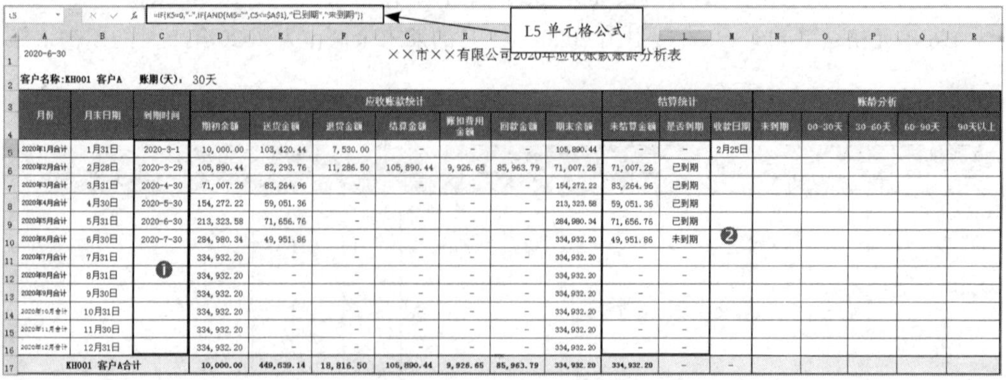

L5 单元格公式

图 8-93

Step04 分析应收账款账龄。分别在 N5、O5 和 R5 单元格中设置以下公式：

- N5 单元格："=IF(L5=$N$4,K5,0)"，运用 IF 函数判断 L5 单元格中文本与 N4 单元格相同时，返回 K5 单元格中的"未结算金额"，否则返回数字 0。

- O5 单元格："=IF(AND($A$1-$C5>=LEFT(O$4,2)*1,$A$1-$C5<RIGHT(O$4,2)*1),$K5,0)"，运用 IF 函数判断 A1 单元格中的日期减去 C5 单元格中的日期大于等于用 LEFT 函数截取 O4 单元格左边两个数字，且小于用 RIGHT 函数截取 O4 单元格右边两个数字，即 2020-6-30 减 2020-3-1 的余额大于等于 0，且小于等于 30，即返回 K5 单元格中的数字，否则返回数字 0。其中，表达式"LEFT(O$4,2)*1"乘 1 的作用是将截取后的文本转换为数字格式。将 O5 单元格填充至 P5 和 Q5 单元格中。

- R5 单元格："=IF($A$1-$C5>=LEFT(R$4,2)*1,$K5,0)"，参考 O5 单元格理解公式含义。

将 N5:R5 单元格区域中公式复制粘贴至 N6:R16 单元格区域→在 N17:O17 单元格区域设置求和公式即可，效果如图 8-94 所示。

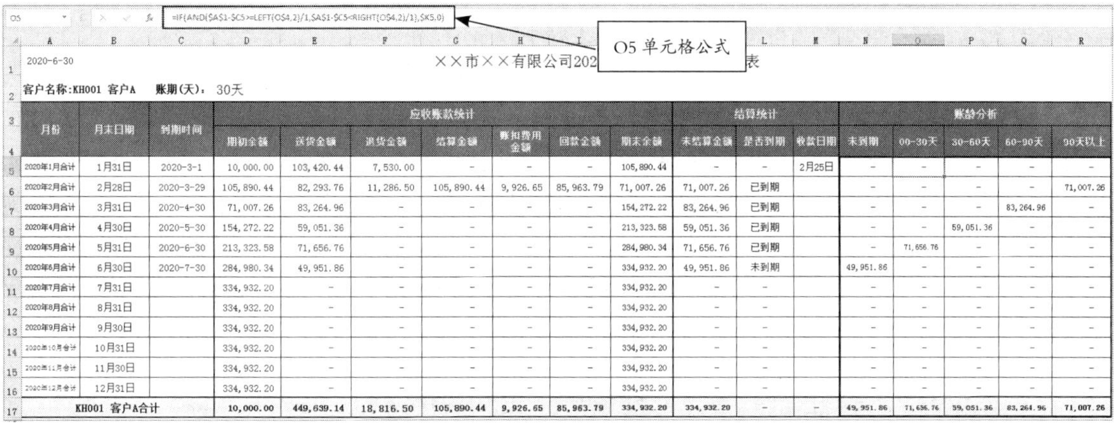

图 8-94

Step05 快速生成其他往来单位的账龄分析表。❶ 复制 A2:R17 单元格区域粘贴至 A19:R34 单元格区域→在 A19 单元格输入"KH002 客户 B"→在 D19 单元格输入账期；❷ 运用【查找与替换】功能将 C22:C33 单元格区域公式中所引用的"$D$2"单元格批量替换为"$D$19"单元格；将 E22:I33 单元格区域公式中所引用的"$A$2"单元格批量替换为"$A$19"单元格（客户名称），效果如图 8-95 所示。制作其他往来客户单位的账龄分析表同理即可。

> **温馨提示**
>
> 账龄分析表实际运用时，可将 A1 单元格中的日期修改为公式"=TODAY()"，以当前计算机系统日期为基数自动计算和分析应收账款账龄。

图 8-95

月份	月末日期	到期时间	应收账款统计							结算统计			账龄分析				
			期初余额	送货金额	退货金额	结算金额	赊扣费用金额	回款金额	期末余额	未结算金额	是否到期	收款日期	未到期	00-30天	30-60天	60-90天	90天以上
2020年1月合计	1月31日	2020-3-31 ❸	-	168,637.10	1,152.00	-	-	-	167,485.10	167,485.10	已到期		-	-	-	-	167,485.10
2020年2月合计	2月28日	2020-4-28	167,485.10	79,357.24	10,883.76	-	-	-	235,958.58	68,473.48	已到期		-	-	-	68,473.48	-
2020年3月合计	3月31日	2020-5-30	235,958.58	81,639.01	-	-	-	-	317,597.59	81,639.01	已到期		-	-	81,639.01	-	-
2020年4月合计	4月30日	2020-6-29	317,597.59	57,854.08	-	-	-	-	375,451.67	57,854.08	已到期		-	57,854.08	-	-	-
2020年5月合计	5月31日	2020-7-30	375,451.67	70,203.88	-	-	-	-	445,655.55	70,203.88	未到期		70,203.88	-	-	-	-
2020年6月合计	6月30日	2020-8-29	445,655.55	48,946.15	-	-	-	-	494,601.70	48,946.15	未到期		48,946.15	-	-	-	-
2020年7月合计	7月31日	❷	494,601.70	-	-	-	-	-	494,601.70	494,601.70							
2020年8月合计	8月31日		494,601.70	-	-	-	-	-	494,601.70	494,601.70							
2020年9月合计	9月30日		494,601.70	-	-	-	-	-	494,601.70	494,601.70							
2020年10月合计	10月31日		494,601.70	-	-	-	-	-	494,601.70	494,601.70							
2020年11月合计	11月30日		494,601.70	-	-	-	-	-	494,601.70	494,601.70							
2020年12月合计	12月31日		494,601.70	-	-	-	-	-	494,601.70	494,601.70							
KH002 客户B合计			-	506,637.46	12,035.76	-	-	-	494,601.70	494,601.70		-	119,150.03	57,854.08	81,639.01	68,473.48	167,485.10

关键技能 093 自动生成应收账款与账龄汇总表

技能说明

本节示例的素材文件中的应收账款台账与前面小节制作的账龄分析表均是以单个往来单位作为应收账款记录和账龄分析的对象，本小节将在此基础上制作"应收账款汇总表"与"账龄汇总分析表"，将所有客户的应收账款与账龄数据自动汇总列示，分析应收账款与各个客户总应收余额的占比情况，并根据账龄对应收账款进行五星评级，以便总览全局，全面系统地了解所有应收账款及账龄结构情况，更有助于企业针对不同等级的往来单位制定并实施差异化的应收额度、供货价格等赊销政策。本小节的具体工作目标如图 8-96 所示。

1. 在应收账款台账基础上制作"应收账款汇总表"，汇总所有往来单位的应收账款总额

2. 在"应收账款汇总表"与"账龄分析表"基础上制作"账龄汇总分析表"，分析所有往来单位的账龄结构

3. 根据每个往来单位的账龄对应收账款进行五星评级

图 8-96

以上 3 个工作目标的具体操作都非常简单，运用几个常用函数设置公式即可实现，主要包括 VLOOKUP 函数与 INDEX+INDIRECT 函数组合（查找引用目标工作表数据）、SUMIF 函数（汇总各往来单位的应收账款）、LOOKUP 函数与 VLOOKUP+REPT 函数组合（用于对应收账款进行五星评级）等。

应用实战

（1）制作应收账款汇总表

由于每个往来单位的应收账款台账中已将相关数据进行汇总，因此汇总所有往来单位的应收账

款数据就变得格外简单，只需运用 VLOOKUP 函数、INDEX+INDIRECT 函数组合将目标数据查找引用至"应收账款汇总表"中。需要注意的是，必须进行账表数据核对，即根据汇总表中引用而来的数据，运用会计公式计算应收账款余额，并与引用的应收账款余额进行核对。具体操作方法如下。

Step01 新增工作表，命名为"应收账款汇总表"→绘制表格框架、设置字段名称及基础格式等。初始框架如图 8-97 所示。

图 8-97

Step02 分别在 B3、C3、I3 和 B9 单元格中设置以下公式：

- B3 单元格："=INDIRECT("'"&$A3&"'!$B$2")"，查找引用"KH001 客户 A"工作表 B2 单元格中的 2019 年余额。
- C3 单元格："=INDEX(INDIRECT("'"&$A3&"'!$2:$2"),MATCH(C$2,INDIRECT("'"&$A3&"'!$3:$3"),0))"，查找引用"KH001 客户 A"工作表中的送货金额。
- I3 单元格："=IF(B3+C3-D3-E3=H3," √ ",B3+C3-D3-E3)"，运用 IF 函数判断会计公式计算得到的应收余额与查找引用的应收余额相等时，返回符号"√"，否则计算账表差异。
- B9 单元格："=SUM(OFFSET(B$3,0,,):INDEX(B:B,ROW()-1))"，汇总 2019 年余额。

将 C3 单元格公式复制粘贴至 D3:H3 单元格区域→将 B3:I3 单元格区域公式复制粘贴至 B4:I8 单元格区域→将 B9 单元格公式复制粘贴至 C9:I9 单元格区域→将 I8 单元格公式复制粘贴至 I9 单元格即可。效果如图 8-98 所示。

图 8-98

（2）制作账龄汇总分析表

在账龄汇总分析表中，既要按照各个日期段分别汇总每个往来单位的应收账款数据，还要体现各日期段中的应收数据占应收账款总额的百分比。同时，根据账龄情况对往来单位进行五星评级。制作方法及操作步骤如下。

Step01 新增工作表，命名为“账龄汇总表”→设计并绘制表格框架、设置字段名称及基本格式，初始框架如图 8-99 所示。

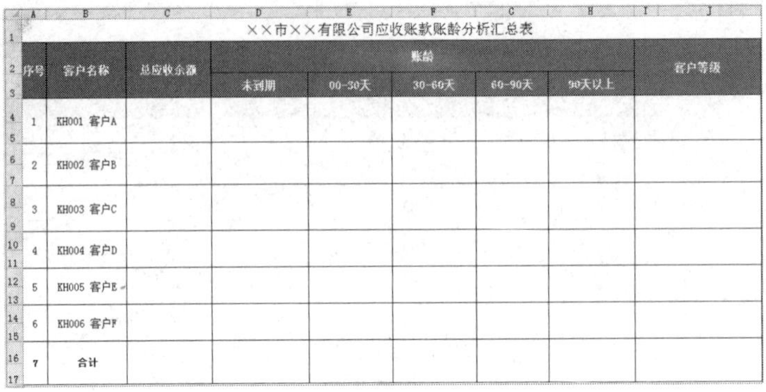

××市××有限公司应收账款账龄分析汇总表

序号	客户名称	总应收余额	账龄					客户等级
			未到期	00-30天	30-60天	60-90天	90天以上	
1	KH001 客户A							
2	KH002 客户B							
3	KH003 客户C							
4	KH004 客户D							
5	KH005 客户E							
6	KH006 客户F							
7	合计							

图 8-99

Step02 汇总账龄数据。分别在 C4、D4、D5、C16 和 D16 单元格中设置以下公式：

- C4 单元格：“=VLOOKUP(B4, 应收账款汇总 !$A$3:$H$8,8,0)”，在“应收账款汇总”工作表中查找引用与 B4 单元格中匹配的应收余额。
- D4 单元格：“=SUMIF(账龄分析 !$A:$A,$B4, 账龄分析 !N:N)”，汇总“账龄分析”工作表中“KH001 客户 A”的未到期应收账款。
- D5 单元格：“=ROUND(D4/$C4,4)”，计算未到期应收账款占总应收余额的百分比。将 D4:D5 单元格区域公式复制粘贴至 E4:H5 单元格区域→将 C4:H5 单元格区域公式复制粘贴至 C6:H15 单元格区域→将 D5:H5 单元格区域公式复制粘贴至 D17:H17 单元格区域。
- C16 单元格：“=SUM(OFFSET(C4,0,,):INDEX(C:C,ROW()-2))”，汇总各往来单位的总应收余额。
- D16 单元格:“=SUMPRODUCT(($C4:INDEX($C:$C,ROW()-1)>0)*(D$4:INDEX(D:D,ROW()-1)))”，汇总各往来单位的未到期应收账款。公式设置思路如下。

①公式中嵌套 OFFSET 和 INEDEX+ROW() 函数组合的作用是自动扩展求和区域。

②由于 D4:D15 单元格区域中包含“未到期”应收账款数字和占“总应收余额”的百分比，而 D16 单元格仅对应账收款数据求和，如果使用简单的 SUM 函数，那么公式表达式为“=SUM(D4,D6,D8,D10,D12,D14)”，如果插入新行次汇总新增往来单位数据时，公式无法自动添加被求和区域，必须手动添加，影响工作效率。

③公式巧妙运用 SUMPRODUCT 函数，设置求和条件，仅对满足条件的单元格数据进行求和。这个条件就是 C 列单元格中的数字大于 0，公式仅对其 D 列中与之匹配的单元格中的数据求和。例如，C4、C6、C8、C10、C12、C14 单元格中列示往来单位的总应收余额，必然大于 0。而 C5、C7、C9、C11、C13、C15 单元格均为空值，因此公式只汇总 D4:D15 单元格区域中 D4、D6、D8、D10、D12、D14 单元格中的数据，而不会将其他单元格中的百分比数字一并汇总，以此类推理解即可。

将D16单元格公式复制粘贴至E16:H16单元格区域。以上公式设置完成后，效果如图8-100所示。

D16

=SUMPRODUCT(($C4:INDEX($C:$C,ROW()-1)>0)*(D$4:INDEX(D:D,ROW()-1)))

D16单元格公式

××市××有限公司应收账款账龄分析汇总表

序号	客户名称	总应收余额	账龄					客户等级
			未到期	00-30天	30-60天	60-90天	90天以上	
1	KH001 客户A	334932.20	49,951.86 14.91%	71,656.76 21.39%	59,051.36 17.63%	83,264.96 24.86%	71,007.26 21.20%	
2	KH002 客户B	494601.70	119,150.03 24.09%	57,854.08 11.70%	81,639.01 16.51%	68,473.48 13.84%	167,485.10 33.86%	
3	KH003 客户C	717509.92	56,988.82 7.94%	81,739.56 11.39%	67,360.46 9.39%	95,053.64 13.25%	416,367.44 58.03%	
4	KH004 客户D	598656.37	68,755.05 11.48%	98,615.94 16.47%	81,268.05 13.58%	114,678.94 19.16%	235,338.39 39.31%	
5	KH005 客户E	477738.39	63,769.08 13.35%	91,451.43 19.14%	75,363.89 15.78%	106,427.72 22.28%	140,726.27 29.46%	
6	KH006 客户F	664464.17	71,059.23 10.69%	101,920.88 15.34%	83,991.59 12.64%	118,522.21 17.84%	288,970.26 43.49%	
7	合计	3287902.75	429,674.07 13.07%	503,238.65 15.31%	448,674.36 13.65%	586,420.95 17.84%	1,319,894.72 40.14%	

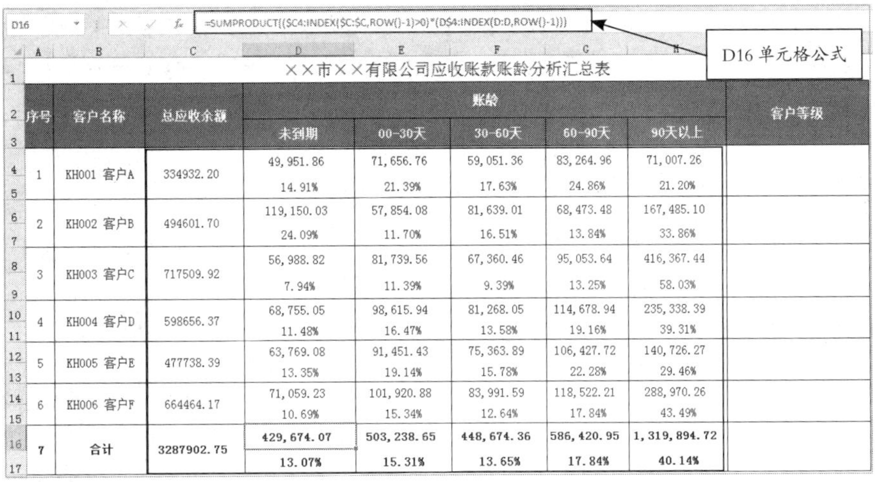

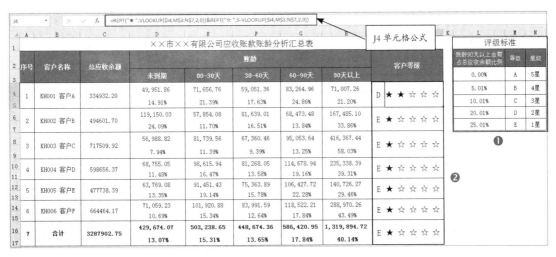

图8-100

Step03 根据账龄情况对往来单位评级。❶ 在空白区域制作辅助表，录入评级标准；❷ 分别在I4和J4单元格中设置以下公式：

- I4单元格："=LOOKUP(1,0/($L$3:$L$7<=H5),$M$3:$M$7)"，根据H5单元格中的百分比数字在L3:L7单元格区域中查找引用与之匹配的等级。
- J4单元格："=REPT(" ★ ",VLOOKUP($I4,M$3:N$7,2,0))&REPT(" ☆ ",5- VLOOKUP($I4,M$3:N$7, 2,0))"，首先运用VLOOKUP函数在N3:N7单元格区域中查找引用与I4单元格中的等级匹配的数字，再运用REPT函数按照这个数字生成n个符号"★"，并与REPT函数按照数字5减去这个数字后的余额生成的n个符号"☆"组合，即可达到目标效果。

将I4:J4单元格区域公式复制粘贴至I6:I17单元格区域即可，效果如图8-101所示。

J4

=REPT("★ ",VLOOKUP($I4,M$3:N$7,2,0))&REPT("☆ ",5-VLOOKUP($I4,M$3:N$7,2,0))

J4单元格公式

××市××有限公司应收账款账龄分析汇总表

序号	客户名称	总应收余额	账龄					客户等级	
			未到期	00-30天	30-60天	60-90天	90天以上		
1	KH001 客户A	334932.20	49,951.86 14.91%	71,656.76 21.39%	59,051.36 17.63%	83,264.96 24.86%	71,007.26 21.20%	D	★★☆☆☆
2	KH002 客户B	494601.70	119,150.03 24.09%	57,854.08 11.70%	81,639.01 16.51%	68,473.48 13.84%	167,485.10 33.86%	E	★☆☆☆☆
3	KH003 客户C	717509.92	56,988.82 7.94%	81,739.56 11.39%	67,360.46 9.39%	95,053.64 13.25%	416,367.44 58.03%	E	★☆☆☆☆
4	KH004 客户D	598656.37	68,755.05 11.48%	98,615.94 16.47%	81,268.05 13.58%	114,678.94 19.16%	235,338.39 39.31%	E	★☆☆☆☆
5	KH005 客户E	477738.39	63,769.08 13.35%	91,451.43 19.14%	75,363.89 15.78%	106,427.72 22.28%	140,726.27 29.46%	E	★☆☆☆☆
6	KH006 客户F	664464.17	71,059.23 10.69%	101,920.88 15.34%	83,991.59 12.64%	118,522.21 17.84%	288,970.26 43.49%	E	★☆☆☆☆
7	合计	3287902.75	429,674.07 13.07%	503,238.65 15.31%	448,674.36 13.65%	586,420.95 17.84%	1,319,894.72 40.14%	E	★☆☆☆☆

评级标准

账龄90天以上金额占总应收余额比例	等级	星级
0.00%	A	5星
5.01%	B	4星
10.01%	C	3星
20.01%	D	2星
25.01%	E	1星

❶ ❷

图8-101

高手点拨 ▶ 拓展思维，突破条件格式"三星"限制，实现五星评级

【条件格式】工具中的"图标集"里包含专门体现等级的图标 ★ ☆ ☆，但由于仅有 3 个五星，所以仅能展示 3 个等级。而本例设置了 5 个等级标准，似乎难以完整呈现。其实只要稍微拓展思维，将呈现方式变为"一对一"，即用一个"五星"展示一个数字，即可突破这一限制，同样可实现五星评级。

关键技能 094 运用图表呈现账龄结构

技能说明

在前面小节制作的账龄汇总表中，计算了账龄中各个时间段的应收账款及其占总应收余额的比例，企业可以通过这些数据全面了解账龄结构。本小节将在账龄分析汇总表的基础上制作图表，立体、形象地呈现账龄结构。

本小节采用"数据验证法"制作动态图表，主要运用的函数、工具（或功能）及制作思路的简要说明如图 8-102 所示。

工具	• 数据验证：制作往来单位名称的下拉列表 • 迷你图表：插入柱形图，展示应收账款在各个日期段中数据的高低 • 图表：制作动态三维饼图和柱形图，展示各个日期段的应收账款占总应收余额的比例
函数	• VLOOKUP+MATCH 函数：根据各往来单位的名称查找与之匹配的相关数据，作为图表的数据源

图 8-102

应用实战

为便于同时展示数据表和图表，下面依然在"账龄汇总表"工作表中制作图表。

（1）制作查询表、迷你图表和饼图

查询表、迷你图表和饼图的制作方法都非常简单。其中，查询表依然运用 VLOOKUP+MATCH 函数组合设置公式，查找并引用指定的往来单位的相关数据。再将查询表中的数据作为数据源，制作迷你图表与三维饼图后设计样式即可完成。

Step01 在 A18:J22 单元格区域绘制查询表框架、设置字段名称和基础格式→运用【数据验证】工具在 B21 单元格制作下拉列表，将"序列"来源设置为"=OFFSET(应收账款汇总 !$A$1,2,,COUNTIF(应收账款汇总 !A:A,"KH*"))"即可，效果如图 8-103 所示。

Step02 ❶ 分别在 A18、C21、D21 和 D22 单元格中设置以下公式：

- A18 单元格："=A21&" 账龄结构分析 ""，生成动态标题。
- C21 单元格："=IFERROR(VLOOKUP($A$21,$B$4:$H$15,2,0),"")"，在 B4:H15 单元格区

域中查找与 A21 单元格中往来单位名称匹配的 "总应收余额"。

- D21 单元格: "=IFERROR(VLOOKUP($A$21,$B$4:$H$15,MATCH(D20,3:3,0)-1,0),"")", 公式原理与 C21 单元格相同。

- D22 单元格: "=IFERROR(ROUND(D21/$C21,4),"")", 计算 "未到期" 应收账款占总应收余额的百分比。将 D21:D22 单元格区域公式复制粘贴至 E21:H22 单元格区域。

图 8-103

❷ 选中 D21:H21 单元格区域→插入迷你柱形图,将放置迷你图的 "位置范围" 设置为 J21 单元格→设置迷你图样式,效果如图 8-104 所示。

图 8-104

Step03 选中 D20:H21 单元格区域→单击【插入】选项卡下【图表】组 "饼图" 下拉列表中的【三维饼图】按钮 ,即可插入三维饼图→将图表标题设置为 "= 账龄汇总表 !$A$18"→最后设计饼图样式,添加数据标签、删除不必要的图表元素→在 B21 单元格下拉列表中选择另一个往来单位,可看到饼图动态效果,如图 8-105 所示。

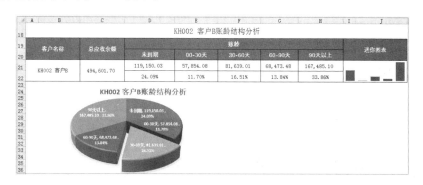

图 8-105

(2)制作柱形图

本例制作柱形图的目标和要求是:运用柱形图,将每个日期段的应收账款数据分别与总应收余额作比较,直观体现各日期段与总应收余额的占比情况。因此,柱形图的制作略有难度。不过,只要善于拓展思维,巧妙设置数据源,就能轻松实现工作目标。具体方法和操作步骤如下。

Step01 ❶ 选中 D20:H21 单元格区域→插入"簇状柱形图"→右击图表区域，在弹出的快捷菜单中单击【选择数据】命令，如图 8-106 所示；❷ 弹出【选择数据源】对话框→单击"图例项"列表框中的【添加】按钮，如图 8-107 所示；❸ 弹出【编辑数据系列】对话框→单击"系列名称"文本框，单击 C19 单元格→单击"系列值"文本框，单击 5 次 C21 单元格，即将"总应收余额"的一个数字重复设置为同一个系列中的 5 个相同的值（注意每单击一次 C21 单元格后添加英文逗号以作间隔），如图 8-108 所示。设置完成后，图表效果如图 8-109 所示。

图 8-106

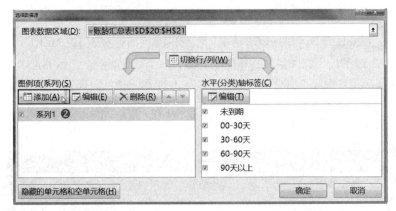

图 8-107

图 8-108

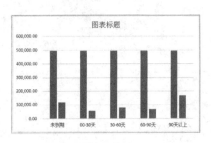

图 8-109

Step02 设置图表样式。将数据系列的重叠值设为 100%→设置柱形的边框色及填充色等→添

加数据标签→将图表标题设置为"=账龄汇总表!$A$18"→删除不必要的图表元素→最后在 A21
单元格下拉列表中选择另一个往来客户单位，即可看到柱形图、查询表、迷你图和三维饼图的动态
变化效果，如图 8-110 所示。

图 8-110

本节示例结果见"结果文件\第 8 章\应收账款管理.xlsx"文件。

8.4 做好税金核算和申报管理，防范涉税风险

税收与每家企业息息相关，只要开办了企业，就必须遵循国家相关法律法规履行纳税义务。目
前，我国税务机关对大部分企业实行查账征收，即由纳税人依据账簿记载，自行计算并申报缴纳税
金，税务机关抽查核实，如有不符，多退少补。如果有企业计算税金不够准确，管理不够规范等情
况，将导致税款少缴、多缴或延迟缴纳，被罚缴滞纳金，影响纳税信用评级，甚至还有可能涉及无
法预估的税收风险，给企业造成难以挽回的名誉和经济损失。因此，确保税金核算的准确性、申报
缴纳的及时性对于企业的生存和发展至关重要，而对于财务人员而言，运用 Excel 核算税金，并充
分发挥 Excel 的强大功能管理税金则是应当熟练掌握的必不可缺的关键技能。

本节将以企业日常经营业务中常涉及的增值税、附加税费、印花税、企业所得税为例，介绍如
何具体运用 Excel 对其进行规范管理、防范涉税风险的 6 个关键技能，并分享税金管理思路。本节
知识框架如图 8-111 所示。

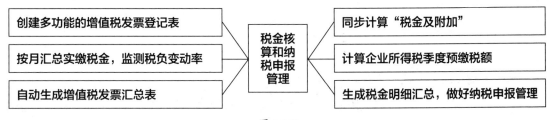

图 8-111

关键技能 **095** 创建多功能的增值税发票登记表

技能说明

我国目前对于增值税的征收管理方式主要实行"以票控税"，即根据开具的增值税发票（以下简称"销项税票"）与接受的供应商或其他单位开具的增值税专用发票（以下简称"进项税票"）上列示的金额与税额分别计算销项税额、进项税额及实际应纳增值税额。所以，核算和管理增值税应当从增值税发票着手。

本节以一般纳税人（适用增值税率 13%）为例，针对企业日常开具、收受、登记增值和预算需要抵扣的进项税额及价税合计金额及与增值税发票相关的其他数据，同时计算实际税负与预警税负之间的差异，以便及时提示企业调整当月抵扣的进项发票数据，避免实际税负过高或过低。

制作增值税发票登记表的关键点和重点在于增值税发票的管理方法和思路。具体制作方法非常简单，只需运用常用工具、函数进行设置和计算即可。

应用实战

Step01 ❶ 新建工作簿，命名为<税金管理>→将工作表"Sheet1"重命名为"客户供货商资料"→创建两个超级表→分别录入序号、客户名称和供货商名称，如图 8-112 所示→将两个表格分别定义为名称（与字段同名）；❷ 将工作表"Sheet2"重命名为"2020.07"，用于记录 2020 年 7 月的增值税发票→绘制两张表格，分别用于登记销项发票和进项发票→设置字段名称及基础格式。其中，部分字段下的单元格区域分别运用【数据验证】工具制作下拉列表或自定义单元格格式，具体设置如表 8-1 所示→预留第 1、2 行用于设置公式计算相关数据→预先填入增值税发票的原始数据（均为虚拟数据）。表格初始效果如图 8-113 所示。

表 8-1 各字段数据验证条件及单元格格式

字段名称	数据验证条件	自定义单元格格式
客户名称	'= 客户名称	
票种	专票,普票,无票	
发票状态	作废	
项目	进货,费用	
供货商名称	'= 供货商名称	
税票跟踪	在途,已收到	
发票号码		00000000
本月抵扣		[=1] √ ;[=2] ○

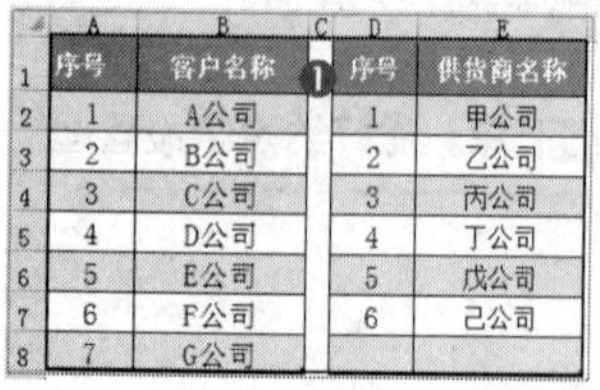

图 8-112

图 8-113

Step02 计算增值税发票相关数据。❶ 分别在 A5、G5、H5 和 I5 单元格中设置以下公式,计算销项发票数据。

- A5 单元格:"=IF(G5=0," ☆ ",COUNT(A$4:A4)+1)",自动生成序号。

- G5 单元格:"=IF(K5=" 作废 ",0,ROUND(F5/1.13,2))+J5",运用 IF 函数判断 J5 单元格中文本为"作废"时,返回数字 0,否则计算销项未税额(加上 J5 单元格中的尾差调整数字)。这里的设计思路是:由于 G5 单元格中的销项未税额是由函数公式计算而得,与增值税开票系统实际开具的销项税票票面金额难免存在 ±0.02 元之内的尾数差异,而表格中涉及的金额、税额、价税合计等数据都必须和发票票面实际金额分毫不差,需要略作调节。为了便于复制粘贴 G5 单元格公式,增设 J 列专门用于填入尾差数字。

- H5 单元格:"=IF(K5=" 作废 ",0,ROUND(F5-G5,2))",计算销项税额。

- I5 单元格:"=ROUND(SUM(G5:H5),2)",计算价税合计金额。

将以上公式分别复制粘贴至下方单元格区域即可。

❷ 分别在 G3 和 K3 单元格设置公式,计算发票数据合计数,并统计作废发票的份数。

- G3 单元格:"=ROUND(SUM(G$5:G44),2)"→将公式复制粘贴至 H3、I3、J3 单元格中。

- K3 单元格:"=" 作废 "&COUNTIF(K5:K44," 作废 ")&" 份 "",统计作废发票份数,并与指定文本组合。

❸ 计算进项发票数据。分别在 T3、X3 和 Y3 单元格中设置以下公式:

- T3 单元格:"=IF(P5=" 进货 ",ROUND(S5/1.13,2),ROUND(S5/1.06,2))+W5",运用 IF 函数判断 P5 单元格中的项目为"进货"时,以 13% 计算进项未税额,否则以 6% 税率计算进项未税额。如果进项税票的票面实际税率同时包含 13% 和 6% 或费用的税率为其他税率(如 9%),可通过"尾差调整"(W5 单元格)将进项未税额调整至与票面金额分毫不差。

例如,进项税票的票面未税金额为 3000 元,税率 9%,税额 270 元,价税合计为 3270 元。在 P5 单元格下拉列表中选择"费用",在 S5 单元格输入 3270 后,公式计算得到进项未税额为 2830.19 元,与票面金额差额为 439.81 元,那么在 W5 单元格中输入 -439.81 即可。

- X3 单元格:"=" 收到 "&COUNTIF(X$5:X54," 已收到 ")&" 份 "",计算已收到的进项发票份数。

- Y3 单元格:"=SUMIF(Y$5:Y44,1,U$5:U44)",汇总"本月抵扣"的进项发票。

其他单元格与销项发票同理设置公式即可。完成后,效果如图 8-114 所示。

图 8-114

Step03 计算税负等相关数据。将 A1:Z2 单元格区域填充为灰色并在相关单元格里分别设置以下公式或填入数据。

- D1 和 D2 单元格："=G\$3" 和 "=H\$3"，直接引用 G3 和 H3 单元格中的销项未税额和销项税额。

  - G1 单元格：直接填入行业预警税负率，如 "3%"。

  - G2 单元格："=ROUND(D1*G1,2)"，计算预警税负额。

  - I1 单元格："=ROUND(I2/D1,4)"，计算实际税负率。

  - I2 单元格："=ROUND(D2-Q2,2)"，计算实际税负额。

  - J1 单元格："=TEXT(ROUND(G1-I1,4),"[<0] 高于预警 0.00%; 低于预警 0.00%")"，计算 "实际税负率" 与 "预警税负率" 的百分比差异，并运用 TEXT 函数返回指定文本内容。

  - J2 单元格："=TEXT(ROUND(G2-I2,2),"[<0] 高于预警 0.00 元; 低于预警 0.00 元")"，计算 "实际税负额" 与 "预警税负额" 之间的差额数，并返回指定文本内容。

  - Q1 单元格："=ROUND(D2-G2,2)"，计算本月需要抵扣的进项税额总额，即实际发生的销项税额与预警税负额之间的差额。

  - Q2 单元格："=Y\$3"，直接引用 Y3 单元格中 "本月抵扣" 的进项税额。

  - U1 单元格："=ROUND(Q1-Q2,2)"，计算 "尚需进项税额"，即当前可抵扣的进项税额与本月需要抵扣的进项税额总额之间的差额。

  - U2 单元格："=ROUND(U1/0.13,2)&"/"&ROUND(U1/0.13*1.13,2)"，根据 "尚需进项税额" 倒推本月尚需进项未税额和价税合计金额。实际工作中，企业通常以 "价税合计" 金额，即含税金额与供应商沟通开具发票的相关事项，因此应同时计算以上两个数据。

  - W1 单元格："=" 进货 "&COUNTIF(P:P," 进货 ")&" 份 """，统计本月 "项目" 为 "进货" 的进项税票份数，并与指定文本 "进货" 组合。

  - W2 单元格："=" 费用 "&COUNTIF(P:P," 费用 ")&" 份 """，统计本月 "项目" 为 "费用" 的进项税票份数，并与指定文本 "费用" 组合。

  - Y1 单元格："=SUMIF(P:P,LEFT(W1,2),T:T)"，汇总 "进货" 进项发票的进项未税额。

  - Y2 单元格："=SUMIF(P:P,LEFT(W2,2),T:T)"，汇总 "费用" 进项发票的进项税额。

以上在 W1、W2、Y1、Y2 单元格中分别汇总 "进货" 和 "费用" 的进项税票份数 "销项未税额"，方便财务人员分类核对相关数据，并分别填制记账凭证及分类装订纸质进项税票。

以上公式设置完成后，效果如图 8-115 所示。

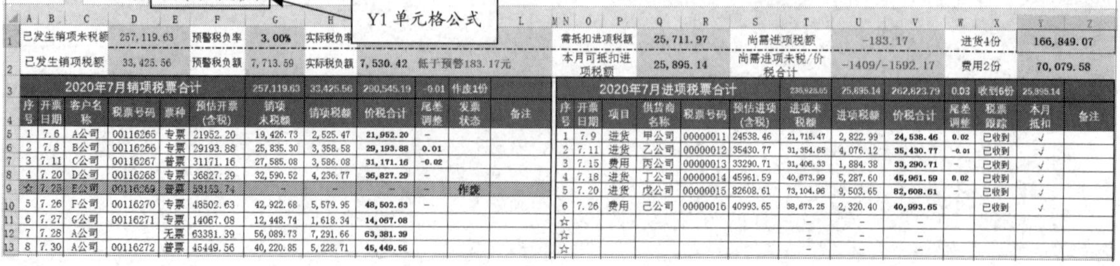

图 8-115

温馨提示

本例根据“尚需进项税额”倒推“尚需进项未税/价税合计”金额，是以增值税率 13% 为基数进行计算的。实际运用时，需要综合其他应税项目的税率（如“管理服务费”的增值税率为 6%）的发票金额进行核算。如果企业从事的主营业务适用其他增值税率，则应以该税率为计算基数倒推需要抵扣的进项未税额与含税金额。

关键技能 096 按月汇总实缴税金，监测税负变动率

技能说明

税负变动率是指本期税负额和上期税负额之间的差额，与上期税负之间的比率。会计公式为“税负变动率 =（本期税负额 - 上期税负额）÷ 上期税负额 ×100%”。税负变动率也是税务机关监控企业是否偷税、漏税、逃税的一个重要指标。企业在正常经营前提下，其税负变动率一般在 ±30% 界限之内浮动，如果逾越界限，就会面临税务风险。

本小节将制作“实缴增值税统计表”，将 2020 年每月发票登记表中的销项未税额、进项未税额、销项税额、进项税额、税负额、税负率等相关数据按月引用至表格中集中列示，并自动计算每期税负变动率，同时制作迷你图表，直观呈现数据变动趋势，以便企业及时监控、调整税负率，从而有效规避风险。具体制作方法非常简单，引用相关数据主要运用 INDIRECT 函数即可。另外，运用【条件格式】功能设置条件，以提示逾越 ±30% 的税负变动率。

应用实战

为了更好地展示效果，已预先在<税金管理>工作簿中添加了 2020 年 1—6 月及 8—12 月的发票登记表，并填入虚拟销项和进项税票信息。

Step01 新增工作表，命名为“实缴增值税统计”→绘制表格框架、设置字段名称及基本格式等，初始表格框架如图 8-116 所示。

××市××有限公司2020年实缴增值税统计表

月份	销项数据			进项数据			税负分析		
	未税金额	税额	价税合计	未税金额	税额	价税合计	实缴税额（税负额）	税负率	税负变动率
2020.01									
2020.02									
2020.03									
2020.04									
2020.05									
2020.06									
2020.07									
2020.08									
2020.09									
2020.10									
2020.11									
2020.12									
合计									

图 8-116

Step02 ❶ 分别在 B4、C4 和 D4 单元格中设置以下公式，计算 2020 年 1 月的销项数据。

- B4 单元格：“=INDIRECT($A4&"!G$3")”，引用“2020.1”工作表中的销项未税额（合计数）。
- C4 单元格：“=INDIRECT($A4&"!H$3")”，引用“2020.1”工作表中的销项税额（合计数）。
- D4 单元格：“=ROUND(SUM(B4:C4),2)”，计算价税合计金额。

❷ 同理设置 E4、F4 和 G4 单元格公式，计算 2020 年 1 月的进项数据。❸ 分别在 H4、I4 和 J5 单元格中设置公式，计算税负相关数据。

- H4 单元格："=ROUND(C4-F4,2)"，计算实缴增值税。
- I4 单元格："=IFERROR(ROUND(H4/B4,4),"-")"，计算税负率。
- J5 单元格："=IFERROR(ROUND((H5-H4)/H4,4),"-")"，计算税负变动率。2020 年 1 月没有参照数据，因此从 2020 年 2 月起计算税负变动率。

将以上公式复制粘贴至下面单元格区域→运用 ROUND+SUM 函数组合在 B16:H16 单元格区域中设置求和公式→选中 J5 单元格，设置条件格式，设置确定条件格式的公式为"=OR(J5<=-0.3,J5>=0.3)"→用【格式刷】 ✔ 将 J5 单元格格式刷至 J6:J15 单元格区域；❹ 在 B17:J17 单元格区域插入迷你折线图。由于表格中"销项数据""进项数据""税负分析"字段中的每一个子字段中数据的变动趋势相同，因此，可以选择其中任意一个子字段中的一组数据为数据源制作迷你图表。设置完成后，效果如图 8-117 所示。

图 8-117

关键技能 097 自动生成增值税发票汇总表

技能说明

实际工作中，财务人员应善于对每一类数据从不同的角度进行分类汇总分析。比如，销项税票可按照票种分类汇总发票金额，以便掌握和分析每月开具的专票、普票和无票收入数据。进项税票可按照进货和费用分类汇总发票金额，以便核算成本和费用。同时，还可以从客户和供货商的角度汇总税票金额，为企业掌握应收、应付数据及结算进度提供重要的数据参考依据。本小节将分别从"销项和进项""客户和供货商"两个角度，制作"进销项发票汇总表"和"客户供货商汇总表"，自动汇总 2020 年 1—12 月增值税发票相关数据。本节主要运用的工具（或功能）和函数及作用的简要说明如图 8-118 所示。

工具（功能）	• 窗体控件：使用"选项按钮"控件，控制显示"客户"或"供货商"的相关数据 • 迷你图表：分别插入迷你折线图和柱形图，呈现同一客户或供货商 1—12 月的发票数据，以及同一月份中，各客户或供货商的发票数据
函数	• IF+VLOOKUP 函数：查找引用客户或供货商名称 • COUNTIF+INDIRECT 函数：统计每月发票登记表中各票种份数 • SUMIF+INDIRECT 函数：按指定条件汇总每月发票登记表中的相关数据

图 8-118

应用实战

（1）进销项发票汇总表

进销项税票汇总表其实与实缴增值税统计表的制作原理相似，即分别按照销项税票的票种和进项税票的业务类型（项目），将每月发票登记表中的数据引用至汇总表中后进行汇总即可。

Step01 新增工作表，命名为"进销项发票汇总"→绘制表格框架、设置字段名称并设置基础格式，初始表格如图 8-119 所示。

××市××有限公司销项税票汇总表

月份	专票				普票				无票				合计			
	份数	金额	税额	价税合计	份数	金额	税额	价税合计	次数	金额	税额	价税合计	份/次数	金额	税额	价税合计
2020.01																
2020.02																
2020.03																
2020.04																
2020.05																
2020.06																
2020.07																
2020.08																
2020.09																
2020.10																
2020.11																
2020.12																
合计																

图 8-119

Step02 ❶ 制作销项税票汇总表。分别在 B4:E4 单元格区域和 N4、O4 单元格中设置以下公式：

- B4 单元格："=COUNTIF(INDIRECT($A4&"!E:E"),$B$2)"，统计"2020.1"工作表中记录的"专票"份数。
- C4 单元格："=SUMIF(INDIRECT($A4&"!E:E"),$B$2,INDIRECT($A4&"!G:G"))"，汇总"2020.1"工作表中专票的"销项未税额"。
- D4 单元格："=SUMIF(INDIRECT($A4&"!E:E"),$B$2,INDIRECT($A4&"!H:H"))"，汇总"2020.1"工作表中专票的"销项税额"。
- E4 单元格："=ROUND(SUM(C4:D4),2)"，计算价税合计金额。
- N4 单元格："=SUMIF($B$3:$M$3,"* 数 ",$B4:ML4)"，汇总 2020 年 1 月所有票种的份数。
- O4 单元格："=SUMIF($B$3:$M$3,O3,$B4:$M4)"，汇总 2020 年 1 月所有票种的金额。

将 O4 单元格公式复制粘贴至 P4 和 Q4 单元格中→将 B4:Q4 单元格区域公式复制粘贴至 B5:Q15 单元格区域→运用 SUM 函数在 B16:Q16 单元格区域设置求和公式。

❷ 制作进项税票汇总表。在 A18:M33 单元格区域绘制表格，按照“进货”和“费用”分类汇总，公式参照销项税票汇总表设置即可。以上操作完成后，效果如图 8-120 所示。

C4 =SUMIF(INDIRECT($A4&"!E:E"),$B$2,INDIRECT($A4&"!G:G"))

C4 单元格公式

××市××有限公司销项税票汇总表

月份	专票				普票				无票				合计			
	份数	金额	税额	价税合计	份数	金额	税额	价税合计	次数	金额	税额	价税合计	份/次数	金额	税额	价税合计
2020.01	5份	138,550.66	18,011.58	156,562.24	3份	137,851.71	17,920.71	155,772.42	1次	27,133.92	3,527.43	30,661.35	9	303,536.29	39,459.72	342,996.01
2020.02	6份	120,841.07	15,709.32	136,550.39	2份	71,701.14	9,321.17	81,022.31	1次	50,876.29	6,613.91	57,490.20	9	243,418.50	31,644.40	275,062.90
2020.03	5份	96,463.93	12,540.29	109,004.22	3份	107,935.76	14,031.67	121,967.43	1次	32,124.64	4,176.20	36,300.84	9	236,524.33	30,748.16	267,272.49
2020.04	5份	162,121.29	21,075.75	183,197.04	3份	64,358.92	8,366.66	72,725.58	1次	27,777.87	3,611.15	31,389.02	9	254,258.08	33,053.56	287,311.64
2020.05	6份	108,473.65	14,101.54	122,575.19	3份	95,176.75	12,372.98	107,549.73	0次	-	-	-	9	203,650.40	26,474.52	230,124.92
2020.06	5份	131,127.90	17,046.60	148,174.50	3份	105,861.00	13,761.94	119,622.94	1次	39,588.06	5,146.42	44,734.48	9	276,576.96	35,954.96	312,531.92
2020.07	5份	133,223.97	17,319.11	150,543.08	3份	67,805.93	8,814.79	76,620.72	1次	56,089.73	7,291.66	63,381.39	9	257,119.63	33,425.56	290,545.19
2020.08	5份	133,150.21	17,309.53	150,459.74	3份	133,128.06	17,306.67	150,434.73	1次	25,450.99	3,308.62	28,759.61	9	291,729.26	37,924.82	329,654.08
2020.09	5份	130,020.45	16,902.65	146,923.10	3份	81,662.74	10,616.18	92,278.92	1次	39,253.69	5,102.98	44,356.67	9	250,936.88	32,621.81	283,558.69
2020.10	6份	144,014.12	18,721.83	162,735.95	2份	73,913.30	9,608.74	83,522.04	1次	40,134.09	5,217.43	45,351.52	9	258,061.51	33,548.00	291,609.51
2020.11	5份	139,684.72	18,159.00	157,843.72	4份	183,866.12	23,902.60	207,768.72	0次	-	-	-	9	323,550.84	42,061.60	365,612.44
2020.12	6份	128,334.39	16,683.46	145,017.85	2份	75,946.16	9,873.03	85,819.19	1次	43,411.04	5,643.42	49,054.46	9	247,691.59	32,199.91	279,891.50
合计	64份	1,566,006.36	203,580.66	1,769,587.02	34份	1,199,207.69	155,897.14	1,355,104.73	10次	381,840.32	49,639.22	431,479.54	108	3147054.27	409117.02	3556171.29

❶

××市××有限公司进项税票汇总表

月份	进货				费用				合计			
	份数	金额	税额	价税合计	份数	金额	税额	价税合计	份/次数	金额	税额	价税合计
2020.01	5份	216,756.15	28,178.26	244,934.41	1份	28,869.98	1,732.20	30,602.18	6	245,626.13	29,910.46	275,536.59
2020.02	4份	162,190.56	21,084.74	183,275.30	2份	74,251.09	4,455.07	78,706.16	6	236,441.65	25,539.81	261,981.46
2020.03	4份	151,267.82	19,664.78	170,932.60	2份	67,282.48	4,036.95	71,319.43	6	218,550.30	23,701.73	242,252.03
2020.04	4份	168,363.21	21,887.19	190,250.40	2份	68,550.83	4,113.04	72,663.87	6	236,914.04	26,000.23	262,914.27
2020.05	5份	137,860.42	17,921.82	155,782.24	2份	44,278.74	2,656.73	46,935.47	7	182,139.16	20,578.55	202,717.71
2020.06	5份	202,981.95	26,387.62	229,369.57	1份	40,010.50	2,400.63	42,411.13	6	242,992.45	28,788.25	271,780.70
2020.07	4份	166,849.07	21,690.36	188,539.43	2份	70,079.58	4,204.78	74,284.36	6	236,928.65	25,895.14	262,823.79
2020.08	4份	177,616.22	23,090.08	200,706.30	2份	92,869.14	5,572.14	98,441.28	6	270,485.36	28,662.22	299,147.58
2020.09	4份	157,034.00	20,414.39	177,448.39	2份	74,198.75	4,451.93	78,650.68	6	231,232.75	24,866.32	256,099.07
2020.10	5份	186,379.00	24,229.24	210,608.24	1份	26,354.02	1,581.24	27,935.26	6	212,733.02	25,810.48	238,543.50
2020.11	6份	248,719.52	32,333.50	281,053.02	0份	-	-	-	6	248,719.52	32,333.50	281,053.02
2020.12	6份	191,570.98	24,904.20	216,475.18	0份	-	-	-	6	191,570.98	24,904.20	216,475.18
合计	56份	2,167,588.90	281,786.18	2,449,375.08	17份	586,745.11	35,204.71	621,949.82	73	2754334.01	316990.89	3071324.9

❷

图 8-120

（2）客户供货商动态发票汇总表

客户和供应商汇总表的设计思路：两类数据共用一个表格框架，因此可结合窗体按钮控件和函数公式动态显示客户和供货商名称→根据客户和供货商名称汇总 1—12 月税票的价税合计金额→汇总全年数据→插入迷你折线图和柱形图，对比分析每月数据。

Step01 新增工作表，命名为“客户供货商汇总表”→绘制表格框架，设置字段名称并设置基础格式。其中 A1、B2、B3 和 C2 单元格及表格区域将全部设置函数公式。初始表格如图 8-121 所示。

序号	供货商名称	2020.01	2020.02	2020.03	2020.04	2020.05	2020.06	2020.07	2020.08	2020.09	2020.10	2020.11	2020.12	合计	图表
	合计														
	图表														

图 8-121

Step02 制作动态的客户和供应商名称和动态标题。❶ 插入两个选项按钮控件◉，分别命名为

"客户" 和 "供货商" →在【设置控件格式】对话框中将 "链接单元格" 链接设置为 A2 单元格→单击 "客户" 选项按钮，A2 单元格中数字为 "1"；❷ 分别在 B2、C2、B3、A1、A4 和 B4 单元格中设置以下公式：

- B2 单元格："=IF(A2=1,MAX(客户供货商资料 !A:A),MAX(客户供货商资料 !D:D))"，运用 IF 函数判断 A2 单元格数字为 1 时，返回 "客户供货商资料" 工作表中 A:A 区域中的最大序号。否则返回 D:D 区域中的最大序号。公式的实质作用是统计客户或供货商的数量。公式返回结果为 "7"。

- C2 单元格："=" 当前共 "&B2&IF(A2=1," 家客户 "," 家供货商 ")"，将 B2 单元格中的数字与指定文本组合，作用是提示财务人员当前客户或供货商的数量，当数量超过预留的表格行数时，便于及时扩展表格，完整汇总所有客户或供货商的数据。公式返回结果为 "当前共 7 家客户"。

- B3 单元格："=IF($A$2=1," 客户名称 "," 供货商名称 ")"，生成动态的字段名称。公式返回结果为 "客户名称"。

- A1 单元格："="××市××有限公司 "&IF(A2=1," 客户 "," 供货商 ")&" 税票汇总表 ""，自动生成动态标题。公式返回结果为 "××市××有限公司客户税票汇总表"。

- A4 单元格："=IF(ROW()-3<=B$2,ROW()-3,"-")"，自动生成序号，最大序号不大于 B2 单元格中统计得到的客户或供货商的数量，否则返回符号 "-"。

- B4 单元格："=IFERROR(VLOOKUP(A4,IF($A$2=1, 客户供货商资料 !A:B, 客户供货商资料 !D:E),2,0),"-")"，运用 VLOOKUP 函数在指定范围内查找与 A4 单元格中序号匹配的客户名称或供货商名称。其中，VLOOKUP 函数的第 2 个参数是运用 IF 函数判断 A2 单元格中数字为 1 或不为 1 时，分别返回不同的查找范围。

将 A4:B4 单元格区域的公式复制粘贴至 A5:B11 单元格区域。以上操作完成后，效果如图 8-122 所示。

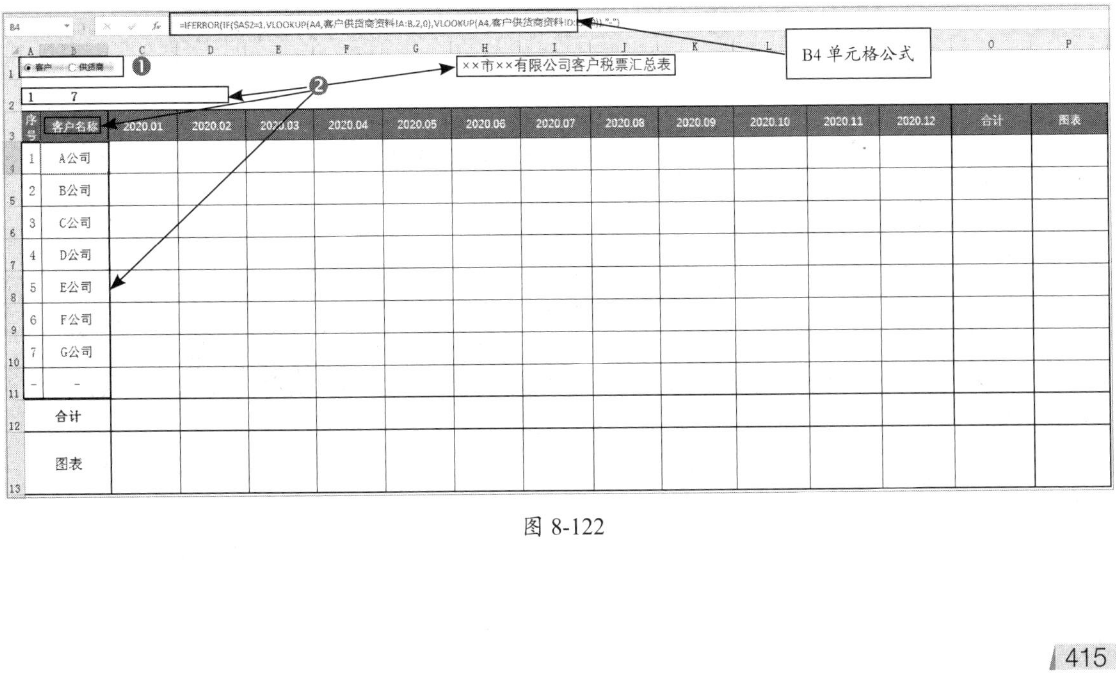

图 8-122

Step03 汇总数据并插入迷你图表。❶ 在 C4 单元格设置公式“=SUMIF(INDIRECT(C$3&IF($A$2=1,"!$C:$C","!$Q:$Q")),$B4,INDIRECT(C$3&IF($A$2=1,"!$I:$I","!$V:$V")))”，汇总 A 公司在 2020 年 1 月的价税合计金额→将公式复制粘贴至 D4:N4 单元格区域中→在 O4 单元格中设置求和公式→将 C4:O4 单元格区域公式复制粘贴至 C5:O11 单元格区域→在 C12:O12 单元格区域设置求和公式；❷ 在 P4:P12 单元格区域插入迷你折线图，选择数据范围为 C4:N12 单元格区域→在 C13:O13 单元格区域插入迷你柱形图，选择数据范围为 C4:O11 单元格区域；❸ 将选项按钮控件移至 A2 和 B2 单元格处，遮挡 A2 和 B2 单元格中的数字，效果如图 8-123 所示；

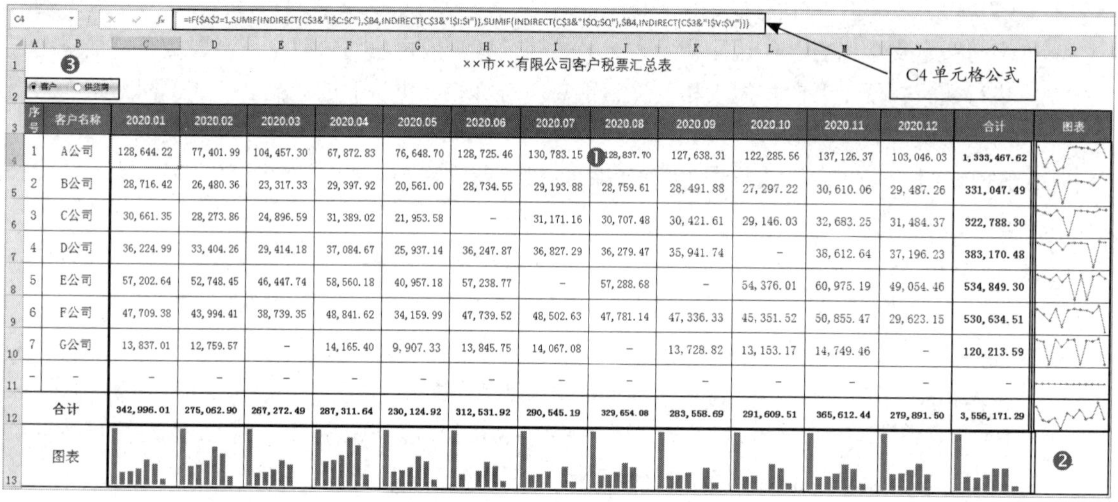
C4
=IF($A$2=1,SUMIF(INDIRECT(C$3&"!$C:$C"),$B4,INDIRECT(C$3&"!$I:$I")),SUMIF(INDIRECT(C$3&"!$Q:$Q"),$B4,INDIRECT(C$3&"!$V:$V")))
C4 单元格公式
❸ 客户 供货商
××市××有限公司客户税票汇总表

序号	客户名称	2020.01	2020.02	2020.03	2020.04	2020.05	2020.06	2020.07	2020.08	2020.09	2020.10	2020.11	2020.12	合计	图表
1	A公司	128,644.22	77,401.99	104,457.30	67,872.83	76,648.70	128,725.46	130,783.15	❶ 128,837.70	127,638.31	122,285.56	137,126.37	103,046.03	1,333,467.62	
2	B公司	28,716.42	26,480.36	23,317.33	29,397.92	20,561.00	28,734.55	29,193.88	28,759.61	28,491.88	27,297.22	30,610.06	29,487.26	331,047.49	
3	C公司	30,661.35	28,273.86	24,896.59	31,389.02	21,953.58	-	31,171.16	30,707.48	30,421.61	29,146.03	32,683.25	31,484.37	322,788.30	
4	D公司	36,224.99	33,404.26	29,414.18	37,084.67	25,937.14	36,247.87	36,827.29	36,279.47	35,941.74	-	38,612.64	37,196.23	383,170.48	
5	E公司	57,202.64	52,748.45	46,447.74	58,560.18	40,957.18	57,238.77	-	57,288.68	-	54,376.01	60,975.19	49,054.46	534,849.30	
6	F公司	47,709.38	43,994.41	38,739.35	48,841.62	34,159.99	47,739.52	48,502.63	47,781.14	47,336.33	45,351.52	50,855.47	29,623.15	530,634.51	
7	G公司	13,837.01	12,759.57	-	14,165.40	9,907.33	13,845.75	14,067.08	-	13,728.82	13,153.17	14,749.46	-	120,213.59	
-	-	-	-	-	-	-	-	-	-	-	-	-	-	-	
合计		342,996.01	275,062.90	267,272.49	287,311.64	230,124.92	312,531.92	290,545.19	329,654.08	283,558.69	291,609.51	365,612.44	279,891.50	3,556,171.29	
图表															❷

图 8-123

❹ 单击“供货商”选项按钮，即可看到所有数据及迷你图表的动态变化效果，如图 8-124 所示。

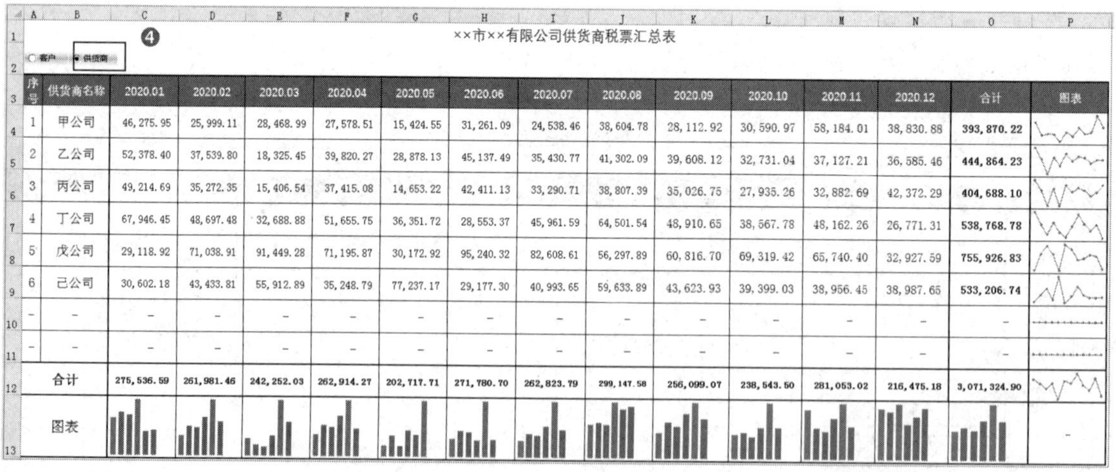
❹ 客户 供货商
××市××有限公司供货商税票汇总表

序号	供货商名称	2020.01	2020.02	2020.03	2020.04	2020.05	2020.06	2020.07	2020.08	2020.09	2020.10	2020.11	2020.12	合计	图表
1	甲公司	46,275.95	25,999.11	28,468.99	27,578.51	15,424.55	31,261.09	24,538.46	38,604.78	28,112.92	30,590.97	58,184.01	38,830.88	393,870.22	
2	乙公司	52,378.40	37,539.80	18,325.45	39,820.27	28,878.13	45,137.49	35,430.77	41,302.09	39,608.12	32,731.04	37,127.21	36,585.46	444,864.23	
3	丙公司	49,214.69	35,272.35	15,406.54	37,415.08	14,653.22	42,411.13	33,290.71	38,807.39	35,026.75	27,935.26	32,882.69	42,372.29	404,688.10	
4	丁公司	67,946.45	48,697.48	32,688.88	51,655.75	36,351.72	28,553.37	45,961.59	64,501.54	48,910.65	38,567.78	48,162.26	26,771.31	538,768.78	
5	戊公司	29,118.92	71,038.91	91,449.28	71,195.87	30,172.92	95,240.32	82,608.61	56,297.89	60,816.70	69,319.42	65,740.40	32,927.59	755,926.83	
6	己公司	30,602.18	43,433.81	55,912.89	35,248.79	77,237.17	29,177.30	40,993.65	59,633.89	43,623.93	39,399.03	38,956.45	38,987.65	533,206.74	
-	-	-	-	-	-	-	-	-	-	-	-	-	-	-	
-	-	-	-	-	-	-	-	-	-	-	-	-	-	-	
合计		275,536.59	261,981.46	242,252.03	262,914.27	202,717.71	271,780.70	262,823.79	299,147.58	256,099.07	238,543.50	281,053.02	216,475.18	3,071,324.90	
图表															-

图 8-124

关键技能 098 同步计算“税金及附加”

技能说明

“税金及附加”是损益类会计科目，用于核算企业经营活动中应负担的相关税费，主要包括消费税、印花税、资源税、房产税、城镇土地使用税、车船税、附加税费等小税种。

本节以日常经营活动中最常见的税（费）种——附加税费和印花税为例，结合实务中的税收优惠政策及实际纳税申报要求，制作计算表和打印表格，同步计算应纳税金，并自动生成打印样式，以便财务人员快速打印纸质表格作为记账凭证附件。制作表格需要运用的工具、函数，包括窗体控件、VLOOKUP 函数、OFFSET 函数及其他常用函数等。

应用实战

（1）自动计算附加税费

附加税费包括城市维护建设税、教育费附加、地方教育费附加，是附加于增值税和消费税的，即根据应纳增值税额和消费税额的合计数乘以不同的税（费）率计算应纳税（费）额。其中，纳税人所在地在市区的城建税税率为 7%，教育费附加和地方教育费附加分别为 3% 和 2%。本章未列举消费税，因此仅以增值税额为依据，计算附加税费。

Step01 新增工作表，命名为“税金及附加”→绘制表格框架、设置字段名称和基础格式，预留一列用于后面计算印花税。初始表格如图 8-125 所示。

××市××有限公司税金及附加计算表

月份	应税收入	实缴增值税	附加税费						印花税	合计
			城建税7%	教育费附加3%	地方教育费附加2%	合计	教育费附加减免额	实缴金额		
1月										
2月										
3月										
4月										
5月										
6月										
7月										
8月										
9月										
10月										
11月										
12月										
合计										

图 8-125

Step02 分别在 B4:D4、G4:I4 单元格区域及 K4 单元格设置以下公式。

- B4 单元格：“= 实缴增值税统计 !B4”，直接引用“实缴增值税统计”工作表中 2020 年 1 月的未税金额。
- C4 单元格：“= 实缴增值税统计 !H4”，直接引用“实缴增值税统计”工作表中 2020 年 1 月的实缴税额。
- D4 单元格：“=ROUND($C4*RIGHT(D$3,2),2)”，运用 RIGHT 函数截取 D3 单元格中城建税的税率，并计算城建税税额→将公式填充至 E4 和 F4 单元格中。
- G4 单元格：“=ROUND(SUM(D4:F4),2)”，计算附加税费合计金额。
- H4 单元格：“=IF(B4<100000,SUM(E4,F4),0)”，根据月收入小于 10 万元免征两项教育费附加的优惠政策，计算教育费附加减免额。
- I4 单元格：“=ROUND(G4-H4,2)”，计算实际应缴纳的附加税费。

- K4 单元格："=ROUND(SUM(I4:J4),2)"，计算附加税费和印花税的合计金额。

将以上公式复制粘贴至 B5:K15 单元格区域→运用 ROUND+SUM 函数组合在 B16:K16 单元格区域设置求和公式。操作完成后，效果如图 8-126 所示。

（2）计算印花税

印花税是对经济活动和经济交往中书立、领受具有法律效力的凭证的行为所征收的一个小税种。印花税的征税范围极为广泛，相关法规条例中列举的合同、凭据几乎涵盖了经济活动和经济交往中的各种应税凭证，而且每种合同的税率都不尽相同。按照相关规定，印花税应当是按次申报，但是在实务中，企业在一个月内通常会发生多种、多次应税行为。为了便于统一管理，对于印花税的计算和申报，一般是将当月内产生的所有应纳印花税额汇总核算之后一次申报。

Step01 ❶ 事先准备一份印花税税率表（可从相关网站获取）→新增工作表，命名为"印花税税率表"→将印花税税率复制粘贴至其中并设置单元格格式，如图 8-127 所示；❷ 印花税的标准税率均是以千分比表示（权利、许可证照除外），然而在 Excel 中却无法将数字格式设置为千分比类型，所以"印花税率表"中包含的税率符号"‰"其实是文本格式，函数公式并不支持运算，因此可设置函数公式将标准税率转换为数字。在 E 列前插入一行，在 E3 单元格中设置公式"=SUBSTITUTE(D3,"‰","")/1000"→将公式复制粘贴至 E4:E14 单元格区域，其中，表达式"SUBSTITUTE(D3,"‰", "")"的作用是将 D3 单元格中的符号"‰"替换为空值，结果为 0.3，再除以 1000，即可得到数字 0.0003，效果如图 8-128 所示。

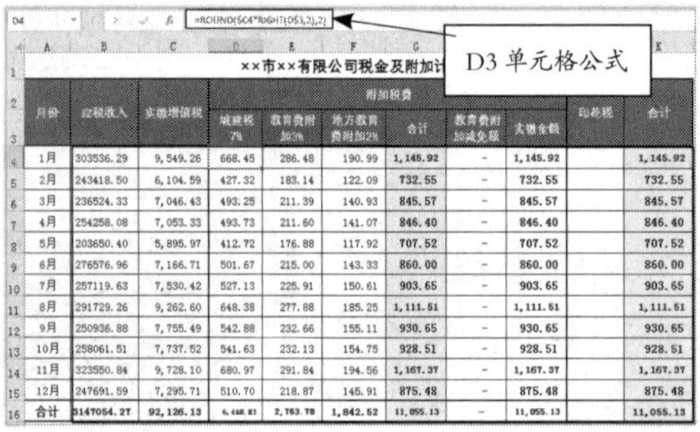

月份	应税收入	实缴增值税	附加税费 城建税7%	教育费附加3%	地方教育费附加2%	合计	教育费附加减免额	实缴金额	印花税	合计
1月	303536.29	9,549.26	668.45	286.48	190.99	1,145.92	-	1,145.92		1,145.92
2月	243418.50	6,104.59	427.32	183.14	122.09	732.55	-	732.55		732.55
3月	236524.33	7,046.43	493.25	211.39	140.93	845.57	-	845.57		845.57
4月	254258.08	7,053.33	493.73	211.60	141.07	846.40	-	846.40		846.40
5月	203650.40	5,895.97	412.72	176.88	117.92	707.52	-	707.52		707.52
6月	276576.96	7,166.71	501.67	215.00	143.33	860.00	-	860.00		860.00
7月	257119.63	7,530.42	527.13	225.91	150.61	903.65	-	903.65		903.65
8月	291729.26	9,262.60	648.38	277.88	185.25	1,111.51	-	1,111.51		1,111.51
9月	250936.88	7,755.49	542.88	232.66	155.11	930.65	-	930.65		930.65
10月	258061.51	7,737.52	541.63	232.13	154.75	928.51	-	928.51		928.51
11月	323550.84	9,728.10	680.97	291.84	194.56	1,167.37	-	1,167.37		1,167.37
12月	247691.59	7,295.71	510.70	218.87	145.91	875.48	-	875.48		875.48
合计	3147054.27	92,126.13	6,448.83	2,763.78	1,842.52	11,055.13	-	11,055.13		11,055.13

图 8-126

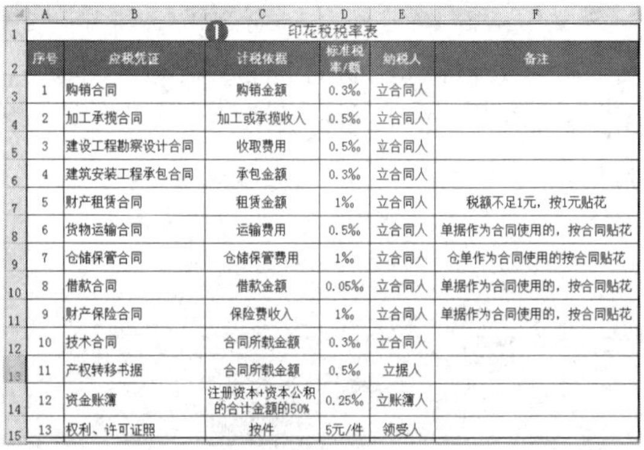

序号	应税凭证	计税依据	标准税率/额	纳税人	备注
1	购销合同	购销金额	0.3‰	立合同人	
2	加工承揽合同	加工或承揽收入	0.5‰	立合同人	
3	建设工程勘察设计合同	收取费用	0.5‰	立合同人	
4	建筑安装工程承包合同	承包金额	0.3‰	立合同人	
5	财产租赁合同	租赁金额	1‰	立合同人	税额不足1元，按1元贴花
6	货物运输合同	运输费用	0.5‰	立合同人	单据作为合同使用的，按合同贴花
7	仓储保管合同	仓储保管费用	1‰	立合同人	仓单作为合同使用的按合同贴花
8	借款合同	借款金额	0.05‰	立合同人	单据作为合同使用的，按合同贴花
9	财产保险合同	保险费收入	1‰	立合同人	单据作为合同使用的，按合同贴花
10	技术合同	合同所载金额	0.3‰	立合同人	
11	产权转移书据	合同所载金额	0.5‰	立据人	
12	资金账簿	注册资本+资本公积的合计金额的50%	0.25‰	立账簿人	
13	权利、许可证照	按件	5元/件	领受人	

图 8-127

Step02 切换至"税金及附加"工作表→在空白区域绘制印花税计算表，预留 5 行用于计算 5 种应税凭证的印花税额→设置字段名称及基础格式→运用【数据验证】工具在 M4:M9 单元格区域制作下拉列表，将"序列"来源设置为"= 印花税税率表 !$B$3:$B$15"→任意填入应税凭证和计税金额，如图 8-129 所示。

Step03 分别在 N4、P4 和 P2 单元格中设置以下公式，计算印花税税额。

- N4 单元格："=IFERROR(VLOOKUP(M4, 印花税税率表 !B$2:E$15,4,0),"-")"，在"印花税税率表"工作表中查找引用"购销合同"的税率。
- P4 单元格："=IFERROR(ROUND(O4*N4,1),0)"，计算印花税税额（税务机关官方申报系统会自动将印花税金的小数位数四舍五入至小数点后 1 位，因此在计算时也应当保留 1

位小数，以免出现差异）。

- P2 单元格："=ROUND(SUM(P4:P9),1)"，汇总印花税税额。

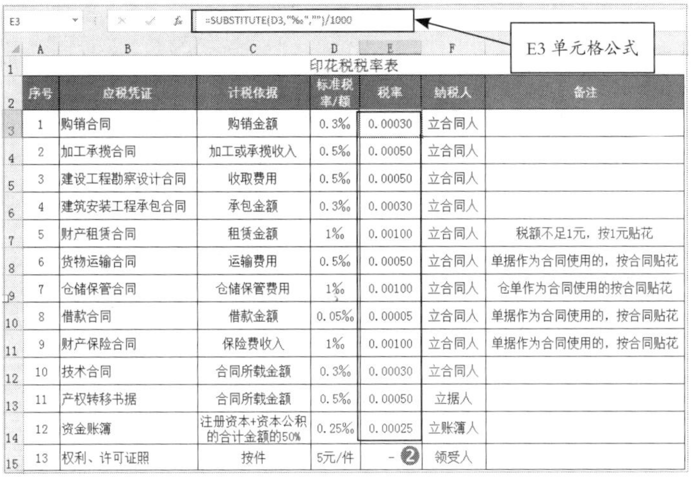

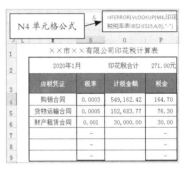

图 8-128

将 N4 和 P4 单元格公式分别复制粘贴至 N5:N9 和 P5:P9 单元格区域，效果如图 8-130 所示。

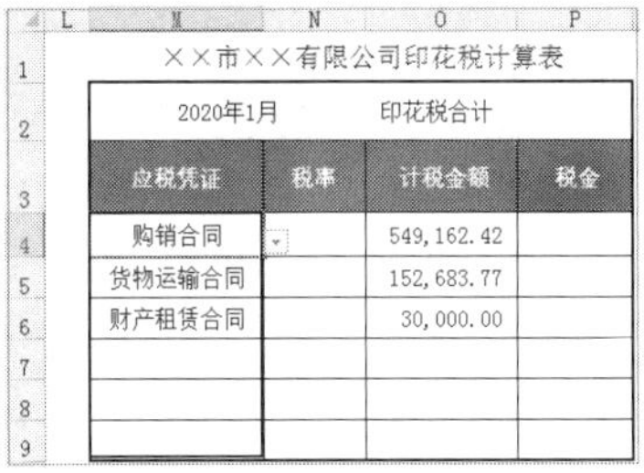

图 8-129   图 8-130

Step04　复制 M1:P9 单元格区域，向下粘贴 11 份，用于计算其他月份的印花税，同时便于运用 VLOOKUP 函数将每月印花税引用至 "税金及附加计算表" 中→在 J4 单元格中设置公式 "=VLOOKUP(A4,M:P,4,0)" →将公式复制粘贴至 J5:J15 单元格区域，效果如图 8-131 所示。

（3）制作打印表格

计算得出各税（费）种金额后，还需要制作一份表格，简要列明税（费）种名称、税金明细等信息，打印纸质表格后作为记账凭证的附件。下面继续在 "税金及附加" 工作表中，结合窗体控件与函数自动生成打印内容。同时，这份表格也可用于查询表每月 "税金及附加" 的明细数据。

Step01　❶ 在 A18:G25 单元格区域绘制表格→设置字段名称及基础格式→输入税（费）种名称及税率（由于印花税的计税金额和税率各不相同，因此不在此表格中列示，只需直接打印每月 "印花税计算表" 作为第 2 份附件即可）→将 A19 单元格格式自定义为 "2020" 年 "##" 月 ""；❷ 插入 "数值调节钮" 窗体控件→在【设置控件格式】对话框的【控制】选项卡中将 "最小值" 和 "最大值"

分别设置为"1"和"12"，将"单元格链接"设置为 A19 单元格→在【属性】选项卡中取消勾选"打印对象"选项，设置完成后效果如图 8-132 所示。

图 8-131

图 8-132

Step02 分别在 C21、C22、E21、F21、E22、F22、E24 和 E25 单元格中设置以下公式：

- C21 单元格："=OFFSET(A$3,A19,2,,)"，引用 2020 年 7 月的实缴增值税金额。
- C22 单元格："=C21"，直接引用 C21 单元格中的数据→将公式填充至 C23 单元格。
- E21 单元格："=ROUND(C21*D21,2)"，计算城建税税额。
- F21 单元格："=IF(E21=VLOOKUP(DATE(2020,$A$19,1),$A$4:$K$15,MATCH(A23&"*",$3:$3,0),0),"√","×")"，核对 E23 单元格中的城建税税额是否与"税金及附加计算表"中的税额一致。其中，VLOOKUP 函数的第 1 个参数，即表达式"DATE(2020,$A$19,1)"返回结果为"2020-7-1"，以此作为关键字在 $A$4:$K$15 单元格区域中才能查找到与之匹配的月份。而第 3 个参数，表达式"MATCH(A23&"*",$3:$3,0)"的作用则是自动定位 A23 单元格中税（费）种名称在 $A$4:$K$15 单元格区域中的列号。
- E22 单元格："=ROUND(IF(VLOOKUP(DATE(2020,$A$19,1),$A$4:$B$15,2,0)<100000,0,C22*D22),2)"运用 IF 函数判断当月收入小于 100000 时，返回数字 0，否则将计税金额乘以税率计算"教育费附加"金额→将公式填充至 E23 单元格。
- F22 单元格：复制 F21 单元格公式，再添加一个 IF 函数的判断条件，即"OR(E22=0,"，整条公式表达式为"=IF(OR(E22=0,E22=VLOOKUP(DATE(2020,$A$19,1),$A$4:$K$15,MATCH(A22&"*",$3:$3,0),0)),"√","×")"，含义是当"教育费附加"为 0 时，也返回符号"√"→将公式填充至 F23 单元格。
- E24 单元格："=VLOOKUP(DATE(2020,$A$19,1),M:P,4)"，引用 2020 年 7 月的印花税税额。
- E25 单元格："=SUM(E$21:INDIRECT("E"&ROW()-1))"，汇总税额。

以上公式设置完成后，效果如图 8-133 所示→单击"数值调节钮"控件，可看到所有数据的动态变化效果，如图 8-134 所示。

图 8-133

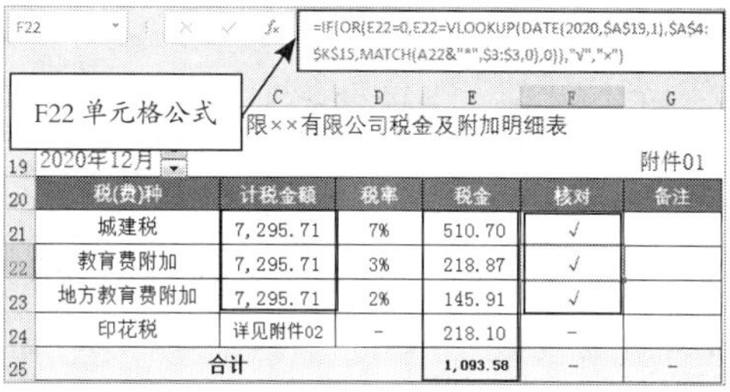

图 8-134

关键技能 099 计算企业所得税季度预缴税额

技能说明

企业所得税也是我国最重要的大税种之一。我国对企业所得税施行的征管方式是"按年计算，分期预缴，年终汇算"。实务中，绝大部分企业实行季度预缴，即在每一个季度终了后的规定期限内进行一次预缴申报，计税会计期间及计税依据为：自本年 1 月 1 日起至本季度末的所有应纳税所得额。而"年终汇算"是指每年度终了后，清算该年度所有应纳税所得额，并遵照相关政策规定对应纳税所得额进行调增或调减之后，计算得出整个年度的应纳所得税额，减去之前每季度已经缴纳的预缴税款后应补缴或留抵的税金。

本小节将根据企业所得税的特点，结合税收优惠政策，制作"企业所得税计算表"，按月计算、按季汇总利润总额，预算每季度预缴税额，以及净利润、净利率和税负率。同时，自动生成"企业所得税季度预缴税金明细表"，以作企业所得税动态查询表和记账凭证附件之用。本小节技能的关键和重点在于如何根据其实务中的税收特点进行高效、规范管理的思路。具体操作上，依然运用常用函数、工具或功能实现工作目标。主要函数、工具或功能的作用说明如图 8-135 所示。

工具（功能）	• 数据验证：制作下拉列表，在其中选择第 * 季度 • 条件格式：输入简单的数字，显示为指定文本
函数	• SUMIF 函数：按季度汇总相关数据 • LOOKUP 函数：遵循税收优惠政策，根据利润总额大小返回不同的税率 • VLOOKUP 函数：查找引用各季度的利润总额 • EOMONTH 函数：计算季度最末一天的日期

图 8-135

应用实战

（1）制作企业所得税计算表

企业所得税计算表的布局非常简单，重点在于预缴税额的计算方法。计算预缴税额和税负率的依据是税款所属期间的营业收入和利润总额，这两项数据可直接从财务软件中获取。

Step01 新增工作表，命名为“企业所得税”→绘制表格框架、设置字段名称及基础格式→预先填入营业收入额与利润总额→设置季度汇总、全年数据汇总及利润总额本年累计数和应纳税所得额累计数、净利润的利润额与利润率、税负率等基本公式。其中，“调增 / 调减”字段包括不征税收入、免税收入、减计收入、应纳税所得额减免及弥补以前年度亏损等金额用于抵减利润总额后得出“应纳税所得额”数据（如果企业涉及的调增或调减的项目较多，可另制作明细表汇总后将数据引用至此表中，本例为方便示范，直接填入数据）。初始表格框架与内容，以及“全年合计”“利润额”“利润率”和“税负率”的公式说明如图 8-136 所示。

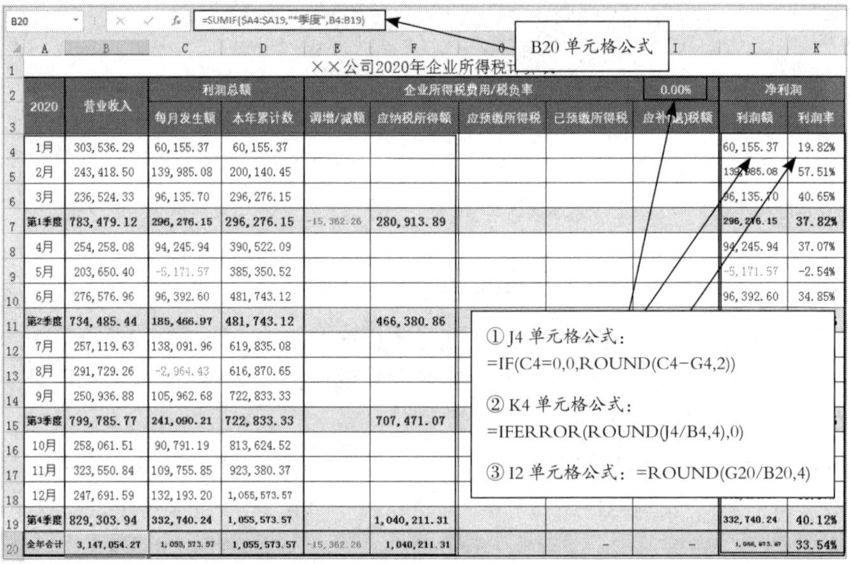
B20 =SUMIF($A4:$A19,"*季度",B4:B19)

××公司2020年企业所得税计算表

2020	营业收入	利润总额		企业所得税费用/税负率				0.00%	净利润	
		每月发生额	本年累计数	调增/减额	应纳税所得额	应预缴所得税	已预缴所得税	应补(退)税额	利润额	利润率
1月	303,536.29	60,155.37	60,155.37						60,155.37	19.82%
2月	243,418.50	139,985.08	200,140.45						139,985.08	57.51%
3月	236,524.33	96,135.70	296,276.15						96,135.70	40.65%
第1季度	783,479.12	296,276.15	296,276.15	-15,362.26	280,913.89				296,276.15	37.82%
4月	254,258.08	94,245.94	390,522.09						94,245.94	37.07%
5月	203,650.40	-5,171.57	385,350.52						-5,171.57	-2.54%
6月	276,576.96	96,392.60	481,743.12						96,392.60	34.85%
第2季度	734,485.44	185,466.97	481,743.12		466,380.86					
7月	257,119.63	138,091.96	619,835.08							
8月	291,729.26	-2,964.43	616,870.65							
9月	250,936.88	105,962.68	722,833.33							
第3季度	799,785.77	241,090.21	722,833.33		707,471.07					
10月	258,061.51	90,791.19	813,624.52							
11月	323,550.84	109,755.85	923,380.37							
12月	247,691.59	132,193.20	1,055,573.57							
第4季度	829,303.94	332,740.24	1,055,573.57		1,040,211.31				332,740.24	40.12%
全年合计	3,147,054.27	1,055,573.57	1,055,573.57	-15,362.26	1,040,211.31		-	-	[illegible]	33.54%

图 8-136

Step02 根据企业所得税优惠政策，换算实际税率。我国企业所得税的基本税率为 25%，优惠政策为：自 2019 年 1 月 1 日起至 2021 年 12 月 31 日，对小型微利企业年应纳税所得额不超过 100 万元的部分，减按 25% 计入应纳税所得额，按 20% 的税率缴纳企业所得税；对年应纳税所得额超过 100 万元但不超过 300 万元的部分，减按 50% 计入应纳税所得额，按 20% 的税率缴纳企业所得税。这一优惠政策在预缴税款时也同样适用，其实质就是超额累进税率，可换算为以下三档实际税率及速算扣除数，如表 8-2 所示。

表 8-2　企业所得税税率表

应纳税所得额 (A)	实际税率	计算方法	速算扣除数
A≤100 万元	5%	25%×20%	-
100 万元＜ A≤300 万元	10%	50%×20%	50,000.00
A ＞ 300 万元	25%	-	-

Step03 计算企业所得税预缴税额。由于企业所得税预缴税额是每季度计提和缴纳一次，因此无须每月计提。只需在以下单元格中设置公式。

- G7 单元格: "=ROUND(F7*LOOKUP(F7,{0,1000000.01,3000000.01},{0.05,0.1,0.25}),2)-IF(OR (F7<=1000000,F7>3000000),0,50000)", 根据第 1 季度利润总额累计数计算应预缴税额→ 将公式复制粘贴至 G11、G15、G19 和 G20 单元格。公式原理如下:

①表达式 "LOOKUP(D7,{0,1000000.01,3000000.01},{0.05,0.1,0.25})" 的作用是根据 D7 单元格的应纳税所得额返回与之匹配的税率。

②表达式 "IF(OR(D7<=1000000,D7>3000000),0,50000)" 的作用是判断 D7 单元格中的应纳税所得额是否适用速算扣除数。当 D7 单元格的应纳税所得额小于 100 万元或大于 300 万元时,没有速算扣除数,因此返回数字 0,否则返回数字 50000。

- I7 单元格: "=ROUND(G7-SUMIF(A$7:A7,"* 季度 ",H$7:H7),2)", 根据 "应预缴税额" 与 "已预缴所得税" 数据计算 "应补(退)税额"。其中, "已预缴所得税" 应在纳税申报之后填入实际缴纳的所得税税款→将 I7 单元格公式复制粘贴至 I11、I15、I19 和 I20 单元格中。

在 H7 单元格中填入已预缴第 1 季度所得税,即可看到第 2~4 季度的 "应补(退)税额"(I7、I11、I15、I19 单元格)是 "应预缴所得税" 减掉 H7 单元格中数据之后的余额,以此类推,效果如图 8-137 所示。

图 8-137

(2)制作企业所得税预缴明细表

"企业所得税预缴明细表" 的作用和制作思路其实与前面小节制作的 "税金及附加明细表" 相同,主要作为查询和记账凭证附件之用。其中数据在填制 "所得税计算表" 的同时即可同步生成。同时,由于记账凭证附件作为财务备查资料,应当在其中详细列示企业所得税优惠政策并计算应纳税所得额、应纳税额及企业所享受的减免所得税金额。本例主要运用 IF 函数设置公式,其本身含义简单易懂,重点和难点在于公式设计的逻辑。

Step01 在工作表中 M3:R12 单元格区域绘制表格框架,设置字段名称及单元格格式→运用【数据验证】工具在 M1 单元格中制作下拉列表，设置"序列"来源为"1,2,3,4"→将 M1 单元格格式自定义为"2020 年第 # 季度企业所得税预缴明细表"→运用 SUM 函数在 N9、O9、Q9 单元格中设置基本求和公式。初始表格框架及内容如图 8-138 所示。

图 8-138

Step02 计算税款所属期。在 M2 单元格中设置公式"=IFERROR(EOMONTH(1,MAX(IF(M1={1,2,3,4},{3,6,9,12}))-1),"-")"→将 M2 单元格格式自定义为"" 税款所属期：2020.1.1-"m.d"。返回结果为"税款所属期：2020.1.1-31"。M2 单元格公式原理如下。

①表达式"MAX(IF(M1={1,2,3,4},{3,6,9,12}))-1"的作用是根据 M1 单元格中所选代表季度的数字的变化，分别返回代表每一季度最末月份的数字"3,6,9,12"。例如，当 M1 单元格中数字为"1"时，那么 MAX+IF 函数组合表达式返回的数字则为"3"，再减掉 1，即返回数字"2"。

② EOMONTH 函数的第 1 个参数为 1，代表 1 月 1 日。由于税款所属期的起始日期始终是 1 月 1 日，因此这个数字固定不变。第 2 个参数代表月数，是指与 1 月 1 日间隔月数的最后一天的日期。那么"EOMONTH(1,2)"，即返回 3 月（1 月间隔两个月，即 1+2）的最后一天的日期"31"。

公式效果如图 8-139 所示→在 M1 单元格下拉列表中选择其他数字，可看到 M2 单元格中数据变化效果，如图 8-140 所示。

图 8-139   图 8-140

Step03 计算税款引用每季度利润总额累计数、调增/调减金额和应纳税所得额并按照税收优惠政策计算优惠后的计税金额。分别在以下各单元格中设置公式。

- M4 单元格："=IFERROR(VLOOKUP(" 第 "&M$1&" 季度 ",$A:D,4,0),0)"，查找引用 A:D 单元格区域中利润总额的"本年累计数"。

- N4 单元格："=E$20"，直接引用调增 / 调减累计数。
- O4 单元格："=IF(M4+N4<0,0,M4+N4)"，计算应纳税所得额。公式逻辑：如果利润总额加上或减去调增 / 调减数据后小于 0，那么应纳税所得额返回 0（不能为负数）。
- N6 单元格："=IF(O$4>3000000,0,IF(O$4<=1000000,O$4,1000000))"，计算应纳税所得额中可享受 "减按 25%" 的部分。公式逻辑如下。

①当应纳税所得额大于 300 万元时，表明不能享受 "减按 25%" 的优惠，因此返回数字 "0"；

②当应纳税所得额小于或等于 100 万元时，表明可享受优惠，即返回 O4 单元格数据。如果大于 100 万元，则只返回应纳税所得额中，可以享受 "减按 25%" 优惠的部分，即 100 万元。例如，应纳税所得额为 150 万元，其中仅 100 万元可以享受 "减按 25%" 的优惠。

- N7 单元格："=IF(OR(O4>3000000,O4<=1000000),0,O4-1000000)"，计算应纳税所得额中可享受 "减按 50%" 的部分。公式逻辑：当应纳税所得额大于 300 万元或者小于等于 100 万元时，表明其中没有可享受 "减按 50%" 的金额，因此返回数字 "0"；否则返回应纳税所得额减去 100 万元后的金额作为可享受 "减按 50%" 优惠的部分。例如，应纳税所得额为 150 万元，其中 50 万元可享受 "减按 50%" 的优惠（150-100）。
- N8 单元格："=IF(O$4>3000000,O$4,0)"，如果 O4 单元格中的应纳税所得额大于 300 万元，则全额计入计税金额，因此直接返回 O4 单元格中的数据，否则返回数字 "0"。
- O6 单元格："=ROUND(N6*0.25,2)"，计算应纳税所得额 "减按 25%" 优惠后的计税金额。
- O7 单元格："=ROUND(N7*0.5,2)"，计算应纳税所得额 "减按 50%" 优惠后的计税金额。
- O8 单元格："=N8"，应纳税所得额大于 300 万元不享受优惠，因此直接引用 N8 单元格中的应纳税所得额。
- P6 单元格："=IF(N6=0,0,20%)"，根据分割后的应纳税所得额返回优惠税率 20%→将公式填充至 P7 单元格中。
- P8 单元格："=IF(N8=0,0,25%)"，公式含义及逻辑与 P6、P7 单元格同理。
- Q6 单元格："=ROUND(O6*P6,2)"，计算应交所得税额→将公式填充至 Q7 和 Q8 单元格。
- Q10 单元格："=ROUND(O4*0.25-Q9,2)"，计算 "已享受减免所得税额"。
- Q11 单元格："=IF(M1=1,0,H$20)"，引用本年累计已预缴所得税额。这一公式是完全按照实际工作中的时间进程和申报缴纳企业所得税的流程设置的。逻辑分析如下。

"企业所得税计算表" 中 1—12 月的 "营业收入" 和 "利润总额" 数据，是为了展示公式效果而虚拟的数据。实际工作中，是以当前月份为节点，将实际发生的应纳税所得额作为依据计算累计已预缴所得税额。而当前月份之后的时间尚未到来，必然不会发生任何数据。

例如，假设当前月份为 2020 年 3 月，月末根据 1—3 月的利润总额计提第 1 季度应交而未缴纳的企业所得税，此时尚无 "已预缴所得税额" 数据，因此公式中设置当 M1 单元格中数字为 "1" 时，已预缴税额返回 "0"。当 4 月实际申报企业所得税后再将实缴税款填入 H7 单元格，那么此时 F20 单元格中的全年合计数等于 H7 单元格中的数据。在 2020 年 6 月末计提第 2 季度应交所得税时，则应减掉第 1 季度实际缴纳的 "已预缴所得税额"（也就是 H20 单元格中的数据），以此类推。

由此可知：H20 单元格中全年“已预缴所得税额”的合计数始终是自第 1 季度起至当前月份所在季度的累计数据。因此公式中设置当 M1 单元格中数字不为“1”时，即返回 H20 单元格中的合计数。

- Q12 单元格：“=ROUND(Q9-Q11,2)”，计算“本季应补缴所得税额”。

以上公式设置完成后，效果如图 8-141 所示。

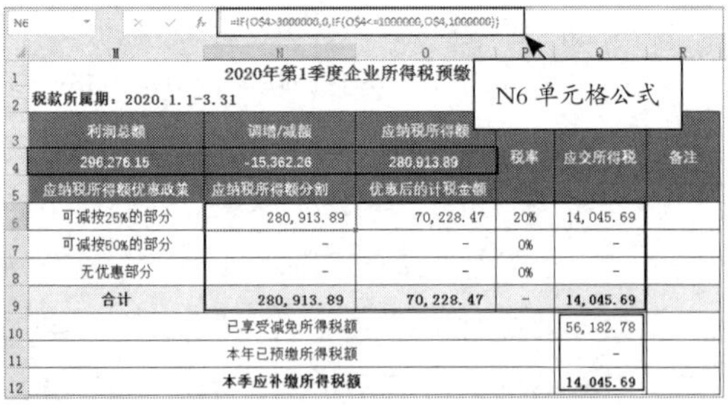

2020年第1季度企业所得税预缴					
税款所属期：2020.1.1-3.31					
利润总额	调增/减额	应纳税所得额	税率	应交所得税	备注
296,276.15	-15,362.26	280,913.89			
应纳税所得额优惠政策	应纳税所得额分割	优惠后的计税金额			
可减按25%的部分	280,913.89	70,228.47	20%	14,045.69	
可减按50%的部分	-	-	0%	-	
无优惠部分	-	-	0%	-	
合计	280,913.89	70,228.47	-	14,045.69	
已享受减免所得税额				56,182.78	
本年已预缴所得税额				-	
本季应补缴所得税额				14,045.69	

图 8-141

Step04 验证公式正确性。❶ 验证应纳税所得税 ≥100 万元且 < 300 万元时的计算结果。在 M1 单元格中选择数字“1”→删除 H7 单元格中的“已预缴所得税”→在 M4 单元格中直接输入“2600000”，可看到预缴明细表中的数据全部计算正确，效果如图 8-142 所示；❷ 验证应纳税所得额 ≥300 万元时的计算结果，在 M4 单元格中输入“3250000”，可看到预缴明细表中的数据的动态变化效果，如图 8-143 所示；❸ 验证第 3 季度的应补缴税额，删除 B16:C18 单元格区域营业收入和本月发生额→在 M11 单元格中填入第 2 季度已预缴所得税，重点关注预缴明细表中 Q11 和 Q12 单元格的数据是否计算正确，效果如图 8-144 所示。

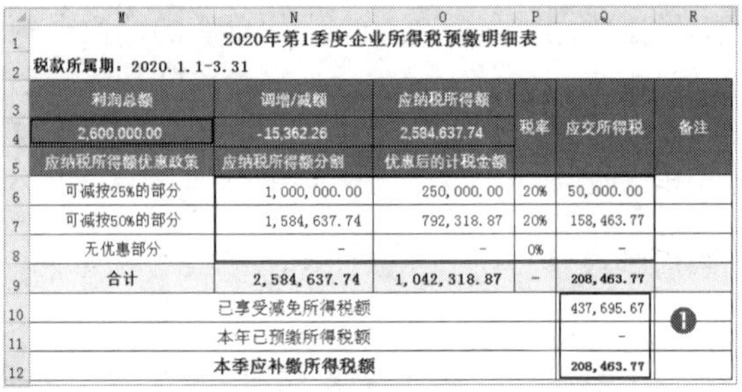

2020年第1季度企业所得税预缴明细表					
税款所属期：2020.1.1-3.31					
利润总额	调增/减额	应纳税所得额	税率	应交所得税	备注
2,600,000.00	-15,362.26	2,584,637.74			
应纳税所得额优惠政策	应纳税所得额分割	优惠后的计税金额			
可减按25%的部分	1,000,000.00	250,000.00	20%	50,000.00	
可减按50%的部分	1,584,637.74	792,318.87	20%	158,463.77	
无优惠部分	-	-	0%	-	
合计	2,584,637.74	1,042,318.87	-	208,463.77	
已享受减免所得税额				437,695.67	❶
本年已预缴所得税额				-	
本季应补缴所得税额				208,463.77	

图 8-142

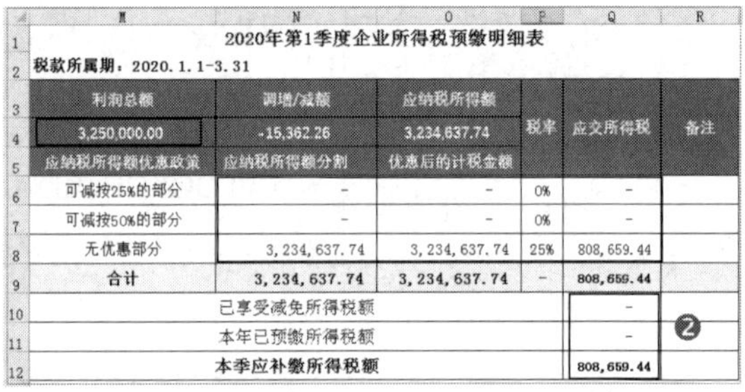

2020年第1季度企业所得税预缴明细表					
税款所属期：2020.1.1-3.31					
利润总额	调增/减额	应纳税所得额	税率	应交所得税	备注
3,250,000.00	-15,362.26	3,234,637.74			
应纳税所得额优惠政策	应纳税所得额分割	优惠后的计税金额			
可减按25%的部分	-	-	0%	-	
可减按50%的部分	-	-	0%	-	
无优惠部分	3,234,637.74	3,234,637.74	25%	808,659.44	
合计	3,234,637.74	3,234,637.74	-	808,659.44	
已享受减免所得税额				-	
本年已预缴所得税额				-	❷
本季应补缴所得税额				808,659.44	

图 8-143

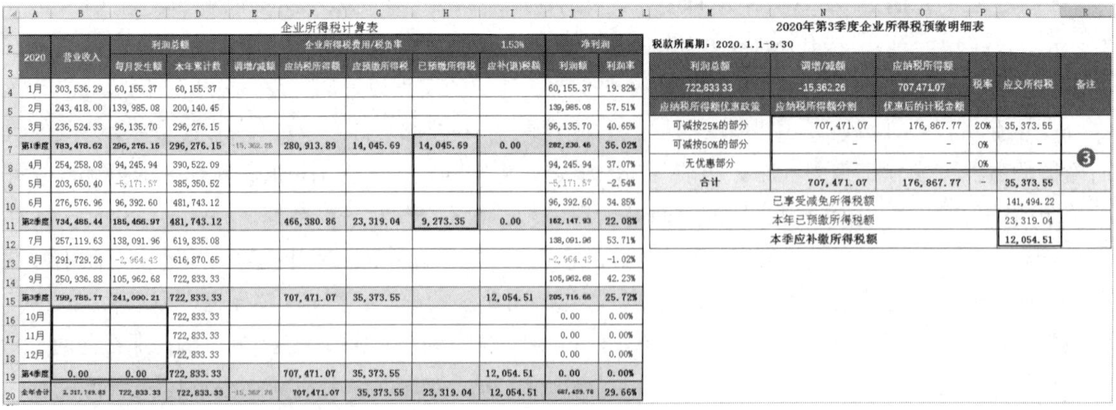

企业所得税计算表

2020	营业收入	利润总额		企业所得税费用/税负率				1.53%	净利润	
		每月发生额	本年累计数	调增/减额	应纳税所得额	应预缴所得税	已预缴所得税	应补(退)税额	利润额	利润率
1月	303,536.29	60,155.37	60,155.37						60,155.37	19.82%
2月	243,418.00	139,985.08	200,140.45						139,985.08	57.51%
3月	236,524.33	96,135.70	296,276.15						96,135.70	40.65%
第1季度	783,478.62	296,276.15	296,276.15	-15,362.26	280,913.89	14,045.69	14,045.69	0.00	282,230.46	36.02%
4月	254,258.08	94,245.94	390,522.09						94,245.94	37.07%
5月	203,650.40	-5,171.57	385,350.52						-5,171.57	-2.54%
6月	276,576.96	96,392.60	481,743.12						96,392.60	34.85%
第2季度	734,485.44	185,466.97	481,743.12		466,380.86	23,319.04	9,273.35	0.00	162,147.93	22.08%
7月	257,119.63	138,091.96	619,835.08						138,091.96	53.71%
8月	291,729.26	-2,964.43	616,870.65						-2,964.43	-1.02%
9月	250,936.88	105,962.68	722,833.33						105,962.68	42.23%
第3季度	799,785.77	241,090.21	722,833.33		707,471.07	35,373.55		12,054.51	205,716.66	25.72%
10月			722,833.33						0.00	0.00%
11月			722,833.33						0.00	0.00%
12月			722,833.33						0.00	0.00%
第4季度	0.00	0.00	722,833.33		707,471.07	35,373.55		12,054.51	0.00	0.00%
全年合计	2,317,749.83	722,833.33	722,833.33	-15,362.26	707,471.07	35,373.55	23,319.04	12,054.51	687,459.78	29.66%

2020年第3季度企业所得税预缴明细表					
税款所属期：2020.1.1-9.30					
利润总额	调增/减额	应纳税所得额	税率	应交所得税	备注
722,833.33	-15,362.26	707,471.07			
应纳税所得额优惠政策	应纳税所得额分割	优惠后的计税金额			
可减按25%的部分	707,471.07	176,867.77	20%	35,373.55	
可减按50%的部分	-	-	0%	-	
无优惠部分	-	-	0%	-	❸
合计	707,471.07	176,867.77	-	35,373.55	
已享受减免所得税额				141,494.22	
本年已预缴所得税额				23,319.04	
本季应补缴所得税额				12,054.51	

图 8-144

关键技能 **100** 生成税金明细汇总，做好纳税申报管理

技能说明

实务中，财务人员在每月月末结账并计算得出各税种的应纳税款之后，还必须在次月申报期限内办理纳税申报。这项工作非常简单，只需根据已经计算无误的数据如实填写申报表，再缴纳税金即可，但正因为简单，所以很容易被忽略和遗忘。因此，本节将制作"税金汇总纳税申报管理"表，首先按月份查找引用工作簿内计算得到的应缴税金并汇总，再按实务中的纳税申报流程，分别记录每个税种的"申报"和税金"缴纳"状态。同时，计算申报截止日期的"倒计时"天数，并自动提醒按季度申报的企业所得税和财务报表事项。本节将要运用的主要工具（或功能）及函数的简要说明如图 8-145 所示。

工具（功能）	• **数据验证**：制作下拉列表，方便记录税种"申报"和税金"缴纳"状态
	• **自定义单元格格式**：根据简单数字，显示指定文本内容，提示纳税相关信息

函数	• **TODAY 函数**：辅助计算截止日期的"倒计时"天数
	• **MAX+IF+MONTH 函数**：根据指定月份，判断应申报第 n 个季度的企业所得税和财务报表
	• **VLOOKUP 函数**：查找引用增值税、附加税及印花税的应缴税金
	• **VLOOKUP+MAX+IF+MONTH+SUM 函数**：查找引用并计算企业所得税的应缴税金

图 8-145

应用实战

（1）汇总每月应缴税金

汇总每月应缴税金是将工作簿内各工作表中计算的每个税种的应缴税金集中列示并进行汇总。其中，增值税、附加税费、印花税的查找引用非常简单，只需运用 VLOOKUP 函数设置简单公式即可。而企业所得税由于是季度申报，因此略有难度，需要嵌套 MAX、IF、MONTH、SUM 等函数才能准确计算出每个季度的补缴款。

Step01 新增工作表，命名为"税金申报"→绘制表格框架、设置字段名称和基础格式→在 A3:A14 单元格区域中依次输入"1-1""2-1"…，即每月的第 1 日→将 A3:A14 单元格区域的格式自定义为"m月"（前面小节制作的税金及附加和企业所得税计算表中的日期格式均与此格式相同）。初始表格框架及内容如图 8-146 所示。

图 8-146

Step02 分别在 B3、C3、D3、E3 和 F3 单元格中设置以下公式。

- B3 单元格："=VLOOKUP("2020."&TEXT(MONTH(A3),"00"),实缴增值税统计!$A:$J,8,0)"，查找引用"实缴增值税统计"工作表中 2020 年 1 月的增值税税额。其中，VLOOKUP 的第 1 个参数，即表达式""2020."&TEXT(MONTH(A3),"00")"返回结果为"2020.01"，以此作为关键字与指定工作表 A 列中的数值匹配，才能查找到目标数据。

- C3 单元格："=VLOOKUP($A3, 税金及附加!$A$2:$K$17,9,0)"，查找引用"税金及附加"工作表中 2020 年 1 月的附加税费金额。

- D3 单元格："=VLOOKUP($A3, 税金及附加!$A$2:$K$17,10,0)"，查找引用"税金及附加"工作表中 2020 年 1 月的印花税金额。

- E3 单元格："=IFERROR(VLOOKUP(" 第 "&MAX(IF(MONTH(A3)={3,6,9,12},{1,2,3,4},0))&" 季度 ",INDIRECT(E$2&"!A:G"),7,0)-SUM(E$2:E3),"-")"，查找引用并计算"企业所得税"工作表中第 1 季度应预缴税额。公式原理如下。

① VLOOKUP 函数的第 1 个参数，即表达式"" 第 "&MAX(IF(MONTH(A3)={3,6,9,12},{1,2,3,4},0))&" 季度 ""的作用是根据 A3 单元格中的月份返回季度数字。例如，当 A3 单元格中月份数为"3"时，则返回"1"（代表第 1 季度），再与指定文本组合成为可与"企业所得税"工作表 A 列中的文本匹配的关键字。由于 A3 单元格的月份数为"1"，因此 E3 单元格返回"第 0 季度"。

② 减 "SUM(E$2:E2)" 的原因：由于 VLOOKUP 函数查找引用得到的是"应预缴税额"的累计数，因此应减掉 E2 单元格至上一单元格区域中的累计数后即可得到实际应补缴的企业所得税税额。

③ E3 单元格公式中 VLOOKUP 和 SUM 函数表达式返回结果为"#N/A"，因此运用 IFERROR 函数将错误值转换为符号"-"，并不影响运用 SUM 函数计算 B3:F3 单元格区域的合计金额。

- F3 单元格："=ROUND(SUM(B3:E3),2)"，计算 2020 年 1 月应缴税金的合计数。

将 B3:F3 单元格区域公式复制粘贴至 B4:F14 单元格区域→B15:F15 单元格区域运用 SUM 函数设置求和公式即可。设置完成后，效果如图 8-147 所示。

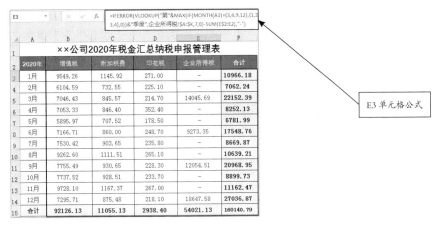

图 8-147

　　本例为了简化公式，便于理解，因此未在 VLOOKUP 函数公式中嵌套 INDIRECT 和 MATCH 函数引用指定工作表数据和自动定位列号。实务中可根据实际工作需求嵌套使用。

（2）纳税申报管理

进行纳税申报管理的主要工作目标有以下 4 个。

①计算申报截止日期的 "倒计时" 天数；

②提示本月是否应该申报企业所得税和财务报表季报，如果提示本月应该申报，则同时提示应申报的第 n 季度的季报；

③记录每个税种的 "申报" 和 "缴纳" 状态，以带方框的 "√" 和 "×" 表示；

④计算已缴税金和未缴税金。

Step01　调整表格框架，在第 2 行之上插入 1 行，用于完成第①和②个工作目标→在 B:F 区域中的每列后面插入列，用于完成第③和④个工作目标→设置好字段名称和基础格式。调整后的表格框架如图 8-148 所示。

Step02　完成第①和②个工作目标（为展示效果，本例暂时将计算机系统日期调整为 "2020年 2 月 10 日"）。❶ 在 A2 单元格中输入 "2-1"→将 A2 单元格格式自定义为 "yyyy 年 m 月申报截止日期："→在 E2 单元格中输入申报截止日期 "2-29"→在 G2 单元格中设置公式 "=IF(E2-TODAY()<0, "已截止"," 申报倒计时 : "&E2-TODAY()&" 天 ")"，运用 IF 函数判断 E2 单元格中日期小于 "今天"（计算机系统日期）的日期时，返回文本 "已截止"，否则计算申报截止日期与 "今天" 日期的差额，即 "倒计时" 天数；❷ 在 N2 单元格中设置公式 "=MAX(IF(MONTH(A2)={1,4,7,10},{4,1,2,3}))"，根据 A2 单元格中的月份数，返回应作企业所得税和财务报表季度申报的月份数，其中，当月份为 "1" 时，应作上一年第 4 季度的季度申报，因此返回数字 "4"，以此类推→将 N2 单元格格式自定义为 "[=0] " 本月无须季报 ";[=4] " ★请申报: 上年第 "#" 季企业所得税和财务报表★ ";" ★请申报: 本年第 "#" 季企业所得税和财务报表 ""，根据 N2 单元格的数字返回指定文本。以上操作完成后，

效果如图 8-149 所示→将 A2 单元格日期临时修改为"1-1"（即 2020 年 1 月），即可看到 N2 单元格中的文本变化效果，如图 8-150 所示。

	增值税				附加税费				印花税				企业所得税				合计		
2020年	应缴税金	申报	缴纳	实缴税金	应缴税金	申报	缴纳	实缴税金	应缴税金	申报	缴纳	实缴税金	应缴税金	申报	缴纳	实缴税金	应缴税金	已缴	未缴
1月	9549.26				1145.92				271.00				–						
2月	6104.59				732.55				225.10				–						
3月	7046.43				845.57				214.70				14045.69						
4月	7053.33				846.40				352.40				–						
5月	5895.97				707.52				178.50				–						
6月	7166.71				860.00				248.70				9273.35						
7月	7530.42				903.65				235.80				–						
8月	9262.60				1111.51				265.10				–						
9月	7755.49				930.65				228.30				12054.51						
10月	7737.52				928.51				233.70				–						
11月	9728.10				1167.37				267.00				–						
12月	7295.71				875.48				218.10				18647.58						
合计	92126.13				11055.13				2938.40				54021.13						

图 8-148

图 8-149

图 8-150

Step03 完成第③和④个工作目标。❶ 选中 C5:C16 单元格区域→运用【数据验证】工具制作下拉列表，将"序列"来源设置为"R,S"→将字体设置为"Wingdings 2"，如图 8-151 所示→将 C5:C16 单元格区域的验证条件和格式复制粘贴至 D5:D16、G5:H16、K5:L16 和 O5:P16 单元格区域；

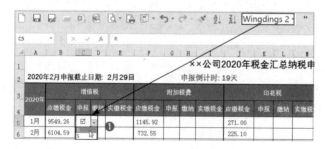

图 8-151

❷ 分别在 E5、R5、S5、T5、C17 单元格中设置以下公式，计算相关数据。

- E5 单元格："=IF(D5="R",B5,"-")"，运用 IF 函数判断 D5 单元格中数值为 "R" 时，返回 B5 单元格中的数据，否则返回符号 "-"（如果实缴税金与应缴税金有差异，直接在 E5 单元格中输入实缴税金即可）→将公式复制粘贴至 I5、M5 和 Q5 单元格中。

- R5 单元格："=SUMIF(B$4:Q$4," 应缴 *",B5:Q5)"，汇总应缴税金金额。

- S5 单元格："=SUMIF($B$4:M$4," 实缴 *",B5:Q5)"，汇总实缴税金。

- T5 单元格："=ROUND(R5-S5,2)"，计算未缴税金。

将以上公式分别填充至下面的单元格区域中。

- C17 单元格："=COUNTIF(C5:C16,"R")"，统计增值税的申报次数→将 C17 单元格填充至 D17 单元格→将 C17:D17 单元格区域公式复制粘贴至 G17:H17、K17:L17 和 O17:P17 单元格区域中→ B17:T17 单元格区域的其他单元格运用 SUM 函数设置求和公式即可。

以上公式设置完成后，表格制作完成，最终效果如图 8-152 所示。

	A	B	C	D	E	F	G	H	I	J	K	L	M	N	O	P	Q	R	S	T
1							××公司2020年税金汇总纳税申报管理表													
2		2020年2月申报截止日期：2月29日					申报倒计时：19天								本月无需季报					
3	2020年	增值税				附加税费				印花税				企业所得税				合计		
4		应缴税金	申报	缴纳	实缴税金	应缴税金	申报	缴纳	实缴税金	应缴税金	申报	缴纳	实缴税金	应缴税金	申报	缴纳	实缴税金	应缴税金	已缴	未缴
5	1月	9549.26	☑	☑	9549.26	1145.92	☑	☑	1145.92	271.00	☑		-	-	☑	☑	-	10966.18	10,695.18	271.00
6	2月	6104.59			-	732.55			-	225.10			-	-			-	7062.24	-	7,062.24
7	3月	7046.43			-	845.57			-	214.70			-	14045.69			-	22152.39	-	22,152.39
8	4月	7053.33			-	846.40			-	352.40			-	-			-	8252.13	-	8,252.13
9	5月	5895.97			-	707.52			-	178.50			-	-			-	6781.99	-	6,781.99
10	6月	7166.71			-	860.00			-	248.70			-	9273.35			-	17548.76	-	17,548.76
11	7月	7530.42			-	903.65			-	265.10			-	-			-	8669.87	-	8,669.87
12	8月	9262.60			-	1111.51			-	265.10			-	-			-	10639.21	-	10,639.21
13	9月	7755.49			-	930.65			-	228.30			-	12054.51			-	20968.95	-	20,968.95
14	10月	7737.52			-	928.51			-	233.70			-	-			-	8899.73	-	8,899.73
15	11月	9728.10			-	1167.37			-	267.00			-	-			-	11162.47	-	11,162.47
16	12月	7295.71			-	875.48			-	218.10			-	18647.58			-	27036.87	-	27,036.87
17	合计	92126.13	1	1	9549.26	11055.13	1	1	1145.92	2938.40	1	0	0.00	54021.13	0	0	0.00	160140.79	10,695.18	149,445.61

图 8-152

本节示例结果见 "结果文件 \ 第 8 章 \ 税金管理 .xlsx" 文件。

附录　Excel 九大必备快捷键

在办公过程中，经常会需要制作各种表格，而 Excel 则是专门制作电子表格的软件，通过它可快速制作出需要的各种电子表格。下面列出了 Excel 常用的快捷键，适用于 Excel 2003、Excel 2007、Excel 2010、Excel 2013、Excel 2016、Excel 2019 等版本。

一、操作工作表的快捷键			
快捷键	作用	快捷键	作用
Shift+F11 或 Alt+Shift+F1	插入新工作表	Ctrl+PageDown	移动到工作簿中的下一张工作表
Ctrl+PageUp	移动到工作簿中的上一张工作表	Shift+Ctrl+PageDown	选定当前工作表和下一张工作表
Ctrl+ PageDown	取消选定多张工作表	Ctrl+PageUp	选定其他的工作表
Shift+Ctrl+PageUp	选定当前工作表和上一张工作表	Alt+O+H+R	对当前工作表重命名
Alt+E+M	移动或复制当前工作表	Alt+E+L	删除当前工作表

二、选择单元格、行或列的快捷键			
快捷键	作用	快捷键	作用
Ctrl+ 空格键	选定整列	Shift+ 空格键	选定整行
Ctrl+A	选择工作表中的所有单元格	Shift+Backspace	在选定了多个单元格的情况下，只选定活动单元格
Ctrl+Shift+*（星号）	选定活动单元格周围的当前区域	Ctrl+/	选定包含活动单元格的数组
Ctrl+Shift+O	选定含有批注的所有单元格	Alt+;	选取当前选定区域中的可见单元格

三、单元格插入、复制和粘贴操作快捷键			
快捷键	作用	快捷键	作用
Ctrl+ +	插入空白单元格	Ctrl+ -	删除选定的单元格
Delete	清除选定单元格的内容	Ctrl+Shift+=	插入单元格
Ctrl+X	剪切选定的单元格	Ctrl+V	粘贴复制的单元格
Ctrl+C	复制选定的单元格		

四、数字格式设置快捷键

快捷键	作用	快捷键	作用
Ctrl+1	打开"设置单元格格式"对话框	Ctrl+Shift+~	应用"常规"数字格式
Ctrl+Shift+$	应用带有两个小数位的"贷币"格式（负数放在括号中）	Ctrl+Shift+%	应用不带小数位的"百分比"格式
Ctrl+Shift+^	应用带两位小数位的"科学记数"数字格式	Ctrl+Shift+#	应用含有年、月、日的"日期"格式
Ctrl+Shift+@	应用含小时和分钟并标明上午（AM）或下午（PM）的"时间"格式	Ctrl+Shift+!	应用带两位小数位、使用千位分隔符且负数用负号 (-) 表示的"数字"格式

五、输入并计算公式的快捷键

快捷键	作用	快捷键	作用
=	键入公式	F2	关闭单元格的编辑状态后，将插入点移动到编辑栏内
Enter	在单元格或编辑栏中完成单元格输入	Ctrl+Shift+Enter	将公式作为数组公式输入
Shift+F3	在公式中，打开"插入函数"对话框	Ctrl+A	当插入点位于公式中公式名称的右侧时，打开"函数参数"对话框
Ctrl+Shift+A	当插入点位于公式中函数名称的右侧时，插入参数名和括号	F3	将定义的名称粘贴到公式中
Alt+=	用 SUM 函数插入"自动求和"公式	Ctrl+'	将活动单元格上方单元格中的公式复制到当前单元格或编辑栏
Ctrl+`（重音符）	在显示单元格值和显示公式之间切换	F9	计算所有打开的工作簿中的所有工作表
Shift+F9	计算活动工作表	Ctrl+Alt+Shift+F9	重新检查公式，计算打开的工作簿中的所有单元格，包括未标记而需要计算的单元格

六、输入与编辑数据的快捷键

快捷键	作用	快捷键	作用
Ctrl+;（分号）	输入日期	Ctrl+Shift+:（冒号）	输入时间
Ctrl+D	向下填充	Ctrl+R	向右填充
Ctrl+K	插入超链接	Ctrl+F3	定义名称
Alt+Enter	在单元格中换行	Ctrl+Delete	删除插入点到行末的文本

七、创建图表和选定图表元素的快捷键

快捷键	作用	快捷键	作用
F11 或 Alt+F1	创建当前区域中数据的图表	Shift+F10+v	移动图表
↓	选定图表中的上一组元素	↑	选择图表中的下一组元素
←	选择分组中的上一个元素	→	选择分组中的下一个元素
Ctrl + PageDown	选择工作簿中的下一张工作表	Ctrl +Page Up	选择工作簿中的上一个工作表

八、筛选操作快捷键

快捷键	作用	快捷键	作用
Ctrl+Shift+L	添加筛选按钮	Alt+ ↓	在包含下拉箭头的单元格中，显示当前列的"自动筛选"列表
↓	选择"自动筛选"列表中的下一项	↑	选择"自动筛选"列表中的上一项
Alt+ ↑	关闭当前列的"自动筛选"列表	Home	选择"自动筛选"列表中的第一项（"全部"）
End	选择"自动筛选"列表中的最后一项	Enter	根据"自动筛选"列表中的选项筛选区域

九、显示、隐藏和分级显示数据的快捷键

快捷键	作用	快捷键	作用
Alt+Shift+ →	对行或列分组	Alt+Shift+ ←	取消行或列分组
Ctrl+8	显示或隐藏分级显示符号	Ctrl+9	隐藏选定的行
Ctrl+Shift+(	取消选定区域内的所有隐藏行的隐藏状态	Ctrl+0（零）	隐藏选定的列
Ctrl+Shift+)	取消选定区域内的所有隐藏列的隐藏状态		